舰船装备保障工程丛书

现代测试技术及应用

张 宁 袁胜智 陈 晔 编著

科学出版社
北京

内 容 简 介

本书紧贴测试技术及工程应用，以现代测试技术体系为主线，较系统地阐述现代测试技术的基本理论、技术原理和典型应用。本书内容涵盖测试的本质与内涵、测量误差分析、测试信号获取、测试信号转换与调理技术、测试信号数字处理与分析、现代测试系统总线技术、虚拟仪器测试技术、现代测试系统集成技术及装备测试工程应用等方面，内容体系性好，覆盖面广，应用案例丰富，实践性强。

本书可作为高等院校测控工程、兵器工程、电子技术、电气工程及其自动化等专业本科生、研究生的参考书，也可供相关专业工程技术人员参考。

图书在版编目（CIP）数据

现代测试技术及应用/张宁，袁胜智，陈晔编著. —北京：科学出版社，2022.9

（舰船装备保障工程丛书）

ISBN 978-7-03-071215-8

Ⅰ. ①现… Ⅱ. ①张… ②袁… ③陈… Ⅲ. ①军用船-可靠性-测试技术 Ⅳ. ①E925.6

中国版本图书馆 CIP 数据核字（2021）第 279098 号

责任编辑：张艳芬　李　娜 / 责任校对：崔向琳
责任印制：吴兆东 / 封面设计：蓝　正

科学出版社 出版
北京东黄城根北街 16 号
邮政编码：100717
http://www.sciencep.com

北京捷迅佳彩印刷有限公司 印刷
科学出版社发行　各地新华书店经销

*

2022 年 9 月第 一 版　开本：720×1000　B5
2022 年 9 月第一次印刷　印张：31
字数：607 000

定价：258.00 元
（如有印装质量问题，我社负责调换）

"舰船装备保障工程丛书"编委会

名誉主编：徐滨士
主　　编：朱石坚
副 主 编：李庆民　黎　放
秘　　书：阮旻智
编　　委：(按姓氏汉语拼音排序)
　　　　　曹小平(火箭军装备部)
　　　　　陈大圣(中国船舶工业综合技术研究院)
　　　　　辜家莉(中国船舶重工集团719研究所)
　　　　　胡　涛(海军工程大学)
　　　　　贾成斌(海军研究院)
　　　　　金家善(海军工程大学)
　　　　　刘宝平(海军工程大学)
　　　　　楼京俊(海军工程大学)
　　　　　陆洪武(海军装备部)
　　　　　马绍力(海军研究院)
　　　　　钱　骅(中国人民解放军91181部队)
　　　　　钱彦岭(国防科技大学)
　　　　　单志伟(陆军装甲兵学院)
　　　　　王明为(中国人民解放军91181部队)
　　　　　杨拥民(国防科技大学)
　　　　　叶晓慧(海军工程大学)
　　　　　张　磊(中国船舶工业集团708研究所)
　　　　　张　平(中国船舶重工集团701研究所)
　　　　　张怀强(海军工程大学)
　　　　　张静远(海军工程大学)
　　　　　张志华(海军工程大学)
　　　　　朱　胜(陆军装甲兵学院)
　　　　　朱晓军(海军工程大学)

"舰船装备保障工程丛书"序

舰船装备是现代海军装备的重要组成部分，是海军战斗力建设的重要物质基础。随着科学技术的飞速发展及其在舰船装备中的广泛应用，舰船装备呈现出结构复杂、技术密集、系统功能集成的发展趋势。为使舰船装备能够尽快形成并长久保持战斗力，必须为其配套建设快速、高效和低耗的保障系统，形成全系统、全寿命保障能力。

20世纪80年代，随着各国对海军战略的调整以适应海军装备发展需求，舰船装备保障技术得到迅速发展。它涉及管理学、运筹学、系统工程方法论、决策优化等诸多学科专业，现已成为世界军事强国在海军装备建设发展中关注的重点，该技术领域研究具有前瞻性、战略性、实践性和推动性。

舰船装备保障的研究内容主要包括：研制阶段的"六性"设计，使研制出的舰船装备具备"高可靠、好保障、有条件保障"的良好特性；保障顶层规划、保障系统建设，并在实践中科学运用保障资源开展保障工作，确保装备列装后尽快形成保障能力并保持良好的技术状态；研究突破舰船装备维修与再制造保障技术瓶颈，促进装备战斗力再生。舰船装备保障能力不仅依赖于装备管理水平的提升，而且取决于维修工程关键技术的突破。

当前，在舰船装备保障管理方面，正逐步从以定性、经验为主的传统管理向综合运用现代管理学理论及系统工程方法的精细化、全寿命周期管理转变；在舰船装备保障系统设计上，由过去的"序贯设计"向"综合同步设计"的模式转变；在舰船装备故障处理方式上，由过去的"故障后修理"向基于维修保障信息挖掘与融合技术的"状态修理"转变；在保障资源规划方面，由过去的"过度采购、事先储备"向"精确化保障"转变；在维修保障技术方面，由过去的"换件修理"向"装备应急抢修和备件现场快速再制造"转变。

因此，迫切需要一套全面反映海军舰船装备保障工程技术领域进展的丛书，系统开展舰船装备保障顶层设计、保障工程管理、保障性分析，以及维修保障决策与优化等方面的理论与技术研究。本套丛书凝聚了撰写人员在长期从事舰船装备保障理论研究与实践中积累的成果，代表了我国舰船装备保障领域的先进水平。

中国工程院院士 徐滨士
波兰科学院外籍院士
2016年5月31日

前　言

随着现代科学技术的发展，电子设备日趋复杂，自动化程度也越来越高，现代测试技术越来越广泛地应用于工业设备测控领域和武器装备保障领域。对高等院校测控工程、兵器工程、电子技术、电气工程及其自动化等专业的学生而言，测试技术是重要的技术基础。为深入理解测试技术的基本原理，提升学生的测试技术应用实践水平，本书紧跟当前测试技术发展方向，以现代测试技术体系为主线，将测试技术原理、最新成果和典型案例融入其中，系统性地介绍测试信号获取、测试信号转换与调理、测试信号数字处理与分析、现代测试系统总线技术、虚拟仪器测试技术及现代测试系统集成技术等内容，强化理论联系实际，突出技术的工程运用，结合工程实例讲述技术应用过程。

全书共 9 章：第 1 章为测试的本质与内涵。介绍测试的基本概念、测试系统组成架构及基本特征，梳理现代测试技术体系。第 2 章为测量误差分析。第 3 章为测试信号获取。在对传感器概要介绍的基础上，重点探讨电参量、力及其传导量、声、磁及速度、加速度和位移等测试信号的测量。第 4 章为测试信号转换与调理技术。包括信号转换、信号放大、信号滤波、信号调制与解调。第 5 章为测试信号数字处理与分析。重点介绍数字信号处理基础、测试信号相关分析及其应用、功率谱分析及其应用、时频域分析及其应用，以及测试信号智能信息处理。第 6 章为现代测试系统总线技术。包括总线技术概述、系统总线、串行通信总线、并行通信总线、网络化测试总线。第 7 章为虚拟仪器测试技术。包括虚拟仪器概述、虚拟仪器软件结构及测试仪器驱动程序开发。第 8 章为现代测试系统集成技术。立足于现代测试系统的开发与集成，详细介绍测试系统集成的级间匹配、抗干扰技术和通用化设计，并以通用测试平台开发为例，展示系统集成过程。第 9 章为装备测试工程应用。以装备测试工程与测试性的本质内涵为切入点，重点讲述军用装备自动测试系统、装备预测与健康管理技术在装备保障领域中的典型应用。

本书是海军工程大学测试技术教研团队多年工作的总结，由张宁主持撰写，袁胜智、陈晔共同参与完成。张宁负责第 1~5、9 章的撰写及全书统稿，袁胜智负责第 6、7 章的撰写，陈晔负责第 8 章及第 9 章部分案例的撰写。徐立、饶喆、姚高飞、李佳宽、罗朗等为本书的撰写提供了大量素材，绘制了大量插图，做了许多富有成效的工作；朱石坚、程锦房、黄俊斌认真审阅了本书，提出了宝贵意见，在此表示深切的谢意。本书在撰写过程中参考了大量国内外相关资料，在此致以诚挚的谢意。

现代科技发展日新月异,测试技术还在不断迭代更新,相关实践应用还在不断拓展。限于作者的学识水平与实践经验,书中难免存在疏漏之处,敬请广大读者批评指正。

作　者

2022 年 3 月于武汉

目 录

"舰船装备保障工程丛书"序
前言
第1章 测试的本质与内涵 ·· 1
  1.1 基本概念 ·· 1
    1.1.1 测量 ··· 1
    1.1.2 计量 ··· 4
    1.1.3 检测 ··· 4
    1.1.4 测试 ··· 5
  1.2 测试系统组成架构及基本特征 ·· 5
    1.2.1 测试系统的组成架构 ·· 5
    1.2.2 测试系统的基本特性 ·· 7
  1.3 现代测试技术体系 ··· 20
    1.3.1 测试技术内涵与分类 ·· 20
    1.3.2 现代测试技术体系框架 ····································· 22
  1.4 本章小结 ·· 28
  思考题 ··· 28

第2章 测量误差分析 ··· 29
  2.1 测量误差的基本概念 ··· 29
    2.1.1 测量误差的来源 ··· 29
    2.1.2 测量误差的表示方法 ·· 30
    2.1.3 测量误差的分类 ··· 31
    2.1.4 测量不确定度与置信概率 ·································· 33
  2.2 随机误差分析及其处理 ·· 34
    2.2.1 随机误差的统计特性和概率分布 ························· 34
    2.2.2 随机变量的特征参数 ·· 35
    2.2.3 有限次测量数据的数学期望与方差的估计 ·············· 36
  2.3 系统误差分析及其处理 ·· 37
    2.3.1 系统误差的判别 ··· 37
    2.3.2 系统误差的消除 ··· 39
  2.4 疏失误差分析及其处理 ·· 40

- 2.4.1 拉依达准则 … 41
- 2.4.2 格拉布斯准则 … 41
- 2.5 误差的合成与分配 … 42
  - 2.5.1 误差合成 … 43
  - 2.5.2 误差分配 … 46
- 2.6 本章小结 … 46
- 思考题 … 47

第3章 测试信号获取 … 48

- 3.1 传感器概述 … 48
  - 3.1.1 传感器的定义和组成 … 48
  - 3.1.2 传感器的分类 … 49
  - 3.1.3 传感器的标定和校准 … 52
  - 3.1.4 传感器的选用原则 … 56
- 3.2 电参量的测量 … 59
  - 3.2.1 电阻的测量 … 59
  - 3.2.2 电容的测量 … 60
  - 3.2.3 电感的测量 … 61
  - 3.2.4 频率、周期和时间间隔的测量 … 63
  - 3.2.5 电压、功率和电能等的测量 … 67
  - 3.2.6 应用实例：导弹火工品检查台 … 71
- 3.3 力及其传导量的测量 … 72
  - 3.3.1 基本方法概述 … 72
  - 3.3.2 基于电阻应变片式传感器的测力方法 … 74
  - 3.3.3 温度误差及失真补偿 … 77
  - 3.3.4 电桥电路 … 80
  - 3.3.5 变阻式测力的方法 … 88
  - 3.3.6 应用实例：舰船水压场测试系统 … 90
- 3.4 声的测量 … 92
  - 3.4.1 声场信号测量概述 … 92
  - 3.4.2 噪声测量常用仪器 … 102
  - 3.4.3 噪声测量中要考虑的问题 … 103
  - 3.4.4 应用实例：水中兵器噪声测量系统 … 104
- 3.5 磁的测量 … 107
  - 3.5.1 测磁传感器概述 … 107
  - 3.5.2 典型磁电式传感器原理 … 114

3.5.3 应用实例：典型海洋磁场测量系统 121
 3.6 速度、加速度和位移的测量 126
  3.6.1 速度的测量 126
  3.6.2 加速度的测量 127
  3.6.3 位移的测量 133
  3.6.4 应用实例：加速度计 134
 3.7 本章小结 139
 思考题 139

第4章 测试信号转换与调理技术 140
 4.1 信号转换与调理概述 140
  4.1.1 信号转换 140
  4.1.2 信号调理 140
  4.1.3 运算放大器 142
 4.2 典型的信号转换原理 143
  4.2.1 电压/电流转换 143
  4.2.2 电压/频率转换 148
 4.3 信号放大 149
  4.3.1 差分放大器 150
  4.3.2 隔离放大器 152
  4.3.3 程控放大器 152
  4.3.4 集成仪用放大器 153
 4.4 信号滤波 156
  4.4.1 滤波器的概述 156
  4.4.2 滤波器的一般特性 158
  4.4.3 典型滤波器的设计与运用 162
  4.4.4 滤波器的综合运用 173
 4.5 信号调制与解调 177
  4.5.1 幅值调制与解调 178
  4.5.2 频率调制与解调 190
 4.6 本章小结 196
 思考题 196

第5章 测试信号数字处理与分析 198
 5.1 数字信号处理基础 198
  5.1.1 模拟信号数字化 198
  5.1.2 信号的时域截断与能量泄漏 200

5.1.3 离散傅里叶变换及其快速计算 ································ 202
5.2 测试信号相关分析及其应用 ·· 209
　　5.2.1 相关关系 ·· 209
　　5.2.2 自相关函数与互相关函数 ································ 210
　　5.2.3 相关分析应用 ·· 217
5.3 测试信号功率谱分析及其应用 ···································· 218
　　5.3.1 自功率谱密度函数 ·· 219
　　5.3.2 互功率谱密度函数 ·· 222
　　5.3.3 功率谱分析应用 ··· 223
5.4 测试信号时频域分析及其应用 ···································· 225
　　5.4.1 短时傅里叶变换 ··· 225
　　5.4.2 小波分析 ·· 227
　　5.4.3 时频分析在微弱信号检测中的应用 ··················· 229
5.5 测试信号的智能信息处理 ··· 233
　　5.5.1 神经计算技术 ·· 234
　　5.5.2 深度学习理论 ·· 236
　　5.5.3 进化计算技术 ·· 241
　　5.5.4 强化学习理论 ·· 244
　　5.5.5 类脑智能理论 ·· 245
5.6 本章小结 ··· 248
思考题 ·· 248

第6章 现代测试系统总线技术 ·· 249
6.1 总线技术概述 ·· 249
　　6.1.1 总线的产生 ·· 249
　　6.1.2 总线的定义及分类 ·· 249
　　6.1.3 总线的标准化兼容分类 ···································· 252
　　6.1.4 总线的性能参数 ··· 252
6.2 系统总线 ··· 254
　　6.2.1 VXI 总线 ··· 254
　　6.2.2 PXI 总线 ··· 265
6.3 串行通信总线 ·· 275
　　6.3.1 串行通信的基本特性 ······································· 275
　　6.3.2 RS-232C 总线接口 ·· 278
　　6.3.3 RS-422/485 总线接口 ······································ 281
　　6.3.4 MIL-STD-1553 数据总线 ································· 286

- 6.4 并行通信总线 ··· 292
  - 6.4.1 GPIB 概述 ·· 292
  - 6.4.2 GPIB 接口信号与功能 ··· 293
  - 6.4.3 GPIB 三线挂钩过程 ··· 298
  - 6.4.4 应用实例：基于 GPIB 的速率陀螺单元测试系统 ························· 299
- 6.5 网络化测试总线 ·· 301
  - 6.5.1 LXI 总线概述 ·· 301
  - 6.5.2 LXI 总线的物理规范 ··· 303
  - 6.5.3 LXI 总线的触发机制 ··· 305
  - 6.5.4 应用实例：基于 LXI 的导弹通用测试系统 ······························· 306
- 6.6 本章小结 ··· 308
- 思考题 ··· 308

第7章 虚拟仪器测试技术 ·· 309
- 7.1 虚拟仪器概述 ··· 309
  - 7.1.1 虚拟仪器内涵与系统组成 ·· 309
  - 7.1.2 虚拟仪器硬件构成 ··· 311
  - 7.1.3 虚拟仪器软件系统 ··· 315
- 7.2 虚拟仪器软件结构 ·· 324
  - 7.2.1 VISA 简介 ··· 324
  - 7.2.2 VISA 的结构及特点 ·· 326
  - 7.2.3 VISA 的应用举例 ·· 327
- 7.3 测试仪器驱动程序开发 ·· 330
  - 7.3.1 SCPI ·· 331
  - 7.3.2 VPP 仪器驱动程序开发 ··· 340
  - 7.3.3 IVI 仪器驱动程序开发 ··· 347
- 7.4 本章小结 ··· 354
- 思考题 ··· 354

第8章 现代测试系统集成技术 ··· 356
- 8.1 现代测试系统的开发与集成 ··· 356
  - 8.1.1 现代测试系统的设计原则 ·· 356
  - 8.1.2 现代测试系统的开发与集成流程 ·· 358
- 8.2 测试系统的级间匹配 ·· 361
  - 8.2.1 负载效应 ·· 361
  - 8.2.2 一阶系统的互联 ··· 363
  - 8.2.3 二阶系统的互联 ··· 364

8.3 测试系统的抗干扰技术 ·········· 369
8.3.1 干扰源及干扰模式 ·········· 370
8.3.2 干扰耦合途径 ·········· 374
8.3.3 干扰抑制技术 ·········· 379
8.3.4 计算机系统抗干扰技术 ·········· 392
8.4 测试平台的通用化设计 ·········· 410
8.4.1 测试平台通用化作用意义 ·········· 410
8.4.2 测试平台开放式体系架构 ·········· 410
8.4.3 测试平台通用化设计实例 ·········· 419
8.5 本章小结 ·········· 427
思考题 ·········· 427

第9章 装备测试工程应用 ·········· 429
9.1 装备测试工程与测试性 ·········· 429
9.1.1 装备测试性内涵 ·········· 429
9.1.2 装备测试性指标体系 ·········· 430
9.1.3 测试性技术框架 ·········· 432
9.1.4 测试性设计的关键技术 ·········· 435
9.1.5 一体化测试性工程的研究与发展 ·········· 440
9.2 装备自动测试系统 ·········· 440
9.2.1 自动测试系统的组成结构 ·········· 440
9.2.2 自动测试系统的沿革与发展 ·········· 443
9.2.3 某型装备自动测试系统典型应用 ·········· 448
9.3 装备预测与健康管理技术 ·········· 459
9.3.1 PHM 基本概念 ·········· 459
9.3.2 PHM 技术体系 ·········· 467
9.3.3 故障预测技术 ·········· 471
9.3.4 PHM 技术应用与评估 ·········· 477
9.4 本章小结 ·········· 480
思考题 ·········· 480

参考文献 ·········· 481

第1章 测试的本质与内涵

1.1 基本概念

随着计算机和信息科技的发展,测试技术成为一门越来越重要的技术学科。人们通过测试获得客观事物定量的概念,进而掌握其变化规律。从某种意义上讲,没有测试,就没有科学。测试包含测量和试验两大内容,要了解测试的本质和内涵,就要先理解测量、计量、检测和测试这几个基本概念。

1.1.1 测量

测量通常是指用仪器测定各种物理量,工程上的一般解释是采用测量设备,按照一定的作业规范与要求对观测目标或对象进行数据采集(data acquisition,DAQ)和记录。这里的"量"是指可以定性区别和定量确定的现象、物理或物质的属性,包括广义量和特定量。广义量有长度、时间、质量、温度、电阻、浓度等;特定量有某根棒的长度、某根电线样品的电阻、某份酒样中乙醇的浓度等。

测量的本质是要能采集和表达被测物理量,对事物进行量化描述;测量的结果是得到量值或数据,还能与标准进行比较。例如,某机械部件的长度为0.98m,就是对此机械部件测量的结果,其中0.98是量值,m是标准。

测量的前提是被测量必须有明确的定义,而且测量标准必须事先通过协议确定,即量制。没有明确定义的量,如气候的舒适度或人的智力等,在上述意义上是不可测的。

要理解测量的本质和前提,需要弄清楚量制、量纲、测量原理、测量方法、测量系统等基本概念。

量制是指一般意义下各个量之间存在确定关系的一组量,包含基本量和导出量。基本量是指量制中约定地认为在函数关系上彼此独立的量。每个基本量只有一个基本单位,目前国际单位制(SI)的七个基本单位包括长度、质量、时间、电流、热力学温度、物质的量和发光强度,如表1.1所示。

表 1.1　国际单位制(SI)的七个基本单位

基本量	基本量纲	SI 单位 单位名称	SI 单位 单位符号
长度	L	米	m
质量	M	千克	kg
时间	T	秒	s
电流	I	安[培]	A
热力学温度	O	开[尔文]	K
物质的量	N	摩[尔]	mol
发光强度	J	坎[德拉]	cd

2019 年,第 26 届国际计量大会改变的千克、安培、开尔文和摩尔的定义正式生效,自此,所有基本单位全部由自然界的常数去定义:长度由光在 1/299792458s 内所经过的距离的长度定义,千克由普朗克常量(h)定义,安培由基本电荷(e)定义,开尔文由玻尔兹曼常量(k)定义,摩尔由阿伏伽德罗常量(N_A)定义,坎德拉由定频辐射源达到定量辐射强度时的光强定义。2020 年,中国科学院将"测量计量与仪器"列入"中国电子信息工程科技发展十六大技术挑战(2020)",强调了基于常数重新定义国际单位制实施后,推动国家测量体系向数字化、网络化、智能化方向跨越的需求和挑战。

导出量是由基本量的函数定义的量。例如,速度是由长度除以时间求得的。不同的导出单位有各自专门的单位名称和单位符号,这些单位名称和单位符号可以单独使用,也可以和基本单位进一步合成新的导出单位。用基本单位表示的国际单位制(SI)典型导出单位如表 1.2 所示。

表 1.2　国际单位制(SI)典型导出单位

物理量	SI 单位 单位名称	SI 单位 单位符号
面积	平方米	m^2
体积	立方米	m^3
速度	米每秒	m/s
加速度	米每二次方秒	m/s^2
波数	每米	m^{-1}
密度	千克每立方米	kg/m^3
电流密度	安培每平方米	A/m^2

续表

物理量	SI 单位	
	单位名称	单位符号
磁场强度	安培每米	A/m
物质的量的浓度	摩尔每立方米	mol/m^3
比体积	立方米每千克	m^3/kg
光亮度	坎德拉每平方米	cd/m^2

量纲也称为因次,是指物理量固有的、可度量的物理属性,以量制中基本量的幂的乘积表示该量制中一个量的表达式(《国防计量通用术语》(GJB 2715—1996)。例如,力的量纲 LMT^{-2} 是基本量长度、质量和时间的表达式。量制中的七个基本量对应着七个基本量纲。

测量原理是指测量所依据的物理原理。不同性质的被测量用不同测量原理去测量,同一性质的被测量也可用不同原理去测量。测量原理研究涉及物理学、热学、力学、电学、光学、声学和生物学知识。测量原理的选择主要取决于被测量的物理化学性质、测量范围、性能要求和环境条件等因素。新的测量原理的研究与探索始终是测试技术发展的一个活跃领域。

测量方法是指依据测量原理完成测量的具体方式。按测量结果产生的方式不同,可以将测量方法分为直接测量、间接测量和组合测量三种。在测量中,将被测量与作为标准的物理量直接进行比较,从而得到被测量的数值,这类测量称为直接测量。在测量中,对与被测量有确定函数关系的其他物理量(也称为原始参数)进行直接测量,然后通过计算获得被测量数值,这类测量称为间接测量。测量中各个未知量以不同的组合形式出现,综合直接测量或间接测量所获得的数据,通过求解联立方程组以求得未知量的数值,这类测量称为组合测量。

测量系统是指完成具体测量任务的各种仪器、仪表所构成的实际系统。按照信息传输方式不同,测量系统可分为模拟式和数字式两种。无论是哪种测量系统,一般都是由传感器、信号调理电路、数据处理与显示装置、输出装置等组成。其中,数字式测量系统由于信息传输均采用数字化信息,具有抗干扰能力强、速度快、精度高、功能全等优点,是目前测量系统的主流及发展方向。

测量数据的精度不仅取决于测量原理、测量方法和测量系统,在很大程度上也与数据处理密切相关。统计分析、数字信号处理都是测量数据处理中常用的方法。研究先进、快速、高效的数据处理方法,研制高度集成、智能的数据处理系统与软件是现代测量系统一个重要的发展方向。

1.1.2 计量

计量是利用技术和法制手段实现单位统一、量值准确可靠的测量。计量涉及整个测量领域，对整个测量领域起指导、监督、保证和仲裁作用。计量的本质是测量，但又不等同于一般的测量。广义而言，计量包括建立计量基准、标准，确定计量单位制，进行计量监督管理。在技术管理和法制管理的要求上，计量要高于一般的测量。

计量学即计量的科学，包括计量的理论和实践的各个方面。计量学研究量与单位、测量原理与方法、测量标准的建立与溯源、测量器具及其特性，以及与测量有关的法制、技术和行政管理。

各国在商业及其他涉及公众利益的范围内，都制定了法定计量学的规定条例，这些条例涉及法定计量学的三大范畴：①确定单位和单位制；②确定国家施加影响的范围，包括测量仪器的校准义务、官方监督职能和校准能力；③实施校准和官方监督。例如，海军为了规范设备计量工作，加强计量监督管理，制定了计量工作规定，其基本任务是按照计量法律、法规和其他有关规定，建立、完善海军计量管理体系和量值传递体系，组织实施装备和检测设备的计量检定、校准和测试，保证其量值的准确、可靠和计量单位的统一。

1.1.3 检测

检测是意义更为广泛的测量，其本质是测量+信号检出，其中最重要的过程是信号检出，即将测量结果中的有用信号提取出来。测量是以检出信号、确定被测量属性的量值为目的，检测则是需要在检出信号的基础上做进一步的信号处理和数据分析判断等。

检测过程可分为信息提取、信号转换、信号存储与传输、显示记录分析处理等，其中涉及的技术包括检测的方法、检测的结构、检测信号的处理等。

检测方法可按以下方式分类：按被测量的物理属性分类，其可分为电量检测和非电量检测；按检测原理分类，其可分为电磁法、光学法、微波法、超声法、核辐射法、电化学分析法、色谱分析法、质谱分析法等；按检测方法分类，其可分为主动检测与被动检测、直接检测与间接检测、接触式检测与非接触式检测、动态检测与静态检测等。

检验和检测是两个容易混淆的概念，其实这两个概念差别很明显。检验强调符合性，不仅提供结果，还要与规定要求进行比较，做出合格与否的判定。例如，产品装箱后，按规定进行抽样检查，检验合格后发放合格证才能出厂。检测是对给定对象按照规定程序进行的活动，仅是一项技术活动，在没有明确要求时，仅需要提供结果，不需要判定合格与否。例如，奥运会等各大体育赛事都对运动员实施兴奋剂等药物检测，检测结果是否呈阳性是未知的，这里就不能称为检验。

1.1.4 测试

测试是具有试验性质的测量，即测量与试验的综合，一般是借助相关的仪器、设备，设计合理的试验方法，以及进行必要的信号分析与处理，从而获取被测量的有用信息，最后将结果提供给观察者或者输入其他信息处理装置、控制系统中。在生产和科学试验中经常进行的满足一定准确度要求的试验性测量过程也称为测试[1-4]。例如，某交流电源的输出电压为115±5V、频率为400±5Hz、波形失真度小于3%，对这些技术指标进行的试验性测量也称为测试。

测试的基本任务是获取有用的信息，而信息总是蕴含在某些随时间、空间变化的物理量中，这些物理量就是信号。信号按其物理表达有电信号、光信号、力信号等。电信号在变换、处理、传输和运用等方面都有相对明显的优点，由于成为目前应用最广泛的信号，各种非电信号往往被转换成电信号再进行传输、处理和应用。

测试与测量概念的区别体现在以下三个方面：

(1) 测试可以指试验研究性质的测量过程。这种测量可能没有正式计量标准，只能用一些有意义的方法或参数去测评被测量状态或性能。例如，对人能力的测评，结果的计量标准不明确，但也称为测试。

(2) 测试可以指着眼于定性而非定量的测量过程。例如，数字电路测试主要是确定逻辑电平的高低而非逻辑电平的准确值，这种测量过程也称为测试。

(3) 测试可以指实验和测量的全过程。这种过程既是定量的，也是定性的，其目的在于鉴定被测量的性质和特征。

因此，测试与测量两个概念的基本含义是一致的，但测试概念的外延更宽，更注重强调试验性质与过程。同样，测试与检测在很多场合可以通用，测试是更广泛意义上的检测，是包含测量和检测含义的更深、更广的概念，而且测试还包含试验的意思。

1.2 测试系统组成架构及基本特征

1.2.1 测试系统的组成架构

基于现代测试技术，以计算机为核心的测试系统称为现代测试系统。相对完整的现代测试系统一般由激励装置、被测量、传感器、信号转换与调理、信号传输、信号分析、显示和记录等部分组成，典型组成如图1.1所示。

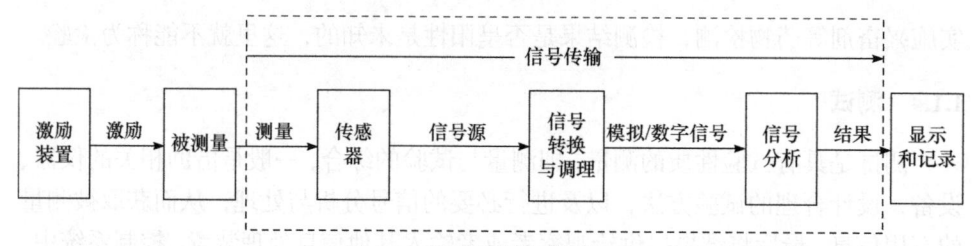

图 1.1　测试系统的典型组成

激励装置主要是向被测量发出激励信号，作为被测量的输入。并不是所有信息都装载在可直接检测的信号中，有时需要选用合适的方式激励被测量，使其产生既能充分表征信息又便于检测的信号。

被测量是测试系统的信息来源，整个测试系统都是围绕被测量来组建的。如果被测量与力、位移、速度、加速度、压力、流量、温度等某一参数或某些参数有关，那么相应的测试系统就必须具有完成该参数检测的功能。

传感器直接作用于被测量，是测试系统与被测量直接发生联系的纽带。传感器功能、性能都直接关系到测试系统的任务能力和测试性能，可以说测试系统获取信息的质量是由传感器直接决定的。

传感器检出信号不可避免地含有噪声、干扰，信号的幅度、频率等也可能过小或过大，这就需要对信号进行必要的转换与调理。信号转换与调理的主要作用是将从传感器检出的信号进行转换、放大、滤波、模拟/数字转换或数字/模拟转换、调制、识别、估值等加工调理，转换成更适合传输、分析或判断处理的形式。

信号传输主要完成测试设备内部或测试设备与其他设备之间的信息传输。信号传输与通信是测试的重要环节，已涉及数据通信领域的问题。一般的测试仪器仪表特别是智能仪器都设有通信接口，能够实现程控，便于进行自动测试。良好的数据通信接口是现代测试系统的重要组成部分。

图 1.1 中的信号分析不同于信号转换与调理，是在收集到一定维度或一定数量的有效信息后，利用相关算法和现代计算机运算能力进行科学分析，实现如时频域转换、统计、预测及其他更高级的运算分析功能。

显示和记录装置是连接测试人员和测试系统连接的主要桥梁，将测试的结果以观察者易于识别的形式呈现或存储。常用的显示方式有数字显示、指针式显示、图形显示、图表显示、文字显示及动态影像显示等。

需要注意的是，并不是所有的测试系统都具备图 1.1 所示的所有环节和内容，但至少应该具有被测量、信号获取、信号传输和信息处理部分。现代测试系统一般具有系统开放化、通信多元化、远程智能化、人机交互形式多样化、测控系统大型化和微型化、数据处理网络化与自动化等特点，将成为工业仪器与测控系统新的发展方向。

自动测试系统(automatic test system，ATS)又称为计算机辅助测试(computer aided testing，CAT)系统，主要指通用测试系统的计算机辅助实现。现代自动测试系统通常是在标准的测控系统或仪器总线[计算机辅助测量和控制(computer aided measurement and control，CAMAC)、通用接口总线(general-purpose interface bus，GPIB)、VXI(VMEbus extensions for instrumentation)、PXI(PCI extensions for instrumentation)等]的基础上组建而成的，如图 1.2 所示。该系统采用标准总线制架构，测控计算机[含测试程序集(test program set，TPS)]是测试系统的核心，还包括测试资源、标准阵列接口(interface connector assembly，ICA)、测试单元适配器(test unit adapter，TUA)等主要组成部分。

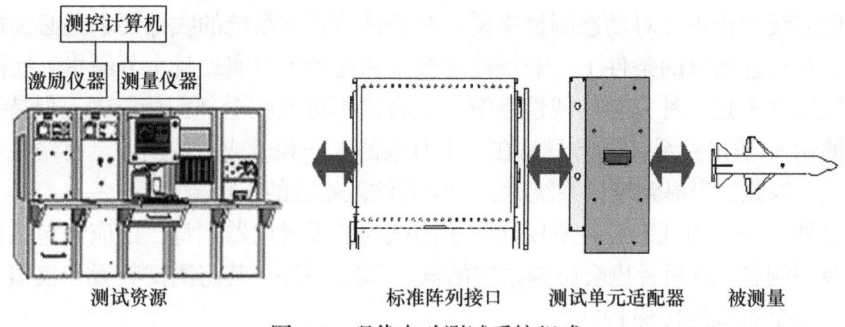

图 1.2 现代自动测试系统组成

多年来，国内外广泛深入开展了现代自动测试系统研究，其主要目的是：①实现测试自动化，减轻测试人员的工作强度，减少测试数据出错；②提高测量精度；③提高实时性，缩短自动测试的时间。

1.2.2 测试系统的基本特性

在对物理量进行测量时，要用到各种各样的装置和仪器，这些装置和仪器对被测物理量进行传感、转换与处理、传送、显示、记录以及存储，组成了一个测试系统。信号与系统是紧密相关的，被测物理量(信号)作用于某一测试系统，该测试系统在输入信号(激励)的驱动下对其进行加工，并将加工后的信号进行输出。受测试系统的特性以及信号传输过程中干扰的影响，输出信号的质量必定不如输入信号[5]。为正确描述或反映被测物理量，实现精确测试或不失真测试，测试系统的选择及其传递特性的分析极其重要。因此，本小节重点说明系统的本质以及测试系统的特性，为充分理解测试系统实现精确测量的条件提供支撑。

1. 系统的本质

一个测试系统输入-输出关系图如图 1.3 所示，其中 $x(t)$ 和 $y(t)$ 分别表示输入量与输出量，$h(t)$ 表示系统的传递特性。

$$x(t) \longrightarrow \boxed{\begin{array}{c} h(t) \\ 系统 \end{array}} \longrightarrow y(t)$$

图 1.3　系统输入-输出关系图

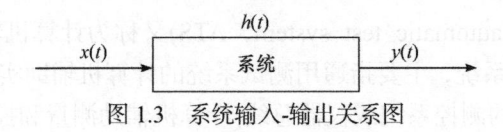

三者之间一般具有以下关系：①已知输入量和系统的传递特性，可求系统的输出量；②已知系统的输入量和输出量，可求系统的传递特性；③已知系统的传递特性和输出量，可推导出系统的输入量。

对一般的测试任务来说，常常希望输入与输出之间是一一对应的确定关系，因此要求系统的传递特性是线性的。对静态测量来说，尽管系统的这种线性特性是被希望的，但并非必需的。对静态测量来说，比较容易采取曲线校正和补偿技术来做非线性校正。对动态测量来说，对测试装置或系统的线性要求是必需的。另外，在动态测量的条件下，非线性的校正和处理难以实现且十分昂贵。实际测试系统往往不是一种完全的线性系统，或者说不可能在全部测量范围上保持一种线性的输入-输出关系，经常只是在一个有限的工作频段或范围内才具有线性的传递特性。因此，当提到线性系统时，一定要注意系统的工作范围。

另外，一个测试系统并不仅局限于测试的装置或仪器本身，还应该包括被测对象及观测者。后两者也会影响系统的输入-输出关系，其与测试装置和仪器共同决定了整个系统的传递特性。

2. 测试系统的静态特性

测试系统的性能特性分为静态特性和动态特性。当被测量是快速变化的物理量时，系统输入与输出之间的动态关系是用微分方程描述的。当被测量是恒定的或是慢变的物理量时，便不需要对系统进行动态描述，此时涉及的则是系统的静态特性[2,6]。静态特性一般包括重复性，漂移，误差，精确度，灵敏度，分辨率，线性度、迟滞、回差和弹性后效，零点稳定性。

1) 重复性

重复性表示由同一观察者采用相同的测量条件、方法及仪器对同一被测量所做的一组测量之间的接近程度。其表征测量仪器随机误差接近于零的程度。当其作为仪器的技术性能指标时，常用误差限来表示。

2) 漂移

当仪器的输入未发生变化时，其输出所发生的变化称为漂移。漂移常由仪器的内部温度变化和元件的不稳定性所引起。

3) 误差

仪器的误差通常有两种表达方式：一种用专门的测量单位来表示，称为绝对误差；另一种表达为被测量的一个百分比，或表达为某个专门值(如满量程示值)的一个百分比，称为相对误差。

4) 精确度

精确度是指测量仪器的示值和被测量真值的符合程度，其通过所规定的概率界限将仪器输出与被测量的真值关联起来。精确度是由诸如非线性、迟滞、温度变化、漂移等一系列因素导致的不确定度之和决定

5) 灵敏度

灵敏度是指单位被测量引起的仪器输出值的变化。数显式仪器的灵敏度为单位被测量引起数字步距变化的个数。灵敏度有时也称为增益或标度因子。

6) 分辨率

分辨率主要有两种含义。当一个被测量从一个相对于零值的任意值开始连续增加时，一般来说由于迟滞效应等，不能马上确定示值的变化值。分辨率的第一种含义就是使示值产生一定变化量所需的输入量的变化量，如图 1.4(a)所示。如果没有迟滞现象，那么这样定义的分辨率就等于灵敏度的倒数。

如果示值不是连续的(如绕线式电位计)，则将示值的不连续步距值称为分辨率，如图 1.4(b)所示。该定义与数显式仪器普遍使用的分辨率概念相吻合。数显式仪器的分辨率是指示值最后一位数的数距。

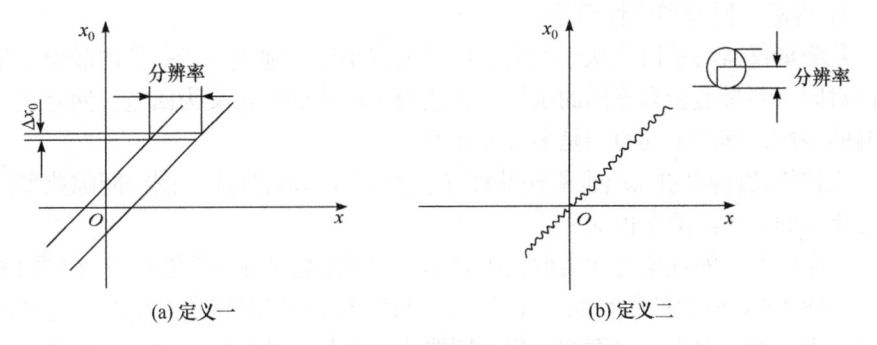

图 1.4 分辨率概念不同含义的例子

7) 线性度

若希望从测量仪器中得到被测量和测量示值之间的线性关系，则要用到描述偏离所求直线的线性度这一概念。在多数情况下，用示值范围的百分比来给出偏离所求直线的最大值。线性度概念并未被标准化，因此人们对它具有不同的定义，常用的定义有以下两种：

定义一是用理论刻度的端点值来确定该直线。一个无抑制范围的测量仪器的这条直线规定为穿过零点和最大值的终点。在这种情况下，线性度按误差限的概念定义为最大的偏离量并以示值范围的百分比给出，如图 1.5(a)所示。

定义二则是用定标测量点来描述这条参考直线。一般采用线性回归技术求出该直线，使得测量值偏离该直线的误差平方之和为最小值，而最大偏离量则

按照测量不确定度的定义给出，测量不确定度规定为在某个概率之下不被超过的误差值。

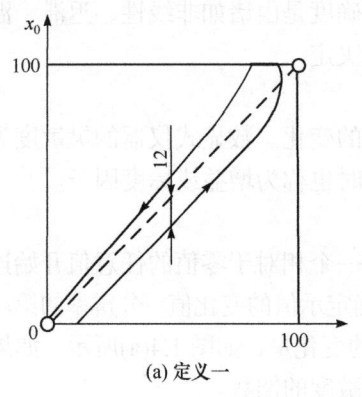

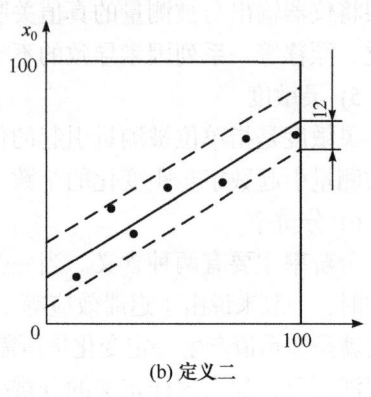

图1.5 线性度的两种定义(单位：%)

上面的定义一用于描述以系统误差为主的测量仪器或系统，定义二用于描述以随机误差为主的测量系统。

8) 迟滞、回差和弹性后效

若测量仪器的示值先从小到大、再从大到小连续地或一步一步地缓慢变化，则针对同一测量值会有不同的示值，将这两个示值的差定义为回差。回差是一种普遍的特性，其产生的原因是多种多样的。

机械传动件间的间隙(也称松动)具有类似图1.6(a)的特性曲线。间隙典型的特性是定常的，不随测量值而变化。

干摩擦产生的现象与此类似，但此时产生的回差却与测量值有关，如图1.6(b)所示。图1.6(c)所示的特性曲线主要是由铁磁材料的迟滞现象产生的。这种情况下所产生的回差取决于前面的过程，即取决于测量值的开始返回点。迟滞效应也可以由机械因素产生，例如，因弹簧内摩擦导致弹簧释放时不能再重新获得全部的变形功，其残留的差值主要取决于弹簧振幅大小。另一种与此类似的现象称为弹性后效。如果一个可移动的、由弹簧支撑或推动的器械长时间偏离其原来位置，那么便不再重新回到其原来的平衡位置，残留的位移差值不仅取决于振幅大小，而且取决于振动持续时间。这种弹性后效经过一段时间会消失。回差和迟滞的概念一般要求进一步说明现象的种类及发生时的条件。

9) 零点稳定性

零点稳定性是指在被测量回到零值且其他变化因素(如温度、压力、湿度、振动等)被排除之后，仪器回到零示值的能力。

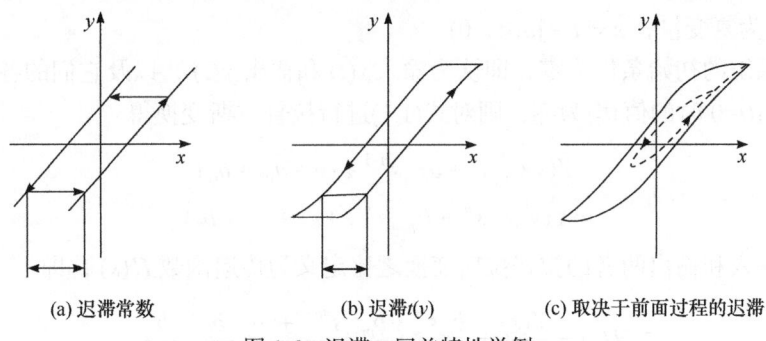

(a) 迟滞常数　　　　(b) 迟滞$t(y)$　　　(c) 取决于前面过程的迟滞

图 1.6　迟滞、回差特性举例

3. 测试系统的动态特性

测试装置或系统本身应该是一个线性系统，一方面仅能对线性系统做比较完善的数学处理，另一方面在动态测试中进行非线性校正比较困难。此外，实际中的系统往往在一定工作误差允许范围内可被视为线性系统[2,7]。因此，研究线性系统具有普遍性。

1) 线性系统的数学描述

一个线性系统的输入-输出关系一般用微分方程来描述：

$$a_n \frac{d^n y(t)}{dt^n} + a_{n-1} \frac{d^{n-1} y(t)}{dt^{n-1}} + \cdots + a_1 \frac{dy(t)}{dt} + a_0 y(t)$$
$$= b_m \frac{d^m x(t)}{dt^m} + b_{m-1} \frac{d^{m-1} x(t)}{dt^{m-1}} + \cdots + b_1 \frac{dx(t)}{dt} + b_0 x(t) \tag{1.1}$$

式中，$x(t)$ 为系统的输入；$y(t)$ 为系统的输出；$a_n, a_{n-1}, \cdots, a_1, a_0$ 和 $b_m, b_{m-1}, \cdots, b_1, b_0$ 为系统的物理参数。

若上述物理参数均为常数，则该方程便是常系数微分方程，所描述的系统便是线性定常系统或线性时不变(linear time-invariant, LTI)系统。本书后续涉及的系统，如无特殊声明，均指线性时不变系统。

2) 系统的传递特性

一般常用传递函数或频率响应函数来描述系统的传递特性。针对常系数微分方程，采用拉普拉斯变换的方法求解十分方便。这里采用拉普拉斯变换来建立测试系统传递函数。

若 $y(t)$ 为时间变量 t 的函数，且当 $t \leqslant 0$ 时有 $y(t) = 0$，则 $y(t)$ 的拉普拉斯变换 $Y(s)$ 定义为

$$Y(s) = \int_0^\infty y(t) e^{-st} dt \tag{1.2}$$

式中，s 为复变量，$s=a+\mathrm{j}b(a>0)$。

若系统的初始条件为零，即认为输入 $x(t)$ 和输出 $y(t)$，以及它们的各阶导数的初始值($t=0$ 时的值)均为零，则对式(1.1)进行拉普拉斯变换得

$$Y(s)(a_n s^n + a_{n-1} s^{n-1} + \cdots + a_1 s + a_0)$$
$$= X(s)(b_m s^m + b_{m-1} s^{m-1} + \cdots + b_1 s + b_0)$$

将输入和输出两者的拉普拉斯变换之比定义为传递函数 $H(s)$，即

$$H(s) = \frac{Y(s)}{X(s)} = \frac{b_m s^m + b_{m-1} s^{m-1} + \cdots + b_1 s + b_0}{a_n s^n + a_{n-1} s^{n-1} + \cdots + a_1 s + a_0} \tag{1.3}$$

传递函数 $H(s)$ 表征了一个系统的传递特性。式(1.3)分母中 s 的幂次 n 代表了系统微分方程的阶次，也称为传递函数的阶次。由式(1.3)不难得到传递函数的如下特性：

(1) 等式右边与输入 $x(t)$ 无关，亦即传递函数 $H(s)$ 不因输入 $x(t)$ 的改变而改变，它仅表达系统的特性。

(2) 由传递函数 $H(s)$ 描述的一个系统对于任一具体的输入 $x(t)$ 都明确地给出了相应的输出 $y(t)$。

(3) 等式中的各系数 $a_n, a_{n-1}, \cdots, a_1, a_0$ 和 $b_m, b_{m-1}, \cdots, b_1, b_0$ 是由测试系统本身结构特性所唯一确定的常数。

3) 频率响应函数

对于稳定线性定常系统，可设 $s=\mathrm{j}\omega$，即原来公式 $s=a+\mathrm{j}b$ 中的 $a=0$、$b=\omega$。此时，式(1.2)变为

$$Y(\mathrm{j}\omega) = \int_0^\infty y(t) \mathrm{e}^{-\mathrm{j}\omega t} \mathrm{d}t \tag{1.4}$$

式(1.4)为单边傅里叶变换公式。相应地，有

$$H(\mathrm{j}\omega) = \frac{b_m (\mathrm{j}\omega)^m + b_{m-1}(\mathrm{j}\omega)^{m-1} + \cdots + b_1(\mathrm{j}\omega) + b_0}{a_n (\mathrm{j}\omega)^n + a_{n-1}(\mathrm{j}\omega)^{n-1} + \cdots + a_1(\mathrm{j}\omega) + a_0} = \frac{Y(\mathrm{j}\omega)}{X(\mathrm{j}\omega)} \tag{1.5}$$

$H(\mathrm{j}\omega)$ 称为测试系统的频率响应函数(frequency response function, FRF)。显然，频率响应函数是传递函数的特例。频率响应函数也可由对式(1.1)进行傅里叶变换来推导得到，推导时应用了傅里叶变换的微分定理。

传递函数和频率响应函数均可表达系统的传递特性，但两者的含义不同。在推导传递函数时，系统的初始条件设为零。对于一个从 $t=0$ 开始施加的简谐信号激励，采用拉普拉斯变换解得的系统输出将由两部分组成：由激励所引起的、反映系统固有特性的瞬态输出，以及该激励所对应的系统的稳态输出。如图 1.7(a)所示，系统在激励开始之后有一段过渡过程，经过一定的时间，系统的瞬态输出

趋于定值，亦即进入稳态输出。图 1.7(b)是频率响应函数描述下系统的输入与输出之间的对应关系。当输入为简谐信号时，在观察时系统的瞬态响应已趋近于零，频率响应函数 $H(j\omega)$ 表达的仅仅是系统对简谐输入信号的稳态输出。因此，频率响应函数不能反映过渡过程，只有传递函数才能反映全过程。

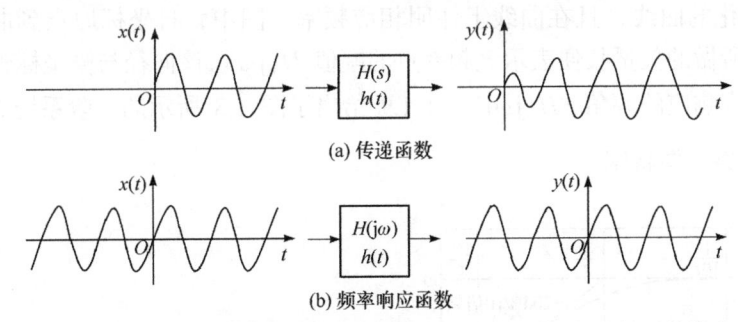

(a) 传递函数

(b) 频率响应函数

图 1.7 用传递函数和频率响应函数分别描述不同输入状态的系统输出

虽然频率响应函数不能反映过渡过程，但频率响应函数直观地反映了系统对不同频率输入信号的响应特性。在实际的工程问题中，为获得较好的测量效果，常在系统处于稳态输出的阶段进行测试。因此，在测试工作中常用频率响应函数来描述系统的动态特性。控制技术要研究典型扰动所引起的系统响应，研究一个从起始的瞬态变化过程到最终的稳态过程的全部特性，因此常用传递函数来描述。

一般来说，频率响应函数 $H(j\omega)$ 是一个复函数，可将其写成幅值与相角表达的指数函数形式：

$$H(j\omega) = A(\omega)e^{j\varphi(\omega)} = A(\omega)\angle\varphi(\omega) \tag{1.6}$$

式中，$A(\omega)$ 为复数 $H(j\omega)$ 的模，称为系统的幅频特性；$\varphi(\omega)$ 为 $H(j\omega)$ 的幅角，称为系统的相频特性。$A(\omega)$ 和 $\varphi(\omega)$ 的表达式为

$$A(\omega) = \frac{|Y(\omega)|}{|X(\omega)|} = |H(j\omega)| \tag{1.7}$$

$$\varphi(\omega) = \arg H(j\omega) = \varphi_y(\omega) - \varphi_x(\omega) \tag{1.8}$$

若将 $H(j\omega)$ 用实部和虚部的组合形式来表达，即

$$H(j\omega) = P(\omega) + jQ(\omega) \tag{1.9}$$

则 $P(\omega)$ 和 $Q(\omega)$ 均为 ω 的实函数，式(1.7)也可写为

$$A(\omega) = \sqrt{P^2(\omega) + Q^2(\omega)} \tag{1.10}$$

以 ω 为自变量分别绘制 $A(\omega)$ 和 $\varphi(\omega)$ 的图形，所得的曲线分别称为幅频特性

曲线和相频特性曲线。将自变量 ω 用对数坐标表达，幅值 $A(\omega)$ 用分贝(dB)数来表达，此时所得的对数幅频曲线与对数相频曲线称为伯德图，如图 1.8 所示。

另外一种表达系统幅频特性与相频特性的作图法称为奈奎斯特图法。它是将系统 $H(j\omega)$ 的实部 $P(\omega)$ 和虚部 $Q(\omega)$ 分别作为坐标系的横坐标和纵坐标，绘制它们随 ω 变化的曲线，且在曲线上注明相应频率。图中，自坐标原点到曲线上某一频率点所做的矢量长便表示该频率点的幅值 $|H(j\omega)|$，该向径与横坐标轴的夹角便代表频率响应的幅角 $\angle H(j\omega)$。图 1.9 给出了图 1.8 所示的一阶系统 $H(j\omega) = \dfrac{1}{1+j\tau\omega}$ 的奈奎斯特图。

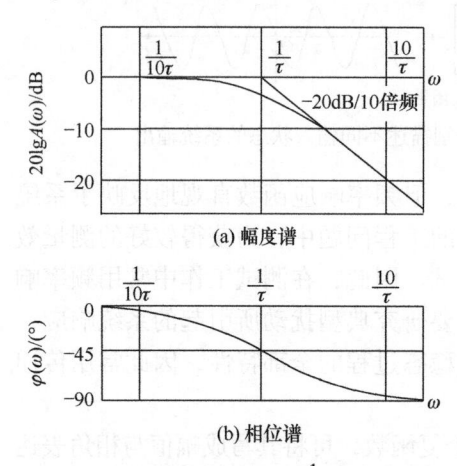

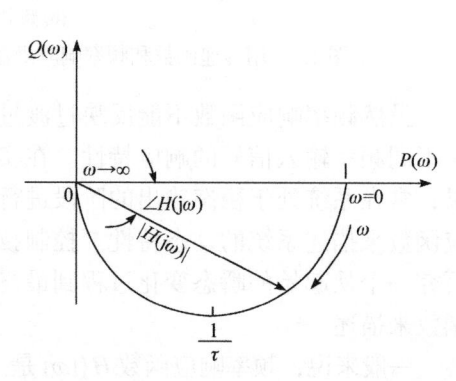

图 1.8　一阶系统 $H(j\omega) = \dfrac{1}{1+j\tau\omega}$ 的伯德图　　图 1.9　一阶系统 $H(j\omega) = \dfrac{1}{1+j\tau\omega}$ 的奈奎斯特图

4) 一阶系统、二阶系统的传递特性描述

一般的测试装置总是稳定系统，系统传递函数表达式(1.3)分母中 s 的幂次总高于分子中 s 的幂次，即 $n > m$，且 s 的极点应为负实数。将式(1.3)中的分母分解为 s 的一次和二次实系数因子式(二次实系数因子式对应其复数极点)，即

$$a_n s^n + a_{n-1} s^{n-1} + \cdots + a_1 s + a_0 = a_n \prod_{i=1}^{r}(s+p_i) \prod_{i=1}^{(n-r)/2}(s^2 + 2\zeta_i \omega_{ni} s + \omega_{ni}^2)$$

式中，p_i 和 ω_{ni} 为常量。因此，式(1.3)可改写为

$$H(s) = \sum_{i=1}^{r} \dfrac{q_i}{s+p_i} + \sum_{i=1}^{(n-r)/2} \dfrac{\alpha_i s + \beta_i}{s^2 + 2\zeta_i \omega_{ni} s + \omega_{ni}^2} \tag{1.11}$$

式中，α_i、β_i 和 q_i 为常量。式(1.11)表明，任何一个系统均可视为多个一阶系统、二阶系统的并联，也可将其转换为若干一阶系统、二阶系统的串联。

同样，根据式(1.11)，一个 n 阶系统的频率响应函数 $H(j\omega)$ 仿照式(1.12)也可视为多个一阶环节和二阶环节的并联(或串联)：

$$H(j\omega) = \sum_{i=1}^{r} \frac{q_i}{j\omega + p_i} + \sum_{i=1}^{(n-r)/2} \frac{j\alpha_i\omega + \beta_i}{(j\omega)^2 + 2\zeta_i\omega_{ni}(j\omega) + \omega_{ni}^2}$$

$$= \sum_{i=1}^{r} \frac{q_i}{j\omega + p_i} + \sum_{i=1}^{(n-r)/2} \frac{\beta_i + j\alpha_i\omega}{(\omega_{ni}^2 - \omega^2) + j2\zeta_i\omega_{ni}\omega} \tag{1.12}$$

因此，一阶系统和二阶系统的传递特性是研究高阶系统传递特性的基础。

(1) 一阶惯性系统。

在式(1.11)中，若除 a_1、a_0 和 b_0 之外令其他所有的 a 和 b 均为零，则可得

$$a_1 \frac{dy(t)}{dt} + a_0 y(t) = b_0 x(t) \tag{1.13}$$

若任何测试系统都遵循式(1.12)的数学关系，则可将其定义为一阶测试系统或一阶惯性系统。

将式(1.13)两边除以 a_0，得

$$\frac{a_1}{a_0} \frac{dy(t)}{dt} + y(t) = \frac{b_0}{a_0} x(t) \tag{1.14}$$

令 $K = \dfrac{b_0}{a_0}$ 为系统静态灵敏度，$\tau = \dfrac{a_1}{a_0}$ 为系统时间常数。对式(1.14)进行拉普拉斯变换，则有

$$(\tau s + 1)Y(s) = KX(s) \tag{1.15}$$

故一阶惯性系统的传递函数为

$$H(s) = \frac{Y(s)}{X(s)} = \frac{K}{\tau s + 1} \tag{1.16}$$

(2) 二阶系统。

若式(1.11)中除 a_2、a_1、a_0 和 b_0 以外的其余所有 a 和 b 均为零，则可得

$$a_2 \frac{d^2 y(t)}{dt^2} + a_1 \frac{dy(t)}{dt} + a_0 y(t) = b_0 x(t) \tag{1.17}$$

这便是二阶系统的微分方程式。

同样，令 $K = \dfrac{b_0}{a_0}$ 为系统静态灵敏度，$\omega_n = \sqrt{\dfrac{a_0}{a_2}}$ 为系统欠阻尼固有频率(rad/s)，$\zeta = \dfrac{a_1}{2\sqrt{a_0 a_2}}$ 为系统阻尼比，对式(1.17)两边进行拉普拉斯变换，可得

$$\left(\frac{s^2}{\omega_n^2} + \frac{2\zeta s}{\omega_n} + 1\right) Y(s) = KX(s) \tag{1.18}$$

于是，系统的传递函数为

$$H(s) = \frac{Y(s)}{X(s)} = \frac{K}{\dfrac{s^2}{\omega_n^2} + \dfrac{2\zeta s}{\omega_n} + 1} \tag{1.19}$$

系统的频率响应函数则为

$$H(j\omega) = \frac{Y(\omega)}{X(\omega)} = \frac{K}{\left(\dfrac{j\omega}{\omega_n}\right)^2 + \dfrac{2\zeta j\omega}{\omega_n} + 1}$$

$$= \frac{K}{1 - \dfrac{\omega^2}{\omega_n^2} + 2j\zeta \dfrac{\omega}{\omega_n}} \tag{1.20}$$

5) 测试系统对典型激励的响应函数

传递函数和频率响应函数均描述一个测试装置或系统对正弦激励信号的响应。频率响应函数描述了测试系统在稳态的输入-输出情况下的传递特性。在前面的讨论中也曾指出，在施加正弦激励信号的一段时间内，系统的输出中包含自然响应部分，即瞬态输出。研究自然响应或瞬态过程的目的有两方面：一方面，在某些问题中值得感兴趣的是自然响应本身；另一方面，在研究自然响应中获取的系统各模态参数可作为对系统做进一步动力学分析的基础。瞬态输出随着时间推移逐渐衰减至零，从而系统的输出进入稳态输出的阶段。描述这两个阶段的全过程要采用传递函数，频率响应函数只是传递函数的一种特殊情况。

测试装置的动态响应还可通过对装置(或系统)施加其他激励的方式来获取，重要的激励信号有三种：单位脉冲函数、单位阶跃函数以及斜坡函数。这三种信号由于其函数形式简单和工程上的易实现性而得到广泛使用。

时域中求系统的响应要进行卷积积分的运算，通常采用计算机进行离散数字卷积计算，一般计算量较大。利用卷积定理将它转换为频域的乘积处理相对简单。要求一个系统对任意输入的响应，重点是要知道或求出系统对单位脉冲输入的响应，即脉冲响应函数，然后利用输入函数与系统单位脉冲响应的卷积便可求出系统的总输出响应。时域中的这种输入-输出关系在频域中则是通过拉普拉斯变换或傅里叶变换来实现的。

6) 测试系统特性参数的试验测定

一个测试系统的各种特性参数表征了该系统的整体工作特性。为获取正确的测量结果，应精确地知道所用测试系统的各参数。此外，也要通过定标和校准来维持系统的各类特性参数。测试系统的静态特性参数测定相对简单，一般以标准量作为输入信号，测出输入-输出曲线，从该曲线求出定标曲线、直线性、灵敏度以及迟滞等各参数。测试系统的动态特性参数的测定则比较复杂，本小节以一阶系统动态特性参数的试验测定为例进行简要介绍。

对一个一阶系统来说，其静态灵敏度 K 可通过静态标定得到。因此，系统的动态参数只剩下一个时间常数 τ。求取 τ 的方法有多种，常用的是对系统施加一阶信号，然后求取系统达到最终稳定值的 63.2% 所需时间，并将其作为系统的时间常数 τ。这一方法的缺点是不精确，因为起始时间 $t=0$ 点不确定且被测系统不一定是一阶系统；另外，该方法没有涉及响应的全过程。改用下述方法可以较为精确地确定时间常数 τ。

由式(1.16)得一阶系统的阶跃响应函数(设静态灵敏度 $K=1$)：

$$y(t) = 1 - e^{-\frac{1}{\tau}} \tag{1.21}$$

式(1.21)可改写为

$$1 - y(t) = e^{-\frac{1}{\tau}} \tag{1.22}$$

定义

$$Z = \ln[1 - y(t)] \tag{1.23}$$

则有

$$Z = -\frac{t}{\tau} \tag{1.24}$$

进而有

$$\frac{\mathrm{d}Z}{\mathrm{d}t} = -\frac{1}{\tau} \tag{1.25}$$

式(1.25)表明，$\ln[1-y(t)]$ 与时间 t 呈线性关系。若绘制出 Z 与 t 的关系图，则可得到一条斜率为 $-\frac{1}{\tau}$ 的直线，如图 1.10 所示。用上述方法可得到更为精确的 τ 值。另外，根据所测得的数据点是否落在一条直线上，可判断该系统是否是一个一阶系统。若数据点与直线偏离甚远，则可断定用 63.2% 法所测得的 τ 值是相当不精确的，此时系统不是一个一阶系统。

一阶系统的动态特性也可用频率响应实验来获取或证实。在一个很宽的频率范围内将正弦信号输入被实验系统，记录系统的输入、输出值，然后用对数坐标绘制系统的幅值比和相位，如图 1.11 所示。若系统为一阶系统，则所得曲线在低频段为一水平线(斜率为零)，在高频段曲线斜率为–20dB/10倍频，相角渐近地接近–90°，于是由曲线转折点处转折频率可求得时间常数 $\tau = \dfrac{1}{\omega_{break}}$，同样也可由测得的曲线形状偏离理想曲线的程度来判断系统是否是一阶系统。

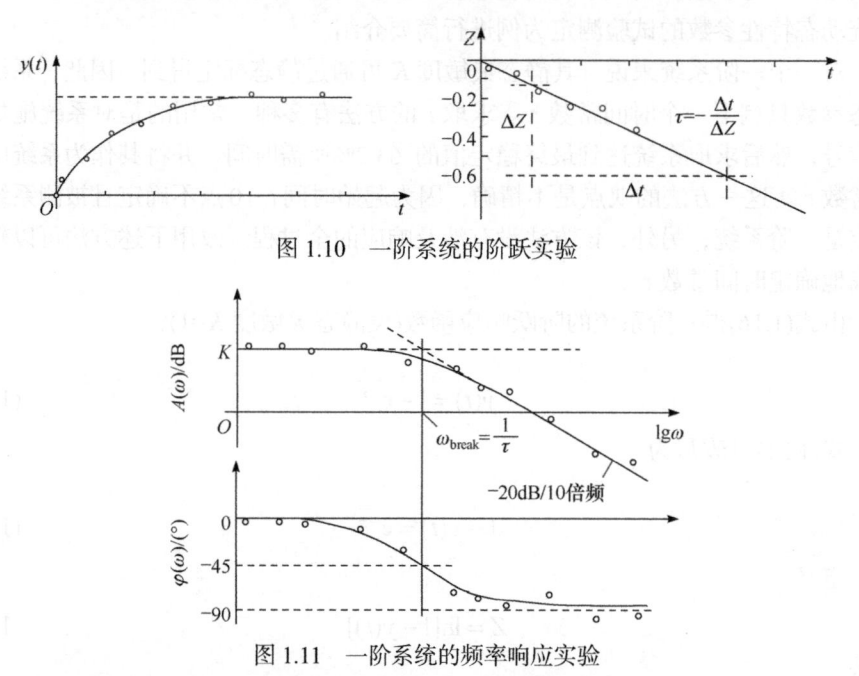

图 1.10 一阶系统的阶跃实验

图 1.11 一阶系统的频率响应实验

二阶系统的静态灵敏度同样也由静态标定来确定。系统的阻尼比 ζ 和固有频率 ω_n 也可用诸多方法来测定。常用的方法是阶跃响应测定法和频率响应测定法。若测试系统不是纯粹的电气系统，而是机械-电气或其他非电物理系统，则难以用机械的方法来产生正弦波信号，这种情况下常采用阶跃信号作为输入，因为阶跃信号便于实现。

4. 测试系统实现精确测量的条件

测试的任务是要应用测试装置或系统来精确地复现被测特征量或参数。因此，对于一个完美的测试系统，必须能够精确地复制被测信号的波形，且在时间上没有任何延时。从频域上分析，系统输入与输出之间的关系，即系统的频率响应函数应该满足 $H(j\omega) = K\angle 0°$ 的条件，亦即系统的放大倍数为常数，相位为零。上述条件是理论上的，或者说是理想化的条件。实际中，许多测量系统通过选择合适的参数能够满足幅值比(放大倍数)为常数的要求，但在信号频率范围内同时实现接近于零的相位滞后，除少数系统(如具有小 ζ 和大 ω_n 的压电式二阶系统)之外几乎是不可能的。这是因为任何测量都伴随时间上的滞后。因此，对实际的测试系统来说，上述条件中的输入与输出之间的关系可修改为

$$y(t) = Kx(t - t_0) \tag{1.26}$$

式中，K 和 t_0 为常量。

式(1.26)的傅里叶变换表达式为

$$Y(j\omega) = KX(j\omega)e^{-j\omega t_0} \tag{1.27}$$

因此，相应的系统的频率响应函数为

$$H(j\omega) = \frac{Y(j\omega)}{X(j\omega)} = Ke^{-j\omega t_0} = K\angle -\omega t_0 \tag{1.28}$$

其幅频特性和相频特性分别为

$$\begin{cases} A(j\omega) = K \\ \varphi(\omega) = -\omega t_0 \end{cases} \tag{1.29}$$

如果一个测试系统满足上述时域或频域的传递特性，即它的幅频特性是一个常数，相频特性与频率呈线性关系，那么便称该系统为精确的或不失真的测试系统，用该系统实现的测试将是精确和不失真的。图1.12表示精确测试所要满足条

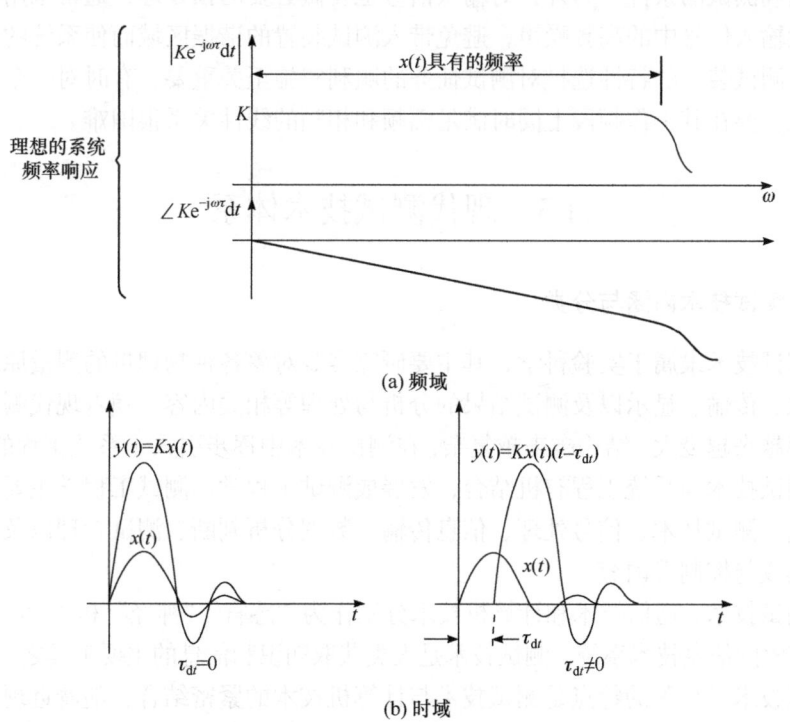

图 1.12 精确测试所要满足条件的时频域表达

件的时频域表达。根据式(1.29)，精确测试系统的幅频特性应该是一条平行于频率轴的直线，相频特性应该是发自坐标系原点的一条具有一定斜率的直线。然而，实际测量系统均有一定的频率范围，因此在输入信号所包含的频率成分范围之内满足上述两个条件即可，如图1.12(a)所示。

需要指出的是，对于满足上述精确测试或不失真测试条件的系统，其输出比输入仍滞后时间 t_0。对许多工程应用来说，测试的目的仅要求被测结果能精确地复现输入的波形，以至于时间上的延迟并不起很关键的作用，此时认为上述条件已经满足了精确测试的要求。但在某些应用场合，相角的滞后会带来问题。如果将测量系统置入一个反馈系统中，那么系统的输出对输入的滞后可能会破坏整个控制系统的稳定性，此时便严格控制测量结果滞后，即 $\varphi(\omega)=0$。

测试装置只有在一定的工作频率范围内才能保持它的频率响应符合精确测试的条件。理想的精确测试系统实际上是不可能实现的，且即使在某一范围的工作频段上，也难以实现理想的精确测试。由于装置内、外干扰的影响以及输入信号本身的质量问题，往往只能努力使测量结果足够精确，使波形的失真控制在一定的误差范围之内。因此，在进行某个测试工作之前，首先要选择合适的测试装置，使它的工作频率范围能满足测试任务的要求，在该工作频段上它的频率响应特性满足精确测试的条件。另外，对输入信号也要做必要的预处理，通常采用滤波方法去除输入信号中的高频噪声，避免带入测试装置的谐振区域而使系统的信噪比变差。测试装置的特性选择对测试任务的顺利实施至关重要。有时对一个测试装置来说，要在其工作频段上同时满足幅频和相频的线性关系很困难。

1.3 现代测试技术体系

1.3.1 测试技术内涵与分类

测试技术隶属于实验科学，其主要研究客观对象各种物理量的测量原理、信息获取、传输、显示以及测试结果的分析与处理等相关内容。随着现代测试系统的规模越来越庞大，结构越来越复杂，在测试技术中逐步引入了系统工程的思想，使得测试技术与系统工程有机结合，发展成测试工程学。测试工程学主要研究测试理论、测试技术、信号处理、信息传输、数据分析判断、测试管理以及测试系统的集成与控制等内容。

测试技术、通信技术和计算机技术分别作为"感官""神经"和"大脑"共同组成完整的信息技术系统，测试技术是人类获取知识和信息的主要工具之一[8]。现代测试技术最显著的特点是测试技术与计算机技术的紧密结合，随着近现代计算机技术、传感技术、大规模集成电路技术、通信技术等的飞速发展，测试技术领域也发生了日新月异的变化。

测试技术分类有多种方式：按应用的工程领域划分，测试技术包括机械测试、航空测试、水声测试等；按测试信号特征划分，测试技术可分为时域测试、频域测试、数据域测试和统计域测试四大类。

1. 时域测试

时域测试是指在时间域观察动态信号随时间的变化过程，研究动态系统瞬态特性，测量各种动态参数。常见的时域测试仪器有示波器、波形记录仪等。

2. 频域测试

频域测试是指在频率域观察信号频率组成，测量信号的频率响应特性，获取信号频谱图像。事实上，频域测试与时域测试是研究同一过程的两种方法，通过傅里叶变换和傅里叶逆变换，可以建立时域测试与频域测试的对应关系。常见的频域测试仪器有频谱分析仪和网络分析仪等。

3. 数据域测试

时域和频域方法对于模拟电路和系统是行之有效的分析和测试方法，但对复杂的数字电路和系统未必有效。众所周知，数字信号采用二进制逻辑状态 0、1 来表示信号特性，与信号波形关系不大，而且正常的数据流中经常混杂错误信息。因此，数字电路与系统的测试需要新的方法和仪器。数字系统处理的是二进制信息，一般称为数据，因此数字系统测试也称为数据域测试。最常见的数据域测试仪器是逻辑分析仪。

4. 统计域测试

统计域测试一般是指对随机信号的统计特性进行测试，包括具有特定统计规律的随机信号。通过对系统响应的统计测试，实现对被测系统统计特性的研究或实现对噪声污染信号的精确检测。描述随机过程统计特性的主要参数包括均值、标准差、方差、自相关函数、互相关函数、谱密度函数等。统计域测试中有两种基本激励信号：一种是白噪声信号，其常用于系统的动态测试或对系统工作性能进行估值；另一种是伪随机信号，其是一组由计算机直接产生的二进制序列，具有与随机信号一样的频谱和高斯概率分布特性。

测试技术已广泛应用于工农业生产、科学研究、国内外贸易、国防建设、交通运输、医疗卫生、环境保护和人民生活的各个方面，成为国民经济发展和社会进步必不可少的基础技术。

1.3.2 现代测试技术体系框架

现代测试技术是现代测试系统的技术支撑。现代测试技术与现代信息技术、计算机技术几乎是同步、协调向前发展的，其还不断吸取和综合各个科技领域(如物理学、化学、生物学、材料科学、微电子学、计算机科学和工艺学等)的新成就，开发出新的方法和装置[9]。现代测试技术从体系上主要包括测量误差及其处理技术、传感技术、信号转换与调理技术、信号处理与分析技术、总线接口技术与测试平台及虚拟仪器技术等，其体系框架如图1.13所示，上述技术的不断发展也是现代测试系统更先进、更完善、更高效的主要动力。

1. 测量误差及其处理技术

在实际测量中，测量设备不准确、测量方法不完善、测量程序不规范以及测量环境因素的影响，会导致测量结果或多或少地偏离被测量的真值，测量结果与被测量真值之差就是测量误差。测量误差的存在是不可避免的，也就是说一切测量都具有误差，误差自始至终存在于所有科学实验的过程中，即误差公理。测量误差及其处理技术就是为了寻找产生误差的原因，认识误差的规律和性质，进而找出减小误差的途径和方法，以求获得尽可能接近真值的测量结果。

根据误差的性质和产生的原因，可将其分为系统误差、随机误差和疏失误差，对测量误差的表述也有绝对误差、相对误差、引用误差和极限误差之分。对误差的辨识与处理有助于合理地选择试验条件和确定试验方案，有助于测试数据的科学性分析，以获取更接近真实值的最佳结果，对数据处理、实验设计等具有十分重要的意义。

2. 传感技术

传感技术是从信息源获取信息，并对其进行处理(变换)和识别的一门多学科交叉的现代科学技术，也称为传感器技术。传感器是信息的源头，只有拥有良好而多样的传感器，才能在非电量的自然界中有效地运用高水平的各种电子设备和信息技术。自20世纪70年代开始，传感器伴随材料和芯片技术的发展和演变而出现，各类特质传感器材料的出现，使人们可以更敏锐、更灵活地感知物理量，而芯片的出现使得测量自动化，并且使得测量仪器从大型化走向小型化和模块化，传感器逐渐从传统仪器系统中独立出来，作为一类功能器件被研究、生产、销售，也逐步形成体系化的传感技术。

纵观传感技术的发展历史、现代科技的进步和未来科技的需求，要保证传感技术的发展，必然要持续开展以下三方面的工作：一是不断进行与传感器技术相关的新效应、新材料、新技术与新工艺的基础研究；二是在集成电路、微处理器、

图1.13 现代测试技术体系框架

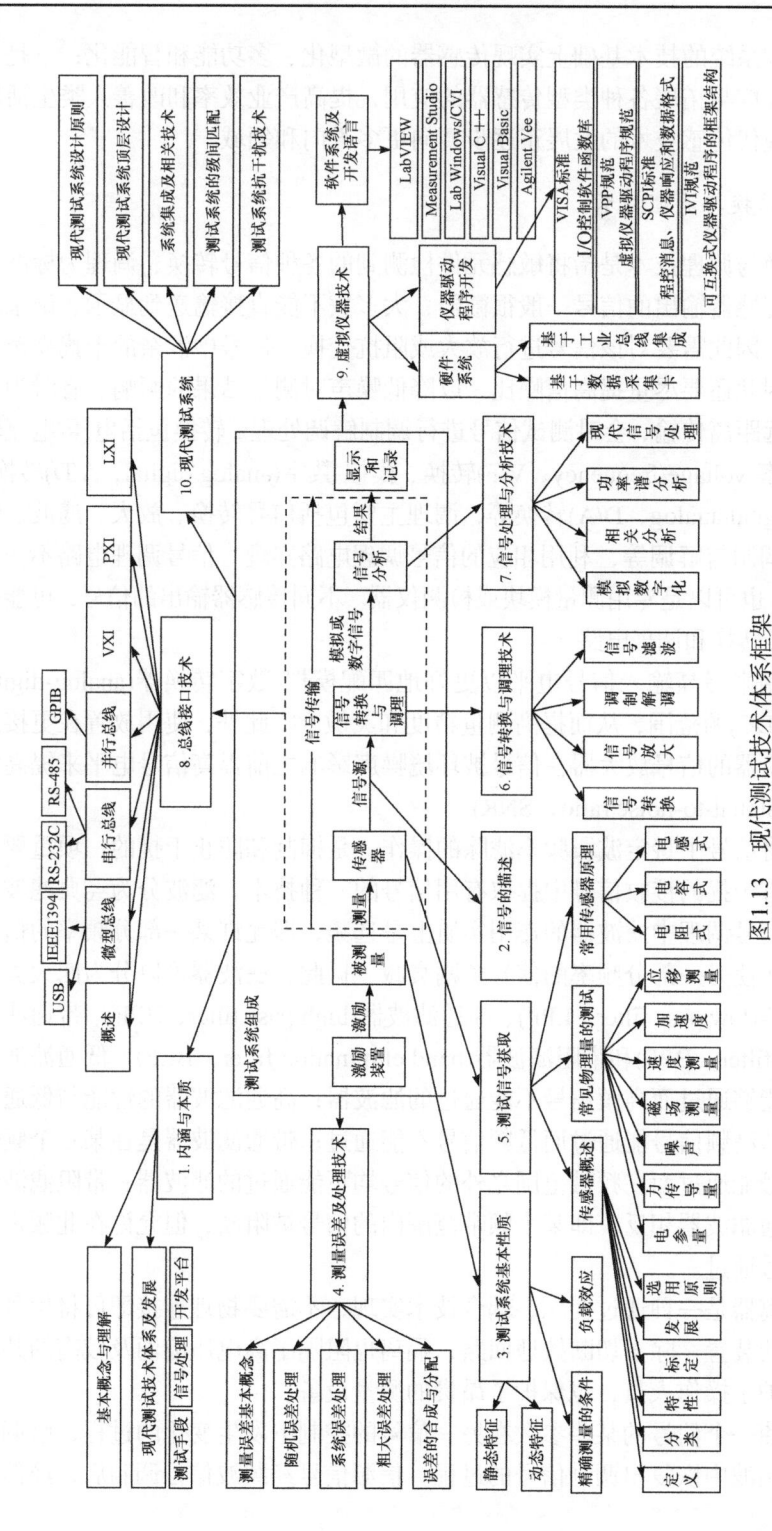

USB：通用串行总线(universal serial bus); RS-232和RS-485：异步传输标准接口; I/O：输入/输出(input/output); LXI：LAN extensions for instrumentation; VISA：虚拟仪器软件结构(virtual instrumentation software architecture); SCPI：基于可编程仪器标准命令(standard commands for programmable instruments); VPP：VXI plug & play; IVI：interchangeable virtual instrument

微控制器操作系统的技术基础上实现传感器的微型化、多功能和智能化；三是在各领域广泛推广与拓展各种类型传感器的应用，提高产业效率和改善人类生活质量。由此，现代传感技术的发展正逐步转向更多方向和领域。

3. 信号转换与调理技术

信号转换与调理技术是指将敏感元件检测到的各种信号转换、调理为标准信号的技术。传感器输出的信号一般很微弱，大多数不能直接输送到显示、记录或分析仪器中，因此需要对该信号进行放大或阻抗变换。信号中混杂的干扰噪声会影响测量，因此还要尽量提高信噪比，以降低噪声对测量结果的影响。有时为了方便信号的远距离传输，会对测试信号进行调制解调处理。转换包括电压/电流转换、电压/频率(voltage/frequency，V/F)转换、模拟/数字(analog/digital，A/D)转换、数字/模拟(digital/analog，D/A)转换等，调理主要包括信号转换、放大、滤波、保护、隔离、调制与解调等，利用相应的信号调理电路实现。信号调理电路不一定是具体电路，也可以是专用测量模块或检测仪器。不同传感器输出的信号，可能需要不同的信号转换和调理电路。

放大器用来提高输入信号电平以更好地匹配模拟-数字转换器(analog-digital converter，ADC)的范围，从而提高测量精度和灵敏度。此外，使用放置在更接近信号源或转换器的信号放大器在信号被环境噪声影响之前提高信号电平来提高测量的信噪比(signal-to-noise ratio，SNR)。

滤波是将信号中特定波段频率滤除的操作，是抑制和防止干扰的一项重要措施，是从含有干扰的接收信号中提取有用信号的一种技术。滤波分为经典滤波和现代滤波。信号调理中滤波器的作用实质上是选频，即允许某一部分频率的信号顺利通过，而使另一部分频率的信号急剧衰减。据此，滤波器可以分为四大类，即低通滤波器(low pass filter，LPF)、高通滤波器(high pass filter，HPF)、带通滤波器(band pass filter，BPF)和带阻滤波器(band elimination filter，BEF)。低通滤波器指低频信号能够通过而高频信号不能通过的滤波器；高通滤波器的性能与低通滤波器相反，即高频信号能通过而低频信号不能通过；带通滤波器是在某一个频带范围内的信号能通过而在频带范围之外的信号均不能通过的滤波器；带阻滤波器的性能与带通滤波器相反，即某个频带范围内的信号被阻断，但允许在此频带范围之外的信号通过。

信号隔离器是一种通过变压、耦合技术实现，不需要物理连接即可将信号传输至目的地的装置。除了切断接地回路，隔离也阻隔了高电压浪涌及较高的共模电压，既保护了操作人员，也保护了昂贵的测量设备。

调制是使一个信号的某些参数在另一信号的控制下发生变化的过程，解调是最终从已调制波中恢复出调制信号的过程。信源信号经载波信号调制后，经信道进行传输，进一步经载波解调后，恢复为信宿信号。根据载波受调制的参数不同，调制可分为调幅(amplitude modulation，AM)、调频(frequency modulation，FM)和调相(phase modulation，PM)。调制与解调是多路复用技术的基础，通过多路复用技术，一个测量系统可以不间断地将多路信号传输至单一的数字化仪，从而极大地扩大系统通道数量。

4. 信号处理与分析技术

信号处理与分析具有复杂数理分析的背景，把基础理论与工程应用紧密联系起来，具有广阔的工程应用前景。其数学理论有方程论、函数论、数论、随机过程论、最小二乘法以及最优化理论等，技术支柱是电路分析、电子技术以及计算机技术，并且与模式识别、人工智能、神经网络计算等有着密切的关系。

信号处理分为模拟信号处理和数字信号处理。人们最早处理的信号局限于模拟信号，所使用的处理方法也是模拟信号处理方法。数字信号处理是 20 世纪 60 年代才开始发展起来的，开始是贝尔实验室及麻省理工学院利用电子计算机对电路与滤波器设计进行仿真，奠定了数字滤波器的发展基础。60 年代中期发明的快速傅里叶变换，使频谱分析的傅里叶分析的计算速度提高了百倍以上，从而达到了可以利用电子计算机进行频谱分析的目的，奠定了信号与系统分析的实用基础，形成了以数字滤波和快速傅里叶变换为中心的数字信号处理的基本概念与方法。随着数字计算机的飞速发展，信号处理的理论和方法也得以发展，并出现了算法。对于信号的处理，人们通常是先把模拟信号转换成数字信号，然后利用高效的数字信号处理器(digital signal processor，DSP)或计算机对其进行处理。

信号处理技术是最能体现人类智慧的技术。一方面，信号处理的相关理论，如线性、因果、随机变量分析、傅里叶变换、高阶谱分析、小波分析、高阶统计等在不断发展和壮大，给了人们更多的角度去获取信号、分析信号。另一方面，微处理器技术也在不断发展，人们将这些技术应用到微处理器中，出现了很多的信号处理芯片，它有效地简化了信号处理系统的结构，加快了运算速度，提高了信号处理的实时能力。随着微电子技术的发展，微处理器的运算速度越来越快，价格越来越低，使得一些实时性要求很高、原本要由硬件完成的功能，可以通过软件来实现，甚至许多原来用硬件电路难以解决或根本无法解决的问题，也可以采用软件技术很好地加以解决。数字信号处理技术的发展和高速数字信号处理器的广泛采用，极大地增强了仪器的信号处理能力。在大规模集成电路迅速发展的今天，系统的硬件越来越简化，软件越来越复杂；集成电路器件的价格逐年下降，而软件成本费用则不断上升。测试软件不论是对大的测试系统还是对单台仪器子系统都是十分重要的，而且是未来发展和竞争的焦点。信号处理与分析技术仍在不断地发展，并朝着响应能力更快、分辨力更高、运算能力更精准以及结构上的小型化、性能上的智能化、成本上的低廉化发展，尤其是人工智能、大数据技术的创新发展为现代信号处理注入了更强动力。

5. 总线接口技术

在现代测试系统中，数据和信息的通信至关重要，重点涉及总线接口技术。总线从物理形式上讲是一组信号线的集合，是系统中各功能部件之间进行信息传输的公共通道。定义和规范测试总线的目的是统一标准，系统设计者只需根据标准开展设计，选择符合规范的测试仪器进行连接集成，而无须再单独设计仪器连接的接口，大大简化了系统软硬件设计和系统组建，提高了系统可靠性、可扩展性。

接口是测试系统内计算机与仪器、仪器与仪器之间相互连接的通道。接口的基本功能是管理设备之间数据、状态和控制信息的传输、交换，提供所需的同步信号，完成数据通信时的速度匹配、时序匹配、信息格式匹配和信息类型匹配。因此，设计或选择合适的接口成为设计一套现代测试系统的重要环节。接口按数据传输工作方式可分为串行接口和并行接口，串行接口中数据信息按位流顺序传输，而并行接口中数据信息是按位流并行传输。总线和接口的概念是紧密联系的，总线是接口的总线，接口是总线的接口，很多场合两者可以混合使用。

一种测试总线要形成一种标准规范，使不同厂商生产的仪器、器件能在这条总线上互换、组合、正常工作，就要对这种总线进行周密的设计和严格的规定，即制定总线规范。各生产厂商只要按照规范去设计和生产，产品就能挂在这种标准总线上运行。总线规范既方便了厂商生产，也为用户组装系统带来了灵活性和便利性。总线的标准规范一般包括机械结构规范、电气规范和功能结构规范。机械结构规范规定总线扩展槽的各种尺寸、模块插卡的各种尺寸和边沿连接器的规格及位置；电气规范规定信号的高低电平、信号动态转换时间、负载能力以及最大额定值等；功能结构规范规定总线上每条信号的名称和功能、相互作用等。

总线的主要功能是完成设备模块间的通信，能否保证通信通畅是衡量总线性能的关键，其主要功能指标包括总线宽度、寻址能力、总线频率、传输率、定时协议和负载能力，将在后面章节详述。总线的信息传输过程可分为请求总线、裁决总线、寻址目的地址、传送信息、检测错误五个阶段，不同类型的总线在各阶段所采用的处理方法也不同。在微型计算机系统中，计算机制造商关心的问题是如何利用PC(peripheral component)总线来实现芯片内部、印刷电路板部件之间、机箱内各功能插件板之间、主机与外部器件之间的连接和通信。工业测控领域主要研究如何将数据采集检测与传感技术、计算机技术和自动控制技术综合应用于工业过程控制，研究如何在控制器与仪器模块之间、各个仪器模块之间、系统与系统之间进行有效通信、触发与控制。

工业测试领域不断地在开放式工业标准、互换性、互操作性上进行改进和实践，最早广泛采用的通信接口总线有 GPIB(IEEE 488)、USB、IEEE 1394 总线、RS-232C/RS-485 总线等；20 世纪 80 年代末出现了 VXI 总线技术；到 90 年代出现了外部设备互联(peripheral component interconnect，PCI)总线规范，使处理器系统的大多数外部设备都直接或者间接地与 PCI 总线相连。目前，活跃在测试领域的总线主要包括以 VXI、PXI 为代表的测试机箱底板总线和以 GPIB、USB 及 FireWire 为代表的互联总线，以现场总线、IEEE 1394(FireWire)、Internet 分布、高速、互联体系等为特点的测试系统也得到了越来越广泛的应用。PXI 是基于 PCI 总线的一种高性能仪器总线。PXI 总线充分利用了 PCI 总线在 PC 市场上的统治地位与技术优势，包括广泛采用的集成电路、器件、固件、驱动程序、操作系统和应用软件等方面，具有广阔的发展前景。同 VXI 总线相比，PXI 总线更精简，机箱尺寸更小，性价比更高，传输速度更快。当前综合测试技术的发展，使得软件要远远落后于硬件，而未来软件将比硬件更重要。在互联总线中，GPIB 在一些低速测试系统中仍会长期使用，在高速测试系统中，其将被 SCSI(small computer system interface)总线所代替。在串行总线中，FireWire 总线传输速率高达 3.2Gbit/s，可组成高速测试网络，还可代替测试机箱底板总线或作为冗余测试系统中的机箱底板并行总线的备份总线，具有广阔的应用前景；以太网总线(Ethernet)以其技术成熟、长距离互联、高通信数据率、树状拓扑结构、价格低、网络传输速度快等优势，成为分布式测试系统首选串行总线之一。

6. 测试平台及虚拟仪器技术

20 世纪 90 年代，出现了由 "PC+仪器板卡+应用软件" 构成的计算机虚拟仪器。虚拟仪器采用计算机开放体系结构来取代传统的单机测量仪器，利用个人计算机强大的图形环境和在线帮助功能，建立图形化的虚拟仪器面板，实现对仪器的控制、数据处理与显示，将传统测量仪器中的公共部分(如电源、操作面板、显示屏幕、通信总线和中央处理器)集中起来通过计算机共享，利用仪器扩展板卡和应用软件在计算机上实现多种物理仪器的功能。虚拟仪器的突出优点是与计算机技术相结合，主机供货渠道多、价格低、维修费用低，并能进行升级换代。虚拟仪器功能由软件确定，用户可以根据实际生产环境的变化，通过更换应用软件来拓展虚拟仪器功能，适应实际科研、生产需要。另外，虚拟仪器功能与计算机的文件存储、数据库、网络通信等功能相结合，具有很大的灵活性和拓展空间。例如，对采集的数据通过测试软件进行标定和数据点的显示，就构成一台数字存储示波器；若利用软件对采集的数据进行快速傅里叶变换，则构成一台频谱分析仪。

IVI 规范的推出，使得虚拟仪器的内涵得以扩展：软件依从硬件变为硬件依从软件。基于 IVI 规范开发的虚拟仪器测试程序完全独立于硬件，具有仪器级的互换性，提高了程序的执行效率和测试代码的复用性，大大降低了应用系统的维护费用，其已成为测试技术的主要基础技术之一。所有这些虚拟仪器技术的变革与发展为将来组建快速、高效、通用的分布式网络测控系统奠定了坚实的基础。经过几十年的发展，虚拟仪器的种类不断丰富，功能不断增强，已由过去基于 PC 总线和 GPIB 的虚拟仪器发展到今天可满足 VXI、PXI 总线标准的虚拟仪器。基于虚拟仪器技术，现代测试平台正向多功能、集成化、智能化方向发展。

1.4 本章小结

测试技术已渗透到社会生活、工业生产、科研创造的各个方面，成为不可或缺的基础技术，在装备工程、装备使用与保障领域也发挥着巨大的支撑作用。本章在介绍测试的内涵和本质，现代测试系统的基本组成、架构及基本特征的基础上重点介绍了现代测试技术体系中的核心技术，包括传感技术、信号转换和调理技术、总线通信技术以及虚拟仪器技术等。本章内容作为现代测试技术的概述，对理解现代测试基本概念和原理，掌握现代测试系统的构成，学习测试技术及其应用做好了铺垫。

思 考 题

1. 测试与测量的概念和本质有哪些共同点和区别？
2. 用思维导图复述现代测试技术的体系。
3. 调研智能信息处理都有哪些技术方法。
4. 如何理解"在测试平台上，下一次大变革就是软件"？
5. 查阅、收集和整理测试技术相关的行业新闻，并与身边人分享。

第 2 章 测量误差分析

现代测试技术本质上是自动完成信号的获取、调理、处理、传输的过程,每个过程均是围绕信号展开的,涉及传感器、信号调理、信号处理、总线通信接口等核心技术,需要工程数学、信号与系统等知识基础。考虑到测试过程中必然会出现误差,因此本章重点介绍测量误差分析等基础知识,为后续现代测试技术知识的学习与实践夯实基础。

2.1 测量误差的基本概念

测量误差的存在不可避免地会影响人们对客观事物及其状态认知的准确性。研究测量误差就是为了寻找产生误差的原因,认识误差的规律和性质,进而找出减小误差的途径和方法,并准确判断测量结果的可靠程度,以求获得尽可能接近真实值的测量结果[10]。无论是在理论上还是在实践中,研究各种参数检测过程中出现的测量误差都具有现实意义,具体体现在以下方面:

(1) 有助于正确地进行数据分析,为分析过程和分析结果提供完整的条件因素和可靠性支持。

(2) 有助于充分利用测量得到的数据信息,在一定条件下得到更接近于真实值的最佳效果。

(3) 有助于合理地确定实验误差,以免产生虚假实验精度进而提高或降低应有的精度。

(4) 有助于合理地选择实验条件和确定实验方案,从而能够尽量在较经济的条件下,得到预期的结果。

2.1.1 测量误差的来源

测量误差的来源是多方面的,概括起来主要有以下方面。

(1) 设备误差:由测量所使用的标准量具、仪器仪表和附件不准确所引起的误差。

(2) 环境误差:由各种环境因素与规定的标准状态不一致而引起的测试系统和被测量本身的变化所造成的误差,由温度、大气压力、湿度、电磁场、电源电压、振动等引起的误差。

(3) 方法误差：由测量方法不完善引起的误差，如定义不严密或由于测定所依据的原理本身不完善而导致的误差。

(4) 人为误差：由测量者的分辨能力弱、视觉疲劳、固有习惯差或责任心缺乏等因素引起的误差，如读错刻度、操作不当、计算错误等。

总之，在测量工作中，需要对误差来源进行认真分析，采取相应的措施，以减小误差对测量结果的影响。

2.1.2　测量误差的表示方法

测量结果与被测量的真值总是不一致的，两者之间的差值就是误差。在实际测量中，对测量误差的表示各有不同，一般分为四种，即绝对误差、相对误差、引用误差和极限误差。

1. 绝对误差

测量所得到的测量值 x 与其真值 A_0 之间的差值称为绝对误差 Δx。

$$\Delta x = x - A_0 \tag{2.1}$$

实际上真值不能得到，常用理论真值、约定真值或相对真值 A 来代替。此时绝对误差可写成

$$\Delta x = x - A \tag{2.2}$$

真值即真实值，是指在一定条件下，被测量客观存在的实际值。真值通常是一个未知量，一般所说的真值是指理论真值、约定真值和相对真值。

(1) 理论真值：也称绝对真值，某物理量客观存在的值，如三角形的内角和等于 180°。

(2) 约定真值：国际上公认的某些基准量值。例如，1983 年 10 月，国际计量大会通过了米的定义，即光在真空中于 1/299792458s 内行进的距离为 1 米"。这个米基准就是计量长度的约定真值。

(3) 相对真值：是指计量器具按精度不同分为若干等级，上一等级的指示值即为下一等级的真值，次真值称为相对真值。例如，在对力值的传递标准中，用二等标准测力计校准三等标准测力计，此时，二等标准测力计的指示值为三等标准测力计的相对真值。

2. 相对误差

相对误差是指绝对误差与被测真值的比值，相对误差是无量纲数，通常用百分数表示，其表达式为

$$r_0 = \frac{\Delta x}{A_0} \times 100\% \tag{2.3}$$

这里的真值 A_0 通常也是相对真值 A，当被测真值为未知数时，一般可用测量值 x 来代替真值，这时的相对误差称为示值相对误差，用 r_x 表示，即

$$r_x = \frac{\Delta x}{x} \times 100\% \tag{2.4}$$

当被测真值为未知数时，可用测得值(或测得值的算术平均值)代替被测真值进行计算。在实际应用中，对于不同的被测量值，用绝对误差往往很难评定其测量精度的高低，通常用相对误差来评定。

3. 引用误差

引用误差是为了评价测量仪器的准确度等级而引入的，因为绝对误差和相对误差均不能客观、正确地反映测量仪器的准确度高低。引用误差定义为绝对误差与测量仪器的满量程值之比，即

$$r_\gamma = \frac{\Delta x}{L} \times 100\% \tag{2.5}$$

式中，L 为测量仪器的满量程值。

国家标准《电测量指示仪表通用技术条件》(GB 776—76)规定，电测量指示仪表的准确度等级指数 α 分为 0.1、0.2、0.5、1.0、1.5、2.5、5.0，共七级，其最大引用误差不能超过相应的准确等级指数的百分比，即

$$r_{\gamma\max} \leqslant \alpha\% \tag{2.6}$$

因此可以求出电测量指示仪表在测量时的最大可能误差，即

$$\Delta x_{\max} = L \times \alpha\% \tag{2.7}$$

$$r_{x\max} = \frac{L}{x} \times \alpha\% \tag{2.8}$$

4. 极限误差

各误差实际不应超过某个界限，该界限称为极限误差，又称为容许误差，是衡量测量仪器的重要指标。测量仪器的准确度、稳定度等指标都可用容许误差来表征。按照标准《电工和电子测量设备性能表示》(GB/T 6592—2010)的规定，容许误差可用工作误差、固有误差、影响误差、稳定性误差来描述。

2.1.3 测量误差的分类

为了便于对测量误差进行分析和处理，按照误差的特点和性质可将其分为系

统误差、随机误差和疏失误差(或称粗大误差)三大类。

1. 系统误差

在相同测试条件下，多次重复测量一个物理量时，测量误差的大小和符号保持不变或按一定的函数规律变化，并服从确定的分布规律，这种误差称为系统误差。

系统误差主要是由测量设备存在缺陷、测量环境发生变化、测量方法不完善、所依据理论不严密或采用了某些近似公式等造成的。

根据系统误差变化与否，将其分为恒值系统误差与变值系统误差。恒值系统误差是不随实验条件变化而保持恒定的系统误差，如仪表的零点偏移、刻度不准而产生的测量误差。变值系统误差是随着实验条件的变化而变化的系统误差，如测量电路中各种电气元件的参数随温度变化所产生的测量误差。

按误差产生的原因，系统误差可分为以下五类。

(1) 工具误差：也称为仪器误差，这是由测量所用工具(仪器、量具等)本身不完善而产生的误差。

(2) 装置误差：由测量设备和电路的安装、布置及调整不当而产生的误差，例如，测试设备没有调整到水平、垂直、平行等理想状态以及未能对中、方向不准等所产生的误差。

(3) 环境误差：由外界环境(温度、湿度、电磁场等)的影响而产生的误差。各类仪器仪表都有在一定条件下的性能参数或者精度指标，即基本精度，而在使用时，如果环境条件不满足使用要求，则其误差会增加，即附加误差。

(4) 方法误差：也称理论误差，是由测量方法本身所产生的误差，或者由测量所依据的理论本身不完善等产生的误差。

(5) 人员误差：视差、观测误差、估读误差和读数误差等都属于人员误差。

根据误差的变化规律，将其分为常值性的、累进性的、周期性的以及按复杂规律变化的系统误差。

以上是从不同的角度对误差进行分类，对于每一种误差，其产生的原因、自身的规律及人们对其掌握的程度都不相同，对其分析、消除和补偿的方法也不尽相同。

系统误差具有一定的规律性，因此是可以预测的，可通过实验的方法找出，并予以消除。

2. 随机误差

在同一测试条件下，多次重复测量同一量时，误差大小、符号均以不可预定的方式变化的误差称为随机误差。

产生随机误差的因素有很多，大部分因素是未知的，有些因素虽已知，但无法准确控制。例如，温度、湿度及空气的净化程度等对测量都有影响，在测量时虽力求将它们控制为某个定值，但在每一次测量时，它们都存在微小的变化。

随机误差无规律特性导致了众多随机误差之和有正负抵消的可能。随着测量次数的增加，随机误差平均值越来越小，这种性质通常称为抵偿性。因此，如果不存在系统误差，通常采用增加测量次数的方法来消除随机误差的影响。

系统误差与随机误差的划分是相对的，两者在一定条件下可以相互转化，即同一误差既可以是系统误差，又可以是随机误差。

随机误差既不能用实验方法消除，也不能修正。虽然其变化无一定规律可循，但在多次重复测量时，其总体服从统计规律。实践证明，随机误差的统计特性大多服从正态分布，根据随机误差的统计规律，便可以对其大小及测量结果的可靠性等做出估计。

3. 疏失误差

疏失误差又称为粗大误差，是指在一定的测量条件下，测得值明显偏离其真值，既不具有确定分布规律，也不具有随机分布规律。疏失误差是由测试人员对仪器不了解或由思想不集中、粗心大意导致错误的读数，使测量结果明显偏离真值而产生的误差。

疏失误差就数值大小而言，通常明显地超过正常条件下的系统误差和随机误差。含有疏失误差的测量值称为坏值或异常值。正常的测量结果中不应含有坏值，应予以剔除，但不能随便除去，必须根据检验方法的某些准则判断哪个测量值是坏值。

需要注意的是，在实际测量中，系统误差、随机误差和疏失误差并不是一成不变的，在一定条件下其可以相互转化。较大的系统误差或随机误差都可以当作疏失误差来处理，就是同一种因素对测量数据的影响，也要视其影响的大小和对这种影响规律掌握的程度，当作不同的误差来处理。

对这三种误差的处理应各不相同：对于含有疏失误差的测量值，应予以剔除；对于随机误差，用统计的方法来消除或减弱；对于系统误差，主要靠测量过程中采取一定的技术措施来削弱或对测量值进行必要的修正来减弱其影响。

2.1.4 测量不确定度与置信概率

测量误差的存在，使得难以确定被测量的真值。测量不确定度用于表征被测量的真值在某个量值范围不确定程度的一个估计。测量不确定度可用 U 表示，通常用标准差 σ 表示的不确定度称为标准不确定度。测量不确定度一般包括若干个分量，将这些分量合成后的不确定度称为合成标准不确定度，用 u_c 表示。对于正态分布，合成标准不确定度的置信概率只有 68%。

随机误差的影响，使取得的测量结果偏离数学期望的多少和方向都带有随机性，而实际中往往要求随机误差的绝对值不要超过一定的界限，因此需要研究测量结果的置信问题。

置信度是表征测量数据或结果可信赖程度的一个参数，其可用置信区间和置信概率来表示。置信度的物理解释如下：①测量数据(结果) A 处在数学期望(真值) $M(A)$ 附近一个置信区间内的置信概率有多大；②测量数据(结果) A 附近一个置信区间内出现数学期望 $M(A)$ 的置信概率有多大。这里所说的置信区间是一个给定的数据区间，通常用标准差 $\sigma(A)$ 的 K 倍来表示，即 $[M(A)-K_\sigma(A), M(A)+K_\sigma(A)]$，$K$ 称为置信因子。这里所说的置信概率就是在置信区间中的概率，其可由在置信区间内对概率密度函数的定积分求得，即

$$P[M(A)-K_\sigma(A), M(A)+K_\sigma(A)] = \int_{M(A)-K_\sigma(A)}^{M(A)+K_\sigma(A)} \varphi(A) dA \qquad (2.9)$$

显然，对于同一测量结果，所取置信区间越宽，置信概率越大，反之置信概率越小。

置信度的确定分为两类：一类是根据给定或设定置信概率计算出置信区间；另一类是根据给定的置信区间求出相应的置信概率。根据置信度的概念，上述问题的解决关键是置信因子 K 的确定，而置信因子和测量数据或随机误差的概率分布紧密相关，也就是说，置信因子的确定必须以测量数据或随机误差的概率分布已知为前提。

在测量过程中，有许多影响不确定度的因素，主要有以下方面：
(1) 被测量的定义不完整。
(2) 被测量的测量方法不理想。
(3) 取样的代表性不够，即被测样本不能代表所定义的被测量。
(4) 对测量过程受环境影响的认识不恰如其分或对环境的测量与控制不完善。
(5) 引用数据或其他参数的不确定度。
(6) 在相同条件下，被测量在重复观测中发生变化。

在给出测量结果时，应同时给出相应的测量不确定度，以表明测量结果的可信赖程度。

2.2 随机误差分析及其处理

2.2.1 随机误差的统计特性和概率分布

在精密测量中，系统误差已经消除或小得可以忽略不计，即 $\varepsilon \approx 0$。在这种情况下，只需考虑随机误差。

就单次测量而言，随机误差无规律，其大小、方向不可预知。但当测量次数足够多时，随机误差的总体服从统计学规律。大量实验证明，上述随机误差具有下列统计特性。

(1) 有界性：随机误差的绝对值不超过一定的界限。
(2) 单峰性：绝对值小的随机误差比绝对值大的随机误差出现的概率大。
(3) 对称性：等值反号的随机误差出现的概率接近相等。
(4) 抵偿性：当 $n \to \infty$ 时，随机误差的代数和为零，即

$$\lim_{n \to \infty} \sum_{i=1}^{n} \delta_i = 0 \tag{2.10}$$

随机误差的概率分布有正态分布、均匀分布、三角分布、梯形分布、反正弦分布、t 分布等，而多数随机误差都服从正态分布，因此正态分布是处理大样本随机误差的重要理论基础。

正态分布的概率密度函数为

$$p(\delta) = \frac{1}{\sigma\sqrt{2\pi}} e^{-\frac{\delta^2}{2\sigma^2}} \tag{2.11}$$

式中，σ 为随机误差 δ 的标准差；σ^2 为随机误差 δ 的方差。

对于小样本测量数据，常用 t 分布理论来处理。

2.2.2 随机变量的特征参数

随机变量通常有三个重要的特征参数，即数学期望、方差和标准差。

1) 测量数据的数学期望

根据随机误差的抵偿特性，其数学期望为零，即

$$M(\delta) = \frac{1}{n} \sum_{i=1}^{n} \delta_i, \quad n \to \infty \tag{2.12}$$

2) 随机变量的方差和标准差

对于服从正态分布的随机变量，其方差和标准差的定义分别为

$$\sigma^2(A) = \frac{1}{n} \sum_{i=1}^{n} \delta_i = \frac{1}{n} \sum_{i=1}^{n} (m_i - R)^2 \tag{2.13}$$

$$\sigma(A) = \sqrt{\frac{1}{n} \sum_{i=1}^{n} \delta_i} = \sqrt{\frac{1}{n} \sum_{i=1}^{n} (m_i - R)^2} \tag{2.14}$$

方差表征测量值相对于其中心位置数学期望的离散程度，标准差表征测量值的离散程度。若标准差很小，则表明较小的误差所占比重大，较大的误差所占比重小，测量结果的可靠性高，反之测量结果的可靠性低。

2.2.3 有限次测量数据的数学期望与方差的估计

测量数据的数学期望是在测量次数趋于无穷大的条件下定义的，而在实际测量中，不可能满足这一条件。为评价测量的准确度高低，只能根据有限次的测量数据，求出数学期望的估计值和方差的估计值。

1. 算术平均值原理

假设对某被测量 A 进行 n 次等精度 ($\sigma_1 = \sigma_2 = \sigma_3 = \cdots = \sigma_n = \sigma$) 的无系统误差 ($\varepsilon = 0$) 的独立测量，测得数据为 $A_i (i=1,2,3,\cdots,n)$。

算术平均值是被测量 A 数学期望(真值) $M(A)$ 的最佳估计，这一原理称为算术平均值原理。算术平均值的数学表达式为

$$\bar{A} = \frac{1}{n}\sum_{i=1}^{n} A_i \tag{2.15}$$

可以证明，算术平均值具有以下特点。

(1) 无偏性：估计值 $\bar{A}$ 围绕被估计参数 $M(A)$ 摆动，且 $M(\bar{A}) = M(A)$。
(2) 有效性：$\bar{A}$ 的摆动幅度比单个测量值 A_i 小。
(3) 一致性：随着测量次数 n 的增加，$\bar{A}$ 趋于被测量的 $M(A)$。
(4) 充分性：$\bar{A}$ 包含了样本(被测量)的全部信息。

2. 标准差估计

在工程上，通常用残余误差代替随机误差来获得方差和标准差的估计值 σ'^2 和 σ'，即

$$\sigma'^2 = \frac{1}{n-1}\sum_{i=1}^{n}\left(A_i - \frac{1}{n}\sum_{i=1}^{n} A_i\right)^2 \tag{2.16}$$

$$\sigma_n'^2 = \frac{n-2}{n-1}\sigma_{n-1}'^2 + \frac{1}{n}(A_n - \bar{A}_{n-1})^2 \tag{2.17}$$

式中，$\sigma_n'^2$ 为 n 个测量数据的方差估计值；$\sigma_{n-1}'^2$ 为前 $n-1$ 个测量数据的方差估计值。

3. 算术平均值标准差估计

算术平均值也是用其方差或标准差来评价的。算术平均值的方差和标准差估计值分别为

$$\sigma'^2(\bar{A}) = \frac{\sigma'^2(A)}{n} \tag{2.18}$$

$$\sigma'(\overline{A}) = \frac{\sigma'(A)}{\sqrt{n}} \tag{2.19}$$

式中，$\sigma'^2(A)$ 为测量列的方差估计值；$\sigma'(A)$ 为测量列的标准差估计值。

2.3 系统误差分析及其处理

前面所述的随机误差处理方法是以测量数据中不含系统误差为前提的。实际上，测量系统中往往存在系统误差，在某些情况下系统误差数值还比较大。因此，测量结果的精度不仅取决于随机误差，还取决于系统误差的影响。因此，研究系统误差的特征和规律性，用一定的方法发现和减小或消除系统误差，就显得十分重要，否则，对随机误差的严格数学处理也将失去意义，或者效果甚微。

2.3.1 系统误差的判别

系统误差的存在，往往会严重影响测量结果，因此必须消除系统误差的影响，才能有效提高测量的准确度。为了减小或消除系统误差，首先要判别是否存在系统误差，然后设法消除。发现系统误差必须根据具体测量过程和测量仪器进行全面仔细的分析，这是一项困难而又复杂的工作，目前还没有适用于发现各种系统误差的普遍方法。下面介绍发现某些系统误差的常用方法。

1. 实验对比法

实验对比法是指改变产生系统误差的条件并进行不同条件测量，以发现系统误差，这种方法适用于发现稳定的系统误差。

2. 残余误差观察法

残余误差观察法是指根据测量列的各个残余误差的大小和符号的变化规律，直接由误差数据或者误差曲线图形来判断有无系统误差，这种方法主要适用于发现变化规律的系统误差。

设有测量列 $l_1, l_2, \cdots, l_n$，则其系统误差为

$$\Delta l_1, \Delta l_2, \cdots, \Delta l_n$$

不含系统误差的值为

$$l'_1, l'_2, \cdots, l'_n$$

则有

$$l_1 = l'_1 + \Delta l_1$$

$$l_2 = l_2' + \Delta l_2$$
$$\vdots$$
$$l_n = l_n' + \Delta l_n$$

其算术平均值为

$$\bar{x} = \bar{x}' + \Delta \bar{x}$$
$$l_i - \bar{x} = v_i$$

因

$$l_i' - \bar{x}' = v_i'$$

故

$$v_i = v_i' + \Delta l_i - \Delta \bar{x}$$

若系统误差显著大于随机误差，v_i' 可以忽略，则得

$$v_i \approx \Delta l_i - \Delta \bar{x}$$

可见，对于显著含有系统误差的测量列，其任一测量值的残余误差为系统误差与测量列系统误差平均值之差。

根据测量先后顺序，将测量列的残余误差进行列表或作图以便观察，进而判断有无系统误差。

3. 马利科夫判据

当测量次数较多时，将测量列的前 k 个残余误差之和，减去测量列后 $n-k$ 个残余误差之和，若其差值接近于零，则说明不存在变化的系统误差；若其差值显著不为零，则认为测量列存在变化的系统误差。这种方法适用于发现线性的系统误差。

$$M = \sum_{i=1}^{k} v_i - \sum_{i=k+1}^{n} v_i \tag{2.20}$$

式中，M 为上述差值；n 为测量次数，若 n 为偶数，则相应地有 $k = n/2$，若 n 为奇数，则 $k = (n+1)/2$。

4. 阿卑-赫梅特判据

阿卑-赫梅特判据用于发现是否存在周期性系统误差。首先将测量数据按顺序排列，依次两两相乘，然后取和的绝对值，再用此列数据求出标准差的估计值。若

$$u = \left| \sum_{i=1}^{n-1} v_i v_{i+1} \right| > \sqrt{n-1}\sigma^2 \tag{2.21}$$

则可以认为存在周期性系统误差。

对于已经确定存在变值系统误差的测量数据，原则上应舍弃不用。若残余误差的最大值小于测量允许的误差范围或规定的系统误差范围，则可以考虑使用其测量数据；若继续测量，则需密切关注误差的变化情况。

2.3.2 系统误差的消除

在测量过程中，若发现有系统误差，则必须进行进一步分析比较，找出可能产生系统误差的因素以及减小和消除系统误差的方法，但这些方法与具体的测量对象、测量方法、测量人员的经验有关，因此要找出普遍有效的方法比较困难。下面介绍常见的消除系统误差的方法。

1. 从产生系统误差的根源采取措施

从产生系统误差的根源采取措施是减小系统误差最根本的方法。例如，所采用的测量方法及其原理应该是正确的；选用仪器仪表的准确度、应用范围等必须满足使用要求；还要注意仪器的使用条件、使用方法及使用规定等。另外，仪器仪表要定期校准，正确调节零点，以保证测量的准确度。

测量环境(温度、湿度、气压、交流电源电压、电磁场干扰)要安排合适，必要时可采取稳压、散热、空调、屏蔽等措施。

测量人员应提高测量水平，增强工作责任心，减小主观原因所造成的系统误差。

2. 修正法消除系统误差

修正法是预先将测量器具的系统误差检定出来或计算出来，做出误差表或误差曲线，然后取与误差值大小相同而符号相反的值作为修正值，将实际测得值加上相应的修正值，即可得到不包含该系统误差的测量结果。

修正值本身包含一定误差，因此用修正法消除系统误差的方法，不可能将全部系统误差修正掉，总要残留少量系统误差，对这种残留的系统误差应按随机误差进行处理。

3. 不变系统误差消除法

对于测量值中存在的固定不变的系统误差，常用零示法和替代法进行消除。

(1) 零示法是指将被测量与已知标量相比较，当两者的效应互相抵消时，指零仪器示值为零，达到平衡时，已知标量的数值就是被测量的数值。电位差计就是采用零示法的典型例子。采用这种方法不需要读数，只需要指零仪器具有足够的灵敏度。零示法测量的准确度主要取决于已知标量值，因而误差很小。

(2) 替代法是指以已知标量值代替被测量，通过改变已知标量的方法使两次的指示值相同，进而根据已知标量的数值得到被测量。替代法在阻抗、频率等许多点参数的精密测量中有广泛的应用。已知标量在接入时没有改变被测电路的工作状态，因此被测电路不受影响。此外，由于不改变电路的工作环境，其由内部特性及外界因素所引起仪器示值的误差，在两次测量中可以抵消，因此替代法是一种比较精密的测量方法。

4. 线性系统误差消除

消除线性系统误差的较好方法是对称法，对称法又称等距读数法。随着时间的推移，被测量按线性变化，若选定某时刻为中点，则对称此点的系统误差算术平均值均相等。利用这一特点，可将被测量对称安排，取各对称点两次或多次读数的算术平均值作为测量值，即可消除这个系统误差。

5. 周期性系统误差消除法

针对周期性系统误差，采用半周期法，即相隔半个周期进行两次测量，取两次读数的平均值，即可有效消除周期性系统误差。

周期性系统误差一般可表示为

$$\Delta l = \alpha \sin \varphi \tag{2.22}$$

当 $\varphi = \varphi_1$ 时，周期性系统误差为

$$\Delta l_1 = \alpha \sin \varphi_1 \tag{2.23}$$

当 $\varphi = \varphi_1 + \pi$ 时，即相差半个周期的系统误差为

$$\Delta l_2 = \alpha \sin(\varphi_1 + \pi) = -\alpha \sin \varphi_1 = -\Delta l_1 \tag{2.24}$$

取两次读数的平均值，则有

$$\frac{\Delta l_1 + \Delta l_2}{2} = \frac{\Delta l_1 - \Delta l_1}{2} = 0 \tag{2.25}$$

由此可见，半周期法能消除周期性系统误差。例如，仪器刻度盘安装偏心、测微仪表指针回转中心与刻度盘中心有偏心等引起的周期性系统误差，都可用半周期法予以消除。

2.4 疏失误差分析及其处理

疏失误差的数值都比较大，往往会对测量结果产生明显的歪曲，一旦发现

含有疏失误差的测量值,就应将其从测量结果中剔除。对于疏失误差,最重要的是加强测量人员的责任感,以严谨、科学的态度对待测量工作。此外,还要保证测量条件的稳定,应避免在外界条件发生剧烈变化时进行测量。通常用来判别疏失误差的准则有拉依达准则、格拉布斯准则、狄克松准则、罗曼诺夫斯基准则等。

2.4.1 拉依达准则

拉依达准则又称为 3σ 准则,对于某一测量值,若各测量值只含有随机误差,则根据随机误差的正态分布规律,其残余误差在 3σ 以外的概率不到 0.3%。据此认为,凡是残余误差大于 3 倍标准差的可以认为是疏失误差,其所对应的测量值就是坏值,应该舍弃。设 v_i 为坏值的残余误差,则有

$$|v_i| > 3\sigma$$

需要注意的是,在舍弃坏值后,剩下的测量值应该重新计算算术平均值和标准差,再用拉依达准则鉴别各个测量值,看是否有新的坏值出现,如此循环,直至所有测量值的残余误差均在 3σ 范围内。拉依达准则是建立在测量次数无穷大的前提下的,因此当测量次数较少时,该准则可靠性不高。

2.4.2 格拉布斯准则

格拉布斯准则也是根据随机变量正态分布理论建立的,并且考虑了测量次数 n 及标准差本身误差的影响等,理论上比较严谨,使用也比较方便。

设对某物理量做多次等精度独立测量,得

$$x_1, x_2, \cdots, x_n \tag{2.26}$$

当 $x_i(i=1,2,\cdots,n)$ 服从正态分布时,可得

$$\bar{x} = \frac{1}{n}\sum x \tag{2.27}$$

$$v_i = x_i - \bar{x} \tag{2.28}$$

$$\sigma = \sqrt{\frac{v^2}{n-1}} \tag{2.29}$$

为了检验 x_i 中是否存在粗大误差,将 x_i 按从大到小的顺序排列成顺序统计量 $x_{(i)}$,且

$$x_{(1)} \leqslant x_{(2)} \leqslant \cdots \leqslant x_{(n)} \tag{2.30}$$

格拉布斯导出了 $g_{(n)} = \dfrac{x_{(n)} - \bar{x}}{\sigma}$ 及 $g_{(1)} = \dfrac{\bar{x} - x_{(1)}}{\sigma}$ 的分布，取定显著度 α（一般为 0.05 或 0.01），可得临界值 $g_0(n,\alpha)$，有

$$p\left(\frac{x_{(n)} - \bar{x}}{\sigma} \geqslant g_0(n,\alpha)\right) = \alpha \tag{2.31}$$

$$p\left(\frac{\bar{x} - x_{(1)}}{\sigma} \geqslant g_0(n,\alpha)\right) = \alpha \tag{2.32}$$

若认为 $x_{(1)}$ 可疑，则有

$$g_{(1)} = \frac{\bar{x} - x_{(1)}}{\sigma} \tag{2.33}$$

若认为 $x_{(n)}$ 可疑，则有

$$g_{(n)} = \frac{x_{(n)} - \bar{x}}{\sigma} \tag{2.34}$$

当

$$g_{(i)} \geqslant g_0(n,\alpha) \tag{2.35}$$

时，即可判断该测量值含有粗大误差，应该予以剔除。

显著度与置信概率 P 的关系为 $\alpha = 1 - P$。

2.5 误差的合成与分配

通过测量与被测量有一定函数关系的其他参数，再根据函数关系算出被测量。在这种间接测量方式中，测量误差是各个测量值误差的函数，研究这种函数误差有以下两方面内容：

(1) 已知被测量与各参数之间的函数关系及各测量值的误差，求函数的总误差。这是误差的合成问题。在间接测量中，如增益、功率等量值的测量，一般是通过电压、电流、电阻、时间等直接测量值计算出来的，如何用各分项误差求出总误差是经常遇到的问题。

(2) 已知各参数之间的函数关系及对总误差的要求，分别确定各个参数测量的误差。这是误差分配问题，其在实际测量中具有重要意义。例如，在制订测量方案时，当总误差被限制在某一允许范围内时，如何确定各参数误差的允许界限，就是由总误差求分项误差的问题。

2.5.1 误差合成

1. 常用函数的合成误差

这里主要介绍奇函数、商函数、幂函数、和差函数等的合成误差。

1) 奇函数的合成误差

设 $y = AB$，A 和 B 的绝对误差分别为 ΔA 与 ΔB，则有

$$\Delta y = \sum_{i=1}^{n}\frac{\partial f}{\partial x_i}\Delta x_i = \frac{\partial (AB)}{\partial A}\Delta A + \frac{\partial (AB)}{\partial B}\Delta B = B\Delta A + A\Delta B \tag{2.36}$$

$$r_y = \frac{\Delta y}{y} = \frac{\Delta A}{A} + \frac{\Delta B}{B} = r_A + r_B \tag{2.37}$$

此式说明，当用两个直接测量值的乘积来求第三个量值时，其总的相对误差等于各分项相对误差之和，当 r_A 和 r_B 分别有正负号时，即为

$$r_y = \pm \left(|r_A| + |r_B|\right) \tag{2.38}$$

2) 商函数的合成误差

设 $y = \dfrac{A}{B}$，A 与 B 的绝对误差为 ΔA 和 ΔB，则有

$$\Delta y = \sum_{i=1}^{n}\frac{\partial f}{\partial x_i}\Delta x_i = \frac{1}{B}\Delta A + \left(-\frac{A}{B^2}\right)\Delta B \tag{2.39}$$

$$r_y = \frac{\Delta y}{y} = \frac{\Delta A}{A} - \frac{\Delta B}{B} = r_A - r_B \tag{2.40}$$

当分项误差 r_A 和 r_B 的符号不能确定时，从最大误差角度考虑，仍需取分项的绝对值相加，即

$$r_y = \pm \left(|r_A| + |r_B|\right) \tag{2.41}$$

3) 幂函数的合成误差

设 $y = kA^n B^m$，则有

$$\Delta y = mkA^{n-1}B^m \Delta A + nkA^n B^{m-1}\Delta B \tag{2.42}$$

$$r_y = \frac{\Delta y}{y} = m\frac{\Delta A}{A} + n\frac{\Delta B}{B} = mr_A + nr_B \tag{2.43}$$

4) 和差函数的合成误差

设 $y = A \pm B$，则有

$$\Delta y = \Delta A + \Delta B \tag{2.44}$$

从最大误差角度考虑，其总误差应取各分项误差绝对值之和，即

$$\Delta y = \pm(|\Delta A| + |\Delta B|) \tag{2.45}$$

相对误差为

$$r_y = \frac{\Delta y}{y} = \frac{\Delta A \pm \Delta B}{A \pm B} \tag{2.46}$$

最终取值根据实际函数取最大误差确定。

2. 随机误差的合成

在实际测量中，若有 q 个彼此独立的随机误差的极限误差为 $\Delta_1, \Delta_2, \cdots, \Delta_q$，则合成后的总极限误差为

$$\Delta = \sqrt{\Delta_1^2 + \Delta_2^2 + \cdots + \Delta_q^2} = \sqrt{\sum_{i=1}^{q} \Delta_i^2} \tag{2.47}$$

若 q 个相关的随机误差为正态分布，则合成后总随机误差的极限值为

$$\Delta = \sqrt{\sum_{i=1}^{q} \Delta_i + 2 \sum_{1 \leq i < j \leq q} \rho_{ij} \Delta_i \Delta_j} \tag{2.48}$$

3. 系统误差的合成

确定性系统误差是指误差方向和大小均已确切掌握了的系统误差。若有 q 个单项确定性系统误差，其误差值分别为 $\Delta_1, \Delta_2, \cdots, \Delta_q$，相应的误差传递系数为 $\alpha_1, \alpha_2, \cdots, \alpha_q$，则按代数法进行合成，求得总的确定性系统误差为

$$\Delta = \sum_{i=1}^{q} \alpha_i \Delta_i \tag{2.49}$$

在实际测量中，有不少确定性系统误差在测量过程中均已被消除，由于某些原因，未予以消除的确定性系统误差也只是有限的少数几项，其按代数法合成后，还可以从测量结果中修正，故最后的测量结果中一般不再包含确定性系统误差。若测量过程中存在若干项未确定性系统误差，则应正确地将这些未确定性系统误差进行合成，以求得最后结果。

未确定性系统误差的取值具有随机性，并且服从一定的概率分布，因而当若干未确定性系统误差综合作用时，它们之间具有一定的抵偿作用。这种抵偿作用与随机误差的抵偿作用类似，因而未确定性系统误差的合成完全可以采用随机误差的合成公式，这就给测量结果的处理带来很大方便。对于某一项误差，当难以严格区分为随机误差或未确定性系统误差时，不论做哪一种误差处理，最后总误差的合成结果均相同，因此可将该项误差任用一种误差处理方法来处理。

1) 标准差的合成

若测量过程中有 q 个单项未确定性系统误差，其标准差分别为 $\Delta_1, \Delta_2, \cdots, \Delta_q$，对应的误差传递系数分别为 $\alpha_1, \alpha_2, \cdots, \alpha_q$，则合成后的未确定性系统误差的总标准差为

$$\Delta = \sqrt{\sum_{i=1}^{q}(\alpha_i \Delta_i)^2 + 2\sum_{1 \leq i \leq j}^{q} \rho_{ij} \alpha_i \alpha_j \Delta_i \Delta_j} \tag{2.50}$$

当 $\rho_{ij} = 0$ 时，有

$$\Delta = \sqrt{\sum_{i=1}^{q}(\alpha_i \Delta_i)^2} \tag{2.51}$$

2) 极限误差合成

因为各个单项未确定性系统误差的极限误差为

$$r_i = t_i \Delta_i, \quad i = 1, 2, \cdots, q \tag{2.52}$$

所以总的未确定性系统误差的极限误差为

$$r = \pm t \Delta \tag{2.53}$$

可得

$$r = \pm t \sqrt{\sum_{i=1}^{q}(\alpha_i \Delta_i)^2 + 2\sum_{1 \leq i \leq j}^{q} \rho_{ij} \alpha_i \alpha_j \Delta_i \Delta_j} \tag{2.54}$$

当各个单项未确定性系统误差均服从正态分布，即 $\rho_{ij} = 0$ 时，有

$$r = \pm t \sqrt{\sum_{i=1}^{q}(\alpha_i \Delta_i)^2} \tag{2.55}$$

4. 系统误差与随机误差的合成

若测量结果有 q 个单项随机误差、r 个单项确定性系统误差和 s 个单项未确定性系统误差，其误差值或极限误差分别为

$$\Delta_1, \Delta_2, \cdots, \Delta_q$$
$$\varepsilon_1, \varepsilon_2, \cdots, \varepsilon_r$$
$$e_1, e_2, \cdots, e_s$$

则测量结果总的综合极限误差为

$$\Delta = \sum_{i=1}^{r} \varepsilon_i \pm \sqrt{\sum_{i=1}^{s} e_i^2 + \sum_{i=1}^{q} \Delta_i^2} \tag{2.56}$$

2.5.2 误差分配

误差分配常用的方法有按等作用原则分配误差、按可能性调整误差,在此重点介绍等作用原则分配法。等作用原则分配法认为各个局部误差对函数误差的影响相同,即

$$D_1 = D_2 = \cdots = D_n = \frac{\sigma_m}{\sqrt{n}} \tag{2.57}$$

由此可得

$$\sigma_i = \frac{\sigma_m}{\sqrt{n}} \frac{1}{\frac{\partial f}{\partial x_i}} = \frac{\partial_m}{\sqrt{n}} \frac{1}{\alpha_i} \tag{2.58}$$

用极限误差表示为

$$\sigma_i = \frac{\sigma}{\sqrt{n}} \frac{1}{\frac{\partial f}{\partial x_i}} = \frac{\sigma}{\sqrt{n}} \frac{1}{\alpha_i} \tag{2.59}$$

式中,σ为函数的总极限误差;σ_i为各单项误差的极限误差。

按等作用原则分配的误差可能会出现不合理的情况,这是因为计算出来的各个局部误差都相等,有的测量值要保证其误差不超出允许范围较为容易实现,而对于有的测量值则难以满足要求,若要保证测量精度,势必要用昂贵的高精度仪器,或者要付出较多的劳动。另外,当各个局部误差一定时,相应测量值的误差预期传递系数成反比。各个局部误差相等,其相应测量值的误差并不一定相等,有时可能相差较大。由于存在上述两种情况,对按等作用原则分配的误差,必须根据具体情况进行调整。对难以实现测量的误差项适当扩大,对容易实现测量的误差项尽可能缩小,而对其余误差项不予调整。

2.6 本章小结

测量误差是在测量过程中测量值和真实值之间存在的差值,是不可避免的。本章讲解了测量误差的分析与处理,重点介绍随机误差、系统误差和疏失误差的分析与处理。随机误差具有对称性、单峰性、有界性等特征,大多数服从正态分布,通常采用不等精度直接测量法对存在随机误差的数据进行处理。系统误差的存在,往往会严重影响测量结果,因此必须分析、判断并消除系统误差的影响。应将疏失误差从测量结果中剔除,常用的判别准则有拉依达准则、格拉布斯准则。

另外，讲解了间接测量方式下的误差合成与分配等内容。

思 考 题

1. 实际工程测试系统如何实现精确测量？
2. 如何理解测量均会存在误差？
3. 什么是测试装置的静态特性，一般用什么方法来描述它？
4. 随机误差有什么特点？产生随机误差的常见原因有哪些？
5. 系统误差有什么特点？常见的系统误差该如何处理？

第 3 章 测试信号获取

测试系统的首要环节是获取测试信号，获取包含有用信息的各种信号。声场、磁场、水压场是海洋环境与舰船的三种最基本物理场，是水中兵器自导和引信探测的目标源。此外，装备在预先研究、科研试验、定型试验或验收试验中，也离不开对电参量、力及其传导量、声场、磁场、速度、加速度和位移等物理量的获取。

3.1 传感器概述

传感器是能感受规定的被测量并按照一定规律转换成可输出信号的器件或装置。传感器概念来自"感觉"(sensor)一词，为了研究自然现象，仅依靠人的感官获取外界信息是不够的，于是人们发明了能补充或代替人感官功能的传感器，工程上也将传感器称为变换器。

传感器不仅是信息采集的关键，而且已经成为进行现代测试、检测并为信息传输提供保证的一种重要手段。传感器技术是研究不同传感器的特点、区别、联系及应用的一项基础技术，对检测不同信号、构建不同测试系统具有重要的促进作用[11]。因此，了解传感器技术，学习和掌握传感器的特点、结构、组成等一般特性和常见传感器的工作原理，对掌握现代测试技术及现代测试系统的构成具有重要的指导意义。

3.1.1 传感器的定义和组成

1. 传感器的定义

传感器是指能感受规定的被测量并按照一定规律转换成可输出信号的器件或装置。传感器是一种以一定的精确度把被测量转换为与之有确定对应关系的、便于应用的某种物理量的测量装置。该定义包含以下方面的含义：

(1) 传感器是测量器件或装置，能完成检测任务。

(2) 一个指定的传感器只能感受规定的被测量，该被测量可能是物理量，也可能是化学量、生物量等。

(3) 传感器一定要有信号输出，并且对于其使用意义，传感器的输出应该是便于传输、转换、处理、控制、显示的信号，典型的有电信号、光信号。

(4) 输入和输出不仅是相关的，而且可以用确定的数学模型来描述。

在某些科学领域，传感器又称为敏感元件、检测器、转换器等。这些不同的提法，反映了在不同的技术领域中，只是根据器件的用途，对同一类型的器件使用不同的术语，其内涵是相同或相似的。

2. 传感器的组成

传感器一般由敏感元件、转换元件和调理转换电路等组成。敏感元件是直接感受被测量，并以确定关系输出另一物理量的元件。转换元件将敏感元件输出的非电量转换成电路参数(电阻、电感、电容)及电流或电压等电信号。调理转换电路则将该信号转换成便于传输、处理的电量。传感器的基本组成如图3.1所示。

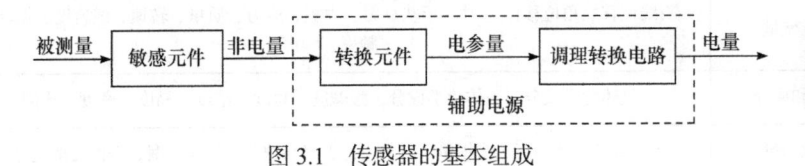

图 3.1 传感器的基本组成

大多数传感器是开环系统，也有些传感器是带反馈的闭环系统。最简单的传感器由一个敏感元件(兼转换元件)组成，它在感受被测量时可以直接输出电量，如热电偶、压电晶体、光电池等。有的传感器由敏感元件和转换元件组成，没有调理转换电路。有的传感器中转换元件不止一个，要经过多次转换。

3.1.2 传感器的分类

传感器可以按照不同的方法进行分类。

1. 按被测量分类

按被测量分类，传感器可以分为内部信息传感器和外部信息传感器两种。内部信息传感器主要检测系统内部的位置、速度、力、力矩、温度以及异常变化。外部信息传感器主要检测系统外部环境的状态，有相对应的接触式传感器(触觉传感器、滑动传感器、压敏传感器)和非接触式传感器(视觉传感器、超声测距、激光测距)。

2. 按工作机理分类

按工作机理分类，传感器可以分为物性型传感器和结构型传感器两类。物性型传感器是利用某种性质随被测参数的变化而变化的原理制成的，主要有光电式传感器和压电式传感器。结构型传感器是利用物理学中场的定律和运动定律等制成的，主要有电感式传感器、电容式传感器及光栅式传感器。

3. 按被测物理量分类

按被测物理量分类，传感器可分为位移传感器、力传感器、速度传感器、加速度传感器、温度传感器、湿度传感器、压力传感器、流量传感器等。常见被测量信息分类如表 3.1 所示。

表 3.1 常见被测量信息分类

被测量类别	被测量
热工量	温度、热量、比热、压力、压差、真空度、流量、流速、风速等
机械量	位移(线位移、角位移)、尺寸、形状、力、力矩、应力、质量、转速、线速度、振动幅度、频率、噪声等
物性和成分量	气体化学成分、液体化学成分、酸碱度、盐度、浓度、黏度、密度、比例等
状态量	颜色、透明度、磨损量、材料内部裂缝与缺陷、气体泄漏、表面光滑度等

4. 按传感器能量源分类

按传感器能量源分类，传感器可以分为无源型传感器和有源型传感器两大类。无源型传感器是不需要外加电源，而是将被测量的相关能量转换成电量输出，又称能量转化型传感器，主要有压电式、磁电感应式、热电式及光电式传感器。有源型传感器需要外加电源才能输出电量，又称能量控制型传感器，主要有电阻式、电容式、电感式和霍尔式传感器。

5. 按输出信号的性质分类

按输出信号的性质分类，传感器可以分为开关型传感器、模拟型传感器和数字型传感器。开关型传感器(二值型)是"1"和"0"或"开"(ON)和"关"(OFF)。模拟型传感器的输出是与输入量变换相对应的连续变化的电量，其输入和输出可线性，也可非线性。数字型传感器又分为计数型传感器和代码型传感器。计数型传感器又称为脉冲数字型传感器，可以是任何一种脉冲发生器所发出的脉冲数，与输入量成正比；代码型传感器又称为编码型传感器，其输出的信号是数字代码，各码道的状态随输入量变化，其中，"1"为高电平，"0"为低电平。

常用传感器的基本类型如表 3.2 所示。

表 3.2 常用传感器的基本类型

类型	名称	变换量	被测量	应用举例	性能指标(一般参考)
机械式	测力环	力-位移	力	三等标准测力仪	测量范围：10～10⁵N 示值误差：±(0.3%～0.5%)
	弹簧	力-位移	力	弹簧秤	—
	波纹管	压力-位移	压力	压力表	测量范围：500Pa～0.5MPa
	波登管	压力-位移	压力	压力表	测量范围：0.5～1000MPa
	波纹膜片	压力-位移	压力	压力表	测量范围：<500Pa
	双金属片	温度-位移	温度	温度计	测量范围：0～300℃
	微型开片	力-位移	物体尺寸、位置	—	位置精密度可达数微米
电器式	电位计	位移-电阻	位移	直线电位计	分辨力：0.025～0.05mm 线性误差：0.05%～0.1%
	电阻应变片	形变-电阻	力、应变	应变仪	最小应变：1～2με 最小测力：0.1～1N
	半导体应变片	形变-电阻	力、加速度	应变仪	
	电容	位移-电容	位移、力、声	电容测微仪	分辨力：0.025μm
	电涡流	位移-电感	位移、测厚	涡流式测微仪	测量范围：0～15mm 分辨力：1μm
	电感	位移-自感	位移、力	电感测微仪	分辨力：0.5μm
	差动变压器	位移-互感	位移、力	电感比较仪	分辨力：0.5μm
	压电元件	力-电荷	力加速度	测力计 加速度计	分辨力：0.01N 频率：0.1～20kHz
	压磁元件	力-磁导率	力、扭矩	测力计	测量范围：10^{-2}～10^{-5} m/s²
	热电偶	温度-电势	温度	热电温度计	测量范围：0～1600℃
	霍尔元件	位移-电势	位移	位移传感器	线性误差：1% 测量范围：0～2mm
	热敏电阻	温度-电阻	温度	半导体温度计	测量范围：-10～300℃
	气敏电阻	气体浓度、温度	可燃气体	气敏检测仪	—
	光敏电阻	光-电阻	开、关量	—	—
	光电池	光-电压	—	硒光电池	灵敏度：500μA/m
	光敏晶体管	光-电流	转速、位移	光电转速仪	最大截止频率：50kHz

续表

类型	名称	变换量	被测量	应用举例	性能指标(一般参考)
辐射式	红外	热-电	温度、物体有无	红外测温仪	测量范围：–10～1300℃ 分辨力：0.1℃
	X射线	散射、干涉	测厚、探伤、应力	X射线应力仪	—
	γ射线	对物质穿透	测厚、探伤	γ射线测厚仪	—
	激光	光波干涉	长度、位移转角	激光测长仪	测距：2m 分辨力：0.2μm
	超声	超声波反射、穿透	厚度、探伤	超声波测厚仪	测量范围：4～40mm 穿透测量精密度：±0.25mm
	β射线	穿透作用	厚度、成分分析	—	—
流体式	气动	尺寸-压力	尺寸、物体大小	气功量仪	测量最小直径：0.05～0.076mm
	气动	间隙-压力	距离	气功量仪	测量间隙：6mm 分辨力：0.025mm
	液体	流量-压力差	距离	节流式流量计	—
	液体	流量-转子平衡位置	流量	转子式流量计	—

3.1.3 传感器的标定和校准

在科学试验和生产过程中，需要对各种各样的参数进行检测和控制。这就要求传感器能感受到被测非电量的变化，并将其转换成与被测量呈一定函数关系的电量。传感器所测量的非电量可分为静态量和动态量两类。静态量是指不随时间变化的信号或变化极其缓慢的信号(准静态)。动态量通常是指周期信号、瞬变信号或随机信号。传感器能否将被测非电量的变化不失真地转换成相应的电量，取决于传感器的基本特性，即输出-输入特性，其是与传感器的内部结构参数有关的外部特性。传感器的基本特性可用静态特性和动态特性描述，与第1章所讲述的测试系统的静态特性和动态特性基本一致。

任何一种新研制或新生产的传感器在制造、装配完毕后都必须进行一系列试验，对其技术性能进行全面检定，以确定传感器的实际性能。经过一段时间储存或使用的传感器也需要进行性能复测。通常，在明确输入-输出转换对应关系的前提下，利用某种标准或标准器具对传感器进行标度称为标定；将传感器在使用中或储存后进行的性能复测称为校准。由于标定与校准的本质相同，本节以标定进行叙述。

传感器的标定是通过试验以建立传感器输入量与输出量之间的关系,同时确定不同使用条件下的误差关系。

标定的基本方法是利用一种标准设备产生的已知非电量(如标准力、压力、位移等)作为输入量,输入待标定的传感器,得到传感器的输出量。将传感器的输出量与输入的标准量做比较,从而获得一系列校准数据或标定曲线。有时输入的标准量利用标准传感器检测得到,此时标定实质上是待标定传感器与标准传感器之间的比较。

传感器的标定工作可分为以下方面:一是新研制的传感器需进行全面的技术性能检定,用检定数据进行量值传递,同时检定数据也是改进传感器设计的重要依据;二是传感器经过一段时间的储存或使用后需进行复测。这种再次标定可以检测传感器的基本性能是否发生变化,判断其是否可以继续使用。对可以继续使用的传感器,若某些指标(如灵敏度)发生了变化,则应通过再次标定对原数据进行修正或校准。

为保证各种量值的准确一致,标定应按计量部门规定的检定规程和管理办法进行。测试所用传感器的标定应在与其使用条件相似的环境下进行。有时为了获得较高的标定精度,可将传感器与配用的电缆、滤波器、放大器等测试系统仪器一起进行标定。

传感器标定分为静态标定和动态标定两种。静态标定的目的是确定传感器的静态特性指标,如线性度、灵敏度、滞后和重复性等。动态标定的目的是确定传感器的动态特性参数,如频率响应、时间常数、固有频率和阻尼比等。

1. 传感器的静态标定

1) 静态标定条件

传感器的静态特性是在静态标定条件下进行标定的。静态标定条件是指没有加速度、振动、冲击(除非这些参数本身就是被测物理量)以及环境温度一般为室温(20±5)℃、相对湿度不大于85%、大气压力为(101±7)kPa 的情况。

2) 标定仪器设备精度等级的确定

对传感器进行标定,是根据试验数据确定传感器的各项性能指标,实际上也是确定传感器的测量精度。在标定传感器时,所用测量仪器的精度至少要比被标定的传感器的精度高一个等级。这样,通过标定确定的传感器的静态性能指标才是可靠的,所确定的精度才是可信的。

3) 静态标定方法

对传感器进行静态标定,要创造一个静态标定条件,并要选择与被标定传感器的精度要求相适应的一定等级的标准设备。

标定过程如下：

(1) 将传感器全量程(测量范围)分成若干等间距点。

(2) 根据传感器量程分点情况，由小到大逐渐一点一点地输入标准量值，并记录与各输入值相对应的输出值。

(3) 将输入值由大到小一点一点减小，同时记录与各输入值相对应的输出值。

(4) 按步骤(2)、步骤(3)所述过程，对传感器进行正、反行程往复循环多次测试，将得到的输出-输入测试数据用表格列出或绘出曲线。

(5) 对测试数据进行必要的处理，根据处理结果确定传感器的线性度、灵敏度、滞后和重复性等静态特性指标。

2. 传感器的动态标定

传感器的动态标定主要是研究传感器的动态响应，而与动态响应有关的参数中，一阶传感器只有一个时间常数τ，二阶传感器则有固有频率ω_n和阻尼比ζ两个参数。

对传感器进行动态标定，需要对其输入一个标准激励信号。为了便于比较和评价，常采用阶跃变化和正弦变化的输入信号，即以一个已知的阶跃信号激励传感器，使传感器按自身的固有频率振动，并记录运动状态，从而确定其动态参量；或者用一个振幅和频率均为已知、可调的正弦信号激励传感器，根据记录的运动状态，确定传感器的动态特性。

对于一阶传感器，外加阶跃信号，在测得阶跃响应之后，取输出值达到最终值的63.2%所经历的时间作为时间常数τ。但这样确定的时间常数实际上没有涉及响应的全过程，测量结果仅取决于某些个别的瞬时值，可靠性较差。若采用下述方法确定时间常数，则可以获得较可靠的结果。

一阶传感器的单位阶跃响应函数为

$$y(t) = 1 - e^{-\frac{t}{\tau}} \tag{3.1}$$

令$z = \ln[1-y(t)]$，则式(3.1)可变为

$$z = -\frac{t}{\tau} \tag{3.2}$$

式(3.2)表明z和时间t呈线性关系，并且有$\tau = -\Delta t / \Delta z$，如图3.2所示。因此，可根据测得的$y(t)$值绘制$z$-$t$曲线，并根据$-\Delta t / \Delta z$的值获得时间常数$\tau$，这种方法考虑了瞬态响应的全过程。

二阶传感器($\zeta < 1$)的单位阶跃响应为

$$y(t) = 1 - \left[\frac{e^{-\zeta\omega_n t}}{\sqrt{1-\zeta^2}}\right] \sin\left(\sqrt{1-\zeta^2}\omega_n t + \arcsin\sqrt{1-\zeta^2}\right) \tag{3.3}$$

相应的响应曲线如图 3.3 所示。图中

$$M = e^{-\left(\frac{\zeta\pi}{\sqrt{1-\zeta^2}}\right)} \tag{3.4}$$

或

$$\zeta = \frac{1}{\sqrt{\left(\frac{\pi}{\ln M}\right)^2 + 1}} \tag{3.5}$$

因此，测得 M 之后，便可按式(3.5)求得阻尼比 ζ。

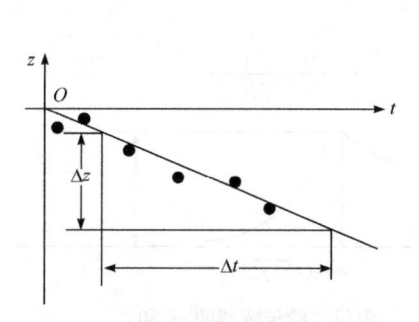

图 3.2　一阶传感器时间常数的求法　　图 3.3　二阶传感器 ($\zeta < 1$) 的阶跃响应

若阶跃响应瞬变过程较长，则可利用任意两个过冲量 M_i 和 M_{i+n} 按式(3.6)求得阻尼比 ζ：

$$\zeta = \frac{\delta_n}{\sqrt{\delta_n^2 + 4\pi^2 n^2}} \tag{3.6}$$

式中，n 为该两峰值相隔的周期数(整数)；δ_n 的表达式为

$$\delta_n = \ln\frac{M_i}{M_{i+n}} \tag{3.7}$$

当 $\zeta < 0.1$ 时，若考虑以 1 代替 $\sqrt{1-\zeta^2}$，此时不会产生过大的误差(不大于 0.6%)，则可用式(3.8)计算 ζ，即

$$\zeta = \frac{\ln\dfrac{M_i}{M_{i+n}}}{2n\pi} \tag{3.8}$$

若传感器是精确的二阶传感器，则n值采用任意正整数所得的ζ值不会有差别。反之，若n取不同值时获得的ζ值不同，则表明该传感器不是线性二阶系统。

根据响应曲线不难测出振动周期T_d，于是有阻尼固有频率ω_d为

$$\omega_d = 2\pi \frac{1}{T_d} \tag{3.9}$$

欠阻尼固有频率ω_n为

$$\omega_n = \frac{\omega_d}{\sqrt{1-\zeta^2}} \tag{3.10}$$

当然，还可以利用正弦输入测定输出与输入的幅值比和相位差，进而确定传感器的幅频特性和相频特性，然后根据幅频特性，分别按图3.4和图3.5的方法求得一阶传感器的时间常数τ及欠阻尼二阶传感器的固有频率ω_n和阻尼比ζ。

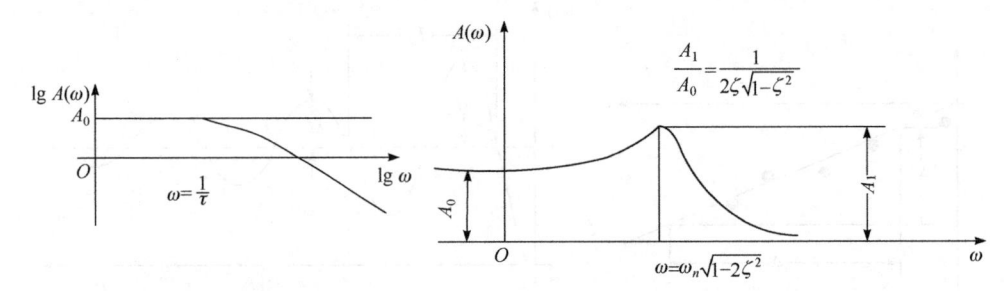

图3.4 由幅频特性求时间常数τ　　　　图3.5 欠阻尼二阶传感器的ω_n和ζ

3.1.4 传感器的选用原则

设计一个测试系统，首先考虑的是传感器的选择，其选择正确与否直接关系到测试系统的成败。常见传感器的主要技术指标如表3.3所示。选择合适传感器的过程通常较为复杂，下面针对一般情况进行讨论：

(1) 仔细研究测试信号，确定测试方式和初步确定传感器类型，例如，是位移测量还是速度、加速度、力的测量，然后确定传感器类型。

(2) 分析测试环境和干扰因素，测试环境是否有磁场、电场、温度的干扰，测试现场是否潮湿等。

(3) 根据测试范围确定某种传感器，如位移测量，要分析是小位移还是大位移，若是小位移测量，则有电感传感器、电容传感器、霍尔传感器等供选择；若是大位移测量，则有感应同步器、光栅传感器等供选择。

(4) 确定测量方式。在测量过程中，是接触测量还是非接触测量，例如，对机床主轴的回转误差进行测量，就必须采用非接触测量。

(5) 充分考虑传感器的体积、安装方式、来源和价格等因素。

表 3.3 常见传感器的主要技术指标

基本参数指标	环境参数指标	可靠性指标	其他指标
量程指标： 量程范围、过载能力等； 灵敏度指标： 灵敏度、分辨力、满量程输出、输入输出阻抗等； 精度相关指标： 精度、误差、线性度、滞后性、重复性、灵敏度误差、稳定性等； 动态性能指标： 固有频率、阻尼比、时间常数、频率响应范围、频率特性、临界频率、临界速度、稳定时间、过冲量、稳态误差等	温度指标： 工作温度范围、温度误差、温度漂移、温度系数、热滞后等； 抗冲振指标： 允许各向抗冲振的频率、振幅及加速度、冲振所引入的误差等； 其他环境参数： 抗潮湿能力、耐介质腐蚀能力、抗电磁干扰能力等	工作寿命、平均无故障时间、保险期、疲劳性能、绝缘电阻、耐压能力及抗飞弧能力等	使用有关指标： 供电方式(直流、交流、频率及波形等)、功率、各项分布参数值、电压范围与稳定度等； 结构方面指标： 外形尺寸、重量、壳体材质、结构特点等； 安装连接方面指标： 安装方式、馈线电缆等

在考虑上述问题后，就能确定选用什么类型的传感器，然后考虑以下问题。

(1) 灵敏度指标。

传感器的灵敏度越高，可以感知的变化量越小，即当被测量有微小变化时，传感器即有较大的输出。然而灵敏度过高，与测量信号无关的外界噪声容易混入，并且噪声也会被放大。因此，要求传感器有较大的信噪比。

传感器量程是和灵敏度紧密相关的一个参数。当输入量增大时，除非有专门的非线性校正措施，否则传感器不应在非线性区域内工作，更不能在饱和区域内工作。有些需要在较强的噪声干扰下进行测试工作，被测信号叠加干扰信号后也不应进入非线性区域。因此，过高的灵敏度会影响其适用的测量范围。

若被测量是一个矢量，则传感器在被测量方向的灵敏度越高越好，而横向灵敏度越低越好；若被测量是二维或三维矢量，则对传感器还应要求交叉灵敏度越低越好。

(2) 响应特性。

传感器的响应特性必须在所测频率范围内尽量保持不失真。实际传感器的响应总有一些延迟，但延迟时间越短越好。

一般的光电效应、压电效应等物性型传感器，响应时间短，工作频率范围宽。结构型传感器，如电感、电容、磁电式传感器等，由于受到结构特性影响、机械系统惯性的限制，其固有频率较低。

在动态测量中，传感器的响应特性对测试结果有直接影响，在选用时，应充分考虑被测量的变化特点(如稳态、瞬变、随机等)。

(3) 线性范围。

任何传感器都有一定的线性范围,在线性范围内输出与输入呈比例关系。线性范围越宽,表明传感器的工作量程越大。

传感器工作在线性区域内,是保证测量精确度的基本条件。例如,机械式传感器中的测力弹性元件,其材料的弹性限度是决定测力量程的基本因素,当超过弹性限度时,将产生线性误差。

任何传感器都不容易保证其绝对线性,在许可限度内,可以在其近似线性区域应用,例如,变间隙型的电容传感器、电感传感器均采用在初始间隙附近的近似线性区域内工作,选用时必须考虑被测量的变化范围,令其线性误差在允许范围内。

(4) 可靠性指标。

可靠性是指仪器、装置等产品在规定条件下、规定时间内可完成规定功能的能力。只有产品的性能参数(特别是主要性能参数)均处于规定的误差范围内,才能视为可完成规定的功能。

为了保证传感器应用中具有高可靠性,事先必须选用设计、制造良好,使用条件适宜的传感器;在使用过程中,应严格保持规定的使用条件,尽量降低使用条件的不良影响。

(5) 稳定性指标。

传感器的稳定性是指长期使用以后,其输出特性不发生变化的性能。传感器的稳定性有定量指标,超过使用期应及时进行标定。影响传感器稳定性的因素主要是环境和时间。

在工业自动化系统或自动检测系统中,传感器往往是在比较恶劣的环境下工作的,灰尘、油污、温度、振动等干扰是很严重的,此时传感器的选用必须优先考虑稳定性指标。

(6) 精确度指标。

传感器的精确度表示传感器输出与被测量的对应程度。因为处于测试系统的输入端,所以传感器能否真实地反映被测量,对整个测试系统具有直接影响。然而,传感器的精确度并非越高越好,还要考虑经济性。传感器精确度越高,价格越高,因此应从实际出发来选择。

另外,还应当了解测试目的是定性分析还是定量分析。如果属于相对定性的试验研究,只需获得比较值,那么对传感器的精度要求可低些。然而对于定量分析,为了获得精确量值,则要求传感器应有足够高的精确度。

除了以上选传感器时应充分考虑的一些因素,还应尽可能地兼顾结构简单、体积小、重量轻、价格低、易于维修、易于更换等条件。

3.2 电参量的测量

对电参量的测量主要包括两大部分：一是对电路参数(电阻、电感、电容)的测量。受分布参数的影响，实际电阻、电感、电容的等效电路如图 3.6 所示。电路参数的数字化测量通常把被测参数转换成直流电压或频率后进行测量。二是对电气参数(频率、相位、电压、电流、功率和电能等)的测量。

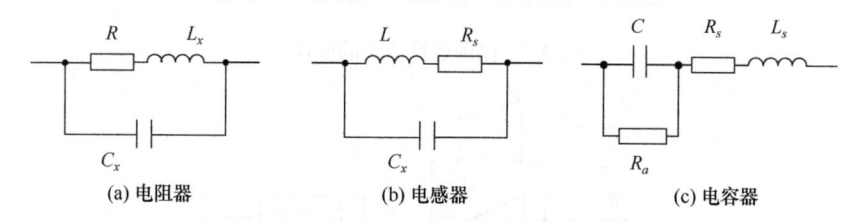

(a) 电阻器　　(b) 电感器　　(c) 电容器

图 3.6　实际电阻、电感、电容的等效电路

3.2.1　电阻的测量

1. 比例运算器法

比例运算器法的原理如图 3.7 所示。图中，U_N 为基准电压源，R_N 为标准电阻，R_2 为被测电阻。根据电路可知，当 $A_d \to \infty$ 时，有

$$U_0 = -\frac{U_N}{R_N} R_2 \tag{3.11}$$

2. 积分运算器法

积分运算器法的原理如图 3.8 所示。该方法采用积分法，因此适用于 R_x 为高电阻的测量。测量范围可达 $10^9 \sim 10^{14}\Omega$，测量准确度可达 0.1%。

设时标脉冲的周期为 T_c，则开门时间 ΔT 内的计数值为 $\Delta T = NT_c$。

$$\Delta U = -\frac{U_N}{R_x C} \Delta T \tag{3.12}$$

$$R_x = -\frac{U_N}{\Delta UC} NT_c = -\frac{U_N T_c}{\Delta UC} N \tag{3.13}$$

除时标脉冲数会产生±1 的计数误差和时标脉冲源的稳定度所引起的误差外，引起误差的原因还有积分电容的泄漏、电阻和放大器的零电流在被测电阻上产生的压降。

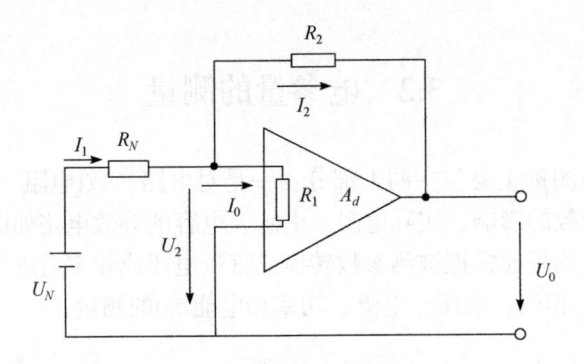

图 3.7 比例运算器法的原理

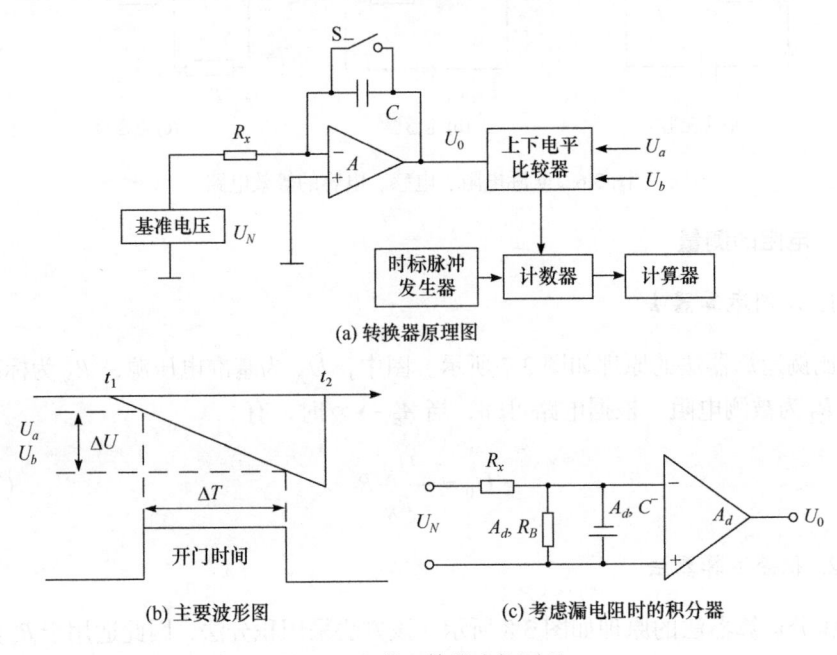

(a) 转换器原理图

(b) 主要波形图

(c) 考虑漏电阻时的积分器

图 3.8 积分运算器法的原理

3.2.2 电容的测量

电容也是基本电参数之一。其常用的测量方法包括电容表法、恒流法、比较法、三表法、电桥法和谐振法等，在此重点介绍恒流法和比较法的基本原理。

1. 恒流法

利用恒流法测量电容的原理图及波形如图 3.9 所示，其中

$$T = NT_{CP}, C_x = \frac{1}{U}NT_{CP} \tag{3.14}$$

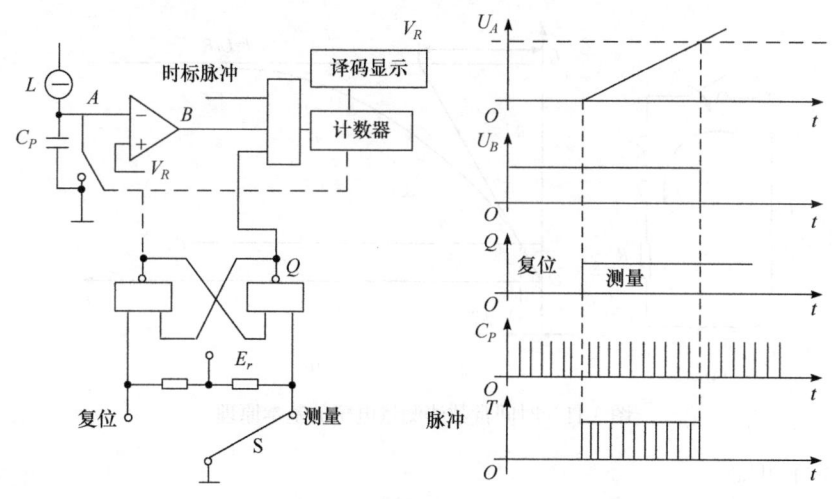

图 3.9 恒流法测量电容的原理图及波形

2. 比较法

利用比较法设计的电容 1 时间转换器原理如图 3.10 所示。

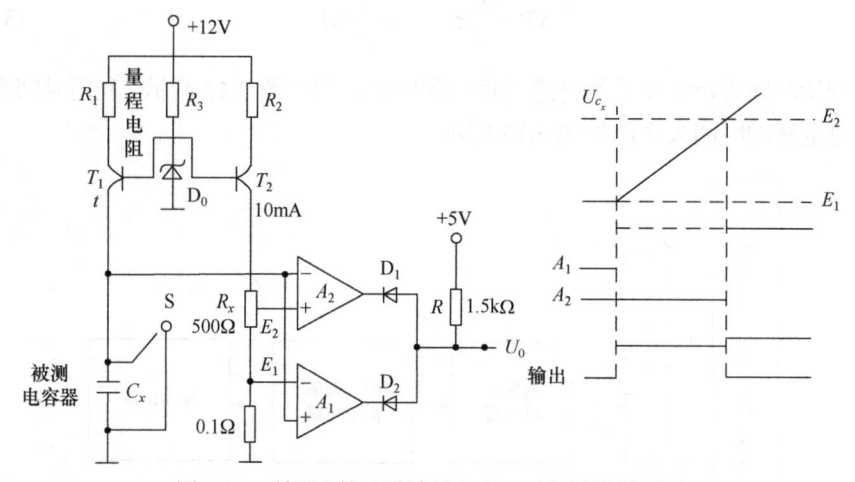

图 3.10 利用比较法设计的电容 1 时间转换器原理

3.2.3 电感的测量

电感的数字化测量常采用时间常数法和同步分离法。

1. 时间常数法

时间常数法测量电感的基本原理如图 3.11 所示。

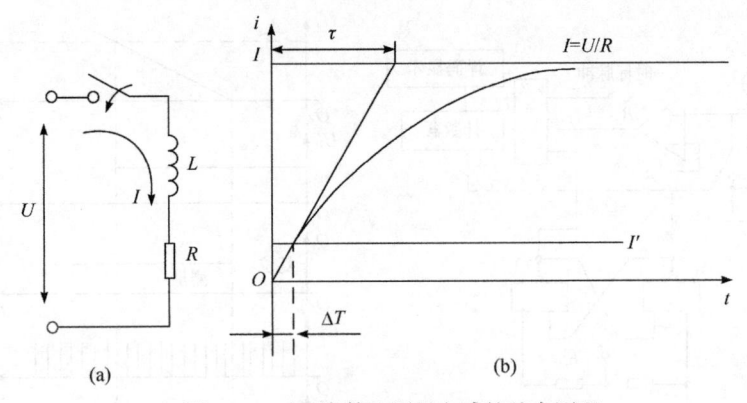

图 3.11 时间常数法测量电感的基本原理

由图 3.11 可知

$$\frac{\Delta T}{\tau} = \frac{I'}{I} \tag{3.15}$$

即

$$\Delta T = \frac{I'}{I}\tau, \quad \tau = \frac{I}{I'}\Delta T \tag{3.16}$$

利用时间常数法设计的电感测量仪的原理框图如图 3.12 所示，利用时间常数法测量电感的时间关系图如图 3.13 所示。

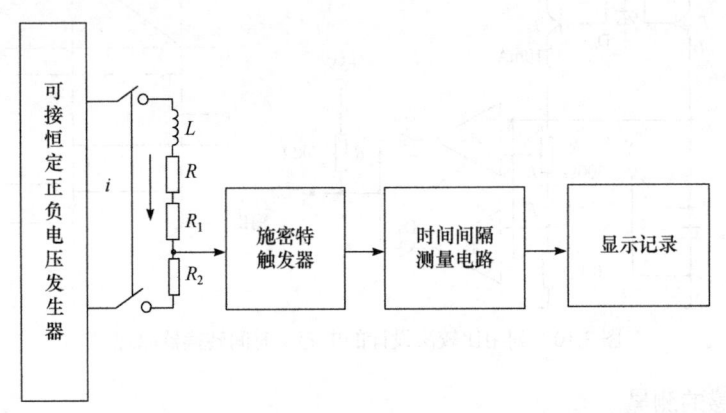

图 3.12 利用时间常数法设计的电感测量仪的原理框图

2. 同步分离法

图 3.14 为同步分离法测量电感的原理图。其中

$$\overline{U}_R = \frac{1}{2} U_{Zm} U_m \cos\theta$$

$$\overline{U}_x = \frac{1}{2} U_{Zm} U_m \sin\theta$$

式中，U_{Zm} 为电阻 Z 上的电压值。

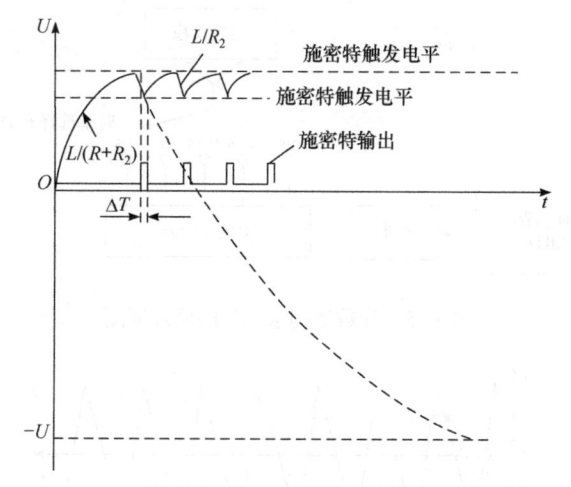

图 3.13　利用时间常数法测量电感的时间关系图

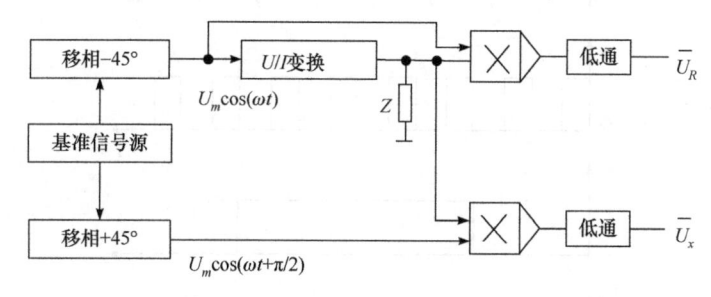

图 3.14　同步分离法测量电感的原理图

由此可知，只要获得实部 $\overline{U}_R$ 值便可计算出电阻值，同理可通过虚部 $\overline{U}_x$ 值计算出电抗值。

3.2.4　频率、周期和时间间隔的测量

1. 频率的计数法测量

计数法测量频率的原理框图如图 3.15 所示，各点波形图如图 3.16 所示。

由图 3.15 可知，原理框图由以下部分组成：①输入通道；②时间基准电路；③控制电路；④计数和显示电路。

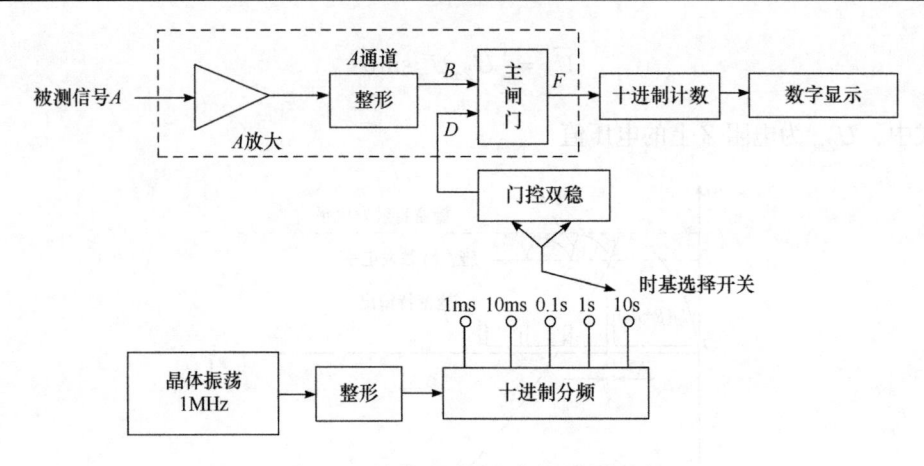

图 3.15　计数法测量频率的原理框图

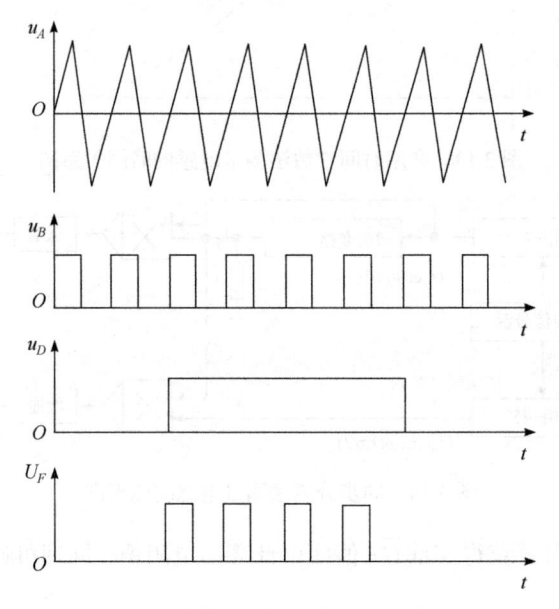

图 3.16　计数法测量频率的各点波形图

2. 周期的计数法测量

当被测信号频率较低时，可采用测量周期的方法。测量周期的表达式为

$$T = \frac{N\tau_0}{n} \tag{3.17}$$

其原理框图如图 3.17 所示，各点波形图如图 3.18 所示。

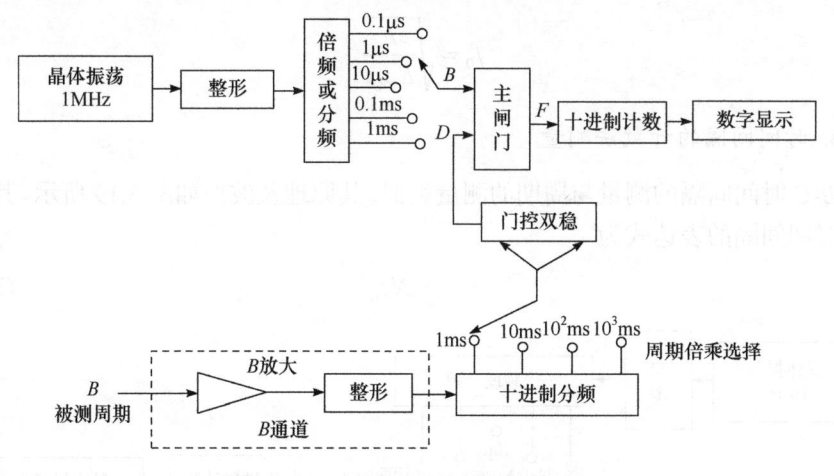

图 3.17　计数法测量周期的原理框图

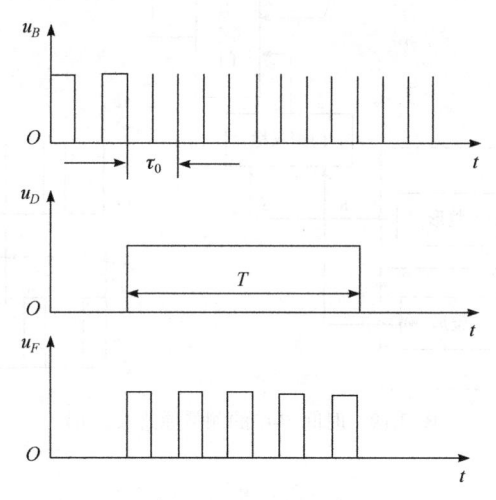

图 3.18　计数法测量周期的各点波形图

3. 中介频率

对于同一信号，若直接测量频率和直接测量周期的误差相等，则此时信号的输入频率称为中介频率 f_0。因此，为了获得较高的测量准确度，若被测频率高于中介频率，则采用直接测量频率；若被测频率低于中介频率，则采用直接测量周期。中介频率 f_0 的表达式为

$$f_0 = \sqrt{\frac{n}{\tau_0 t}} \tag{3.18}$$

若把测量频率时的主闸门开启的时间再扩大 K 倍，则式(3.18)可改为

$$f_0 = \sqrt{\frac{n}{K\tau_0 t}}$$

4. 时间间隔的计数法测量

B-C 时间间隔的测量与周期的测量类似，其原理及波形如图 3.19 所示。其中，B-C 时间间隔的表达式为

$$t_{B\text{-}C} = N\tau_0 \tag{3.19}$$

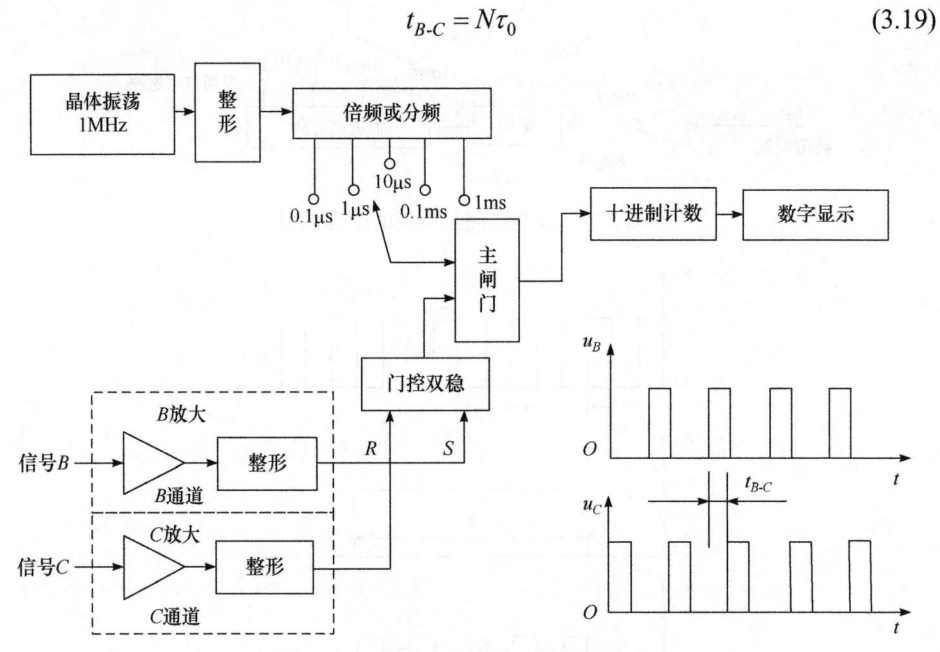

图 3.19　时间 B-C 的测量原理及波形

5. 相位的测量

相位是交流信号的一个重要参数，相位的数字化测量类似用频率计测量时间的原理。相位/频率转换式数字相位计原理及波形图如图 3.20 所示。

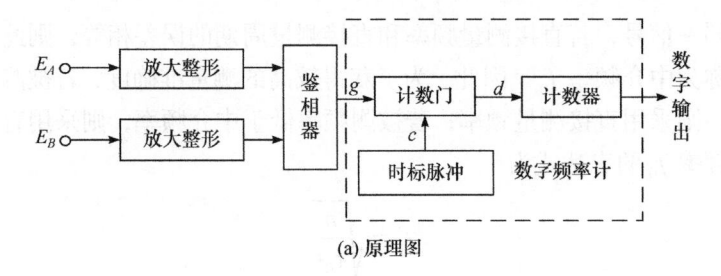

(a) 原理图

(b) 转换波形图

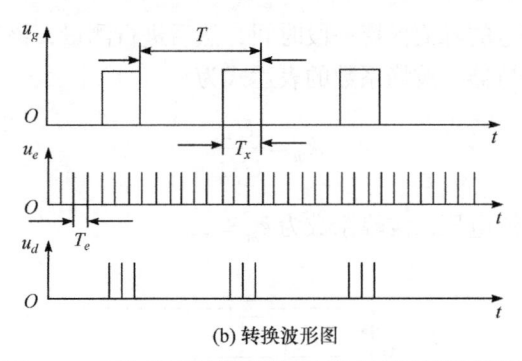

图 3.20 相位/频率转换式数字相位计原理及波形图

由图 3.20 可知，被测相位为

$$\varphi_x = \frac{T_x}{T} \times 360° = \frac{360°}{T} T_0 N_x \tag{3.20}$$

T 也是未知量，因此必须经两次测量，并经过计算得到 φ_x。因为 $T = N_T T_0$（T_0 是脉冲间隔时间），所以

$$\varphi_x = \frac{N_x}{N_T} \times 360° \tag{3.21}$$

式中，N_x 为 T_x 时间内的脉冲数；N_T 为 T 时间内的脉冲数。

3.2.5 电压、功率和电能等的测量

1. 交流电压的测量

对于高电压，可对其进行降压处理，而低电压及微小电压常采用测量放大器进行放大，将其变化为中值电压进行测量。交流电压可用平均值、有效值、峰值来表征。

1) 交流电压平均值的测量

交流电压平均值 $\overline{U}$ 的表达式为

$$\overline{U} = \frac{1}{T} \int_0^T |u(t)| \mathrm{d}t \text{（全波）}, \quad \overline{U} = \frac{1}{T} \int_0^{T/2} u(t) \mathrm{d}t \text{（半波）} \tag{3.22}$$

其在电路上的实现常使用线性检波器。为了获得转换准确度高、线性度好、频率范围宽和动态过程短的检波效果，通常采用运算放大器的负反馈特性克服二极管检波的非线性，构成线性检波器，称为半波线性检波器，也称平均值检波器[12]，电路如图 3.21 所示。

2) 交流电压峰值的测量

对于交流电压或一些脉冲信号，常需要进行峰值的测量。当输入信号的波峰

系数一定时，将信号的峰值保持一段时间，然后进行测量，该变换电路就称为峰值检波器或峰值保持器。波峰系数的表达式为

$$k_m = \frac{U_P}{U_{\text{rms}}} \tag{3.23}$$

对于纯正弦交流电压，波峰系数为 $k_m = \sqrt{2}$。

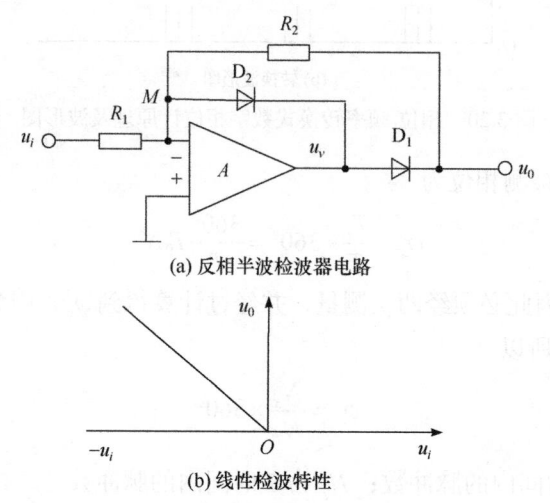

(a) 反相半波检波器电路

(b) 线性检波特性

图 3.21　半波线性检波器

(1) 峰值检波器。

最基本的峰值检波器由一个二极管和一个保持电容组成，分为串联和并联两种，如图 3.22 所示。在 $t=0$ 时刻，u_i 正向时，经二极管向保持电容 C 充电，当 u_i 上升到最大值时，由于二极管的作用，输出 u_0 保持峰值不变，且要求

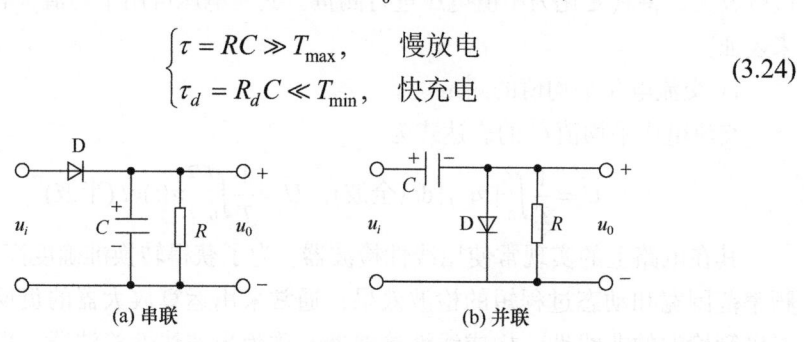

$$\begin{cases} \tau = RC \gg T_{\max}, & \text{慢放电} \\ \tau_d = R_d C \ll T_{\min}, & \text{快充电} \end{cases} \tag{3.24}$$

(a) 串联　　　　(b) 并联

图 3.22　基本峰值检波器

使用运算放大器的峰值检波器，可以校正二极管的非线性和改善管压降对准确度的影响。图 3.23 为正峰值检波器。

(2) 峰值检波器的实用电路。

图 3.24 为同相型多重反馈峰值检波电路，一般选择 A_1、A_2 具有宽频带和高输入阻抗的运算放大器。

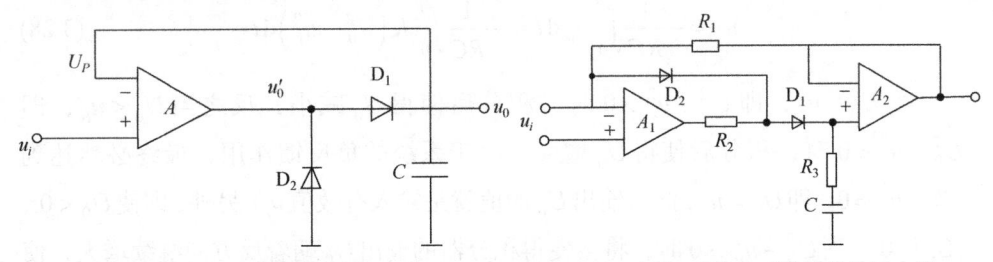

图 3.23　正峰值检波器　　　　图 3.24　同相型多重反馈峰值检波电路

3) 交流电压有效值的测量

在实际应用中，交流电压的有效值比峰值、平均值更为常用。对于非正弦电压的有效值，不能用峰值或平均值予以换算。交流电压 $u(t)$ 的有效值 U_{rms} 的数学表达式为

$$U_{rms} = \sqrt{\frac{1}{T}\int_0^T u^2(t)\mathrm{d}t} \tag{3.25}$$

能直接测出有效值的检波器称为有效值检波器。有效值检波器的原理图如图 3.25 所示。图中，A_1、A_2 为差分放大器，A_3 为倒相器，A_4 为积分器，M 为乘法器。

$$u_M = K(U_0^2 - u_i^2) \tag{3.26}$$

式中，K 为 M 的传输系数。

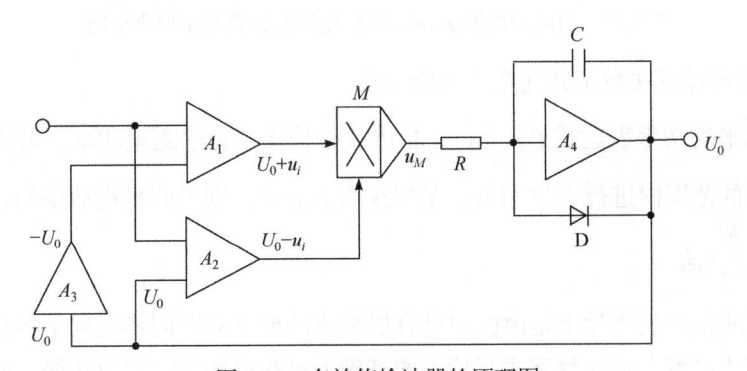

图 3.25　有效值检波器的原理图

将 u_M 进行傅里叶级数展开，其直流分量为

$$a_0 = \frac{1}{T}\int_0^T K(U_0^2 - u_i^2)\mathrm{d}t = KU_0^2 - \frac{K}{T}\int_0^T u_i^2\,\mathrm{d}t = K\left(U_0^2 - \frac{1}{T}\int_0^T u_i^2\,\mathrm{d}t\right) \tag{3.27}$$

式中，$\frac{1}{T}\int_0^T u_i^2 \mathrm{d}t$ 为 u_i 有效值的平方。从而得到 $a_0 = K(U_0^2 - u_i^2)$。乘法器的输出进入积分器后，交流分量被消除，只有直流分量起作用，其输出为

$$u_0 = -\frac{1}{RC}\int_0^T a_0 \mathrm{d}t = -\frac{1}{RC}\int_0^T K\left(U_0^2 - u_i^2\right)\mathrm{d}t \tag{3.28}$$

当 $U_0 > u_i$，即 $U_0^2 - u_i^2 > 0$ 时，积分后使得 U_0 减小；反之当 $U_0 < u_i$，即 $U_0^2 - u_i^2 < 0$ 时，积分后使得 U_0 增大。由于系统的负反馈作用，最终必然达到 $U_0^2 - u_i^2 = 0$，即 $U_0 = u_i$，此时输出 U_0 的值就是输入有效值 u_i。另外，即使 $U_0 < 0$、$|U_0| > 0$，当 $U_0^2 - u_i^2 > 0$ 时，将会使得积分器的输出 U_0 朝着反方向继续增大，使系统变为正反馈，因此必须加二极管 D 使得输出总是大于零。

2. 功率和电能的数字化测量

1) 时间分割乘法器式功率/电压转换器

功率的数字表达式 $p(t) = u(t)i(t)$，将 $u(t)$ 和 $i(t)$ 输入乘法器中相乘，便得到一个与功率 p 成正比的模拟电压，再将此电压经 V/F 转换为频率量输入计数器进行计数，并确定计数时间 Δt，计数值便反映了在这段时间内的平均功率。若时间 Δt 足够短，则近似地反映了它的瞬时功率。时间分割乘法器式功率/电压转换器测量原理框图如图 3.26 所示。

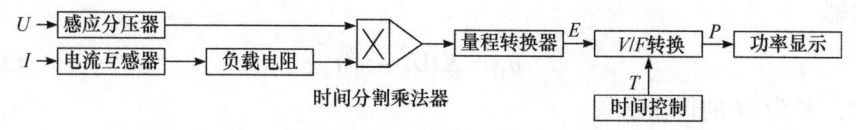

图 3.26 时间分割乘法器式功率/电压转换器测量原理框图

2) 采样计算法数字式瓦特表和电度表

根据平均功率表达式 $P = \frac{1}{T}\int_0^T u_i \mathrm{d}t$ 可获得采样计算法测量功率，若在电压周期整数倍的范围内进行 N 次取样，采样速度为 $1/T$，则得到平均功率的计算公式为 $P = \frac{1}{N}\sum_{k=1}^{N} u_k i_k$。

数字式瓦特表实际上是由微型计算机组成的典型双路同步数据采集系统构成的。数字式电度表是在数字式瓦特表的基础上再乘以测量时间而获得，或者直接规定在一个周期内采样 N 次，将采样值累加并记录测量时间而获得。

3.2.6 应用实例：导弹火工品检查台

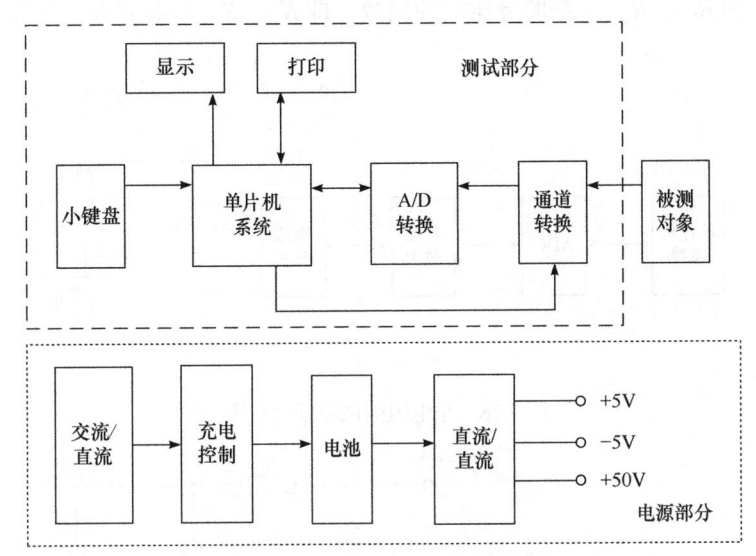

1. 火工品检查台原理框图

火工品检查台原理框图如图 3.27 所示，整机内部由电源部分和测试部分组成。电源部分为整机提供所需的±5V 和+50V 电源。测试部分的功能是完成测试和数据计算、判断、显示、打印等，系统控制核心为某型单片机系统。

图 3.27 火工品检查台原理框图

2. 小电阻测试原理

小电阻测试原理示意图如图 3.28 所示。+5V 电源经过限流电阻 R(提高安全性)、10mA 恒流管提供小电阻测试时的测试电流，经过继电器转换电路(图中未画出)将被测火工品电阻接入测量回路，即测试电流流过被测电阻 R_x，再流经标准取样电阻 R_s，R_x 和 R_s 两端的电压 V_x 和 V_s 经模拟开关分时选通、程控放大，被送入 ADC，将转换后的数字量通过单片机处理得出被测电阻阻值，将得出的测量值与系统内部固化的参数进行比较，得出合格与否的结论，并将测量值和判断结果送显示屏显示、打印机打印输出。其运算关系为 $R_x = V_x R_s / V_s$。

3. 绝缘电阻测试原理

绝缘电阻测试原理示意图如图 3.29 所示。+50V 电源经限流电阻 R(提高安全性)后，一路经过 R_V、R_{sV} 分压后在电阻 R_{sV} 上得到与绝缘测试电压成正比的电压；另一路经过继电器转换电路(图中未画出)后接到被测电阻 R_x，即测试电流流过被测电阻 R_x，再流经标准取样电阻 R_{si}，标准取样电阻两端的电压 V_{si} 和 V_{sV} 经模拟开关分时选通、程控放大，被送入 ADC，将转换后的数字量通过单片机处理得出被测电阻阻值，将得出的测量值与系统内部固化的参数进行比较，得出合格与否的结论，并将测量值和判断结果送显示屏显示、打印机打印输出。其运算关系为

$$R_x = KV_{sV}R_{si} / V_{si} - R_{si}$$

式中，K 为 R_V、R_{sV} 一路的分压比的倒数，即 $K = (R_{sV} + R_V)/R_{sV}$。

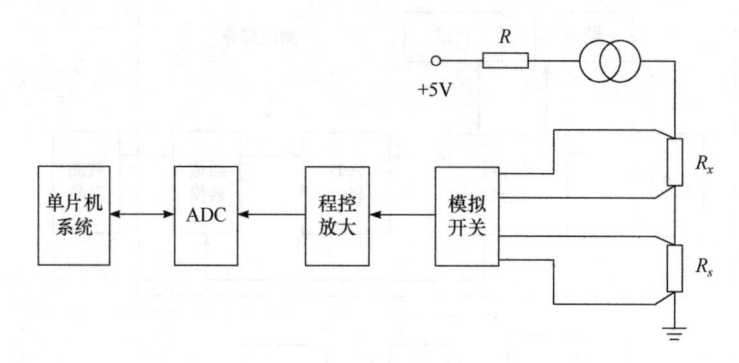

图 3.28　小电阻测试原理示意图

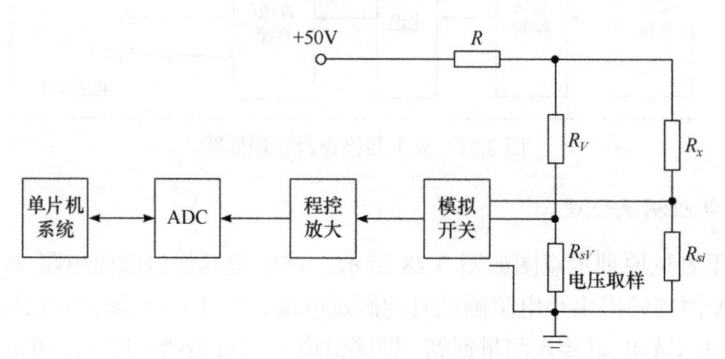

图 3.29　绝缘电阻测试原理示意图

3.3　力及其传导量的测量

3.3.1　基本方法概述

力的测量方法从大的方面讲可分为直接比较法和间接比较法两类。在直接比较法中采用梁式天平，通过归零技术将被测力与标准质量(砝码)的重力进行平衡。直接比较法的优点是简单易行，在一定条件下可获得很高的精度(如分析天平)。但该方法常常是逐级加载，测量精度取决于砝码分级的密度和砝码等级，还受测

量系统中杠杆、刀口支承等连接零件间摩擦和磨损的影响。另外，这种方法基于静态重力力矩平衡，因此仅适用于静态测量。与之相反，间接比较法采用测力传感器，将被测力转换为其他物理量，再与标准值做比较，从而求得被测力的大小，标准值是预先对传感器进行标定时确定的。间接比较法能用来进行动态测量，其测量精度主要受传感器及其标定精度影响。

压力是反映物体状态的参数，其在科学研究和生产活动的各个领域具有重要意义。工程测量中所测量的压力(在物理学中称为压强)是指介质(包括气体或液体)垂直作用在单位面积上的力。因此，压力 P 可表示为

$$P = F / S \tag{3.29}$$

式中，F 为垂直作用在单位面积上的力；S 为面积。

工程上，压力的表示方法通常分为以下三种：①绝对压力，是指相对于绝对真空而测得的压力；②表压力，是指超出当地大气压力的数值，即绝对压力与当地大气压力之差；③真空度，当绝对压力低于当地大气压时，表压力为负表压，习惯上把负表压称为真空度。绝对压力越低，负表压的绝对值越大，真空度就越高。

根据不同的测量原理，可把压力测量方法归纳为以下四大类。

1. 液体压力平衡原理测压法

液体压力平衡原理测压法是通过液体产生的压力或传递压力来平衡被测压力进行压力测量的方法，可分为液柱压力计法和活塞压力计法。

(1) 液柱压力计法利用了液柱产生的压力与被测介质压力相平衡的原理。其原理简单、性能稳定、种类各异，为了满足不同的测量需求，工作液体常用水银、水、酒精等。

(2) 活塞压力计法利用了液体传递压力的原理。通常把它作为标准压力发生器，用来校准其他压力仪器仪表。

2. 机械力平衡原理测压法

机械力平衡原理测压法是将被测压力通过某种转换元件转换成一个集中力，然后用一个大小可调的外界力来平衡这个未知的集中力，从而实现对压力的测量。

3. 弹性力变形测压法

弹性力变形测压法的原理是，利用多种形式的弹性元件在受到压力作用后会产生弹性变形，根据弹性变形的大小来测量压力。这类压力仪表品种多、应用广。

常用的弹性元件可分为以下五种形式。

(1) 平面膜片：将弹性材料做成简单的平面膜片，其刚性较大，工艺简单。

(2) 波纹膜片：将膜片做成波纹状，有正弦波纹、三角波纹、梯形波纹等形状，这种膜片灵敏度高，变形较大。有时将两膜片组合在一起做成膜盒，其变形输出可比单膜片输出加大一倍。

(3) 弹簧管：又称波登管，其通常有单圈管和多圈管之分。弹簧管做成的压力计在工业应用中最为普遍。

(4) 波纹管：将弹性材料做成波纹管状，其灵敏度高，位移变形大。

(5) 挠性膜片：一般用于较低压力的测量，膜片中心是硬心，使它与弹簧配合，可得到较好的线性特性。

4. 其他物理特性测压法

其他物理特性测压法有以下四种。

(1) 压电效应测压法：利用压电晶体在压力作用下晶格变形的原理来测量压力。

(2) 压电阻原理测压法：利用一些金属或合金在压力直接作用下电阻本身发生变化的原理来测量压力。电阻压力系数一般比较小，该方法常用在超高压的测量中。

(3) 热导原理测压法：利用气体在压力降低时导热系数变小的原理来测量真空度。

(4) 电离真空测量原理测压法：根据带有一定能量的质点通过稀薄气体时可使气体电离的原理，利用对离子数计数来测量真空度。

3.3.2 基于电阻应变片式传感器的测力方法

在几何量和机械量测量中，最常用的传感器是由某些金属和半导体材料制成的电阻应变片式传感器。该传感器以应变片为传感元件，具有以下优点：

(1) 精度高，测量范围广。

(2) 使用寿命长，性能稳定可靠。

(3) 结构简单、尺寸小、重量轻，因此在测试时对工件工作状态及应力分析影响小。

(4) 频率响应特性好，应变片响应时间约为 10^{-7}s。

(5) 可在高低温、高速、高压、强烈振动、强磁场、核辐射和化学腐蚀等恶劣环境条件下工作。

(6) 应变片种类繁多，价格低。

该传感器存在如下缺点：在大应变状态下具有较高的非线性；输出信号微弱；不适用于高温环境(1000℃以上)；应变片实际测出的只是某一面积上的平均应变，不能完全显示应力场中应力梯度的情况。

电阻应变片分为金属电阻应变片和半导体应变片两种。

1. 金属电阻应变片工作原理

金属电阻应变片的工作原理是基于电阻应变效应的，即在导体产生机械变形时，其电阻值相应发生变化。设有一根电阻丝(图3.30)，在未受力时原始电阻值为

$$R = \rho \frac{l}{S} \tag{3.30}$$

式中，ρ 为电阻丝的电阻率；l 为电阻丝的长度；S 为电阻丝的截面积。

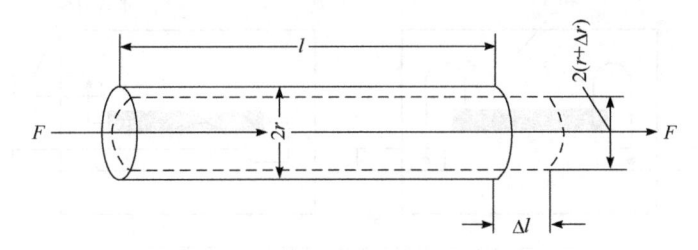

图 3.30 电阻丝伸长后的几何尺寸

电阻丝在外力 F 作用下，将引起电阻变化 ΔR，且有

$$\frac{\Delta R}{R} = \frac{\Delta l}{l} - \frac{\Delta S}{S} + \frac{\Delta \rho}{\rho} \tag{3.31}$$

令电阻丝的轴向应变为 $\varepsilon_x = \Delta l / l$，径向应变为 $\varepsilon_y = \Delta r / r$，由材料力学可知

$$\Delta r / r = -\mu_\lambda (\Delta l / l) = -\mu_\lambda \varepsilon$$

其中，μ_λ 为电阻丝材料的泊松系数，经整理可得

$$\frac{\Delta R}{R} = (1 + 2\mu_\lambda)\varepsilon + \Delta \rho / \rho \tag{3.32}$$

通常把单位应变所引起的电阻相对变化称为电阻丝的灵敏度系数，其表达式为

$$k_0 = \frac{\Delta R / R}{\varepsilon} = 1 + 2\mu_\lambda + \frac{\Delta \rho / \rho}{\varepsilon} \tag{3.33}$$

由式(3.33)可明显看出，电阻丝灵敏度系数 k_0 由两部分组成：$1+2\mu_\lambda$ 表示受力后由材料的几何尺寸变化引起的；$\dfrac{\Delta\rho/\rho}{\varepsilon}$ 表示由材料电阻率变化引起的。

对于金属材料，$\dfrac{\Delta\rho/\rho}{\varepsilon}$ 项的值要比 $1+2\mu_\lambda$ 小很多，可以忽略，故 $k_0=1+2\mu_\lambda$。大量试验证明，在电阻丝拉伸比例极限内，电阻的相对变化与应变成正比，即 k_0 为 1.7～3.6。式(3.32)可写成 $\dfrac{\Delta R}{R}\approx k_0\varepsilon$。

2. 半导体应变片工作原理

半导体应变片的结构形式如图 3.31 所示，其半导体片是由锗、硅等单晶锭沿特定的晶轴方向(晶体取向)切片制成的。

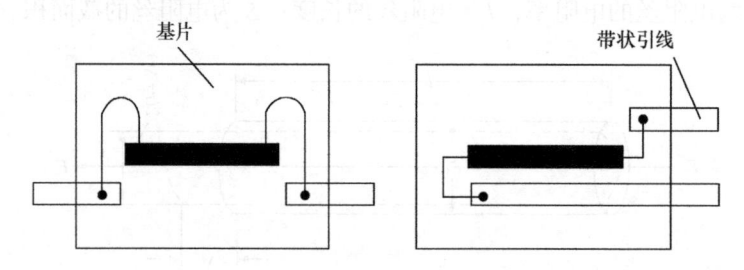

图 3.31　半导体应变片的结构形式

半导体应变片的工作原理基于半导体材料的压阻效应，即单晶半导体材料在沿某一轴向受外力作用下，其电阻率发生很大变化的现象。压阻效应与材料类型、晶体取向、掺杂浓度及温度有关。

对于半导体应变片，其几何尺寸变化引起的电阻变化远小于由材料电阻率变化引起的电阻变化，前者可忽略不计。由式(3.33)可得

$$\dfrac{\mathrm{d}R}{R}\approx \lambda E\varepsilon$$

从而得到半导体应变片灵敏度系数为

$$k=\lambda E$$

半导体应变片最突出的优点是灵敏度系数大，k 可达 60～150，能直接与记录仪器连接而不需要放大器，使测量系统简化；此外，其横向效应小，机械滞后小，体积小。其有如下缺点：电阻值和灵敏度的温度稳定性差；当应变较大时，非线性严重；受晶向、杂质等因素影响，灵敏度分散度大。

3.3.3 温度误差及失真补偿

敏感栅,是金属电阻应变片的核心部件。在外界温度变化的条件下,敏感栅温度系数α_t及栅丝与试件膨胀系数(β_g及β_δ)的差异性会造成虚假应变输出,有时会产生与真实应变同数量级的误差,因此必须采取补偿温度误差的措施。温度误差补偿通常采用自补偿法、组合式自补偿法和线路补偿法。

1. 自补偿法

为使$\varepsilon_\Delta = 0$,必须满足

$$\alpha_t = -k_0(\beta_g - \beta_\delta) \tag{3.34}$$

对于给定的试件(β_g给定),可以适当选取应变片栅丝温度系数α_t及膨胀系数β_δ,以满足式(3.34),而对于给定材料的试件,可以在一定温度范围内进行温度补偿。实际的做法是,对于给定的试件材料和选定的康铜和镍铬铝合金栅线(β_g、β_δ及k_0均已给定),适当控制、选择、调整栅丝温度系数α_t。例如,常用控制康铜丝合金成分、对其冷却或采用不同的热处理规范(如不同的退火温度)来控制栅丝温度系数α_t。由试验可知,随着栅丝退火温度的增加,其温度系数变化较大,可以从负值变为正值,并在某一个温度下为零,如图3.32所示。康铜丝是在有机硅流体中退火的,这样可以保证退火温度到450℃。

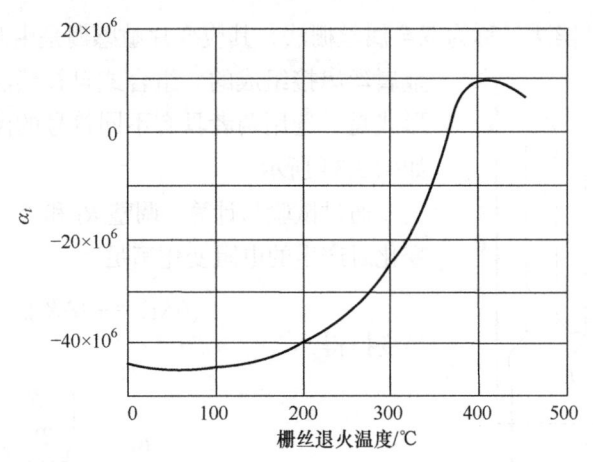

图3.32 栅丝退火温度与温度系数变化关系图

一些常用材料的线膨胀系数如表3.4所示。

若康铜丝的线膨胀系数$\beta_g = 15 \times 10^{-6}$,则粘贴在材料上的应变片得到完全补偿的条件可由式(3.34)或表3.4及图3.32求出。表3.4是在$k_0 = 2$的条件下得出的。

例如，粘贴在硬铝上的康铜丝应变片，为了使应变片电阻相对变化不受温度变化的影响，需要采用温度系数 $\alpha_t = -14 \times 10^{-6}$ 的康铜丝。此时，电阻丝应在 340℃下退火。对于粘贴在不锈钢上的应变片，必须采用温度系数 $\alpha_t = 2 \times 10^{-6}$ 的康铜丝，康铜丝的退火温度为 380℃。使用表 3.4 时应注意，表中数据都是假设 β_g 和 α_t 为常数的前提下进行计算的，一般从室温到 100℃是正确的，但在较宽的温度范围内是不正确的。另外，利用退火温度控制温度系数也是比较困难的，因此都是把一批同样热处理的应变片粘贴在不同零件上，考察应变片的电阻增量与温度的关系，取变化较小的一组作为适合该材料的补偿应变片。这种自补偿应变片的优点是加工容易，成本低；缺点是只适用于特定材料，补偿温度范围也较窄。

表 3.4 常用材料的线膨胀系数

材料	β_g	$\alpha_t = -2(\beta_g - \beta_\delta)$
钢	11×10^{-6}	8×10^{-6}
杜拉铝	22×10^{-6}	-14×10^{-6}
不锈钢	14×10^{-6}	2×10^{-6}
钛合金	8×10^{-6}	14×10^{-6}

2. 组合式自补偿法

组合式自补偿法又称为双金属丝栅法，其应变片敏感栅是由两种温度系数的金属丝串接组成的。组合式自补偿法应变片的一种形式是，选用两者具有不同符号的温度系数，结构如图 3.33 所示。

通过试验与计算，调整 R_1 和 R_2 的比例，使温度变化时产生的电阻变化满足

$$(\Delta R_1)_t = -(\Delta R_2)_t \tag{3.35}$$

经变换得

$$\frac{R_1}{R_2} = -\frac{\left(\dfrac{\Delta R_2}{R_2}\right)_t}{\left(\dfrac{\Delta R_1}{R_1}\right)_t} \tag{3.36}$$

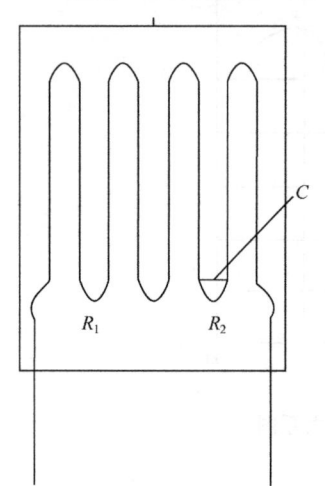

图 3.33 组合式自补偿法之一

通过调节两种敏感栅的长度来控制应变片的温度自补偿，可达 $\pm 0.45 \varepsilon /℃$ 的高精度。

组合式自补偿应变片的另一种形式是，两种串接的电阻丝具有相同符号的温度系数，两者都为正或都为负，其结构及电桥连接方式如图 3.34 所示。在电阻丝 R_1 和 R_2 串接处焊接一引线 2，R_2 为补偿电阻，它具有高的温度系数及低的应变片灵敏度系数。R_1 作为电桥的一臂，R_2 与一个温度系数很小的附加电阻 R_B 共同作为电桥的一臂，且作为 R_1 的相邻臂。适当调节 R_1 和 R_2 的长度比、R_B 和外接电阻之值，使之满足

$$(\Delta R_1)_t / R_1 = (\Delta R_2)_t / (R_2 + R_B) \tag{3.37}$$

由此可求得

$$R_B = R_1 \frac{(\Delta R_2)_t}{(\Delta R_1)_t} - R_2 \tag{3.38}$$

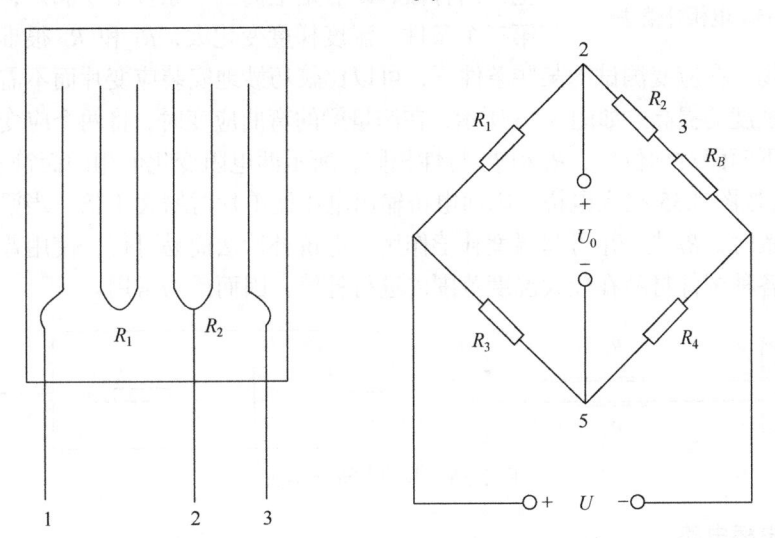

图 3.34 组合式自补偿法之二

即可满足温度自补偿要求。由电桥原理可知，由温度变化引起的电桥相邻两臂的电阻变化相等或很接近，相应的电桥输出电压为零或极小。经计算，这种补偿可达到 $\pm 0.1\varepsilon/\text{℃}$ 的高精度，其缺点是只适合于特定试件材料。此外，补偿电阻 R_2 虽比 R_1 小得多，但总有敏感应变，在桥路中与工作栅 R_1 敏感的应变起抵消作用，从而使应变片的灵敏度下降。

3. 线路补偿法

最常用、效果最好的线路补偿法是电桥补偿法，如图 3.35 所示，工作应变片 R_1 安装在被测试件上，另选一个特性与 R_1 相同的补偿片 R_B，安装在材料与试件相同的某补偿块上，温度与试件相同，但不承受应变。R_1 和 R_B 接入电桥相邻臂

上，造成 ΔR_{1t} 与 ΔR_{Bt} 相同。根据电桥理论可知，其输出电压 U_0 与温度变化无关。

当工作应变片感受应变时，电桥将产生相应输出电压。

若要达到完全的补偿，需满足以下三个条件：

(1) R_1 和 R_B 属于同一批号制造，即温度系数 α_t、线膨胀系数 β_g、应变片灵敏度系数 k 都相同，两片的初始电阻值也要求相同。

(2) 粘贴补偿片的试件材料和粘贴工作片的材料必须相同，即要求两者的线膨胀系数相同。

(3) 两应变片处于同一温度场。

此方法的优点是简单易行，而且能在较大的温度范围内补偿；缺点是上面三个条件不易满足，尤其是第三个条件，温度梯度变化大，R_1 和 R_B 很难处于同一温度场。在应变测试的某些条件下，可以比较巧妙地安装应变片而不需补偿并兼得灵敏度的提高。如图 3.36 所示，在测量梁的弯曲应变时，将两个应变片分贴于梁上下两面对称位置，R_1 和 R_B 特性相同，所示两电阻变化值相同而符号相反。R_1 和 R_B 按图 3.35 接入电桥，因而电桥输出电压比单片时增大 1 倍。当梁上下面温度一致时，R_B 与 R_1 可起温度补偿作用。电桥补偿法简易可行，使用普通应变片可对各种试件材料在较大温度范围内进行补偿，因而最为常用。

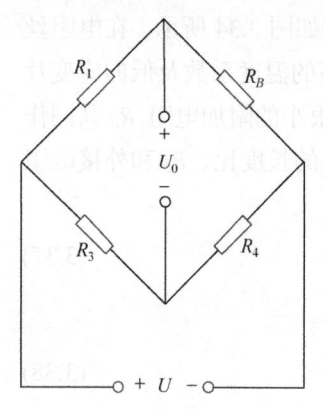

图 3.35 电桥补偿法

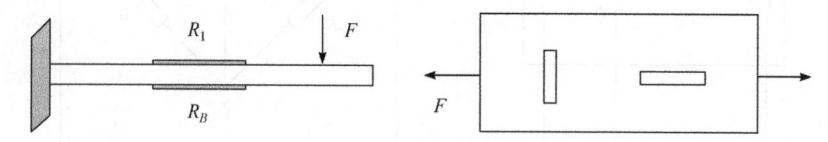

图 3.36 差动电桥补偿法

3.3.4 电桥电路

应变片将应变转换为电阻的变化，电阻的变化在数量上很小，既难以直接精确测量，又不便直接处理，因此必须通过信号调理电路将应变片电阻的变化转换为电压或电流的变化，一般是采用测量电桥。

应变式传感器多采用不平衡电桥电路。电桥的供电采用直流电源供电或交流电源供电，分别称为直流电桥和交流电桥。

1. 直流电桥

直流电桥的基本形式如图 3.37 所示。R_1、R_2、R_3 和 R_4 为电桥的 4 个桥臂，R_1 为其负载(可以是测量仪器内阻或其他负载)。

当 $R_1 \to \infty$ 时，电桥的输出电压 U_0 应为

$$U_0 = \frac{R_1}{R_1 + R_2} - \frac{R_3}{R_3 + R_4}$$

$$U = \frac{R_1 R_4 - R_2 R_3}{(R_1 + R_2)(R_3 + R_4)} U$$

当电桥平衡时，$U_0 = 0$，此时有

$$R_1 R_4 = R_2 R_3$$

或

$$\frac{R_1}{R_2} = \frac{R_3}{R_4} \tag{3.39}$$

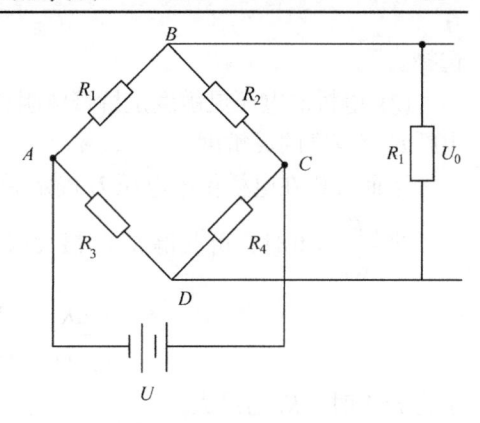

图 3.37 直流电桥的基本形式

式(3.39)为电桥平衡条件。应变片测量电桥在工作前应使电桥平衡。

假设电桥中各桥臂电阻均为工作应变片，即电阻值 R_1、R_2、R_3 和 R_4 都随测量应变发生变化，其阻值的变化量分别为 ΔR_1、ΔR_2、ΔR_3 和 ΔR_4，电桥的输出将变为

$$U_0 = \frac{(R_1 + \Delta R_1)(R_4 + \Delta R_4) - (R_2 + \Delta R_2)(R_3 + \Delta R_3)}{(R_1 + \Delta R_1 + R_2 + \Delta R_2)(R_3 + \Delta R_3 + R_4 + \Delta R_4)} U \tag{3.40}$$

将式(3.40)展开并略去分子及分母中 ΔR_i 的二次微量，近似可得

$$U_0 \approx \frac{R_1 R_2}{(R_1 + R_2)^2} \left(\frac{\Delta R_1}{R_1} - \frac{\Delta R_2}{R_2} - \frac{\Delta R_3}{R_3} + \frac{\Delta R_4}{R_4} \right) U$$

$$= \frac{R_2 / R_1}{\left(1 + \frac{R_2}{R_1}\right)^2} \left(\frac{\Delta R_1}{R_1} - \frac{\Delta R_2}{R_2} - \frac{\Delta R_3}{R_3} + \frac{\Delta R_4}{R_4} \right) U$$

设桥臂电阻比 $n = R_2/R_1 = R_4/R_3$，则式(3.40)可写成

$$U_0 = \frac{n}{(1+n)^2} \left(\frac{\Delta R_1}{R_1} - \frac{\Delta R_2}{R_2} - \frac{\Delta R_3}{R_3} + \frac{\Delta R_4}{R_4} \right) U \tag{3.41}$$

电桥的电压灵敏度定义为

$$K_u = \frac{U_0}{\frac{\Delta R_1}{R_1} - \frac{\Delta R_2}{R_2} - \frac{\Delta R_3}{R_3} + \frac{\Delta R_4}{R_4}} = U \frac{n}{(1+n)^2} \tag{3.42}$$

由式(3.42)可知：

(1) 电桥的电压灵敏度正比于电桥供电电压 U，电桥供电电压越高，电压灵敏度越高，但是电桥供电电压的提高受到应变片允许功耗的限制，因此要做适当

选择。

(2) 电桥的电压灵敏度是桥臂电阻比 n 的函数,恰当地选择 n 的值,以保证电桥具有较高的灵敏度。

下面分析在电桥供电电压 U 确定后,n 应取何值,电桥电压灵敏度才最大。

当 $\dfrac{\mathrm{d}K_u}{\mathrm{d}n}=0$ 时,可获得 K_u 的最大值,故可得

$$\frac{\mathrm{d}K_u}{\mathrm{d}n} = \frac{1-n^2}{(1+n)^4} = 0 \tag{3.43}$$

求得 $n=1$ 时,K_u 为最大。

当 $R_1=R_2=R_3=R_4$ 时,为全等电桥。全等电桥是 $n=1$ 的一种特例,是应变式传感器测量常采用的形式。

2. 交流电桥

交流电桥的一般形式如图 3.38 所示。电桥供电电源为交流电源,引线分布电容,使得桥臂呈现复阻抗特性,因此以复阻抗 $Z_1 \sim Z_4$ 代替直流电桥臂上的 $R_1 \sim R_4$,以复数 $\dot{U}$ 代替 U,分析方法和直流电桥完全相同。由图 3.38 导出

$$U_{sc} = \left(\frac{Z_1}{Z_1+Z_2} - \frac{Z_3}{Z_3+Z_4}\right)\dot{U} = \frac{Z_1 Z_4 - Z_2 Z_3}{(Z_1+Z_2)(Z_3+Z_4)}\dot{U} \tag{3.44}$$

因此平衡条件为

$$Z_1 Z_4 - Z_2 Z_3 = 0 \tag{3.45}$$

或

$$\frac{Z_1}{Z_2} = \frac{Z_3}{Z_4}$$

设各桥臂阻抗为

$$Z_1 = z_1 \mathrm{e}^{\mathrm{j}\varphi_1}, \quad Z_2 = z_2 \mathrm{e}^{\mathrm{j}\varphi_2}, \quad Z_3 = z_3 \mathrm{e}^{\mathrm{j}\varphi_3}, \quad Z_4 = z_4 \mathrm{e}^{\mathrm{j}\varphi_4}$$

将其代入式(3.45)得

$$\begin{cases} z_1 z_4 = z_2 z_3 \\ \varphi_1 + \varphi_4 = \varphi_2 + \varphi_3 \end{cases} \tag{3.46}$$

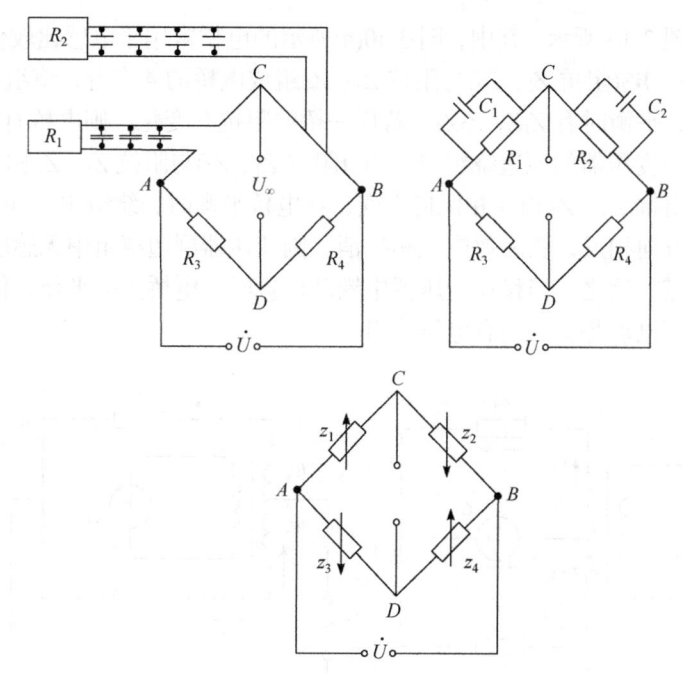

图 3.38　交流电桥的一般形式

即交流电桥满足：相对臂阻抗模的乘积必须相等，相对臂阻抗角的和必须相等。

当 z_1、z_2 两臂为工作臂，且 $z_1=z_2=z_3=z_4$，$\Delta z_1 = \Delta z_2 = \Delta z$ 时，有

$$\dot{U}_{sc} = \left(\frac{Z_1 + \Delta Z_1}{Z_1 + \Delta Z_1 + Z_2 + \Delta Z_2} - \frac{Z_3}{Z_3 + Z_4} \right) \dot{U} = \frac{\Delta z}{Z} \cdot \frac{\dot{U}}{2} \tag{3.47}$$

可见其与分析直流电桥的方法及形式完全相同。同理，也可推出交流电桥的单臂及全桥时的输出表达式。

与直流电桥平衡条件相比，不难看出，交流电桥的预调平衡更为复杂。一般既有电阻预调平衡，也有电容预调平衡。常见的平衡电路如图 3.39 所示。

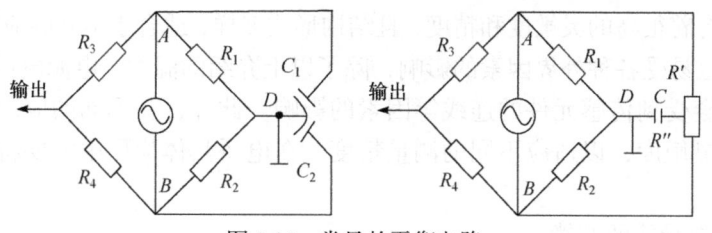

图 3.39　常见的平衡电路

3. 变压器式电桥

变压器式电桥将变压器中感应耦合的两线圈绕组作为电桥的桥臂，其常用的

两种形式如图 3.40 所示。其中，图 3.40(a)所示的电桥常用于电感比较仪中，感应耦合绕组 W_1、W_2(阻抗 Z_1、Z_2)与阻抗 Z_3、Z_4 组成电桥的 4 个臂，绕组 W_1、W_2 为变压器副边，平衡时有 $Z_1Z_3=Z_2Z_4$。若任一桥臂阻抗有变化，则电桥有电压输出。图 3.40(b)中，变压器的原边绕组 W_1、W_2(阻抗 Z_1、Z_2)与阻抗 Z_3、Z_4 构成电桥的 4 个臂，若使阻抗 Z_3、Z_4 相等并保持不变，在电桥平衡时，绕组 W_1、W_2 中两磁通大小相等但方向相反，激磁效应互相抵消，则变压器副边绕组中无感应电动势产生，输出为零。反之，当移动变压器中铁芯位置时，电桥失去平衡，促使副边绕组中产生感应电动势，从而有电压输出。

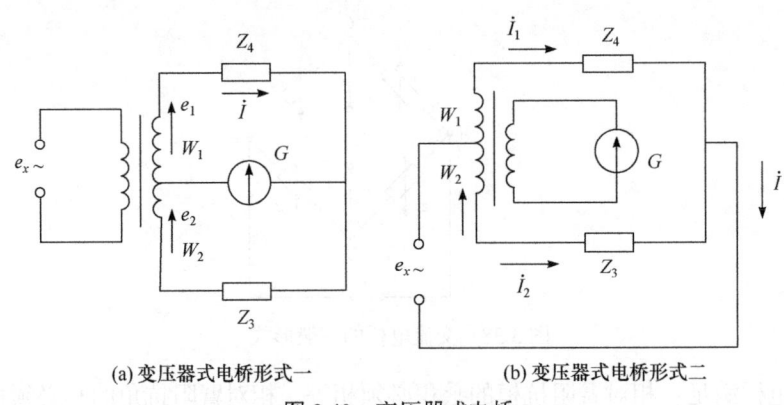

(a) 变压器式电桥形式一   (b) 变压器式电桥形式二

图 3.40 变压器式电桥

上述两种电桥中的变压器结构实际上均为差动变压器式传感器，通过移动其中的敏感元件——铁芯的位置将被测位移转换为绕组间互感的变化，再经电荷转换为电压或电流输出量。与普通电桥相比，变压器式电桥具有较高的测量精度和灵敏度，且性能比较稳定，因此在非电量测量中得到了广泛应用。

4. 电桥使用中应注意的问题

电桥电路是常见的仪器电路，有着广泛的应用，尤其是在应变仪测量电路中，电桥电路有着很高的灵敏度和精度，且结构形式多样，适合于不同的应用。然而，电桥电路也易受各种外界因素的影响，除了以上介绍的温度、电源电压及频率等因素，还会受到传感元件的连线等因素的影响。此外，在不同的应用中需要调节电桥的灵敏度，以适应不同的测量精度。在电桥具体应用中需要特别注意以下方面。

1) 连接导线的补偿

在实际应用中，传感器与所接的桥式仪表常常相隔一定的距离，如图 3.41(a)所示，这样连接导线会给电桥的一臂引入附加阻抗，由此带来测量误差。这种情况类似于温度误差的情况，沿着导线上的温度梯度变化，也给电桥带来误差。采取图 3.41(b)所示的三导线结构形式，其中附加的补偿导线与传感器的连接电线处在相邻桥臂上，从而平衡了整个导线的长度，也消除了由此引起的任何不平衡。

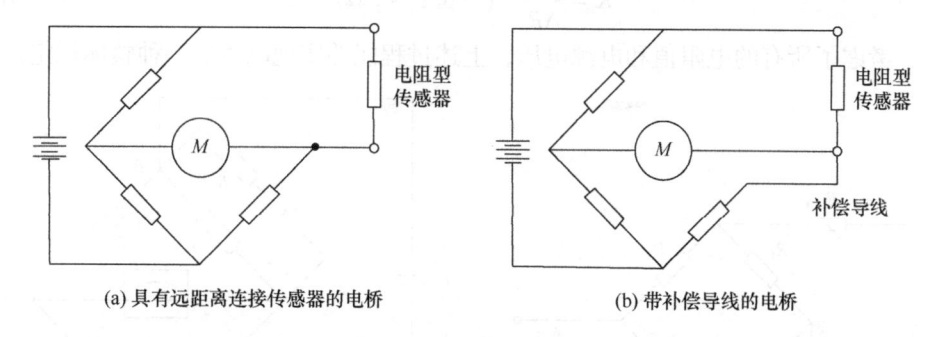

(a) 具有远距离连接传感器的电桥　　(b) 带补偿导线的电桥

图 3.41　电桥接线的补偿方法

2) 电桥灵敏度的调节

对电桥的灵敏度进行调节通常源于以下原因：

(1) 衰减大于所需电平的输入量。

(2) 在系统标定和读出仪器刻度之间提供一种便利的关系。

(3) 通过调节使各传感器的特性能适合预校正过的系统(如将电阻应变片的应变系数插入某些已制成的商用电路中)。

(4) 为控制诸如温度效应的外部输入提供手段。

图 3.42 给出了一种电桥灵敏度调节方法。假设电桥所有臂的电阻值均为 R，则由电压源所得到的电阻值亦为 R。因此，若如图 3.42 所示在一根输入导线上串联一个电阻 R_s，则根据分压电路原理，电桥的输入将减小一个因子：

$$n = \frac{R}{R+R_s} = \frac{1}{1+R_s/R} \tag{3.48}$$

式中，n 为电桥因子。

电桥输出也相应地减小一个成比例的量，该方法简单，且对电桥灵敏度控制十分有用。

3) 电桥的并联校正法

实际中常需要对电桥进行标定或校正，采用的方法是对电桥直接引入一个已知的电阻变化来观察其对电桥输出的效果。图 3.43 示出了一种电桥并联校正方法，其中标定电阻 R_c 的值已知。若电桥在图 3.43 中开关打开时是平衡的，则当开关闭合时，臂 AB 上的电阻改变会导致整个电桥失去平衡。从电压表上可读出输出电压 e_{AC}，引起该电压输出的电阻改变值 ΔR 可由式(3.49)计算：

$$\Delta R = R_1 - \frac{R_1 R_c}{R_1 + R_c} \tag{3.49}$$

电桥灵敏度为

$$K = \frac{e_{AC}}{\Delta R} \quad (单位:\ V/\Omega) \tag{3.50}$$

考虑了所有的电阻值和电源电压，上述过程能够实现电桥的一种整体标定。

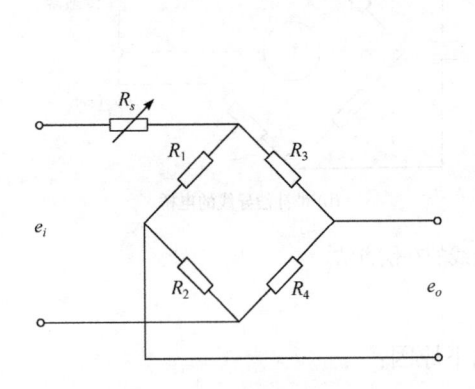

图 3.42 电桥灵敏度调节方法　　　　图 3.43 电桥并联校正方法

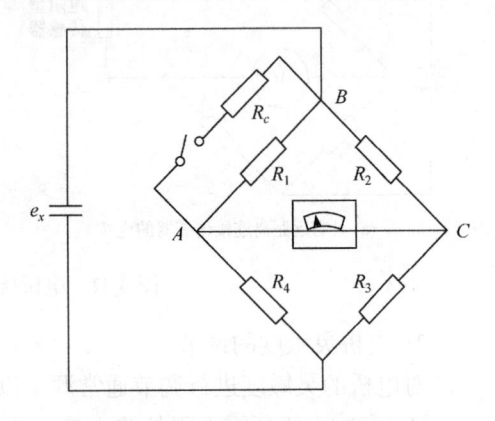

4) 测量小电阻值的电桥

上述电桥电路均是惠斯登电桥电路，这种电桥电路一般不能用来测量毫欧或微欧量级的微小阻值，因为导线电阻以及内部的电缆和接点电阻均会增加测量电阻的数值量级。

采用汤普孙电桥电路能够解决测量小电阻值的问题。图 3.44 给出了一种汤普孙电桥电路，其中，电源电压 e_x 经可调前置电阻 R_V 给测量电阻 R 和标准电阻 R_N 供电，R 和 R_N 大小约相等。当电桥平衡时，R 和 R_N 中流过的电流大小相等。图

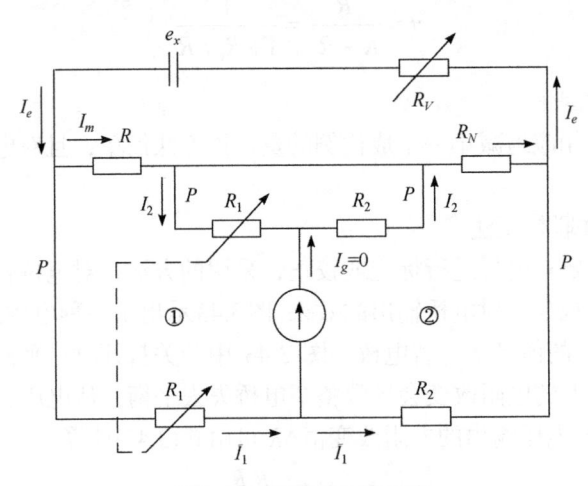

图 3.44 汤普孙电桥电路

中的级联十进位方式用于使两个 R_1 的阻值始终相等,通过这样的配置形式能够容易地达到电桥平衡。

为导出平衡条件,分别得出回路①和②的电压平衡方程式:

$$I_m R = I_1 R_1 - I_2 R_1 \tag{3.51}$$

$$I_m R_N = I_1 R_2 - I_2 R_2 \tag{3.52}$$

式(3.51)和式(3.52)相除可得

$$\frac{R}{R_N} = \frac{R_1}{R_2} \tag{3.53}$$

由式(3.53)可知,导线电阻 R 以及电路中接头电阻均不再影响测量结果,这一点与常规的电桥电路不同,因为此处可将电阻 R_1 和 R_2 选得较高。电路中的损耗电阻不再起作用。用汤普孙电桥电路可以测量的最小阻值可达 $10^{-7}\Omega$。

5. 压电式测力的方法

压电式测力传感器用于动态力的测量。三向压电式测力传感器的结构如图 3.45 所示,可以用来测 x、y、z 三个方向的作用力,有三对石英晶体片,中间一对是纵向压电晶体,感受 z 方向的作用力;上下两对是厚度切变变形压电晶体,分别感受 x 方向和 y 方向的作用力。三块叠在一起,再接上三套测量电路,即组成了三向压电式测力传感器。

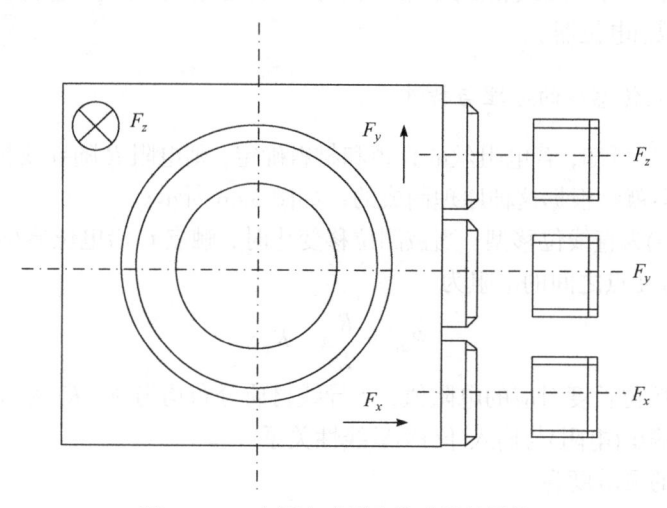

图 3.45 三向压电式测力传感器的结构

3.3.5 变阻式测力的方法

1. 变阻式传感器的结构与分类

变阻式传感器又称为电位器式传感器，由电阻元件及电刷(活动触点)两个基本部分组成。电刷相对于电阻元件的运动可以是直线运动、转动和螺旋运动，因而可以将直线位移或角位移转换为与其呈一定函数关系的电阻或电压输出[13]。

以电位器作为传感元件可制成各种电位器式传感器，除了可以测量线位移或角位移，还可以测量一切可以转换为位移的其他物理量参数，如压力、加速度等。

1) 电位器的优点
(1) 结构简单、尺寸小、质量轻、价格低且性能稳定。
(2) 受环境因素(如温度、湿度、电磁场干扰等)影响小。
(3) 可以实现输出-输入间任意函数关系。
(4) 输出信号大，一般不需要放大。

2) 电位器的缺点
(1) 电刷与线圈或电阻膜之间存在摩擦，因此需要较大的输入能量。
(2) 磨损不仅影响使用寿命和降低可靠性，而且会降低测量精度和分辨力。
(3) 动态响应较差，适合测量变化较缓慢的量。

变阻式传感器按其结构形式不同，可分为线绕式、薄膜式、光电式等。在线绕式电位器中又有单圈式和多圈式两种；按其特性曲线不同，可分为线性电位器和非线性(函数)电位器。

2. 变阻式传感器的原理与特性

由 $R=\rho L/S$ 可知，若电阻丝的直径和材料确定，则电阻 R 随导线长度 L 变化。变阻式传感器就是根据这种原理制成的，如图 3.46 所示。

图 3.46(a)为直线位移型，当被测位移变化时，触点 C 沿电位器移动，若移至 x，则 C 点与 A 点之间的电阻为

$$R_{AC} = \frac{R}{L}x = K_L x \tag{3.54}$$

式中，K_L 为单位长度对应的电阻值，当导线材质分布均匀时，K_L 为常数，因此这种传感器的输出(电阻)与输入(位移)呈线性关系。

传感器的灵敏度为

$$K = \frac{dR_{AC}}{dx} = K_L \tag{3.55}$$

图 3.46(b)为回转型变阻器式传感器，其电阻值随转角而变化，故为角位移型。

传感器的灵敏度为

$$K = \frac{dR_{AC}}{d\alpha} = K_\alpha \tag{3.56}$$

式中，K_α 为单位弧度对应的电阻值，当导线材质分布均匀时，K_α 为常数；α 为转角，rad。

非线性电位器又称为函数电位器，如图 3.46(c)所示，是其输出电阻(或电压)与滑动触头位移(包括线位移或角位移)之间具有非线性函数关系的一种电位器，即 $R_x = f(x)$。$f(x)$ 可以是指数函数、三角函数、对数函数等特定函数，也可以是其他任意函数。非线性电位器可以应用于测量控制系统、解算装置以及对传感器的非线性进行补偿等。例如，若输入量为 $f(x)=Rx^2$，为了使输出的电阻值 $R(x)$ 与输入量 $f(x)$ 呈线性关系，应采用三角形电位计骨架；若输入量为 $f(x)=Rx^3$，则应采用抛物线型电位计骨架。

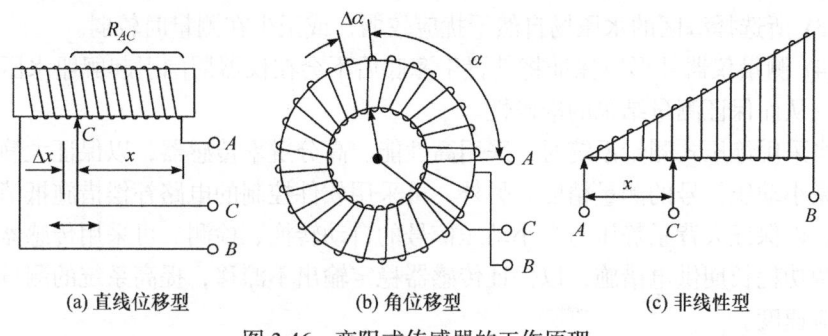

(a) 直线位移型　　(b) 角位移型　　(c) 非线性型

图 3.46　变阻式传感器的工作原理

图 3.47 为线性电阻器的电阻分压电路，负载电阻为 R_L，电位器长度为 l，总电阻为 R，滑动触头位移为 x，相应的电阻为 R_x，电源电压为 U，输出电压 U_0 为

$$U_0 = \frac{U}{\dfrac{l}{x} + \dfrac{R}{R_L}\left(1 - \dfrac{x}{l}\right)} \tag{3.57}$$

当 $R_L \to \infty$ 时，电压输出 U_0 为

$$U_0 = \frac{U}{l}x = Kx \tag{3.58}$$

图 3.47　线性电阻器的电阻分压电路

式中，K 为电位器的电压灵敏度。

由式(3.57)可知，当电位器输出端接输出电阻时，输出电压与滑动触头的位移并不是完全的线性关系。只有当 $R_L \to \infty$、K 为常数时，输出电压才与滑动触头

位移呈线性关系。

3.3.6 应用实例：舰船水压场测试系统

1. 水压场测试系统一般要求

舰船航行时，船体水下部分将给周围的流体质点以某种形式的扰动，使流体速度发生改变，带来流体压力变化，这种由舰船运动引起的舰船周围的压力变化，称为舰船水压场。此外，许多自然现象，如海浪、潮汐、水流、海啸等都能在海洋中引起压力变化，这些统称为海洋环境水压场。根据海洋环境水压场及舰船水压场的时域和空间分布特点，对海上目标水压场测量系统的一般要求如下：

(1) 可采用含有电磁阀的补偿式差压测量系统，或采用绝压式测量系统。

(2) 测量时所选择的海区必须开阔，海底平坦且等深，以至实际上可以当作无限宽阔处处等深的水域。

(3) 所选择海区的水压场自然干扰应较弱，或至少在测量时较弱。

(4) 测量仪器外形应保证将其置于海底后不会在仪器周围引起舰船水压场的畸变，从而保证测量结果的准确性。

当采用绝压式测量系统时，采用高性能、高分辨率传感器，以保证大静压背景下微小动压信号的测量精度。另外，可采用软件控制的电路补偿措施抵消静压信号，以保证大背景静压与微小动压信号的自动转换、检测。可采用传感器恒流源的微功耗长期供电措施，以保证传感器稳定输出不漂移，提高系统的测量精度和响应速度。

系统主要性能指标需求分析如下。

(1) 差压信号动态范围：±15000Pa。

(2) 系统分辨率：(0～±100m)5Pa；(0～±300m)10Pa。

(3) 差压信号通带范围：0.003～2Hz。

(4) 系统时间常数：<0.2s。

(5) 差压测量精度：±1%。

(6) 水深测量最大深度：500m。

(7) 水深测量精度：≤0.1%。

(8) 时间稳定性：8小时连续工作不大于5Pa，能自动调零。

2. 水压传感器的选取

测量系统可采用高精度扩散硅压阻式压力传感器(如瑞士KELLER公司10系列产品)，每个测量体可配备多个不同量程的传感器，例如，1个量程10MPa的PR-10型表压传感器(零点参照环境压力)，用于水深小于100m时测量；1个量程

50MPa 的 PA-10 型密封参考压力传感器(相对 1MPa 环境压力校准)，用于水深小于 300m 时测量。

传感器主要技术参数如下。

压力测量动态范围：0～10MPa(PR-10 型)；0～50MPa(PA-10 型)。

线性：<±0.5% F.S。

重复性：<±0.1% F.S。

分辨力：<10^{-5}F.S。

工作温度范围：标准–10～80℃，最大–55～150℃。

3. 水压场测量电路工作原理

水压场测量电路原理框图如图 3.48 所示。

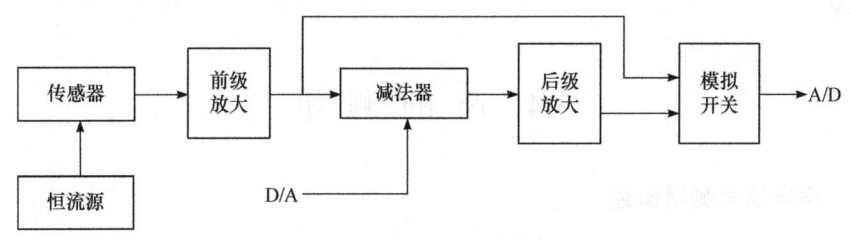

图 3.48 水压场测量电路原理框图

测量电路将传感器送出的电压信号进行放大、运算，输出 0～±5V 的 A/D 采样电平。在系统加电预热时，所采集的信号是水深信号。当有舰船通过时，由计算机控制，采用电路补偿的方法减去静压，再经放大而测得舰船水压场的压力信号。电路由前级放大、减法器、后级放大、模拟开关等部分组成。

1) 恒流源

压阻式传感器一般采用恒流源供电(例如，采用 2mA 恒流源，由+13.5V 电池单独供电)。由于压阻式传感器加电后有 15～30min 的过渡过程，为保证系统有较高的测量精度和较短的响应时间，测量系统的恒流源可采用长期通电方式。

2) 测量电路

前级放大倍数为 10 倍；后级放大分两档，分别放大 66 倍和 200 倍。运算放大器采用高性能斩波自稳零运算放大器 TLC2652，具有很高的直流精度。

3) 静压补偿

一般情况下，舰船水压场最大幅值约为 15000Pa(相当于 1.5m 水深压力)，比测量系统在其布放深度(最佳为 30m，最大为 300m)上所受海水静压小得多，故水压场测量具有静压大、信号动态范围小和环境干扰大等特点。为保证测量精度，在测量时必须进行静压补偿，以保证在较高的放大倍数时有大的动态范围。电路补偿法就是采用电路的方法补偿传感器输出的静压电平信号,将其放大测得动压信号。电路补偿法是将传感器直接输出的压力信号电平进行水深补偿后测得压力信号的变化量,因此对传感器要求很高,必须选用分辨率高、线性度好的高品质传感器。由计算机选择静压通道,测得水深值并进行数字滤波,将其作为补偿的参考电压。由于 D/A 转换的非线性影响,经第一次补偿的残差经后续放大,偏离零点较多,影响测量的动态范围,因此采用残差控制算法,计算机自动地不断补偿静压,直至残差达到规定的误差范围,保证测量动态范围。在每航次测量时都需要进行静压补偿。

4) 换挡设置

在大深度(>100m)和小深度(<100m)测量时要采用不同的传感器,因此测量电路应采用不同的放大倍数。一般地,可在测量电路中设置一个用于深度换挡的开关。

3.4 声的测量

3.4.1 声场信号测量概述

水中兵器与潜艇是水下运动航行体,任何水下运动航行体均会产生噪声场,航行体在运动中发射到周围介质中的噪声称为航行体的外场噪声或辐射噪声;由航行体产生在航行体上或航行体内的测量设备观测到的噪声称为航行体的自噪声。因此,航行体的自噪声不仅是航行体产生的噪声的函数,而且取决于观测设备的类型,自噪声进入观测系统,可以通过水的途径或通过水听器的支架直接传输,甚至通过不是声的途径进入观测系统,如系统的电噪声,以及由机械振动电气元件产生的扩音效应的噪声。声场测量就是舰艇和水中兵器的自噪声测量与辐射噪声测量。

噪声测量技术越来越引起人们的重视,这是由于现代水下武器与水下装备中的噪声会影响其主要作战性能。自噪声直接影响到水中兵器和声呐等观察设备对目标的检测能力,并直接影响到声呐和鱼雷自导的作用距离。辐射噪声易作为鱼雷、水雷和声呐被动探测系统的目标,对辐射噪声进行测量并对其特性进行研究可大大提高被动探测系统的检测能力,提高探测距离与目标分类能力。在现代线导鱼雷中,鱼雷的辐射噪声高不仅会暴露鱼雷本身,更重要的是会影响本艇探测目标,造成无法引导线导鱼雷跟踪目标。鱼雷的辐射噪声已作为一项重要的战术技术指标被明确要求,并作为验收依据,因此噪声测量技术是水中兵器必不可少的一项测量技术。

噪声是由许多不同频率和声强的声波杂乱无章地组合而成,是一种不协调的声音。随着现代工业的发展，噪声已成为主要公害之一。90dB以上的噪声将使听力受损，长期受强噪声刺激(一般指115dB以上)，将导致听力损失，引起心血管系统、神经系统及内分泌系统等方面的疾病。我国已制定了环境噪声限制和测量标准，也对许多机械、设备制定了相应的噪声标准。

工程中许多噪声都由机械振动所致，噪声测量与振动测量密切相关。为正确评价各类机械、设备及环境噪声，研究噪声对环境、人类健康的影响，寻找噪声源及其传播途径以便控制噪声，这都需要进行噪声测量。常用的噪声测量仪器有传声器、声级计、磁带记录仪、校准器和频谱分析仪等。按不同的测量要求，可单独使用声级计或使用多种仪器组合。

1. 自噪声测量技术

任何航行体的自噪声都是由航行体本身及其附属设备产生，并由航行体上的信号检测系统、跟踪系统水听器所测量的。自噪声包括与检测、跟踪和测量系统有内在联系的所有噪声，其电平大小将对系统产生影响。系统其他噪声通常可以减小到对系统不产生影响的程度，因而自噪声通常限定在通过水或机械结构传递到水听器而进入系统的噪声。下面分别通过模拟式自噪声测量系统和数字式自噪声测量系统对自噪声测量技术进行介绍。

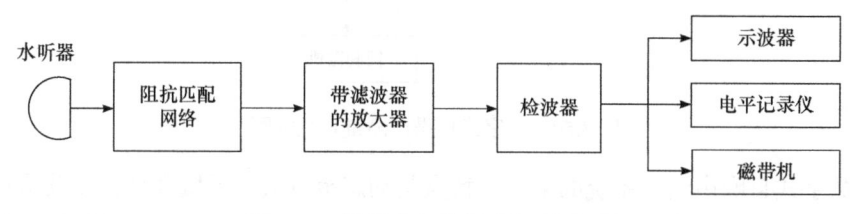

1) 模拟式自噪声测量系统

模拟式自噪声测量系统由水听器、阻抗匹配网络、带滤波器的放大器、检波器和电平记录仪、示波器、磁带机组成，模拟式自噪声测量系统框图如图3.49所示。

图3.49 模拟式自噪声测量系统框图

在系统中使用的水听器要与自噪声测量的水听器一致，水中兵器自噪声测量水听器直接从检测系统接收水听器阵列的阵元中选取。为了使水听器与放大器相匹配，水听器要通过阻抗匹配网络耦合到放大器，放大器必须具有线性响应或对数响应，其动态范围要足够宽以满足满量程自噪声测量的要求。滤波器通常是与放大器结合在一起的，自噪声测量的带宽通常与水中兵器检测系统的带宽一致。检波器是为了给电平记录仪提供输入而进行包络检波的。噪声包络平滑的程度取决于检波器输出电路的时间常数，当然也取决于记录器的响应时间，或由两者共同确定，选择检波器和记录器的时间常数是为了适应于整个系统的时间常数，例如，鱼雷检测系统的时间常数为 100ms，那么鱼雷上自噪声测量系统的检测记录时间常数也应为 100ms。

模拟式自噪声测量系统的记录器可以是在线示波器、电平记录仪或磁带记录仪。磁带记录仪能直接记录信号频率上的噪声，可保存自噪声的样品以便精确描述噪声的统计特性。根据目标外场噪声的统计特性与自噪声的统计特性，可以设计出具有最大有效信噪比的检测系统。

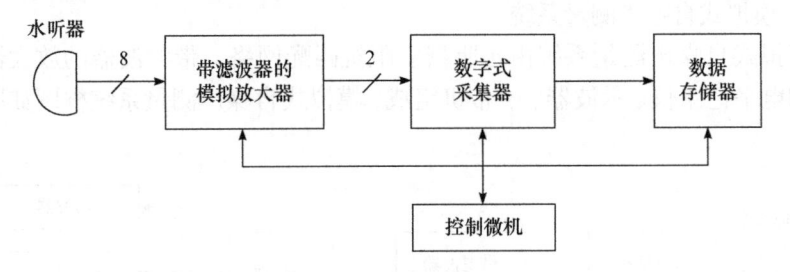

2) 数字式自噪声测量系统

数字式自噪声测量系统具有多通道、多频段、大动态范围、数据处理与分析方便等优点，不仅可以为航行体已知检测系统测量自噪声，而且可以为一个新的检测系统提供自噪声依据，例如，水下对抗兵器自航式声诱饵，既要对抗高频段的自导鱼雷，又要对抗低频段的声呐，低频段的自噪声比高频段的自噪声要大得多，低频段中还含有推进系统机械振动传递到水听器产生的自噪声，仅此就可造成整个接收系统不能应答来自鱼雷或声呐的探测声信号。因此，数字式自噪声测量与分析是关系到检测系统能否正常工作的一项基础研究。

数字式自噪声测量系统由水听器、带滤波器的模拟放大器、数字式采集器和数据存储器组成，其框图如图 3.50 所示。

图 3.50 数字式自噪声测量系统框图

数字式自噪声测量系统的第一个特点是动态范围大、灵敏度高，尤其是自噪声测量装置安装在水中兵器内，对实际的自噪声事先不清楚，其测量结果可能限幅，也可能测不到，人们不得不采用对数放大器。在数字式自噪声测量系统中，采用自动增益控制放大器，根据自噪声信号的大小控制衰减器的衰减量，衰减量或增益码由记录系统与被测噪声同时记录，模拟放大通道框图如图 3.51 所示。

数字式自噪声测量系统的第二个特点是多通道、多频段。数字式小型化大容量自噪声测量系统有 8 个信号测量通道，不同的通道可以连接不同位置的水听器，这样做是为了研究在水中兵器表面不同位置噪声的分布，并且能就不同位置自噪声进行相关性研究和分析。不同通道的设置可根据不同频点的窄带噪声测量，以适应不同频率窄带信号检测系统的需求，如 30±0.9kHz、40±1.5kHz 等。不同通道的设置可根据频段来划分，如 30Hz~5kHz 低频放大通道和 25~45kHz 高频放大通道。

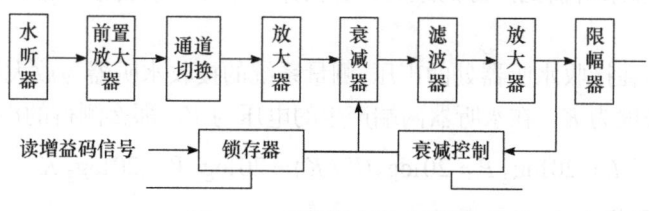

图 3.51 模拟放大通道框图

数字式自噪声测量系统的第三个特点是数字采集和数字数据存储，包括专用微机、A/D 转换、数据传输和数据存储，数据采集存储框图如图 3.52 所示。A/D 转换电路由二路高速采集和一路高速模数转换组成，采用同时采样分时转换的方式，实现两路信号的同时采集，也可单独一路采集。数据传输采用直接存储器访问(direct memory access，DMA)方式，由 DMA 控制器直接把采集的数据存入随机存取存储器(random access memory，RAM)。专用微机设置相应的采样频率、A/D 转换频率和采样周期，为模拟通道提供通道切换信号和自动增益控制(automatic gain control，AGC)锁定信号，根据工作模式设置控制采集系统的采集方式，保证数字式自噪声测量系统正常工作。

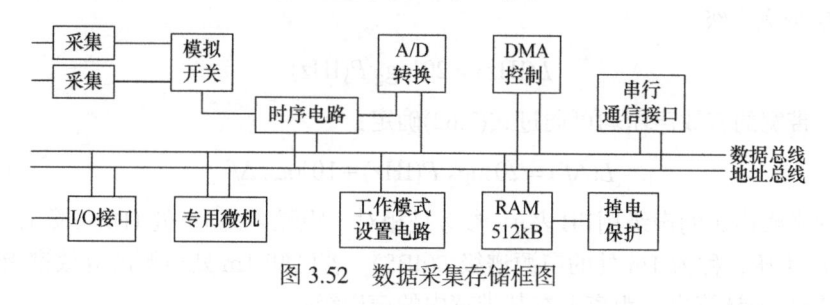

图 3.52 数据采集存储框图

2. 辐射噪声测量技术

辐射噪声是在距噪声源一定距离上进行测量和记录，换算到噪声源 1m 处带宽内的总声级，或换算到某一频率上单位带宽(1Hz)的谱级。因此，辐射噪声测量技术包括对辐射噪声本身的测量和对测量点到噪声源之间距离的测量。下面就纯正弦信号测量、窄带噪声测量、宽带噪声测量、距离测量进行叙述，并介绍一个完整的辐射噪声测量设备。

1) 纯正弦信号测量

在某一距离上发射一个频率为 f 的正弦信号，声源在 1m 处的等效声压为 P_0，

接收水听器测得的声级为 L，其表达式为

$$L = 20\log_2 P_0 - 20\log_2 r - ar \tag{3.59}$$

式中，r 为接收水听器到声源的距离；若在介质中无折射传播异常，则 a 为频率 f 的吸收系数。

如果 P 为在接收水听器处的声压，测量系统的接收水听器与放大器均已校准，水听器的灵敏度为 K，在水听器两端产生的电压为 V，那么测得的声级为

$$L = 20\log_2 P = 20\log_2 (V/K) = 20\log_2 V - 20\log_2 K \tag{3.60}$$

由式(3.59)和式(3.60)可得

$$20\log_2 P_0 = 20\log_2 V + 20\log_2 r + ar - 20\log_2 K \tag{3.61}$$

若式(3.61)中水听器灵敏度和距离已知，则可求得在 1m 处等效声压 P_0。

水听器的自噪声将对测量系统带来影响，因此在测量放大器中加入滤波器，其带通尽量窄，但纯正弦信号仍在带通内，这样可最大限度地降低自噪声对纯正弦信号测量的影响。

2) 窄带噪声测量

大多数声呐监听系统和被动声鱼雷自导系统工作在有限带宽的噪声上，因此在研究时，无论是真实目标还是模拟目标，为确定声呐或自导鱼雷检测的有效信号强度，应确定在有关频段内 1Hz 带宽的有效声压。若 1Hz 带宽的有效声压已知，即 1Hz 带宽声级

$$L(1\text{Hz}) = 20\log_2 P(1\text{Hz})$$

则任何带宽的有效声压均可通过式(3.62)确定：

$$L(\Delta f) = 20\log_2 P(1\text{Hz}) + 10\log_2 \Delta f \tag{3.62}$$

通常噪声源的声级用 dB 表示，参考是相对于距噪声源 1m 处 1Hz 带宽 1μPa(微帕斯卡)声压，称为 1m 处的声源谱级 L(dBS)。若已知 1m 处声源的等效谱级，则可用式(3.63)计算出某距离上在某带宽内的声压级：

$$L = L(-\text{dBS}) + 10\lg \Delta f - 20\lg r - a(r-1) \tag{3.63}$$

事实上，要组成一个仪器测量 1Hz 带宽的噪声声压是不实际的，这是因为设计 1Hz 带宽滤波器很困难。实际上，用于测量噪声源信号强度的仪器，其等效带宽远远大于 1Hz，此带宽由放大器中的滤波器决定。若使用谐振水听器，则其等效带宽由滤波器的特性和水听器的响应共同决定。测量仪器的带宽与工作的中心频率成正比，对于 50kHz 中心频率，带宽为 3kHz 是典型代表值。

在校准噪声测量设备时，规范做法是将水听器与放大器结合在一起考虑带宽，以便直接读出相对于 1Hz 带宽 1μPa 为参考的等效声压分贝数。例如，在测量噪

声场系统的通带范围内，针对正弦波的水听器灵敏度为 $K(\text{V}/\mu\text{Pa})$，放大器的增益为 $g(\text{dB})$，系统带宽为 Δf，那么系统对具有 $L(\text{dB})$ 声压级的响应为

$$E(\text{dBV}) = 20\log_2 K + g + 10\log_2 \Delta f + L \tag{3.64}$$

同样，在已知噪声场或纯正弦波声场中校准测量仪器时，仪器直接读出的相对于参考声压的 dB 值与已知源级进行对比，即用式(3.64)对测量仪器进行校准和计量。注意，如果纯正弦波用于校准，仪器的等效带宽为 Δf，那么 $L(\text{dB})$ 声场声压对该仪器产生的等效声压将比 $L(\text{dBS})$ 噪声源声场产生的等效声压小 $10\log_2 \Delta f$。在仪器校准后，通过在某一距离上直接读出的声压级来确定噪声源强度：

$$L(\text{dBS}) = L + 20\log_2 r + ar \tag{3.65}$$

3) 宽带噪声测量

上述噪声测量仪器对船舶和鱼雷产生的超声频段的噪声源非常适用，这种超声频段的噪声源通常来自空化。经验表明，空化噪声强度的变化规律为：频率衰减一个倍频程，强度增加 6dB。因此，空化噪声源的特性只要用上述仪器测量 1 或 2 个频率就可以确定。

若噪声源不是由空化产生的，则噪声谱往往具有复杂的结构，必须进行详细的谱分析才足以描述这种噪声源。因此，要对其进行宽带噪声测量。

进行宽带噪声测量时，要求水听器、放大器与记录器均具有宽带响应。水听器的灵敏度在整个相关的频率范围内是频率的函数，但要求在相应的宽带范围内其响应要均匀；测量放大器要求放大量高，动态范围大且稳定，频率响应均匀；记录器若是磁带机，且其频率特性不满足要求，则必须采用补偿电路补偿磁带的谱特性。为了满足宽带噪声测量的要求，一方面要对测量系统的每一部分提出频率响应的要求，另一方面要将各部分连成整个系统进行校准，从水听器的输入处施加宽带范围内的已知声信号，从记录器输出检查其频率响应与幅度响应，这样标定可消除系统误差，保证整个宽带噪声测量系统的准确可靠。

4) 距离测量

为了确定 1m 处的等效声级，必须确定从声源到接收水听器的距离 r 以及水听器处的声级。若声源的一部分露出水面，并且距离大于 100m，则可使用测量船上的雷达测距；若距离达到 200m，则可用激光测距仪来测距。若距离为 100～400m，则雷达的测距精度是 ±50m。激光测距的精度取决于所用的激光测距仪、操作者的技术水平、海况及船的稳定性。激光测距仪精度的典型值为距离的 ±10%，用于小船上这类测距仪的最大距离通常为 500m，而且要在低海况条件下才可行，否则难以将被测目标保持在视场角内。

测量水中兵器的辐射噪声时，整个声源均在水下，测量十分困难。若声源航

行深度足够浅，则其轨迹在飞机上可以观测。若声源装有染色剂，则测量船可以有水带，水带是由已知间隔的染色剂浮出水面而形成的一条直线。由声压测量船、水带以及从空中拍摄的航迹形成距离判读照片，从照片上可以估计出最近距离。目标强度的误差是距离误差的函数，误差计算公式为 $20\log_2 r + ar$。如果声源在水下航行，水面无任何航迹，那么距离的测量只能通过声定位的方法进行，通常采用的测距方法有三种，即同步测距、被动测距和通过特性测距。下面介绍通过特性测距方法。

若测量船除了能收到运动噪声源的电平，无法进行其他任何观测，且声源运动的速度是已知的，则从声源到水听器的最近距离可以从其通过特性进行估计。也就是说，当运动的声源通过噪声测量水听器时，其声级随时间的变化规律(通过特性)用来进行距离计算。图 3.53 说明通过特性测距的几何关系。

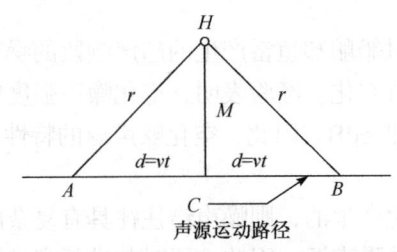

图 3.53 通过特性测距的几何关系

假设运动声源以速度 v 进行直线运动，M 是声源距水听器的最近距离。当声源在位置 A (距水听器 r m)时，噪声测量设备记录的声级足够大，使其不受背景噪声的影响。当声源向 C 点运动时，C 点为声源距水听器的最近点，接收水听器记录的声级将会增加。当声源运动距离 $d = vt$ 时，声级达到最大值，t 为声源从 A 点运动到 C 点所需的时间。在又一段 t 时间后，声源运动到 B 点，此处声源距水听器的距离为 r，水听器接收到的声级将会下降，到 B 点时的声级与在 A 点的声级相等。

图 3.54 是水听器接收的噪声变化规律曲线，声级为时间的函数，S' 是 A 点与 C 点的声级差(以分贝表示)，S'' 是 C 点与 B 点的声级差(以分贝表示)，则

$$\bar{S} = (S' + S'')/2 \tag{3.66}$$

式中，$\bar{S}$ 为声源距水听器距离为 r 和 M 时声级差的平均值，$\bar{S}$ 可用 r、M 以及吸收系数 a 表示为

$$\bar{S} = 10\lg\frac{r^2}{M^2} + a(r - M) \tag{3.67}$$

图 3.54 一条直行雷的通过特性曲线

由图 3.53 可见，$r^2 = M^2 + v^2 t^2$，故

$$\bar{S} = 10\lg\frac{M^2 + v^2t^2}{M^2} + a\left(\sqrt{M^2 + v^2t^2} - M\right) \tag{3.68}$$

式中，t 的确定可以从声级记录仪上的曲线 A 点到 C 点走过纸卷距离除以纸速获得，或者从噪声时间曲线上直接读取。若 $d=vt$、$\bar{S}$ 和 a 已知，则可从式(3.68)中求得最近距离 M。式(3.68)难以直接求解，但可以进行图解。

若 $a = 0$，在通过特性曲线上 A 点取声级差为 6dB，则 $r = 2M$，由图 3.53 可见

$$M = \frac{vt}{\sqrt{3}} \tag{3.69}$$

从式(3.69)中可十分方便地直接算出最近距离 M。利用这种办法确定最近距离的经验表明，其精度与直接测量距离是相当的。此办法的优点是不需要附加测距设备，只要测量噪声源辐射的声级，因此在国际上测量鱼雷辐射噪声时，仍采用这种方法估计距离，有的国家甚至用式(3.69)来确定最近距离。

5) 辐射噪声测量设备

典型的辐射噪声测量设备由水声基阵、水声电子仓、被动测距设备、同步测距电路、信号分析处理设备等组成，如图 3.55 所示，其中 GPS 表示全球定位系统。

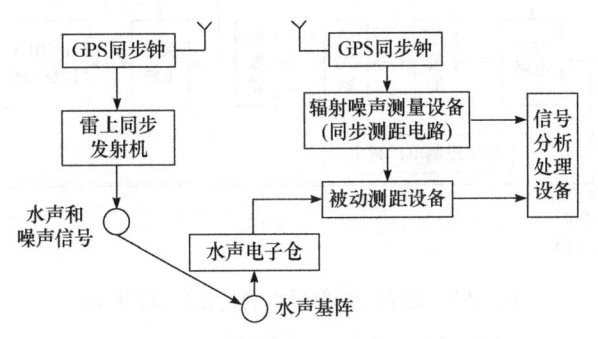

图 3.55 辐射噪声测量设备组成框图

水声基阵由基架、水听器、带前置放大器和深度传感器的水密罐组成，如图 3.56 所示。在图 3.56(a) 中，1、2、3 为水听器，4 为水密罐，罐内有三路前置放大器与深度测量电路，三个水听器可同时接收辐射噪声，三路同时测量保证测量可靠性，三个水听器一个布置于阵架中心，其余两个等间距布置于阵架两端，形成直线阵，此三路噪声信号又作为被动信号，中间水听器还作为鱼雷同步测距声脉冲的接收水听器。在图 3.56(b)中，1、2、3 为水听器，

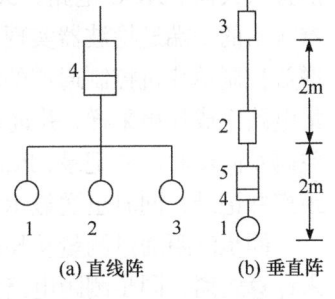

图 3.56 水声基阵示意图

三路可同时接收噪声，水听器 2 和水听器 3 带有前置放大器，水听器 1 的前置放大器位于 4、5 中，5 内含有深度传感器，4 内含有声速仪，以防止将水听器阵列布置于温度跃变层上，三个水听器间距布置，水听器 2 实际上是水声换能器，也可当作发射换能器，发射声信号，以检查水听器 2 和水听器 3 及测量系统工作是否正常。垂直阵的优点是靠自重保证三个水听器形成等间距的直线阵，不需要结构复杂的阵架，布置回收方便，而且防止复杂阵架对辐射噪声的反射，影响测量的准确度。

数字式辐射噪声测量系统可采用三通道或双通道对现场噪声进行测量分析，各通道独立组成一台测量设备，工作原理相同。测量设备主要由信号预处理电路(包括前置放大器、AGC 电路、滤波器、放大器、限幅器)和采集电路、PC/104 控制微机等构成，其原理框图如图 3.57 所示。

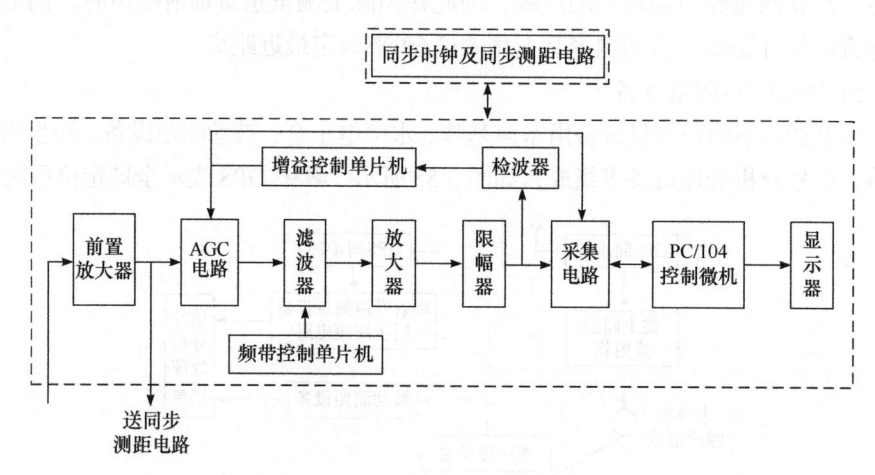

图 3.57　数字式辐射噪声测量设备原理框图

由接收水听器接收的微弱信号经前置放大器输出，被送入噪声测量设备，经前置放大器、AGC 电路、30Hz～100kHz 滤波器、放大器和限幅器等处理；限幅器输出的一端送检波器实现 RMS-DC(root mean square to direct current)转换，并由增益控制单片机控制通道的增益量；另一端送采集电路，PC/104 控制微机控制采集电路完成噪声采样，并进行接收、记录和存储；同时 PC/104 控制微机还进行增益码及同步时序的记录，PC/104 控制微机依据同步测距电路送来的时延值估算出距离并记录；同时也送显示器实时显示。

同步测距通过测量从噪声源上发射同步声信号脉冲到噪声测量水听器的时间来计算距离，同步测距电路主要由信号检测、时钟和同步控制电路构成。其中，信号检测部分包括前置放大器、AGC 电路、放大器、滤波器、包络检波、信号时延检测电路,其原理框图如图 3.58 所示。时延测量用软件计数的方法实现,即在每个测量周期的开始,软件计数启动,一旦收到有效信号,便记录对应的时刻值,软件循环运行。

同步测距电路接收自噪声测量设备前置放大器输出的信号,经前置放大器、AGC 电路、放大器、滤波器、包络检波后,被送入信号时延检测电路进行鉴幅和鉴宽处理;被检测出来的时延值在每个测量周期送入噪声测量设备的控制微机中,供控制微机进行接收处理、记录。

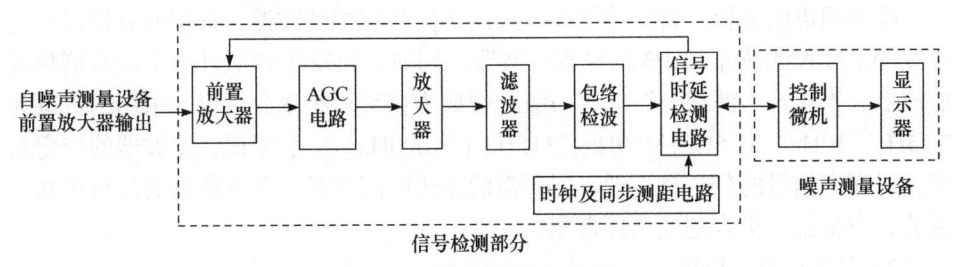

图 3.58 同步测距原理框图

被动测距是通过三基元线列阵检测噪声信号到达三基元的时延来计算噪声源的方位和距离,其测距电路由三路信号预处理电路(每路包括前置放大器、AGC 电路、滤波器、放大器、限幅器、检波积分电路、增益控制单片机等)、采集电路和 PC/104 控制微机组成。其组成原理框图如图 3.59 所示。

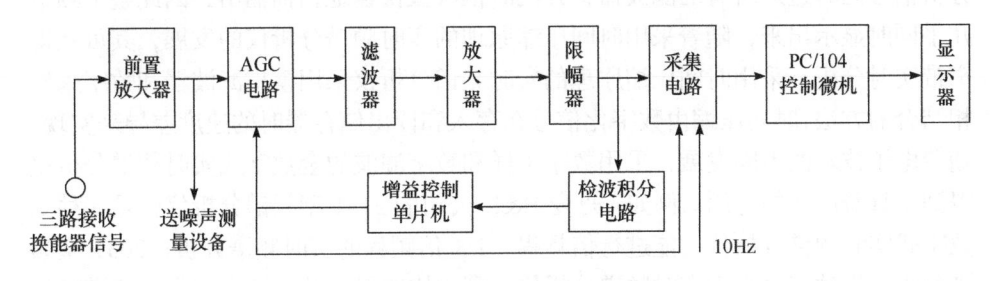

图 3.59 被动测距原理框图

被动测距设备在试验前,先与噪声测量设备建立同一时基。当鱼雷航行时,被动测距设备将接收换能器经水下前置放大器送来的三路噪声信号送入设备中的前置放大器,通过 AGC 电路、滤波器和限幅器,将整理后的三路信号送到采集电路同时采集,分时转换后送给控制微机记录、存储,同时记录各路信号的增益码;试验结束后将记录的噪声信号传至分析处理机进行时延估计和距离计算。辐射噪声测量设备完成现场测量后,分别将数据传至分析处理机,用数据处理软件对各种数据进行处理,并输出处理后的结果。

3.4.2 噪声测量常用仪器

1. 噪声分析仪

噪声分析仪用来进行噪声频谱分析，而噪声频谱分析是识别噪声产生原因并有效控制噪声的必要手段。

1) 频率分析仪

频率分析仪主要由放大器、滤波器及指示器组成。

噪声频谱的分析，视具体情况可选用不同带宽的滤波器，常用的有恒百分比带宽的倍频程滤波器和1/3倍频程滤波器。例如，ND2型声级计内部设有倍频程滤波器，当选择"滤波器"时，声级计便成为倍频程频率分析仪，采用的带宽为3.15Hz、10Hz、31.5Hz、100Hz、315Hz和1000Hz。一般来说，滤波器的带宽越窄，对噪声信号的分析越详细，但所需的分析时间越长，并且仪器的价格越高。因此，应根据分析合理地选择带宽。

2) 实时频谱分析仪

上述的频率分析仪是扫频式的，逐个频率、逐点进行分析，因此分析一个信号要花费很长的时间。为了加速分析过程，满足瞬时频率谱的分析要求，人们研制了实时频谱分析仪。

最早出现的实时频谱分析仪是平行滤波型的，相当于恒百分比带宽的分析仪，分析信号同时进入所有的滤波器，并同时依次被快速地扫描输出，因此整个频谱几乎同时显示出来，随着采用时间压缩原理的实时频谱分析仪的发展，其可获得窄带实时分析。采用时间压缩原理的实时频谱分析仪采用模拟滤波器和数字采样相结合的方法，时间压缩由数字化信号在存入和读出储存器时的速度差异来实现。随着电子技术的不断发展，采用数字采样和数字滤波的全数字式实时频谱分析仪得到了日益广泛的应用。例如，丹麦B&K公司的2131型频谱分析仪就是一种全数字式实时频谱分析仪，能进行倍频程、1/3倍频程的实时频谱分析；2031型频谱分析仪为数字式窄带实时频谱分析仪，利用快速傅里叶变换直接求功率谱来进行分析。

2. 声级计

声级计集传声器、衰减器、放大器、显示、计权网络、模拟和数字信号输出为一体。它体积小，携带方便，既可以独立测量、读数，又可以将所测信号接入磁带记录仪、分析仪和外接滤波器构成频谱分析仪。声级计是噪声测量中最常用的仪器，其原理框图如图3.60所示。

噪声测量一般选用精密声级计，测量误差小于1dB。精密声级计的传声器多为电容式，有些声级计设有峰值和最大有效值(均方根值)保持器，可测量冲击噪声。

图 3.60 声级计原理框图

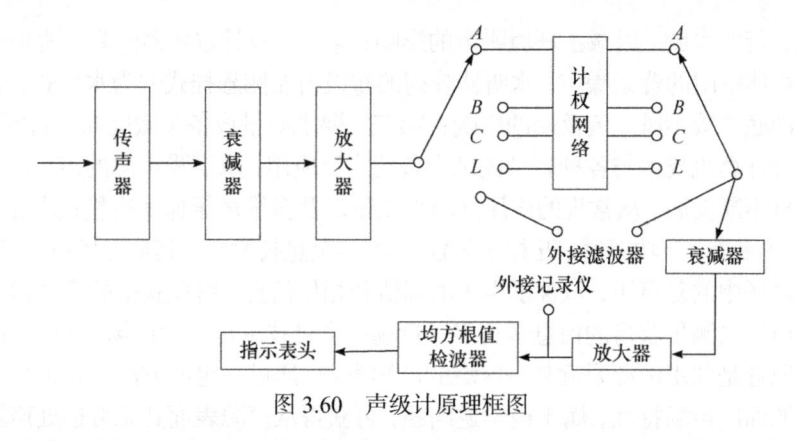

声级计必须定期校准。某些行业噪声测量标准规定，每次测量前后都必须对测量装置进行校准，且前后两次校准读数差值不得大于 1dB，否则测量结果无效，工业上常用活塞发生器校准声级计。

3.4.3 噪声测量中要考虑的问题

在噪声测量中，自噪声测量设备与辐射噪声测量设备不同，且自噪声与辐射噪声的统计特性也不同，在某个检测系统中两种噪声同时出现时，要注意检测系统对两种噪声具有各自的特殊响应特性。在预报检测系统的工作性能时，要研究不同噪声的特性、不同测量设备和不同测量方法。以前获得噪声数据不充分，对噪声的统计特性研究不够，因而不能设计最佳检测系统；只有加强水中兵器噪声场测量方法与校准方法的研究，才能在测量船舶与水中兵器的自噪声与辐射噪声的基础上，准确预测噪声目标的检测距离。

人们已将辐射噪声作为水中兵器的战术技术指标并提出了要求，并对噪声测量设备提出了严格要求，要求测量精度高，测量设备稳定可靠，要定期对测量设备进行校准和标定，以保证测得的数据准确可信。另外，实施测量时要注意满足测量条件，人们容易忽略的是测量最近距离，最近距离既不能太近又不能太远。最近距离太近了，不能满足 $R > \lambda_0$ 和 $R > l$，其中 λ_0 为被测噪声源频率范围的波长，λ_0 取决于最低频率，若最低频率达 30Hz，则最近距离不能小于 50m；l 为被测噪声源的尺度，对鱼雷而言，最近距离应大于 3 倍的鱼雷尺度。最近距离太远了，信噪比降低，测出的结果不可信，要求接收到的噪声源信号比环境噪声高出 10dB。要测量低噪声潜艇和低噪声鱼雷的辐射噪声对测量设备与测量条件提出了更苛刻的要求；噪声测量方法与测量设备更要从提高测量系统的灵敏度和降低环境噪声上下功夫，以保证在规定的距离上满足所接收的噪声源信号比环境噪声大 10dB，因此辐射低噪声测量技术进入了议事日程。辐射低噪声测量技术要从三方面进行考虑：第一，选择安静水域，对低噪声潜艇的噪声测量选择在不受季风影响和无其他船舶航行的水域，以减小环境噪声的影响；第二，设计水听器阵列，避免接收无被测航行体空间的背景噪声，水听器阵列的布设由船侧悬挂式改为水底式，要求海底为泥沙底，减小风、流及船的影响；第三，要求测量设备灵敏度高、自噪声低。

随着计算机技术与各种新型测试设备的广泛应用，水下噪声源的声场测试、识别与分析不断发展。从常规的声压到声强测量以及多维声压梯度测量；从常规的谱分析(自功率谱、互功率谱、互相干等)到近场声全息技术。尤其是近场声全息技术，它测量声场中的复声压，包含了声压的幅值和相位信息，由此获得的声场信息自然比常规声压法测量获得的信息多得多。近场声全息技术也称为声场空间变换技术，其基本原理是利用声源附近某一区域的已知声场，通过一定的方法来预报另一区域甚至声源面的声场特性，属于声学逆问题，可获得从声源表面到无穷远处声场中的很多声学量，如声压、质点振速矢量、声强矢量等。鉴于此，该技术在噪声源的识别与定位等方面，将成为一种很重要的研究手段。

3.4.4 应用实例：水中兵器噪声测量系统

下面通过实例对某试验场建设的水中兵器噪声测量系统进行简要介绍。

1. 水中兵器噪声测量系统的一般要求

根据舰船噪声以及水中兵器噪声的时域和空间分布特点，对水中兵器噪声测量系统做如下要求：

(1) 测量的动态范围大，一般要求对海洋环境噪声测量的动态范围为 85～140dB，对水面和水下运动目标噪声测量的动态范围为 110～180dB。

(2) 测量的频率范围宽，一般要求测量频带为 5Hz～50kHz。

(3) 精度要求高，一般要求测量误差小于 3dB。

(4) 测量水深一般要求为 30～300m。

另外，水中兵器噪声测量系统有时不单独使用，而是与诸如磁、水压等信号测量系统同时使用，此时，噪声测量系统还受到整个测量系统的诸多限制(如体积、电源、功耗及磁性等)，会给噪声测量系统的设计带来许多困难。因此，噪声测量系统的设计采用以下技术途径：

(1) 为满足微弱信号测量要求，必须采用具有较高接收灵敏度的水听器。

(2) 为满足大动态范围测量的要求，在系统供电电源受限的条件下，测量电路中必须采用自动换挡措施。

(3) 在记录容量与电源受限的条件下，为满足宽带测量要求，可采用 1 路低通全息、1 路低通包络和 10 路带通包络共 12 路滤波通道，并在设计中保证各通道频率响应等技术特性一致。

(4) 为满足系统同时测量声场、磁场、水压场的要求，在结构设计中必须严格采用无磁元器件,并精心进行电磁兼容设计。

2. 测量用传感器

1) 噪声测量水听器

噪声测量的目的是提取测量目标的物理场特征,因此必须同时测量目标噪声和海洋环境噪声并将其进行有效区分。噪声测量系统一般采用目标噪声测量水听器(球)和海洋环境噪声测量水听器(柱),可将两者组装在一起(一般是球在上、柱在下)。

下面给出典型传感器的主要技术参数。

(1) 目标噪声测量水听器。

工作频率范围:5Hz～100kHz;

测量总声级范围:110～180dB;

自由场电压灵敏度:−201dB;

方向性:在 50kHz 以下无明显方向性。

(2) 海洋环境噪声测量水听器。

工作频率范围:5Hz～60kHz;

测量总声级范围:85～140dB(ref 1μPa);

自由场电压灵敏度:−183dB;

方向性:在 20kHz 以下无明显方向性。

2) 水下目标低频辐射噪声测量中的矢量水听器

传统的辐射噪声测量多使用单个声压水听器或者多个声压水听器构成的水听器阵列,为获得可观的空间增益,所使用的声压水听器阵列一般都很庞大,尤其是在低频段。矢量水听器的应用为这一问题的解决提供了新的思路。矢量水听器一般由声压水听器和振速水听器复合而成,可以共点、同步、独立地测量声场空间一点处的声压和质点振速的各正交分量。图 3.61 给出了海上测量试验所用的三维同振球型矢量水听器示意图,球的直径为 200mm,测量频带为 20～1000Hz。

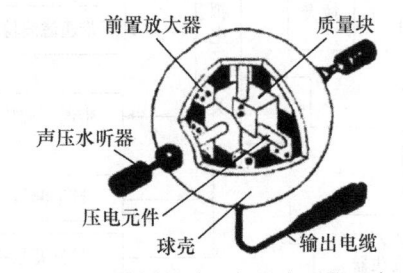

图 3.61 三维同振球型矢量水听器示意图

(1) 质点振速测量。

下面以同振球型矢量水听器为例介绍其工作原理。顾名思义,同振球,即矢量水听器与介质质点同步振动，满足如下关系：

$$v = \left(\frac{3\rho_0}{2\rho + \rho_0}\right)v_0 \tag{3.70}$$

式中，v 为矢量水听器的振速；v_0 为介质质点的振速；ρ 为矢量水听器的平均密度；ρ_0 为介质的密度。

当矢量水听器直径小于 1/6 入射声波的波长，且矢量水听器的平均密度 ρ 等于介质的密度 ρ_0 时，矢量水听器的振速等于介质质点的振速。

(2) 空间增益。

研究各向同性噪声场中矢量水听器测量的质点振速和有功声强相对于声压水听器的增益。矢量水听器由声压水听器和振速水听器复合而成，质点振速的空间增益是利用其固有的自然指向性通过空间滤波直接获得；与质点振速不同，有功声强是在声压和质点振速共点同步独立测量的基础上通过计算间接得到，两者的本质都在于利用各向同性噪声相互抵消来提高信噪比，都是空间滤波，只是形式不同，仿真和海上试验结果表明，利用矢量水听器测量水下目标的低频辐射噪声可以获得较可观的增益，对于传统的单个声压测量，综合宽带和窄带的结果，振速测量约有 5dB 的增益；有功声强约有 10dB 的增益。两者的本质都是在保证一定增益的前提下，在一定程度上减小了传统声压阵列的孔径，使其更适合于在浅水区进行水下目标辐射噪声的测量。

3. 测量电路及其工作原理

1) 测量系统框图

图 3.62 中，低通滤波器选用 6.3kHz，低通滤波检波器选用 0～6.3kHz，10 个带通滤波检波器选用 6.3～50kHz 内 1/3 倍频程。

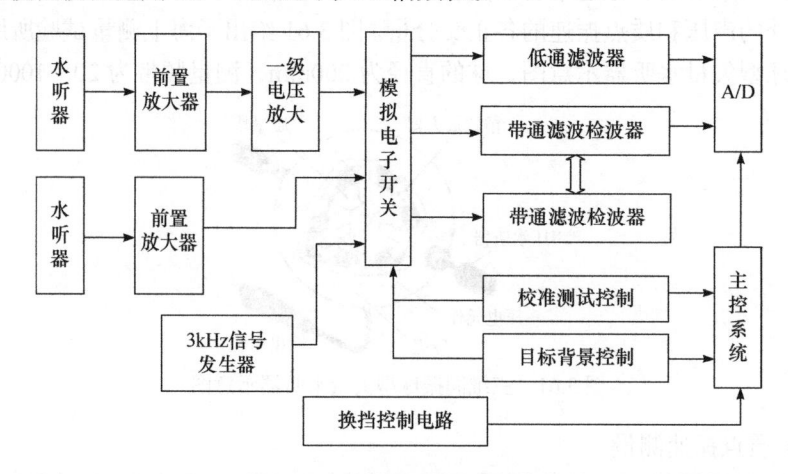

图 3.62 噪声测量系统原理框图

2) 放大与滤波

测量系统设置 12 路滤波通道:

(1) 1 路 0~6.3kHz 的低通滤波通道,采集环境与目标噪声 6.3kHz 以下的全息信息。

(2) 1 路 0~6.3kHz 的低通滤波检波通道,采集环境与目标噪声 0~6.3kHz 的包络信息。

(3) 10 路带通滤波检波通道,采集环境与目标噪声 6.3~50kHz 的包络信息,它们的中心频率与带宽满足 1/3 倍频程要求。

4. 测量系统主要性能参数

(1) 最小稳定时间: 0.4s。
(2) 滤波器带外衰减率: >20dB/倍频程。
(3) 满量程输出(峰值): ±5V。
(4) 测量总声级范围: 85~180dB(ref 1μPa)。
(5) 测量频率范围: 5Hz~50kHz。
(6) 环境噪声测量最后给出的总声级误差: ≤±3dB。
(7) 目标噪声测量最后给出的总声级误差: ≤±3dB。

3.5 磁 的 测 量

3.5.1 测磁传感器概述

根据磁场的测量范围将磁传感器分为三类: 低强度磁场传感器、中强度磁场传感器及高强度磁场传感器。低强度磁场传感器通常检测 10^{-10}T 以下的磁场;中强度磁场传感器通常检测 10^{-10}~10^{-3}T 的磁场;高强度磁场传感器通常检测 10^{-3}T 以上的磁场。

1. 低强度磁场传感器

低强度磁场传感器的检测范围为 10^{-10}T 以下,多用于医学、磁性材料研究及军事领域。与其他磁场传感器相比,低强度磁场传感器结构笨重、复杂且成本高,被测磁场比地磁场(地磁场强度的数量级为 10^{-5}T)小,地磁场的微弱变化均比低强度磁场传感器测量范围大。

1) 超导测磁

超导测磁方法是 20 世纪 60 年代中期利用超导技术发展起来的一种新型测磁方法,根据目前的仪器设计,其灵敏度可达 10^{-15}~10^{-12}T,量程可从零到数千高斯，能响应零到几兆赫兹甚至 1000MHz 的快速磁场变化。

超导测磁方法利用超导结的临界电流随磁场周期起伏的原理来检测磁场。如图 3.63 所示，在超导结两端加上电源，当电压表 V 无显示时，电流表 A 显示的电流为超导电流；当电压表开始有显示时，电流表所显示的电流为临界电流。加入磁场后，临界电流将有周期性起伏，其极大值逐渐衰减，振荡的次数乘以磁通量子即为透入超导结的磁通量。磁通与外磁场成正比，因此求出磁通也就求出了磁场。若磁场变化，则磁通也变化，临界电流的振荡次数乘以磁通量子就可反映磁场变化的大小。这样，利用超导结就可以测量磁场的大小及其变化。

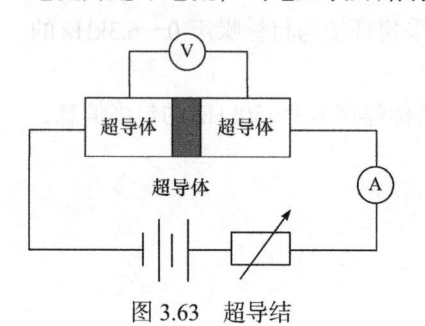

图 3.63 超导结

由于低温较难达到，为了使超导材料具有实用性，人们针对高温研制出了超导测磁仪器。超导量子干涉装置(superconducting quantum interference device，SQUID)是典型的高温超导测磁仪器，是目前已知灵敏度最高的低强度磁场传感器。SQUID 可测量的磁场范围为 $10^{-11} \sim 10^{-9}$T，而人脑产生的磁场数量级为 10^{-11}T，这使得它在医学领域得到广泛应用。目前，高精度的 SQUID 主要应用于医学、材料和生物等学科领域的磁性研究。

作为最新一代的航空磁力测量技术，航空全张量磁梯度测量的对象受地磁场的倾角、偏角影响较小；利用有限测点的目标数据进行定位反演，可以实现异常体的三维空间定位，由目标计算的张量不变量不需要进行额外处理就能很好地描述磁场源的磁化方向和几何形态。因此，航空全张量磁梯度测量技术在航空磁力测量中具有许多独特的优势，成为国内外航空磁法勘探与军事探潜等领域的研究热点。

2) 感应线圈测磁

感应线圈磁强计建立在法拉第电磁感应定律基础上，即线圈中感应电压和线圈中磁场的变化率成比例。感应线圈磁传感器的灵敏度依赖铁芯的磁导率、线圈面积和匝数。该类型的磁传感器对磁场的最高分辨率为 10^{-14}T，频率响应范围为 1Hz～1MHz，所需功率为 1～10mW。有学者通过对线圈进行闭环控制，扩展了感应线圈磁传感器的频率响应范围，可达 0.1Hz～50MHz。感应线圈不能测量静态磁场，多用于距离探测。

3) 核子自旋进动测磁

在磁场作用下，核子产生进动，其进动频率与磁场强度成正比，利用这一原理进行测磁。自旋核子磁矩绕被测磁场的旋进运动相当于一个小磁铁绕被测磁场并与其保持固定角度的运动，显然，这将使其周围的磁场发生周期性变化，其变化频率就是进动频率。若放置一个固定线圈，则线圈内部磁通发生周期性变化，在线圈中就会产生感应电压，其频率与核子进动频率一致，只要测出线圈感应电压的频率就可以测出磁场大小。

核磁共振式测磁就是通过测量自旋核子在外磁场中的进动频率来测量外部磁场，只不过核磁共振磁强计利用共振原理来获取进动频率。

4) 光泵测磁

光泵测磁的原理是：采用光学技术，筛选出一定频率的光照射含有碱金属蒸汽的吸收室，将其泵激励到特定的某个能级(这种技术称为光泵技术)，然后对吸收室加载交变磁场，当交变磁场的频率与电子两能级之间的跃迁频率相等时(这个频率称为共振频率)，就会改变吸收室的吸收程度，使其透明度变差，由于共振频率与磁场成正比，通过测量共振频率就可以测量磁场。光泵磁场测量仪是利用近年来新发展起来的光泵技术制成的高灵敏度磁场测量仪器，其灵敏度可达 10^{-12}T 以上。其优点是元素的弛豫时间长，吸收线窄，精度高；其缺点是长弛豫时间限制了频率响应。这种传感器体积庞大、功耗高、价格高，限制了在实际中的应用。

光泵磁力仪原理框图如图 3.64 所示。装有碱金属蒸汽的容器(吸收室)是光泵磁力仪的核心部件。光源产生的光线经过凸透镜、光学滤镜和偏振片后形成红外圆偏振光，偏振光随即通过吸收室，之后光束聚焦在一个红外光检测器上。

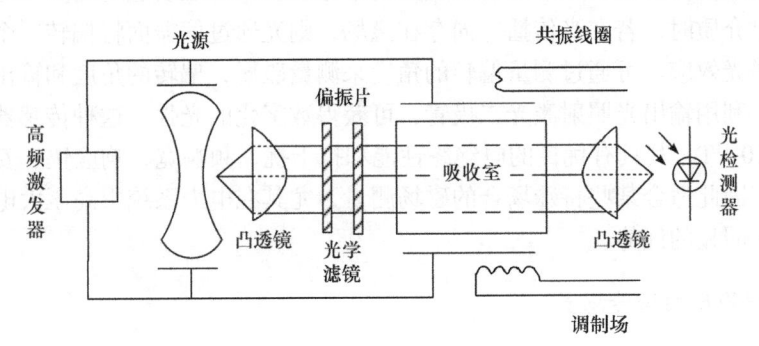

图 3.64　光泵磁力仪原理框图

红外圆偏振光进入吸收室后，光子将撞击到碱金属原子。如果碱金属原子拥有相对于光子合适的自旋方向，光子将被捕获并使得碱金属原子从一个能级跃迁到另一个高能级，光子被捕获使得光束强度被削弱。一旦大多数碱金属原子已经吸收过光子并处于不能再吸收其他光子的状态，吸收室所吸收的光线将大幅度减少，并将有最多的光线击中光检测器。

此时，若有具有特定频率的振荡电磁场进入吸收室，则原子将被重新激发至能够吸收光子的方向上，将有最少的光线击中光检测器。这个特定频率称为拉莫尔频率(f)，拉莫尔频率与环境磁场有着精确的比例关系，因而可以通过测量光检测器上光强度最弱时振荡电磁场的频率来测量环境磁场 T 的大小，即

$$T = Kf$$

式中，T 为被测环境磁场；f 为拉莫尔频率；K 为比例因子，K 对特定的碱金属来说为一常数，取值因碱金属的不同而不同。

当外磁场 T 变化时，改变此振荡电磁场的频率，使其始终保持通过吸收室的光线最弱，使振荡电磁场的频率自动跟踪外磁场的变化，从而实现对外磁场 T 的连续自动测量。

各种光泵磁力仪传感器吸收室内的碱金属可能不同，常用的有钾、钠、铯、铷等。另外，吸收室内也可以使用某些惰性气体，如氦。

中国船舶重工集团公司第七研究院第七一五所研制的 GB-5、GB-6 磁力仪和美国 GEOMETRICS 公司生产的 G-880、G-881 磁力仪都是光泵式海洋磁力仪，前者是氦光泵磁力仪，后者是铯光泵磁力仪。氦光泵磁力仪在灵敏度、绝对精度和采样速度等方面比铯光泵磁力仪有着更为出色的表现，但目前钾光泵磁力仪多用于陆地和航空磁法勘察。

5) 磁光效应传感器

磁光效应传感器利用磁场能改变光的偏振状态来对磁场进行测量。当一束偏振光通过介质时，若在光传播方向存在磁场，则光通过偏振面将偏转一个角度，这就是磁光效应。可通过测量偏转的角度来测量磁场，偏转的角度和输出的光强成正比，利用输出光照射激光二极管，可获得数字化的光强。这种传感器的灵敏度可达 10^{-11}T，其具有优良的电绝缘性能和抗干扰、频响宽、响应快、安全防爆等特性，因此适合某些特殊场合的磁场测量，尤其在电力系统中高压大电流的测量方面有明显的优势。

2. 中强度磁场传感器

中强度磁场传感器测量的磁场范围为 $10^{-10} \sim 10^{-3}$T，由于地磁场强度的数量级为 10^{-5}T，中强度磁场传感器也称为地磁场传感器。

1) 磁通门式磁场传感器

磁通门式磁场传感器在导航系统中运用最为广泛，约于 1928 年发展起来，后来被军方用于潜艇探测。磁通门式磁强计可测量大小为 $10^{-11} \sim 10^{-2}$T 的直流或缓慢变化的磁场，其频率带宽约为数千赫兹。

磁通门基本原理如图 3.65 所示，包括绕有两个线圈的铁芯、主线圈(激励线圈)、辅线圈(收集线圈)。运行时，主线圈中加有频率为 f_0 的激励电流 I_{exc}，其大小足以使具有磁导率 μ 的铁芯达到饱和磁感应强度。当铁芯不饱和时，因其磁导率 μ 高，故给外部磁场 B_0 的磁力线提供低磁阻通路，如图 3.65(a)所示；当铁芯饱和时，铁芯磁阻增加，磁力线溢出铁芯，如图 3.65(b)所示，可通过二次谐波原理、脉冲定位原理或脉冲高度原理从输出信号中提取外磁场 B_0。

磁通门大多用在闭环直流磁强计中，其分辨率可达 10^{-10}T，增加传感器频带会引起直流特性下降，还有可能引起稳定性问题。研究表明，使用有效的铁芯材料，可显著提高磁通门式磁强计在低磁场中的性能，降低磁场噪声，提高热稳定性。

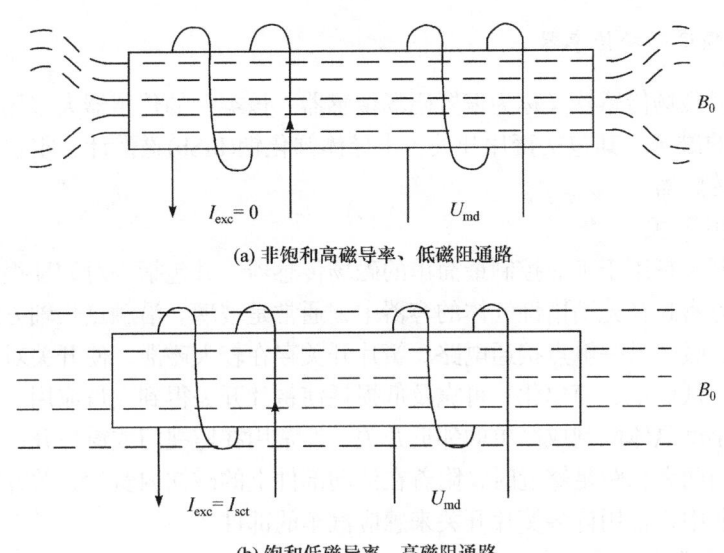

(a) 非饱和高磁导率、低磁阻通路

(b) 饱和低磁导率、高磁阻通路

图 3.65　磁通门基本原理

磁通门式磁强计具有高分辨率，这使得它被广泛应用于探空、探潜、地磁测量(空中、海上和水下的地磁测量)、探矿及星际、宇航磁场测量中。与霍尔效应传感器和磁阻式传感器相比，其价格较高。如果磁通门式磁强计能成功地小型化并和微电子电路集成，进行批量生产以降低价格，那么可使其成为高性能霍尔效应传感器与磁阻式传感器强有力的竞争者。

2) 各向异性磁阻式传感器

采用诸如镍铁导磁合金(含镍 80%、含铁 20%)的各向异性材料，根据磁阻效应原理制作而成的磁场传感器称为各向异性磁阻式(anisotropic magneto resistance，AMR)传感器。该传感器重量轻、体积小，功耗为 0.1～0.5mW，适合的温度范围为 −55～200℃，采用开环电路时的灵敏度范围为 10^{-6}～10^{-3}T，频率响应动态范围为 0～1GHz；采用闭环电路时的灵敏度为 10^{-8}T，频率带宽较低。AMR 传感器具有二次函数的缺点，对低磁场灵敏度不高，并且不能测量磁场方向，因此必须对传感器进行线性化，线性化后的 AMR 传感器能够感应磁场大小和方向，且在低磁场中具有很高的灵敏度。

早在 1856 年，就有学者观察到了铁磁物质磁阻效应，但直到 100 多年后(约 1971 年)薄膜技术的问世，磁阻式传感器才蓬勃发展。AMR 传感器典型的频率带宽为 5MHz，具有响应速度快、能够批量生产、与电子设备兼容的特点，广泛应用于高密度磁带与硬盘磁头、汽车速度传感、机轴感应、罗盘导航、车辆探测、电流测量等许多方面。

3. 高强度磁场传感器

高强度磁场传感器又称为偏置磁场传感器，该类型的传感器大多用于测量比地磁场大的磁场。其包括簧片开关、半导体锑化铟(InSb)磁强计、霍尔磁传感器和巨磁阻传感器。

1) 簧片开关

簧片开关是用于工业控制最简单的磁场传感器。其包括一对韧性很好的铁磁触点，触点密封在充满惰性气体的容器中，通常是玻璃。沿触点长轴方向的磁场磁化触点，吸引另一触点接通电路。簧片开关存在较大磁滞，使开关对小扰动磁场不敏感。低成本、简单化、可靠及低损耗使簧片开关得到大量应用。簧片开关加上一个小型磁体能制成简单的邻近开关，经常用在监视门或窗户开、关的安全系统中。当两者相距足够近时，附着在活动部件上的磁铁内簧片开关开始工作。在汽车工业中，常用许多簧片开关来感应汽车的部件。

2) 洛伦兹力磁场传感器

洛伦兹力是指运动电荷受到的磁场作用力。洛伦兹力磁场传感器主要有半导体磁阻传感器、霍尔传感器等。把载有电流的半导体放在垂直于电流方向的磁场中，半导体会产生横向电场现象，即在垂直于磁场和电流的方向产生电动势，这就是霍尔效应。伴随霍尔效应还产生了磁阻效应，即霍尔器件材料的电阻率会因磁场的增大而提高。因为在霍尔器件中，电子的运动在磁场的作用下将受到一个垂直于运动方向的洛伦兹力，使电子的运动轨道弯曲成圆弧，电荷被挤向导体的一侧，从而产生极化。因此，在垂直方向产生一个电场，对电子产生斥力。这种斥力使速度不同的电子弯曲的程度不同，在某一速度下的电子洛伦兹力与斥力平衡，将不再弯曲；而小于此速度的电子则向相反方向弯曲。目前，半导体磁传感器的优点是体积小、使用方便、造价低。但是与其他常用磁传感器相比，半导体磁传感器的灵敏度较低、温度稳定性差、自噪声较大，只用在性能要求不太高的场合。

3) 巨磁阻传感器

巨磁阻效应是指某些磁性或合金材料的电阻在一定磁场作用下急剧减小，而电阻变化率急剧增大，增大的幅度比普通磁性合金材料的电阻高 10 倍。巨磁阻效应只有在纳米尺度的薄膜中才能观测到，因此纳米材料以及超薄膜制备技术的发展使巨磁阻传感器芯片得以问世。目前,巨磁阻传感器灵敏度范围为 $10^{-8}\sim 10^{-1}T$。

巨磁阻传感器的应用集中在数据读出磁头及存储器、弱磁检测和位置类传感器方面,其频率带宽可高达 1MHz。巨磁阻传感器大都采用多层膜电阻形成的惠斯通电桥电路,这种结构提高了传感器的分辨率、信噪比及温度稳定性。

4. 复合原理磁场传感器

1) 磁致伸缩材料与光纤复合

1980 年,Yariv 等首先提出采用磁致伸缩材料 Ni 粘贴在光纤上构成磁传感器,当 Ni 磁致伸缩时,导致光纤的光程发生变化,引起光的传播相位发生变化,利用干涉仪测量光的相位变化来测量磁场[14]。1983 年,Kersey 采用这种原理成功研制了光纤磁传感器,把相位调制转变成振幅调制加以检测,将其用于测量直流磁场和频率小于 60kHz 的交流磁场[15]。

2) 超磁致伸缩材料与压电材料复合

Dong 等采用超磁致伸缩材料 Terfenol-D 和压电材料 PZT 构成的"三明治"磁电复合结构[16],Terfenol-D 磁致伸缩产生的应变使 PZT 产生感应电压,因此通过测量电压可以测量外部磁场。该磁传感器的灵敏度可达到 $10^{-11}T$。

3) 超磁致伸缩材料和声表面波谐振器复合

图 3.66 是声表面波(surface acoustic wave, SAW)谐振器和超磁致伸缩材料复合结构示意图。在螺栓螺母的作用下,超磁致伸缩材料、SAW 谐振器和硬质刚体材料框架紧密接触,框架同时起导轨作用,限制 SAW 谐振器和 Terfenol-D 只能在长度方向发生形变。调整螺栓的长度可调节施加在超磁致伸缩材料上的预应力,使其在磁场中获得较大的磁致伸缩。

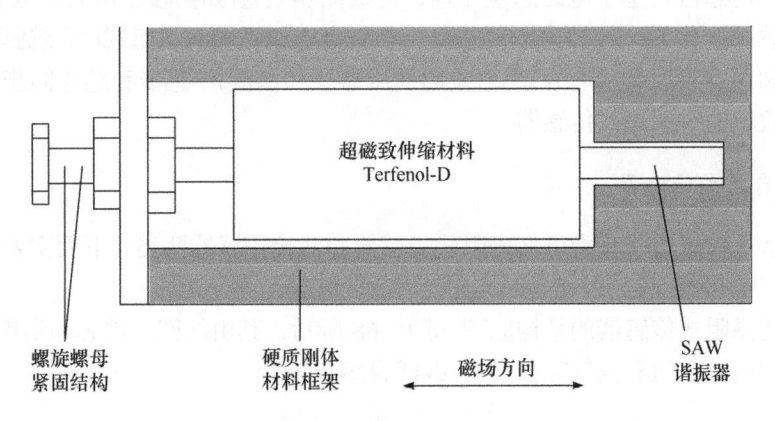

图 3.66 SAW 谐振器和超磁致伸缩材料复合结构示意图

超磁致伸缩材料选用工作在 33 模式下的 Terfenol-D(Tb0.37Dy0.63Fe2),在沿长度方向磁场的作用下，其在同方向产生伸缩。由于两端被紧固，Terfenol-D 材料的应力和应变将导致 SAW 谐振器的谐振频率发生变化。通过检测 SAW 谐振器谐振频率的变化，可测得外部磁场大小。

用超磁致伸缩材料和 SAW 谐振器复合构成的磁传感器是一个低通系统，截止频率约为 14.34Hz；在静态磁场测量中，最高灵敏度可达 190Hz/Oe。该传感器结构简单，成本低，可用于静态磁场和动态磁场测量。部分磁传感器技术的磁场测量范围如图 3.67 所示。

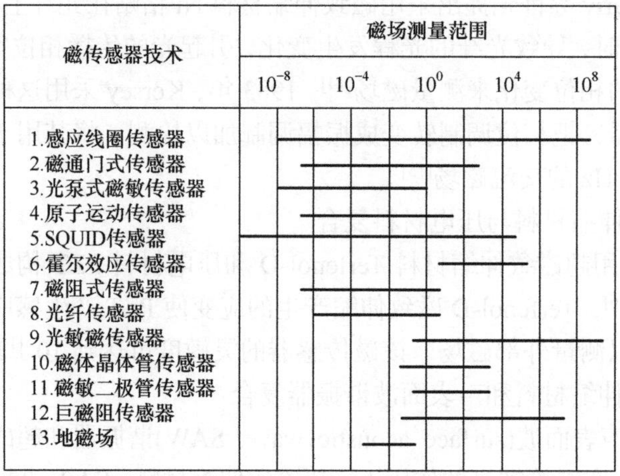

磁传感器技术	磁场测量范围
	10^{-8}　10^{-4}　10^{0}　10^{4}　10^{8}
1.感应线圈传感器	
2.磁通门式传感器	
3.光泵式磁敏传感器	
4.原子运动传感器	
5.SQUID传感器	
6.霍尔效应传感器	
7.磁阻式传感器	
8.光纤传感器	
9.光敏磁传感器	
10.磁体晶体管传感器	
11.磁敏二极管传感器	
12.巨磁阻传感器	
13.地磁场	

图 3.67　部分磁传感器技术的磁场测量范围

3.5.2　典型磁电式传感器原理

电感传感器是基于电磁感应原理，将被测非电量(如位移、压力、振动等)转换为电感量变化的一种结构型传感器。利用自感原理的有自感式(可变磁阻式)传感器，利用互感原理的有互感式(差动变压器式和涡流)传感器和感应同步器，利用压磁效应的有压磁式传感器。

1. 自感式传感器

自感式传感器可分为可变磁阻式传感器和涡流传感器两类。下面主要介绍可变磁阻式传感器。

可变磁阻式传感器的结构原理如图 3.68 所示，其由线圈、铁芯和衔铁组成。在铁芯和衔铁之间有空气隙长度 δ。线圈自感量 L 为

$$L = \frac{W^2}{R_m} \tag{3.71}$$

式中，W 为线圈匝数；R_m 为磁路总磁阻。

当空气隙长度δ较小，且不考虑磁路的铁损时，磁路总磁阻为

$$R_m = \frac{l}{\mu A} + \frac{2\delta}{\mu_0 A_0} \tag{3.72}$$

式中，l 为导磁体(铁芯)的长度，m；μ 为铁芯磁导率，H/m；A 为铁芯导磁横截面积，m²，$A=ab$；δ 为空气隙长度，m；μ_0 为空气磁导率，$\mu_0=4\pi\times10^{-7}$H/m；A_0 为空气隙导磁横截面积，m²。

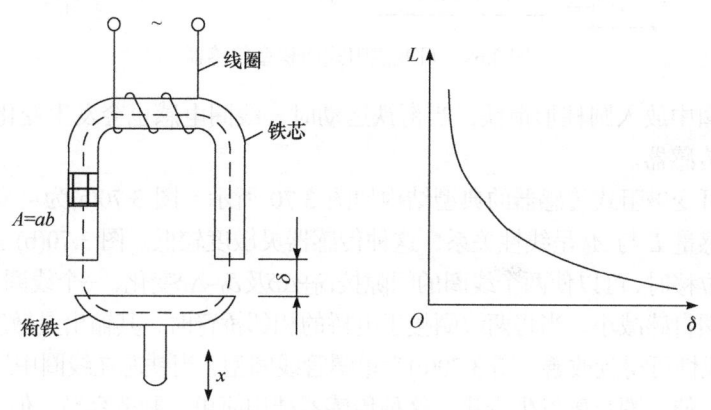

图 3.68 可变磁阻式传感器的结构原理

因为 $\mu \gg \mu_0$，所以

$$R_m \approx \frac{2\delta}{\mu_0 A_0} \tag{3.73}$$

因此，自感量 L 可写为

$$L = \frac{W^2 \mu_0 A_0}{2\delta} \tag{3.74}$$

式(3.74)表明，自感量 L 与空气隙长度 δ 成反比，与空气隙导磁横截面积 A_0 成正比。固定 A_0，改变 δ 可构成变空气隙式传感器。L 与 δ 呈非线性(双曲线)关系，如图 3.68 所示。此时，传感器灵敏度为

$$K = \frac{\mathrm{d}L}{\mathrm{d}\delta} = -\frac{W^2 \mu_0 A_0}{2\delta^2} \tag{3.75}$$

灵敏度 K 与空气隙长度 δ 的平方成反比，δ 越小，灵敏度 K 越高。为了减小非线性误差，在实际应用中，一般取 $\Delta\delta/\delta_0 \leqslant 0.1$。这种传感器适用于较小位移的测量，一般为 0.001~1mm。

若固定 δ，改变空气隙导磁横截面积 A_0，则自感量 L 与 A_0 呈线性关系，可构成可变磁阻式面积型传感器，如图 3.69 所示。

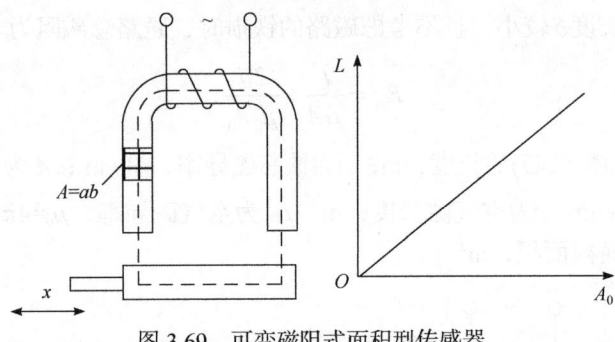

图 3.69 可变磁阻式面积型传感器

在线圈中放入圆柱形衔铁，当衔铁运动时，线圈电感也会发生变化，这便构成螺管型传感器。

常用可变磁阻式传感器的典型结构如图 3.70 所示。图 3.70(a)为可变导磁面积型，其自感量 L 与 A_0 呈线性关系，这种传感器灵敏度较低。图 3.70(b)是差动型，当衔铁有位移时，可以使两个线圈的间隙按 $\delta_0+\Delta\delta$ 及 $\delta_0-\Delta\delta$ 变化，一个线圈自感增加，另一个线圈自感减小。当将两线圈接于电桥的相邻桥臂时，其输出灵敏度可提高 1 倍，同时线性可得到改善。图 3.70(c)为单螺管线圈型，当铁芯在线圈中运动时，将改变磁阻，使线圈自感发生变化。这种传感器结构简单、制造容易，但灵敏度低，适用于较大位移(数毫米)测量。图 3.70(d)为双螺管线圈差动型，较单螺管线圈型有较高的灵敏度及线性，被用于电感测微计上，其测量范围为 0~300μm，最小分辨力为 0.5μm。

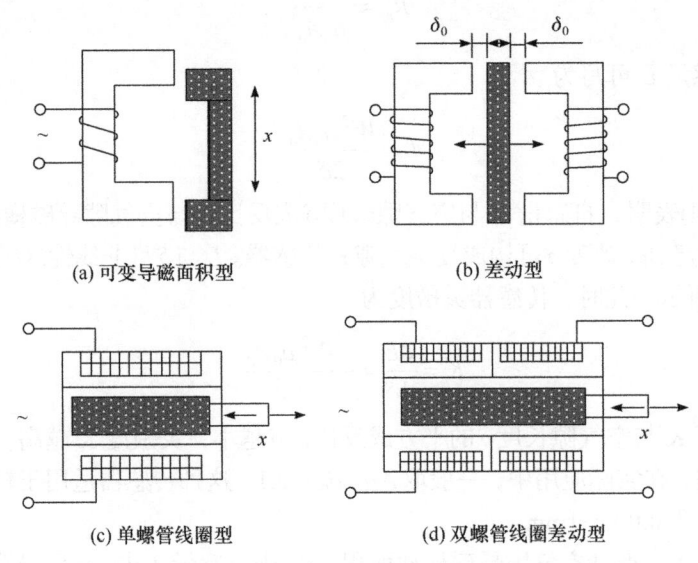

(a) 可变导磁面积型

(b) 差动型

(c) 单螺管线圈型

(d) 双螺管线圈差动型

图 3.70 常用可变磁阻式传感器的典型结构

2. 互感式传感器

1) 差动变压器

互感式传感器的工作原理是：利用电磁感应中的互感现象，将被测位移量转换成线圈互感的变化。其本身是一个变压器，一次线圈接入交流电源，二次线圈为感应线圈，当一次线圈的互感变化时，输出电压将发生相应的变化。由于常采用两个二次线圈组成差动式，互感式传感器又称为差动变压器式传感器。实际常用的为螺管形差动变压器，其工作原理如图 3.71 所示。传感器由一次线圈 L 和两个参数完全相同的二次线圈 L_1、L_2 组成。线圈中心插入圆柱形铁芯 p，二次线圈 L_1、L_2 反极性串联。当一次线圈 L 加载交流电压时，若 $u_1=u_2$，则输出电压 $u_0=0$；当铁芯向上运动时，$u_1>u_2$；当铁芯向下运动时，$u_1<u_2$。铁芯偏离中心位置越大，u_0 越大，其输出特性如图 3.71(c)所示。

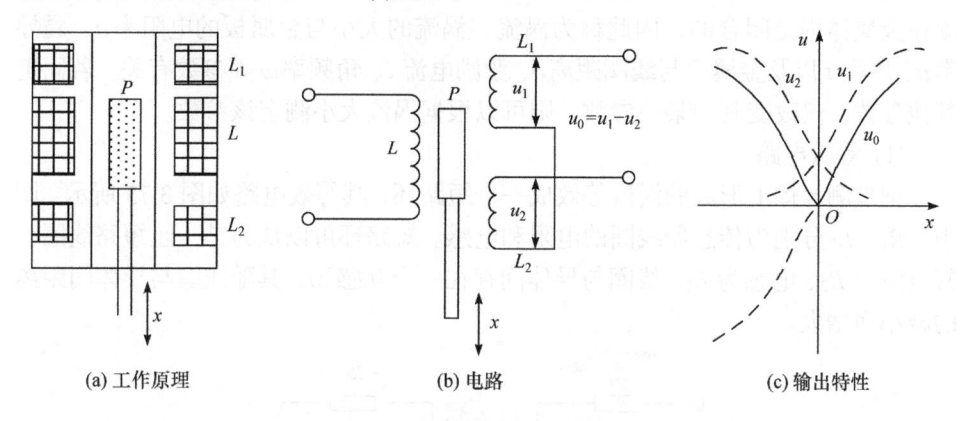

(a) 工作原理　　(b) 电路　　(c) 输出特性

图 3.71　差动变压器式传感器工作原理

差动变压器式传感器输出的电压是交流量，若用交流电压表指示，则输出值只能反映铁芯位移的大小，而不能反映移动的极性，同时，交流电压输出存在一定的零点残余电压，使得活动衔铁位于中间位置时，输出也不为零。因此，差动变压器式传感器的后接电路应采用既能反映铁芯位移极性，又能补偿零点残余电压的差动直流输出电路。

图 3.72 为用于小位移的差动相敏检波电路的工作原理。当没有信号输入时，铁芯处于中间位置，调节电阻 R，使零点残余电压减小；当有信号输入时，铁芯移上或移下，其输出电压经放大器、相敏检波、滤波后得到直流输出，由表头指示输入位移量的大小和方向。

差动变压器式传感器的优点是：测量精度高，可达 0.1μm；线性范围大，可到±100mm；稳定性好，使用方便。因而，其广泛应用于能转换为位移变化的压力、重量等参数的测量。

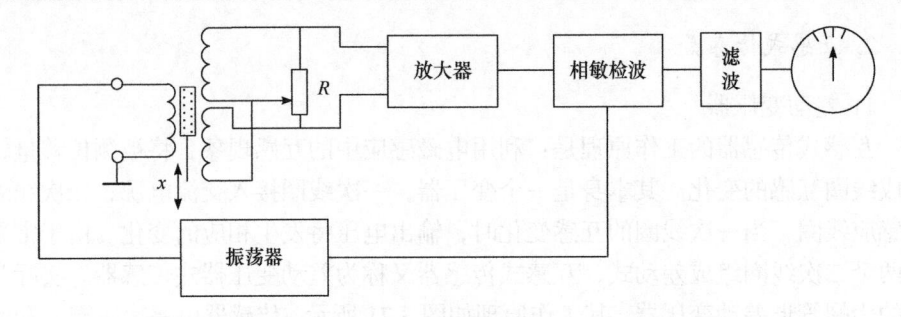

图 3.72 用于小位移的差动相敏检波电路的工作原理

2) 涡流传感器

涡流传感器的变换原理是利用金属导体在交流磁场中的涡流效应。当金属板置于变化着的磁场中或者在磁场中运动时，在金属板上可产生感应电流，这种电流在金属体内是闭合的，因此称为涡流。涡流的大小与金属板的电阻率 ρ、磁导率 μ、厚度 t 以及金属板与线圈距离 δ、激励电流 i、角频率 ω 等参数有关。若固定其他参数，仅改变其中某一参数，则可以根据涡流大小测定该参数。

(1) 等效电路。

把被测导体上形成的涡流等效成一个短路环，其等效电路如图 3.73 所示。图中，R_1、L_1 分别为传感器线圈的电阻和电感。短路环可以认为是一匝短路线圈，其电阻为 R_2、电感为 L_2。线圈与导体间存在一个互感 M，其随线圈与导体间距离的减小而增大。

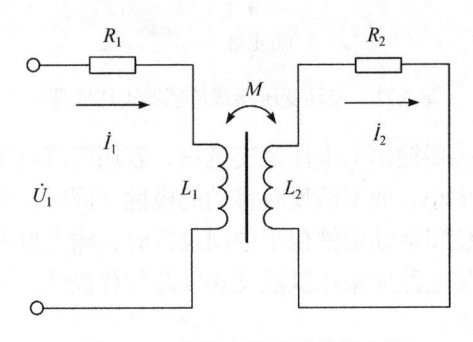

图 3.73 电涡流传感器等效电路

根据等效电路可列出电路方程组：

$$\begin{cases} R_2 \dot{I}_2 + j\omega L_2 \dot{I}_2 - j\omega M \dot{I}_1 = 0 \\ R_1 \dot{I}_1 + j\omega L_1 \dot{I}_1 - j\omega M \dot{I}_2 = \dot{U}_1 \end{cases} \tag{3.76}$$

通过解方程组，可得 I_1、I_2，并可进一步求出线圈受金属导体影响后的等效阻抗：

$$z = \frac{\dot{U}_1}{\dot{I}_1} = \left[R_1 + \frac{\omega^2 M^2}{R^2 + (\omega L_2)^2}R_2\right] + j\left[\omega L_1 - \frac{\omega^2 M^2}{R^2 + (\omega L_2)^2}\omega L_2\right] \quad (3.77)$$

线圈的等效电感为

$$L = L_1 - L_2\frac{\omega^2 M^2}{R^2 + (\omega L_2)^2} \quad (3.78)$$

由式(3.77)和式(3.78)可以看出，线圈与金属导体系统的阻扰、电感都是该系统互感平方的函数，而互感随线圈与金属导体间距离的变化而改变。

(2) 集肤效应。

涡流在金属导体的纵深方向并不是均匀分布的，而只集中在金属导体表面，这称为集肤效应(也称为趋肤效应)。电涡流在金属导体内的渗透深度 h 为

$$h = \sqrt{\frac{\rho}{\pi\mu f}} \quad (3.79)$$

式中，h 为工件渗透深度，cm；ρ 为工件的电阻率，$\Omega \cdot$ cm；μ 为相对磁导率；f 为激励源频率，Hz。

集肤效应与激励源频率 f、工件的电阻率 ρ、相对磁导率 μ 等有关。频率 f 越高，电涡流渗透的深度就越浅，集肤效应越严重，故涡流传感器可分为高频反射式涡流传感器和低频透射式涡流传感器两类。

(3) 高频反射式涡流传感器。

高频反射式涡流传感器工作原理如图 3.74 所示。高频(频率数达兆赫兹以上)激励电流 i 施加于邻近金属板一侧的线圈，由线圈产生的高频电磁场作用于金属板的表面。在金属板表面薄层内产生涡流 i_s，涡流 i_s 又产生反向的磁场，反作用于线圈上，由此引起线圈自感 L 或线圈阻抗 z_1 的变化。z_1 的变化程度取决于线圈至金属板之间的距离 δ、金属板的电阻率 ρ、磁导率 μ 以及激励电流 i 的幅值与角频率 ω 等。

被测位移量发生变化，使得线圈与金属板的距离发生变化，从而导致线圈阻抗 z_1 的变化，通过测量电路转换为电压输出。高频反射式涡流传感器常用于位移测量。

(4) 低频透射式涡流传感器。

低频透射式涡流传感器多用于测定材料厚度，其工作原理如图 3.75(a)所示。发射线圈 L_1 和接收线圈 L_2 分别放在被测材料 G 的上下，低频(音频范围)电动势 e_1 加到线圈 L_1 的两端后，在周围空间产生一交变磁场，并在被测材料 G 中产生涡流 i，此涡流损耗了部分能量，使贯穿 L_2 的磁感线减少，从而使 L_2 产生的感应电

动势 e_2 减小。e_2 的大小与 G 的厚度及性质有关，e_2 随材料厚度 h 的增加按负指数规律减小，如图 3.75(b)所示，因而按 e_2 的变化便可测得材料的厚度。测量厚度时，应选较低的激励频率，频率太高，贯穿深度小于被测厚度，不利于进行厚度测量，通常选激励频率为 1kHz 左右。

在测薄金属板时，频率应略高些；在测厚金属板时，频率应低些。在测量电阻率 ρ 较小的材料时，应选较低的频率(如 500Hz)；在测量 ρ 较大的材料时，应选较高的频率(如 2kHz)，从而保证在测量不同材料时能得到较好的线性和灵敏度。

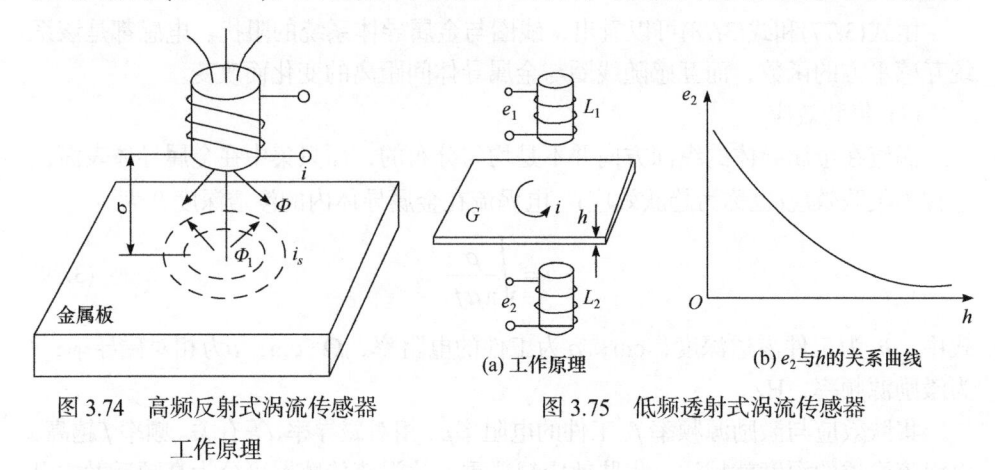

图 3.74　高频反射式涡流传感器工作原理

图 3.75　低频透射式涡流传感器
(a) 工作原理　(b) e_2 与 h 的关系曲线

涡流传感器可用于动态非接触测量，测量范围为 0～2mm，分辨力可达 1μm。其具有结构简单、安装方便、灵敏度较高、抗干扰能力较强、不受油污等介质的影响等一系列优点。因此，该传感器可用于以下方面的测量：①以位移 x 为变换量，将其做成测量位移、厚度、振动、转速等量的传感器，也可做成接近开关、计数器等；②以材料电阻率 ρ 为变换量，将其做成温度测量、材质判别等传感器；③以材料磁导率 μ 为变换量，将其做成测量应力、硬度等量的传感器；④利用变换量 μ、ρ、x 的综合影响，将其做成探伤装置。图 3.76 为涡流传感器的工程应用。

3. 霍尔传感器

霍尔传感器也是一种磁电式传感器，是基于霍尔效应原理而将被测量转换成电动势输出的一种传感器。霍尔元件在静止状态下，具有感受磁场的独特能力，并且结构简单、体积小、噪声小、频率范围宽(从直流到微波)、动态范围大、寿命长等[17]。霍尔元件应用范围广泛，例如，在测量技术中作为将位移、力、加速度等量转换为电量的传感器；在计算技术中常用作加、减、乘、除、开方、乘方以及微积分等运算的运算器。

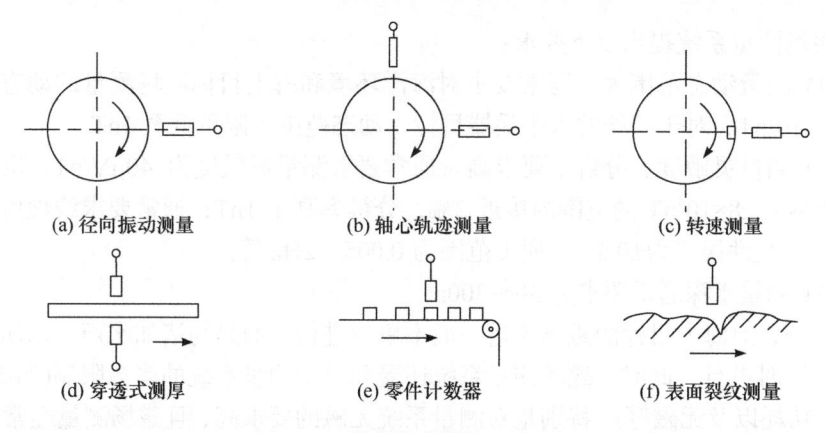

(a) 径向振动测量　　(b) 轴心轨迹测量　　(c) 转速测量

(d) 穿透式测厚　　(e) 零件计数器　　(f) 表面裂纹测量

图 3.76　涡流传感器的工程应用

霍尔效应的产生是由于运动电荷受洛伦兹力的作用，即导体内的运动电荷因在磁场中受洛伦兹力作用而聚集在不同的端面，使导体两个端面产生电势差，继而对外表现出感应电动势。

基于霍尔效应工作的半导体器件称为霍尔元件，霍尔元件多采用 N 型半导体材料。霍尔元件越薄(d 越小)，灵敏度系数 k 越大，薄膜霍尔元件厚度只有 1μm 左右。霍尔元件一般由霍尔片、四根引线和壳体组成。霍尔片是一块半导体单晶薄片，在它的长度方向两端面上焊有 a、b 两根引线，称为控制电流端外线，其焊接处称为控制电极；在它的另两侧端面的中间以点的形式对称地焊有 c、d 两根霍尔输出引线，其焊接处称为霍尔电极，如图 3.77 所示。霍尔元件的壳体一般用非导磁金属、陶瓷或环氧树脂封装。

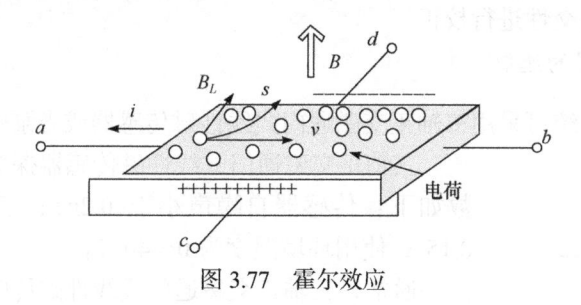

图 3.77　霍尔效应

目前，最常用的霍尔元件材料有锗(Ge)、硅(Si)、锑化铟(InSb)、砷化铟(InAs)等半导体材料。

3.5.3　应用实例：典型海洋磁场测量系统

1. 磁场测量系统一般要求

根据地球磁场、舰船磁场以及水中兵器磁场的时域和空间分布特点，对海上目标磁场测量系统提出以下要求：

(1) 测量动态范围大。通常要求对海洋环境和海上目标磁场测量的动态范围为 $10\sim 10^5 nT$，对于特殊的水中兵器目标，动态范围下限可低至 1nT。

(2) 测量灵敏度、分辨率要求高。通常要求测量灵敏度为 $40\mu V/nT$，灵敏度的线性度在 $\pm 8\times 10^4 nT$ 的范围内接近 2‰，分辨率高于 1nT；通常要求线性度优于 0.5%，正交性误差为±0.5%，通带范围为 0.005～2Hz 等。

(3) 测量水深通常要求为 30～300m。

另外，对海上目标的磁场测量一般不单独进行，而是与诸如水声、水压等测量系统同时进行，此时，磁场测量系统还受到整个测量系统的诸多限制(如体积、电源、功耗以及无磁等)，特别是对测量系统无磁的要求高，且磁场测量经常作为整个测量系统的值守信号源，对磁场测量系统的微功耗要求高，会给磁场测量系统的设计带来许多困难。因此，磁场测量系统的设计可采用以下技术途径：

(1) 采用微功耗设计，以适应测量体在水下长期工作的要求。

(2) 确保测量系统的稳定性、测量精度与分辨率水平。

(3) 优化结构与电路设计，使系统小型化，以便在测量体内安装，同时提高可靠性。

另外，磁场测量结果数据还可用于对目标舰船进行磁定位，因此对磁场测量系统的稳定性和测量精度的要求更为严格。为提高系统性能，可采用如下技术措施：①深度负反馈技术，可大大提高系统的稳定性与线性度，同时保证三轴对称性；②快速稳定技术，使系统接电后 10s 即可进入工作状态，从而提高系统的反应速度；③通过磁场处理软件，对系统的惯性、零点、随机噪声进行处理，必要时还可对三轴正交性进行校正。

2. 磁传感器的选取

磁场测量系统可采用三轴正交磁通门式线性磁传感器或光泵式磁传感器。

三轴正交磁通门式线性磁传感器探头的主要技术参数如下：传感器自噪声小于 0.2nT；三轴正交度小于 0.15°；使用环境温度为 0～40℃。

通常，三轴正交磁通门式线性磁传感器安装在一个非磁性的回转仪架上，以保证传感器的 Z 轴竖直向上。三个轴互相正交，结构完全对称，铁芯由坡莫合金丝制成。在传感器的每一轴上都绕有三个线圈，如图 3.78 所示，其中，W_1 为激励线圈，W_2 为信号线圈，W_3 为标准线圈，用于灵敏度的校准与自检。

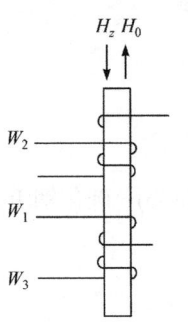

图 3.78 传感器线圈结构

3. 磁场测量电路工作原理

1) 测量电路原理

典型的磁场测量电路原理如图 3.79 所示，除传感器外，整个电路由振荡、电流驱动、二分频、滤波放大、解调、积分、反馈、带通滤波以及快速稳定等环节组成。

由晶体振荡器产生的波形、频率都稳定的方波信号，一路经二分频后作为解调电路的同步参考信号，另一路经电流驱动器后，加到激励线圈 W_1 上。

当外磁场信号 H_0 存在时，在信号线圈 W_2 上感应出一个大小取决于 H_0 并受两倍激励频率所调制的信号。该信号经滤波放大、解调，进入积分电路。

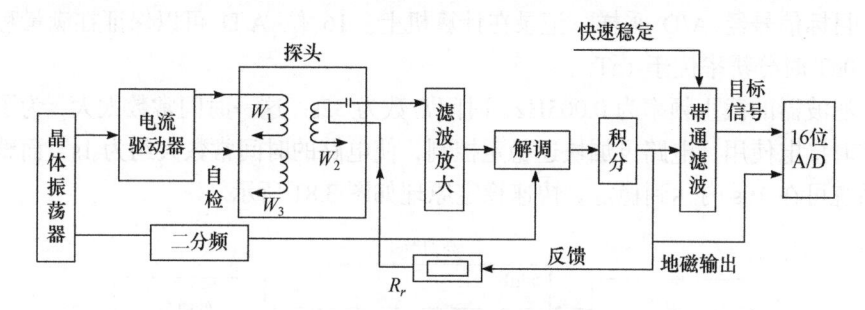

图 3.79 磁场测量电路原理

由积分电路输出的信号，经过反馈网络把反馈电流加到 W_2 上，在 W_2 中产生 H_f。H_f 与 H_0 方向相反、大小相等，互相抵消。从而，通过测量反馈电流便可求出 H_0。

磁传感器的灵敏度分析如图 3.80 所示。

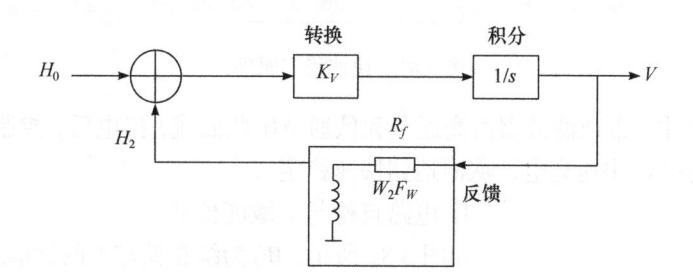

图 3.80 磁传感器灵敏度分析

积分器输出为

$$V = \frac{K_V}{s}(H_0 - H_2) \tag{3.80}$$

式中，$H_2 = VF_H$，$F_H = n/R_f$，n 为 W_2 的匝数。

进而，有

$$V = \frac{K_V H_0}{s + K_V F_H} \tag{3.81}$$

在信号频段，频率 f 很小，合理设计使 $K_V F_H$ 远大于 s，则有 $V = H_0 R_f/n$，即传感器的灵敏度只取决于 R_f 和 n。采用这种方案的优点是灵敏度的线性度好、灵敏度便于调整、容易保证对称性与互换、灵敏度的稳定性好等。

2) 目标信号的获得

积分器输出信号与外磁信号 H_0 呈严格正比关系，该信号经过带通滤波后得到一个频带为 0.005～2Hz 的目标信号。经过滤波器，该信号基本不漂移，因此能满足稳定性要求。

目标信号经 A/D 采样，记录在计算机上。16 位 A/D 可以保证在满量程为 60000nT 时分辨率优于 1nT。

滤波器的截止频率为 0.005Hz，时间常数为 32s。这一时间常数太大，为了便于临时接电使用，电路可加快速稳定控制，使电路的时间常数大约为 1s，而整个磁系统可在 10s 内达到稳定。快速稳定原理如图 3.81 所示。

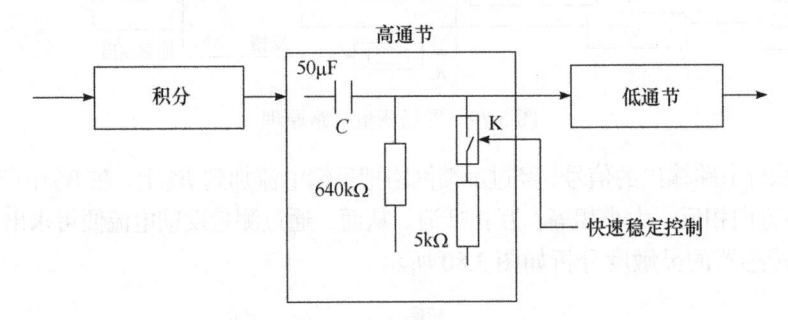

图 3.81　快速稳定原理

图 3.81 中，带通滤波器由高通节和低通节串联而成，接电后，控制 K 开关短时闭合，电容 C 快速充电，从而达到快速稳定。

3) 电路自检与灵敏度校准

如图 3.82 所示，W_3 为绕在铁芯上的标准线圈，该线圈匝数严格控制，精确已知。给标准线圈 W_3 加上电流后所产生的磁场 H_3($H_3=n_3 I$)可准确获取，其作用相当于加上一个外磁场，从而可用它来作为校准信号。此时，测量传感器的输出，即可达到自检与校准的目的。

图 3.82　自检与校准电路

4) 磁轴方位测量

三轴磁探头安装在平衡台上，z 轴都竖直向上，相对 x 轴和 y 轴的地磁输出

信号为 H_x 和 H_y，如图 3.83 所示，设 N 为地磁北极方向，则有

$$\theta = \arctan(H_y / H_x)$$

由此便可计算出磁探头布置于海底后其磁轴与地磁北极方向的夹角 θ 的误差：

$$\Delta\theta = \frac{H_x \Delta H_y - H_y \Delta H_x}{H_x^2 + H_y^2}$$

$$\leqslant \frac{|\Delta H|}{\sqrt{0.5(H_x^2 + H_y^2)}} \quad \text{(rad)}$$

(3.82)

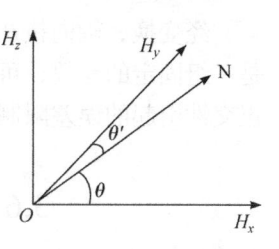

图 3.83 磁轴方位测量

式中，$|\Delta H| = \max\{|\Delta H_x|, |\Delta H_y|\}$。

$H = \sqrt{H_x^2 + H_y^2}$ 为地磁场的水平分量，在我国取值约为 40000nT，只要保证 $\Delta H \leqslant 400$nT，就可保证 $\Delta\theta < 1°$。采用低漂移集成运算放大器，可限定测磁电路任意一轴的最大累积漂移不大于 200nT。

5) 磁探头正交性校正

由于工艺的限制，磁传感器的三个轴不可能严格正交，可以通过线性变换，由实际三轴传感器的输出求出正交三轴的输出。其原理如图 3.84 所示。

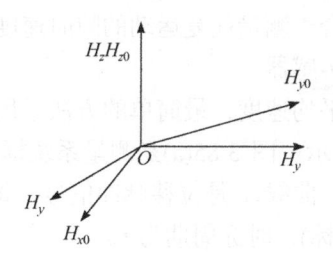

图 3.84 磁探头正交性校正原理

设 H_x、H_y、H_z 为传感器三轴实际输出，设置正交三轴的输出 H_{x0}、H_{y0}、H_{z0} 如下：

(1) H_x、H_y、H_z 与 H_{x0}、H_{y0}、H_{z0} 原点重叠。

(2) H_{z0} 与 H_z 重叠。

(3) $H_{x0}H_{z0}$ 与 $H_{x0}H_z$ 共面。

在正交三轴下，有

$$\begin{cases} H_{z0} = H_z \\ H_{x0} = C_{21}H_z + C_{22}H_x \\ H_{y0} = C_{31}H_z + C_{32}H_x + C_{33}H_y \end{cases}$$

(3.83)

经变换，轴向按 $\theta = \arctan(H_{y0}/H_{x0})$ 计算，变换系数 C_{21}、C_{22}、C_{31}、C_{32}、C_{33} 是一组固定的参数，可在实验室求出并存储在计算机上。经过这一变换，可将非正交性引起的误差限制在 0.5%以内。

3.6 速度、加速度和位移的测量

3.6.1 速度的测量

运动速度是衡量物体运动状态的一项重要指标，也是描述物体振动的主要参数，物体的运动速度分为线速度和角速度(转速)，或分为瞬时速度和平均速度。对于不同的测量对象、不同的测量精度等，所采用的速度传感器类型及测量原理也不相同。瞬时速度测量要求测出速度的时间历程，平均速度测量要求测定平均时间内指定对象移动的距离。因此，测量者在选用速度传感器时，必须对这些传感器的工作原理、性能和特点有所了解，以便于获得准确的测量结果。

1. 线速度测量

磁电式速度传感器是常用的速度传感器。运动速度的测量，有时需要测瞬时速度，有时需要测平均速度。

磁电式速度传感器适合于测量往复运动的瞬时速度，对单程运动或行程较长的运动可用永磁感应测速传感器。

用定距测量方法测量平均速度，最简单的方法是用示波器同时记录位移、时间脉冲信号，如图 3.85 所示。图 3.85(a)是测量系统框图，图 3.85(b)是光线示波器在记录纸上的记录结果，曲线 1 是位移脉冲信号，每个脉冲等价于线位移 x；曲线 2 是时间脉冲信号(时标)，时标周期为 t_0。

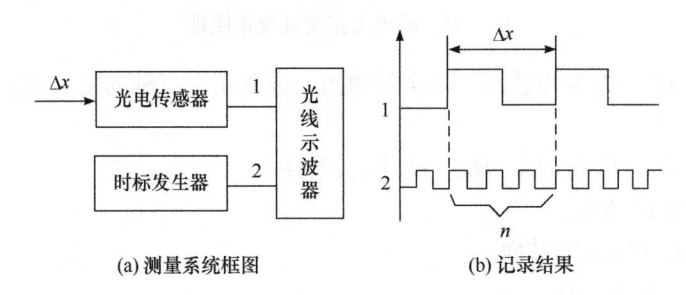

(a) 测量系统框图　　(b) 记录结果

图 3.85　定距测量方法测量系统框图及记录结果示意图

2. 转速测量

转速测量方法最早以机械式和发电式居多，目前以数字脉冲式为主，机械式已经很少用了。常用的转速测量方法如表 3.5 所示。

表 3.5 常用的转速测量方法

类型		测量方法	适用范围	特点	测速仪
测速发电机	直流	激磁一定，发电机输出电压与角速度成正比	中、高速，最高达 10000rad/min	可远距离指示	交、直流测速发电机
	交流				
磁电式		转轴带动磁性体旋转产生计数电脉冲，其脉冲数与转速成正比	中、高速，最高达 48000rad/min	机构复杂，精度高	数字式磁电转速计
光电式		利用转动圆盘的光线使光电元件产生脉冲	中、高速，最高达 4800rad/min	没有扭矩损失，机构简单	光电脉冲转速计
同步闪光式		用已知频率的闪光来测出与旋转体同步的频率(旋转体转速)	中、高速	没有扭矩损失	闪光测速仪
旋转编码盘		把码盘中反映转轴位置的码值转换成电脉冲输出	低、中、高速	数字输出，精度高	光电式码盘

数字式转速测量系统框图如图 3.86 所示。这里采用数字测速的测频法：给定标准时间，在基准时间内测得旋转的角度。测量系统包括时基电路、计数控制器和计数器三个基本环节。时基电路提供时间基准(0.1s, 0.2s, …)。由时基电路调节后得到所需要的时间基准，在基准时间内通过控制电路得到相应的控制指令，用来控制门电路开关。门电路打开，计数器对传感器输出信号进行计数；门电路关闭，计数停止。

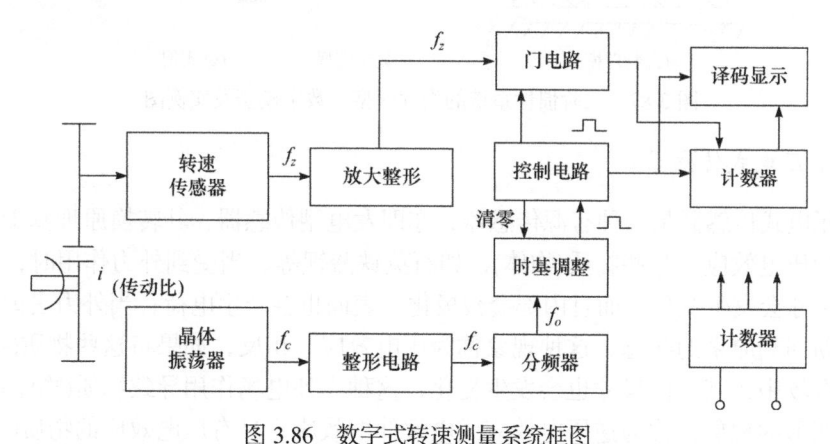

图 3.86 数字式转速测量系统框图

3.6.2 加速度的测量

线加速度是指物体质心沿其运动轨迹方向的加速度，是描述物体在空间运动本质的一个基本量，可通过测量加速度来测量物体的运动状态。通过测量加速度可判断机械系统所承受的加速度负荷的大小，以便正确设计其机械强度和按照设计指标正确控制其运动加速度，以免机件损坏。线加速度的单位是 m/s²，而习惯上常以重力加速度 g 作为计量单位。对于加速度，常用惯性测量法，即将惯性型测量装置安装在运动体上进行测量[18]。

目前，测量加速度的传感器基本上都是基于图 3.87 所示的由质量块 m、弹簧 k 和阻尼器 c 组成的惯性二阶测量系统。传感器的壳体固定连接在待测物体上，随物体一起运动，壳体内有一质量块 m，通过一根刚度为 k 的弹簧连接到壳体上，当质量块相对壳体运动时，受到黏滞阻力的作用，阻尼力的大小与壳体间的相对速度成正比，常用一个阻尼器来表示，比例系数 c 称为阻尼系数。质量块不与传感器基座固定连接，因而在惯性作用下与基座之间产生相对位移。质量块承受加速度并产生与加速度成比例的惯性力，从而使弹簧产生与质量块相对位移相等的伸缩变形，弹簧变形又产生与变形量成比例的反作用力。当惯性力与弹簧反作用力相平衡时，质量块相对于基座的位移与加速度成正比，故可通过该位移或惯性力来测量加速度。

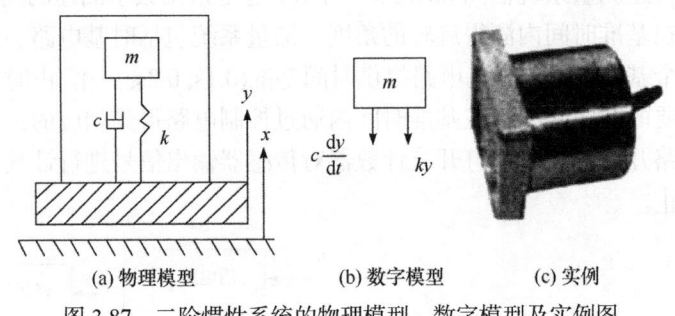

(a) 物理模型　　(b) 数字模型　　(c) 实例

图 3.87　二阶惯性系统的物理模型、数字模型及实例图

1. 压电式传感器

压电式传感器是一种有源传感器，亦即发电型传感器，其转换原理基于某些材料的压电效应。某些物质(物体)，如石英铁酸钡等，当受到外力作用时，不仅几何尺寸会发生变化，而且内部会被极化，表面也会产生电荷；当外力去掉时，又重新回到原来的状态，这种现象称为压电效应。相反，如果将这些物质(物体)置于电场中，其几何尺寸也会发生变化，这种由外电场作用导致物质(物体)产生机械变形的现象，称为逆压电效应或电致伸缩效应，具有压电效应的物质(物体)称为压电材料(或压电元件)。

压电式传感器常用来测量压力、应力、加速度等，也被用于超声波发射与接收装置。该传感器具有体积小、质量轻、精确度高及灵敏度高等优点，在工程上得到了广泛应用。

压电材料主要有压电晶体、压电陶瓷和高分子压电材料三类。目前，已发现自然界中有二十多种单晶体具有压电效应，其中，最为大家所熟知的就是石英晶体，石英晶体的压电常数不高，但具有较好的机械强度和时间稳定性、温度稳定性。其他压电单晶体的压电常数为石英晶体的 2.5～3.5 倍，但价格较高。水溶性压电晶体，如酒石酸钾钠压电常数较高，但易受潮，机械强度低，电阻率低，性能不稳定。目前压电式传感器的材料大多用压电陶瓷，极化后的压电陶瓷可以作为压电晶体来处理，目前常用的压电陶瓷是锆钛酸铅。另外一些高分子压电材料已经做得非常轻量化，如一种新型的高分子物性传感器材料——聚偏二氟乙烯，虽然其压电特性并没有石英晶体和压电陶瓷好，但其易于大批量生产，且具有面积大、柔软、不易破损等特点，已经广泛应用于微压测量，如医学的心率测量和机器人触觉设计。

1) 压电式传感器的等效电路

由压电元件的工作原理可知，压电式传感器可以看作一个电荷发生器，也可以看作一个电容器。晶体上聚集正负电荷的两个表面相当于电容器的两个极板，极板间的物质等效为一种介质。其电容量为

$$C_Q = \frac{\varepsilon_0 \varepsilon_A}{\delta}$$

式中，ε_A 为压电材料相对介电常数；ε_0 为真空介电常数，$\varepsilon_0 = 8.85 \times 10^{-12} \text{F/m}$；$\delta$ 为极板间距。

压电式传感器可等效为一个与电容 C_Q 串联的电压源。如图 3.88 所示，电容器上的电压 U、电荷量 q 和电容量 C_Q 之间的关系为

$$U = \frac{q}{C_Q}$$

当压电式传感器与测量电路或测量仪器连接后，需要考虑后续测量电路的输入电容 C_i、连接电缆的寄生电容 C_ε、后续电路的输入电阻 R_i 和压电式传感器的泄漏电阻 R_a，实际压电式传感器的等效电路如图 3.89 所示。

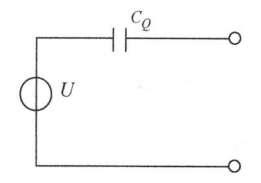

图 3.88　压电元件的等效电路 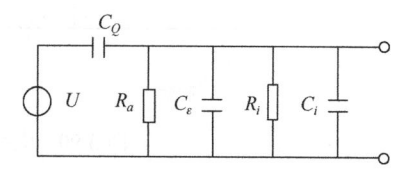　　图 3.89　压电式传感器的等效电路

在实际使用中，若仅用单片压电元件工作，则要产生足够的表面电荷就要很

大的作用力，因此一般采用两片或两片以上压电元件组合在一起使用。压电元件是有极性的，因此连接方法有并联连接和串联连接。在并联连接方法中，两压电元件的负极集中在中间极板上，正极在上下两边并连接在一起，此时电容量大，输出电荷量大，适用于测量缓变信号和以电荷为输出的场合。在串联连接方法中，上极板为正极，下极板为负极，在中间一元件的负极与另一元件的正极相连接，此时传感器本身电容小，输出电压大，适用于要求以电压为输出的场合，并要求测量电路有高的输入阻抗。

2) 测量电路

压电式传感器的输出电信号是很微弱的电荷，而且传感器本身有很大内阻，因此输出能量甚微，这给后接电路带来一定困难。为此，通常把传感器信号先输入高输入阻抗的前置放大器中，经过阻抗交换，方可用一般的放大检波电路再将信号输入到指示仪表或记录器。前置放大器的作用有两点：一是将传感器的高阻抗输出转换为低阻抗输出；二是放大传感器输出的微弱电信号。

前置放大器有两种形式：一种是用电阻反馈的电压放大器，其输出电压与输入电压(传感器的输出)成正比；另一种是用带电容板反馈的电荷放大器，其输出电压与输入电荷成正比[19]。由于电荷放大器电路受电缆长度变化的影响不大，几乎可以忽略不计，电荷放大器应用日益广泛。

电荷放大器的等效电路如图 3.90 所示，由于忽略了泄漏电阻，电荷量为

$$q \approx e_i(C_Q + C_a + C_i) + (u_i + u_0)C_f$$

式中，u_i 为放大器输入端电压；u_0 为放大器输出端电压，$u_0 = -ku_i$，其中，k 为电荷放大器开环增益；C_a 为传感器电容；C_i 为放大器输入电容；C_f 为电荷放大器反馈电容。

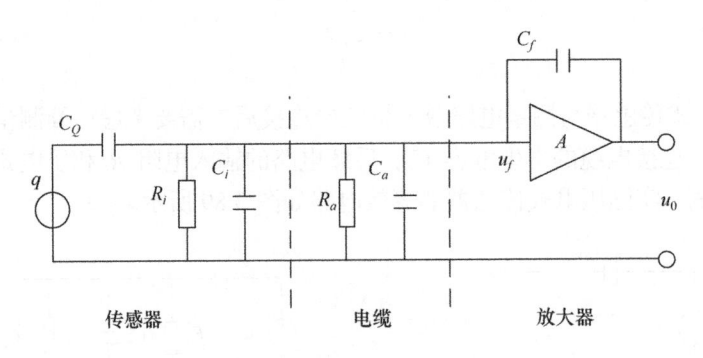

图 3.90 电荷放大器的等效电路

在一般情况下，放大器有足够大的开环增益，即 k 足够大，同时反馈电容 $C_f > C_Q + C_a + C_i$，那么电荷量表达式可简化为

$$u_0 \approx -\frac{q}{C_f}$$

可见，电荷放大器的输出电压与传感器的电荷量成正比，并且与电缆分布电容无关。因此，当采用电荷放大器时，即使连接电缆长度在百米以上，其敏感度也无明显变化，这是电荷放大器的突出优点。

由于不可避免地存在电荷泄漏，利用压电式传感器测量静态或准静态量值时，必须采取一定措施，使电荷从压电元件经测量电路的漏失减小到足够小的程度；进行动态测量时，电荷可以不断补充，从而供给测量电路一定的电流，故压电式传感器适宜进行动态测量。

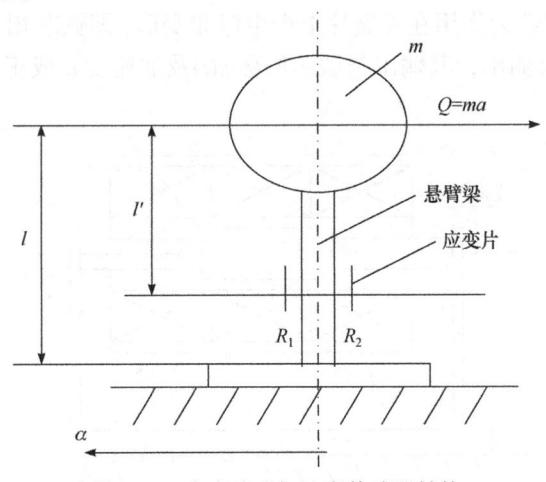

2. 应变片式加速度传感器

应变片式加速度传感器结构如图 3.91 所示，其弹性元件为悬臂梁，在梁的端部有一个质量块 m。当构件以加速度 a 运动时，弹性元件受惯性力 $Q=ma$ 的作用而产生弹性变形，其变形量与加速度 a 成正比，因此测出悬臂梁的应变值就可测得加速度 a 的大小。

图 3.91 应变片式加速度传感器结构

根据材料力学的理论有 $\sigma = E\varepsilon$，当悬臂梁是等强度梁时，贴片处的应变为

$$\varepsilon = \frac{Ql}{EW} = \frac{ml}{EW}a \tag{3.84}$$

式中，W 为梁的抗弯截面系数；l 为梁的长度；E 为弹性模量。

若应变片 R_1、R_2 按半桥接法连接，则加速度 a 与仪器应变读数 $\hat{\varepsilon}$ 之间的关系为

$$a = \frac{EW}{mk}\frac{\hat{\varepsilon}}{2} \tag{3.85}$$

当悬臂梁为等截面梁时，也可导出类似的关系：

$$\varepsilon = \frac{Ql'}{EW} = \frac{ml'}{EW}a$$

$$a = \frac{EW}{ml'}\frac{\hat{\varepsilon}}{2}$$

式中，l' 为贴片处到质量块中心的距离。

可见，由应变仪的输出读数和示波器的记录波形，就可求得加速度的大小和变化规律。用悬臂梁做弹性元件的加速度传感器，其测量范围可达 $1g\sim 10g$ 或更大。加速度传感器的弹性元件，除悬臂梁外，还有空心圆柱、圆环等。

显然，通过这种传感器已经把加速度的测量转换成一个力学量的测量，因此在组成的测量系统中可以采用各种现有的应变仪或自行设计的专用测量电路。

3. 差动变压器式加速度传感器

作为加速度传感器，差动变压器式加速度传感器结构如图 3.92 所示。差动变压器的外壳、线圈等与弹簧片组成的组件固定在被测件上。当被测件以加速度 a 运动时，铁芯的惯性力作用在弹簧片上产生弯曲变形，即铁芯相对于线圈有位移，因此差动变压器有输出，其输出与铁芯位移 $x(t)$ 及加速度 a 成正比。

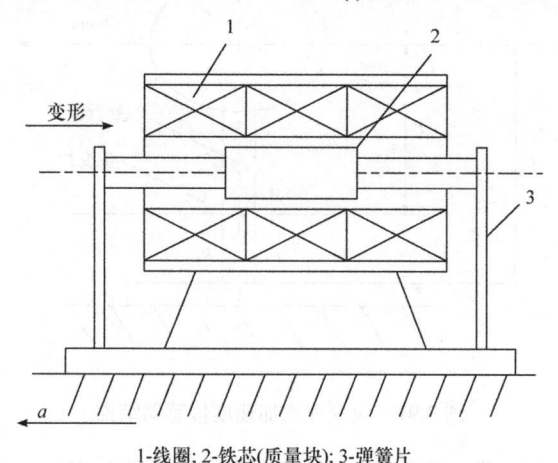

1-线圈；2-铁芯(质量块)；3-弹簧片

图 3.92 差动变压器式加速度传感器结构

同交流电桥一样，差动变压器也是一个调制器，其输出为调幅输出，因而其测量电路或系统的组成也类似于应变仪的电路，如图 3.93 所示。

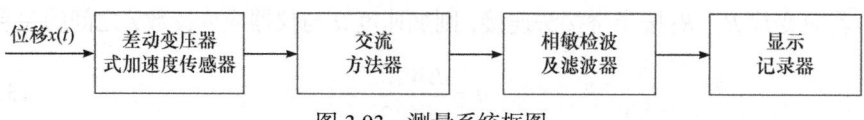

图 3.93 测量系统框图

3.6.3 位移的测量

位移是物体上某点在两个不同瞬间的位置变化量，是一种基本的测量量，在机械工程中应用很广。在机械工程中经常要求精确地测量零部件的位移，另外，对许多参数如力、压力、温度、流量等的测量，也可通过适当的方法转换成对位移的测量。

位移有线位移和角位移之分。线位移是物体上某点在两个瞬时的距离变化量，描述了物体空间位置变化。角位移则是在一个平面内，两矢量之间夹角的变化量，描述了物体上某点转动时位置的变化。对位移的度量除了确定其大小，还应确定其方向，一般情况下，应使测量方向与位移方向重合，这样才能真实地测量出位移量的大小，否则测量结果仅是该位移在测量方向上的分量。位移测量时应当根据不同的测量对象，选择恰当的测量点、测量方向和测量系统。位移测量系统一般由位移传感器、相应的测量电路和终端显示装置组成，位移传感器选择得恰当与否，对测量精确度影响很大，必须特别注意。

位移的测量可通过电阻式、电感式、差动式、电容式、涡流式、霍尔式、应变式、压电式、计量光栅、感应同步器、磁栅等方法测量。测量时应根据不同的被测对象、测量范围、线性度、精确度和测量目的，选择合适的测量方法。常用位移传感器基本特征如表 3.6 所示。

表 3.6 常用位移传感器基本特征

形式			测量范围	精确度	线性度/%	特点
电阻式	滑线式	线位移	1～300mm*	±0.1%	±0.1	分辨率较好，可用于静态或动态测量，机械结构不牢固
		角位移	0°～360°	±0.1%	±0.1	
	变阻器	线位移	1～1000mm*	±0.5%	±0.5	结构牢固，寿命长，但分辨率低，电噪声大
		角位移	0～60rad	±0.5%	±0.5	
应变式	非粘贴		0.15%应变	±0.1%	±1	不牢固
	粘贴		0.3%应变	±(2%～3%)	—	
	半导体		0.25%应变	±0.1%	满量程的±20	牢固，体积小，使用方便，机械滞后小，温度灵敏度高，需温度补偿和非线性补偿
电感式	自感式变气隙型		±0.2mm	±1%	±3	只适用于微小位移测量
	螺管型 特大型		1.5～2mm 300～2000mm*	—	0.15～1	测量范围较前者宽，使用方便可靠，动态性能较差
	差动变压器		±0.08～75mm*	±0.5%	0.15	分辨率高，受到杂散磁声干扰时需要屏蔽

续表

形式		测量范围	精确度	线性度/%	特点
涡流式		±2.5～250mm*	±(1%～3%)	<3	分辨率高,受被测物体材料、形状、加工质量影响
同步机		360°	±(0.1°～7°)	±0.5	可在1200rad/min的转速下工作,坚固,对温度和湿度不敏感
微动同步器		±10%	±1%	±0.05	线性误差与变压比和测量范围有关
旋转变压器		60°	—	±0.1	—
电容式	变面积	0.01～100mm*	±0.005%	±1	介电常数受环境湿度、温度影响,分辨率很高,但测量范围很小,只能在小范围内近似地保持线性
	变间距	0.01～10mm*	1%	—	
霍尔元件		±1.5mm	0.5%	—	结构简单、动态特性好
感应同步器	直线式	0.01～10000mm*	2.5μm/250mm	—	模拟和数字混合测量系统,数字显示(直线式感应同步器的分辨率可达1μm)
	旋转式	0°～360°	±0.5	—	
计量光栅	长光栅	0.01～10000mm*	3μm/1mm	—	测量时工作速度可达12m/min
	圆光栅	0°～360°	±0.5″	—	
角度编码器	接触式	0°～360°	0.00001rad	—	分辨率高,可靠性高
	光电式	0°～360°	0.00001rad	—	

注:"*"指传感器能够达到的最大可测位移范围,每种规格的传感器都有一定的工作量程,往往小于此范围。

3.6.4 应用实例:加速度计

加速度计是用来测量飞机的线加速度,并输出与加速度成比例的电信号的装置,其输出的电信号供导航计算机和控制飞机使用。加速度计是实现惯性导航系统的重要元件之一,同陀螺仪一样,随着惯性技术的不断发展,加速度计的种类日趋增多。按输出轴的支承方式划分,有液浮、气浮、挠性、磁悬浮等加速度计;按敏感加速度输入轴数目划分,有单轴、双轴、三轴加速度计。目前,航空上应用最广的是硅微加速度计和挠性加速度计。上述各种型号加速度计的工作原理基于牛顿力学,也属于惯性测量元件。

由于加速度计在惯性导航系统中被用来测量载体的加速度,从系统角度看,加速度计测得的加速度信号是惯性导航系统最重要的输入信号。由此可见,加速度计的测量精度对惯性导航系统的定位精度有直接影响。

1. 惯性导航系统对加速度计测量精度的要求

加速度计测量的精度直接影响惯性导航系统的精度，因此作为惯性级加速度计，必须满足下列要求。

1) 灵敏限小

灵敏限是指最小加速度的测量值，直接影响飞机速度和飞行距离的测量精度。灵敏限以下的值不能测量，本身就是误差，而且形成的速度误差和距离误差随时间积累。用于惯性导航系统中的加速度计灵敏限要求必须在 $10^{-5}g$ 以下，有的达到 $10^{-8}g \sim 10^{-7}g$。

2) 摩擦干扰小

根据灵敏限的要求，如为 $1 \times 10^{-5}g$，则对摆质量 m 与摆长 l 乘积为 $1g \cdot cm$ 的摆来说，要感受此加速度，并绕输出轴转动，必须满足摆轴中的摩擦力矩小于 $0.98 \times 10^{-9} N \cdot m$ 这个要求，这是任何精密仪表轴承所无法达到的，何况除了静摩擦，在支承中还存在具有非线性及随机性的干扰力矩。因此，发展支承技术是加速度计的关键技术。

3) 量程大

通常飞机要求加速度计的测量范围是 $10^{-5}g \sim 6g$，最大为 $12g$，甚至为 $20g$。在这么大的范围内要保证输出的线性特性及测量过程的性能一致，不是一件容易的事，这就必须增大弹簧刚度，减小输出转角，因此必须用电弹簧代替机械弹簧，控制转角在几角秒或几角分以内。

2. 挠性加速度计原理

1) 加速度计的基本原理

加速度计一般包括敏感元件(重锤或摆锤)、转轴、平衡弹簧、输出或显示装置，其简化原理如图 3.94 所示。质量为 m 的重锤用臂长 l(摆长)的金属悬挂在转轴上，转轴两端用轴承支承在壳体上。弹簧内端与转轴固连，外端与壳体固连。当转轴相对壳体转动时，可产生一个扭转力矩，其大小与转轴转动的角度成正比，即 $M_s=k\alpha$(α 为转轴转角，k 为弹性系数)，M_s 的方向力求使转轴转过的偏角恢复为零。为了说明加速度计的基本原理，假设无加速度输入，加速度计的 z 轴沿重锤所受重力方向，y 轴在水平面内且沿转轴方向，x 轴垂直于 y 轴，为加速度的输入轴或测量轴，即沿待测加速度的方向。

当没有加速度时，摆锤仅受重力 mg 的作用而使摆杆沿重力方向，转轴带动指针停在零位，平衡弹簧也不产生力矩，此时加速度计处于起始基准位置。

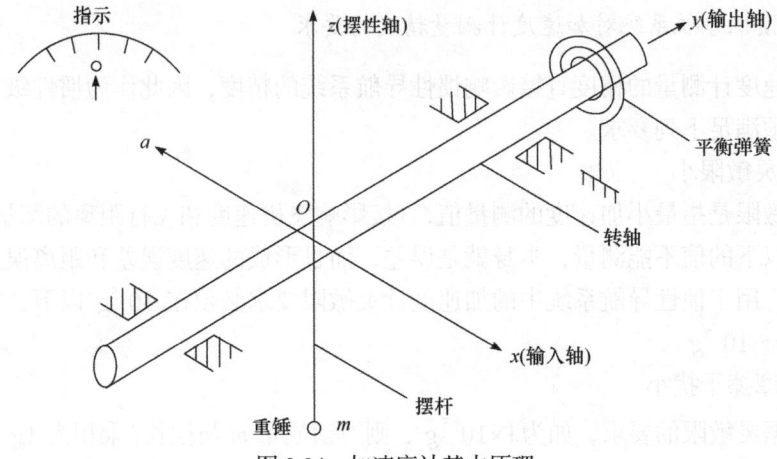

图 3.94 加速度计基本原理

当有沿 x 轴(输入轴)的加速度 a 时，摆锤在惯性力的作用下，绕转轴 y 产生转动力矩 M_a，M_a 使摆锤和转轴转动，转轴的转动使弹簧变形产生弹性力矩，$M_{弹} = -k\alpha$。显然，弹性力矩 $M_{弹}$ 的方向与惯性力矩 M_a 的方向相反。$M_{弹}$ 试图使转轴的转角回零。摆锤偏离垂线位置，如图 3.95 所示，重力 mg 对 y 轴形成与弹性力矩方向相同的力矩 $mgl\sin\alpha$。当这几种力矩达到平衡时，转轴停止转动。对应上述运动过程的方程为

$$J\ddot{\alpha} + k\alpha = mal\cos\alpha + mgl\sin\alpha \pm M_d \tag{3.86}$$

式中，J 为摆锤绕输出轴的转动惯量；g 为重力加速度；l 为摆长；α 为转轴转过的角度；M_d 为绕输出轴的干扰力矩。

若选择 k 较大、α 角很小，$\cos\alpha \approx 1$、$\sin\alpha \approx \alpha$，则式(3.86)可改写成

$$J\ddot{\alpha} + (k+mgl)\alpha = mal \pm M_d \tag{3.87}$$

当系统处于稳态时，$\ddot{\alpha} = \dot{\alpha} = 0$，得

$$\alpha = \frac{ml}{k+mgl}a \pm \frac{M_d}{k+mgl} \tag{3.88}$$

从上述推导可见，只有满足 α 角很小和干扰力矩很小($M_d \ll mgl$)的条件时，加速度计的输出角 α 才能与输入加速度 a 呈线性关系。但是，对于这种加速度计，由于弹性刚度不可能做得很大，摆的转角 α 也就不可能很小，这种加速度计的线性度较差是一个主要缺点。另外，弹性元件的弹性刚度随温度变化，因此有较大的弹性温度误差；弹性元件具有迟滞现象，因此其存在迟滞。这种加速度计只能用于对飞机载荷因数进行测量，不能用在惯性导航中，例如飞行参数记录系统的加速度计，就是根据这个原理测量加速度的。

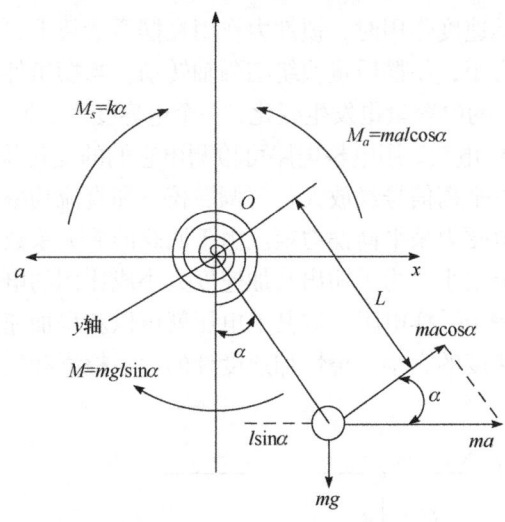

图 3.95 摆锤偏离垂线位置

2) 挠性加速度计的基本原理

挠性加速度计经过几十年的发展，已经进入以体积更小、质量更轻、使用电容传感器(信号器)、干式压膜阻尼为主要特征的第三代挠性加速度计，其中石英挠性加速度计是这类的典型代表。

挠性加速度计实际上也是一种摆式力矩反馈(力矩平衡式)加速度计，由悬挂在细颈轴上的挠性件支承。图 3.96 为电容式信号传感器的挠性加速度计示意图。挠性件一般用恒弹性材料做成，甚至用整块石英材料把细颈与摆锤连在一起加工出来。由于控制细颈在零点几毫米以内，其还是有明显弹性的。信号器采用电容式传感器，在质量块上绕有力矩器线圈。在壳体两端固定两个永久磁铁，它们与力矩器线圈构成动圈式力矩器。用磁钢表面和摆组件两端面构成两个测量电容 C_1、C_2。

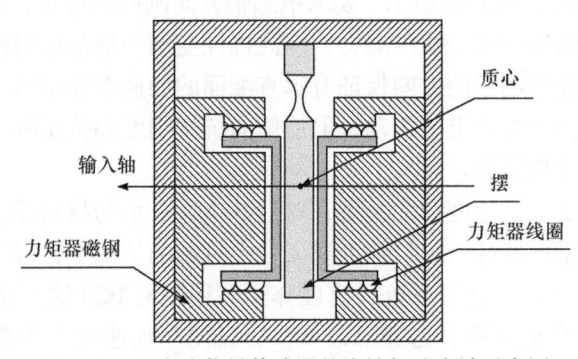

图 3.96 电容式信号传感器的挠性加速度计示意图

当沿输入轴有加速度作用时，惯性力作用在摆质量块上，该惯性力在挠性件细颈轴处形成惯性力矩，使摆质量块绕细颈轴转动。当摆组件偏转时，两边间隙发生变化，两个电容的电容量也发生变化，一个电容变大，另一个电容变小。C_1、C_2与R_1、R_2组成电桥电路，用电桥电路可检测出它们的变化量，其电压反映了摆组件偏角的大小。不平衡信号经放大、解调、校正和直流功率放大，最后被送至力矩器线圈，产生电磁力来平衡摆力矩。由于回路的放大系数可以设计得很大，摆质量的偏角实际上很小。为了输出与加速度大小成比例的电信号，只要在力矩器线圈电路中串入一个采样电阻，取其上电压就可以获得加速度计输出的信号，从而反映出所测加速度的大小。挠性加速度计的信号检测和反馈控制回路原理如图3.97所示。

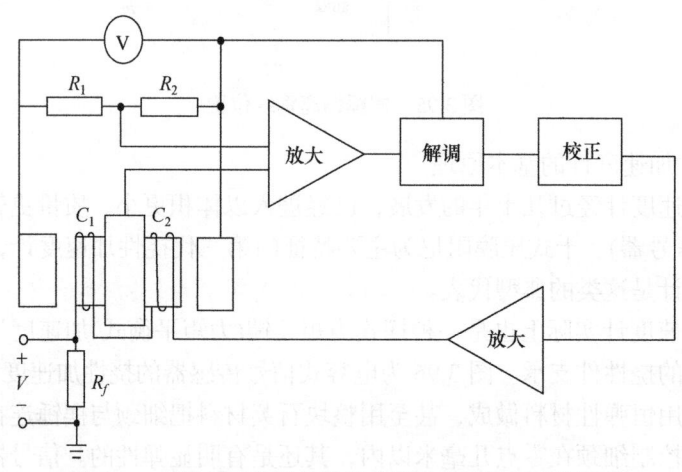

图3.97 挠性加速度计的信号检测和反馈控制回路原理

3. 挠性加速度计的特点

典型挠性支承如图3.98所示。要求敏感轴方向刚度尽量小，要求其他方向刚度足够大，以提高抗交叉干扰的能力，因此挠性支承一般都成对使用，如图3.99所示。当两个挠性件细颈的方向保证有垂直纸面的加速度作用时，三角形的摆组件能垂直纸面绕挠性支承上下摆动，但使侧向抗弯刚度和抗扭刚度大为提高，可以大大减小交叉干扰误差。

挠性支承是挠性加速度计的关键，对制造挠性支承的材料要求是：弹性模量要小，以获得低刚度特性；抗拉强度要大，在过载的情况下，以保证具有足够强度；疲劳强度要高，不论对正负加速度作用，还是对脉冲输出系统，挠性件的高频振动都能可靠地工作；迟滞后效要少，以便当加速度大小变化时，迟滞环小，稳定性好。

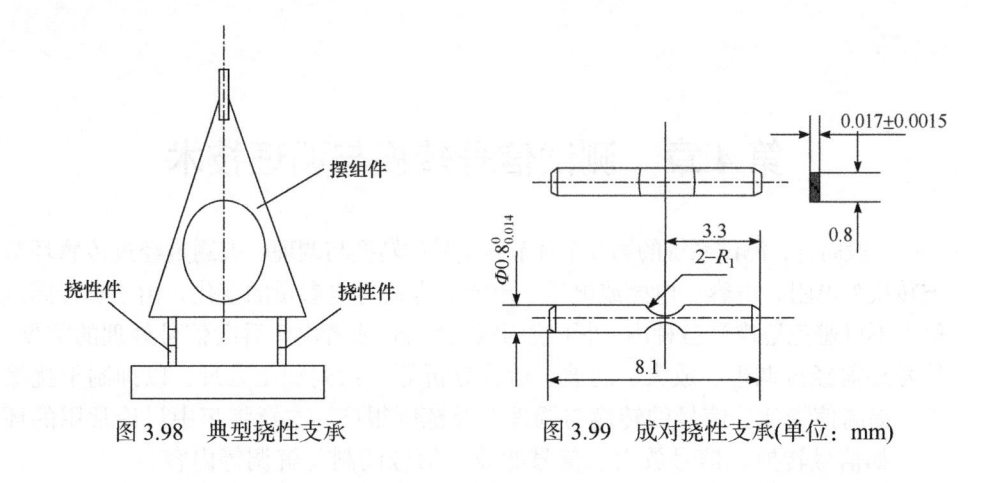

图 3.98　典型挠性支承　　　　　图 3.99　成对挠性支承(单位：mm)

3.7　本章小结

本章在介绍传感器的组成、特性、标定校准及选用原则等知识的基础上，重点讲解了典型传感检测信号的获取，包括电参量的获取，力及传导量的获取，声场、磁场信号的获取，速度、加速度及位移量的测量等。本章以阐述各种物理量获取方法为主，对应介绍了部分典型传感器的工作原理与应用方法。

思　考　题

1. 半导体应变片用于力的测量需注意哪些问题？
2. 电容式传感器除了应用于声的测量，还可以进行哪些测量？
3. 磁场测量系统常见的电路系统应注意哪些设计？
4. 用于速度、加速度测量的传感器类型还有很多？请查阅资料后进行优劣势对比分析。

第 4 章　测试信号转换与调理技术

一般而言，测试系统的第二个环节是信号的转换与调理。被测量经过传感环节被转换为电阻、电容、电感或电压、电流、电荷等电参量的变化，由于在传感过程中不可避免地遭受各种内、外干扰因素的影响，或者由于后续信号处理的需要，信号还需经过调理、放大、滤波、运算分析等一系列加工处理，以抑制干扰噪声、提高信噪比。信号的转换与调理涉及范围很广，本章将集中讨论常用的环节，如信号转换、信号放大、信号滤波、信号调制与解调等内容。

4.1　信号转换与调理概述

4.1.1　信号转换

在信号处理、传输、记录与显示及控制等过程中，为了抗干扰、提高传输效率和满足不同设备及电路连接等需要，广泛地应用各类信号转换技术。

按照信号转换方式，可将信号转换分为线性转换和非线性转换。线性转换由线性电路完成，只改变信号分布量的相对大小，而不会产生新的频率成分；非线性转换由非线性电路完成，主要用于实现频率转换，如混频、分频和倍频等。

按照信号转换内容，可将信号转换分为电量与非电量之间的转换、模拟量和数字量之间的转换、电压与频率之间的转换、交流与直流之间的转换、功率转换、波形转换和频率转换等。

对于信号线性转换电路，一般要求输出信号与输入信号呈线性关系，有足够的驱动能力和动态范围，有足够高的输入阻抗并能满足应用的其他要求[20]，如电源、功耗、频率以及工艺、成本等。

传感器输出的微弱信号经放大后，还要根据后续测量仪器、数据采集器、计算机外围接口电路等对输入信号的要求，进行相应的转换，如电压/电流转换、电压/频率转换、模拟/数字转换、数字/模拟转换等。

4.1.2　信号调理

在测试系统中能完成被测信号的变换、放大、调制，使之达到某种要求的电路或设备统称为信号调理电路。信号调理电路不一定是具体电路，可以是专用测量模块，也可以是一台检测仪器，在工程上，可自行设计电路，也可直接选用专用信号调理装置。

在测试系统中，传感器的输出信号需进行信号调理，以达到满足信号传输和处理的要求。传感器的输出信号是包含噪声的微弱信号，需通过放大、滤波、调制和解调等信号调理过程，以满足后续信号分析处理的输入要求[21]。信号调理常用的电路包括放大器、滤波器、调制器和解调器等。

不同传感器输出的信号，可能需要不同的信号调理电路，表 4.1 给出了部分传感器或被测信号常用的信号调理电路及其作用。

表 4.1　传感器或被测信号常用的信号调理电路及其作用

传感器或被测信号	信号调理电路	
	名称	作用
应变片式加速度传感器	静、动态应变仪	提供电桥电源，放大、相敏检波滤波
压电式传感器	电荷、电压放大器	阻抗变换、电压放大滤波
电容、电感	载波放大器	提供电桥电源、放大
热电动势	直流放大器	电压、功率放大
压阻传感器	直流放大器	提供电桥电源、放大
光电信号	光电放大器	放大、整形、输出脉冲
通断信号	波形变换器	波形变换、输入脉冲
噪声与干扰	带通滤波器	滤波
高压信号	衰减器	降压

要进行信号调理，首先要了解噪声和干扰，常见噪声与干扰包括机械干扰、湿度及化学干扰、热干扰、固有噪声干扰和电磁噪声干扰等。

(1) 机械干扰是指机械振动或冲击使电子检测装置中的元件发生振动，改变了系统的电气参数，造成可逆或不可逆的影响。对于机械干扰，可选用专用减振弹簧、橡胶垫或吸振橡胶海绵垫来降低系统的谐振频率，吸收振动的能量，从而减小系统的振幅。

(2) 湿度及化学干扰是指当环境相对湿度增大时，物体表面就会附着一层水膜，并渗入材料内部，降低其绝缘强度，造成漏电、击穿和短路等现象，潮湿环境还会加速金属材料的腐蚀，并产生原电池电化学干扰电压。因此，对于敏感的设备，要采取浸漆、密封、定期通电加热驱潮等措施来加以保护。

(3) 热干扰是指温度波动及不均匀的温度场对检测装置的干扰，主要体现在元件参数的变化(温漂)、接触热电动势干扰、寿命减少和耐压等级降低等。克服热干扰的防护措施有选用低温漂元件、采取软硬件温度补偿等。

(4) 固有噪声干扰是指在电路中，电子元件本身产生的具有随机性、宽频带的噪声干扰。对系统影响较大的固有噪声有电阻热噪声、半导体散粒噪声和接触噪声等。

(5) 电磁噪声干扰是指检测装置可能受到某些噪声源产生的电磁波干扰，这些电磁波可以通过电网以及直接辐射的形式传播到很远的地方，即会受到较远处噪声源的干扰。在高频输电线附近会存在强大的交变电场，在强电流输电线附近会存在干扰磁场。电磁干扰源分为两大类，即自然界干扰源和人为干扰源，后者是检测系统的主要干扰源。

由于传感器输出信号一般很微弱，大多数不能直接输送到显示、记录或分析仪器中，需要对该信号进行放大或阻抗变换，若信号中混有干扰噪声，则干扰噪声也会随之被放大，从而影响测量。因此，在测量过程中应尽量提高信噪比，以降低噪声对测量结果的影响。在某些场合，为了便于信号的远距离传输，会对传感器测量信号进行调制和解调处理，若不对噪声干扰进行处理，则很容易导致解调失败，丢失传感器信息。

4.1.3 运算放大器

在调理电路中，运算放大器是应用最广泛的一种模拟电子器件。其特点是输入阻抗高、增益大、可靠性高、价格低、使用方便。一个理想的运算放大器具有以下性质：开环增益为∞；输入阻抗为∞；输出阻抗为 0；带宽为∞；干扰噪声为 0。下面以反向放大器和同向放大器为例，介绍运算放大器电路的使用。

1. 反向放大器

由运算放大器构成的反向放大器电路如图 4.1(a)所示。

根据基尔霍夫电流定律，经过计算可得

$$U_o = -\frac{R_F}{R_1}U_i = KU_i \tag{4.1}$$

式中，K 为电压放大系数，其大小只与输入电阻和反馈电阻的大小有关，而与运算放大器开环增益无关，当 $R_F = R_1$ 时，构成反向跟随器。

2. 同向放大器

反向放大器存在的最大问题就是输入阻抗低，为提高输入阻抗，常采用同向放大器，如图 4.1(b)所示。

根据基尔霍夫电流定律，经过计算可得

$$U_o = \left(\frac{R_F}{R_1}+1\right)U_i \tag{4.2}$$

(a) 反向放大器　　　　　(b) 同向放大器

图 4.1　运算放大器电路

4.2　典型的信号转换原理

根据不同测试系统不同的输入信号需求，信号转换通常包括电压/电流转换、电压/频率转换、模拟/数字转换、数字/模拟转换等。在此重点介绍电压/电流转换、电压/频率转换原理，其他信号转换原理不再赘述。

4.2.1　电压/电流转换

1. 负载浮置的电压/电流转换电路

1) 基本电路

在测控系统中，为驱动执行机构，如记录仪、继电器等，常需要将电压转换为电流。一般在放大电路中引入合适的反馈，即可以实现上述转换。

图 4.2 为电压/电流转换的基本原理电路。实际上该电路是一个反相比例运算电路，故输出电压 U_o 与输入电压 U_i 反相。电阻 R_L 跨接在集成运算放大器的输出端和反相输入端，引入了电压并联负反馈。同相输入端通过电阻 R_1 接地，R_1 为补偿电阻，以保证集成运算放大器输入级差分放大电路的对称性；R_1 的值为 $U_i = 0$ (将输入端接地)时反相输入端总等效电阻，即各支路电阻的并联，因此 $R_1 = R/R_L$。

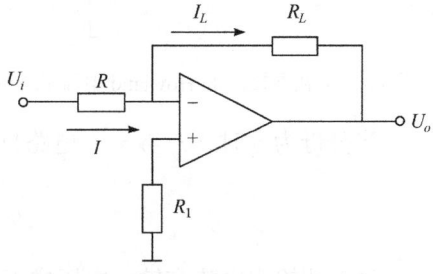

图 4.2　电压/电流转换的基本原理电路

理想运算放大器的净输入电流均为零，因此 R_1 中电流为零，负载电流为

$$I = I_L = \frac{U_i}{R}$$

上式表明，负载电流 I_L 与 U_i 呈线性关系。分析发现，上述电路并不实用，

一是在电路接入负载后,由于负载电阻的存在,式中的 R 不可避免地发生变化,输出电流也随之发生变化;二是需要输入信号提供相应的电流,在某些场合无法满足。

2) Howland 电流源电路

图 4.3 为负载不接地的 Howland 电流源电路。分析可知

$$V_s = i_o R \text{ 或 } i_o = \frac{1}{R} V_s$$

即输出电流与输入电压成比例。

负载接地的 Howland 电流源电路如图 4.4 所示。分析可知,R_1 和 R_2 构成电流并联负反馈,R_3、R_4 和 R_L 构成电压串联正反馈,于是有

$$i_o = -\frac{R_2}{R_1} \frac{V_s}{R_3 + \frac{R_3}{R_4} R_L - \frac{R_2}{R_1} R_L}$$

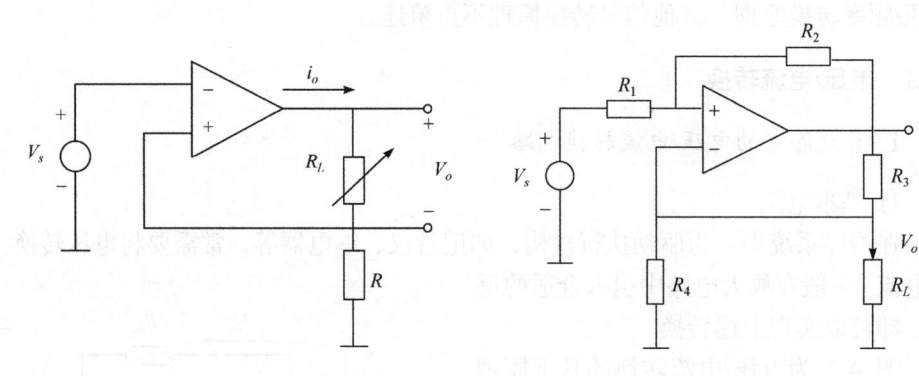

图 4.3 负载不接地的 Howland 电流源电路　　图 4.4 负载接地的 Howland 电流源电路

当分母为零时,$i_o \to \infty$,电路自激。当 $R_2 / R_1 = R_3 / R_4$ 时,有

$$i_o = -\frac{1}{R_4} V_s$$

这说明输出电流与输入电压成正比,实现了线性变换。电流/电压转换电路和电压/电流转换电路广泛应用于放大电路和传感器的连接处。

3) 电流放大式转换电路

电流放大式转换电路如图 4.5 所示。分析可知

$$I_L = I_F + I_{R_3}, \quad I_F = \frac{u_i}{R_1}$$

式中

$$I_{R_3} = \frac{-u_o}{R_3} = \frac{u_i \dfrac{R_2}{R_1}}{R_3}$$

由此可得

$$I_L = \frac{u_i}{R_1} + \frac{u_i R_2}{R_1 R_3} = \frac{u_i}{R_1}\left(1 + \frac{R_2}{R_3}\right)$$

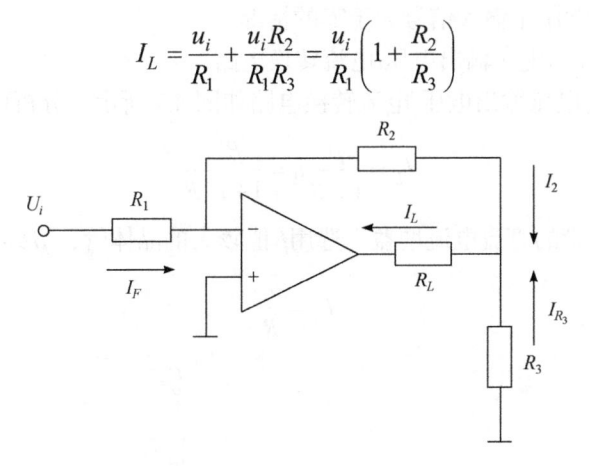

图 4.5　电流放大式转换电路

电流放大式转换电路具有以下特点：

(1) 调节 R_1、R_2 和 R_3 都能改变转换系数，只要合理选择参数，电路在较小的输入电压作用下，就能给出较大的与输入电压成正比的负载电流。

(2) 负载电流大部分由运算放大器提供，只有很小一部分由信号源提供，对信号源影响小。

(3) 电路要求运算放大器给出较高的输出电压。

4) 大电流输出的电压/电流转换电路

大电流输出电压/电流转换电路如图 4.6 所示。分析可知

$$I_L = \frac{U_i}{R}$$

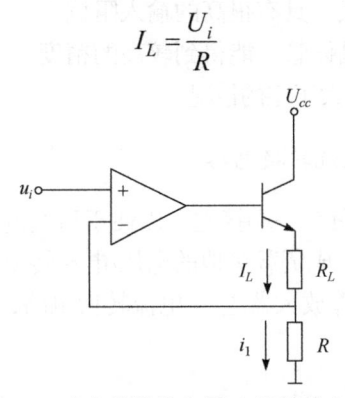

图 4.6　大电流输出电压/电流转换电路

上述电路具有以下特点：
(1) 采用三极管来提高驱动能力，其输出电流可高达几安培，甚至几十安培。
(2) 采用同向输入方式，具有很高的输入阻抗，信号源只提供很小的电流。
(3) 当负载阻抗值较高时，电路中的运算放大器仍需要输出较高的电压。
(4) 电路只能用于输入信号大于零的情况。

5) 大电流和高电压输出电压/电流转换电路

大电流和高电压输出电压/电流转换电路如图 4.7 所示。分析可知

$$I_L = \frac{\beta}{1+\beta} i_1 = \frac{\beta}{1+\beta} \frac{u_i}{R}$$

式中，β 为晶体管的直流电流增益。选用 β 值较大的晶体管，$\beta \gg 1$，则有

$$I_L = \frac{u_i}{R}$$

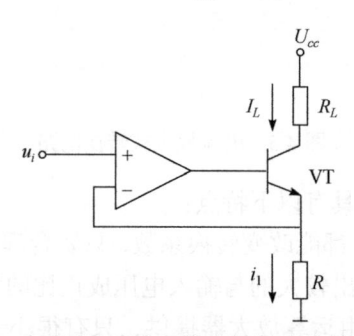

图 4.7 大电流和高电压输出电压/电流转换电路

上述电路具有以下特点：
(1) 可满足负载阻抗值较高时需要较高的输出电压的要求，同时也能给出较大的负载电流。
(2) 采用同相输入方式，具有很高的输入阻抗。
(3) 选用 β 值较大的晶体管才能得到较高的精度。
(4) 只能用于输入信号大于零的情况。

2. 负载接地的电压/电流转换电路

实际应用中，常要求负载一端接地，以便于后续电路连接，因此可采用单个或者两个运算放大电路，组成负载接地的电压/电流转换电路，具体如图 4.8 所示。

对于负载接地的单运算放大器电压/电流转换电路，根据电路的叠加原理，输出电压为

第 4 章 测试信号转换与调理技术

$$U_o = -U_i \frac{R_2}{R_1} + U_L \left(1 + \frac{R_2}{R_1}\right)$$

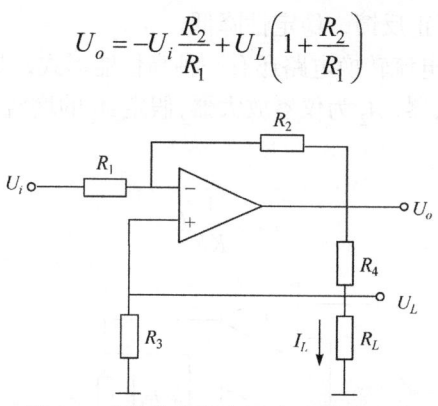

图 4.8 负载接地的电压/电流转换电路

同时

$$U_L = I_L R_L = U_o \frac{\frac{R_3}{R_L}}{R_4 + \frac{R_3}{R_L}}$$

因此

$$I_L = \frac{-U_i \dfrac{R_2}{R_1}}{\left(\dfrac{R_4}{R_3} - \dfrac{R_2}{R_1}\right) R_L + R_4}$$

当 $R_4/R_3 = R_2/R_1$ 时，有

$$I_L = -U_i \frac{1}{R_3}$$

上式表明，当单运算放大器电压/电流转换电路采用的电阻满足 $R_4/R_3 = R_2/R_1$ 关系时，负载电流与输入电压呈线性关系，与负载电阻无关。在选择电阻参数时，通常将 R_1 和 R_3 阻值选大一些，以减小输入信号源的电流 I_L 和 R_4 的分流作用，电阻 R_2 和 R_4 阻值选小一些，以减小电压降。

上述电路具有以下特点：

(1) 输出电流 I_L 受到运算放大器输出电流的限制，负载阻抗 Z_L 的大小也受到运算放大器输出电压 U_o 的限制，在输出电流最大时，应满足 $U_{o\max} \geqslant U_{R_3} + I_L R_L$。

(2) 为减小电阻 R_3 上的压降，应选用较小的 R_3 和 R_F，而为了减少信号源的损耗，应选用较大的 R_1 和 R_2。

(3) 电路中引入了正反馈，稳定性降低。

负载接地的电压/电流转换电路还有一种高性能形式，具体如图 4.9 所示。其中，A_1 为普通运算放大器，A_2 为仪器放大器，假定 A_2 的增益为 K，则有 $U_i = KRi_L$，因此

$$i_L = \frac{1}{KR}U_i$$

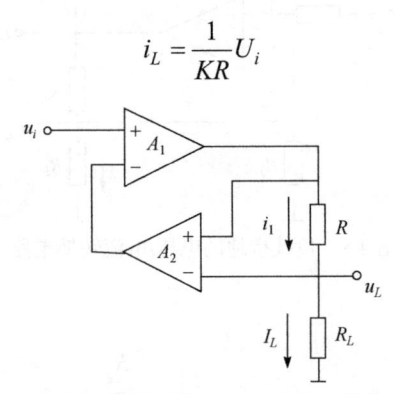

图 4.9　高性能负载接地的电压/电流转换电路

该电路既可在负载接地的情况下得到很高的转换精度，又具有很高的工作稳定性。

4.2.2　电压/频率转换

电压/频率转换是将输入电压转换为与之成正比的频率信号输出。变换后的输出波形可以是任何周期性波形，如方波、脉冲序列、三角波或正弦波等。将模拟输入电压转换成频率信号，可提高信号传输的抗干扰能力，还可节省系统接口资源。电压/频率转换在调频、锁相和模/数转换等许多领域得到了广泛应用。

电压/频率转换电路应用十分广泛，在不同的应用领域有不同的名称：在无线电技术中，称为频率调制；在信号源电路中，称为压控振荡器；在信号处理与变换电路中，又称为电压/频率转换电路和准模/数转换电路。

1. 积分复原型电压/频率转换电路

积分复原型电压/频率转换电路由积分器、比较器和积分复原模拟开关等组成。积分复原型电压/频率转换电路基本原理相似，主要差别体现在复位方法、复位时间、模拟开关常用晶体管、场效应管等元件。图 4.10 为积分复原型电压/频率转换电路原理图。

输入信号 U_i 经过积分器积分，积分后的电压 U_o 与比较器的参考电压 U_r 进行比较，在 $U_o = U_r$ 时比较器翻转，比较器输出控制模拟开关切换到 U_F，模拟开关使积分器复原为零。

假定 $U_i > 0$，则积分器输出为

$$U_o = \frac{1}{\tau}\int U_i \mathrm{d}t$$

式中，τ 为积分器的时间常数。

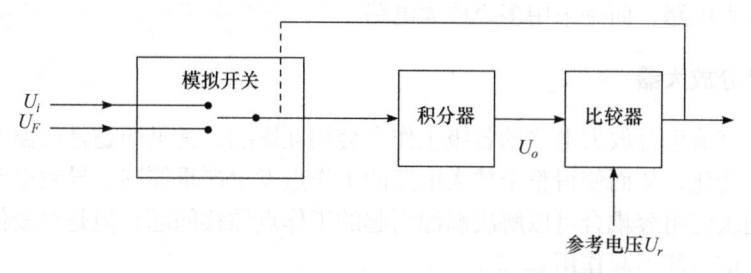

图 4.10　积分复原型电压/频率转换电路原理图

经过一段时间 T_1 后，$U_o = \frac{1}{\tau}U_i T_1 = U_r$，比较器翻转，积分器经过一段时间 T_2 后复原为零。比较器输出频率 $f_o = \frac{1}{T_1 + T_2}$，令 T_1 远大于 T_2，则有

$$f_o \approx \frac{1}{T_1} \approx \frac{1}{\tau U_r}U_i$$

可知，转换电路的输出频率与输入电压成正比。

2. 电压/频率转换集成电路

现在已有大量的电压/频率转换集成电路，无须按照电压/频率转换原理构建具体电路，在集成电路外围接入几个电阻、电容，就可构成高性能的精密电压/频率转换集成电路。典型的有美国 NS 公司的 LMX31 系列。LMX31 是性价比较高的集成芯片，可用作精密频率/电压转换器、ADC、线性频率调制解调器、长时间积分器等。LMX31 采用了新的温度补偿带隙基准电路，在工作温度范围内和低到 4.0V 电源电压下都有极高的精度。LMX31 动态范围宽，可达 100dB；线性度好，最大非线性失真小于 0.01%，工作频率低到 0.1Hz 时仍有较好的线性；变换精度高，数字分辨率可达 12 位；外接电路简单，接入几个外部元件就可方便地构成电压/频率或频率/电压等转换电路，且易保证转换精度。

4.3　信　号　放　大

传感器输出信号通常需要进行电压放大或功率放大，以便对信号进行检测，因此必须采用放大器[22]。放大器种类很多，使用时应根据被测物理量的性质不同

而合理选择。例如，对变化缓慢、非周期性的微弱信号(如热电偶测温时的热电势信号)，可选用直流放大器或调制放大器，对压电式传感器常选配电荷放大器等。

基本放大器分为反向放大器、同向放大器两种类型。在实际中，很少直接应用基本放大电路，而是采用多级放大电路。

4.3.1 差分放大器

多级直流耦合放大电路的各级工作点会相互影响，常见问题是由温漂导致工作点发生变化，从而使得整个放大电路的工作点发生严重漂移，导致电路无法工作。采用级间阻容耦合可以解决温漂引起的工作点漂移问题，但是对较低频率信号和直流信号却不起作用。

在集成多级放大电路中，不能制作大容量电容器，因而集成电路内部只能采用级间直接耦合方式，为克服级间耦合的温漂问题，需大量采用温度补偿电路。典型的补偿电路是差分放大电路。

1. 运算放大器构成的差分放大电路

如图4.11所示，差分放大电路由两级串联而成。前级：两个同向运算放大器，对称结构，输入信号加在此处，具有高抑制共模干扰的能力和高输入阻抗。后级：差分放大器，切断共模干扰的传输，将双端输入方式变成单端输出方式，以适应对地负载的需要。

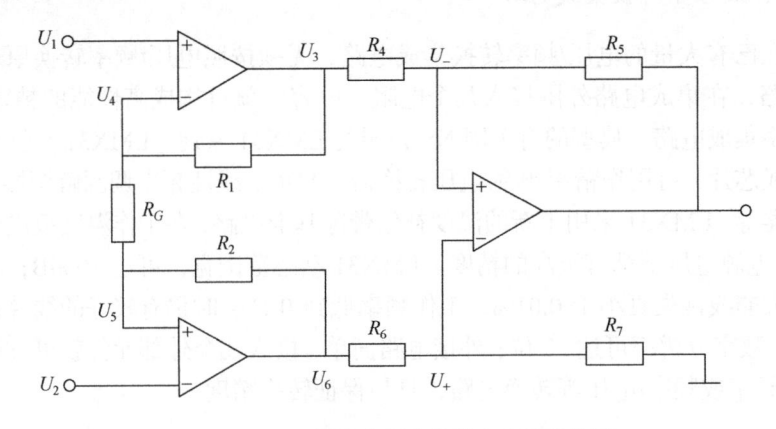

图4.11 三运算放大器差分放大电路结构图

当 $R_1 = R_2$ 且 $R_4/R_5 = R_6/R_7$ 时，可得

$$U_o = -\left(\frac{2R_1}{R_G}+1\right)\frac{R_5}{R_4}(U_1 - U_2) \tag{4.3}$$

式中，R_G 为用于调节放大倍数的外接电阻，通常 R_G 采用多圈电位计，并应靠近组件，若距离较远，则应将连线绞合在一起。改变 R_G 可使放大倍数在 1～1000 范围内调节。

不管选用哪种型号的运算放大器，组成前级差分放大器的两个运算放大器必须要配对，即两个运算放大器的温度漂移符号和数字尽量相同或接近，以保证模拟输入为零时，放大器的输出尽量接近于零。

差分放大电路对共模信号的增益与电路中匹配电阻的大小成正比，若电路中对称的电阻匹配得很好，则放大器对共模干扰的抑制就会很强。

差分放大电路主要采用对称性结构，对差模信号的放大能力越强，抑制共模信号的能力越强，共模抑制比越大；在电路参数完全对称的理想情况下，差分放大器对差模电压信号的放大倍数与对共模电压信号的放大倍数之比趋向于无穷大，一般能达到 10^3～10^6，即 60～120dB。

2. 典型集成差分放大器

美国 Analog Devices 公司生产的 AD612 和 AD614 型测量放大器，是根据差分放大器原理设计的典型三运算放大器结构的单片集成电路。其他型号的测量放大器，虽电路有所区别，但基本性能一致。AD612 和 AD614 是一种高精度、高速度的测量放大器，能在恶劣环境下工作，具有很好的交直流特性。其电路中所有电阻都是采用激光自动修刻工艺制作的高精度薄膜电阻，用这些网络电阻构成的放大器增益精度高，最大增益误差不超过 $\pm 1 \times 10^{-5}$/℃，用户可以方便地连接这些网络电阻引脚，获得 1～1024 倍增益。

测量放大器不论是三运算放大器结构还是单片结构，其两个输入端都有偏置电流，使用时要特别注意为偏置电流提供回路。若没有回路，则这些电流将对分布电容充电，造成输出电压不可控制地漂移或处于饱和状态。

当测量放大器通过电缆与信号源连接时，电缆的屏蔽层应连接到测量放大器的护卫端。如果电缆的屏蔽层不接触护卫端而接地，那么对交流共模干扰就不能有效地抑制。

测量放大器通常设有 R 端和 S 端，其中，S 端称为敏感(sense)端，R 端称为参考(reference)端。一般情况下，R 端接电源地，S 端接输出端。

当测量放大器的输出信号远距离传输时，可加接跟随器，并将 S 端与负载端相连，把跟随器包括在反馈环内，以减小跟随器漂移的影响。R 端可用于对输出电平进行偏移，产生偏移的参考电压，应经跟随器接到 R 端，以隔离参考源内阻，防止其破坏测量放大器末级电阻的上下对称性而导致共模抑制比(common mode rejection ratio，CMRR)降低。

4.3.2 隔离放大器

测量放大器只能承受有限的共模电压(通常为 10V)，而在一些场合，如高压设备测量过程中，会遇到高的共模电压，为解决上述问题，需要应用隔离放大器。隔离放大器是一种能在其输入端与输出端之间提供电阻隔离的放大器。隔离放大电路的输入、输出与电源电路之间没有直接的电路连接，即信号在传输过程中没有公共的接地端。

隔离放大器的耦合方式有光、超声波、无线电波和电磁等多种形式。常用隔离放大器采用的隔离方式主要有电磁(变压器)耦合和光电耦合两种形式。变压器耦合隔离放大器通过片内变压器耦合，对信号的输入输出进行电气隔离，需要进行调制和解调；光电耦合隔离放大器因其非线性广泛应用于数字电路的隔离而极少应用于模拟电路。

光电耦合隔离放大器主要用于便携式测量仪器和某些测控系统(如生物医学人体测量系统、自动化试验设备、工业过程控制系统等)中，能在噪声环境下以高阻抗、高共模抑制能力传送信号。

在应用隔离放大器时，应注意以下方面：

(1) 消除噪声。光电耦合隔离放大器大都采用调制解调手段。在调制解调过程中不可避免地会产生一些噪声，噪声也会来自电源和被测对象，为滤除噪声，在信号输入隔离放大器之前和从隔离放大器输出之后，需设置相应的滤波回路。

(2) 降低辐射。变压器耦合隔离放大器本身就是一个电磁辐射源，若周围其他电路对电磁辐射敏感，则应设法予以屏蔽。

(3) 规避线性光电耦合的死区。线性光电耦合构成的隔离放大器，其发光管需要电流来驱动，当输入信号较小时，驱动电流也较小，发出的光就可能微弱到不足以被光电管检测到。这样就存在一个死区，为防止被测信号落在这一区间，在信号进入隔离放大器前，应由偏置电路将原始信号抬高，使得综合后的信号不可能落在这一区间。

4.3.3 程控放大器

程控放大器又称为可编程增益放大器，其产生的增益可通过数字逻辑电路来控制，其结构形式多种多样，按所采用的放大器的不同可分为单运算放大器、多运算放大器、可编程增益放大器；按输入信号不同，程控放大器可分为模拟式和数字式两种[23]。

可编程增益放大器原理如图 4.12 所示。

该电路实际上是一个多档程控放大器，它通过两位程控信号 C_1 和 C_2 控制模拟开关来切换反馈电阻 R_f，可实现四个档的闭环增益值 R_{f_1}/R、R_{f_2}/R、R_{f_3}/R

和 R_{f_4}/R。

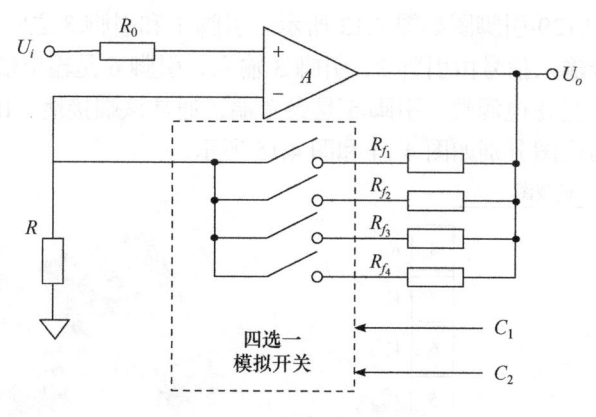

图 4.12 程控放大器原理

该程控放大器的最大特点是电路简单且容易实现,其闭环增益取决于多路模拟开关所接入的反馈电阻阻值,通常采用串联型电阻网络或 T 型电阻网络来替代反馈电阻,这样可得到与控制信号二进制同步或以幂级数增益的闭环增益。

4.3.4 集成仪用放大器

三运算放大电路具有很好的性能,但需要精密电阻来解决电阻的失配问题,集成的三运算放大器电路(简称集成仪用放大器)很好地解决了上述问题。常用的芯片有美国 Analog Device 公司的 AD620、AD622、AD623、AD624,美国 Burr-Brown 公司的 INA110、INA115、INA128、INA129 等。

INA128/INA129 是低成本、低功耗集成仪用放大器,是一个典型的三运算放大器同相并联差动放大器,仅需外接一个电阻即可设定放大器的增益,增益调节范围为 1～10000,内部具有输入过压保护电路,可以承受±40V 的电压。

1. 主要性能指标

(1) 输入失调电压≤50μV。

(2) 输入失调电压漂移≤0.5μV/℃。

(3) 输入偏置电流≤5nA。

(4) 电压范围为±(2.25～18)V。

(5) 静态消耗电流为 700μA。

(6) 共模抑制比(增益大于 100 时)≥120dB。

(7) 建立时间(增益为 100 时)典型值为 9μs。

(8) 带宽(增益为 100 时)典型值为 200kHz。

2. 结构

INA128/INA129 引脚图如图 4.13 所示。引脚 1 和引脚 8 之间是外接电阻 R_G 的接入端，差分输入信号由引脚 2、引脚 3 输入，引脚 6 是输出端，引脚 4 是负电源端，引脚 7 是正电源端，引脚 5 是参考端，通常该端接地。INA128/INA129 外形图和内部结构图分别如图 4.14 和图 4.15 所示。

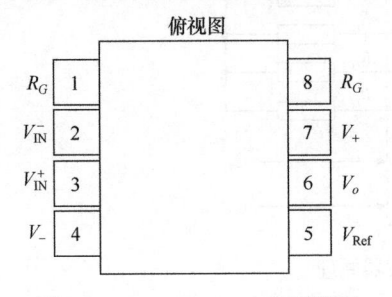

图 4.13 INA128/INA129 引脚图

图 4.14 INA128/INA129 外形图

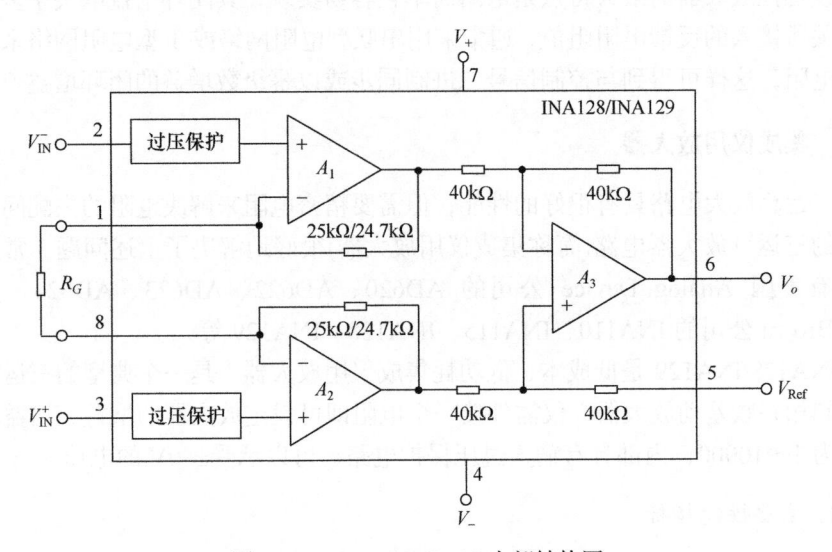

图 4.15 INA128/INA129 内部结构图

INA128 的增益表达式为 $G = 1 + \dfrac{50\text{k}\Omega}{R_G}$，INA129 的增益表达式为 $G = 1 + \dfrac{49.4\text{k}\Omega}{R_G}$。INA129 的增益表达式与 AD620 一致。

3. 应用

1) 电桥放大电路

电桥放大电路如图 4.16 所示，电桥用于对被测量的微小变化进行敏感检测，产生输出信号，该信号一般非常微弱，可利用 INA128/INA129 进行放大。

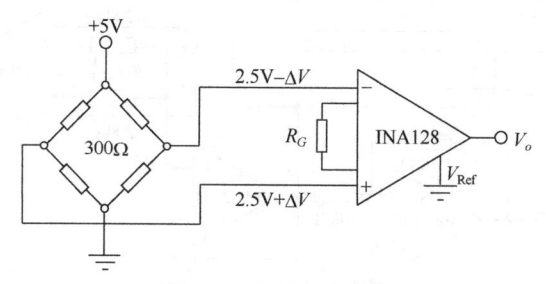

图 4.16 电桥放大电路

2) 精密 V/I 转换

利用 INA128/INA129 差分输入的特点，可以将两个电压之差转成对应的电流，构成精密 V/I 转换器。精密 V/I 转换电路如图 4.17 所示，电路中 INA128/INA129 为差分放大器，为了产生输出恒流，取样电阻 R_1 两端的电压应不受负载影响，为此从负载的输入点取出电位，经电压跟随接入 INA128/INA129 引脚 5，作为 INA128/INA129 的基准。在该设计下，电路的输出负载电流为

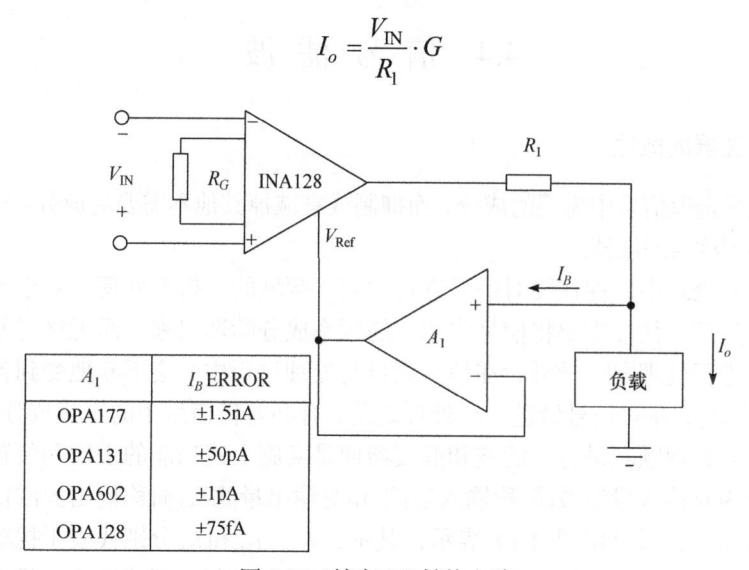

$$I_o = \frac{V_{IN}}{R_1} \cdot G$$

A_1	I_B ERROR
OPA177	±1.5nA
OPA131	±50pA
OPA602	±1pA
OPA128	±75fA

图 4.17 精密 V/I 转换电路

3) 心电图放大器

如图 4.18 所示，左手接 INA128/INA129A 的同相输入端，右手接反相输入端。由于输入电缆分布电容的影响，信号传输的交流共模信号有可能会转换成差动干扰信号，连同被测量的差动信号一同放大，一旦发生这种情况，共模干扰将无法被抑制。为了避免这种现象发生，可以采用共模信号驱动电缆屏蔽层。

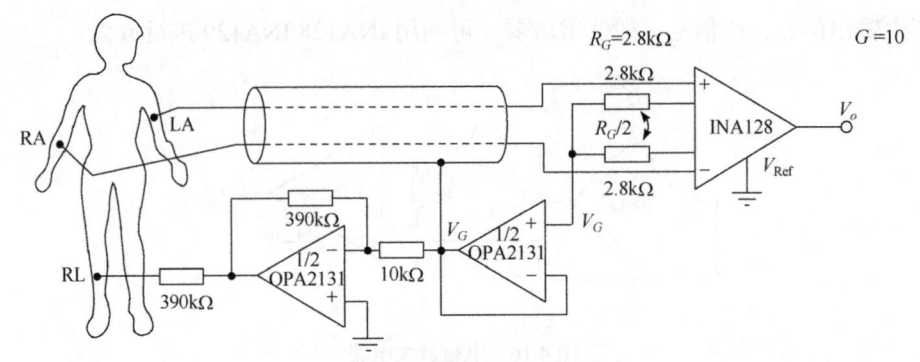

图 4.18　具有右腿驱动的 ECG 放大器

由于 INA128/INA129A 没有共模电压引出端，在电路中将增益调节电阻 R_G 一分为二，两个电阻的阻值均为 $R_G/2$，两个电阻连接点的电位即为共模输入电压，将该电压经过电压跟随器后驱动电缆屏蔽层。该共模电压经过比例放大电路后，再经过 390kΩ 电阻转换成共模电流驱动右腿，提供两个输入端的直流偏置，并具有保护放大器的作用。

4.4　信　号　滤　波

4.4.1　滤波器的概述

滤波是选取信号中需要的成分，而抑制或衰减掉其他不需要的成分。实施滤波功能的装置称为滤波器。

在信号处理中，往往要对信号进行时域、频域的分析与处理。对于不同目的的分析与处理，往往需要将信号中相应的频率成分筛选出来，而无须对整个信号频率范围进行处理[24]。此外，在信号测量与处理过程中，会不断地受到各种干扰的影响。因此，在对信号做进一步处理之前，有必要将信号中的干扰成分去除掉，以确保信号处理顺利进行。滤波和滤波器便是实施上述功能的手段和装置。滤波方式可分为对输入量滤波(简称输入滤波)和对输出量滤波(简称输出滤波)。一个系统的输入输出关系可用图 4.19 表示，其中，i_I、i_M 和 i_D 分别代表干扰输入、修正输入和期望输入。期望输入 i_D 代表需要测量的物理量；干扰输入 i_I 代表仪器无意中所敏感的物理量；修正输入 i_M 代表对期望输入和干扰输入的输入输出关系进行改变的量，它们引起图中的 F_D 或 F_I 发生变化，其中 F_D 和 F_I 分别代表期望输入 i_D 和干扰输入 i_I，以及它们分别产生的输出之间的输入输出关系。符号 $F_{M,I}$ 和 $F_{M,D}$ 分别代表 i_M 影响 F_I 和 F_D 的方式。

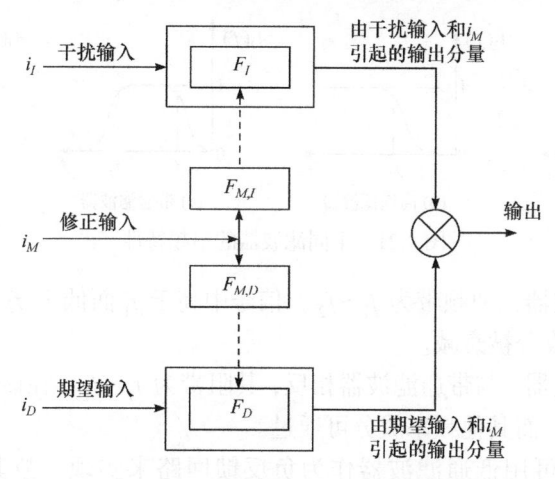

图 4.19 系统输入输出结构框图

对应图 4.19 的系统输入输出结构框图，可以得出两种滤波方式系统结构图（图 4.20）。在图 4.20(a)中，干扰输入 i_I 和修正输入 i_M 通过一个近似理想的滤波器，使经过滤波后的输出量 i'_I 和 i'_M 均为零。图 4.20(b)则给出了输出滤波的一般结构配置方式。其中，输出 o 为 o_I(由干扰输入引起的输出)、o_M (由修正输入引起的输出)和 o_D(由期望输入引起的输出)三者的叠加。若能构造滤波器使 o_D 通过而阻断 o_I 和 o_M，则可得到仅由 o_I 所产生的输出量 o'_D。

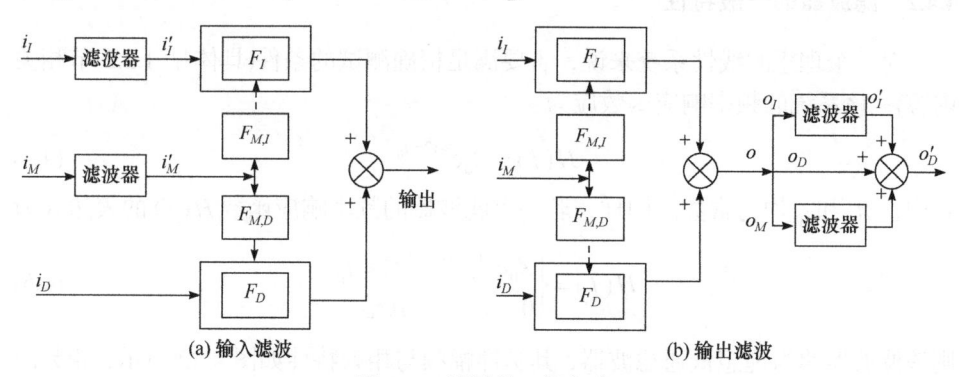

图 4.20 滤波的一般方式

根据滤波器的选频方式，一般可将其分为低通滤波器、高通滤波器、带通滤波器和带阻滤波器，图 4.21 给出了这四种滤波器的幅频特性。

(1) 低通滤波器：在 $0\sim f_2$ 频率范围，幅频特性平直，称为通频带，信号中高于 f_2 的频率成分被衰减。

(2) 高通滤波器：滤波器通频带为 $f_1\sim\infty$，信号中高于 f_1 的频率成分可不受衰减地通过，而低于 f_1 的频率成分被衰减。

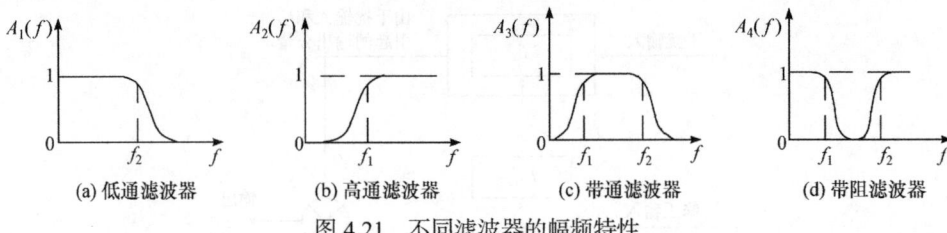

| (a) 低通滤波器 | (b) 高通滤波器 | (c) 带通滤波器 | (d) 带阻滤波器 |

图 4.21 不同滤波器的幅频特性

(3) 带通滤波器：通频带为 $f_1 \sim f_2$，信号中高于 f_1 而低于 f_2 的频率成分可以通过，其他频率成分被衰减。

(4) 带阻滤波器：与带通滤波器相反，其阻带为 $f_1 \sim f_2$，在该阻带之间的信号频率成分被衰减，而其他频率成分可通过。

高通滤波器可用低通滤波器作为负反馈回路来实现，故其频率响应函数 $A_2(f) = 1 - A_1(f)$，$A_1(f)$ 为低通滤波器的频率响应函数。带通滤波器为低通滤波器和高通滤波器的组合，而带阻滤波器可以通过带通滤波器做负反馈来获得。

滤波器还有其他分类方法，例如，按照信号处理的性质，可将其分为模拟滤波器和数字滤波器；按照构成滤波器的性质，可将其分为无源滤波器和有源滤波器。

本节主要介绍模拟滤波器的内容，有关数字滤波器的内容在此不做重点介绍。

4.4.2 滤波器的一般特性

对一个理想的线性系统来说，若要满足精确测试的条件(具体见 1.2.2 节相关内容)，该系统的频率响应函数应为

$$H(f) = A_0 \mathrm{e}^{-\mathrm{j}2\pi f t_0} \tag{4.4}$$

式中，A_0 和 t_0 均为常数。同样，若一个滤波器的频率响应函数 $H(f)$ 的表达式为

$$H(f) = \begin{cases} A_0 \mathrm{e}^{-\mathrm{j}2\pi f t_0}, & |f| < f_c \\ 0, & \text{其他} \end{cases} \tag{4.5}$$

则该滤波器称为理想低通滤波器，其脉冲幅频与相频特性如图 4.22 所示，相频图中的直线斜率为 $-2\pi t_0$。

1. 理想低通滤波器对单位脉冲的响应

若将单位脉冲输入理想低通滤波器，则其响应为一个 sinc 函数(图 4.23)。若无相角滞后，即 $t_0 = 0$，则

$$h(t) = 2A_0 f_c \mathrm{sinc}(2\pi f_c t) \tag{4.6}$$

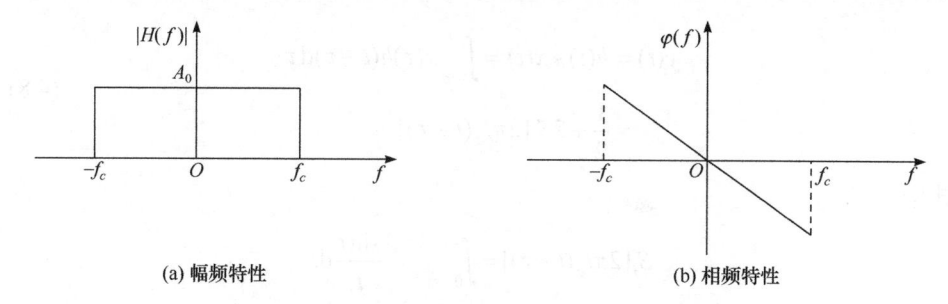

图 4.22 理想低通滤波器的脉冲幅频与相频特性

若考虑 $t_0 \neq 0$,即有时延,则式(4.6)变为

$$h(t) = 2A_0 f_c \text{sinc}[2\pi f_c(t - t_0)] \tag{4.7}$$

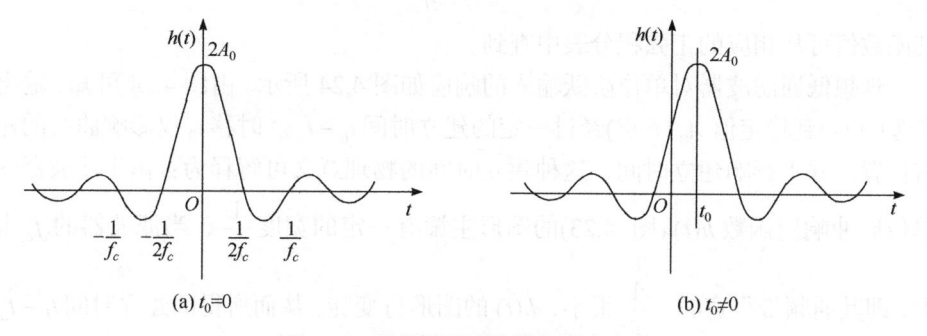

图 4.23 理想低通滤波器的脉冲响应

由图 4.23 可以看出,理想低通滤波器的脉冲响应函数波形在整个时间轴上延伸,且其输出在输入 $\delta(t)$ 到来之前即 $t<0$ 时便已经出现,对实际物理系统来说,在信号输入之前是不可能有任何输出的,出现上述结果是由于采取了实际中不可能实现的理想化传输特性。因此,理想低通滤波器(推而广之也包括理想高通滤波器、带通滤波器在内的一切理想化滤波器)在物理上是不可能实现的。

2. 理想低通滤波器对单位阶跃输入的响应

若理想低通滤波器的输入为阶跃函数,即

$$x(t) = \begin{cases} 1, & t > 0 \\ \dfrac{1}{2}, & t = 0 \\ 0, & t < 0 \end{cases}$$

则滤波器的响应为

$$y(t) = h(t) * x(t) = \int_{-\infty}^{\infty} x(\tau)h(t-\tau)d\tau \\ = \frac{1}{2} + 2S_i[2\pi f_c(t-\tau)] \quad (4.8)$$

式中

$$S_i[2\pi f_c(t-\tau)] = \int_0^{2\pi f_c(t-\tau)} \frac{\sin t}{t} dt$$

函数 $\frac{\sin\eta}{\eta}$ 的定积分称为正弦积分，用 $S_i(x)$ 表示，即

$$S_i(x) \stackrel{\text{def}}{=\!=} \int_0^x \frac{\sin\eta}{\eta} d\eta$$

其函数值可从相应的正弦积分表中查到。

理想低通滤波器对单位阶跃输入的响应如图 4.24 所示。由图 4.24 可知，输出从零(a 点)到稳定值 A_0 (b 点)经过一定的建立时间 $t_b - t_a$。时移 t_0 仅影响曲线的左右位置，并不影响建立时间，这种建立时间的物理意义可解释为：由于滤波器的单位脉冲响应函数 $h(t)$ (图 4.23)的图形主瓣有一定的宽度 $\frac{1}{f_c}$，当滤波器的 f_c 很大，即其通频带很宽时，$\frac{1}{f_c}$ 很小，$h(t)$ 的图形将变陡，从而所得的建立时间 $t_b - t_a$ 也将变短；反之，若 f_c 很小，则 $t_b - t_a$ 将变大，即建立时间变长。

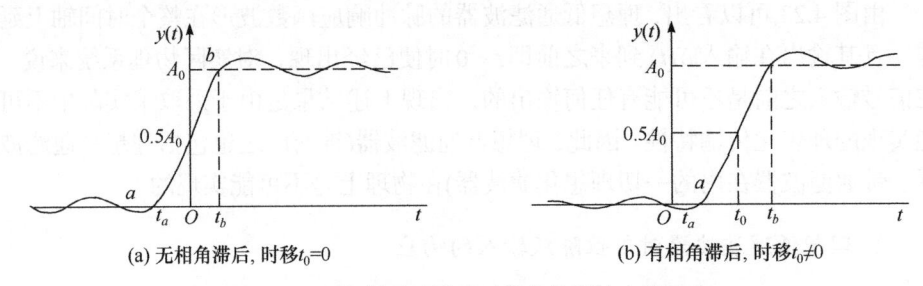

(a) 无相角滞后，时移 $t_0=0$

(b) 有相角滞后，时移 $t_0 \neq 0$

图 4.24 理想低通滤波器对单位阶跃输入的响应

建立时间可以这样理解：输入信号突变处必然包含丰富的高频分量，低通滤波器阻挡住了高频分量，其结果是将信号波形"圆滑"。通带越宽，衰减的高频分量越少，信号便有更多的分量快速通过，因此建立时间较短；反之，则建立时间较长。因此，低通滤波器阶跃响应的建立时间 T_e 和带宽 B 成反比，或者说两者的乘积为常数，即

$$BT_e = 常数 \quad (4.9)$$

这一结论同样适用于其他(高通、带通、带阻)滤波器。

由式(4.8)可得

$$t_b - t_a = \frac{0.61}{f_c} \tag{4.10}$$

若按理论响应值的 0.1～0.9 倍作为计算建立时间的标准，则有

$$t_b - t_a = \frac{0.45}{f_c} \tag{4.11}$$

滤波器带宽表示其频率分辨能力，通带窄，则分辨率高。该结论表明，滤波器的高分辨能力与测量时快速响应的要求是矛盾的。若想采用一个滤波器从信号中获取某一频率很窄的信号(如进行高分辨率的频谱分析)，便要求有足够的建立时间，若建立时间不够，则会产生错误。对于已确定带宽的滤波器，一般令 BT_e 为 5～10。

3. 实际滤波器的特征参数

理想滤波器(虚线)和实际滤波器的幅频特性如图 4.25 所示，从中可以看出两者之间的差别。对于理想滤波器，两截止频率 f_{c1} 和 f_{c2} 之间的幅频特性为常数 A_0，截止频率之外的幅频特性均为零。对于实际滤波器，其特性曲线无明显转折点，通带中幅频特性也并非常数。因此，对其描述要求有更多的参数，主要有截止频率、带宽、纹波幅度、品质因子(Q 值)、倍频程选择性及滤波器因数(矩形系数)等。

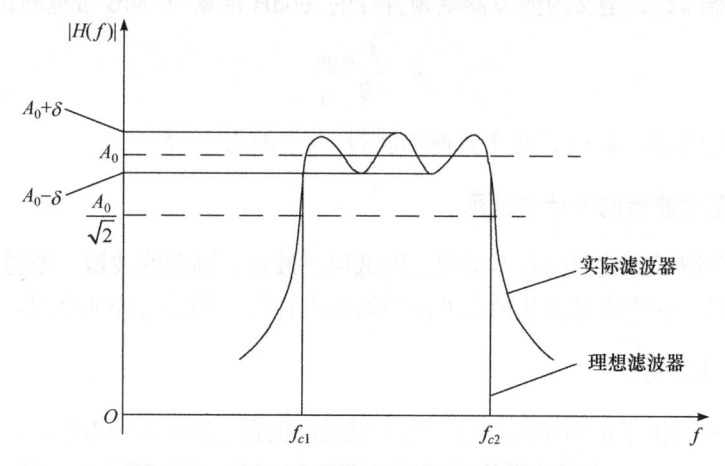

图 4.25 理想滤波器和实际滤波器的幅频特性

1) 截止频率

截止频率是指幅频特性值等于 $\frac{A_0}{\sqrt{2}}$(−3dB) 所对应的频率点(图 4.25 中的 f_{c1} 和

f_{c2}称为截止频率。若以信号的幅值平方表示信号功率,则该频率对应的点为半功率点)。

2) 带宽

滤波器带宽定义为上下两截止频率之间的频率范围 $B = f_{c2} - f_{c1}$,又称–3dB带宽,单位为Hz。带宽表示滤波器的分辨能力,即滤波器分离信号中相邻频率成分的能力。

3) 纹波幅度

纹波幅度是指通带中幅频特性值的起伏变化值,图 4.25 中以±δ表示,δ值越小越好。

4) 品质因子(Q值)

对带通滤波器来说,其品质因子Q定义为中心频率f_0与带宽B之比,即

$$Q = \frac{f_0}{B}$$

5) 倍频程选择性

从阻带到通带,实际滤波器还有一个过渡带,过渡带的曲线倾斜度代表幅频特性衰减快慢程度,通常用倍频程选择性来表征[25]。倍频程选择性是指上截止频率f_{c2}与$2f_{c2}$之间或下截止频率f_{c1}与$f_{c1}/2$之间幅频特性的衰减值,即频率变化一个倍频程的衰减量,以dB表示。显然,衰减越快,倍频程选择性越好。

6) 滤波器因数(矩形系数)

滤波器因数λ定义为滤波器幅频特性的–60dB带宽与–3dB带宽的比值,即

$$\lambda = \frac{B_{-60\text{dB}}}{B_{-3\text{dB}}} \tag{4.12}$$

对于理想滤波器,$\lambda = 1$;对于普遍滤波器,λ一般为1~5。

4.4.3 典型滤波器的设计与运用

前面介绍了滤波器的基本类型,即低通滤波器、高通滤波器、带通滤波器和带阻滤波器,本节将对这几种典型滤波器的设计与运用进行详细介绍。

1. 低通滤波器

图 4.26 给出了最简单的三种类型的低通滤波器。图 4.26(a)为电路实现的一阶RC低通滤波器,是电气式低通滤波器;图 4.26(b)为一阶弹簧-阻尼系统,是机械式低通滤波器;图 4.26(c)为一个液压计,是以液压手段形成的一阶低通滤波器。它们都具有相同的传递函数。以一阶RC低通滤波器为例,其输入、输出分别为e_i和e_o,电路的微分方程为

$$RC\frac{de_o}{dt} + e_o = e_i \tag{4.13}$$

令 $\tau = RC$，称为时间常数。对式(4.13)进行拉普拉斯变换，可得传递函数为

$$H(s) = \frac{e_o}{e_i}(s) = \frac{1}{\tau s + 1} \tag{4.14}$$

同理，可得其他两种低通滤波器的传递函数为

$$\frac{x_o}{x_i}(s) = \frac{p_o}{p_i}(s) = \frac{e_o}{e_i}(s) = \frac{1}{\tau s + 1} \tag{4.15}$$

上述滤波器的幅频与相频特性如图 4.27 所示。其中，频率点 $f = \dfrac{1}{2\pi RC}$ 对应于幅值衰减为 -3dB 的点，即为低通滤波器的上截止频率，调节 RC 可方便地调节截止频率，从而也改变了滤波器的带宽。

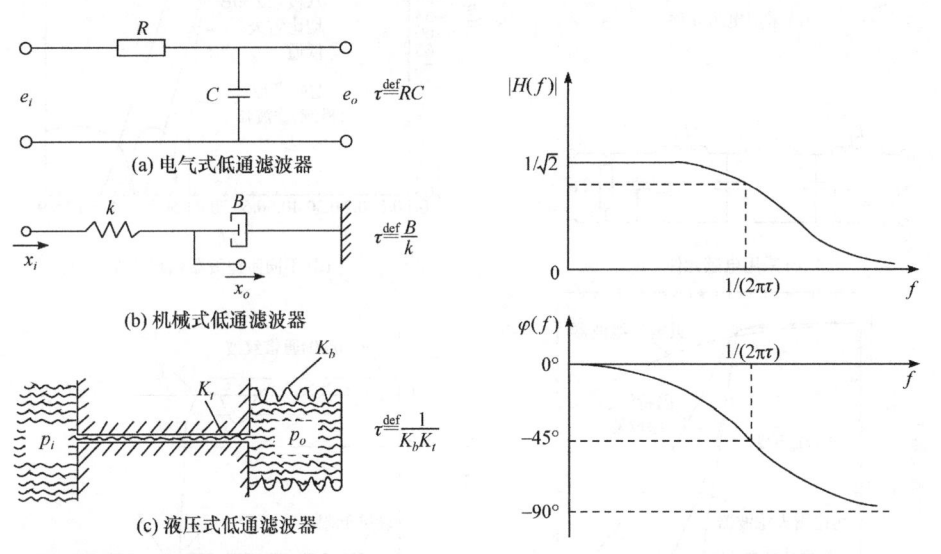

图 4.26 不同类型的低通滤波器

图 4.27 一阶 RC 低通滤波器的幅频与相频特性

上述滤波器均为简单的一阶系统，其频率衰减速度慢，倍频程选择性差，仅为 6dB/倍频程，因此在通带与阻带之间没有十分陡峭的界限。为改善过渡带曲线的陡度(频率衰减的速度)，可将多个 RC 环节级联，并采用电感元件替代电阻元件，如图 4.28(a)和(b)所示，由此达到较好的滤波效果。增加滤波器阶次的设计方法有多种。对于模拟滤波器，典型的有巴特沃思滤波器、切比雪夫滤波器、贝塞尔滤波器、考厄(椭圆)滤波器。随着滤波器阶次的增加，滤波器过渡带的陡度也增加，即倍频程的衰减量增加，滤波效果也得到改善。图 4.28(c)给出了同一阶次(8 阶)的 4 种滤波器(低通)过渡带的情况，图 4.28(d)为不同阶

次的滤波器幅频特性的比较。从中可以看出，考厄(椭圆)滤波器具有最陡的过渡带衰减曲线，因此从这一意义上来说，其滤波效果最好。考厄(椭圆)滤波器的另一特点是其在通带与阻带中均具有较大的纹波量(图 4.28(e))，这是影响其滤波效果的因素。

理论上级联多个 RC 网络可提高滤波器阶次，从而达到提高衰减速度的目的。但在实际应用中，必须考虑各级联环节之间的负载效应。解决负载效应的最好办法是采用运算放大器来构造有源滤波器。

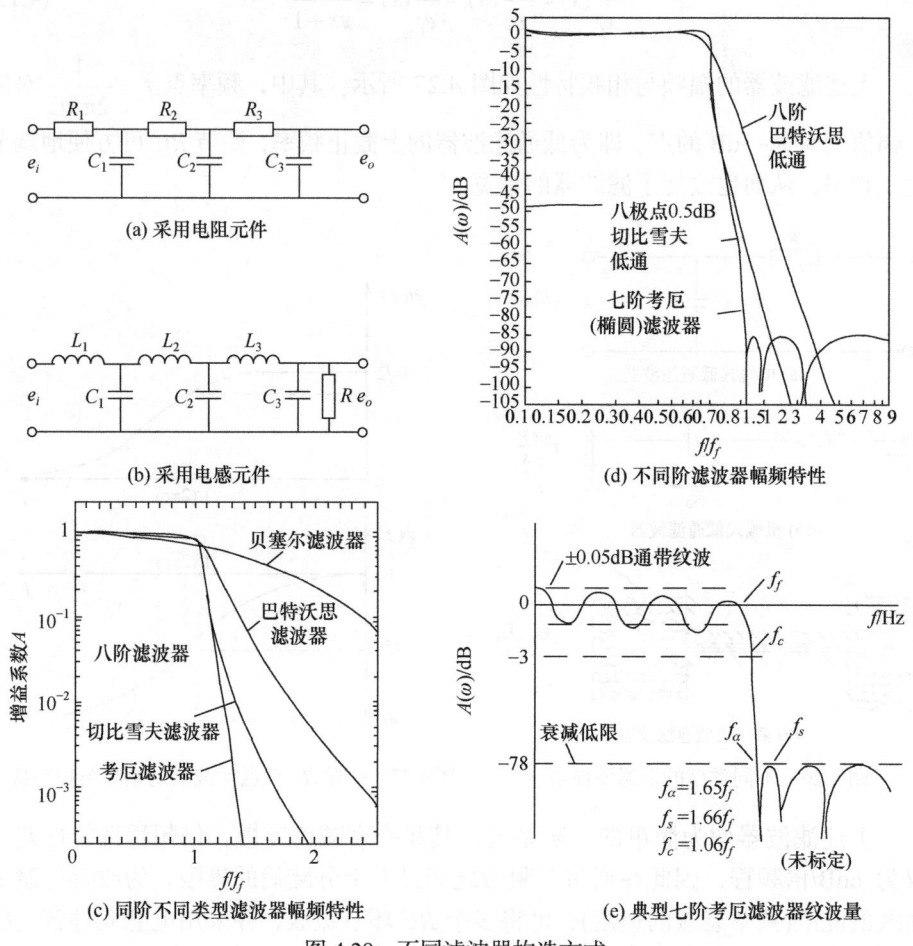

图 4.28 不同滤波器构造方式

上述采用 RC 无源元件来构造的滤波器均为无源滤波器，因为所有输出能量均直接来自输入。无源滤波器结构简单、噪声低、不需要电源，且其动态范围宽。但其倍频程选择性不好，各级间负载效应严重。目前，经常采用的还有有源滤波器。有源滤波器是基于运算放大器的 RC 调谐网络，因此要求有电源供电。有源滤波器参数更易于调节，覆盖频率范围很宽，并且具有很高的输入阻抗和很低的输出阻抗，有利于多级串联，并能方便地在不同滤波器类型之间进行转换。

简单的有源一阶低通滤波器如图4.29所示，其中，将RC无源网络接至运算放大器的输入端(图4.29(a))，根据电路分析，其截止频率仍为 $f_{c2}=\dfrac{1}{2\pi RC}$，放大倍数为 $K=1+\dfrac{R_f}{R_1}$。

将高通网络接至运算放大器的反馈回路(图4.29(b))，则能实现低通滤波器的功能。其截止频率为 $f_{c2}=\dfrac{1}{2\pi R_1 C}$，放大倍数为 $K=\dfrac{R_f}{R_1}$。

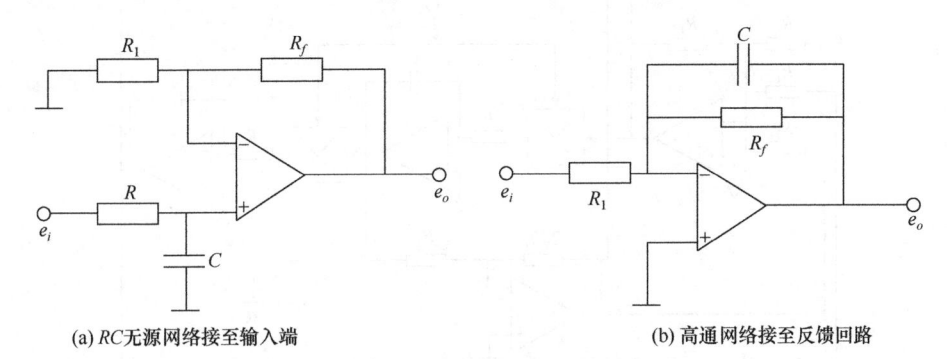

(a) RC无源网络接至输入端　　　　　　(b) 高通网络接至反馈回路

图4.29　有源一阶低通滤波器

图4.30(a)给出了一个有源二阶低通滤波器，其中基本的 $R_1 C_1$ 网络被接至运算放大器的输入端。图4.30(b)给出了一种压控状态变量滤波器，该滤波器的电参数可调，可同时提供3种类型的输出，即低通、高通和带通：

$$\frac{e_{\text{lp}}}{e_i}(s)=-\frac{1}{s^2/\omega_n^2+2\zeta s/\omega_n+1} \tag{4.16}$$

$$\frac{e_{\text{hp}}}{e_i}(s)=-\frac{(100R^2C^2/V_c^2)s^2}{s^2/\omega_n^2+2\zeta s/\omega_n+1} \tag{4.17}$$

$$\frac{e_{\text{bp}}}{e_i}(s)=-\frac{(20\zeta RC/V_c)s}{s^2/\omega_n^2+2\zeta s/\omega_n+1} \tag{4.18}$$

滤波器上述3个输出可单独使用或以某种方式进行相加以获得其他滤波效果。例如，采用合适的参数将高通滤波器和低通滤波器进行相加，还可得到一种陷波(带阻)滤波器效果。滤波器中采用乘法器的目的是可以通过施加合适的控制电压V_c来方便地调节ω_n，该方法还可以用于数控，此时采用乘法的数字/模拟转换器来替代模拟乘法器。

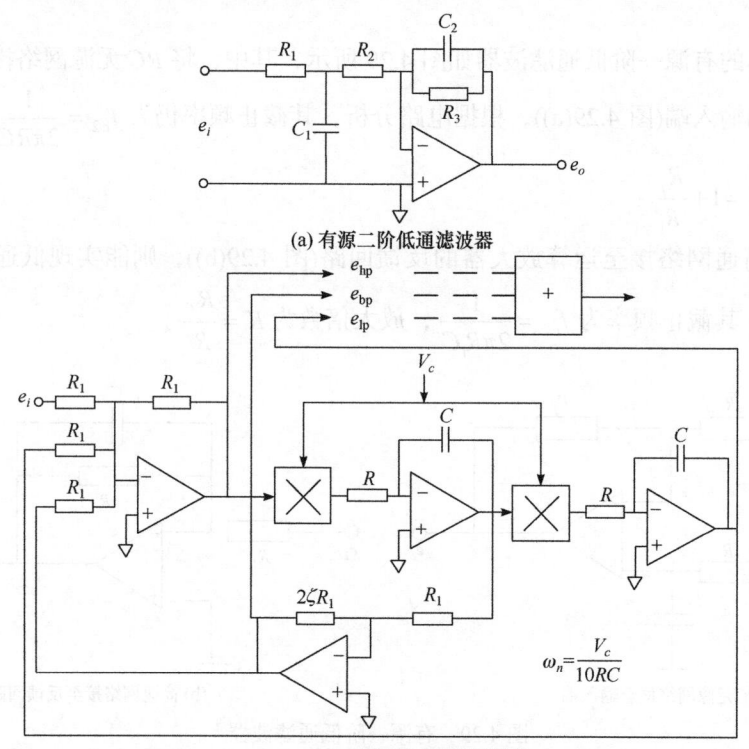

(a) 有源二阶低通滤波器

(b) 压控状态变量滤波器

图4.30　有源二阶低通滤波器和压控状态变量滤波器

低通滤波器一个典型应用是在数字信号处理系统中用作抗混滤波器，其中常要求采用高级的有源滤波器来提供高达115dB/倍频程的频率衰减，在双通道信号分析系统中还要求滤波器在输出相位和幅值比方面严格匹配(相位浮动不超过±1°，幅值比±0.1dB)。当通带中的相移要求是线性变化时，贝塞尔滤波器是最合适的，但由图4.28可见，贝塞尔滤波器频率衰减的陡度最缓。一个八阶贝塞尔滤波器典型的传递函数为

$$H(s) = \prod_{i=1}^{4} \left(\frac{s^2}{\omega_{ni}^2} + \frac{2\zeta_i s}{\omega_{ni}} + 1 \right)^{-1} \tag{4.19}$$

式中

$$\omega_1 = 1.778\omega_c, \quad \zeta_1 = 1.976$$
$$\omega_2 = 1.832\omega_c, \quad \zeta_2 = 1.786$$
$$\omega_3 = 1.953\omega_c, \quad \zeta_1 = 1.297$$

$$\omega_4 = 2.189\omega_c, \quad \zeta_1 = 0.816$$

其中，ω_c 为截止频率，幅值比小于 3 dB。

该滤波器在大于 ω_c 的范围内衰减为 48dB/倍频程，其相移在 ω_c 以下范围基本为线性：$\varphi = -3.179\omega/\omega_c\,(\mathrm{rad})$ ($\omega \leqslant \omega_c$)。若要求在 ω_c 处具有更陡的衰减曲线，而不严格要求相位变化的线性性能，此时可采用巴特沃思滤波器。同样对于式(4.19)，此时的参数变为

$$\omega_1 = \omega_2 = \omega_3 = \omega_4 = \omega_c, \quad \zeta_1 = 1.960, \quad \zeta_2 = 1.664, \quad \zeta_3 = 1.111, \quad \zeta_4 = 0.390$$

在数字系统中，常在模拟/数字转换器前加一个抗混滤波器来滤除信号中的高频噪声和不需要的部分，通常采用椭圆滤波器来实现这一功能。

一个七阶椭圆滤波器的典型传递函数为

$$H(s) = \frac{\prod_{j=1}^{3}(s^2/\omega_{mj}^2 + 1)}{(s/\omega_{n1} + 1)\prod_{i=2}^{4}(s^2/\omega_{ni}^2 + 2\zeta_i s/\omega_{ni} + 1)} \tag{4.20}$$

式中

$$\omega_{m1} = 1.695\omega_c, \quad \omega_{n1} = 0.428\omega_c, \quad \zeta_2 = 0.562$$
$$\omega_{m2} = 2.040\omega_c, \quad \omega_{n2} = 0.634\omega_c, \quad \zeta_3 = 0.230$$
$$\omega_{m3} = 3.508\omega_c, \quad \omega_{n3} = 0.901\omega_c, \quad \zeta_4 = 0.0625$$
$$\omega_{n4} = 1.037\omega_c$$

该滤波器的幅值比曲线急剧下降到 ω_c 处的低值位置，但在高频处并不平滑地变成零，而是具有某些波动，如图 4.28(e)所示。显然，在选择低通滤波时，必须综合考虑滤波器的各项特性参数。

2. 高通滤波器

图 4.31 给出了最简单的几种无源高通滤波器。图 4.31(a)～图 4.31(c)均具有相同的传递函数，以 RC 电路为例，根据图 4.31(a)有

$$e_o + \frac{1}{RC}\int e_o \mathrm{d}t = e_i \tag{4.21}$$

令 $RC = \tau$，则得传递函数为

$$H(s) = \frac{\tau s}{\tau s + 1} \tag{4.22}$$

频率响应函数为

$$H(\mathrm{j}\omega) = \frac{\mathrm{j}\omega\tau}{1 + \mathrm{j}\omega\tau} \tag{4.23}$$

其幅频与相频分别为

$$|H(j\omega)| = \frac{\omega\tau}{\sqrt{1+(\omega\tau)^2}} \tag{4.24}$$

$$\varphi(\omega) = \arctan\frac{1}{\omega\tau} \tag{4.25}$$

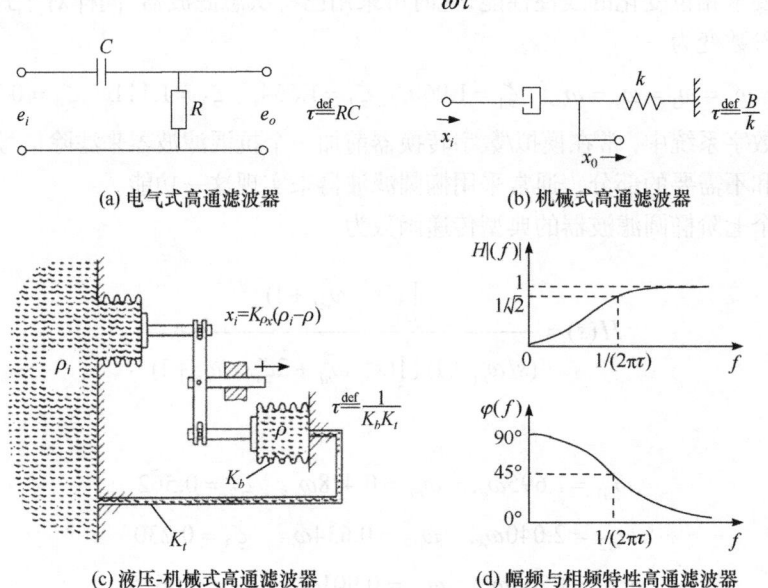

(a) 电气式高通滤波器

(b) 机械式高通滤波器

(c) 液压-机械式高通滤波器

(d) 幅频与相频特性高通滤波器

图 4.31 无源高通滤波器

无源一阶高通滤波器的过渡带衰减十分缓慢。同样，可采用更为复杂的无源或有源结构来获得更陡的频率衰减过程。

3. 带通滤波器

将一个低通滤波器和一个高通滤波器级联便可获得带通滤波器特性，如图 4.32 所示，其传递函数为高通滤波器与低通滤波器传递函数的乘积，即

$$H(s) = H_1(s)H_2(s) \tag{4.26}$$

式中，$H_1(s) = \dfrac{\tau_2 s}{\tau_2 s + 1}$；$H_2(s) = \dfrac{1}{\tau_1 s + 1}$。

级联后所得带通滤波器的上、下截止频率分别对应于原低通滤波器与高通滤波器的上、下截止频率，即 $f_{c1} = \dfrac{1}{2\pi\tau_1}$、

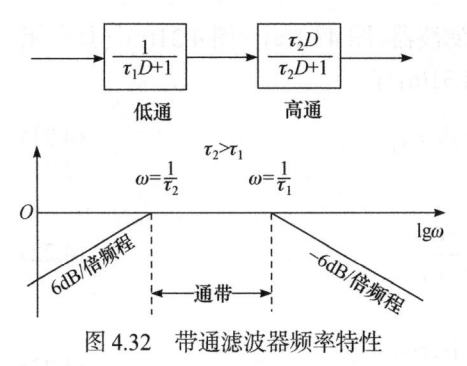

图 4.32 带通滤波器频率特性

$f_{c2} = \dfrac{1}{2\pi\tau_2}$。调节高、低通环节的时间常数 τ_2 和 τ_1，便可得到不同的上、下截止频率和带宽的带通滤波器。应用时需要注意两级串联的耦合影响，实际中常在两级之间加射极跟随器或运算放大器进行隔离，因此常采用有源带通滤波器。

4. 带阻滤波器

在自平衡电位计和 XY 记录仪的输入电路中，常应用带阻滤波器，因为上述仪器常受到 50Hz 工频干扰电压的影响。记录仪的频率响应仅为每秒几周，因此要采用能调谐到 50Hz 工频的带阻滤波器来防止对有用信号的干扰。该滤波器可防止噪声信号造成对记录仪放大器的饱和，以及对有用信号不恰当地放大。

无源带阻滤波器采用桥式 T 型网络或双 T 型网络(图 4.33)，其中，桥式 T 型网络不能完全抑制所要抑制的频率，而双 T 型网络抑制特性明显优于桥式 T 型网络。

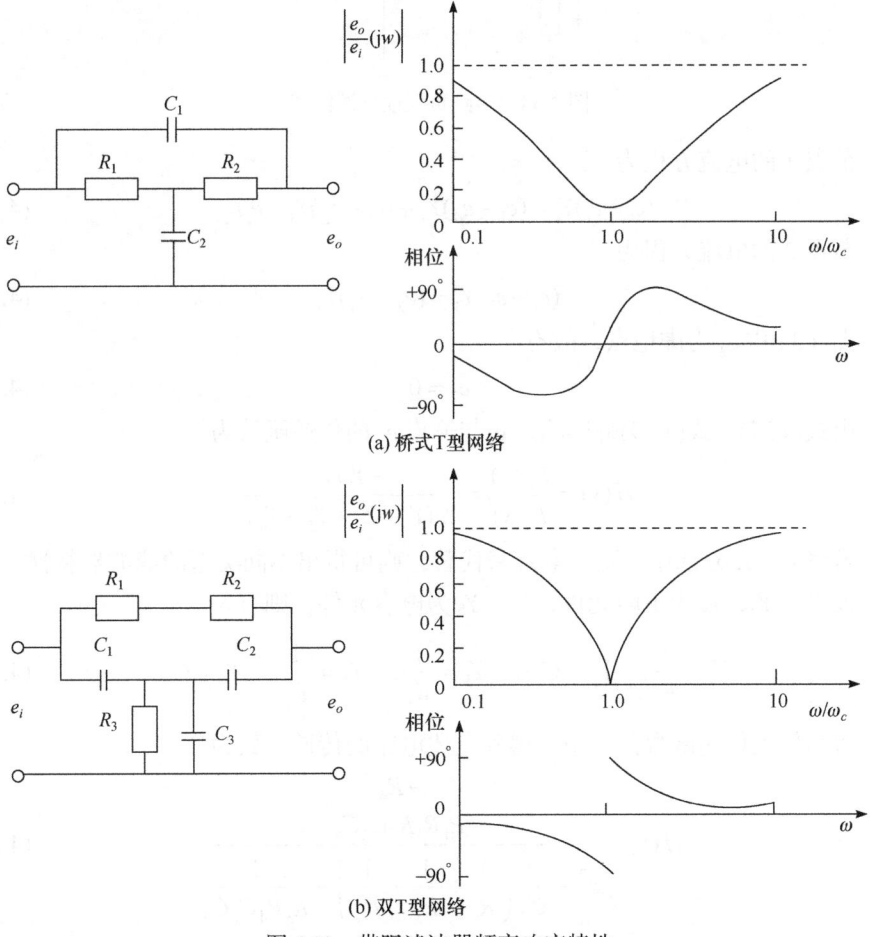

(a) 桥式T型网络

(b) 双T型网络

图 4.33 带阻滤波器频率响应特性

将滤波网络与运算放大器结合可构造二阶有源滤波器,这里主要介绍以下两种类型。

1) 多路负反馈型

把滤波网络接在运算放大器的反相输入端,其结构如图 4.34 所示。图中用导纳 $Y_i(i=1,2,\cdots,5)$ 表示线路中各元件。假设运算放大器具有理想参数,根据基尔霍夫定律可得各节点的电流方程。

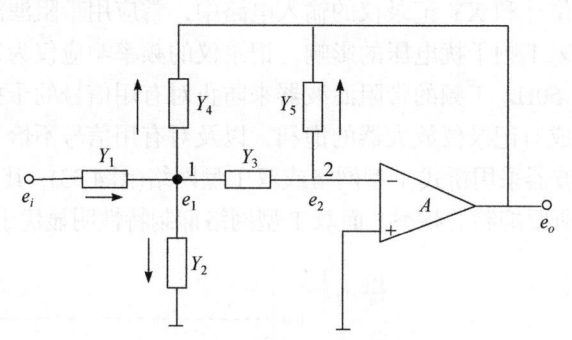

图 4.34 多路负反馈型滤波器

节点 1 的电流方程为
$$(e_i - e_1)Y_1 = (e_1 - e_o)Y_4 + (e_1 - e_2)Y_3 + e_1Y_2 \tag{4.27}$$

节点 2 的电流方程为
$$(e_1 - e_2)Y_3 = (e_2 - e_o)Y_5 \tag{4.28}$$

图 4.34 中 e_2 为虚地点,故有
$$e_2 = 0 \tag{4.29}$$

由式(4.27)~式(4.29)解得输入 e_i 与输出 e_o 的传递函数为
$$H(s) = \frac{E_o(s)}{E_i(s)} = \frac{-Y_1 Y_3}{Y_5(Y_1 + Y_2 + Y_3 + Y_4)} \tag{4.30}$$

若将 $Y_1 \sim Y_5$ 分别用电阻、电容来代替,则可得出不同类型的滤波器特性。设 Y_1、Y_3、Y_4 为电阻元件,Y_2、Y_5 为电容元件,则有
$$Y_1 = \frac{1}{R_1}, \quad Y_2 = C_2 s, \quad Y_3 = \frac{1}{R_3}, \quad Y_4 = \frac{1}{R_4}, \quad Y_5 = C_5 s \tag{4.31}$$

将其代入传递函数公式中,得到上述电路的传递函数为
$$H(s) = \frac{\dfrac{-R_4}{R_1 R_3 R_4 C_2 C_5}}{s^2 + \dfrac{s}{C_2}\left(\dfrac{1}{R_1} + \dfrac{1}{R_3} + \dfrac{1}{R_4}\right) + \dfrac{1}{R_3 R_4 C_2 C_5}} \tag{4.32}$$

显然，该电路为二阶低通滤波器，其直流增益为

$$K = -\frac{R_4}{R_1}$$

其-3dB 截止频率为

$$\omega_c = \sqrt{\frac{1}{R_3R_4C_2C_5}} \tag{4.33}$$

若希望上述电路具有高通特性，则其必要条件为：$Y_1 = C_1s$、$Y_3 = C_3s$ (以保证分子为 s 的二次项)；$Y_4 = C_4s$ (以保证分母中有 s 的二次项，但若取 $Y_5 = C_5s$，则电路不工作)；$Y_5 = \frac{1}{R_5}$ (否则，分母中将缺少 s 的一次项)；$Y_2 = \frac{1}{R_2}$ (以保证分母中有 s 的零次项)。将上述参数代入式(4.27)，有

$$H(s) = \frac{-\dfrac{C_1}{C_4}s^2}{s^2 + \left(\dfrac{C_1+C_3+C_4}{R_5C_3C_4}\right)s + \dfrac{1}{R_2R_5C_3C_4}} \tag{4.34}$$

2) 有限电压放大型

把滤波网络接在运算放大器的同相输入端，如图 4.35 所示，可得到高输入阻抗。同样，可推导出其传递函数为

$$H(s) = \frac{E_o[s]}{E_i[s]} = \frac{Y_1Y_3(1+A_f)}{Y_4(Y_1+Y_2+Y_3)+Y_3(Y_1-Y_2A_f)} \tag{4.35}$$

式中，$A_f = 1 + \dfrac{R_f}{R_5}$ 为运算放大器的闭环增益。

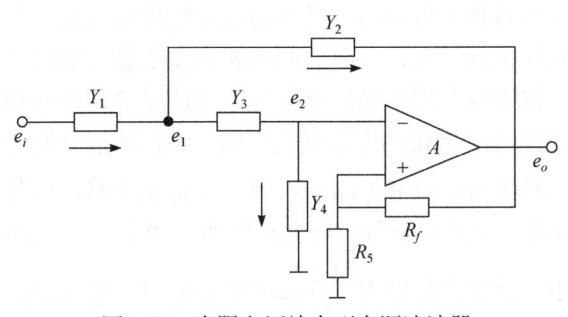

图 4.35 有限电压放大型有源滤波器

5. 相关滤波器

前面介绍的滤波器都是基于信号谐振原理来实现的。相关滤波器则是利用信

号互相关函数来实现滤波的功能。根据定义,两正弦信号的互相关函数为

$$R_{xy}(0) = \int_{-\frac{T}{2}}^{\frac{T}{2}} A\sin(n\omega_0 t) \cdot B\sin(m\omega_0 t) dt \tag{4.36}$$

当 $m = n$ 时,式(4.36)为

$$R_{xy}(0) = \frac{AB}{2}T \tag{4.37}$$

当 $m \neq n$ 时,式(4.36)为

$$R_{xy}(0) = 0 \tag{4.38}$$

式(4.37)和式(4.38)的物理意义是:当两个正弦信号具有相同频率时,其互相关函数不为零;当两信号频率不相同时,其互相关函数为零。相关滤波正是基于这一原理。设 $x(t)$ 为被分析信号,包括多种频率成分;$y(t)$ 为控制选频信号,其频率固定或可调,将两个信号用乘法器相乘,结果再经积分后输出。当 $x(t)$ 的频率等于 $y(t)$ 的频率时,积分器有输出;若两者频率不相等时,积分器无输出。由此,调节 $y(t)$ 的频率,便可将 $x(t)$ 中的各频率成分分别选出,且输出的幅值与该频率成分的幅值成正比。

工程上常利用互相关函数的这一性质在噪声背景下提取有用信息。例如,对一个结构、部件或机器进行激振,所测的响应信号中常混杂噪声干扰。根据线性系统频率保持性的特点,只有和激振频率相同的成分才是由激振引起的响应,其他成分则是干扰。因此,只要将激振信号 $A\sin(\omega t)$ 及其正交信号 $A\cos(\omega t)$ 所测得的响应信号进行互相关处理,便可获得激振信号产生的响应信号的幅值与相位差,从而消除噪声干扰的影响。这样可得到被研究的系统在某激振频率下从激振点到测量点的幅、相传输特性,若改变激振频率,还可求得相应的频率响应函数。

正弦信号在进行自相关处理时,其本身的初相位信息会丢失;相反,在两同频正弦信号进行互相关处理时,两者之间的相位差信息却被保留下来。利用互相关函数这一特点可以做成既能反映信号幅值,又能反映相位的相关滤波频谱分析仪。图4.36给出了这种分析仪的原理结构框图。由扫频信号发生器产生频率可调的两路正交正弦信号 $B\sin(\omega t)$ 和 $B\sin(\omega t + 90°)$,将这两路信号分别与被分析信号 $A_x\sin(\omega_x t + \varphi_x)$ 相乘,再经积分和平均,便得到 $\tau = 0$ 的互相关函数。显然,仅当 $\omega = \omega_x$ 时,两路相关函数才分别为 $\frac{A_x B}{2}\cos(90° + \varphi_x)$ 和 $\frac{A_x B}{2}\cos\varphi_x$,将这两路输出值经后续处理可最终求得幅值 $\frac{A_x B}{2}$ 和相位 φ_x。当被分析信号中包括多种频率成分时,通过连续扫频即可逐一分析出信号中各成分的幅值与相位。

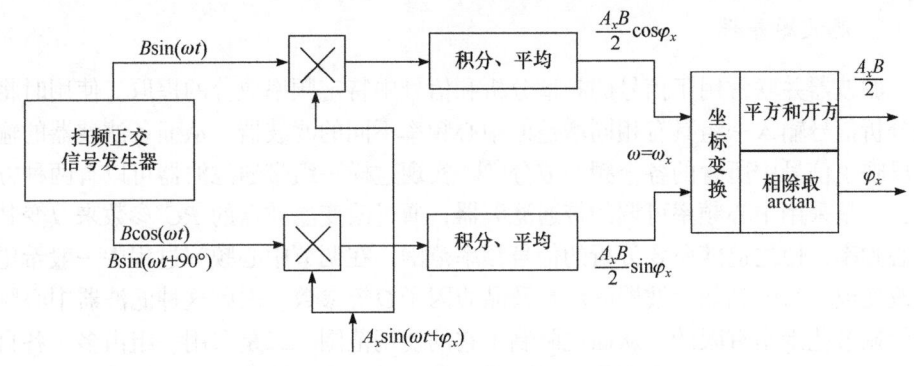

图 4.36　相关滤波频谱分析仪原理结构框图

6. 统计平均滤波

上述讨论的所有滤波都是选频型的，这就要求有用的信号和寄生的信号必须在频谱上占据不同的位置，才能用选频滤波把它们分开。如果信号和噪声含有同样的频率，这种滤波就无能为力了。若所分析的信号符合以下两个条件，则可采用另一种完全不同的滤波方案——统计平均滤波。

(1) 所分析信号中的噪声是均值为零的随机信号。

(2) 所分析信号中的有用成分本身是重复的。

若这两个条件完全满足，则将总信号的多次采样值相加，此时有用的信号必然会增强，而随机信号由于其零均值的性质，就会逐渐抵消。这种结果即使当有用信号与噪声存在于频谱的同一部分时也成立。事实表明，信噪比的改善正比于采样数的均方根值，因此从理论上讲，可以通过选取足够多数量的信号进行叠加而将噪声限制在十分小的数量级范围。

4.4.4　滤波器的综合运用

工程中为得到特殊的滤波效果，常将不同的滤波器或滤波器组进行串联和并联。

1. 滤波器串联

为加强滤波效果，将两个具有相同中心频率的(带通)滤波器串联，其合成系统的总幅频特性是两个滤波器幅频特性的乘积，从而使通带外的频率成分有更大的衰减。高阶滤波器便是由低阶滤波器串联而成的，但串联系统的相频特性是各环节相频特性的相加，因此将增大相位的变化，在使用中应加以注意。

2. 滤波器并联

滤波器并联常用于信号的频谱分析和信号中特定频率成分的提取。使用时将被分析信号输入一组具有相同增益但中心频率不同的滤波器，从而各滤波器的输出反映了信号中所含的各个频率成分[26]。实现这样一组带通滤波器可以有两种方式：一是采用中心频率可调的带通滤波器，通过改变滤波器的 RC 参数来改变其中心频率，使之追随所要分析的信号频率范围。在调节中心频率过程中一般希望不改变或不影响到如滤波器的增益及品质因子 Q 等参数，因此这种滤波器中心频率的调节范围是有限的，从而也限制了它的使用范围。二是采用一组由多个各自中心频率确定的，其频率范围遵循一定规律且相互连接的滤波器。为使各带通滤波器的带宽覆盖整个分析的频带，其中心频率应能使相邻滤波器的带宽恰好相互衔接，如图 4.37 所示。通常的做法是使前一个滤波器的−3dB 上截止频率(高端)等于后一个滤波器的−3dB 下截止频率(低端)，滤波器组还应具有相同的放大倍数。

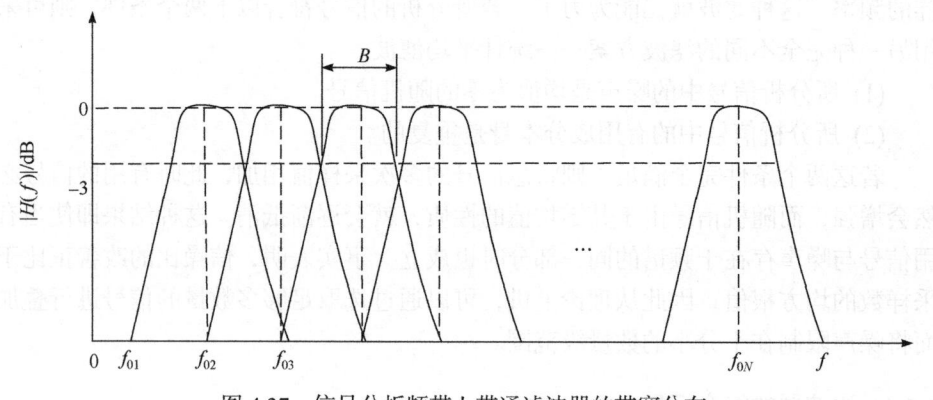

图 4.37 信号分析频带上带通滤波器的带宽分布

带通滤波器的中心频率 f_0 根据滤波器的性质分别定义为上、下截止频率 f_{c2} 和 f_{c1} 的算术平均值或几何平均值。

对于恒带宽滤波器，采取算术平均的定义法，即

$$f_0 = \frac{1}{2}(f_{c2} + f_{c1}) \tag{4.39}$$

对于恒带宽比滤波器，采取几何平均的定义法，即

$$f_0 = \sqrt{f_{c1}f_{c2}} \tag{4.40}$$

带通滤波器的带宽如前所述为上、下截止频率之差，即

$$B = f_{c2} - f_{c1} \tag{4.41}$$

称为-3dB带宽，也称为半功率带宽。

带宽B与中心频率f_0的比值称为相对带宽或百分比带宽b：

$$b = \frac{B}{f_0} \times 100\% \tag{4.42}$$

由前面对品质因子Q的定义可知，相对带宽等于品质因子的倒数，即

$$b = \frac{1}{Q} \tag{4.43}$$

Q越大，相对带宽越小，滤波器的选择性就越好。

在进行信号频谱分析时，要用一组中心频率逐级可变的带通滤波器，当中心频率变化时，各滤波器带宽遵循一定的规则进行取值。通常用两种方法构成两种带通滤波器：恒带宽比滤波器和恒带宽滤波器。

恒带宽比滤波器的相对带宽为常数，即

$$b = \frac{B}{f_0} = \frac{f_{c2} - f_{c1}}{f_0} \times 100\% = 常数$$

恒带宽滤波器的绝对带宽为常数，即

$$B = f_{c2} - f_{c1} = 常数$$

当中心频率f_0变化时，上述两种滤波器带宽变化的情况如图4.38所示。

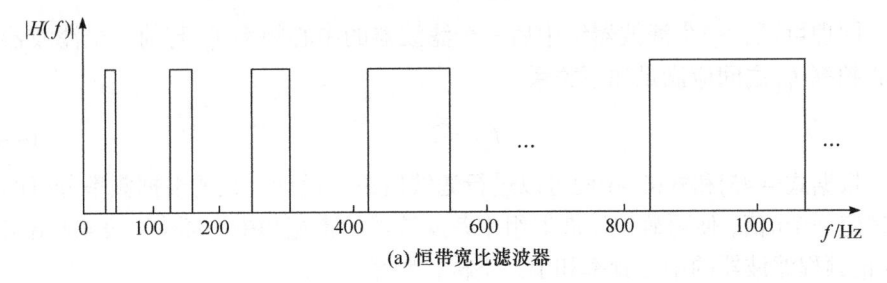

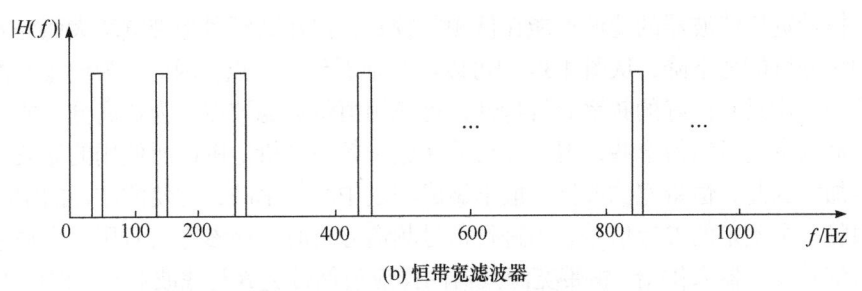

图4.38 理想的恒带宽比滤波器和恒带宽滤波器的特性

实现恒带宽比滤波器的方式常采用倍频程带通滤波器，其上、下截止频率之

间应满足以下关系：

$$f_{c2} = 2^n f_{c1} \tag{4.44}$$

式中，n 为倍频程数。若 $n=1$，则称为倍频程滤波器；若 $n=1/3$，则称为 1/3 倍频程滤波器；以此类推。

由于滤波器中心频率 $f_0 = \sqrt{f_{c1}f_{c2}}$，由式(4.44)可得 $f_{c2} = 2^{\frac{n}{2}} f_0$ 及 $f_{c1} = 2^{-\frac{n}{2}} f_0$，又根据 $B = f_{c2} - f_{c1} = \dfrac{f_0}{Q}$，可得

$$b = \frac{B}{f_0} = 2^{\frac{n}{2}} - 2^{-\frac{n}{2}} \tag{4.45}$$

由此可得如下关系：

$$n = 1, \quad b = 70.7\%$$

$$n = \frac{1}{3}, \quad b = 23.16\%$$

$$n = \frac{1}{6}, \quad b = 11.56\%$$

$$n = \frac{1}{12}, \quad b = 5.78\%$$

同理可证，一个滤波器组中后一个滤波器的中心频率 f_{02} 与前一个滤波器的中心频率 f_{01} 之间应满足如下关系：

$$f_{02} = 2^n f_{01} \tag{4.46}$$

根据式(4.45)和式(4.46)便可以进行滤波器组的设计。只要根据频率分析的要求选定一个 n 值，便可确定滤波器组中各滤波器的带宽和中心频率。表 4.2 给出了 1/3 倍频程滤波器的中心频率和上、下截止频率。

恒带宽比滤波器的滤波性能在低频段较好，但在高频段随带宽增大而变差，使频率分辨能力下降，从图 4.38 中可以清楚地看到这一点。因此，为使滤波器在所有频段均具有良好的频率分辨特性，可使用恒带宽滤波器。为提高分辨能力，滤波器的带宽可做得窄些，但由此会使在整个频率分析范围内所使用的滤波器数量增加。因此，恒带宽滤波器一般不做成固定中心频率的，常使滤波器的中心频率跟随一个预定的参考信号。当进行信号频谱分析时，该参考信号用一个频率扫描的信号发生器来供给。恒带宽滤波器同样应遵循带宽 B 与滤波器建立时间 T_e 之积大于一个常数的要求(式(4.9))。因此，若用参考信号进行频率扫描，则所得信号频谱有一定畸变。在实际使用时，只要对扫频速度加以限制，使其不大于

$(0.1\sim0.5)B^2\text{Hz/s}$，便可得到相对精确的频谱图。常用的恒带宽滤波器有相关滤波器和跟踪滤波器两种。

表 4.2　1/3 倍频程滤波器的中心频率和上、下截止频率(ISO 标准)　(单位：Hz)

中心频率 f_0	下截止频率 f_{c1}	上截止频率 f_{c2}	中心频率 f_0	下截止频率 f_{c1}	上截止频率 f_{c2}
16	14.2544	17.9600	630	561.267	707.175
20	17.8180	22.4500	800	712.720	898.000
25	22.2725	28.0625	1000	890.900	1122.50
31.5	28.0634	38.5875	1250	1113.63	1403.13
40	35.6360	44.9000	1600	1425.44	1796.00
50	44.5450	56.1250	2000	1781.80	2245.00
63	56.1267	70.7175	2500	2227.25	2806.25
80	71.2720	89.8000	3150	2806.34	3535.88
100	89.0900	112.250	4000	3563.60	4490.00
125	111.363	140.313	5000	4454.50	5612.50
160	142.544	179.600	6300	5612.67	7071.75
200	178.180	224.500	8000	7127.20	8980.00
250	222.725	280.625	10 000	8909.00	11225.0
315	280.634	353.588	12 500	11136.3	14031.3
400	356.360	449.000	16 000	14254.4	17960.0
500	445.450	561.250	—	—	—

4.5　信号调制与解调

调制通常是指利用某种信号来控制或改变高频振荡信号的某个参数(幅值、频率或相位)的过程。当被控制的量是高频振荡信号的幅值时，称为幅值调制或调幅；当被控制的量为高频振荡信号的频率时，称为频率调制或调频；当被控制的量为高频振荡信号的相位时，称为相位调制或调相。

在调制解调技术中，将控制高频振荡的低频信号称为调制波，载送低频信号的高频振荡信号称为载波，将经过调制过程所得的高频振荡波称为已调制波。根据被控制参数(如幅值、频率)的不同，分别有调幅波、调频波等不同的名称。从时域上讲，调制过程即是使载波的某一参量随调制波的变化而变化的过程；而从频域上讲，调制过程则是一个移频的过程[27]。

解调是从已调制波信号中恢复出原有低频调制信号的过程。调制与解调是一对信号变换过程，在工程上常常结合在一起使用。

调制与解调在工程上有着广泛的应用，测量过程中常会碰到如力、位移等一些变化缓慢的量，经传感器变换后所得信号也是一些低频电信号。如果直接采取直流放大常会带来零漂和级间耦合等问题，造成信号失真。因此，通常首先将这些低频信号通过调制手段变成高频信号，然后采取简单的交流放大器进行放大，从而可避免直流放大中所遇到的问题。对该放大的已调制信号再采取解调的手段便可最终获取原来缓变的被测量。又如，为了防止所发射的无线电信号间相互串扰，通常将发送的声频信号的频率移至各自被分配的高频、超高频频段上进行传输与接收，其中同样要使用调制解调技术。

一般来说，调制一个载波信号幅值的信号可能具有任何的形式：正弦信号、余弦信号、一般周期信号、瞬态信号、随机信号等。载波信号也可能具有不同的形式，如正弦信号、方波信号等。为便于叙述和理解，本节将着重介绍工程测试技术中常用的以正(余)弦波为载波信号的调制与解调。

4.5.1 幅值调制与解调

1. 幅值调制

幅值调制或调幅是将一个高频载波信号与被测信号(调制信号)相乘，使载波信号的幅值随着被测信号的变化而变化。如图 4.39(a)所示，$x(t)$ 为被测信号，$y(t)$ 为高频载波信号，此处选择余弦信号，即 $y(t) = \cos(2\pi f_0 t)$，则调制器的输出，即已调制信号 x_m 为 $x(t)$ 与 $y(t)$ 的乘积，即 $x_m(t) = x(t)\cos(2\pi f_0 t)$，如图 4.39(a)所示。由傅里叶变换性质可知，两信号在时域中的相乘对应于其在频域中傅里叶变换的卷积，即

$$x(t)y(t) \Leftrightarrow X(f) * Y(f)$$

则有

$$x(t)\cos(2\pi f_0 t) \Leftrightarrow \frac{1}{2}X(f) * \delta(f + f_0) + \frac{1}{2}X(f) * \delta(f - f_0) \quad (4.47)$$

因此，信号 $x(t)$ 与载波信号的乘积在频域上相当于将 $x(t)$ 在原点处的频谱图形移至载波频率 f_0 处，如图 4.39(b)所示。因此，调幅过程在频域上就相当于一个移频过程。

调制信号 $x(t)$ 可以有不同的形式，以下就 $x(t)$ 为正(余)弦信号、周期信号和瞬态信号 3 种形式分别分析其调幅过程中幅值与相位的变化情况。

1) 调制信号为正弦信号

设调制信号 $x(t) = A_s \sin(\omega_s t)$，载波信号 $y(t) = A_c \sin(\omega_c t)$，则经调制后的已调制波为

$$x_m = x(t)y(t) = A_s \sin(\omega_s t) A_c \sin(\omega_c t) \quad (4.48)$$

式中，A_s 为调制信号幅值；ω_s 为调制信号频率；A_c 为载波信号幅值；ω_c 为载波

信号频率。

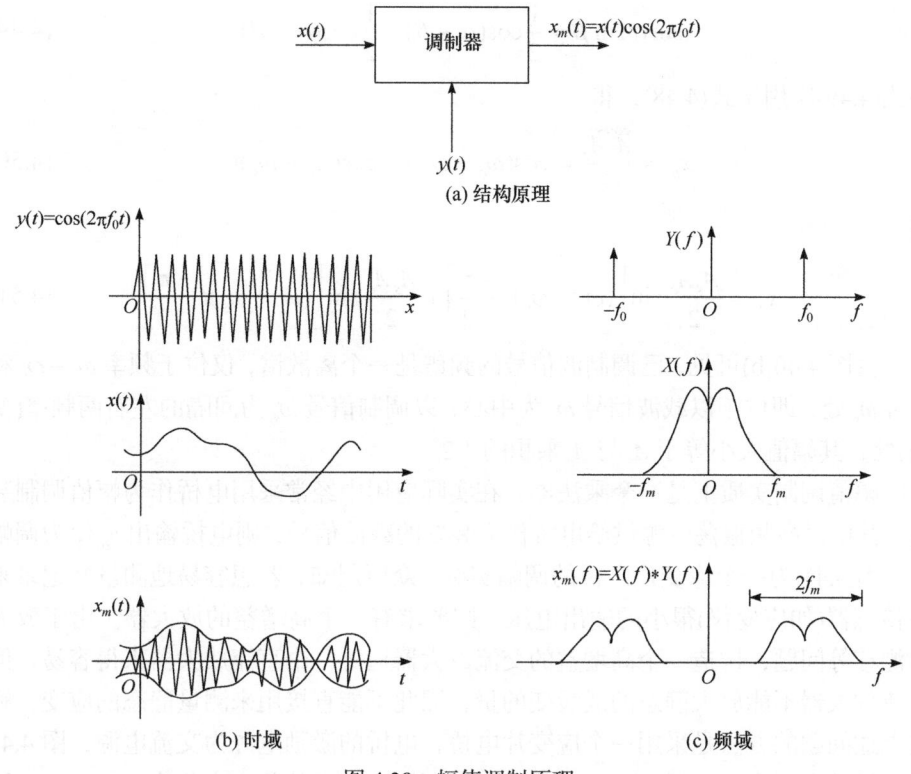

图 4.39 幅值调制原理

频率 ω_c 应远大于频率 ω_s，其信号波形如图 4.40(a)所示。其中，当调制信号处于正半周时，已调制波与载波信号同相；当调制信号处于负半周时，已调制波与载波信号反相。

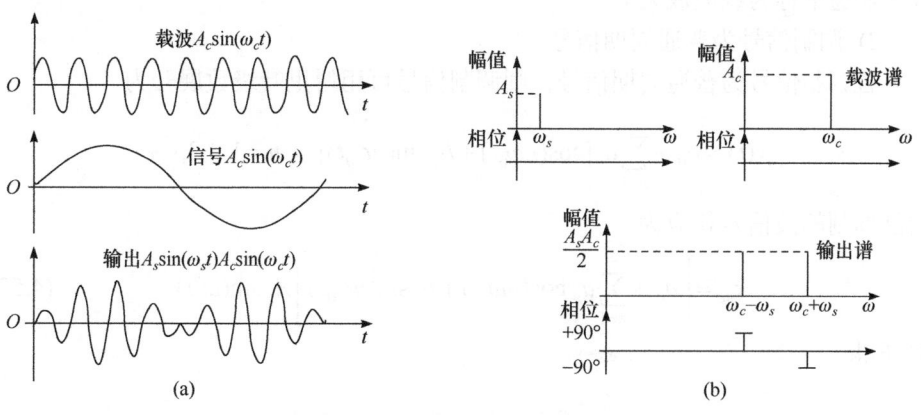

图 4.40 正弦信号的幅值调制

为求出信号的频谱，可采用三角函数积化和差公式：

$$\sin\alpha\sin\beta = \frac{1}{2}\cos(\alpha-\beta) - \frac{1}{2}\cos(\alpha+\beta) \tag{4.49}$$

将式(4.49)应用于式(4.48)，得

$$x_m = \frac{A_s A_c}{2} = \cos(\omega_c - \omega_s)t - \cos(\omega_c + \omega_s)t \tag{4.50}$$

或

$$x_m = \frac{A_s A_c}{2}\sin\left[(\omega_c - \omega_s)t + \frac{\pi}{2}\right] + \frac{A_s A_c}{2}\sin\left[(\omega_c + \omega_s)t - \frac{\pi}{2}\right] \tag{4.51}$$

由图 4.40(b)可见，已调制波信号的频谱是一个离散谱，仅位于频率 $\omega_c - \omega_s$ 和 $\omega_c + \omega_s$ 处，即位于以载波信号 ω_c 为中心、以调制信号 ω_s 为间隔的左右两频率(变频)处，其幅值大小等于 A_s 与 A_c 乘积的 1/2。

幅值调制实质上是一个乘法器，在实际应用中经常采用电桥作为幅值调制装置，其中以高频振荡电源供给电桥作为装置的载波信号，则电桥输出 e_o 便为调幅波。图 4.41 为一个应变片电桥的调幅实例。众所周知，若想容易地测量并记录来自传感器(如应变仪)很小的输出电压，则要求有一个高增益的放大器。由于放大器漂移等问题，构造一个高增益的交流放大器远比一个直流放大器来得容易，但交流放大器不能放大静态的或缓变的量，因此不能直接用来测量静态的应变。解决上述问题的方法是采用一个应变片电桥，电桥的激励电源为交流电源，图 4.41 中电桥的电压为 5V，频率为 3000Hz。若所测应变量的频率变化为 0~10Hz，即从静态到缓变的一个范围，则根据电桥原理，由应变阻抗变化促使电桥产生的输出电压将是载波频率的电压(电源电压)，其幅值为应变变化值。上述电桥输出信号的频谱经计算为 2990~3010Hz，该范围的频率易为后续交流放大器处理，这种放大器通常称为载波放大器。

2) 调制信号为普通周期信号

若调制信号为普通周期信号，则调制信号可用傅里叶级数展开为

$$x(t) = a_0 + \sum_{n=1}^{\infty} a_n[\cos(n\omega_0 t) + b_n \sin(n\omega_0 t)], \quad n = 1, 2, 3, \cdots$$

则已调制的波信号相应为

$$x_m = \left[a_0 + \sum_{n=1}^{\infty} a_n \cos(n\omega_0 t) + b_n \sin(n\omega_0 t)\right] A_c \sin(\omega_c t) \tag{4.52}$$

展开得

$$x_m = A_0 A_c \sin(\omega_c t) + [A_1 A_c \cos(\omega_1 t)\sin(\omega_c t) + A_2 A_c \cos(\omega_2 t)\sin(\omega_c t) + \cdots] \\ + [B_1 A_c \sin(\omega_1 t)\sin(\omega_c t) + B_2 A_c \sin(\omega_2 t)\sin(\omega_c t) + \cdots] \tag{4.53}$$

采用三角函数积化和差公式可得

$$\begin{aligned}x_m = & A_0 A_c \sin(\omega_c t) + C_1 \{\sin[(\omega_c + \omega_1)t - \alpha_1] \\ & + \sin[(\omega_c - \omega_1)t + \alpha_1]\} + \cdots\end{aligned} \tag{4.54}$$

式中，$C_1 = \dfrac{A_c}{2}\sqrt{A_1^2 + B_1^2}$；$\alpha_1 = \arctan\dfrac{B_1}{A_1}$。

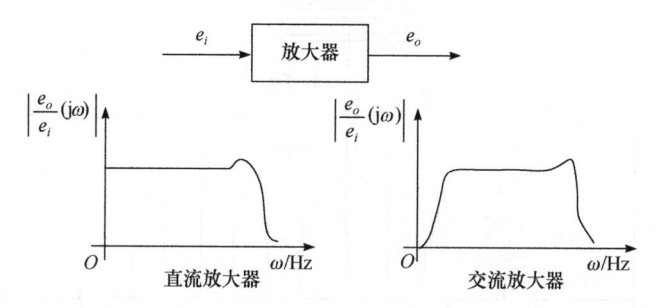

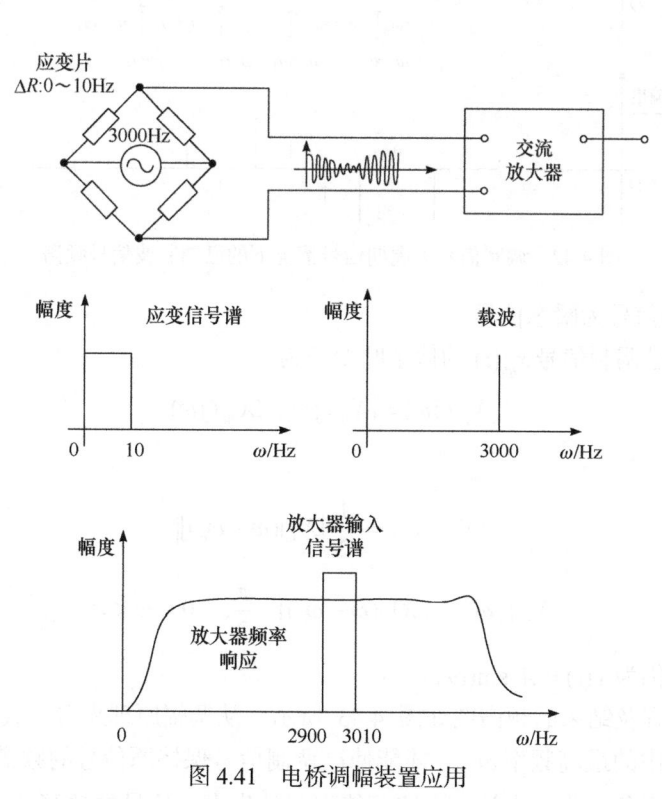

图 4.41 电桥调幅装置应用

上述信号的频谱图如图 4.42 所示。从图中可以看出，输出信号的频谱为离散谱，谱线分别位于 $\omega_c, \omega_c \pm \omega_1, \omega_c \pm \omega_2, \cdots$ 处，亦即调制信号的每一频率分量均产生一对变频。

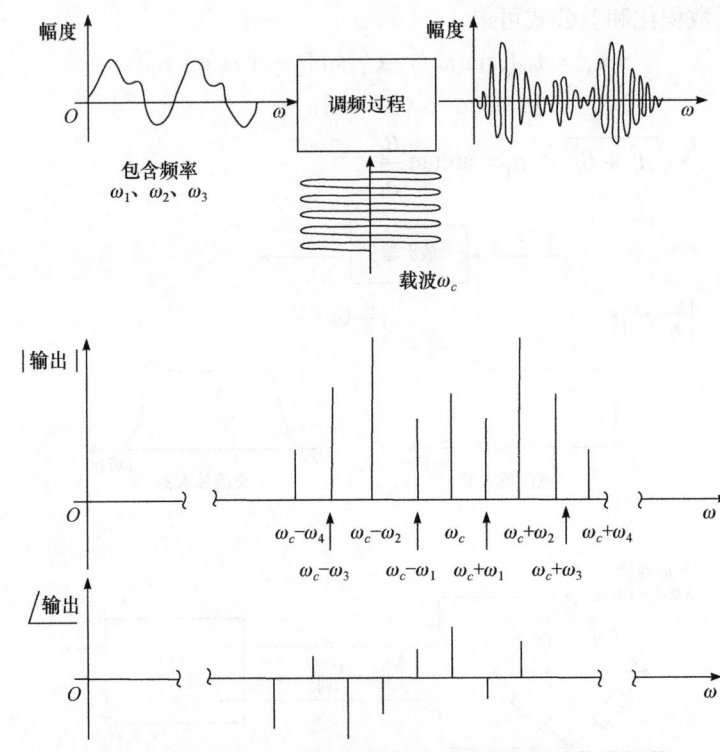

图 4.42　调制信号为周期信号情况下的已调制波信号频谱

3) 调制信号为瞬态信号

此时，已调制信号 $x_m(t)$ 的傅里叶变换为

$$X_m(j\omega) = |X_m(j\omega)| \angle X_m(j\omega) \tag{4.55}$$

式中

$$|X_m(j\omega)| = \frac{A_c}{2}|X[j(\omega - \omega_c)]|$$

$$\angle X_m(j\omega) = \angle X[j(\omega - \omega_c)] - \frac{\pi}{2}, \quad 0 \leq \omega < \infty$$

且载波信号仍为 $y(t) = A_c \sin(\omega_c t)$。

调制过程及结果的频谱图如图 4.43 所示。从调幅原理来看，载波频率 ω_c 必须高于信号中的最高频率 $\omega_{s,\max}$ 才能使已调制信号保持原信号的频谱图形，不至于产生交叠现象。为减小放大电路可能引起的失真，信号的频宽($2\omega_{s,\max}$)相对于中心频率(载波频率 ω_c)越小越好。通常实际载波频率 ω_c 至少数倍甚至数十倍于信号中的最高频率,但载波频率的提高也受到放大电路截止频率的限制。

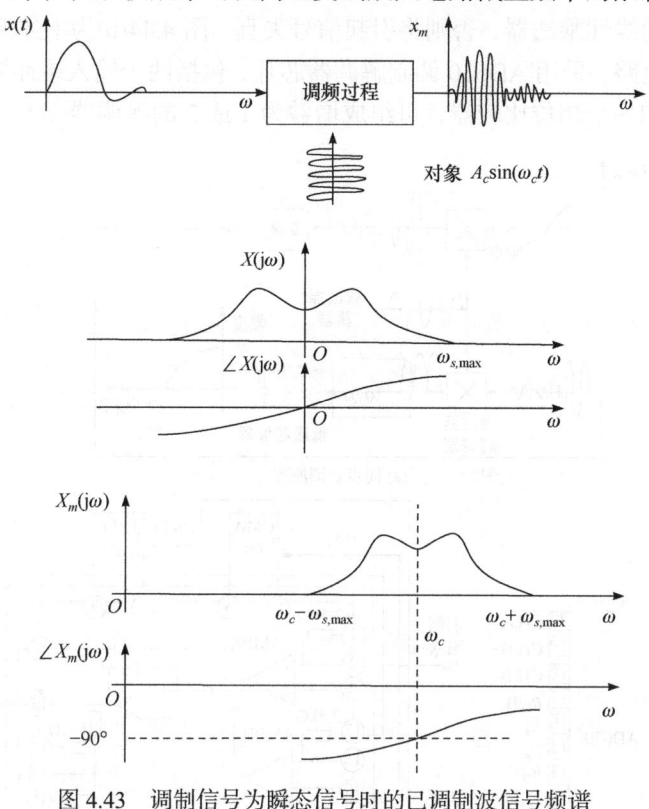

图 4.43 调制信号为瞬态信号时的已调制波信号频谱

2. 幅值调制的解调

幅值调制的解调有多种方法,常用的有同步解调、整流检波和相敏解调。

1) 同步解调

将图 4.39 所示的调幅波经一个乘法器与原信号相乘,则调幅波的频谱在频域上被再次移频,结果如图 4.44(a)所示。由于载波信号的频率仍为 f_0,再次移频的结果是使原信号的频谱图形出现在 0 和 $\pm 2f_0$ 频率处。设计一个低通滤波器将位于中心频率 $\pm 2f_0$ 处的高频成分滤去,便可恢复原信号的频谱。在解调过程中所乘的信号与调制时的载波信号具有相同的频率和相位,因此这一解调的方法称为同步解调。

在时域分析上有

$$x(t)\cos(2\pi f_0 t) \cdot \cos(2\pi f_0 t) = \frac{x(t)}{2} + \frac{1}{2}x(t)\cos(4\pi f_0 t) \tag{4.56}$$

故将频率为 $2f_0$ 的高频信号滤去,即可得到原信号 $x(t)$。但需注意,原信号的幅值减小了 1/2,通过后续放大可对此进行补偿。同步解调方法简单,但要求有性能良好的线性乘法器,否则将引起信号失真。图 4.44(b)为上述调制解调原理的具体实现电路,采用 AD630 调制解调器芯片,包括两个输入缓冲器、一个精密运算放大器和一个相位比较器,可组成增益为 1 或 2 的解调器。

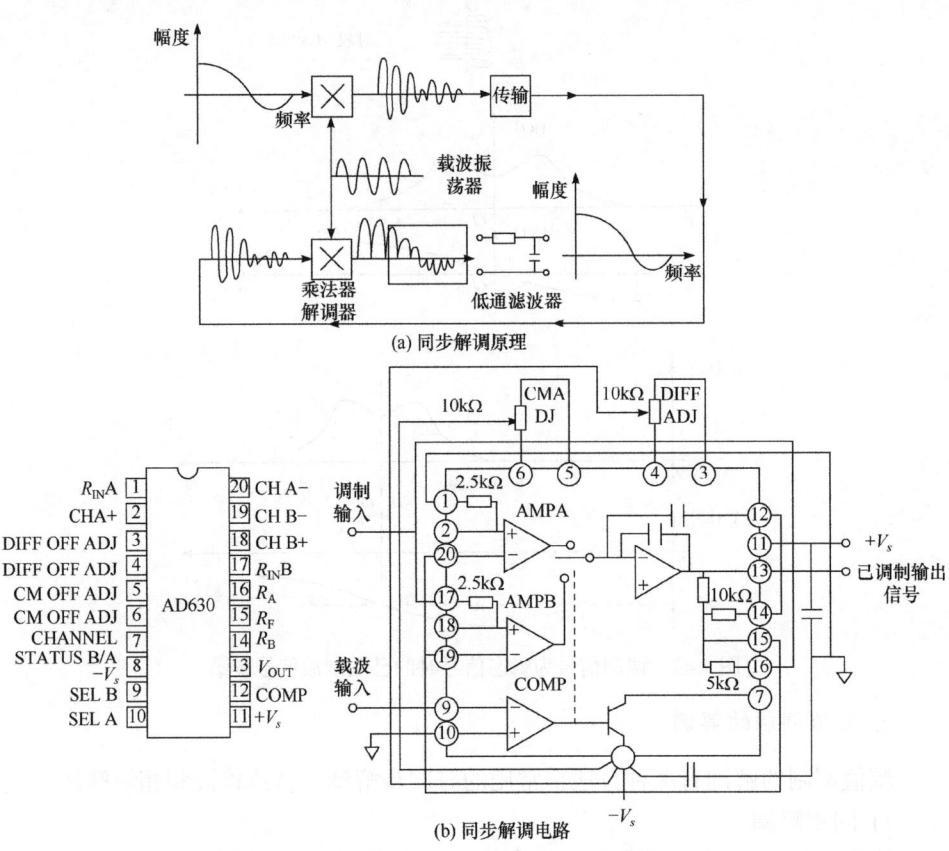

图 4.44 同步解调原理及电路

2) 整流检波

整流检波的原理是:对调制信号偏置一个直流分量 A,使偏置后的信号具有正电压值(图 4.45(a)),则该信号经调幅得到的已调制信号 $x_m(t)$ 的包络线将具有原信号形状。对已调制信号 $x_m(t)$ 进行简单的整流(全波或半波整流)和滤波便可恢复原信号,信号在整流滤波之后仍需准确地减去所加的偏置直流电压。

上述方法的关键是准确地加、减偏置电压。若所加偏置电压未能使调制信号电压位于零位的同一侧(图 4.45(b)),则在调幅之后便不能通过整流滤波来恢复原信号。

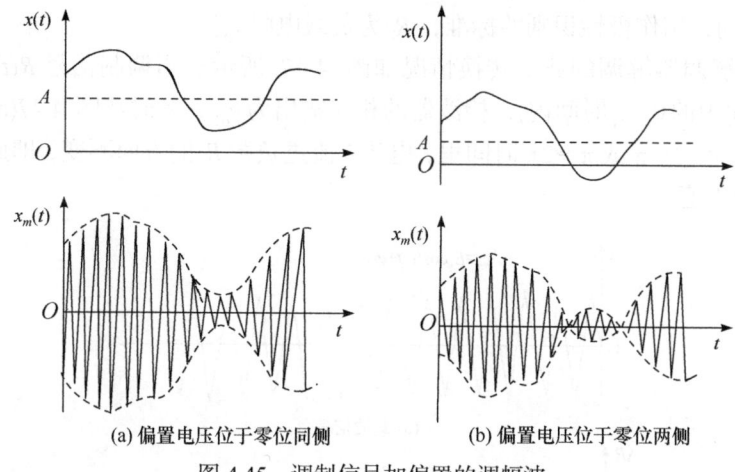

(a) 偏置电压位于零位同侧　　　　(b) 偏置电压位于零位两侧

图 4.45　调制信号加偏置的调幅波

3) 相敏解调

相敏解调或相敏检波用来鉴别调制信号的极性，利用交变信号在过零位时正、负极性发生突变，使调幅波相位与载波信号比也相应地产生 180°相位跳变，从而既能反映原信号的幅值，又能反映其相位。

典型的二极管相敏检波器及其工作原理如图 4.46 所示。4 个特性相同的二极管 $D_1 \sim D_4$ 连接成电桥的形式，4 个端点分别接至两个变压器 A 和 B 的副边线圈上。变压器 A 输入调幅波信号 e_o，变压器 B 接参考信号 e_x，e_x 与载波信号的相位和

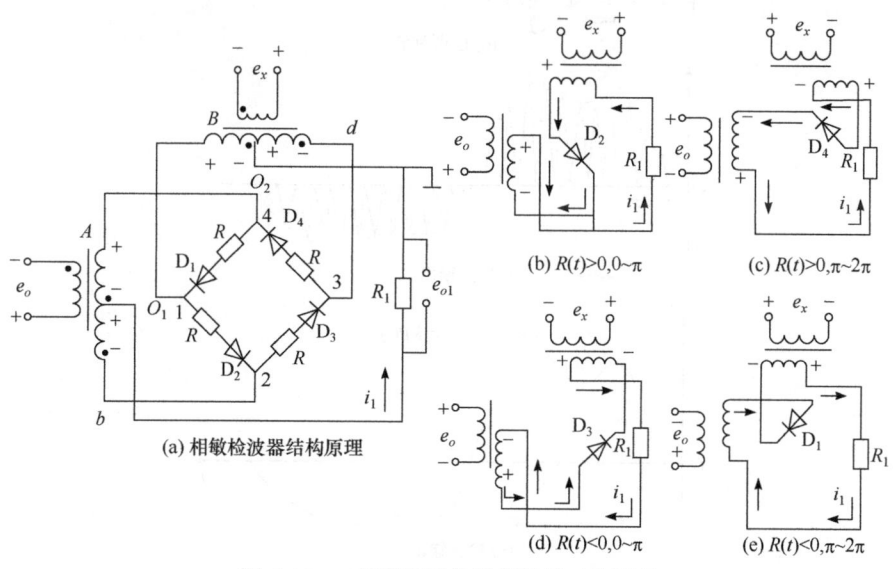

(a) 相敏检波器结构原理

(b) $R(t)>0, 0\sim\pi$　　(c) $R(t)>0, \pi\sim 2\pi$

(d) $R(t)<0, 0\sim\pi$　　(e) $R(t)<0, \pi\sim 2\pi$

图 4.46　二极管相敏检波器及其工作原理

频率均相同，用作极性识别的标准，R_1 为负载电阻。

相敏解调器解调的波形转换情况如图 4.47 所示。当调制信号 $R(t)$ 为正时(图 4.47(b)中的 $0 \sim t_1$ 时间内)，检波器的相应输出为 e_{o1}，此时从图 4.47(a)和(b)中可以看到，在 $0 \sim \pi$ 或 $\pi \sim 2\pi$ 时间里，电流 i_1 流过负载 R_1 的方向不变，即此时输出电压 e_{o1} 为正值。

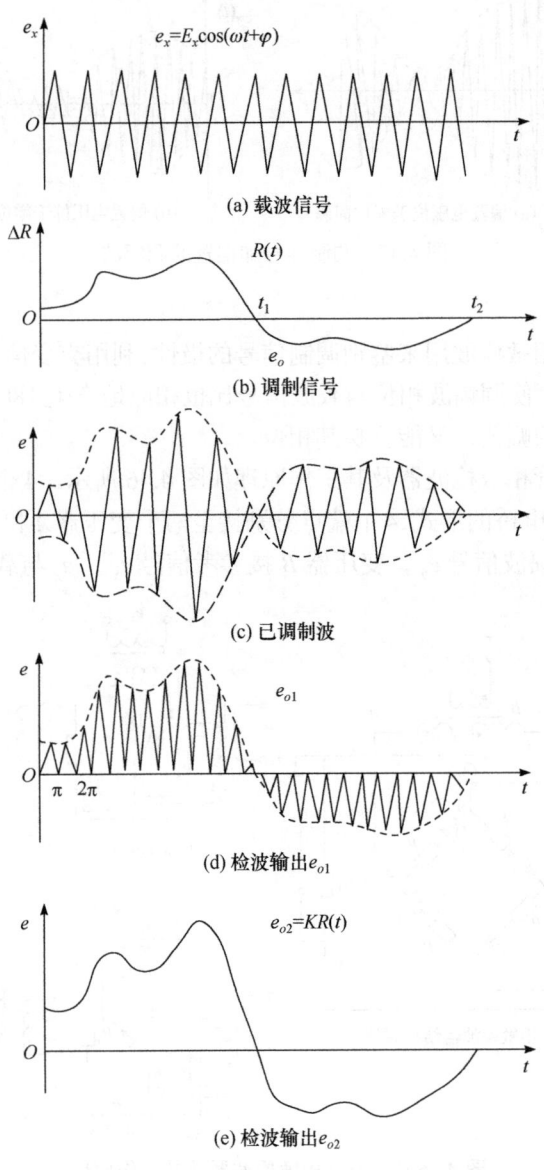

(a) 载波信号

(b) 调制信号

(c) 已调制波

(d) 检波输出 e_{o1}

(e) 检波输出 e_{o2}

图 4.47　相敏解调器解调的波形转换情况

当 $R(t)=0$(图 4.47(b)中的点)时,负载电阻 R_1 两端电位差为零,因此无电流流过,此时输出电压 $e_{o1}=0$。

当调制信号 $R(t)$ 为负(图 4.47(b)中的 $t_1 \sim t_2$ 段)时,调幅波 e_o 相对于载波 e_x 的极性正好相差 180°,此时从图 4.47(c)和(d)中可见,电流流过 R_1 的方向与前面相反,即此时输出电压 e_{o1} 为负值。

由以上分析可知,通过相敏检波可得到一个幅值和极性均随调制信号的幅值与极性改变的信号,真正重现了原信号。

在电路设计时,应注意变压器 B 副边的输出电压要大于变压器 A 副边的输出电压,才能得到以上结论。

相敏检波能够正确地恢复被测信号的幅值与相位,因此得到了广泛应用。对于信号具有极性或方向性的被测量,调制之后要想正确地恢复,必须采用相敏检波方法。下面以一个相敏检波用于线性差动变压器式传感器中为例予以说明。

差动变压器的输出是一个正弦波,其幅值正比于铁芯运动距离。当铁芯静止或缓慢移动时,若用直流电压表记录差动变压器的输出,则对于零点两侧的相同位移量电压表将给出相同的读数,因为它对零位处的 180°相移不敏感。对于快变的位移量,其给出的是一个调制过的信号量,一般用示波器来观察;对于铁芯零位两侧的不同运动情况,有可能给出相同的已调制波信号(图 4.48(a))。因此,为从调幅波信号中正确地恢复被测信号的幅值与相位,必须采用相敏检波。

图 4.48(c)给出了一种简单的相敏检波器。它由二极管组成两个电桥,两个电桥串联在一起,理想情况下,二极管仅在一个方向上通过电流。当图中 f 为正、e 为负时,电流在上桥路中的通路为 $efgcdhe$;当 f 为负、e 为正时,通路变为 $ehcdgfe$。故通过中间的负载电阻 R 上的电流方向总是从 c 到 d。下桥路的情况与此类似,因此整个检波装置输出的波形如图 4.48(c)右半图所示,其随着铁芯在零位上下的位置而具有正或负的极性。该输出再经一低通滤波器便可滤去高频成分,留下的则是其包络线,该包络线真实地反映了铁芯的运动情况(图 4.48(b))。

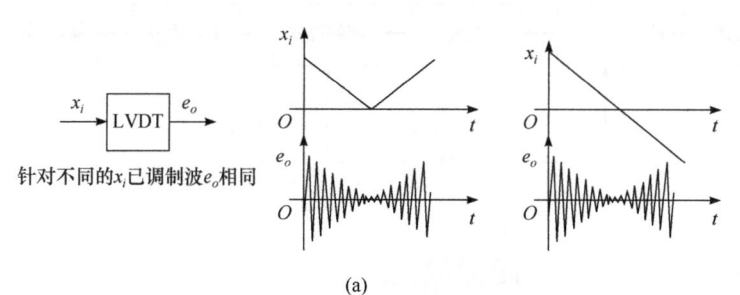

针对不同的 x_i 已调制波 e_o 相同

(a)

(b)

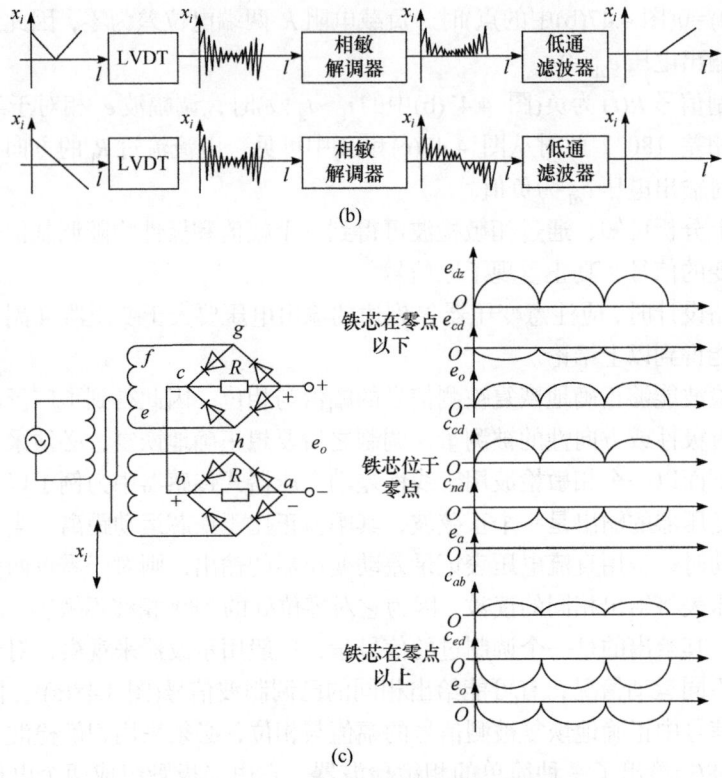

(c)

图 4.48 线性可变差动变压器相敏解调
LVDT-线性可变差动变压器(linear variable differential transformer)

相敏检波的典型应用是动态应变仪,其结构原理图如图 4.49 所示。其中的电桥为应变仪电桥,用于敏感被测量,由振荡器供给高频(10~15kHz)振荡电压,被

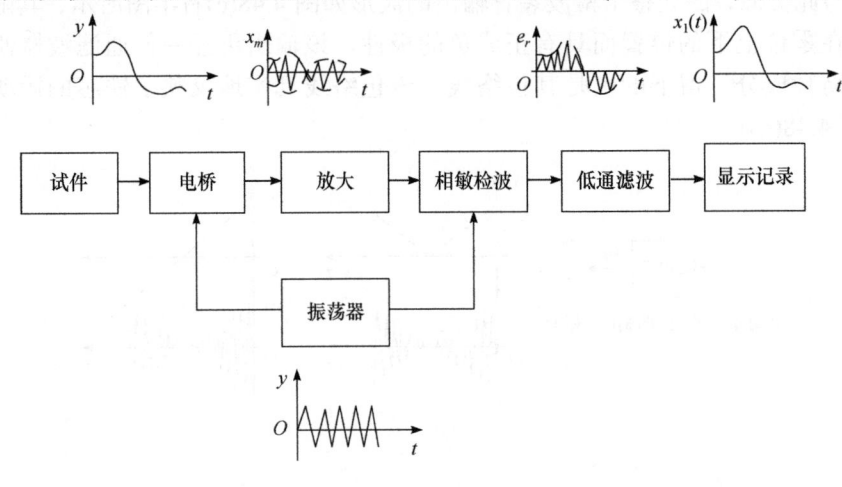

图 4.49 动态应变仪结构原理图

测量通过电阻应变片控制电桥输出。该输出经放大和相敏检波后再经低通滤波，最后恢复被测信号。

4) 跟踪滤波器

变频式跟踪滤波器原理图如图 4.50 所示，将频率 Ω(100kHz)的晶体振荡器的两路正交信号同频率为 ω 的两路正交信号相乘和相减，得频率为 $\Omega+\omega$ 的信号。再将此信号与被测信号 $e(t)$ 相乘，其中 $e(t)=A\sin(\omega t+\varphi)+n(t)$，$n(t)$ 为噪声。经上述运算得到的信号为

$$\frac{k_1 k_2 A}{2}\{\sin[(\Omega+2\omega)t+\theta+\varphi]-\sin(\Omega t+\theta+\varphi)\}$$

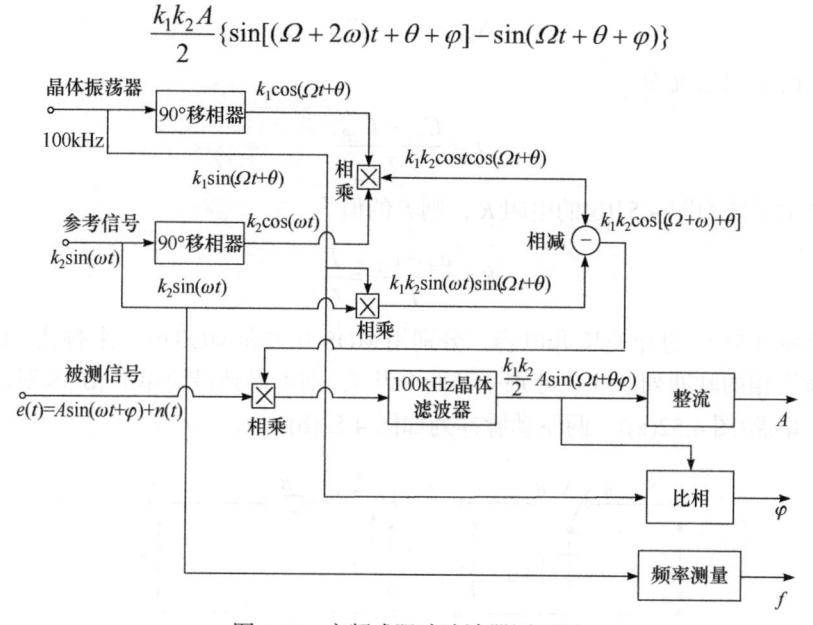

图 4.50 变频式跟踪滤波器原理图

亦即得到频率为 $\Omega+2\omega$ 和 Ω 的两种信号分量。上述信号通过一个中心频率为 Ω 的窄带滤波器(带宽一般不大于 4Hz)，从而仅剩下频率为 Ω 的分量，滤出了与参考信号同频率(ω)成分的幅值 A 和相角 φ 信息。经整流和相位比较便可获取以上两种信息。原信号中的噪声 $n(t)$ 与频率为 $\Omega+\omega$ 的信号相乘所产生的频率成分均被排斥在滤波器通带外而被滤除。将参考信号作为连续的扫频信号，则经跟踪滤波器处理便可得到被测信号的频谱。用同样的方法也可得到系统传递特性。

由图 4.50 可见，跟踪滤波器的一个关键元件是窄带滤波器，一般采用通带很窄的晶体滤波器。由于既要提取信号的幅值又要提取信号的相位信息，该滤波器的特性必须与晶体振荡器的特性一致，对晶体的制造提出了十分严格的要求。这种模拟式跟踪滤波技术广泛用于模态分析，目前已被数字谱分析技术替代。

5) 开关电容滤波器

开关电容滤波器是 20 世纪 70 年代后期发展起来的新型单片滤波器件，具有

体积小、性能好、价格低和使用方便等优点,已广泛用于信号处理和通信等方面。开关电容滤波器是一种由 MOS 开关、MOS 电容器和运算放大器构成的集成电路。其基本原理是用开关电容来替代原 RC 滤波器中的电阻 R,从而使滤波器的特性仅取决于开关频率和网络中的电容比。开关电容的等效电路原理如图 4.51 所示。在图 4.51(a)中,当开关 K 接通 A 点时,电容 C 上将储存有电荷量 C_{eA};当 K 接通 B 点时,经负载放电而产生电压 e_B,此时电容 C 上储存有电荷量 C_{eB};当开关 K 交替接通 A 点和 B 点时,在一个开关周期 T 内由电容 C 传送的电荷量为

$$\Delta Q = C_{eA} - C_{eB} \tag{4.57}$$

所产生的平均电流为

$$I = \frac{C_{eA} - C_{eB}}{T} \tag{4.58}$$

若将开关等效为图 4.51(b)的电阻 R,则 R 的值为

$$R = \frac{e_A - e_B}{T} = \frac{T}{C} \tag{4.59}$$

将图 4.51 中的开关 K 和电容 C 分别用 MOS 开关和 MOS 电容来替代,并用两个同频反相的脉冲列 φ 和 $\bar{\varphi}$ 分别驱动两个开关,则可得到最简单的 MOS 型开关电容等效电路(图 4.52(a)),两驱动脉冲列如图 4.52(b)所示。

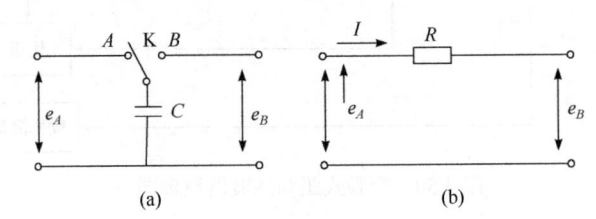

图 4.51 开关电容的等效电路原理

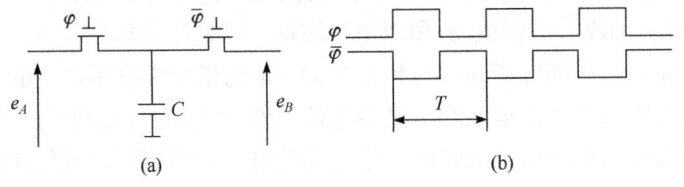

图 4.52 MOS 型开关电容等效电路

4.5.2 频率调制与解调

利用调制信号控制高频载波信号频率变化的过程称为频率调制。在频率调制过程中载波幅值保持不变,仅载波的频率随调制信号的幅值呈正比例变化,因此调频波的功率也是一个常量。频率按照调制信号规律变化的信号称为调频信号或

已调频信号。还有一类信号是其相位按调制信号规律变化的信号，称为调相或已调相信号。由于这种高频信号的调制过程表现出来的是高频信号总相角的变化，也将其称为调角信号。因此，上述两类调制(调频或调相)过程也统称为角度调制。

1. 频率调制原理

一个等幅高频余弦信号可表示为

$$e(t) = A\cos[\theta(t)] \tag{4.60}$$

式中，$\theta(t)$ 为信号的总相角，是时间 t 的函数。

对于频率与相位均为常量(未调制)的普通信号，有

$$e(t) = A\cos(\omega_0 t + \varphi_0) \tag{4.61}$$

其总相角为

$$\theta(t) = \omega_0 t + \varphi_0 \tag{4.62}$$

而其角频率为

$$\omega_0 = \frac{\mathrm{d}\theta(t)}{\mathrm{d}t} \tag{4.63}$$

式中，角频率 ω_0 为一个常量，等于总相角的导数。在一般情况下，总相角 $\theta(t)$ 的导数不是常数。总相角 $\theta(t)$ 的导数定义为瞬时角频率，用 $\omega_i(t)$ 表示，显然，$\omega_i(t)$ 也是时间的函数。于是，可得总相角 $\theta(t)$ 与瞬时角频率 $\omega_i(t)$ 之间的关系为

$$\omega_i(t) = \frac{\mathrm{d}\theta(t)}{\mathrm{d}t} \tag{4.64}$$

而

$$\theta(t) = \int \omega_i(t)\mathrm{d}t \tag{4.65}$$

设调制信号为 $f(t)$，由于频率调制信号(调频信号)的高频信号的角频率随 $f(t)$ 呈线性变化，有

$$\omega_i(t) = \omega_0 + kf(t) \tag{4.66}$$

式中，k 为比例因子。于是，调频信号的总相角为

$$\theta(t) = \int \omega_i(t)\mathrm{d}t = \omega_0 t + k\int f(t)\mathrm{d}t + \varphi_0 \tag{4.67}$$

由此可将调频信号表示为

$$e_f(t) = A\cos\left[\omega_0 t + k\int f(t)\mathrm{d}t + \varphi_0\right] \tag{4.68}$$

图 4.53 给出了调制信号为三角波(图 4.53(a))的调频信号波形(图 4.53(b))。

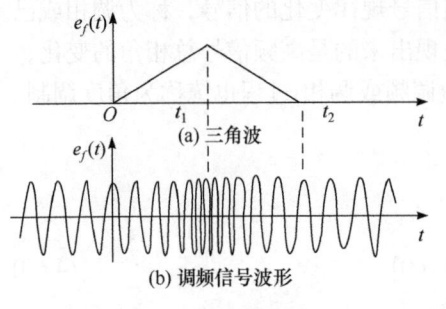

图 4.53 频率调制信号

(a) 三角波
(b) 调频信号波形

由图 4.53 可见，在 $0\sim t_1$ 区间，调频波 $e_f(t)$ 的瞬时频率随调制信号 $f(t)$ 的增大而逐渐增高，而在 $t_1\sim t_2$ 区间内，调频波的瞬时频率则随 $f(t)$ 的减小而逐渐降低，在 $t=t_2$ 时刻，调制信号 $f(t)=0$，调频信号 $e_f(t)$ 也恢复到原来的状况。因此，调频信号总相角的增量与调制信号 $f(t)$ 的积分成正比(式(4.67))，而信号相位的任何变化均会引起信号频率的变化。这便是频率调制的原理。

对任意信号 $f(t)$ 所调制的调频信号进行分析十分复杂，这里仅分析调制信号为单一频率正弦波的情形，用于说明调频信号频域表达的一般特点。

设调制信号为 $f(t)$ 角频率 Ω 的余弦信号：

$$f(t)=a\cos(\Omega t) \tag{4.69}$$

由此所得的调频信号的瞬时角频率根据式(4.66)应为

$$\omega_i(t)=\omega_0+kf(t)=\omega_0+ak\cos(\Omega t) \tag{4.70}$$

瞬时角频率 $\omega_i(t)$ 偏离信号中心频率 ω_0 $\left(\text{或 } f_0=\dfrac{\omega_0}{2\pi}\right)$ 的最大值称为频移或频偏，用 $\Delta\omega$ 或 Δf 表示。由式(4.70)可知，调频信号的频移为

$$\Delta\omega=ak \tag{4.71}$$

设被调制信号的初相角 $\varphi_0=0$，且调制信号是在 $t=0$ 时被接入的，则根据式(4.67)可得信号的总相角为

$$\begin{aligned}\theta(t)&=\omega_0(t)+k\int f(t)\mathrm{d}t\\&=\omega_0(t)+ak\int_0^t\cos(\Omega t)\mathrm{d}t\\&=\omega_0(t)+\frac{ak}{\Omega}\sin(\Omega t)\end{aligned} \tag{4.72}$$

定义最大频偏与调制信号 $f(t)$ 的频率之比为调频指数，用 m_f 表示，则

$$m_f=\frac{\Delta f}{F}=\frac{\Delta\omega}{\Omega}=\frac{ak}{\Omega} \tag{4.73}$$

由此可将余弦调制下的调频信号表示为

$$e_f(t)=A\cos[\omega_0 t+m_f\sin(\Omega t)] \tag{4.74}$$

可见，$e_f(t)$ 仍为一个周期函数。式(4.74)可用贝塞尔函数展开为

$$e_f(t) = A \sum_{n=-\infty}^{\infty} J_n(m_f) \cdot \cos(\omega_0 + n\Omega)t \tag{4.75}$$

式中，$J_n(m_f)$ 为第一类 n 阶贝塞尔函数。其部分函数的图形如图 4.54 所示。

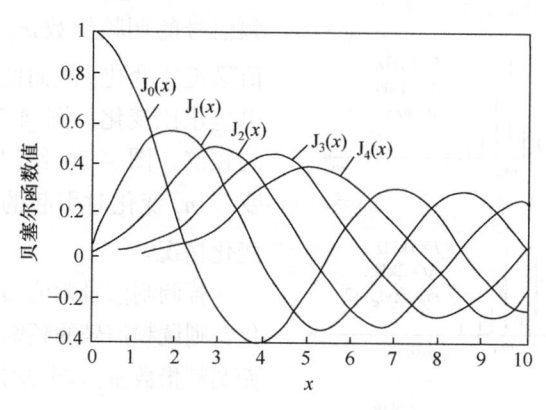

图 4.54　第一类贝塞尔函数

由式(4.75)可见，用频率为 Ω 的调制信号 $f(t)$ 对高频信号载波进行调制之后，调频信号 $e_f(t)$ 中除载波频率 ω_0 之外，还产生了边带频率 $\omega_0 \pm \Omega$，$\omega_0 \pm 2\Omega$，$\omega_0 \pm 3\Omega$，…，如图 4.55 所示。从理论上讲，变频的数目为无限多个。但实际上，频率较高的分量其幅值很小，可以忽略。当 $m_f = 1$ 时，仅 $J_0(m_f)$ 和 $J_1(m_f)$ 的函数值较大，而其余较高阶次的函数值 $J_2(m_f),J_3(m_f),\cdots$ 均可忽略不计。当 $m_f=2$ 时，图中的 $J_5(2),J_6(2),\cdots$ 都可略去。由贝塞尔函数的理论可知，当 $n > m_f + 1$ 时，$J_n(m_f)$ 的值小于 0.1。通常情况下，当振幅小于未调载波信号振幅 10%的变频分量可忽略不计，则调频信号的带宽为

$$B = 2(m_f + 1)\Omega = 2(\Delta\omega + \Omega) \tag{4.76}$$

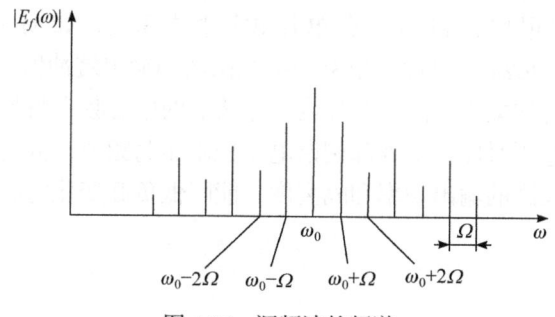

图 4.55　调频波的频谱

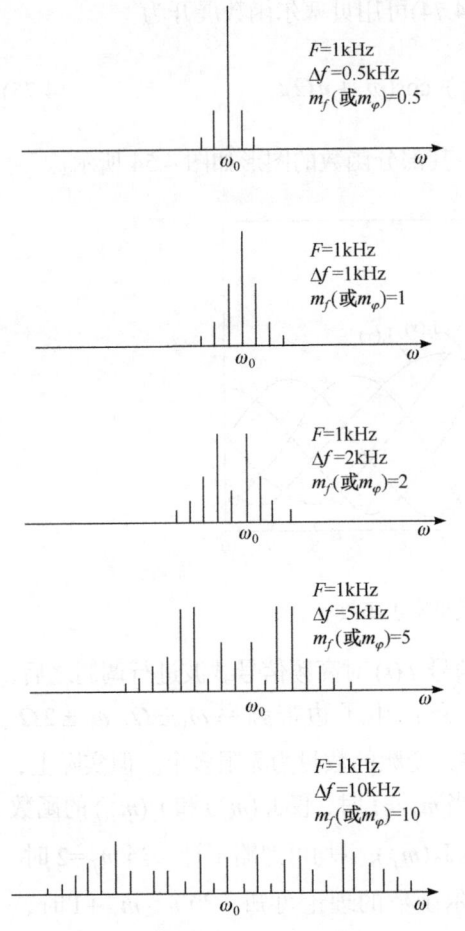

图 4.56 不同调频指数 m_f 下调频信号的频谱

由式(4.76)可知,调频(调角)信号的带宽比调幅信号的带宽大 m_f+1 倍。

由式(4.73)可知,若调制信号 $f(t)$ 的频率 $f=\dfrac{\Omega}{2\pi}$ 不变,振幅 a 改变,则调频信号的调频指数 m_f 随调制信号的幅值呈正比变化,从而使调频信号的频带也呈正比变化。图 4.55 给出了调频波的频谱,图 4.56 给出了调制信号 f 不变、m_f 变化时引起的调频信号频谱的变化情况。

若调制信号幅值 a 不变而频率 f 变化,则调频信号的频偏 Δf 不变(式(4.74))而调频指数 m_f 与调制频率 f 呈反比变化(式(4.73))。

频率调制一般用振荡电路来实现,如 RC 振荡电路、变容二极管调制器、压控振荡器等。以 LC 振荡电路为例,如图 4.57 所示,该电路常用于电容、涡流、电感等传感器中作为测量电路。LC 振荡电路中,振荡频率 f 与调谐参数的变化呈线性关系,即振荡频率 f 受控于被测物理量(电容 C_0)。这种将被测参数的变化直接转换为振荡频率变化的过程称为直接调频式测量。

压控振荡器是常用的调频电路。压控振荡器原理如图 4.58 所示,其基于乘法器的原理,其中,e_x 与 e_o 同号。乘法器应有较好的线性,且 e_i 应有固定的极性。压控振荡器发展很快,目前已有单片式压控振荡器(如 Maxim 公司推出的 MAX2622~MAX2624),其内部电路包括振荡器和输出缓冲器,其调谐电路的电感器和变容二极管均集成在同一芯片内。振荡器的中心频率与频率范围可预置,频率范围与控制电压对应,由外部调谐电压控制振荡频率,振荡信号经缓冲器缓冲后输出,具有较高的输出功率和隔离度,能降低负载变化的影响。

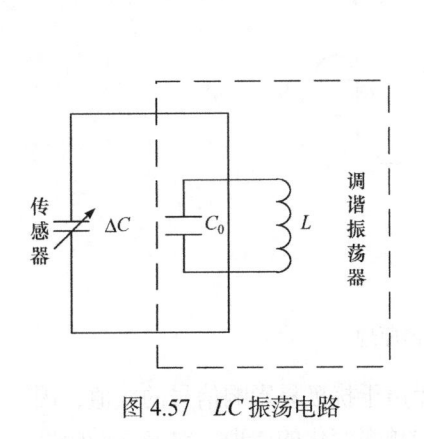

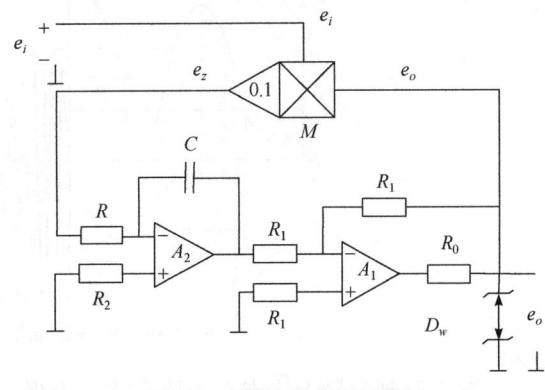

图 4.57　LC 振荡电路　　　　　图 4.58　压控振荡器原理

2. 频率调制解调

对调频波的解调称为鉴频。鉴频的原理是将频率的变化相应地复原为原来电压幅值的变化。图 4.59 给出了一种常用的振幅鉴频电路。图中，L_1、L_2 分别为变压器耦合的原、副边线圈，与电容 C_1、C_2 形成并联谐振回路。回路的输入为等幅调频波 e_f，在回路谐振频率 f_n 处，线圈 L_1、L_2 中的耦合电流最大，而副边输出电压 e_a 也最大。当 e_f 的频率偏离 f_n 时，e_a 随之下降。尽管 e_a 的频率与 e_f 的频率保持一致，但 e_a 的幅值改变了，其电压的幅值与频率之间的关系如图 4.59(b)所示。通常利用特性曲线中亚谐振区接近于直线的一段工作范围来实现频率/电压转换，将调频的载波频率 f_0 设置在直线工作段中点附近，在有频偏 Δf 时频率范围为 $f_0 + \Delta f$。其中，频偏 Δf 为一正弦波，因此由 $f_0 + \Delta f$ 对应的变换所得到的输出信号为一同频($f + \Delta f$)、幅值随频率变化的振荡信号。随着测量参数的变化，e_a 的幅值也随调频波 e_f 的频率做近似线性变化，调频波 e_f 的频率则与测量参数保持线性关系。后续的幅值检波电路是常见的整流滤波电路，检测调频调幅波的包络信号 e_o，该包络信号 e_o 反映了被测量参数 ΔC 的信息，如图 4.57 所示。

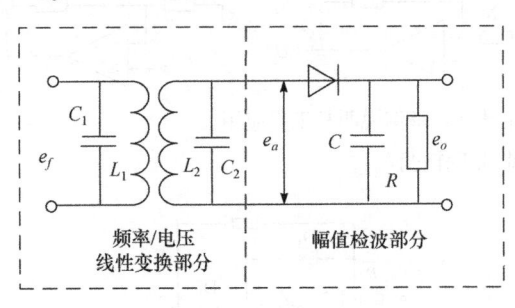

(a) 原理电路

(b) 包络信号

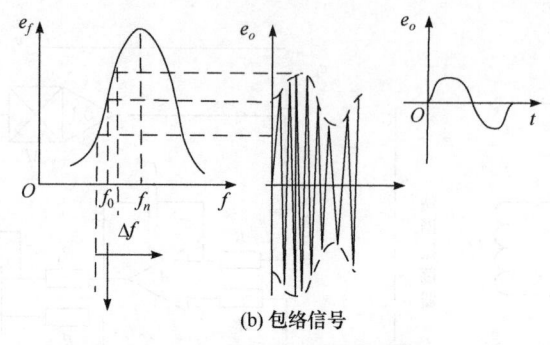

图 4.59 谐振振幅鉴频器原理

频率调制的最大优点在于抗干扰能力强。噪声干扰极易影响信号的幅值，因此调幅波容易受噪声影响。与此相反，调频依据频率变化的原理，对噪声的幅度影响不太敏感，因而调频电路的信噪比较高。

4.6 本章小结

测试信号在进入中心计算单元前经常需要进行必要的转换和调理。本章重点分析了常用信号转换与调理电路的工作原理和工作特性，主要涉及信号转换、信号放大、信号滤波、信号调制和解调电路等核心内容。本章内容重点面向工程应用，因此对部分原理式推导进行了简化，读者可以根据兴趣自行查阅相关书籍进行知识拓展。

思 考 题

1. 求解如下电路的输出信号表达式，并说明该电路的功能。

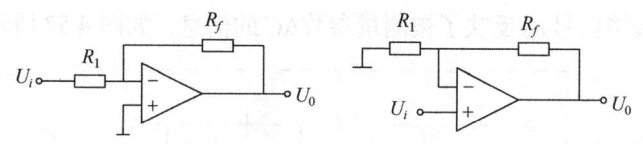

2. 滤波器的基本原理是什么？举例说明其工程应用。
3. 简述如下电路的功能和工作过程。

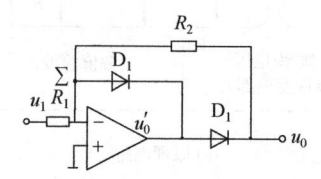

4. 请说明如下电路的功能，并详细说明各部分功能及其工作过程。

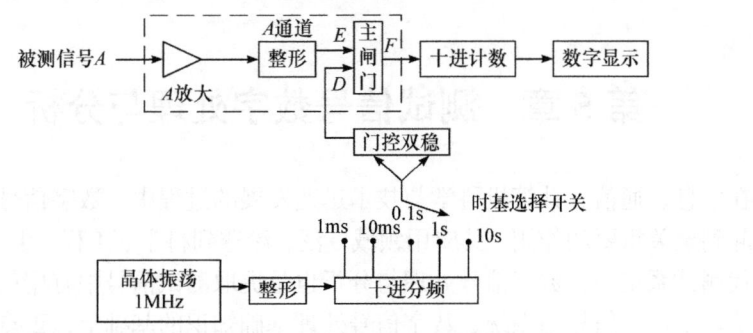

```
被测信号A → A放大 → A通道整形 → E → 主闸门 → F → 十进计数 → 数字显示
                                  D
                              门控双稳
                                  ↓ 0.1s  时基选择开关
                              1ms 10ms 1s 10s
晶体振荡 1MHz → 整形 → 十进分频
```

5. 调幅、调频和调相分别是如何进行的？工程应用时需注意哪些问题？

第 5 章　测试信号数字处理与分析

在信息、通信、计算机科学与技术迅速发展的过程中,数字信号处理理论和技术起到至关重要的作用,其应用领域广泛,渗透到科学、工程、生活各个领域。在现代测试系统中,数字信号处理与分析也是提取测试信号中有用信息必不可少的环节。本章在信号与系统、数字信号处理基础知识的基础上,重点阐述相关分析、功率谱分析、时频分析等基本方法及其在现代测试中的应用,并对测试信号的智能信息处理方法进行概要阐述。

5.1　数字信号处理基础

从传感器获取的测试信号中大多数为模拟信号,现代测试系统一般以数字计算机为基础,因此首先对信号进行数字化处理,然后根据需要进行信号分析。

5.1.1　模拟信号数字化

数字信号处理系统的一般流程如图 5.1 所示。

图 5.1　数字信号处理系统的一般流程

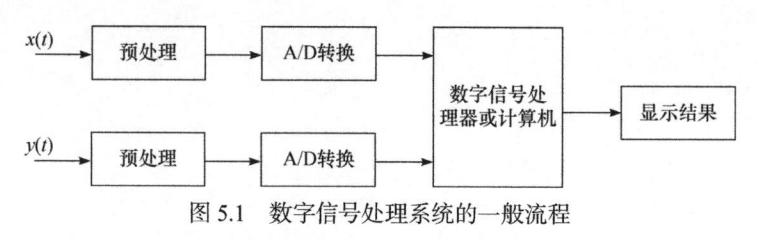

图中,预处理是指在数字处理之前,对信号用模拟方法进行的处理。信号的预处理是指把信号变成适于数字处理的形式,以减轻数字处理的困难。预处理包括幅值调理、滤波、隔离和解调,主要完成的操作包括:①信号电压幅值处理,使之适于采样;②过滤信号中的高频噪声;③隔离信号中的直流分量,消除趋势项;④若信号是调制信号,则进行解调。信号调理环节应根据被测对象、信号特点和数学处理设备的能力进行安排。

A/D 转换是将预处理以后的模拟信号转换为数字信号,其核心是 ADC,转换精度与信号处理系统的性能有密切关系。

数字信号处理器或计算机对离散的时间序列进行运算。计算机只能处理有限长度的数据，因此首先要把长时间序列截断，有时还要对截取的数字序列人为地进行加权(乘以窗函数)，生成新的有限长序列。对数据中的奇异点(由强干扰或信号丢失所引起的数据突变)应予以剔除，对温漂、时漂等系统性干扰所引起的趋势项(周期大于记录长度的频率成分)也应予以分离。如果有必要，还可以设计专门的程序来进行数字滤波，进而开展后续分析。

经过数字处理的运算结果可以直接显示或打印。若后接 D/A 转换器和记录仪，则可以绘图等。若有需要，还可将数字信号处理结果送入后接计算机或通过专门程序再做进一步处理。

1. 时域采样

采样是把连续时间信号变成离散时间序列的过程，这一过程相当于在连续时间信号上选取某些离散时刻上的信号瞬时值。在数学处理上，采样过程可以看作用等间隔的单位脉冲序列去乘以模拟信号，如图 5.2 所示。各采样点上的信号大小就变成了脉冲序列的权值，其数学描述为间隔 T_s 的周期脉冲序列 $g(t)$ 乘以模拟信号 $x(t)$。$g(t)$ 的表达式为

$$g(t) = \sum_{n=-\infty}^{\infty} \delta(t-nT_1), \quad n=0,\pm 1,\pm 2,\pm 3,\cdots \tag{5.1}$$

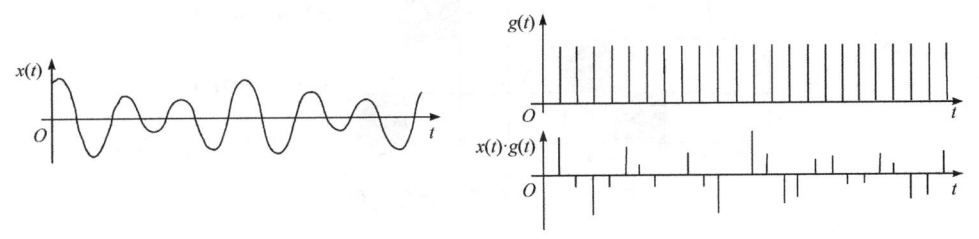

图 5.2 时域采样原理图

由单位脉冲函数 δ 的筛选特性可知

$$x(t) \cdot g(t) = \int_{-\infty}^{\infty} x(t) \sum_{n=-\infty}^{\infty} \delta(t-nT_s) \mathrm{d}t = \sum_{n=-\infty}^{\infty} x(nT_s), \quad n=0,\pm 1,\pm 2,\cdots \tag{5.2}$$

式中，nT_s 为采样间隔或采样周期；$T_s = 1/f_s$，f_s 为采样频率。

采样间隔的选择尤为重要。若采样间隔太小(采样频率高)，则对定长的时间记录来说，其数字序列就很长(采样点数多)，计算工作量很大。若采样间隔太大(采样频率低)，则可能丢失有用的信息，即信号产生频域上的混叠。为了避免混叠的发生，使采样后的信号仍能准确保留原信号的有用信息，采样频率 f_s 必须大于等于信号最高频率 f_c 的 2 倍，即 $f_s \geq 2f_c$，这就是采样定理。

在实际工作中，考虑到实际滤波器不可能有理想的截止特性，在其截止频率

f_c 之后总有一定的过渡带，故采样频率一般选用被采样信号中最高频率的 3 倍或 4 倍以上。另外，任何低通滤波器都不可能把高频噪声完全滤除，因此不可能彻底消除混叠。

2. 量化编码

连续模拟信号经采样在时间轴上已离散，但其幅值仍为连续的模拟电压值。采用舍入或者截尾的方法把采样信号 $x(nT_s)$ 变为只有有限个有效数字的数，这一过程称为量化。量化又称幅值量化，就是将模拟信号采样后的 $x(nT_s)$ 的电压幅值变成离散的二进制数，其二进制数只能表达有限个相应的离散电平，即量化电平。

若取信号 $x(t)$ 可能出现的最大值 A，将其等分成 D 个间隔，则每个间隔长度为 $R = A/D$，R 称为量化增量或量化步长。当离散信号采样值 $x(nT_s)$ 的电平落在两个相邻量化电平之间时，通过舍入或者截尾的方法近似到相近的一个量化电平上，该量化电平与信号实际电平之间的差值称为量化误差，如图 5.3 所示。

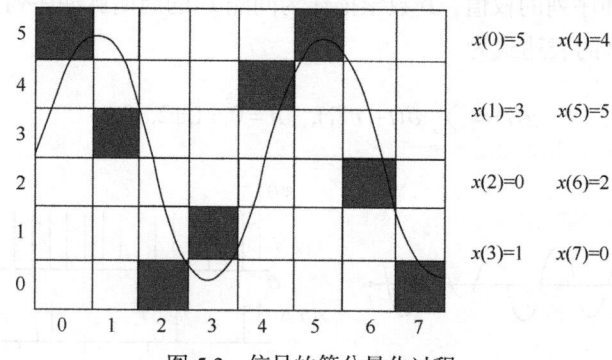

图 5.3　信号的等分量化过程

显然，量化误差的大小取决于量化增量 R 的大小，就是 A/D 模块的位数。然而，A/D 模块的位数也不是越多越好，其位数越多，成本就越高，同时转换速率也会下降，因此 A/D 模块的位数应该根据信号的具体情况和量化的精度要求来确定。例如，8 位二进制为 $2^8 = 256$，即量化电平 R 为所测信号最大电压幅值的 1/256。

5.1.2　信号的时域截断与能量泄漏

当运用计算机实现测试信号处理时，不可能对无限长的信号进行测量和运算，而是取其有限的时间片段进行分析。做法是从信号中截取一个时间片段，然后用观察的信号时间片段进行周期延拓处理，得到虚拟的无限长信号，再对信号进行傅里叶变换、分析与处理，如图 5.4 所示。

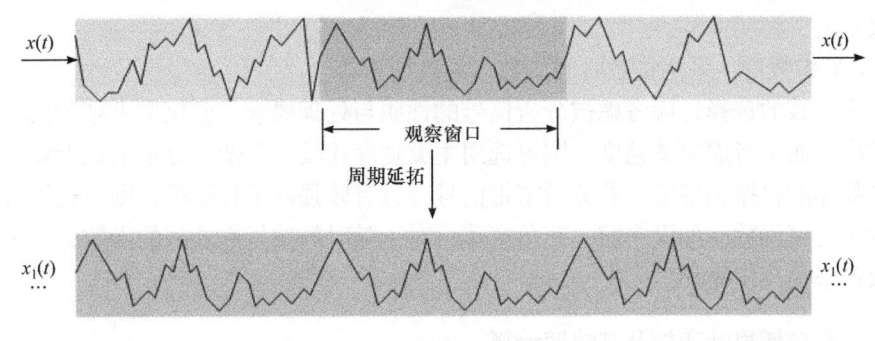

图 5.4　信号的周期延拓

经过时域采样和截断后，其频谱在频域是连续的。如果要用数字描述频谱，这就意味着首先必须使用频率离散化进行频域采样。频域采样与时域采样相似，在频域用脉冲序列乘以信号的频谱函数。这一过程在时域相当于将信号与一个周期脉冲序列做卷积，其结果是将时域信号平移至各脉冲坐标位置重新构图，从而相当于在时域中将窗内的信号波形在窗外进行周期延拓。因此，频率离散化，无疑是将时域信号"改造"成周期信号。总之，经过时域采样、截断、频域采样之后的信号是一个周期信号，与原信号不同。

对一个函数进行采样，实质上就是摘取采样点上对应的函数值，其效果如透过栅栏的缝隙观看景色，只有落在缝隙前的少量景色被看到，其余都被挡住而视为零，这种现象称为栅栏效应。不管是时域采样还是频域采样，都有相应的栅栏效应。时域采样若满足采样定理要求，则栅栏效应不会有什么影响，而频域采样的栅栏效应则影响很大，被挡住或丢失的频率成分有可能是重要的或具有特征的成分，以致整个处理失去意义。

为避免栅栏效应，可采取以下措施：

(1) 提高频率采样间隔，即提高频率分辨力，以减少栅栏效应中被挡住的频率成分。

(2) 对周期信号实行整周期截断。

为了减少或抑制泄漏，人们提出了各种形式的窗函数来对时序信号进行加权处理，以改善时序截断处的不连续状况。所选择的窗函数应力求其频谱的主瓣宽带更窄、旁瓣幅度更小。窄的主瓣可以提高频率分辨能力；小的旁瓣可以减少泄漏。窗函数的性能主要取决于最大旁瓣峰值与主瓣峰值之比、最大旁瓣 10 倍频程衰减率和主瓣宽度等方面。实际应用的窗函数主要有以下类型。

(1) 幂窗：采用时间变量函数为底数的幂函数，如矩形、三角形、梯形或其他时间函数 $x(t)$ 的高次幂。

(2) 三角函数窗：应用三角函数，即正弦函数或余弦函数等组合成复合函数，如汉宁窗、海明窗等。

(3) 指数窗：采用指数时间函数，如高斯窗等。

窗函数的选择，应考虑被分析信号的性质与处理要求。若仅要求精确读出主瓣频率，而不考虑幅值精度，则可选用主瓣宽度比较窄且便于分辨的矩形窗，如测量物体的自振频率等；若分析窄带信号，且有较强的干扰噪声，则应选用旁瓣幅度小的窗函数，如汉宁窗、三角窗等；对于随时间按指数衰减的函数，可采用指数窗来提高信噪比。

5.1.3 离散傅里叶变换及其快速计算

1. 离散傅里叶变换

实际问题的时间函数或空间函数的区间是有限的，或者是频谱有截止频率，至少在横坐标超过一定范围时，函数值已趋于零而可以略去不计。$f(x)$ 和 $F(u)$ 的有效宽度同样可被等分为 N 个小间隔，对连续傅里叶变换进行近似的数值计算，得到离散傅里叶变换(discrete Fourier transform，DFT)，在形式上，变换两端(时域和频域上)序列是有限长的，而实际上这两组序列都应当认作离散周期信号的主值序列。即使对有限长的离散信号进行离散傅里叶变换，也应当将其看作其周期延拓的变换。在实际应用中通常采用快速傅里叶变换计算离散傅里叶变换。

设 $X(k)$ 为有限长序列，长度为 N，则定义 $x(n)$ 的 $N(n \geq N)$ 点离散傅里叶变换为

$$X(k) = \text{DFT}[x(n)] = \sum_{n=0}^{N-1} x(n) W_N^{kn}, \quad k = 0,1,2,\cdots,N-1 \tag{5.3}$$

$X(k)$ 的 N 点离散傅里叶逆变换为

$$x(n) = \text{IDFT}[X(k)] = \frac{1}{N} \sum_{n=0}^{N-1} X(k) W_N^{-kn}, \quad k = 0,1,2,\cdots,N-1 \tag{5.4}$$

式中，$W_N = e^{-j\frac{2\pi}{N}}$，$N$ 为离散傅里叶变换区间长度。

由定义可知，离散傅里叶变换使有限长时域离散序列与有限长频域离散序列建立对应关系。

假设 $X(e^{j\omega}) = \text{FT}[x(n)]$，$X(z) = \text{ZT}[x(n)]$，$X(k) = \text{DFT}[x(n)]_N$，则有

$$X(k) = X(e^{j\omega})\big|_{\omega=\frac{2\pi}{N}k}, \quad k = 0,1,2,\cdots,N-1 \tag{5.5}$$

$$X(k) = X(z)\big|_{z=e^{j\frac{2\pi}{N}k}}, \quad k = 0,1,2,\cdots,N-1 \tag{5.6}$$

即序列 $x(n)$ 的 N 点离散傅里叶变换的物理意义是对 $x(n)$ 的频谱 $X(e^{j\omega})$ 在 $[0, 2\pi]$

上的 N 点等间隔采样,采样间隔为 $2\pi/N$。

由上述内容可以看出,针对同一序列 $x(n)$,离散傅里叶变换具有以下特点:

(1) 离散傅里叶变换区间长度 N 不同,变换结果 $X(k)$ 也不同。在 N 确定后,$X(k)$ 与 $x(n)$ 一一对应。

(2) 当 N 足够大时,$|X(k)|$ 的包络可逼近 $|X(e^{j\omega})|$ 的曲线。

(3) $|X(k)|$ 表示 $\omega_k = (2\pi/N)k$ 频点的幅度谱线,若 $x(n)$ 是一个模拟信号的采样,采样间隔为 T,$\omega = 2\pi fT$,则 k 与相对应的模拟频率 f_k 的关系为

$$\omega_k = \left(\frac{2\pi}{N}\right)k = 2\pi f_k T \tag{5.7}$$

对模拟频率而言,N 点离散傅里叶变换意味着频率的采样间隔为 $1/(NT)$Hz。当用离散傅里叶变换进行频谱分析时,$F = 1/(NT)$ 为频率分辨率。NT 表示时域采样的区间长度,为提高频率分辨率,必须使记录时间足够长。

有限 N 长序列 $x(n)$ 的 N 点离散傅里叶变换 $X(k)$ 也可以定义为 $x(n)$ 的周期延拓序列 $X[(k)]_N$ 的离散傅里叶级数系数 $\tilde{X}(k)$ 的主值序列。显然,当 k 的取值域不加限制时,$X(k)$ 的取值将以 N 为周期,即 $X(k)$ 具有隐含周期性。

另外,$\tilde{X}(k)$ 表示 $\tilde{x}_N(n)$ 的频谱特性,因此取主值序列 $x(n) = \tilde{x}_N(n) \cdot R_N(n)$ 和 $x(k) = \tilde{X}(k) \cdot R_N(n)$ 作为一对变换是合理的。这里可得出 $X(k)$ 的一种物理解释:$X(k) = \mathrm{DFT}[x(n)]$ 实质上是表示周期序列 $X[(k)]_N$ 的频谱特性。

离散傅里叶变换基本性质如表 5.1 所示。

表 5.1 离散傅里叶变换基本性质

序号	序列	离散傅里叶变换	备注
1	$x(n)$	$X(k)$	—
2	$y(n) = ax_1(n) + bx_2(n)$	$Y(k) = aX_1(k) + bX_2(k)$	$X_1(k) = \mathrm{DFT}[x_1(n)]$ $X_2(k) = \mathrm{DFT}[x_2(n)]$
3	$x(n+m)_N \cdot R_N(n)$	$W_N^{-km} X(k)$	时域循环移位性质
4	$W_N^{am} x(n)$	$X(k+m)_N R_N(k)$	频域循环移位性质
5	$x_1(n) * x_2(n)$ $= \sum_{m=0}^{N-1} x_1(m) x_2(n-m)_N R_N(n)$	$X_1(k) X_2(k)$	$X_1(k) = \mathrm{DFT}[x_1(n)]$ $X_2(k) = \mathrm{DFT}[x_2(n)]$
6	$x^*(n)$	$X^*(N-k)$	—
7	$x^*(N-n)$	$X^*(k)$	—

2. 快速傅里叶变换

快速傅里叶变换是离散傅里叶变换的快速算法,是根据离散傅里叶变换的奇、

偶、虚、实等特性，对离散傅里叶变换算法的改进。

有限长序列可以通过离散傅里叶变换将其频域离散化成有限长序列，但其计算量太大，很难实时地处理问题，因此引出了快速傅里叶变换。

离散傅里叶变换的定义中，在所有复指数值 W_N^{kn} 全部算好的情况下，要计算一个 $X(k)$ 需要 N 次复数乘法和 $N-1$ 次复数加法。算出全部 N 点 $X(k)$ 共需 N 次复数乘法和 N 次复数加法，即计算量与 N^2 成正比。快速傅里叶变换的基本思想是将大点数的离散傅里叶变换分解为若干个小点数的离散傅里叶变换的组合，从而减少计算量。W_N 因子具有周期性和对称性，即

$$W_N^{(k+mN)n} = W_N^{kn} = W_N^{k(n+N)}$$

$$W_N^{k+N/2} = -W_N^k$$

利用上述两个特性，将离散傅里叶变换计算量尽量分解为小点数的离散傅里叶变换运算，从而使离散傅里叶变换运算中有些项合并，以减少乘法次数。

快速傅里叶变换算法形式有很多种，基本上可分为两大类：按时间抽取(decimation in time，DIT)和按频率抽取(decimation in frequency，DIF)。

1) 按时间抽取的快速傅里叶变换

为了将大点数的离散傅里叶变换分解为小点数的离散傅里叶变换运算，要求序列的长度 N 为复合数，最常用的是 $N=2^M$ (M 为正整数)的情况。该情况下的变换称为以 2 为基数的按频率抽取。

先将序列 $x(n)$ 按奇偶项分解为两组：

$$\begin{cases} x(2r) = x_1(r) \\ x(2r+1) = x_2(r) \end{cases}, \quad r = 0, 1, 2, \cdots, \frac{N}{2} - 1 \tag{5.8}$$

将离散傅里叶变换相应地分为两组：

$$\begin{aligned} X(k) = \mathrm{DFT}[x(n)] &= \sum_{n=0}^{N-1} x(n) W_N^{kn} \\ &= \sum_{\substack{n=0 \\ n\text{为偶数}}}^{N-1} x(n) W_N^{kn} + \sum_{\substack{n=0 \\ n\text{为奇数}}}^{N-1} x(n) W_N^{kn} \\ &= \sum_{r=0}^{N/2-1} x(2r) W_N^{2rk} + \sum_{r=0}^{N/2-1} x(2r+1) W_N^{(2r+1)k} \\ &= \sum_{r=0}^{N/2-1} x_1(r) W_N^{2rk} + W_N^k \sum_{r=0}^{N/2-1} x_2(r) W_N^{2rk} \\ &= \sum_{r=0}^{N/2-1} x_1(r) W_{N/2}^{rk} + W_N^k \sum_{r=0}^{N/2-1} x_2(r) W_{N/2}^{rk} \quad (W_N^{2rk} = W_{N/2}^{rk}) \\ &= X_1(k) + W_N^k X_2(k) \end{aligned} \tag{5.9}$$

式中，$X_1(k)$、$X_2(k)$ 分别是 $x_1(n)$、$x_2(n)$ 的 $N/2$ 点的离散傅里叶变换，具体表达为

$$X_1(k) = \sum_{r=0}^{N/2-1} x_1(r) W_{N/2}^{rk} = \sum_{r=0}^{N/2-1} x(2r) W_{N/2}^{rk}, \quad 0 \leq k \leq \frac{N}{2} - 1 \tag{5.10}$$

$$X_2(k) = \sum_{r=0}^{N/2-1} x_2(r) W_{N/2}^{rk} = \sum_{r=0}^{N/2-1} x(2r+1) W_{N/2}^{rk}, \quad 0 \leq k \leq \frac{N}{2} - 1 \tag{5.11}$$

至此，一个 N 点的离散傅里叶变换被分解为两个 $N/2$ 点的离散傅里叶变换。

由于上述方法每一步分解都是按输入序列在时域上的次序是属于偶数还是奇数来抽取的，所以称为时间抽取法。分析上述公式可知，$N=2^M$，一共要进行 M 次分解，构成了从 $x(n)$ 到 $X(k)$ 的 M 级运算过程。每一级运算都是由 $N/2$ 个蝶形运算构成，因此每一级运算都需要 $N/2$ 次复乘和 N 次复加，按时间抽取法的 M 级运算后共需要复乘次数和复加次数如下。

复乘次数：

$$m_F = \frac{N}{2} \cdot M = \frac{N}{2} \log_2 N$$

复加次数：

$$a_F = N \cdot M = N \log_2 N$$

2) 按频率抽取的快速傅里叶变换

除时间抽取法外，还有一种普遍使用的基本方法是频率抽取法。频率抽取法不是将输入序列按奇、偶分组，而是将 N 点的按频率抽取写成前后两部分，即

$$\begin{aligned}
X(k) = \mathrm{DFT}[x(n)] &= \sum_{n=0}^{N-1} x(n) W_N^{kn} \\
&= \sum_{n=0}^{N/2-1} x(n) W_N^{kn} + \sum_{n=N/2}^{N-1} x(n) W_N^{kn} \\
&= \sum_{n=0}^{N/2-1} x(n) W_N^{kn} + \sum_{n=0}^{N/2-1} x(n+N/2) W_N^{(n+N/2)k} \\
&= \sum_{n=0}^{N/2-1} [x(n) + W_N^{(N/2)k} x(n+N/2)] W_N^{kn}
\end{aligned} \tag{5.12}$$

因为 $W_N^{N/2} = -1$、$W_N^{(N/2)k} = (-1)^k$，k 为偶数时，$(-1)^k = 1$，k 为奇数时，$(-1)^k = -1$，所以可将 $X(k)$ 分解为偶数组和奇数组，即

$$X(k) = \sum_{n=0}^{N/2-1} [x(n) + (-1)^k x(n+N/2)] W_N^{nk} \tag{5.13}$$

$$X(2r) = \sum_{n=0}^{N/2-1} [x(n)+x(n+N/2)]W_N^{2nr} \qquad (5.14)$$

$$= \sum_{n=0}^{N/2-1} [x(n)+x(n+N/2)]W_{N/2}^{nr}$$

$$X(2r+1) = \sum_{n=0}^{N/2-1} [x(n)-x(n+N/2)]W_N^{(2r+1)n} \qquad (5.15)$$

$$= \sum_{n=0}^{N/2-1} [x(n)-x(n+N/2)]W_N^n W_{N/2}^{nr}$$

令

$$\begin{cases} x_1(n) = x(n)+x(n+N/2) \\ x_2(n) = [x(n)-x(n+N/2)]W_N^n \end{cases}, \quad n=0,1,2,\cdots,N/2-1$$

这两个序列都是 $N/2$ 点的序列，对应的是两个 $N/2$ 点的离散傅里叶变换运算，即

$$X(2r) = \sum_{n=0}^{N/2-1} x_1(n) W_{N/2}^{nr} \qquad (5.16)$$

$$X(2r+1) = \sum_{n=0}^{N/2-1} x_2(n) W_{N/2}^{nr} \qquad (5.17)$$

这样，同样是将一个 N 点的离散傅里叶变换分解为两个 $N/2$ 点的离散傅里叶变换。

由于这种方法中每次分组都是按输出 $X(k)$ 在频域的顺序上是属于偶数还是奇数来分组的，又称为频率抽取法。

利用快速算法计算逆离散傅里叶变换的过程如下：

逆离散傅里叶变换的公式为

$$x(n) = \text{IDFT}[X(k)] = \frac{1}{N}\sum_{k=0}^{N-1} X(k) W_N^{-nk}, \quad n=0,1,2,\cdots,N-1 \qquad (5.18)$$

离散傅里叶变换的公式为

$$X(k) = \text{DFT}[x(n)] = \sum_{n=0}^{N-1} x(n) W_N^{nk}, \quad k=0,1,2,\cdots,N-1 \qquad (5.19)$$

可用这两种方法来实现逆离散傅里叶变换的快速算法：

(1) 只要把离散傅里叶变换中的每一个系数 W_N^{nk} 改为 W_N^{-nk}，并且乘以常数 $\frac{1}{N}$，就可以用快速傅里叶变换的时间抽取法或频率抽取法来直接计算逆离散傅里叶变换。这种方法需要对快速傅里叶变换的程序和参数稍加改动才能实现。

(2) 因为 $x(n) = \frac{1}{N}\left[\sum_{k=0}^{N-1} X^*(k) W_N^{nk}\right]^* = \frac{1}{N}\left\{\text{DFT}\left[X^*(k)\right]\right\}(n=0,1,2,\cdots,N-1)$，所

以可首先将 $X(k)$ 取共轭变换，即将 $X(k)$ 的虚部乘以 -1，然后调用快速傅里叶变换的程序，最后对运算结果进行一次共轭变换并乘以常数 $\dfrac{1}{N}$ 即可得到 $x(n)$ 的值。上述方法中，快速傅里叶变换运算和逆快速傅里叶变换运算可以共用一个子程序块，在使用通用计算机或用硬件实现时比较方便。

3) 混合基快速傅里叶变换算法

以上讨论的是以 2 为基数的快速傅里叶变换算法，即 $N=2^M$ 的情况，这种情况实际上使用得最多，这种快速傅里叶变换运算程序简单，效率很高，使用方便。另外，有限长序列的长度 N 很大程度上是由人为因素确定的，因此大多数场合可以将 N 选定为 $N=2^M$，从而可以直接调用以 2 为基数的快速傅里叶变换运算程序。

如果长度 N 不能认为是确定的，而 N 的数值又不是以 2 为基数的整数次方，那么通常有以下两种处理方法：

(1) 将 $x(n)$ 用补零的方法延长，使 N 增长到最邻近的一个 $N=2^M$ 数值，如 $N=30$，可以在序列 $x(n)$ 中补进 $x(30)=x(31)=0$ 两个零值点，使 $N=32$。若计算快速傅里叶变换的目的是了解整个频谱，而不是特定频率点，则此方法可行，因为有限长序列补零以后并不影响其频谱 $X(\mathrm{e}^{\mathrm{j}\omega})$，只是频谱的采样点数增加。

(2) 若要求特定频率点的频谱，则 N 不能改变。若 N 为复合数，则用以任意数为基数的快速傅里叶变换算法来计算。快速傅里叶变换的基本思想是将离散傅里叶变换的运算尽量降低。例如，当 $N=6$ 时，可以按照 $N=3\times2$ 分解，将 6 点的离散傅里叶变换分解为 3 组 2 点的离散傅里叶变换。

3. 快速傅里叶变换在测试信号处理中的典型应用

凡可以利用傅里叶变换来进行分析、综合、变换的应用，都可利用快速傅里叶变换算法及数字计算技术加以实现。快速傅里叶变换在数字通信、语音信号处理、图像处理、匹配滤波、功率谱估计、仿真及系统分析等领域都得到了广泛应用。快速傅里叶变换应用，一般都以卷积积分或相关积分的具体处理为依据。

1) 利用快速傅里叶变换求线性卷积——快速卷积

在实际中常遇到要求两个序列线性卷积的问题。信号序列 $x(n)$ 通过 FIR 滤波器后，其输出 $y(n)$ 是 $x(n)$ 与 $h(n)$ 的卷积，即

$$y(n)=x(n)*h(n)=\sum_{n=-\infty}^{\infty}x(m)h(n-m) \qquad (5.20)$$

有限长序列 $x(n)$ 与 $h(n)$ 卷积的结果 $y(n)$ 也是一个有限长序列。假设 $x(n)$ 与 $h(n)$ 的长度分别为 N_1 和 N_2，则 $y(n)$ 的长度为 $N=N_1+N_2-1$。若通过补零使 $x(n)$ 与 $h(n)$ 都加长到 N 点，则可用圆周卷积来计算线性卷积。基于快速傅里叶变换运

算来求 $y(n)$ 值(快速卷积)的步骤如下：

(1) 对序列 $x(n)$ 与 $h(n)$ 补零至长度为 N，使 $N \geq N_1 + N_2 - 1$，且 $N = 2^M$ (M 为正整数)，即

$$x(n) = \begin{cases} x(n), & n = 1, 2, \cdots, N_1 - 1 \\ 0, & n = N_1, N_1 + 1, \cdots, N - 1 \end{cases}$$

$$h(n) = \begin{cases} h(n), & n = 1, 2, \cdots, N_1 - 1 \\ 0, & n = N_1, N_1 + 1, \cdots, N - 1 \end{cases}$$

(2) 用快速傅里叶变换计算 $x(n)$ 与 $h(n)$ 的离散傅里叶变换为

$$x(n) \Leftrightarrow (\text{FFT}) \Leftrightarrow X(k) \quad (N点)$$
$$h(n) \Leftrightarrow (\text{FFT}) \Leftrightarrow H(k) \quad (N点)$$

(3) 计算 $Y(k) = X(k)H(k)$。

(4) 用逆快速傅里叶变换计算 $Y(k)$ 的逆离散傅里叶变换得

$$y(n) = \text{IFFT}[Y(k)] \quad (N点)$$

2) 利用快速傅里叶变换求相关——快速相关

互相关及自相关的运算已广泛应用于信号分析与统计分析，并应用于连续时间系统和离散事件系统。

用快速傅里叶变换计算相关函数称为快速相关。快速相关与快速卷积类似，两者都要注意离散傅里叶变换固有的周期性，也同样用补零的方法来绕过这个障碍，不同的是快速相关应用离散相关定理，而快速卷积应用离散卷积定理。

设两个离散时间信号 $x(n)$ 与 $y(n)$ 已知，离散互相关函数记作 $R_{xy}(n)$，定义为

$$R_{xy}(n) = \sum_{-\infty}^{\infty} x(m) y(n-m) \tag{5.21}$$

令 $x(n)$ 与 $y(n)$ 的序列长度分别为 N_1 和 N_2，则用快速傅里叶变换求相关的计算步骤如下：

(1) 对序列 $x(n)$ 与 $y(n)$ 补零至长度为 N，使 $N \geq N_1 + N_2 - 1$，且 $N = 2^M$ (M 为正整数)，即

$$x(n) = \begin{cases} x(n), & n = 1, 2, \cdots, N_1 - 1 \\ 0, & n = N_1, N_1 + 1, \cdots, N - 1 \end{cases}$$

$$y(n) = \begin{cases} y(n), & n = 1, 2, \cdots, N_1 - 1 \\ 0, & n = N_1, N_1 + 1, \cdots, N - 1 \end{cases}$$

(2) 用快速傅里叶变换计算 $x(n)$ 与 $y(n)$ 的离散傅里叶变换为

$$x(n) \Leftrightarrow (\text{FFT}) \Leftrightarrow X(k) \quad (N点)$$
$$y(n) \Leftrightarrow (\text{FFT}) \Leftrightarrow Y(k) \quad (N点)$$

(3) 将 $X(k)$ 的虚部 $\text{Im}[X(k)]$ 改变符号,求得其共轭 $X^*(k)$。

(4) 计算 $R_{xy}(k) = X^*(k)Y(k)$。

(5) 用逆快速傅里叶变换求得相关序列 $R_{xy}(n)$:

$$R_{xy}(n) = \text{IFFT}[R_{xy}(k)] \quad (N点)$$

若 $x(n) = y(n)$,则求得的是自相关序列 $R_{xy}(n)$。

5.2 测试信号相关分析及其应用

5.2.1 相关关系

在测试信号分析中,相关是一个非常重要的概念。相关是指变量之间的线性关系,对确定性信号来说,两个变量之间可用函数关系来描述,两者一一对应并为确定的数值。两个随机变量之间就不具有这样确定的关系,但是如果这两个变量之间具有某种内涵的物理联系,那么通过大量统计就能发现,它们之间还存在某种虽不精确但具有相应的表征其特性的近似关系。图 5.5 为由两个随机变量 x 和 y 组成的数据点的分布情况。图 5.5(a)中,变量 x 和 y 有较好的线性关系;图 5.5(b)中,x 和 y 虽无确定关系,但从总体上看,两变量间具有某种程度的相关关系;图 5.5(c)中,各点分布很散乱,可以说变量 x 和 y 之间是不相关的。

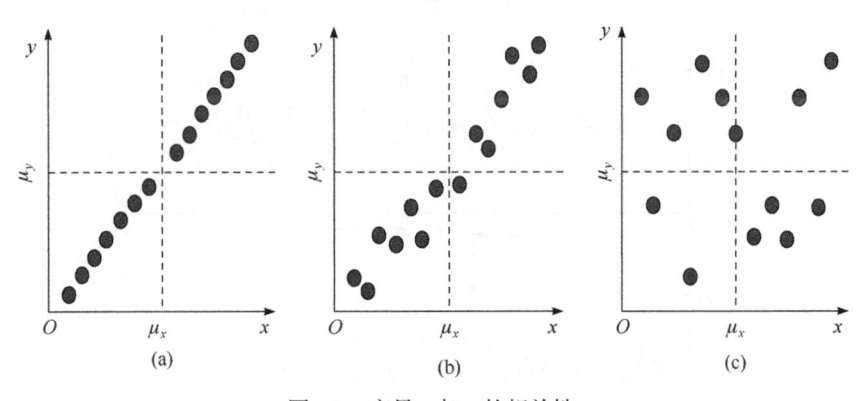

图 5.5 变量 x 与 y 的相关性

随机变量 x 和 y 之间的相关程度常用相关系数 ρ_{xy} 表示:

$$\rho_{xy} = \frac{\sigma_{xy}}{\sigma_x \sigma_y} = \frac{E[(x-\mu_x)(y-\mu_y)]}{\sqrt{E[(x-\mu_x)^2]E[(y-\mu_y)^2]}} \tag{5.22}$$

式中，ρ_{xy} 为随机变量 x、y 的协方差；μ_x、μ_y 为随机变量 x、y 的均值；σ_x、σ_y 为随机变量 x、y 的标准差。

利用柯西-施瓦茨不等式，得

$$E[(x-\mu_x)(y-\mu_y)]^2 \leqslant E[(x-\mu_x)^2]E[(y-\mu_y)^2] \tag{5.23}$$

故知 $|\rho_{xy}| \leqslant 1$。当 $\rho_{xy} = 1$ 时，表示 x、y 两变量是理想的线性相关；当 $\rho_{xy} = -1$ 时，表示 x、y 两变量也是理想的线性相关，只是直线的斜率为负；当 $\rho_{xy} = 0$ 时，表示 x、y 两变量之间完全无关，如图 5.5(c)所示。

5.2.2 自相关函数与互相关函数

1. 自相关分析

1) 自相关函数的概念

在图 5.6 中，$x(t)$ 是各态历经随机信号，$x(t+\tau)$ 是 $x(t)$ 时移 τ 后的样本，两个样本的相关程度可以用相关系数来表示。若把相关系数 $\rho_{x(t)x(t+\tau)}$ 简写为 $\rho_x(\tau)$，则有

$$\begin{aligned}\rho_x(\tau) &= \frac{\lim\limits_{T \to \infty} \frac{1}{T} \int_0^T [x(t)-\mu_x][x(t+\tau)-\mu_x] \, dt}{\sigma_x^2} \\ &= \frac{\lim\limits_{T \to \infty} \frac{1}{T} \int_0^T x(t)x(t+\tau) \, dt - \mu_x^2}{\sigma_x^2}\end{aligned} \tag{5.24}$$

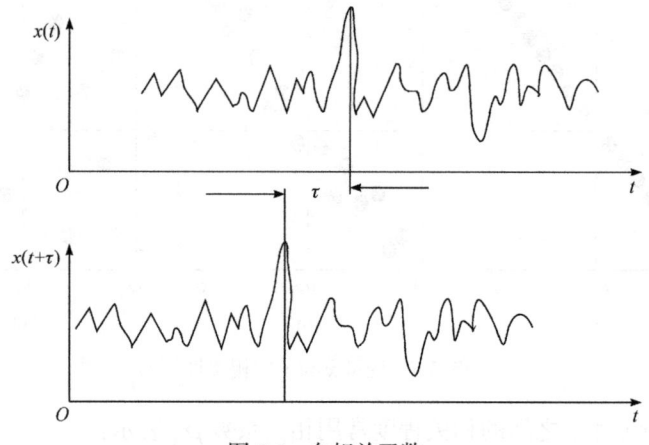

图 5.6 自相关函数

若用 $R_x(\tau)$ 表示自相关函数，其定义为

$$R_x(\tau) = \lim_{T \to \infty} \frac{1}{T} \int_0^T x(t)x(t+\tau)\mathrm{d}t \tag{5.25}$$

则有

$$\rho_x(\tau) = \frac{R_x(\tau) - \mu_x^2}{\sigma_x^2} \tag{5.26}$$

信号性质不同，其自相关函数有不同的表达形式。对于周期信号和非周期信号，自相关函数的表达形式分别为

$$R_x(\tau) = \frac{1}{T} \int_0^T x(t)x(t+\tau)\mathrm{d}t \tag{5.27}$$

$$R_x(\tau) = \int_{-\infty}^{\infty} x(t)x(t+\tau)\mathrm{d}t \tag{5.28}$$

2) 自相关函数的性质

(1) 自相关函数为实偶函数，即 $R_x(\tau) = R_x(-\tau)$。

$$\begin{aligned} R_x(-\tau) &= \lim_{T \to \infty} \frac{1}{T} \int_0^T x(t)x(t-\tau)\mathrm{d}t \\ &= \lim_{T \to \infty} \frac{1}{T} \int_0^T x(t+\tau)x(t+\tau-\tau)\mathrm{d}(t+\tau) \\ &= R_x(\tau) \end{aligned} \tag{5.29}$$

即 $R_x(\tau) = R_x(-\tau)$，又因为 $x(t)$ 是实函数，所以自相关函数是 τ 的实偶函数。

(2) τ 值不同，$R_x(\tau)$ 不同，当 $\tau = 0$ 时，$R_x(\tau)$ 的值最大，并等于信号的均方值 ψ_x^2。

$$R_x(0) = \lim_{T \to \infty} \frac{1}{T} \int_0^T x^2(t)\mathrm{d}t = \psi_x^2 = \sigma_x^2 + \mu_x^2 \tag{5.30}$$

则有

$$\rho_x(0) = \frac{R_x(\tau) - \mu_x^2}{\sigma_x^2} = 1 \tag{5.31}$$

式(5.31)表明，当 $\tau = 0$ 时，两信号完全相关。

(3) $R_x(\tau)$ 值的限制范围为 $\mu_x^2 - \sigma_x^2 \leqslant R_x(\tau) \leqslant \mu_x^2 + \sigma_x^2$。由式(5.26)得

$$R_x(\tau) = \rho_x(\tau)\sigma_x^2 + \mu_x^2 \tag{5.32}$$

又因为 $|\rho_{xy}| \leqslant 1$，所以

$$\mu_x^2 - \sigma_x^2 \leqslant R_x(\tau) \leqslant \mu_x^2 + \sigma_x^2 \tag{5.33}$$

(4) 当 $\tau \to \infty$ 时，$x(t)$ 和 $x(t+\tau)$ 之间不存在内在联系，彼此无关，即

$$\rho_x(\tau \to \infty) \to 0$$

$$R_x(\tau \to \infty) \to \mu_x^2$$

若 $\mu_x = 0$，则 $R_x(\tau \to \infty) \to 0$，如图 5.7 所示。

(5) 周期函数的自相关函数仍为同频率的周期函数。若周期函数为 $x(t) = x(t+nT)$，则其自相关函数为

$$\begin{aligned} R_x(\tau + nT) &= \frac{1}{T}\int_0^T x(t+nT)x(t+nT+\tau)\mathrm{d}(t+nT) \\ &= \frac{1}{T}\int_0^T x(t)x(t+\tau)\mathrm{d}t \\ &= R_x(\tau) \end{aligned}$$

例 5-1 求正弦函数 $x(t) = x_0 \sin(\omega t + \varphi)$ 的自相关函数。

解 由式(5.27)得

$$\begin{aligned} R_x(\tau) &= \frac{1}{T}\int_0^T x(t)x(t+\tau)\mathrm{d}t \\ &= \frac{1}{T}\int_0^T x_0^2 \sin(\omega t + \varphi)\sin[\omega(t+\tau)+\varphi]\mathrm{d}t \end{aligned}$$

式中，T 为正弦函数的周期，$T = 2\pi/\omega$。

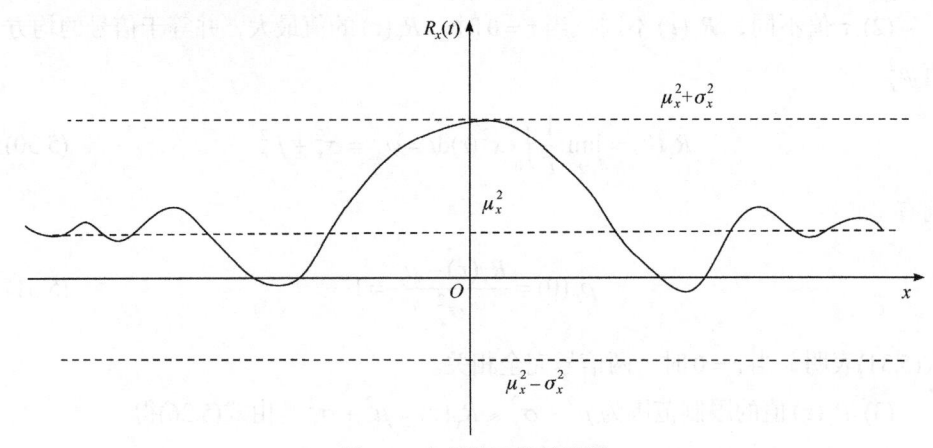

图 5.7 自相关函数的性质

将 $\omega t + \varphi = \theta$ 代入上式，则得

$$R_x(\tau) = \frac{x_0^2}{2\pi}\int_0^{2\pi} \sin\theta\sin(\theta+\omega\tau)\mathrm{d}\theta = \frac{x_0^2}{2}\cos(\omega\tau)$$

显然，正弦函数的自相关函数是一个余弦函数，在 $\tau = 0$ 时具有最大值。自相关函数保留了幅值信息和频率信息，但丢失了原正弦函数中的初始相位信息。

典型信号的自相关和功率谱如图 5.8 所示。由该图可知，只要信号中含有周期成分，其自相关函数在 τ 很大时都不衰减，并具有明显的周期性。不包含周期成分的随机信号，当 τ 稍大时自相关函数就将趋近于零；宽带随机噪声的自相关函数很快衰减到零；窄带随机噪声的自相关函数则有较慢的衰减；白噪声自相关函数收敛最快，为 δ 函数，所含频率成分无限多，频带无限宽。

2. 互相关分析

1) 互相关函数的概念

对于各态历经随机过程，两个随机信号 $x(t)$ 和 $y(t)$ 的互相关函数 $R_{xy}(\tau)$ 定义为

$$R_{xy}(\tau) = \lim_{T\to\infty}\frac{1}{T}\int_0^T x(t)y(t+\tau)\mathrm{d}t \tag{5.34}$$

时移为 τ 的两信号 $x(t)$ 和 $y(t)$ 的互相关系数为

$$\begin{aligned}\rho_{xy}(\tau) &= \frac{\lim\limits_{T\to\infty}\dfrac{1}{T}\int_0^T [x(t)-\mu_x][y(t+\tau)-\mu_y]\mathrm{d}t}{\sigma_x\sigma_y}\\ &= \frac{\lim\limits_{T\to\infty}\dfrac{1}{T}\int_0^T x(t)y(t+\tau)\mathrm{d}t - \mu_x\mu_y}{\sigma_x\sigma_y}\\ &= \frac{R_{xy}(\tau)-\mu_x\mu_y}{\sigma_x\sigma_y}\end{aligned} \tag{5.35}$$

2) 互相关函数的性质

(1) 互相关函数是可正、可负的实函数。

$x(t)$ 和 $y(t)$ 均为实函数，$R_{xy}(\tau)$ 也应为实函数。在 $\tau = 0$ 时，由于 $x(t)$ 和 $y(t)$ 值可正、可负，$R_{xy}(\tau)$ 的值也可正、可负。

(2) 互相关函数不是偶函数，也不是奇函数，而是 $R_{xy}(\tau) = R_{yx}(-\tau)$。

考虑到随机过程是平稳的，在 t 时刻从样本采样计算的互相关函数应和 $t-\tau$ 时刻从样本采样计算的互相关函数是一致的，即

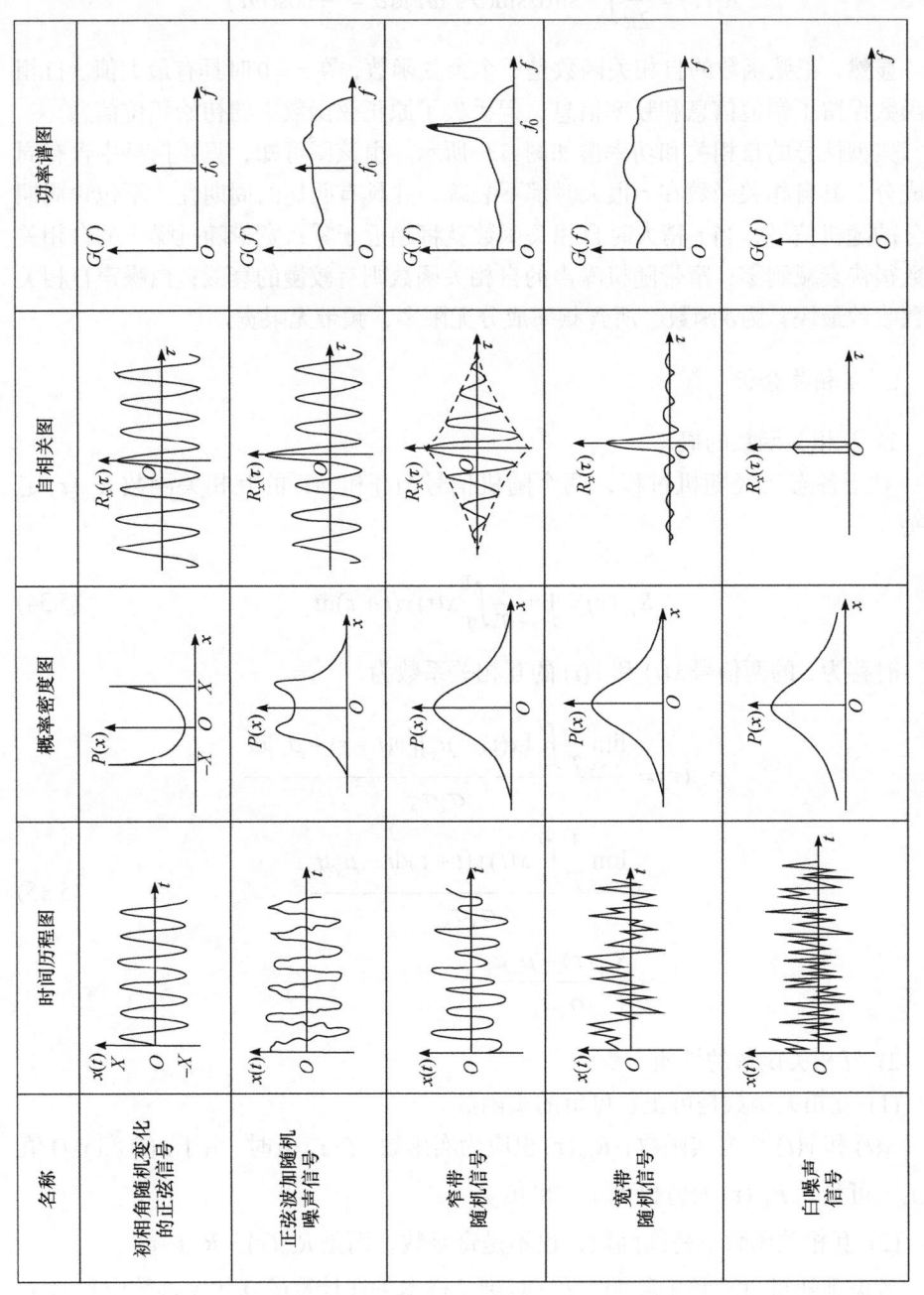

名称	时间历程图	概率密度图	自相关图	功率谱图
初相角随机变化的正弦信号				
正弦波加随机噪声信号				
窄带随机信号				
宽带随机信号				
白噪声信号				

图 5.8 典型信号的自相关和功率谱

$$\begin{aligned} R_{xy}(\tau) &= \lim_{T\to\infty}\frac{1}{T}\int_0^T x(t)y(t+\tau)\mathrm{d}t \\ &= \lim_{T\to\infty}\frac{1}{T}\int_0^T x(t-\tau)y(t)\mathrm{d}t \\ &= \lim_{T\to\infty}\frac{1}{T}\int_0^T y(t)x(t-\tau)\mathrm{d}t \\ &= R_{yx}(-\tau) \end{aligned} \qquad (5.36)$$

式(5.36)表明，互相关函数不是偶函数，也不是奇函数，$R_{xy}(\tau)$ 与 $R_{yx}(-\tau)$ 在图形上对称于纵坐标轴，如图5.9所示。

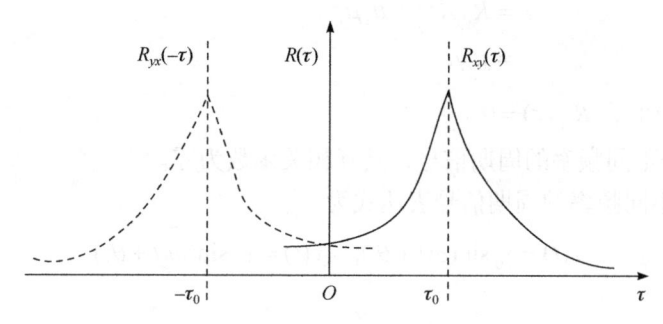

图 5.9 互相关函数的对称性

(3) $R_{xy}(\tau)$ 的峰值不在 $\tau=0$ 处，其峰值偏离原点的位置 τ_0 反映了两信号时移的大小，此时相关程度最高，如图 5.10 所示。

(4) 互相关函数的限制范围为 $\mu_x\mu_y - \sigma_x\sigma_y \leqslant R_{xy}(\tau) \leqslant \mu_x\mu_y + \sigma_x\sigma_y$。

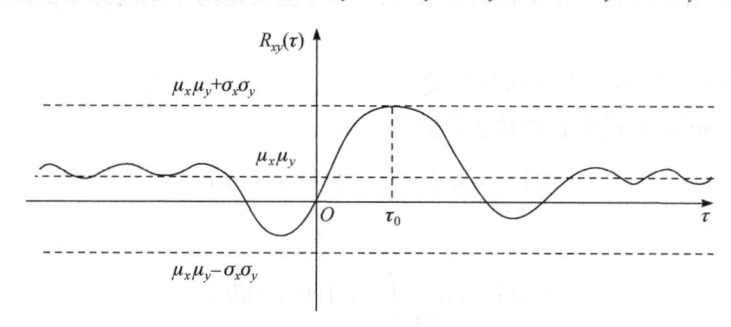

图 5.10 互相关函数的性质

由式(5.35)得

$$R_{xy}(\tau) = \mu_x\mu_y + \rho_{xy}(\tau)\sigma_x\sigma_y$$

因为 $|\rho_{xy}(\tau)| \leqslant 1$，所以有

$$\mu_x\mu_y - \sigma_x\sigma_y \leqslant R_{xy}(\tau) \leqslant \mu_x\mu_y + \sigma_x\sigma_y \qquad (5.37)$$

(5) 对于两个统计独立的随机信号，当均值为零时，$R_{xy}(\tau) = 0$。

将随机信号 $x(t)$ 和 $y(t)$ 表示为其均值和波动部分之和的形式，即

$$x(t) = \mu_x + x'(t), \quad y(t) = \mu_y + y'(t) \tag{5.38}$$

则

$$\begin{aligned} R_{xy}(\tau) &= \lim_{T \to \infty} \frac{1}{T} \int_0^T x(t)y(t+\tau)\mathrm{d}t \\ &= \lim_{T \to \infty} \frac{1}{T} \int_0^T [\mu_x + x'(t)][\mu_y + y'(t+\tau)]\mathrm{d}t \\ &= R_{x'y'}(\tau) + \mu_x \mu_y \\ &= \mu_x \mu_y \end{aligned} \tag{5.39}$$

当 $\mu_x = \mu_y = 0$ 时，$R_{xy}(\tau) = 0$。

(6) 两个不同频率的周期信号，其互相关函数为零。

若两个不同频率的周期信号表达式为

$$x(t) = x_0 \sin(\omega_1 t + \theta_1), \quad y(t) = y_0 \sin(\omega_2 t + \theta_2) \tag{5.40}$$

则

$$\begin{aligned} R_{xy}(\tau) &= \lim_{T \to \infty} \frac{1}{T} \int_0^T x(t)y(t+\tau)\mathrm{d}t \\ &= \lim_{T \to \infty} \frac{1}{T} \int_0^T x_0 y_0 \sin(\omega_1 t + \theta_1)\sin[\omega_2(t+\tau) + \theta_2]\mathrm{d}t \end{aligned} \tag{5.41}$$

根据正余弦函数的正交性可知 $R_{xy}(\tau) = 0$，也就是两个不同频率的周期信号是不相关的。

(7) 两个同频率正余弦函数相关。

若两个同频率正余弦函数表达式为

$$x(t) = x_0 \sin(\omega t), \quad y(t) = y_0 \cos(\omega t) \tag{5.42}$$

则

$$\begin{aligned} R_{xy}(\tau) &= \lim_{T \to \infty} \frac{1}{T} \int_0^T x(t)y(t+\tau)\mathrm{d}t \\ &= \frac{1}{T} \int_0^T \sin(\omega t)\cos[\omega(t+\tau)]\mathrm{d}t \\ &= -\frac{1}{2}\sin(\omega t) \end{aligned} \tag{5.43}$$

(8) 周期信号与随机信号的互相关函数为零。

由于随机信号 $y(t+\tau)$ 在 $t \to t+\tau$ 时间内并无明显的规律，它的取值显然与任

何周期函数 $x(t)$ 无关，$R_{xy}(\tau) = 0$。

例 5-2 求两个同频率的正弦函数 $x(t) = x_0 \sin(\omega t + \varphi)$ 和 $y(t) = y_0 \sin(\omega t + \varphi - \theta)$ 的互相关函数 $R_{xy}(\tau)$。

解 因为信号是周期函数，可以用一个共同周期内的平均值代替其整个历程的平均值，所以

$$R_{xy}(\tau) = \lim_{T \to \infty} \frac{1}{T} \int_0^T x(t) y(t+\tau) \mathrm{d}t$$

$$= \frac{1}{T} \int_0^T x_0 \sin(\omega t + \varphi) y_0 \sin[\omega(t+\tau) + \varphi - \theta] \mathrm{d}t$$

$$= \frac{1}{2} x_0 y_0 \cos(\omega \tau - \theta)$$

由例 5-2 可知，两个均值为零且具有相同频率的周期信号，其互相关函数中保留了这两个信号的圆频率 ω、对应的幅值 x_0 和 y_0 以及相位差值 θ 的信息，即两个同频率的周期信号才有互相关函数不为零。

5.2.3 相关分析应用

上述相关函数在工程应用中有重要价值。利用相关函数可以测量系统的时延，如确定信号通过给定系统所滞后的时间。若系统是线性的，则滞后的时间可以直接用输入、输出相关图上峰值的位置来确定。利用相关函数可识别、提取混淆在噪声中的信号。例如，对于一个线性系统激振，所测得的振动信号中含有大量的噪声干扰，根据线性系统的频率保持性，只有和激振频率相同的成分才可能是由激振引起的响应，其他成分均是干扰。因此，只要将激振信号和所测得的响应信号进行互相关处理，就可以得到由激振引起的响应，消除了噪声干扰的影响。

1. 相关测速

匹配滤波器是最大输出信噪比准则下的最佳线性滤波器，在输入已知且背景为白噪声的条件下，输出信噪比最大。鱼雷自导系统通常将匹配滤波方法求取最大值点出现的时刻作为时延的估计值，从而得到目标的距离估计。匹配滤波器可等效为互相关器，因此可采用互相关器实现目标距离的最大似然估计。

设发射信号为

$$s(t) = u(t) \tag{5.44}$$

则回波信号可表示为

$$x(t) = u(t - \tau) + n(t) \tag{5.45}$$

互相关输出为

$$y(\tau) = \int_0^T x(t)u(t+\tau)dt \tag{5.46}$$

则 $y(\tau)$ 的峰值点位置为时延 τ 的估计值。

利用相关测速的原理，在汽车前后轴上放置传感器，可以测量汽车在冰面上行驶时车轮滑动加滚动的车速；在船体底部前后一定距离安装两套向水底发射、接收声呐信号的装置，可以测量航船的速度；在高炉输送煤粉的管道中相距一定距离安装两套电容式相关测速装置，可以测量煤粉的流动速度和单位时间内的输煤量。

2. 相关分析在故障诊断中的应用

确定深埋在地下的输油管漏损位置的示意图如图 5.11 所示。漏损处 K 为向两侧传播声响的声源。在两侧管道上分别放置传感器 1 和 2，因为放传感器的两点距漏损处不相等，所以漏油的声响传至两传感器就有时差，在 τ_m 相关图上 $\tau = \tau_m$ 处，$R_{x_1x_2}(\tau)$ 有最大值。由 τ_m 可确定漏损处的位置：

$$S = \frac{1}{2}v\tau_m \tag{5.47}$$

式中，S 为两传感器的中点至漏损处的距离；v 为声响通过管道的传播速度。

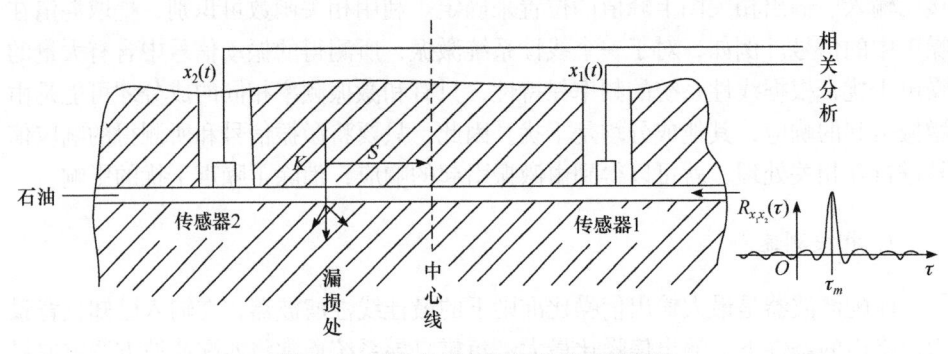

图 5.11 确定输油管漏损位置的示意图

5.3 测试信号功率谱分析及其应用

信号频域分析是从另一个角度来了解信号的特征。经过频谱分析，可以求得信号的频率成分和结构，进而可以分析系统的传输特性。通过频谱分析，还可以对被测对象进行状态监测和故障诊断。

5.3.1 自功率谱密度函数

1. 定义及其物理意义

假定 $x(t)$ 是零均值的随机过程，且 $x(t)$ 中没有周期分量，则当 $\tau \to \infty$ 时，$R_x(\tau) \to 0$。于是，自相关函数可满足傅里叶变换条件。利用傅里叶变换公式可得到信号 $x(t)$ 的自功率谱密度函数：

$$S_x(f) = \int_{-\infty}^{\infty} R_x(\tau) e^{-j2\pi f \tau} d\tau \tag{5.48}$$

式(5.48)即为自相关函数 $R_x(\tau)$ 的傅里叶变换，常简称为自功率谱或自谱。其逆变换为

$$R_x(\tau) = \int_{-\infty}^{\infty} S_x(f) e^{-j2\pi f \tau} df \tag{5.49}$$

若 $\tau = 0$，则根据自相关函数 $R_x(\tau)$ 和自功率谱密度函数 $S_x(f)$ 的定义，可得

$$R_x(0) = \int_{-\infty}^{\infty} S_x(f) df = \lim_{T \to \infty} \frac{1}{T} \int_0^T x^2(t) dt \tag{5.50}$$

可见，$S_x(f)$ 曲线和频率轴所围成的面积就是信号的平均功率(图 5.12)，$S_x(f)$ 就是信号的功率密度沿频率轴的分布，故称 $S_x(f)$ 为自功率谱密度函数。

$$G_x(f) = 2S_x(f) \tag{5.51}$$

$$R_x(0) = \lim_{T \to \infty} \frac{1}{T} \int_0^T x^2(t) dt = \int_{-\infty}^{\infty} S_x(f) df \tag{5.52}$$

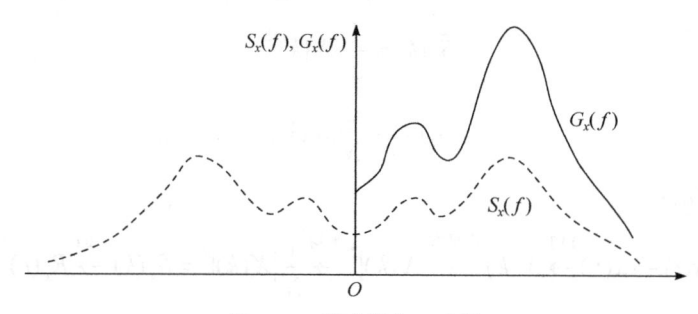

图 5.12 单边谱与双边谱

2. 帕塞瓦尔定理

帕塞瓦尔定理指出，一个信号所含有的能量(功率)恒等于此信号在完备正交函数集中各分量能量(功率)之和。因此，可理解为在时域计算的信号总能量等于在频域计算的信号总能量，即

$$\int_{-\infty}^{\infty} x^2(t)\mathrm{d}t = \int_{-\infty}^{\infty} |X(f)|^2 \mathrm{d}f \tag{5.53}$$

该等式从能量角度反映了时域和频域的关系，故称式(5.53)为能量恒等式。
当 $\tau = 0$ 时，有

$$\lim_{T \to \infty} \frac{1}{T} \int_0^T X^2(t)\mathrm{d}t = \int_{-\infty}^{\infty} \lim_{T \to \infty} \frac{1}{T} |X(f)|^2 \mathrm{d}f = \int_{-\infty}^{\infty} S_x(f)\mathrm{d}f$$

即

$$S_x(f) = \lim_{T \to \infty} \frac{1}{T} |X(f)|^2 \tag{5.54}$$

此时得到了自功率谱密度函数和幅值谱之间的关系，利用上述关系式，就可通过直接对时域信号做傅里叶变换来计算功率谱。

3. 自功率谱的估计

在实际中无法按照定义的公式求随机过程的功率谱，只能用有限长度 T 的样本记录来计算样本功率谱，作为信号功率谱的初步估计。

模拟信号：

$$\tilde{S}_x(f) = \frac{1}{T} |X(f)|^2 \tag{5.55}$$

$$\tilde{G}_x(f) = \frac{2}{N} |X(f)|^2 \tag{5.56}$$

数字信号：

$$\tilde{S}_x(k) = \frac{1}{N} |X(k)|^2 \tag{5.57}$$

$$\tilde{G}_x(k) = \frac{2}{N} |X(k)|^2 \tag{5.58}$$

计算方法：

$$x(t) \to x(n) \xrightarrow{\text{FFT}} X(k) \xrightarrow{\text{模平方}} |X(k)|^2 \xrightarrow{\text{平均}} \frac{1}{N} |X(k)|^2 = S_x(k) \xrightarrow{\text{IFFT}} R_x(r)$$

4. 自功率谱密度函数与幅值谱、系统频率响应函数的关系

自功率谱密度函数 $S_x(f)$ 为自相关函数 $R_x(\tau)$ 的傅里叶变换，故 $S_x(f)$ 包含 $R_x(\tau)$ 中的全部信息。自功率谱密度函数 $S_x(f)$ 反映信号的频域结构，这与幅值谱 $|X(f)|$ 相似，但是自功率谱密度函数反映的是信号幅值的平方，因此其频域结构特征更为明显，如图 5.13 所示。

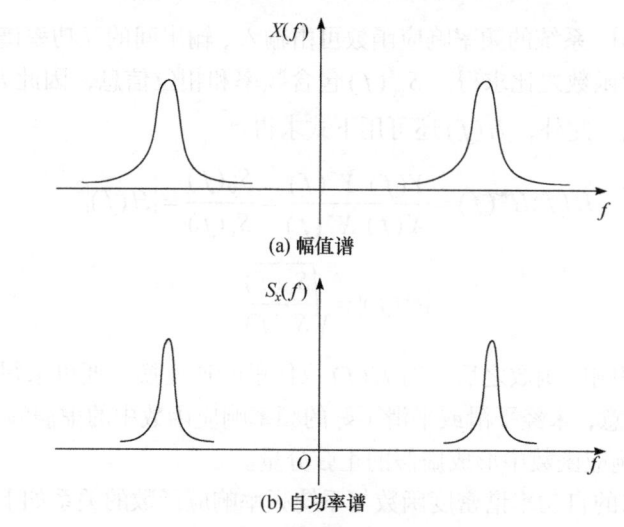

图 5.13 幅值谱和自功率谱

对于图 5.14 所示的线性系统，若输入为 $x(t)$，输出为 $y(t)$，系统的频率响应函数为 $H(f)$，则

$$H(f) = \frac{Y(f)}{X(f)}$$

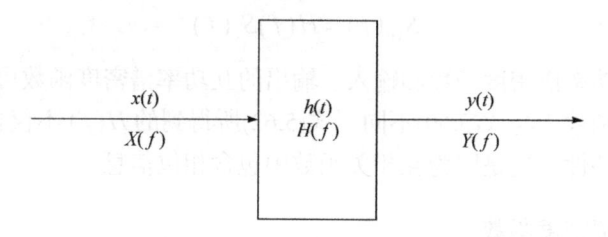

式中，$H(f)$、$Y(f)$、$X(f)$ 为 f 的复函数。

图 5.14 理想单输入、单输出系统

$X(f)$ 可表示为

$$X(f) = X_R(f) + jX_I(f)$$

$X(f)$ 的共轭值为

$$X^*(f) = X_R(f) - jX_I(f)$$

则有

$$\begin{aligned} X(f)X^*(f) &= X_R^2(f) + X_I^2(f) = |X(f)|^2 \\ H(f) &= \frac{Y(f)}{X(f)} \frac{X^*(f)}{X^*(f)} = \frac{S_{xy}(f)}{S_{xx}(f)} = \frac{G_{xy}(f)}{G_{xx}(f)} \end{aligned} \tag{5.59}$$

式(5.59)表明，系统的频率响应函数可由输入、输出间的互功率谱密度函数与输入功率谱密度函数之比求得。$S_{xy}(f)$ 包含频率和相位信息，因此 $H(f)$ 也包含幅频与相频信息。此外，$H(f)$ 还可用下式求得：

$$H(f)H^*(f) = \frac{Y(f)}{X(f)} \frac{Y^*(f)}{X^*(f)} = \frac{S_y(f)}{S_x(f)} = |H(f)|^2$$

$$|H(f)| = \sqrt{\frac{S_y(f)}{S_x(f)}}$$

在求得频率响应函数之后，对 $H(f)$ 取傅里叶逆变换，便可求得脉冲响应函数 $h(t)$。但应注意，未经平滑或平滑不好的频率响应函数中的虚假峰值(由干扰引起)，将在脉冲响应函数中形成虚假的正弦分量。

输入、输出的自功率谱密度函数与系统频率响应函数的关系如下：

$$S_y(f) = |H(f)|^2 S_x(f) \tag{5.60}$$

$$G_y(f) = |H(f)|^2 G_x(f) \tag{5.61}$$

通过输入、输出自功率谱的分析就能得出系统的幅频特性。但这样的谱分析丢失了相位信息，不能得出系统的相频特性。

对于如图 5.14 所示单输入、单输出的理想线性系统，由式(5.59)可得

$$S_{xy}(f) = H(f) S_x(f) \tag{5.62}$$

故由输入的自功率谱密度函数和输入、输出的互功率谱密度函数可以直接得出系统的频率响应函数。与式(5.60)不同，式(5.62)所得到的 $H(f)$ 不仅含有幅频特性，而且含有相频特性，这是因为互相关函数中包含相位信息。

5.3.2 互功率谱密度函数

1. 定义

若互相关函数 $R_{xy}(\tau)$ 满足傅里叶变换的条件 $\left(\int_{-\infty}^{\infty}|R_{xy}(\tau)|\mathrm{d}\tau \text{绝对可积}\right)$，则定义信号的互功率谱密度函数为

$$S_{xy}(f) = \int_{-\infty}^{\infty} R_{xy}(\tau) \mathrm{e}^{-\mathrm{j}2\pi f\tau} \mathrm{d}\tau$$

其逆傅里叶变换为

$$R_{xy}(\tau) = \int_{-\infty}^{\infty} S_{xy}(f) \mathrm{e}^{\mathrm{j}2\pi f\tau} \mathrm{d}f$$

由以上两式可知

$$R_{xy}(\tau) \underset{\text{IFT}}{\overset{\text{FT}}{\Leftrightarrow}} S_{xy}(f) \tag{5.63}$$

且称 $S_{xy}(f)$ 为信号 $x(t)$ 和 $y(t)$ 的互功率谱密度函数，简称互功率谱。

2. 互功率谱的估计

模拟信号：

$$\tilde{S}_{xy}(f) = \frac{1}{T} X^*(f)_i Y(f)_i \tag{5.64}$$

$$\tilde{S}_{yx}(f) = \frac{1}{T} X^*(f)_i Y^*(f)_i \tag{5.65}$$

式中，$X^*(f)_i$、$Y^*(f)_i$ 分别为 $X(f)_i$、$Y(f)_i$ 的共轭函数。

数字信号：

$$\tilde{S}_{xy}(k) = \frac{1}{N} X^*(k)_i Y(k)_i \tag{5.66}$$

$$\tilde{S}_{yx}(k) = \frac{1}{N} X(k)_i Y(k)_i \tag{5.67}$$

先进行初步估计，通常采用有偏非一致估计方法，即 $\sigma^2\left[\tilde{G}_x(f)\right] = 2G_x(f)$，这种方法随机误差大，估计值不能使用，还需要进行平滑，常用分段平均的方法。

分段平均，即将数据分成 q 段，每段时长 $T = T_\text{总}/q$。

$$\hat{G}_x(f) = \frac{1}{q}\left[\tilde{G}_x(f)_1 + \tilde{G}_x(f)_2 + \cdots + \tilde{G}_x(f)_q\right] = \frac{2}{qT}\sum_{i=1}^{q}|X(f)_i|^2 \tag{5.68}$$

当各段周期图不相关时，有

$$\sigma^2\left[\hat{G}_x(f)\right] = \sigma^2\left[\frac{1}{q}\tilde{G}_x(f)\right] \tag{5.69}$$

为进一步增强平滑效果，可使相邻各段之间重叠，以便在同样 $T_\text{总}$ 之下增加段数。实践表明，相邻两段之间重叠 50%效果最佳。

5.3.3 功率谱分析应用

1. 功率谱分析在设备诊断中的应用

发动机变速箱上加速度变速箱的功率谱图如图 5.15 所示。图 5.15(b)比图 5.15(a)增加了 9.2Hz 和 18.4Hz 两个谱峰，这两个频率为设备故障诊断提供了依据。

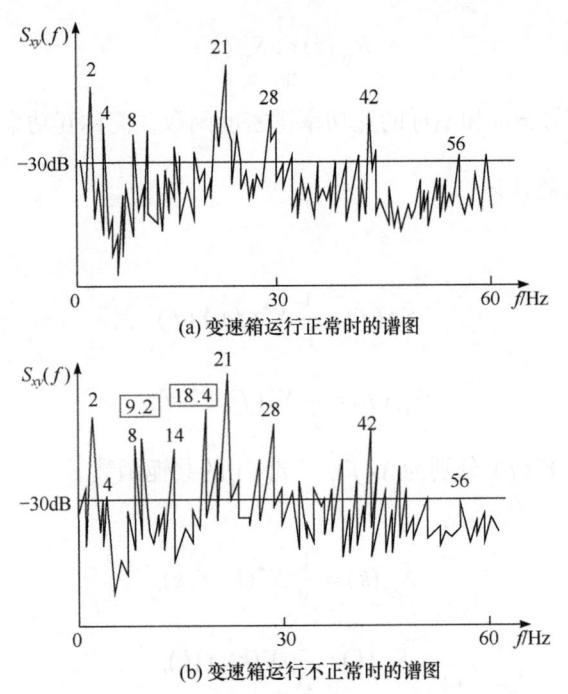

(a) 变速箱运行正常时的谱图

(b) 变速箱运行不正常时的谱图

图 5.15　发动机变速箱上加速度变速箱的功率谱图

2. 功率谱分析在目标信号检测中的应用

设有实随机序列 $X(k)$，其 k 阶谱定义为

$$S_{k,x}(\omega_1,\omega_2,\cdots,\omega_{k-1}) = \sum_{\tau_1}\sum_{\tau_2}\sum_{\tau_3} C_{k,x}(\tau_1,\tau_2,\cdots,\tau_{k-1})\exp(-j\omega^T\tau) \tag{5.70}$$

式中，$\omega = (\omega_1,\omega_2,\cdots,\omega_{k-1})^T$；$\tau = (\tau_1,\tau_2,\cdots,\tau_{k-1})^T$。

$X(k)$ 的双谱，即三阶谱定义为

$$B_X(\omega_1,\omega_2) = \sum_{m=-\infty}^{\infty}\sum_{n=-\infty}^{\infty} R_X(m,n)\exp\{-j(\omega_1 m + \omega_2 n)\} \tag{5.71}$$

高阶统计分析适用于加性高斯噪声的非高斯信号，且含有幅度和相位信息，可比二阶统计提供更多的有用信息。

当被检测信号为非高斯信号(如舰艇磁场、水压场等)时，高斯模型下接收结构的最佳性能就不能得到保证。同时，在信噪比下降时其检测性能退化严重。因此，高斯意义上的最佳结构不适合检测非高斯微弱信号。双谱技术为检测强高斯背景噪声下的非高斯信号提供了一种很好的解决办法。由于高斯过程的双谱值为 0，只要被检测信号与高斯过程有差异，就能得到足够大的双谱值，即使信噪比很低，也能实现对信号的检测，如图 5.16 所示。因此，在微弱信号检测方面，高阶统计分析优于二阶矩(相关理论)统计分析。

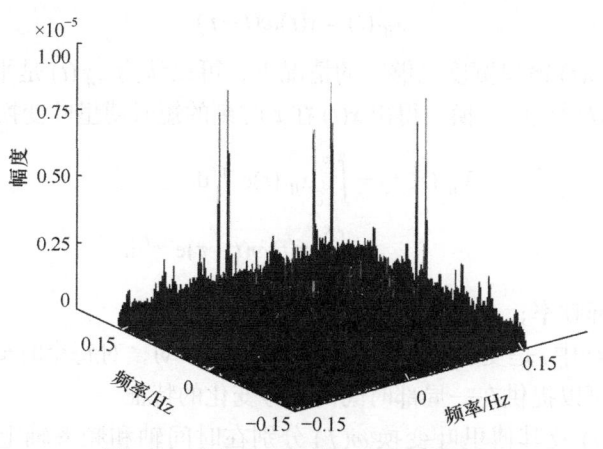

图 5.16 高信噪比目标磁场的双谱分析

5.4 测试信号时频域分析及其应用

测试系统处理的信号可按性质分为平稳信号和非平稳信号两大类。平稳信号的特征参数与时间无关，而非平稳信号的特征参数与时间有关。在实际工程测量中，测量的信号多数是非平稳信号，如多数的振动信号、雷达信号等。非平稳信号的特点是其频率结构随时间变化。傅里叶变换是最早、最经典的频谱分析理论，其将待分析的信号由时域变换到频域，提取信号频谱开展频谱估计。虽然傅里叶变换分析所得频谱有很强的频率定位能力，但并不能判断某频率何时出现或信号何时产生局部变化，即没有频率或信号局部变化的时间定位能力[28]。为分析非平稳信号的局部特征，就需要进行时频分析。

5.4.1 短时傅里叶变换

在信号的时频分析方面，用得最多的是短时傅里叶变换(short-time Fourier transform，STFT)，又称窗口傅里叶变换(windowed Fourier transform，WFT)，它是分析非平稳信号时频局部特征的常用方法。为了在频域中获得关于时间定位的信息，要用一个具有适当宽度的窗函数将信号取出一段进行傅里叶分析，得到这段时间内信号的局部频谱。若令窗函数在时域内不断移动，则可以对信号进行各段的频谱分析，这些分时间段的频谱与对应时间上的描绘就表达了信号频谱的时间定位情况。

设待分析信号为 $x(t)$，以 τ 为中心，一个窗函数为 $\omega(t)$，t 为时间变量，则信号加窗后变为

$$x_W(t) = x(t)\omega(t-\tau) \tag{5.72}$$

在窗函数 $\omega(t)$ 窗口宽度足够窄的情况下，可以认为 $x_W(t)$ 是平稳的，进而对加窗后的信号取傅里叶变换，得出 $x(t)$ 在 τ 时刻的短时傅里叶变换，即

$$\begin{aligned}X_W(\tau, f) &= \int_{-\infty}^{\infty} x_W(t)\mathrm{e}^{-\mathrm{j}ft}\mathrm{d}t \\ &= \int_{-\infty}^{\infty} x(t)\omega(t-\tau)\mathrm{e}^{-\mathrm{j}ft}\mathrm{d}t\end{aligned} \tag{5.73}$$

式中，f 为局部频率；τ 为窗函数的时频位置。

窗函数 $\omega(t)$ 中 t 是变动的，即窗沿着时间轴移动，对每个时刻窗口内的信号进行分析，就可以提供在一局部时间内信号变化的特征。

窗函数 $\omega(t)$ 及其傅里叶变换 $\omega(f)$ 分别在时间轴和频率轴上的延伸关系由式(5.74)和式(5.75)给出，即

$$(\Delta t)^2 = \frac{\int_{-\infty}^{\infty} t^2 |\omega(t)|^2 \mathrm{d}t}{\int_{-\infty}^{\infty} |\omega(t)|^2 \mathrm{d}t} \tag{5.74}$$

$$(\Delta f)^2 = \frac{\int_{-\infty}^{\infty} f^2 |\omega(f)|^2 \mathrm{d}t}{\int_{-\infty}^{\infty} |\omega(f)|^2 \mathrm{d}t} \tag{5.75}$$

式中，Δt 为 $\omega(t)$ 在时间轴上的延伸(又称为时间分辨率)；Δf 为 $\omega(f)$ 在频率轴上的延伸(又称为频率分辨率)。

由式(5.74)和式(5.75)可以得出下述关系式：

$$\Delta t \cdot \Delta f \geqslant \frac{1}{4\pi} \tag{5.76}$$

式(5.76)就是时频分析中的不确定性原理。

由式(5.73)可见，短时傅里叶变换是时间 t 和频率 f 的二维函数，反映了信号的频谱随时间 t 变化的规律。时域窗越窄对信号时域的定位能力越强，即时间分辨率越高；频域窗越窄对信号频域定位能力越强，即频率分辨率越高。但是由不确定性原理可以看出，时间分辨率和频率分辨率是相互制约的关系，两者的乘积不能小于 $1/(4\pi)$，即时域窗 $\omega(t)$ 和频域窗 $\omega(f)$ 不能同时任意窄，只能牺牲一个域中的分辨率而提高另一个域中的分辨率。

短时傅里叶变换中常采用的窗函数有高斯窗、海明窗和指数窗等。

5.4.2 小波分析

短时傅里叶变换、Wigner-Ville 分布等时频分析方法受不确定性原理的限制，不能同时具有较高的时间分辨率和频率分辨率，因此对于分析同时具有高频成分和低频成分的非平稳信号，需找到一种更好的分析方法。小波分析是近些年来非常富有活力的一种理论和技术，是信号分析史上的一个里程碑。小波分析为非平稳信号的分析提供了强有力的工具，既保持了傅里叶变换分析原有的优点，又能从不同的尺度和不同的局部上分析信号，是一种新的时频分析方法。

小波变换的基本思想与傅里叶变换是一致的，是用一族函数的线性组合来表示一个信号，这一族函数称为小波函数系，其由一个基本小波函数在不同时间和尺度上进行平移与伸缩构成。

1. 连续小波变换

基本小波函数的定义很简单，通常设 $L^2(R)$ 为平方可积的全部实函数的线性空间，对于一个函数 $\psi(t) \in L^2(R)$，只要该函数满足以下特性，就把 $\psi(t)$ 称为基本小波函数或母小波。

(1) 振动性：

$$\int_{-\infty}^{\infty} \psi(t) \mathrm{d}t = 0 \tag{5.77}$$

(2) 正则性：

$$\int_{-\infty}^{\infty} |\psi(t)|^2 \mathrm{d}t < \infty \tag{5.78}$$

(3) 能量零均值：

$$\int_{-\infty}^{\infty} |\psi(t)|^2 t \mathrm{d}t = 0 \tag{5.79}$$

由函数 $\psi(t)$ 可构造一个族函数，即

$$\psi_{a,b}(t) = |a|^{-\frac{1}{2}} \psi\left(\frac{t-b}{a}\right), \quad a \neq 0 \tag{5.80}$$

式中，$\psi_{a,b}(t)$ 为 $\psi(t)$ 在时间轴上的伸缩与平移，称 $\psi_{a,b}(t)$ 为小波函数或小波基函数，简称小波；a 为伸缩因子，$a \in \mathbb{R}$；b 为平移因子，$b \in \mathbb{R}$。

设任意一个函数 $x(t) \in L^2(\mathbb{R})$，则 $\psi_{a,b}(t)$ 与 $x(t)$ 的内积为

$$W_x(a,b) = \int_{-\infty}^{\infty} x(t) \psi_{a,b}^*(t) \mathrm{d}t = \left[x(t), \psi_{a,b}(t)\right] \tag{5.81}$$

式中，"*"为复共轭；t 为时间；a、b 分别为小波函数的伸缩因子和平移因子；$x(t)$ 为待分析信号；$[x(t), \psi_{a,b}(t)]$ 为待分析信号 $x(t)$ 与小波函数 $\psi_{a,b}(t)$ 的内积。式(5.81)称为连续小波变换。

小波变换的实质是函数 $x(t)$ 在小波族函数上的分解，如果这一分解还满足式(5.82)所示允许条件，则使用可允许小波的小波变换是可逆的。

$$C_\psi = \int_{-\infty}^{\infty} \frac{|\psi(f)|^2}{|f|} \mathrm{d}f < \infty \tag{5.82}$$

式中，f 为频率；$\psi(f)$ 为小波函数 $\psi(t)$ 的傅里叶变换，$\psi(f)$ 称为可允许小波。

因此，由小波变换能重构出它的原始时域信号：

$$x(t) = \frac{1}{C_\psi} \int_{-\infty}^{\infty} \int_{-\infty}^{\infty} W_x(a,b) \psi_{a,b}(t) \frac{\mathrm{d}a}{a^2} \mathrm{d}b \tag{5.83}$$

式中，$W_x(a,b)$ 为 $x(t)$ 的小波变换。

2. 离散小波变换

在连续小波变换中，对参数 a、b 的采样方式是多种多样的，实际应用中最典型、最重要的取样方法是取 $a = 2^j$、$b = 2^j k$，其中，$j, k \in \mathbb{Z}$，此时就称其为离散小波变换。

$x(t)$ 的离散小波变换定义为

$$W_{j,k} = \int_{-\infty}^{\infty} \Psi_{j,k}^*(t) x(t) \mathrm{d}t, \quad j, k \in \mathbb{Z} \tag{5.84}$$

式中

$$\Psi_{j,k}(t) = 2^{-\frac{1}{2}} \psi(2^{-j} t - k) \tag{5.85}$$

当 $\Psi_{j,k}(t)$ 为关于 $L^2(\mathbb{R})$ 的框架时，存在逆变换，即

$$x(t) = \sum_{j,k \in \mathbb{Z}} W_{j,k} \tilde{\psi}_{j,k}(t) \tag{5.86}$$

式中，$\tilde{\psi}_{j,k}(t)$ 为 $\psi_{j,k}(t)$ 的对偶小波基，可能有多种具体形式。

为确保逆变换的唯一性，小波 $\psi(t)$ 必须进一步满足适当的条件，其中比较典型的条件为

$$\psi_{j,k}(t) = \tilde{\psi}_{j,k}(t)$$

且

$$\int_{-\infty}^{\infty}\psi_{j,k}(t)\psi_{l,n}^{*}(t)\mathrm{d}t=\delta(j-1)\delta(k-n)=\begin{cases}1, & j=1\text{和}k=n\\ 0, & \text{其他}\end{cases}$$

此时，小波族 $\{\psi_{j,k}(t)\}$ 称为 $L^2(\mathbb{R})$ 的一个标准正交基，而小波 $\psi(t)$ 称为正交小波。由正交小波构成的小波基没有冗余，即只需用小波族 $\{\psi_{j,k}(t)\}$ 内的小波就能重构任意信号。

由正交小波函数族构成的函数 $x(t)$ 的小波变换为

$$W_{j,k}=\int_{-\infty}^{\infty}\psi_{j,k}^{*}(t)x(t)\mathrm{d}t=\int_{-\infty}^{\infty}\psi_{j,k}^{*}(2^{-j}t-k)x(t)\mathrm{d}t \tag{5.87}$$

其逆变换为

$$x(t)\sum_{j,k\in\mathbb{Z}}W_{j,k}\tilde{\psi}_{j,k}(t)=\sum_{j,k\in\mathbb{Z}}W_{j,k}\tilde{\psi}_{j,k}(2^{-j}t-k) \tag{5.88}$$

式(5.87)和式(5.88)分别称为正交小波变换和正交小波逆变换。式(5.88)又称为小波级数展开，可以改写为如下形式：

$$x(t)=\sum_{j}x_{j}(t) \tag{5.89}$$

式中

$$x_{j}(t)=\sum_{k}W_{j,k}\psi_{j,k}(t) \tag{5.90}$$

式(5.89)称为信号的正交小波分解，可以理解为让信号 $x(t)$ 通过不同的带通滤波器所获得的结果，则 $x_j(t)$ 称为信号关于尺度 j 的小波分量。

5.4.3 时频分析在微弱信号检测中的应用

在舰船目标探测与识别中，目标声场或电磁场信号经过远距离传播后，大都被淹没在复杂的海洋环境干扰中。围绕目标的高精度探测与识别，海洋环境干扰的非线性、时变性不应该被线性化处理，此时时频分析就体现出了重要的应用价值。

复杂环境下微弱信号的检测常用的时频分布较多，二次型时频分布主要有 Cohen 类时频分布和仿射类双线性时频分布，其中著名的有 Wigner-Ville 分布。Wigner-Ville 分布表示能量分布，具有较好的时频聚集性，能更全面地表征复杂背景下瞬态信号特征。但是对于多分量信号，由双线性函数卷积定理可知，其分布会出现交叉干扰项。

假设 $x(t)=ax_1(t)+bx_2(t)$，$x(t)$、$x_1(t)$、$x_2(t)$ 的线性时频表示分别为 $P(t,f)$、$P_1(t,f)$、$P_2(t,f)$，即二次型时频表示，不满足线性叠加性：

$$P(t,f) = |a|^2 P_1(t,f) + |b|^2 P_2(t,f) + 2R[abP_{12}(t,f)] \tag{5.91}$$

式中，$2R[abP_{12}(t,f)]$ 即交叉干扰项。

时频分布的交叉干扰项是振荡的，一般较严重，幅度可以达到自主项的 2 倍以上，造成时频信号的特征模糊不清，因此要抑制交叉干扰项。如何抑制交叉干扰项，学者们提出了很多有效的思路和方法，例如，有学者重新设计各种固定的或自适应的核函数来抑制交叉干扰项，还有学者研究了诸如平滑滤波、变量分离、辅助函数等方法，用于抑制或衰减交叉干扰项。下面介绍一种基于自适应小波域滤波抑制交叉干扰项的方法。

Mallat 算法用于计算小波系数和小波分量，是一种基于多分辨率分析的快速小波变换算法。其原理是：利用正交小波基将信号分解为不同尺度下的各个分量，每一次分解产生高频细节分量 $d_j(k)$ 和低频逼近分量 $c_j(k)$ 两部分。信号的细节信息和噪声信息都包含在 $d_j(k)$ 中，因此下一次只需对 $c_j(k)$ 进行分解。其变换过程相当于重复使用一组高通滤波器和低通滤波器对时间序列信号进行逐步分解。首先选择与信号最相近的小波基函数，然后确定小波分解层次 J，对信号进行 J 层分解，分别得到不同分解尺度的逼近和细节系数。

小波阈值滤波的关键在于小波阈值的选取，目前应用最为广泛的是 Donoho 阈值法。Donoho 硬阈值法存在突变性，改进的软阈值消噪方法是经过比较后，将大于阈值的点变为该点与阈值的差值，通过阈值方程对二进小波变换系数 $WT_{m,n}$ 进行压缩，获得阈值消噪后的小波系数。

Donoho 阈值法的缺点在于：用固定阈值处理小波系数，会歪曲原信号中包含的微弱特征成分，从而引起重构信号的失真。改进软阈值消噪方法虽然考虑了阈值与尺度的关系，但没有充分考虑噪声的统计特性与尺度的关系。在信号处理中，信号中包含的很多微弱特征成分都是重要的信息成分，如果在消噪时不加区别地去除，那么重构信号就无法准确体现信号的特征。为了使滤波器能适应背景干扰的缓慢变化，可根据信号局部特征，选择相应的最佳小波，在每一小波分析段，采用相应的阈值算法，即在不同小波函数段，选择不同的阈值，并且在不同的分解层，采用与尺度相关的阈值，获取对瞬态微弱目标信号的最佳探测效果。

基于 Meyer 小波基函数对一组实测磁场信号进行 5 层的多尺度分析，得到 1～5 层的细节信号，如图 5.17 所示。第 1、2、3 层细节信号的幅值较小，第 4 层细节信号的幅值有所增加，第 5 层细节信号不但幅值增加，其包络曲线构成的低频成分和舰船磁场信号已非常相似。

计算各层小波的功率谱，如图 5.18 所示。第 3、4 层分解出的信号功率谱值较大，集中在 0.04～0.2Hz 的频带，主要成分是背景极低频磁干扰谱；第 5 层信号谱集中在 0.03Hz 左右，清晰可见目标信号包络。

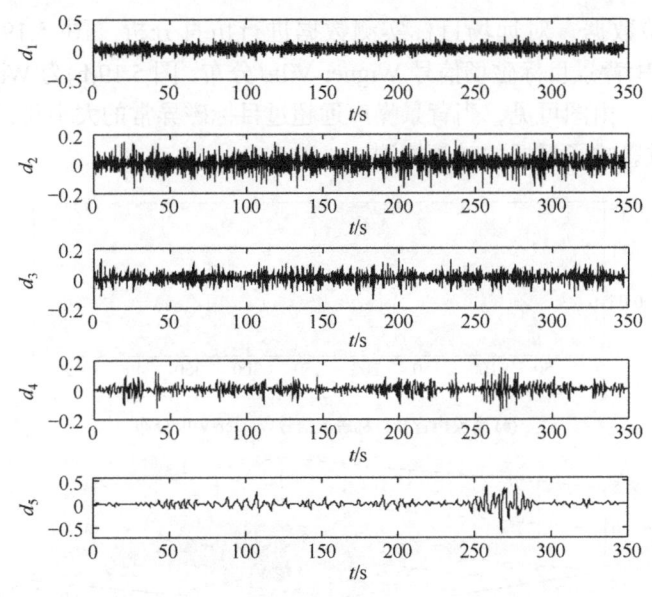

图 5.17　目标磁场信号 5 层 Meyer 小波分析

小波变换大大提高了在 0.5Hz 以下低频段的频率分辨率，并且很好地将中心频率各异的目标信号和背景信号分开来，但在 0.05Hz 左右的位置信号叠加严重，必须选取合适的阈值进行滤波，才可以滤除幅值较大的背景噪声，提取目标弱信号。

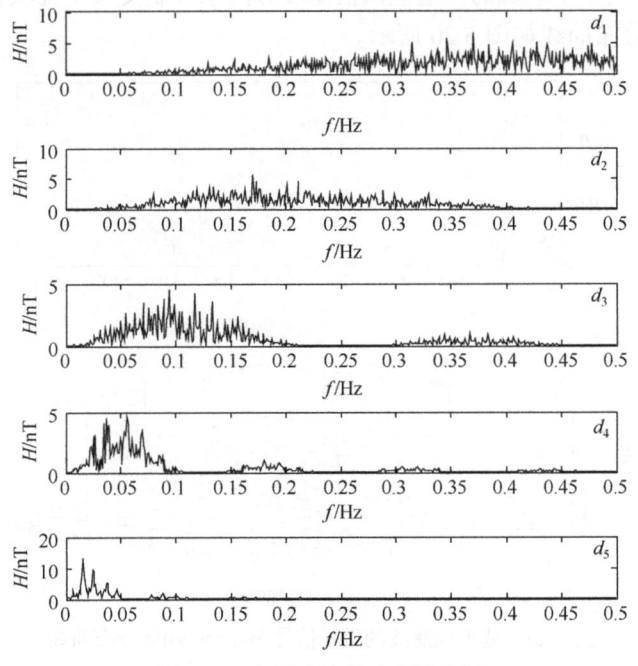

图 5.18　各层小波的功率谱分析

基于试验数据，对远场目标实测数据进行仿真分析。图 5.19(a)为高噪声(SNR=−14.2dB)背景目标磁场信号 Wigner-Ville 分布，图 5.19(b)为 Wigner-Ville 分布的三维曲线。由图可见，当背景噪声远超过目标磁异常的大小时，交叉干扰项振荡干扰严重影响了目标的时频检测。

(a) 高噪声背景目标磁场信号Wigner-Ville分布

(b) Wigner-Ville分布的三维曲线

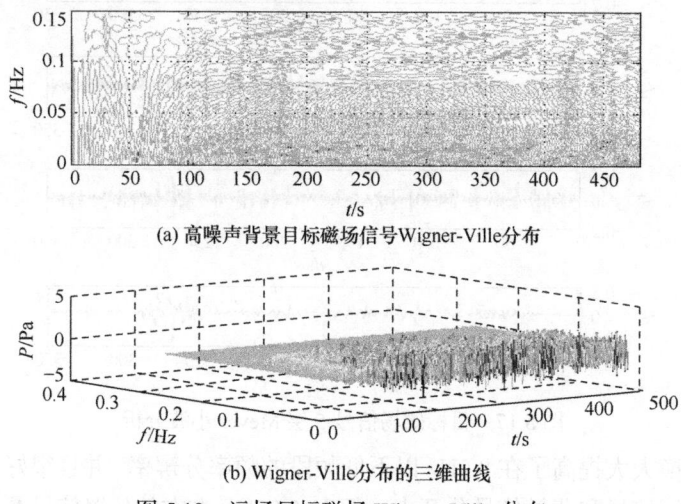

图 5.19　远场目标磁场 Wigner-Ville 分布

本小节采用了小波域的自适应阈值滤波方法来抑制交叉干扰项，同一组信号 Wigner-Ville 分布曲线如图 5.20 所示。

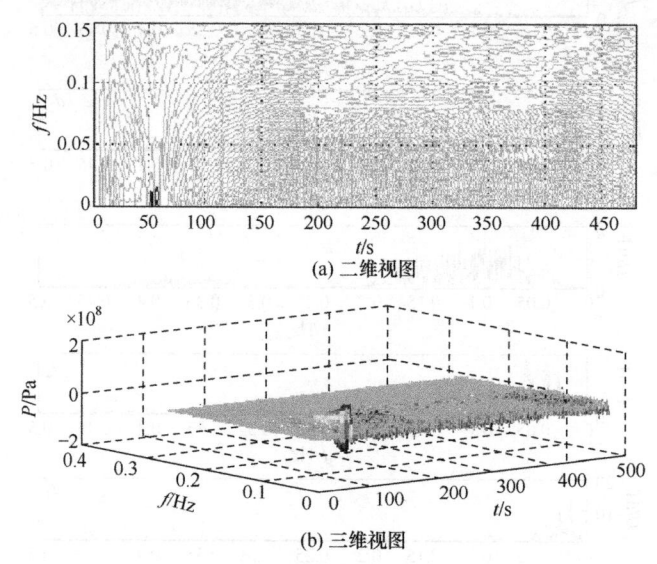

(a) 二维视图

(b) 三维视图

图 5.20　基于预滤波的磁场信号 Wigner-Ville 分布曲线

对比图 5.19 和图 5.20 发现，自适应小波滤波的方法有效地滤除了背景噪声干扰，准确地保留了目标瞬态磁异常。基于预滤波法的 Wigner-Ville 分布在较低信噪比下准确地检测出目标信号，并判定目标出现的时间和中心频率位置。

5.5 测试信号的智能信息处理

感知是人类认识自然、掌握自然规律的实践途径之一，是科学研究中获得感性材料、接收自然信息的途径，是形成、发展和检验自然科学理论的实践基础。人们常习惯于把传感器比作人的感官，把计算机比作人的大脑。因此，信息感知与计算机技术的发展促进了信息感知系统的智能化。从信息化角度出发，智能应体现在三个方面：感知，信息的获取；思维，信息的处理；行为，信息的利用。

智能计算是人工智能信息感知的核心技术。20 世纪 90 年代以来，在人工智能与信息感知研究的纵深发展过程中，人们特别关注精确处理与非精确处理的双重性，强调符号物理机制与连接机制的综合，倾向冲破"物理学式"框架的"进化论"新思路。

智能信息感知可以划分为两大类：一类为基于传统计算机的信息处理；另一类为基于神经网络和深度学习的智能信息感知。基于传统计算机的信息处理系统包括智能仪器、自动跟踪监测仪器系统、自动控制制导系统、自动故障诊断系统等。人工智能系统具有模仿或代替与人的思维有关的功能，通过逻辑符号处理系统的推理规则来实现自动诊断、问题求解及专家系统的智能。这种智能实际上体现了人类的逻辑思维方式，主要应用串行工作程序按照一些推理规则一步一步进行计算和操作。

人工神经网络是模仿和延伸人脑认知功能的新型智能信息处理系统。由于大脑是人的智能、思维、意识等一切高级活动的物质基础，构造具有脑智能的人工智能信息处理系统，可以解决传统方法所不能或难以解决的问题。以连接机制为基础的神经网络具有大量并行性、巨量互联性、存储分布性、高度非线性、高度容错性、结构可变性、计算精确性等特点，是由大量的简单处理单元(人工神经元)广泛互联而成的一个具有自学习、自适应和自组织性的非线性动力系统，也是一个具有全新计算结构模型的智能信息处理系统。该系统可以模仿人脑处理不完整的、不准确的信息，甚至具有处理非常模糊的信息的能力。这种系统能联想记忆和从部分信息中获得全部信息。由于其非线性，当不同模式在模式特征空间的分界面极为复杂时，仍能进行分类和识别。由于其具有自适应、自学习功能，系统能从环境及输入中获取信息来自动修改网络结构及其连接强度，以适应各种需要而用于知识推广及知识分类。分布式存储和自组织性使系统连接线即使被破坏

50%，仍能处在优化工作状态，这在军事电子系统设备中有着特别重要的意义。因此，基于神经计算的智能信息处理用于模拟人类形象思维、联想记忆等高级精神活动。以概率统计为基础的支持向量机理论和主成分分析方法已经迅速得到发展及应用。深度学习也是最重要的人工智能实现方法之一。其将特征与分类器结合到一个框架中，是一种自动学习特征的方法。该方法基于数据特征的自学习性，提高了特征提取的效率，具有更强的特征表达能力，可实现大规模数据的学习和表达。模糊逻辑及其模糊推理也得到了迅速发展和应用，为模糊计算提供了新的扩展空间和处理知识的方法。进化计算是人工智能中的另一个重要发展分支，在传统遗传算法的基础上，在群智能的理论和方法方面有所突破。粒子群智能和蚁群智能已经建立了较为完整的理论体系，为大数据环境下的分析和决策起到了重要作用。

5.5.1 神经计算技术

脑神经系统是以离子电流为基础的由神经细胞组成的非线性的(nonlinear)、适应的(adaptive)、并行的(parallel)和模拟的(analog)网络(network)，简称 NAPAN。在脑神经系统中，信息的收集、处理和传送都在细胞上进行。各个细胞基本上只有兴奋与抑制两种状态。神经细胞的响应速度是毫秒级，比半导体器件要慢得多。神经细胞主要依靠网络的超并行性来实现高度的实时信息处理和信息表现的多样性。神经细胞上的突触机构具有很好的可塑性。这种可塑性使神经网络具有记忆和学习功能。突触的连接形成了自组织特性，并随学习而变化，使神经网络具有强大的自适应功能。

由于脑神经系统的复杂性，至今还没有可用于分析和设计 NAPAN 的理论。尽管人们早已经知道在人的大脑中存在着 NAPAN，但研究 NAPAN 的难度很大，而且当时电子计算机的功能已经十分强大，因而人们一直未能对其进行深入的研究。直到关注数字计算机的局限性，人们才感到必须研究 NAPAN，希望通过它能实现崭新的超并行模拟计算机。

神经科学从分子水平到细胞水平分析了神经元的详细构造和功能，对脑神经系统所实现的信息处理基本性质的理解也逐步深入。然而，即使对细胞的结构、生理机理和物理原理都弄清楚了，但人们对涉及 140 亿个神经细胞所组成的脑神经系统的超并行性、层次和分布式构造所形成的系统本质特性还知之甚少。目前，需要从系统论的立场出发来研究复杂的 NAPAN，在网络层次上弄清其功能和信息处理原理，确定使其体系化的理论。

神经网络模型和学习算法的研究把许多简单的神经细胞模型并行分层相互结合成网络模型，提供了信息处理的有效手段，为建立 NAPAN 理论提供了新途径。人工神经网络是对真实脑神经系统构造和功能予以极端简化的模型。对神经网络的研究，有助于人类对 NAPAN 的理解，有助于探明大脑的信息处理方式，建立脑的模型，进一步弄清脑的并行信息处理的基本原则，并从应用角度寻求其工程实现的方法。

神经网络的主要特征是大规模的并行处理、分布式的信息存储、良好的自适应性、自组织性，以及很强的学习功能、联想功能和容错功能。与冯·诺依曼计算机相比，神经网络的信息处理模式更加接近人脑，主要表现在以下方面：

(1) 能够处理连续的模拟信号(如连续变换的图像信号)。

(2) 能够处理不精确的、不完全的模糊信息。

(3) 冯·诺依曼计算机给出的是精确解，神经网络给出的是次最优的逼近解。

(4) 神经网络并行分布，各组成部分同时参与运算，单个神经元的动作速度不快，但网络总体的处理速度极快。

(5) 神经网络具有鲁棒性，即信息分布于整个网络各个权重变换之中，某些单元的障碍不会影响网络的整体信息处理功能。

(6) 神经网络具有较好的容错性，即在只有部分输入条件，甚至包含了错误输入条件的情况下，网络也能给出正确的解。

(7) 神经网络在处理自然语言理解、图像识别、智能机器人控制等疑难问题方面具有独特的优势。

神经网络以连接主义为基础，是人工智能研究领域的一个分支。从微观角度，符号是不存在的，认知的基本元素是神经细胞。认知过程是大量神经细胞的连接引起神经细胞不同兴奋状态和系统表现出的总体行为。传统的符号主义与其不同，认为认知的基本元素是符号，认知过程是对符号表示的运算。人类的语言、文字、思维均可用符号来描述，而且思维过程只不过是这些符号的存储、变换和输入、输出。以这种方法实现的系统具有串行、线性、准确、易于表达的特点，体现了逻辑思维的基本特性。专家系统和日本提出的第五代计算机研制计划就体现了典型的符号主义思想。

基于符号主义的传统人工智能和基于连接主义的神经网络分别描述了人脑左、右半脑的功能，反映了人类智能的两重性：一方面是精确处理，另一方面是非精确处理，分别对应认知过程的理性和感性两个方面。两者的关系是互补的，不可替代。理想的智能系统及其表现的智能行为应是两者相互结合的结果。

支持向量机是建立在统计学习理论基础上的一种人工智能方法。统计学习理论是针对小样本情况研究统计学习规律的理论,是传统统计学的重要发展和补充，为研究有限样本情况下机器学习的理论和方法提供了理论框架，其核心思想是通过控制学习机器的容量实现对推广能力的控制。支持向量机是一种通用学习机器，较以往方法表现出很多理论和实践上的优势。

统计学在解决机器学习问题中起着基础性的作用。传统的统计学研究的是渐进理论，即当样本趋向于无穷多时的统计性质。在实际问题中，样本数目通常是有限的，然而传统计算理论仍以样本数无穷多为前提假设来推导各种算法，期望该类算法在样本较少时也能获得较好的表现。然而，当样本数有限时，传统的人工智能方法表现出较差的泛化能力。

基于统计与估计理论框架的支持向量机方法，为有限样本情况下的机器学习问题提供了有力的理论基础，在此基础上支持向量机方法表现出优良特性。统计学习理论具有较完备的理论基础，更符合有限样本情况下的智能感知应用场景的需求。

5.5.2 深度学习理论

深度学习是机器学习一个新的研究方向，其核心思想是语言模拟人脑的层级抽象结构，通过无监督方式从大规模数据(声音、文本、图像等)中提取特征。深度学习是相对于支持向量机、k最近邻、Gradient Boost等浅层学习算法而言的。深度是指一个流向图从输入到输出所走的最长的路径。例如，支持向量机深度为2，第一层是核输出或是特征空间，第二层是线性混合的分类输出。传统的前馈神经网络深度等于其层次的数目。深度学习基于数据特征自学习，减少了人工提取特征的工作量，其包含的深层模型使特征具有更强的表达能力，从而实现对大规模数据的学习与表达。

深度学习的概念由Hinton等于2006年提出[29]。该研究组基于深度置信网络提出非监督贪心逐层训练算法，为解决深层结构相关的优化问题提供了方案，后续研究中栈式自动编码器、卷积神经网络、递归神经网络、深度增强学习技术被相继提出。深度学习方法包含有监督学习与无监督学习两类，不同的学习框架建立的学习模型存在差异。例如，卷积神经网络是一种深度有监督学习框架下的机器学习模型；深度置信网络是无监督学习框架下的机器学习模型。深度学习立足于经典有监督学习算法和深度模型，充分利用大型标注数据集提取对象的复杂抽象特征，同时发展无监督学习技术和深度模型在小数据集的泛化能力。

研究表明，每个函数都有固定的最小深度，即在运算次序上尽可能并行之后的运行次数。函数深度与运算方法有很大关系。有学者证明，如果一个k层网络模型紧致地表示一个函数，那么用$k-1$层网络模型表示该函数则需要指数倍的计算单元[30]。深层结构可以用少于函数变量和训练数据的计算单元紧致地表示高度变化的函数，这是大多数现有的浅层机器学习方法不可比拟的。因此，有学者认为，增加网络结构的深度从统计学的效率来看十分重要。除了更强大的函数表达能力和泛化能力，深度学习的结果比较自然地体现了底层特征到高层特征的演变。例如，深度模型可以表示"图像块或像素点—边缘—部件—物体"的学习过程，而这个过程与生物的视觉感知系统十分契合。

深度学习与浅层学习相比具有以下优点：

(1) 在网络表达复杂目标函数的能力方面，浅结构神经网络有时无法很好地实现高变函数等复杂高维函数的表示，而用深度结构神经网络能够较好地表征。

(2) 深度学习网络结构是对人类大脑皮层的最好模拟。与大脑皮层一样，深度学习对输入数据的处理是分层进行的，用每一层神经网络提取原始数据不同水平的特征。

(3) 在信息共享方面，深度学习获得的多重水平的提取特征可以在类似的不同任务中重复使用，相当于对任务求解提供了一些无监督的数据，可以获得更多的有用信息。

(4) 深度学习比浅层学习具有更强的表示能力，而深度的增加使得非凸目标函数产生的局部最优解是造成学习困难的主要因素。

(5) 深度学习方法试图找到数据的内部结构，挖掘变量之间的真正关系。数据表示方式对训练学习的成功产生很大的影响，高效的表示能够消除输入数据中与学习任务无关因素的改变对学习性能的影响，同时保留对学习任务有用的信息。

目前，深度学习模型中可叠加的学习结构主要是多层神经网络。深度学习模型的发展概况如表 5.2 所示。

表 5.2 深度学习模型的发展概况

时间	发展	特征
20 世纪 60 年代	神经网络第一次兴起	—
20 世纪 80 年代	第二代神经网络利用反向传播(back propagation，BP)方法学习网络参数	需要标注数据，可扩展性差，统一陷入局部极小
2006~2012 年	无监督预训练对权值进行初始化+有监督训练微调，2011 年，ReLU 激活函数被提出	ReLU 激活函数能够有效抑制梯度消失问题
2012~2017 年	卷积神经网络发展 ReLU 激活函数在 AlexNet 中使用	(1) 首次采用 ReLU 激活函数，极大加快了收敛速度并从根本上解决了梯度消失的问题 (2) 由于 ReLU 激活函数很好地解决了梯度消失问题，AlexNet 放弃了"预训练+微调"的方法，完全采用有监督训练，从此深度学习的主流学习方法变为纯粹的有监督学习 (3) 扩展了 LeNet5 结构，添加 dropout 层以减小过拟合，局部响应归一化(local response normalization，LRN)层增强泛化能力/减小过拟合 (4) 第一次使用图形处理单元(graphics processing unit，GPU)加速运算
2017~	深度学习目前仍在不断发展中	—

当前主流的深度学习模型主要包括以下类型。

1. 卷积神经网络

卷积神经网络是一种前馈神经网络，受生物自然视觉认知机制启发而来，其人工神经元可以响应一部分覆盖范围内的周围单元，在大型图像处理等方面具有卓越性能。1959 年，Hubel 等发现动物视觉皮层细胞负责检测光学信号[31]，受此启发，20 世纪 90 年代，LeCun 等提出了卷积神经网络的现代架构[32]，其卷积运算大致包含下述过程：首先，采用三个可训练的滤波器组对输入图像进行卷积，卷积后在每一层产生特征映射图；然后，对特征映射图中每组四个像素进行求和、加权、加偏置运算；最后，对运算后的像素进行池化处理，得到最终输出值。卷积神经网络应用广泛，对多维数组信号、局部关联性强信号、图像视频信号、时序信号等具有很强的处理能力，在文本分类、语音识别、人脸检测识别、视频识别/理解、生物医学图像分析等领域具有广泛应用。

递归神经网络是一种具有固定权值、外部输入和内部状态的神经网络，可将其看作以权值和外部输入为参数，关于内部状态的行为动力学模型。递归神经网络针对时序数据进行分析，在时间上展开深层结构，挖掘长时间跨度数据的特征。近年来，不断涌现出的递归神经网络的深层结构包括门增强单元(gate reinforcement unit，GRU)、长短时记忆(long short-term memory，LSTM)单元等，有效提高了不同时间粒度的数据特征融合性能，在自然语言处理、文本分析、语音识别等领域已得到充分应用。

卷积神经网络是一种有监督学习的深度模型。其基本思想是：在前层网络的不同位置共享特征映射的权重，利用空间相对关系减少参数数目以提高训练性能。图 5.21 为卷积神经网络抽取图像特征的过程示意图。

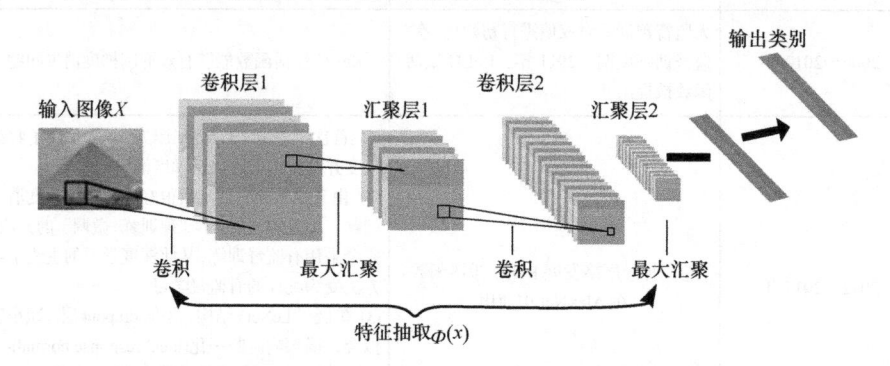

图 5.21 卷积神经网络抽取图像特征的过程示意图

2. 自动编码器

自动编码器为单层网络结构，是深度学习框架中的典型结构，可用作表达转换的途径，也可作为非线性降维方法。自动编码器是一种无监督机器学习技术，其采用神经网络产生的低维输出表征高维输入。传统线性降维方法，如主成分分析，通过在高维空间中寻求最大方差方向，以减少数据维度，线性度限制了可提取的特征维度。自动编码器用神经网络的非线性特点，克服了该限制。自动编码器通常有单层与多层的编码器和解码器，通常多层结构具有更强的学习能力。自动编码器是一种前馈网络，多层网络结构可提高特征提取效率。通用近似定理能够保证至少一个隐层，且隐层单元足够多的前馈神经网络能以任意精度近似逼近任意函数。多层编码器(至少有一个隐层)的主要优点是其中各隐层的自动编码器在数据域内能表示任意近似数据的恒等函数，不会丢失输入信息。同时，该结构还可以有效降低表示某些函数的计算成本，以及学习函数所需的训练数据量。多层自动编码器能比响应的浅层或线性自动编码器具有更好的压缩效率。训练多层自动编码器的方法是通过启发式贪婪算法对各层自动编码器进行逐层预训练，优化多层自动编码器隐层的权值矩阵。

去噪自动编码器是自动编码器的一种随机扩展，它的目标是从有噪声的输入数据中重构原始输入，从而实现鲁棒性更高的特征学习。多个自动编码器可以组成叠加自动编码器，利用深度学习的思想进行训练。

图 5.22 给出了自动编码器和去噪自动编码器的结构示意图。

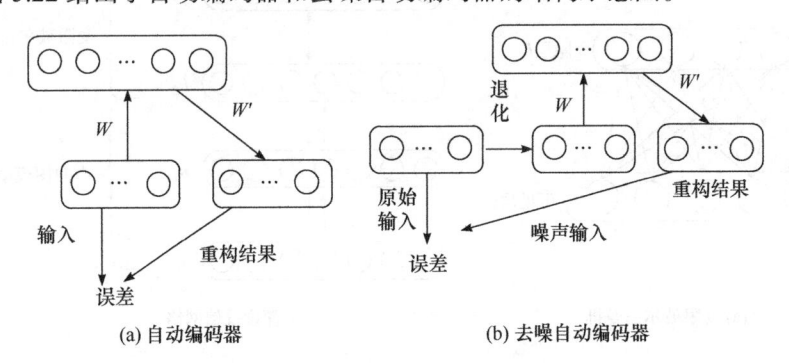

(a) 自动编码器　　(b) 去噪自动编码器

图 5.22　自动编码器与去噪自动编码器

3. 受限玻尔兹曼机和深度置信网络

受限玻尔兹曼机是玻尔兹曼机的一种变形，即去掉原始的玻尔兹曼机中可见节点之间及隐藏节点之间的连接，是一种基于能量的模型。其中，二进制神经元的概率值可以用激励的向上和向下传播获得，使用对比离散度方法在很大程度上提高了模型的训练程度。

受限玻尔兹曼机提供了无监督学习单层网络的方法，增加隐层的层数，即得到深度玻尔兹曼机；在靠近可见层的部分采用贝叶斯网络(有向图模型)，而在原理可见层的部分使用受限玻尔兹曼机，即得到深度置信网络。

深度置信网络是在自动编码器基础上发展而来的第一类深度非卷积模型之一。深度置信网络的出现标志着深度学习的兴起。在该网络模型被提出之前，深层神经网络被认为难以优化。深度置信网络在多个数据集上的学习效率已经超过了核化支持向量机，证明了该模型的有效性。深度置信网络是具有若干浅变量层的模型，其与传统神经网络的区别主要体现在网络结构与训练算法方面。深度置信网络最后两层是一个受限玻尔兹曼机，其他层均为 Top-Down 的有向结构；在训练过程中，深度置信网络是作为栈式受限玻尔兹曼机进行预训练的，完成预训练后，增加一个输出层，采用反向传播算法进行训练。

图 5.23 给出了受限玻尔兹曼机和深度置信网络。

深度模型的训练过程包括：①通过无监督学习对每一层网络进行初始化，并将其训练结果作为高一层网络的输入；②通过有监督学习微调整个网络的参数。其中，第①步的初始化是深度学习能取得出色效果的重要因素。深度学习中的优化主要是基于随机梯度下降方法，其参数更新仅在单个训练样本或者一小部分训练样本上进行。虽然随机梯度下降方法与传统方法更适用于训练大规模数据，但是这种顺序优化的思想增大了并行化的难度，成为该方法在时间效率上面临的最大瓶颈。

(a) 受限玻尔兹曼机　　　　　　(b) 深度置信网络

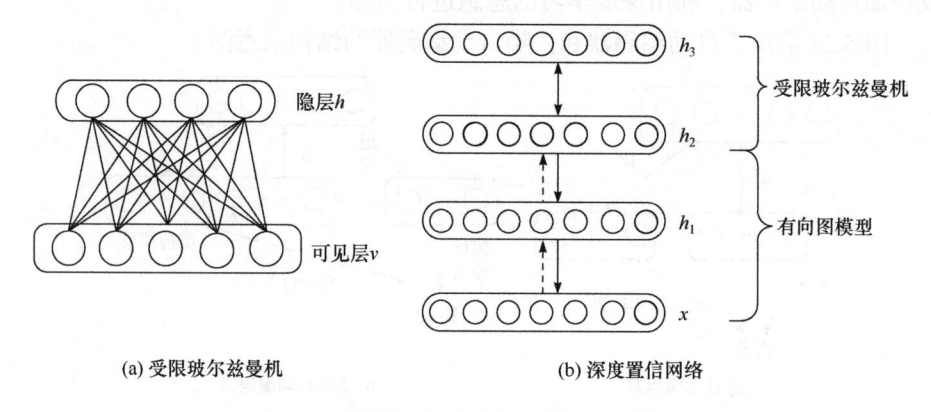

图 5.23　受限玻尔兹曼机与深度置信网络

深度学习多数建立在"大数据+复杂模型"的基础上，为了取得更高的性能和效率，发掘更复杂的高层次特征，必须加大深度学习方法的可扩展性。目前，训练大规模深度模型主要依赖大量的中央处理器(central processing unit，CPU)核及类似云计算的方法，研究人员为了训练具有 1B 参数的大规模深度模型，采用了稀疏、局部感受区域、汇聚和局部对比正则化(local contrast normalization，LCN)方法，以及模型并行化和异步随机梯度下降方法，Coates 等提出基于现成商品高性能计算(commodity off-the-shelf high performance computing，COTSHPC)技术的深度学习系统[33]，该系统由无线宽带互联的服务器群组成，能够扩展到更大的网络规模。

目前，深度学习在计算机视觉及语音识别领域得到了较为广泛的应用。在计算机视觉领域，深度学习主要应用在数据降维、手写数字识别、模式识别等领域，如图像识别、图像去噪和修复、运动建模、动作识别、物体跟踪、视觉建模、场景分析等，展现出非常高的有效性。在语音识别领域，深度学习主要应用于互联网行为分析、文本分析、市场监测、自动控制等方面。

深度增强学习是针对开放式问题提出的自主学习方法。深度增强学习通过主动尝试不同策略，获取环境反馈，对选取策略进行迭代评估，模拟人的自主学习探索过程，实现对开放式问题的策略优化。AlphaGo 在围棋比赛中击败人类选手，赫仑系统公司的人工智能飞行员在与美国空军 F16 战机飞行员进行的一对一模拟空战实现 5∶0 完胜，充分体现了深度增强学习的学习能力。深度学习已在很多领域得到广泛应用，包括语音识别、图像分类及识别、人脸识别、视频分类、行为识别、图像超分辨率重建、纹理识别、行人检测、场景标记、门牌识别、手写体字符识别、图像检测、人体运动行为识别等。深层神经网络-隐马尔可夫混合模型成功应用于大词汇量语音识别，基准测试字词错误率为 18.5%，与之前最领先的常规系统相比，相对错误率减小了 33%。基于递归神经网络的向量化定长表示模型，可应用于机器翻译。该模型在翻译每个单词时，根据该单词在源文本中最相关信息的位置以及已翻译出的其他单词，预测对应于该单词的目标单词。深度卷积神经网络在 ILSVRC-2012 挑战赛中，取得了图像分类和目标定位任务的第一名。同样，基于卷积神经网络学习方法的户外人脸识别正确率达 97.45%。

深度学习在理论方面存在两个主要困难：一个是关于统计学习；另一个与计算量相关。相对浅层学习模型来说，深度学习模型对非线性函数的表示能力更好。根据通用的神经网络逼近理论，对任何一个非线性函数来说，都可以由一个浅层学习模型和一个深度学习模型很好地表示，但相对浅层学习模型，深度学习模型需要较少的参数。深度学习训练的计算复杂度同样需要关注，即需要多大参数规模和深度的神经网络模型去解决相应的问题，在对构建好的网络进行训练时，需要多少训练样本才能足以使网络满足拟合状态。另外，网络模型训练所需要消耗的计算资源很难预估，对网络的优化技术仍有待改进。深度学习模型的代价函数都是非凸的，使得理论研究难度加大。

5.5.3 进化计算技术

进化计算是智能计算的重要组成部分，已在各领域得到较为广泛的应用。基于仿生学理论，科学家从生物中寻求构建人工智能系统的灵感。从生物进化的机理中发展出适合于现实世界复杂问题优化的模拟进化优化(simulated evolutionary optimization，SEO)算法，主要有遗传算法、进化策略以及进化规则[34]。同时，还有一些生物学家做了生物系统进化的计算机仿真。

遗传算法理论主要研究遗传算法的编码策略、全局收敛和搜索效率的基础理论、遗传算法的新结构、基因操作策略、参数的优化选择以及与其他算法的综合应用。遗传算法主要模拟生物进化的优胜劣汰过程，通过群体迭代选择、杂交和变异，由随机状态向寻优状态进化。

进化计算体现了生物进化的 4 个要素，即繁殖、变异、竞争和自然选择。目前，进化计算包括遗传算法、进化策略、进化规划等。

1. 模糊计算技术

美国加利福尼亚大学伯克利分校 Zadeh 教授发表了著名的论文"Fuzzy Sets"(模糊集)[35]，创立了模糊理论，Zadeh 也被国际上誉为"模糊之父"。模糊理论已成为信息科学中的重要组成部分之一。

Zadeh 教授曾提出一个著名的不相容原理：随着系统复杂性增加，人们对系统进行精确而有效的描述的能力会降低，直至一个阈值，精确和有效成为互斥。其实质在于：真实世界中的问题、概念往往没有明确的界限，而传统数学的分类总试图定义清晰的界限，这是一种矛盾，一定条件下会变成对立的东西，从而引出一个极其简单而又重要的思想——任何事情都离不开隶属程度这样一个概念。这就是模糊理论的基本出发点。

随着系统复杂度的提高，当复杂性达到与人类思维系统可比拟时，传统的数学分析方法就不适用了。模糊数学或模糊逻辑更接近于人类思维和自然语言，因此模糊理论为复杂系统分析、人工智能研究提供了一种有效的方法。

2. 遗传算法的应用

遗传算法的应用研究比理论研究更多，已实现多学科交叉融合。遗传算法的应用按其方式可分为三部分：基于遗传的优化计算、基于遗传的优化编程、基于遗传的机器学习，分别对应遗传计算、遗传编程、遗传学习。

遗传计算是遗传算法中应用最广泛的方法。针对经典函数优化问题，遗传计算采用二进制编码和实数编码进行优化。针对组合优化问题，遗传计算采用序号编码，通过特殊交换操作实现优化。

遗传算法的兴起伴随着神经网络的复活，神经网络已与遗传算法实现深度结合。神经网络的应用面临着两大问题：神经网络拓扑结构的优化设计与高效的学习算法。遗传算法为解决这两大问题提供了有效工具，用于优化神经网络的结构权重和学习规则。

3. 蚁群优化算法

蚁群优化(ant colony optimization, ACO)算法是一种离散优化问题的元启发式算法, 利用一群人工蚂蚁的协作来寻找最优解。ACO 算法既可以解决静态的组合优化问题, 也可以解决动态的组合优化问题。静态问题是指在问题定义时, 问题的特征一旦给出, 这些特征在问题求解期间就不会发生改变。其中的一个典型例子就是旅行商问题(traveling salesman problem, TSP), 在问题中城市的位置及其之间的相对距离是问题定义的一部分, 在程序运行期间不会改变。相反, 动态问题由函数定义, 函数中的变量值会随着系统的动态特性改变, 运行期间发生变化要求优化算法必须能够在线调整以适应新的条件。

ACO 算法中的人工蚂蚁代表一个随机构建过程, 在构建过程中不断向部分解添加符合定义的解成分从而构建出一个完整的解。因此, ACO 算法可以应用到任何能够定义的构建性启发式组合优化问题中。

ACO 算法通常包含三个过程: 蚂蚁构建解、更新信息素和后台执行。首先, 由一群蚂蚁并行异步地访问所考虑问题的邻近状态。蚂蚁根据信息素和启发式信息, 采用随机局部决策方法选择移动的下一步。蚂蚁将逐步建立起优化问题的解。若蚂蚁建立了一个解, 或者在构建解的期间对解进行评估, 则更新信息素就是修改信息素浓度的过程, 信息素的浓度可能会因蚂蚁在点或连接的边上释放信息素而增加, 也可能会由于信息素的蒸发而减少。从实际的角度看, 释放新的信息素增大了蚂蚁访问某个点或者某条连接边的概率, 这些点(边)有可能已经有很多蚂蚁访问过, 或者至少有一只蚂蚁访问过, 并产生了好的解, 从而会吸引后面的蚂蚁重新访问。不同的是, 信息素的蒸发作用很大: 它可以避免算法朝着一个并非最佳的解区域过早收敛, 从而使算法有更多的机会探索搜索空间中的新区域。后台执行的是单一蚂蚁不能完成的集中行动。后台执行包括局部优化过程的执行和全局信息的收集, 在非局部的情况下, 该全局信息可以用于决定是否释放某些额外的信息素来调整搜索过程。

4. 微粒子群优化算法

微粒子群优化(particle swarm optimization, PSO)算法是继 ACO 算法之后又一种新群体智能算法。微粒子群优化算法是一种模仿鸟类群体行为的进化算法。该算法体现了一种简单朴素的智能思想: 鸟类使用简单的规则来确定自己的飞行方向和速度, 试图保持在鸟群中而不致相互碰撞。人们利用该思想提出了一个数学上的优化算法: 微粒子群优化算法。与其他进化类优化算法相类似, 该算法采用"群体"和"进化"的概念, 同样依据个体的适应值大小进行操作, 不同的是把每个个体视为在搜索空间中的一个没有重量和体积的微粒, 并在搜索空间中以一定的速度飞行。该飞行速度则由个体和群体的飞行经验进行动态调整，从而获得寻优方案。

5.5.4 强化学习理论

强化学习是一种以环境反馈作为输入的、特殊的、适应环境的机器学习方法。

强化学习又称为增强学习、加强学习、再厉学习或激励学习，是一种从环境状态到行为映射的学习，目的是使动作从环境中获得的累计回报值最大。强化学习的思想来源于动物学习心理学，用于观察生物(特别是人)为适应环境而进行的学习过程。强化学习有两个特点：一是人从来不是静止地被动等待而是主动对环境做出试探；二是环境对试探动作产生的反馈是评价性的，人会根据环境的评价来调整以后的行为。强化学习正是通过这样的试探—评价的迭代，在与环境的交互中学习，通过环境对不同行为的评价性反馈信号来改变强化学习系统(或者称为智能体)的行为选择策略以实现学习目标。来自环境的评价性反馈信号通常称为奖赏值或强化信号，强化学习系统的目标就是极大化(或极小化)期望奖赏值。

强化学习技术是由控制理论、统计学、心理学等相关学科发展而来的，最早可以追溯到巴普洛夫的条件反射试验。直到 20 世纪 80 年代末、90 年代初，强化学习技术才在人工智能、机器学习和自动控制等领域中得到广泛研究和应用，并被认为是设计智能系统的核心技术之一。特别是随着强化学习的数学基础研究取得突破性进展，对强化学习的研究和应用日益多起来，目前其成为机器学习领域的研究热点之一。

强化学习围绕如何与环境交互学习的问题，在行动—评价的环境中获得知识改进行动方案，以适应环境进而达到预想的目的。学习者并不会被告知采取哪个动作，而只能通过尝试每一个动作自己做出判断、评价去指导以后的行动，主要依靠环境对所采取行为的反馈信息产生评价，并根据使优良行动得到加强，通过试探得到较优的行动策略来适应环境。试错搜索和延迟回报是强化学习的两个最显著的特征。

强化学习是智能体在与动态环境的交互过程中，通过反复试错来学习适当的行为。其介于有监督式学习和无监督式学习之间，是一种策略相关学习，通过与环境的即时交互来获得环境的状态信息，并通过反馈强化信号对所采取的行动进行评价，通过不断的试错和选择，从而学习到最优的策略。

强化学习的基本原理是：若智能体的某个行为策略导致环境对智能体正的奖赏，则智能体以后采取这个行为策略的趋势会加强；反之，若某个行为策略导致环境对智能体负的奖赏，则智能体此后采取这个动作的趋势会减弱。

图 5.24 描述了环境与智能体进行交互的一个基本框架。

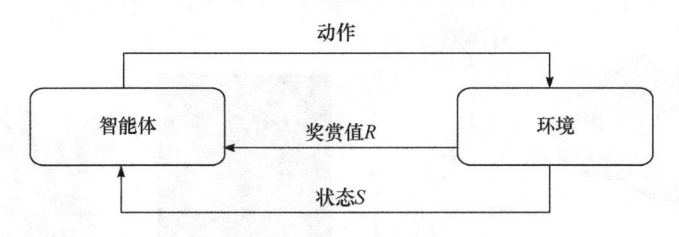

图 5.24 强化学习框架图

在图 5.24 给出的强化学习过程中,智能体不断地与环境进行交互,在每一时刻循环发生如下事件序列:

(1) 智能体感知当前的环境状态。
(2) 针对当前的环境状态和强化值,智能体选择一个动作进行执行。
(3) 当智能体所选择的动作作用于环境时,环境发生变化,即环境状态转移至新状态并给出奖赏值(强化信号)。
(4) 奖赏值(强化信号 R)反馈给智能体。

强化学习具有如下特点:

(1) 强化学习是一种弱的学习方式,体现为智能体通过与环境不断地试错交互来进行学习;强化信息可能是稀疏且合理延迟的;不要求(或要求较少)先验知识;智能体在学习中所使用的反馈是一种数值奖赏形式,不要求有提供正确答案的教师。
(2) 强化学习是一种增量式学习,可以在线使用。
(3) 强化学习可以应用于不确定性环境。
(4) 强化学习的体系结构是可扩展的,目前,强化学习系统已扩展至规划合并、智能探索、监督学习和结构控制等领域。

强化学习的主要算法有动态规划、蒙特卡罗算法、瞬时差分算法、Q-Learning、$Q(\lambda)$-Learning、Sarsa 等。若在学习过程中智能体无须学习马尔可夫决策模型知识(T 函数和 R 函数),而直接学习最优策略,则称这类方法为模型无关法;在学习过程中先学习模型知识,后根据模型知识推导优化策略的方法,称为基于模型法。常见的强化学习算法中动态规划和 Sarsa 是基于模型法,蒙特卡罗、瞬时差分、Q-Learning、$Q(\lambda)$-Learning 都属于典型的模型无关法。强化学习的最新发展趋势为部分感知强化学习、关系强化学习和分层强化学习。

5.5.5 类脑智能理论

人类大脑是自然界中最为复杂的系统之一,其复杂性表现在:由上千亿个神经元细胞组成,含有百万亿以上的突触连接,具有非凡的信息处理与决策能力,是一切人类智力产生的基础,如图 5.25 所示。

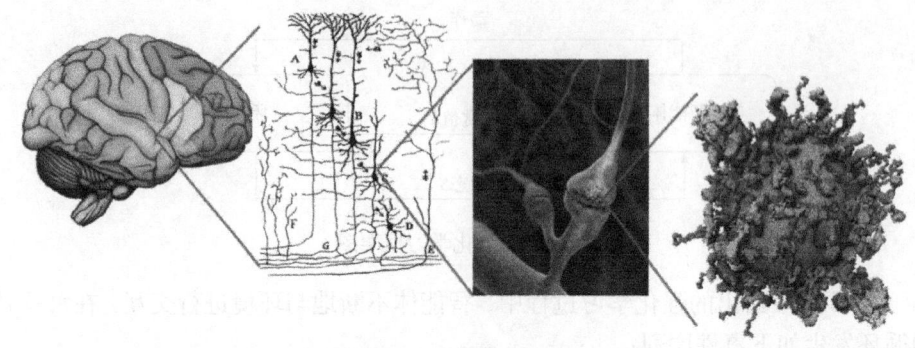

图 5.25　脑结构示意图

类脑智能是受大脑神经运行机制和认知行为机制启发，以计算建模为手段，通过软硬件协同实现的机器智能。类脑智能具备信息处理机制上类脑、认知行为表现上类人、智能水平上达到或超越人的特点。

当前人工智能存在两条技术发展路径：一条是以模型学习驱动的数据智能；另一条是以认知仿生驱动的类脑智能。现阶段人工智能发展的主流技术路线是数据智能，但是数据智能存在一定的局限性。例如，需要海量数据和高质量的标注；自主学习、自适应等能力弱，高度依赖模型构建；计算资源消耗较大，CPU、GPU 消耗量巨大；缺乏逻辑分析和推理能力，仅具备感知识别能力；时序处理能力弱，缺乏时间相关性；仅解决特定问题，适用于专用场景智能。

类脑智能可以克服数据智能的局限性。数据方面，类脑智能可处理小数据、小标注问题，适用于弱监督和无监督问题；更符合大脑认知能力，自主学习、关联分析能力强，鲁棒性较强；计算资源消耗较少，人脑计算功耗约为 20W，类脑智能模仿人脑实现低功耗；逻辑分析和推理能力较强，具备认知推理能力；时序相关性好，更符合现实世界；能解决通用场景问题，实现强人工智能和通用智能。

目前，类脑智能尚处于兴起与发展阶段，主要的研究方向集中于：①新一代人工神经网络模型研究，前面所述的深度学习、强化学习等在某种意义上都属于新一代人工神经网络模型研究的范畴；②基于记忆、推理和注意的认知功能研究；③基于脉冲神经网络的脑区协同认知模型研究。

类脑智能研究需要加强人工神经网络和生物神经网络在结构、功能及学习机制上的融合，发展趋势主要体现在以下两个方面：①更加高效能的新一代人工神经网络模型研究。目前，深度神经网络一定程度上已经借鉴了神经系统的工作原理，并具备相对完整的编解码、学习与训练算法，但从发展和应用的眼光看，该类模型还存在巨大的提升空间，而大部分脉冲神经网络在学习与训练算法方面更多地借鉴了神经元、突触等微观尺度的机制，其在学习方式上更加接近于无监督学习，计算效能也比深度网络高出一个量级，但网络训练只考虑了两个神经元之间的局部可塑性机制，对微观尺度(如神经元网络连接、皮层结构)、宏观尺度(如脑区之间的网络连接)的借鉴非常缺乏，因此在性能上与深度神经网络等模型还存在一定差距。两个模型都需要不断从脑科学中汲取营养并不断融合，发展出性能更好、效能更高的新一代人工神经网络模型。②自适应的类脑学习方法与认知结构研究。在类人认知行为的机器学习方面，越来越多的研究着眼于提高神经网络、认知计算模型和智能系统的自适应能力，使机器像人一样不断地从周围环境对知识、模型结构和参数进行学习和自适应进化，这是机器学习的最高目标，这种学习方式称为终身学习或永不停止地学习，里面混合有监督学习、无监督学习、半监督学习、增量学习、迁移学习、多任务学习、交互学习等多种灵活的方式。基于生成模型的贝叶斯程序学习体现了人脑普遍的个例学习能力。认知科学认为，一个概念的形成具有组合性和因果性，因此认知一个新概念时用到了已有的经验积累，从而具有个例的举一反三能力。贝叶斯程序学习借鉴了这些认知科学中的概念，对字符图像进行笔画的分解和组合性的学习与推理，让程序学会如何学习，从而能举一反三地辨认新样例和产生新字符，在一个特定的视角通过了视觉图灵测试。

　　发展可持续的类人学习机制，需要通过脑科学建立适合这类学习机制的认知结构；同时直接从大网络中通过学习演化出类脑的认知结构，是期望的基础性突破。

　　脑电是一种由脑细胞群之间以电离子形式传递信息而产生的生物电现象，是神经元电生理活动在大脑皮层或头皮表面的总体反映。脑机接口(brain computer interface，BCI)是一种不依赖正常的外周神经和肌肉组成的输出通路的通信系统。脑机接口的概念最早于1973年被提出，随着计算机性能的飞速提高，脑机接口的研究进入了高速发展期。2000年，首次报道了从猴子的大脑皮层成功获取到脑电信号，对千里之外的机器人进行了实时控制，实现了"Monkey Think, Robot Do"。此后，随着神经科学及计算机技术的快速发展，对脑机接口的研究也取得了快速发展。作为一项新兴且潜力巨大的技术，美国国防部、科研机构和高科技公司都在积极进行研究。面向神经假体应用和未来人机通信的脑机接口公司 Neuralink 创立，其短期目标是治愈严重的脑部疾病，如阿尔茨海默病和帕金森病，并且最终通过与人工智能的融合来增强大脑。Facebook公司开发一个设备，能让人们通过脑波每分钟输入100个单词。该设备也可以作为增强现实应用的一个大脑鼠标，而不需要通过跟踪手部动作来控制光标。

　　脑机接口系统根据脑电信号获取的方式，可分为非侵入式、半侵入式和侵入式三种。对非侵入式脑机接口的研究，只需要通过相关设备对大脑皮层的表面信号直接进行采集和处理，因此不需要外科手术的介入，已成为脑机接口研究的热点方向。脑电信号由于其时间分辨率高、采集设备容易携带、便于投入使用等优点，正成为脑机接口应用于控制系统(轮椅、机械手等)的主要方式。

常用的非侵入式信号有脑电图、皮层脑电图、脑磁图、功能性磁共振图像(functional magnetic resonance imaging，FMRI)、正电子成像术(positron emission tomography，PET)和功能性近红外分析(functional near-infrared spectroscopy，FNIRS)等。脑电图通常由头戴式的脑电帽通过电极从头皮上采集，可监测到群体神经元的放电活动。相比于其他类型的脑信号，脑电图具有采集方便、时空分辨率高等优点，在脑机接口系统中具有独特的应用价值。

5.6 本章小结

测试信号的数字处理与分析是现代测试系统的重要组成部分。本章首先介绍了数字信号处理的部分基础知识，然后重点阐述相关分析、功率谱分析、时频分析等基本方法及其在现代测试中的应用。相关分析是研究现象之间是否存在某种依存关系，并对具备依存关系的现象及其相关程度进行分析的方法。功率谱分析是另一种常用的测试信号分析技术，可以有效显示一定区域信号功率随频率变化的分布情况，学习过程中应注意其与频谱的区别，同时思考如何用于状态监测和目标检测。时频分析是一种现代信号处理方法，目的是更准确地表述信号时域和频域的联合分布信息，本章着重介绍了短时傅里叶变换和小波分析的基本概念，并围绕时频分析在微弱信号检测中的应用，介绍了一种采用自适应小波阈值选取抑制二项时频分布干扰项的方法。本章还对测试信号的智能信息处理方法进行了概要阐述，其主要包括神经计算、深度学习、进化计算、强化学习技术和类脑智能理论等。

思 考 题

1. 请简述数字信号处理的基本步骤。
2. 求 $x(t) = x_0 \sin(\omega t + \theta)$、$y(t) = y_0 \sin(\omega t + \theta + \varphi)$ 的互相关函数 $R_{xy}(\tau)$。相关分析还可用于哪些测试系统？
3. 功率谱分析常用于滤波、信号识别或系统辨识等，如火力控制系统中常用的航迹预判。请分析并阐述功率谱用于航迹预判的原理及方法。
4. 时频分析是现代信号处理与分析的重要分支，尤其在瞬态目标信号检测方面应用广泛。请查阅文献，论述时频分析在目标信号检测方面存在的难点、痛点问题，并尝试提出解决对策。
5. 请举例说明人工智能技术在现代测试系统中的应用，并探讨其在测试领域的发展趋势。

第6章 现代测试系统总线技术

在现代测试过程中，围绕计算机开展数据的交互和信息的通信至关重要，因此必须重点掌握总线接口技术。测控总线是指以组成测量和控制系统为主要目标而开发的总线，是测控系统内部以及各组成部件之间信息传递的公共通路，是测控系统的重要组成部分，其性能在计算机测控系统中具有举足轻重的作用。

6.1 总线技术概述

6.1.1 总线的产生

在微型计算机硬件设计中，厂商设计和提供了许多具有不同功能的插件(亦称模板)。用户为构成计算机应用系统，希望这些模板能互相兼容。这种兼容是指插件的尺寸、插座的针数及类型、插针的逻辑定义、控制插件工作的时序及电气特性等相同。也就是说，为使插件与插件间、系统与系统间能够正确连接，必须对连接各插件或各系统的基础总线制定出严格的规约，即总线标准，为各厂商设计和生产插件模块提供统一的依据。因此，采用同一总线标准的不同厂商的插件模块，就可组成可正常工作的系统。

总线标准可分为两类：一类是由国际权威机构制定的；另一类是由某厂商设计而广泛流行的。后者在得到企业界的广泛认可后，往往也会被权威机构收为标准。总线标准领域内的竞争激烈，国外一些著名厂商都希望其总线标准能得到国际工业界的支持及国际权威机构的承认。在竞争中，一方面是一些广泛使用的总线自然而然地成为标准；另一方面是各厂商经过协商，共同制定一种大家都接受的总线标准，因而形成了目前多种总线结构及标准共存的局面。

6.1.2 总线的定义及分类

1. 总线的定义

总线是一组信号线的集合。这些线是系统的各插件间(或插件内部芯片间)、各系统之间传送规定信息的公共通道，有时也称为数据公路，通过它们可把各种数据和命令传送到各自要去的地方。

2. 总线的分类

总线的类别很多，分类方式多样，按应用场合可分为板内总线、机箱总线、设备互联总线、现场总线以及网络总线等多种类型；按照数据传输方式又可分为串行总线和并行总线等。

1) 按结构和用途分类

根据结构和用途不同，总线分为专用总线和非专用总线。

(1) 专用总线。

将只实现一对物理部件间连接的总线称为专用总线。专用总线的基本优点是具有较高的流量，多个部件可同时发送或接收信息，几乎不会出现总线争用的现象。在全互联或部分互联以及环形拓扑结构中使用的总线就是专用总线。

(2) 非专用总线。

非专用总线可被多种功能或多个部件所共享，因此也称为共享总线。每个部件都能通过共享总线与接在总线上的其他部件相连，但在同一时刻，只允许两个部件共享通信，其他部件间的通信要分时进行，因此应准确称为分时共享总线。

2) 按应用环境分类

根据应用环境，总线可分为局部总线、系统总线和外总线。

(1) 局部总线。

局部总线又称为芯片总线，是微处理器总线的延伸，是微处理器与外部硬件接口的通路，如图 6.1 所示。局部总线是构成中央处理器或子系统内所用的总线。局部总线通常包括地址总线、数据总线和控制总线三类。

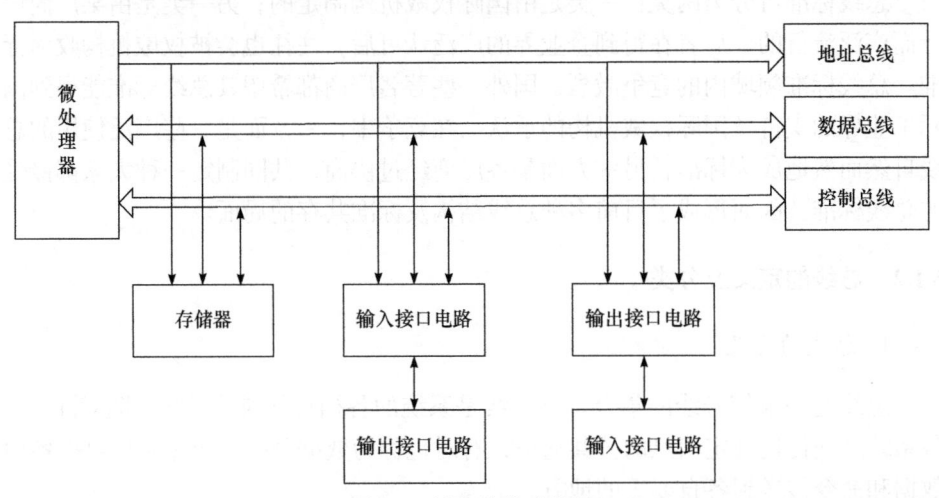

图 6.1　局部总线示意图

(2) 系统总线。

微处理器芯片总线驱动能力有限，因此大量的接口芯片不能直接挂接在微处理器芯片上。同样，若存储器芯片、输入/输出(input/out，I/O)接口芯片太多，在一个印制电路板上安排不下时，采用模块化设计又增加了总线的负载，因此微处理器芯片与总线之间必须增加驱动器。一般微型机系统总线示意图如图 6.2 所示。

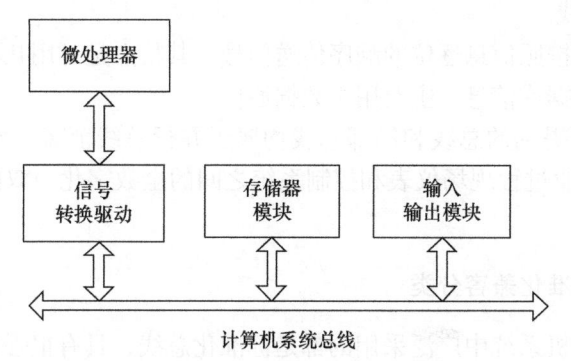

图 6.2 微型机系统总线示意图

系统总线又称为内总线和板线总线，即微型计算机总线，用于各单片机微处理机之间、模块之间的通信，可用于构成分布式多机系统，如 MULTIBUS 总线、STD(standard data)总线、VME(VERSA module eurocard)总线、PC 总线等。

(3) 外总线。

外总线又称为通信总线，用于微处理机与其他智能仪器仪表间的通信。外总线通常通过总线控制器挂接在系统总线上，外总线示意图如图 6.3 所示。

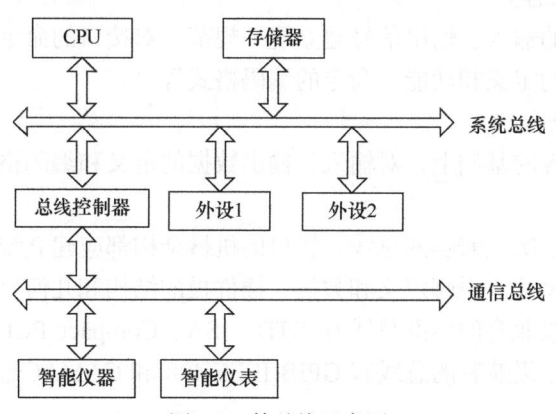

图 6.3 外总线示意图

常用的外总线有连接智能仪器仪表的 GPIB(IEEE 488)通用接口总线、RS-232C 和 RS-422/485 串行通信总线等。

3) 按传送信号的形式分类

根据总线传送信号的形式，总线又可分为并行总线和串行总线两种。

(1) 并行总线。

用若干根信号线同时传递信号，就构成了并行总线。并行总线的特点是能以简单的硬件来运行高速的数据传输和处理。

(2) 串行总线。

串行总线是按照信息逐位的顺序传送信号。其特点是可用几根信号线在远距离范围内传递数据或信息，主要用于数据通信。

显然，上面提到的总线和局部总线均属于并行总线范畴。而现场总线(fieldbus)则是连接工业过程现场仪表和控制系统之间的全数字化、双向、多站点的串行通信网络。

6.1.3 总线的标准化兼容分类

目前，计算机系统中广泛采用的都是标准化总线，具有很强的兼容性和扩展能力，有利于灵活组建系统。同时，总线的标准化也促使总线接口电路的集成化，既简化了硬件设计，又提高了系统的可靠性。

总线标准化按不同层次的兼容水平，主要分为以下三种：

(1) 信号级兼容。

对接口的输入、输出信号建立统一规范，包括输入和输出信号线的数量、各信号的定义、传递方式和传递速度、信号逻辑电平和波形、信号线的输入阻抗和驱动能力等。

(2) 命令级兼容。

除了对接口的输入、输出信号建立统一规范，对接口的命令系统也建立统一规范，包括命令的定义和功能、命令的编码格式等。

(3) 程序级兼容。

在命令级兼容的基础上，对输入、输出数据的定义和编码格式也建立统一的规范。

不论在何种层次上兼容的总线，接口的机械结构都应建立统一规范，包括插件的结构和几何尺寸、引脚定义和数量、插件板的结构和几何尺寸等。

常见的信号级兼容的标准总线有 STD、ISA、Compact PCI、VME、PXI 和 RS-232C 等，命令级兼容的总线有 GPIB(IEEE 488)和 CAMAC 总线等。

6.1.4 总线的性能参数

计算机所采用的总线标准多种多样，主要原因是没有哪一种总线能够完美地适合各种场合的需要。尽管各类总线在设计上有许多不同之处，但从总体原则上看，其主要性能指标是可比较的。评价总线的主要技术指标是总线带宽(传输速率)、数据位宽度(位宽)、工作频率和传输数据的可靠性、稳定性等，具体如下：

(1) 总线时钟频率。

总线时钟频率，也称为总线工作频率，以 MHz 表示，是影响总线传输速率的重要因素之一，总线时钟频率越高，也就意味着传输速率越快。

(2) 总线宽度。

总线宽度有带宽和位宽两种。带宽指的是单位时间内总线上传送的数据量，即每秒传送兆字节的最大数据传输速率。位宽指的是总线能同时传送的二进制数据的位数，或数据总线的位数，用位(bit)表示，如总线位宽为 8bit、16bit、32bit 或 64bit。总线的位宽越宽，数据传输速率越快，总线的带宽就越宽。

(3) 总线传输速率。

总线传输速率是指在总线上每秒钟传输的最大字节数(Byte)，用 Mbit/s 表示，即每秒多少兆字节。若总线工作频率为 8MHz，总线宽度为 8bit(1B)，则最大传输速率为 8Mbit/s。如果总线工作频率为 33.3MHz，总线宽度是 32bit，则最大传输速率为 133Mbit/s。

(4) 传输方式。

总线传输方式有同步或异步之分。在同步方式下，总线上主模块与从模块进行一次传输所需的时间(传输周期或总线周期)是固定的，并严格按系统时钟来统一定时主、从模块之间的传输操作。在异步方式下，采用应答式传输技术，允许从模块自行调整响应时间，即传输周期是可改变的。

(5) 多路复用。

多路复用是指多个用户共享公用信道的一种机制。目前，最常见的多路复用主要有时分多路复用、频分多路复用和码分多路复用等。

时分多路复用是将信道按时间分割成多个时间段，不同来源的信号会要求在不同的时间段内得到响应，彼此信号的传输时间在时间坐标轴上是不会重叠的。频分多路复用就是把信道的可用频带划分成若干互不交叠的频段，每路信号经过频率调制后的频谱占用其中的一个频段，以此来实现多路不同频率的信号在同一信道中传输，而当接收端接收到信号后将采用适当的带通滤波器和频率解调器等来恢复原信号。码分多路复用是被传输的信号都会有各自特定的标识码或地址码，接收端将会根据不同的标识码或地址码来区分公共信道上的传输信息，只有标识码或地址码完全一致的情况下传输信息才会被接收。

(6) 负载能力。

负载能力，即总线带动负载的能力，一般通过可连接的扩充电路板的数量来表示，负载能力越大，总线驱动外设的能力越强。

(7) 信号线数。

信号线数表明总线拥有多少信号线,信号线是数据线、地址线、控制线及电源线的总和。信号线数和其性能并不成正比,但与系统复杂度成正比。

(8) 总线控制方式。

总线控制方式具体是指总线的传输方式(触发方式)、并发工作、设备自动配置、中断分配及仲裁方式等内容。

对于总线的其他性能,一般包括总线的电源电压等级(如 5V 或 3.3V)、系统能否扩展 64 位总线宽度等。

6.2 系统总线

系统总线是计算机内部各功能模块之间通信的通道,是构成完整计算机系统的内部信息枢纽。目前,存在多种总线标准,国际上已正式公布或推荐的总线标准有 STD、PCI、PXI、VME、VXI、MULTIBUS 和 UNIBUS 等。本节立足现代测试技术发展过程,重点介绍现代测试系统中最常用的系统总线——VXI 总线和 PXI 总线。

6.2.1 VXI 总线

1. VXI 总线概述

VXI 总线是在 VME 总线的基础上扩展而来的。VME 总线是由 Motorola、Phillips、Signetics、Mostek 和 Thales 等公司于 1981 年提出的,是电子计算机工业应用最广泛的计算机底板总线[36],作为嵌入式计算机最常用的总线结构,已有数千种总线产品,并吸引了数百家电路板、硬件、软件和总线接口制造商。VME 总线是主要面向计算机的总线,市场一直对基于 VME 总线的仪器模块有着巨大的需求。美国国防部出于减小自动测试设备(automatic test equipment,ATE)体积的需要,并考虑到 VME 总线高数据带宽在数字测量与数字信号处理应用中的优势,在陆、海、空三军都分别实施了发展基于 VME 总线自动测试系统的计划。

由于 VME 毕竟不是面向仪器的总线标准,Colorado Data System、Hewlett Packard、Racal Dana、Tektronix 和 Wavetek 五家著名仪器公司于 1987 年 6 月宣布成立一个技术委员会,组成电气、机械、电磁兼容/电源和软件四个技术工作小组,拟在 VME 总线、Eurocard 标准和其他诸如 IEEE 488.1/488.2 这些仪器标准的基础上共同制定具有开放体系结构的仪器总线标准。

1987 年 7 月,该委员会(后来的 VXI 总线联合体)发布了 VXI 总线规范的第一个版本,几经修改、完善,于 1992 年 9 月 17 日被 IEEE 标准局批准为 IEEE

1155—1992 标准，1993 年 2 月 23 日经美国国家标准研究院批准，并于 1993 年 9 月 20 日出版发行。VXI 总线标准发展史如表 6.1 所示。

表 6.1 VXI 总线标准发展史

版本	0.0	1.0	1.1	1.2	1.3	1.4	IEEE 1155—1992
日期	1987 年 7 月 9 日	1987 年 8 月 24 日	1987 年 10 月 7 日	1988 年 6 月 21 日	1989 年 7 月 14 日	1992 年 4 月 21 日	1993 年 9 月 20 日

国际上现有两个 VXI 总线组织，即 VXI 总线联合体和 VPP 系统联盟，前者主要负责 VXI 总线硬件(仪器级)标准规范的制定；后者的宗旨是通过制定一系列的 VXI 总线软件(系统级)标准来提供一个开放的系统结构，使其更容易集成和使用。VXI 总线标准体系由这两套标准构成。VXI 总线仪器级和系统级标准规范文件分别由 10 个标准组成，如表 6.2 和表 6.3 所示。

表 6.2 VXI 总线仪器级标准规范文件

标准代号	标准名称
VXI-1	VXI 总线系统规范(IEEE 1155—1992)
VXI-2	VXI 总线扩展的寄存器基器件和扩展的存储器器件
VXI-3	VXI 总线器件识别的字符串命令
VXI-4	VXI 总线通用助记符
VXI-5	VXI 总线通用 ASCII 系统命令
VXI-6	VXI 总线多机箱扩展系统
VXI-7	VXI 总线共享存储器数据格式规范
VXI-8	VXI 总线冷却测量方法
VXI-9	VXI 总线标准测试程序规范
VXI-10	VXI 总线高速数据通道

表 6.3 VXI 总线系统级标准规范文件

标准代号		标准名称
VPP-1		VPP 系统联盟章程
VPP-2		VPP 系统框架技术规范
VPP-3 仪器驱动程序技术规范	VPP-3.1	VPP 仪器驱动程序结构和设计技术规范
	VPP-3.2	VPP 仪器驱动程序开发工具技术规范
	VPP-3.3	VPP 仪器驱动程序功能面板技术规范

续表

标准代号		标准名称
VPP-3 仪器驱动程序 技术规范	VPP-3.4	VPP 仪器驱动程序编程接口技术规范
VPP-4 标准的软件输入 输出接口技术规范	VPP-4.1	VISA-1 虚拟仪器软件体系结构主要技术规范
	VPP-4.2	VISA-2 VISA 转换库技术规范
	VPP-4.2.2	VISA-2.2 视窗框架的 VISA 转换库实施技术规范
VPP-5		VXI 组件知识库技术规范
VPP-6		包装和安装技术规范
VPP-7		软面板技术规范
VPP-8		VXI 模块/主机机械技术规范
VPP-9		仪器制造商缩写规则
VPP-10		VXI P&P LOGO 技术规范和组件注册

注：VISA-虚拟仪器软件结构(virtual instrumentation software architecture, VISA)。

与传统的测试应用执行系统方法相比，VXI 总线具有以下特点：

(1) 与标准的框架及层叠式仪器相比，VXI 总线具有较好的系统性能。

相对于标准的框架及层叠式仪器，VXI 总线系统尺寸小，节省空间，其模块在机架内彼此靠得很近，使时延的影响大大缩小。VXI 总线系统与通常的框架及层叠式自动测试系统相比，有较高的系统性能。

(2) VXI 总线与现有其他系统兼容。

能与现有的 IEEE 488、VME、RS-232C 等标准充分兼容，可对一个 VXI 底板进行访问，就像它是一个现有总线系统中单独存在的仪器一样。

(3) 不同制造商所生产的模块可互换。

使用标准 VXI 总线的仪器有一个主要特点，不管该仪器由哪一家制造商所生产，都使用相同的机架。以前，一块插件板上的仪器系统必须由同一货源提供的仪器来构成，如果某个制造商要对某一插件系统进行重新设计，那么必须考虑老用户的要求。对于使用 VXI 模块的仪器，不管哪个货源的插件都能插入机架中，来替代已经过时的插件，而仅需要对软件进行最小的变动。

(4) 编程方便。

虽然在 VXI 总线标准中没有专门的地址编程版本，但一个内部控制器会执行子程序，来克服旧的 GPIB(IEEE 488.1)系统所带来的问题，受菜单控制的软件系统也能用来开发一种小型且简明的编码。

VXI 总线是 VME 总线在仪器领域的扩展，是计算机操纵的模块化自动仪器系统。经过十年的发展，它依靠有效的标准化，采用模块化的方式，实现了系列化、通用化以及 VXI 总线仪器的互换性和互操作性，其开放的体系结构和即插即用方式完全符合信息产品的要求。目前，VXI 总线仪器和系统已成为仪器系统发展的主流。

2. VXI 总线系统的结构形式

VXI 总线系统是一种计算机控制的功能系统，一般由主计算机、VXI 总线主机箱和 VXI 总线模块组成。典型的 VXI 总线系统结构如图 6.4 所示。

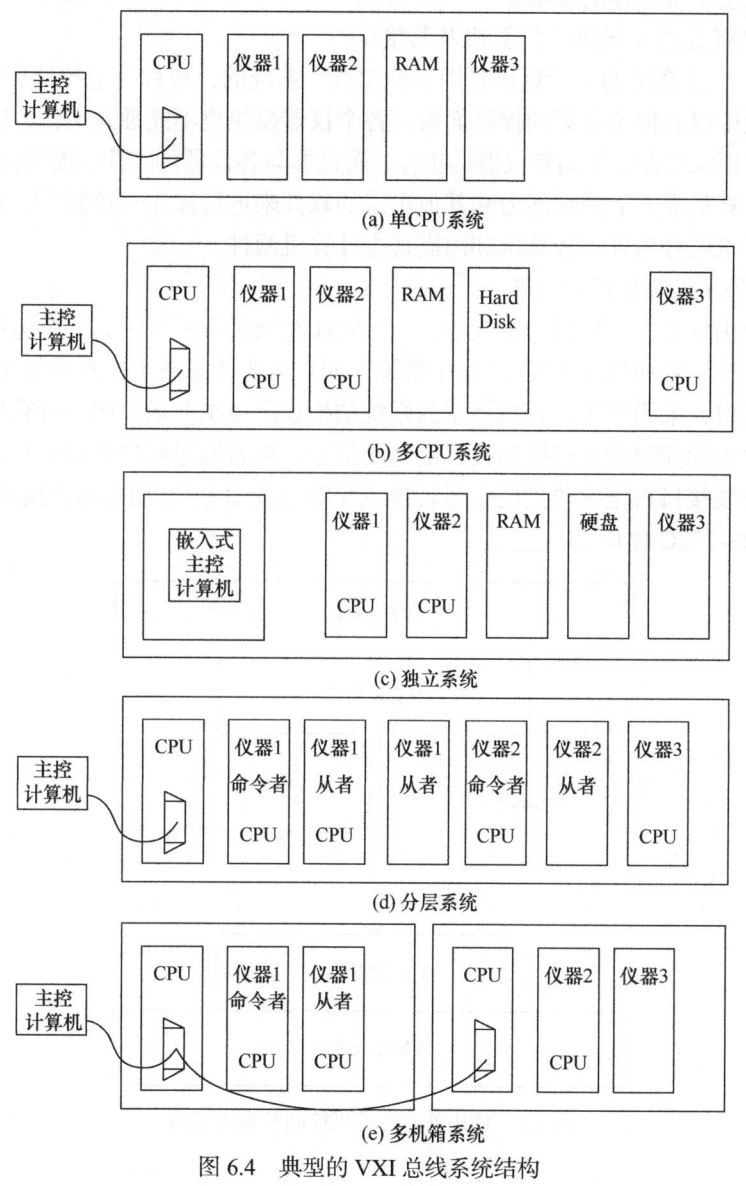

(a) 单CPU系统

(b) 多CPU系统

(c) 独立系统

(d) 分层系统

(e) 多机箱系统

图 6.4　典型的 VXI 总线系统结构

组成 VXI 总线系统的基本逻辑单元称为器件。一般来说，一个器件占据一个 VXI 总线模块，也允许在一个模块上实现多个器件或者一个器件占据多块模块。计算机、数字多用表、多路开关、信号发生器和计数器都可作为器件存在于 VXI 总线系统中。

一个 VXI 总线系统由一个或多个子系统组成，每个子系统中 0 槽模块向其他模块提供公用资源。另外，在 VXI 总线系统中，资源管理器作为系统配置的管理者，是系统正常工作的基础。

1) VXI 总线系统的主计算机及其接口

VXI 总线系统的主计算机是用来控制整个系统的，也称为主控计算机。VXI 总线系统中没有传统仪器的控制面板，各个仪器模块也不能独立工作，因此主计算机不仅用来控制、协调各仪器的工作，而且参与各仪器的工作，提供仪器面板，可利用计算机强大的图形能力和其他丰富的软件来进行操作与控制[37]。VXI 系统的主计算机可分为外主计算机和内嵌式主计算机两种。

(1) 外主计算机控制方式。

在使用外主控计算机的情况下，一个 VXI 总线系统不但需要一个运行应用程序的系统控制者和数个 VXI 总线子系统，而且需要考虑系统控制器与 VXI 总线之间的接口，采用外主计算机控制的系统结构如图 6.5 所示。图中计算机接口首先把程序中的控制命令转换为接口链路的信号，接着通过接口链路进行传输，最后 VXI 总线接口再把接收到的信号转换成 VXI 总线命令。常用的两种接口为 GPIB 接口和 RS-232C 接口。

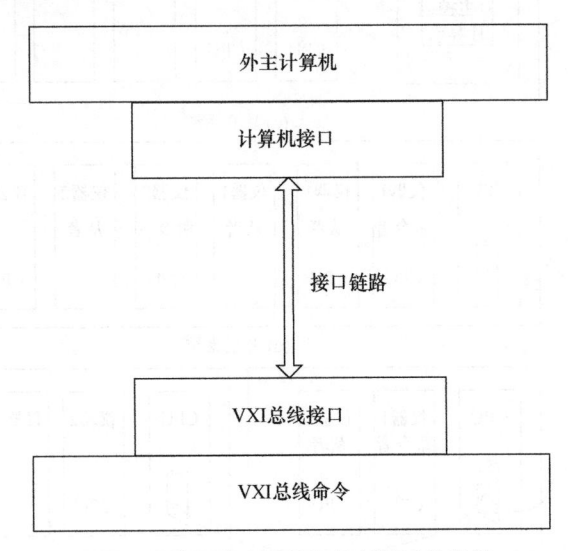

图 6.5　使用外主计算机控制的系统结构

(2) 内嵌式主计算机控制方式。

当采用内嵌式主计算机时，常采用 VXI 总线的直接寄存器存取方式工作。内嵌式主计算机可减小系统体积和加快工作速度。这种方式在技术上很有吸引力，因此所有的器件作为一个系统紧密耦合，并且通过共享地址空间进行通信。由于所有的器件都不必采用较复杂的通信协议，而是通过直接寻址访问系统，紧密耦合的结构可得到非常高的性能，充分发挥 VXI 总线数据传输速度快的优点。

2) VXI 总线主机箱及模块

VXI 总线主机箱的作用是保证各模块稳定可靠连接到底板。每个主机箱有 13 个插槽，VXI 总线系统不规定主机箱的方位，它只确定 0 号槽相对于主机箱方向的位置。若希望模块垂直安装，则 0 号槽应位于最左端。P_1 连接器位于上部，模块板的元件必须在右边。若希望模块水平安装，则 0 号槽应位于最底部。典型的 VXI 总线主机箱主视图如图 6.6 所示。在主机箱中，仪器模块是从前面垂直插进主机箱的，被插模块上的元件面朝右。

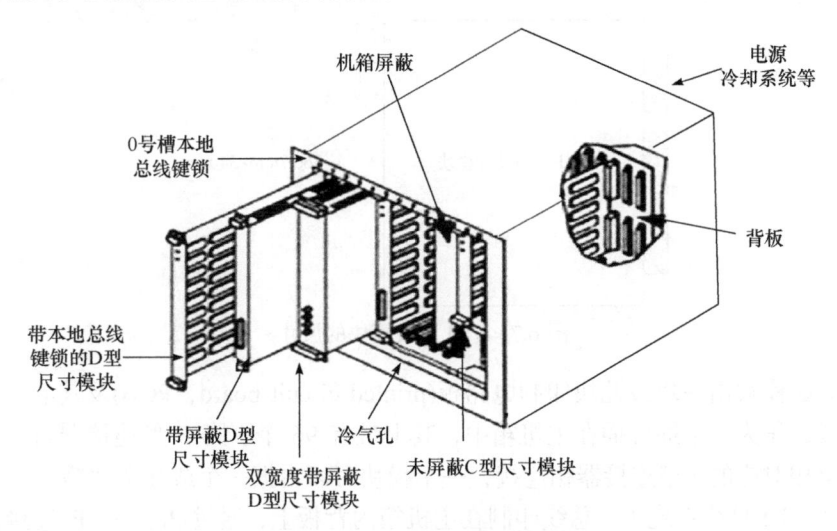

图 6.6 VXI 总线主机箱主视图

VXI 总线模块有四种标准尺寸，其外形如图 6.7 所示。

(1) A 型尺寸模块：高×深=100mm×160mm。

(2) B 型尺寸模块：高×深=233.5mm×160mm。

(3) C 型尺寸模块：高×深=233.5mm×340mm。

(4) D 型尺寸模块：高×深=366.7mm×340mm。

VME A 型尺寸模块	100mm×160mm
VME B 型尺寸模块	233.5mm×160mm
VXI C 型尺寸模块	233.5mm×340mm
VXI D 型尺寸模块	366.7mm×340mm

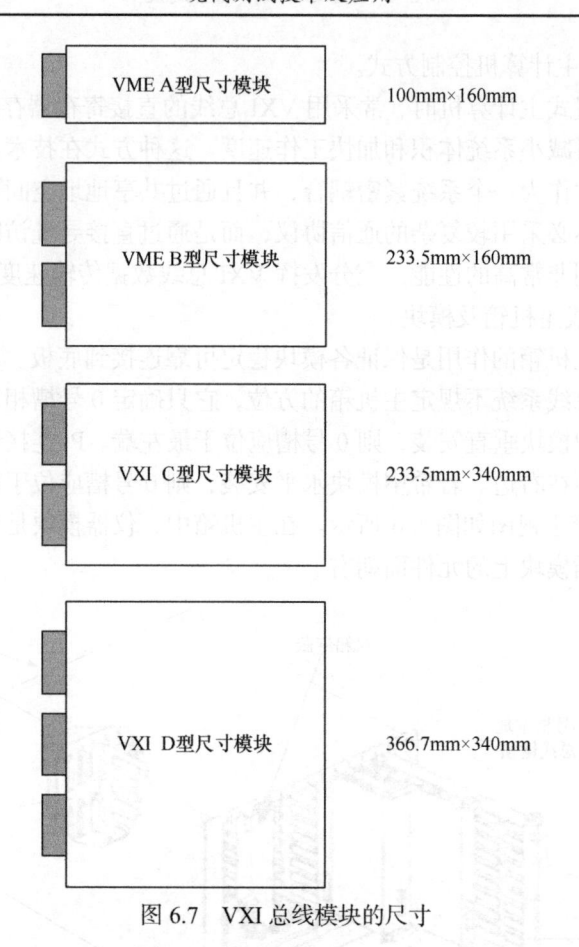

图 6.7　VXI 总线模块的尺寸

VXI 模块由一块或几块印制电路板(printed circuit board，PCB)及其上面的元件构成，作为一个插件插在主机箱中，其上带有 96 个引脚 P 型连接器与主机箱底板上相对应的 J 型连接器相连接，一个模块可以占据一个或几个插槽。

在 VXI 总线系统中，总线印制在主机箱内背板上，通过 P_1、P_2、P_3 连接器与器件连接，每个连接器都有 96 个引脚，分成 A、B、C 三行，每行 32 个引脚。在所有模块中，P_1 连接器必须使用，P_2 和 P_3 连接器则任选。

3) 器件

器件是 VXI 总线系统中的基本逻辑单元。在一个 VXI 总线系统中最多可有 256 个器件，每个器件都有一个唯一的逻辑地址，逻辑地址的编号从 0～255。在 VXI 总线系统中，各器件内部的可寻址单元统一分配，可用 16bit、24bit 和 32bit 三种地址线统一寻址。在 16bit 地址空间的高 16kB 中，系统为每个器件分配了 64B 的空间，器件利用这 64B 的可寻址单元与系统传输信息，这 64B 的空间就是器件基本的寄存器，其中包含了每个 VXI 总线器件都必须具备的配置寄存器。器件的逻辑地址就是用来确定其各自的64B寻址空间位置的。

器件根据其本身的性质、特点和它支持的通信规程，可分为消息基器件、寄存器基器件、存储器器件和扩展器件4种类型。

4) 资源管理器和0槽服务

在VXI总线系统中，资源管理器和0槽服务提供了公共系统资源，其对系统的运行至关重要。资源管理器是系统配置的管理者，也是系统正常工作的基础。0槽服务向系统提供公用资源，也是系统工作中的重要部分。虽然资源管理器和0槽服务往往集成在同一模块中，插入0号槽位中，但其任务有所区别。

(1) 资源管理器。

资源管理器主要任务是系统的配置管理，其逻辑地址为0，是一个命令者器件，而其他器件的逻辑地址不能设为0。在系统上电时，资源管理器完成系统配置的主要内容有：①器件识别。资源管理器通过读取256个配置寄存器每一地址处的状态寄存器来判断有无相应的器件。②系统的自检管理。资源管理器在所有器件完成自检后，强制自检失败的器件进入复位状态，或用一些与器件相关的方法来进行诊断测试。③配置系统地址图。资源管理器首先读取每个器件的地址空间要求，然后给所读器件分配一个基地址偏移量，通过计算偏移量，可保证器件间地址空间不重叠。④进行命令者/从者分层。资源管理器首先通过读取消息基器件的通信寄存器来找出所有的命令者并读出每一命令者拥有的从者区域大小，从而确定命令者/从者层次，并进行分配。⑤分配中断请求线。在VXI总线中有7根中断请求线，即提供7级中断能力，每个器件使用哪一根或几根中断请求线可以用硬件或软件的方法来决定。⑥启动正常操作。完成以上过程后，资源管理器发出开始正常操作命令给顶层命令者，至此，资源管理器的上电工作过程已完成。

除上电、复位等情况下的资源管理，在系统运行的过程中，资源管理器也要提供服务，这称为运行时间资源管理。随着资源管理器用途的不同，其潜力、开发情况也有很大差别，例如，除基本功能外，还可提供GPIB-VXI总线翻译器，包括图形功能的人机交互等。

(2) 0槽服务。

在VXI总线主机箱中，槽号是由0开始编排的，0号槽与其他槽有所不同。VXI总线0槽器件主要用来给它所在的子系统中1~12号槽提供公共系统资源。

3. VXI总线系统的通信协议

VXI总线系统定义了一组分层的通信协议来适应不同层次的通信需要。该通信协议用于器件间的通信，不同器件支持的通信协议也有不同，具体如图6.8所示，最上层均为器件特定协议，最下层是配置寄存器。

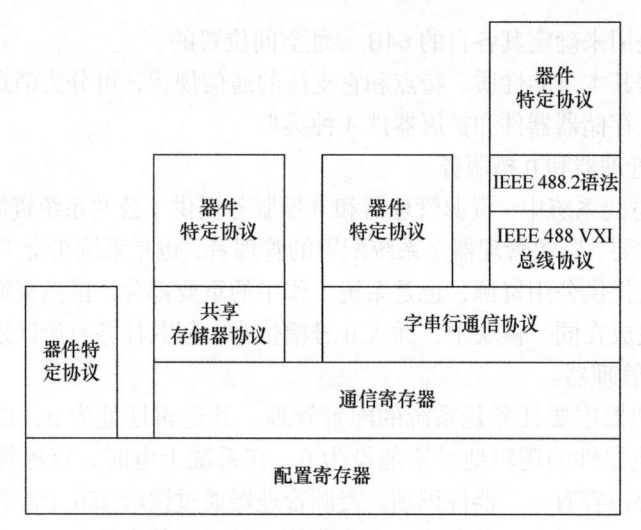

图 6.8　VXI 总线系统分层通信协议

消息基器件除配置寄存器外，还具有通信寄存器和由器件决定的寄存器。通信寄存器是消息基器件通信的基础，基于通信寄存器的通信协议最主要的是字串行通信协议。

除字串行通信协议外，消息基器件通过通信寄存器还支持一种共享存储器协议，该方式允许支持共享存储器协议的器件利用其共享存储器进行存取，明显提高了工作速度，并且有利于节约成本。

4. 应用案例：基于 VXI 总线的某型装备通用化测试系统

基于 VXI 总线的某型装备通用化测试系统是一套为我军多型同类装备提供的测试平台，该平台具有技术新、功能强、通用化、机动化等特点，采用国际标准的 VXI 即插即用接口和 GPIB 标准接口。

1) 测试系统组成

基于 VXI 总线的某型装备通用化测试系统组成包括两大部分：一部分是测试系统的通用部分；另一部分是测试系统的专用部分。通用部分集成了测试系统共性的东西，如装载设备结构、设备供电、信号激励、信号测量、信号处理、系统控制等，这些构成了测试系统的通用部分。专用部分用于解决通用设备不能满足的一些特殊要求。

该系统包括 4 个 INCAS19 便携控制机柜，4 个机柜外形尺寸相同，均为高 618mm、宽 534mm、深 910mm，机柜内分别装有自动测试设备配套的主要设备，内部组成如表 6.4 所示。

表 6.4 基于 VXI 总线的某型装备通用化测试系统内部组成

机柜名称	主要设备	机柜名称	主要设备
INCAS19 便携控制机柜 I	UPS	INCAS19 便携控制机柜 II	智能综合机箱显示器、键盘、鼠标组合
	主控计算机		L2000 标准阵列接口与各型 UUT 适配器
	显示器、键盘、鼠标组合		VXI 机箱
	测试系统自检器		—
INCAS19 便携控制机柜 III	8mm 程控信号源	INCAS19 便携控制机柜 IV	示波器
	28.5V 直流电源		2/3cm 信号源
	转台及磁控管老练控制箱		测试系统自检器

注：UPS-不间断电源(uninterruptible power system)；UUT-被测对象(unit under test)。

专用部分包括目标模拟器、高度模拟器、适配器、转台和智能综合机箱等，其中，目标模拟器、高度模拟器、适配器、转台布置在机箱外面。

2) 测试系统总线与基本测试原理

基于 VXI 总线的某型装备通用化测试系统框图如图 6.9 所示，该系统由多台设备通过总线构成了多功能通用化测试系统，在测试系统中配套的大多数设备都

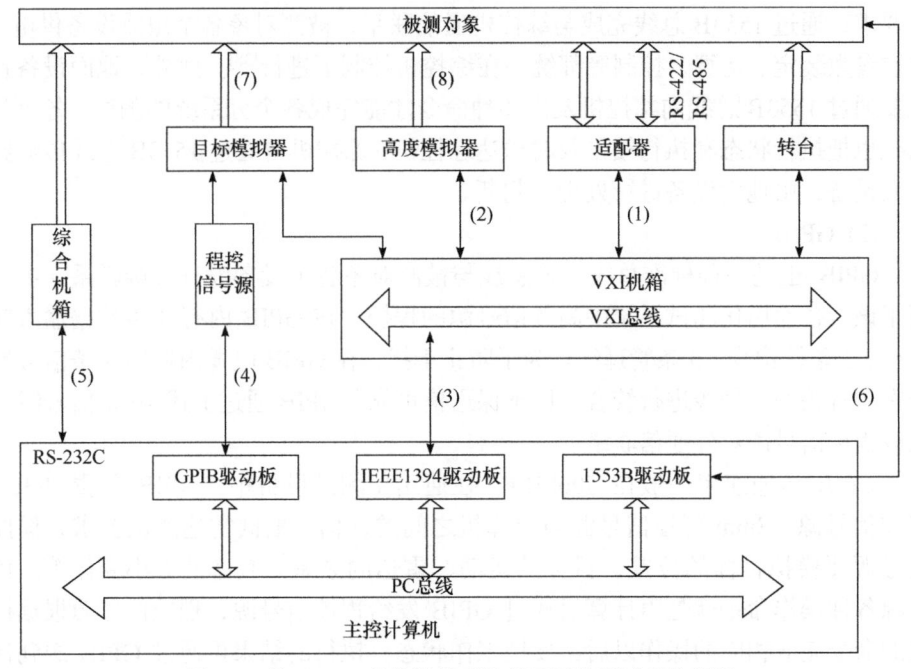

图 6.9 基于 VXI 总线的某型装备通用化测试系统框图

带有标准的程控接口，设备之间采用标准的无源母线电缆连接。为满足测试需求共使用 6 种总线，即 GPIB、VXI 总线(含 IEEE 1394 总线)、1553B 总线、RS-232C 总线、RS-422 总线、RS-485 总线，其中，主要设备采用 VXI 总线，其他总线作为补充。

由图 6.9 可见，测试设备工作时对外连接信息可分为两种情况：一是直接式传输，如信号(1)~(6)，信号包括模拟量和数字量；二是间接式传输，如信号(7)和(8)。直接信号是指被测对象无论是激励信号，还是响应信号均通过被测电子装备测试插头接点对外进行硬连接完成；间接信号是指雷达从目标模拟器喇叭天线辐射的信号获取，中间没有硬连接过程。

为实现计算机对外通信控制，系统中计算机 PC 总线上分别插了 3 块插卡：GPIB 插卡、PCI IEEE 1394 插卡、1553B 插卡，负责 PC 总线与 GPIB、IEEE 1394、1553B 总线的转换控制，完成三种总线通信控制工作。

(1) 1553B 总线。

1553B 总线是 GJB 规定的总线，是一种被广泛应用在各种航空器上的数据传输总线。该总线在各终端之间提供一路单一数据通路；总线由双绞屏蔽电缆、隔离电阻耦合变压器等硬件组成。总线传输速率可达 1Mbit/s，总线上传输的数据在 GJB 1188A—1999 和 GJB 289A—1997 多路传输数据总线上有明确的规定。

在基于 VXI 总线的某型装备通用化测试系统工作时，按被测对象接口通信控制要求，通过 1553B 总线完成与综控机通信联系，被测对象各个组成设备供电、导航参数装定、运算、控制等都统一在综控机控制下进行[38]。此外，地面设备首先要通过 1553B 总线向综控机发出各种命令才能完成各个分系统的测试。各个分系统也把执行状态和执行结果及时送达综控机，综控机再通过 1553B 总线传输到地面设备，由地面设备进行处理、判断。

(2) GPIB。

GPIB 也是一种标准总线，该总线与被测对象各个设备没有直接联系，主要用于该装备通用化测试系统中高频信号源的程控。在 GPIB 内有 8 条数据输入输出线、3 条挂钩线、5 条管理线。为了防止干扰，在 GPIB 电缆内使用 8 条信号地分别与有关的信号线进行绞合，以确保通信可靠。GPIB 通过上述 16 条信号线来完成程控信号源对外通信联络。

GPIB 传输速率一般在 500kB/s。在通用化测试设备中，GPIB 负责 2/3cm 程控信号源、8mm 程控信号源与计算机之间的通信，根据雷达测试要求，程控信号源要模拟目标的位置、目标的运动、雷达的频率、功率的大小变化等。信号源各种操作命令就是由计算机通过 GPIB 发给程控信号源，程控信号源根据接收的命令完成相应的操作以后，要把工作状态、执行的结果再通过 GPIB 送到计算机，由计算机进行判断、处理，确定雷达的测试进程，判断雷达性能的好坏。

(3) VXI 总线。

根据测试需求，基于 VXI 总线的某型装备通用化测试系统配套中选用 1 个 13 槽的 VXI 机箱，即插在 VXI 总线上的模块最多可容许 13 个模块。依据被测对象种类不同，所需要的模块数量也不同。其中，0 槽模块是 VXI 总线系统资源模块，0 槽模块一方面通过 IEEE 1394 总线负责与计算机通信，另一方面还要管理 VXI 总线的定时发生器、总线所需的控制功能以及数据通信等。其他 8 种功能模块为普通模块，不具备中央定时器模块功能，主要完成 UUT 测试时的功能操作。

在 VXI 机箱中，每一个模块实际上还充当接口界面使用，一方面针对 VXI 总线；另一方面针对适配器和智能综合机箱。在模块的后面装有 2 个插座分别与 VXI 总线机箱的 P_1、P_2 连接器相连，接收 VXI 总线数据线路上的信息，模块都分配逻辑地址，一旦选中，便完成各种功能操作，把操作结果通过模块前面板连接器送到适配器和智能综合机箱等设备上，或者由适配器把被测信号通过 VXI 模块前面板送入模块内。

(4) RS-422 串行接口和 RS-485 串行接口通信。

综控机和雷达对外通信口使用 RS-422 异步串行接口，惯性导航使用 RS-485 同步串行接口。为满足该型装备测试需求，在通用化测试系统中配置了一块可完成 4 路 RS-422 串行通信的 VXI 模块、一块带有 2 路 RS-422 串行接口和 1 路 RS-485 串行接口的 VXI 模块，负责完成与综控机、惯性导航、雷达以及测试设备内部 8mm 程控信号源、高度模拟控制箱间的数据通信接收和发送控制。其中，综控机串行接口传输速率为 614.4kbit/s，惯性导航串行接口传输速率为 153.6kbit/s，雷达串行接口传输速率为 9.6kbit/s，地面设备串行接口与装备 RS-422 串行接口通信采用了半双工工作方式。

测试设备串行接口通信在测试过程中的主要任务是：一方面通过各串行接口实时接收被测设备或测试设备相关模块发送的数据及信息，以便对各种结果数据进行及时判断、处理；另一方面通过串行接口向被测设备或被控模块上传基准参数和指令等信息。

(5) RS-232C 串行接口通信。

为实现对智能综合机箱的自动控制，系统使用主控计算机上的 RS-232C 端口向智能综合机箱发送控制命令，RS-232C 端口波特率设为 9600bit/s，8bit 数据位，1bit 停止位，无校验位，输入输出缓存为 512kB。

6.2.2 PXI 总线

1. PXI 总线基础

PXI 总线是在 PCI 总线的基础上经 Compact PCI 总线进一步发展而来的，下面对 PCI 总线、Compact PCI 总线和 PXI 总线进行总体概述。

1) PCI 总线概述

PCI 总线由英特尔公司最先提出，该公司于 1992 年发布了第一个技术规范 1.0 版本。随后，PCI GIS 通过了 PCI 总线的 64bit 66Mbit/s 的技术规范，极大地提高了总线传输速率。随着 PCI 总线规范不断完善，越来越多厂商开始支持并投入开发符合 PCI 总线规范的产品，进一步推动了 PCI 技术的发展。该总线结合了微软公司的 Windows 操作系统和英特尔公司微处理器的先进硬件技术，成为目前世界上微型计算机的工业标准。

PCI 总线接口功能信号如图 6.10 所示，主要由地址数据线、接口控制线、中断线、错误报告线、总线仲裁线、系统线等组成。参照图 6.10 所示的 PCI 总线接口信号，PCI 总线传输周期由一个地址期和一个或多个数据期构成，基本的 PCI 传输由 FRAME#、IRDY# 和 TRDY# 3 个信号控制。PCI 总线操作主要包括读操作、写操作和操作中止 3 部分内容，图 6.11(a)和(b)所示的时序图分别显示了 PCI 总线读操作、写操作的过程。

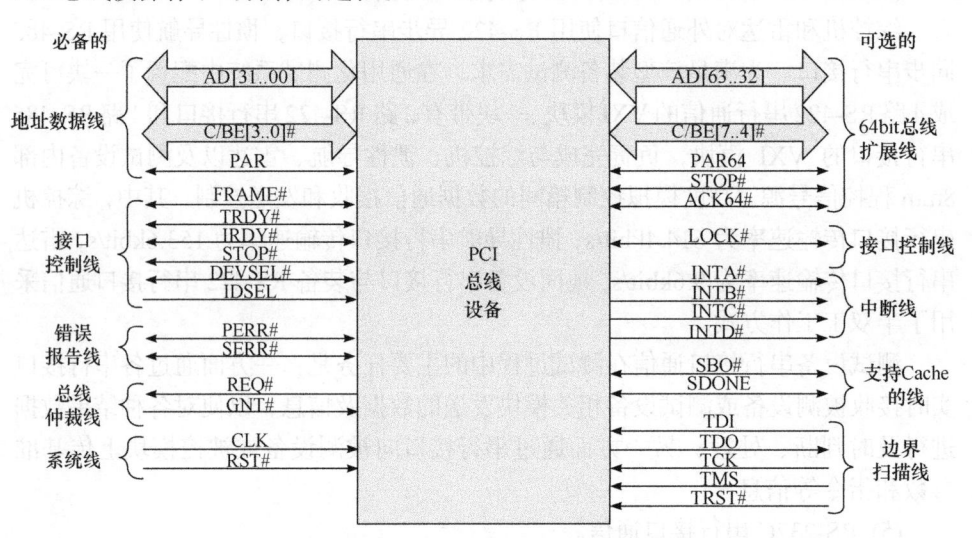

图 6.10　PCI 总线接口功能信号

"#" 表示低电平有效，其余的为高电平有效；
左边信号是 PCI 设备必备的，右边信号是可选的(依具体设备功能而定)

图 6.11 中椭圆部分表示一个时钟周期，即某信号线由一个设备停止驱动到另一个设备恢复驱动之间的过渡期，以此来避免两个设备同时驱动一条信号线所造成的竞争。

2) Compact PCI 总线概述

PCI 总线具有众多的优点，工业界也把它引入仪器测量和工业自动化控制的应用领域，从而产生了 Compact PCI 总线规范。Compact PCI 是由 PCI 计算机总线加上欧卡连接标准所构成的一种面向测试控制应用的自动测试总线。它的最大总线带宽可达每秒 132MB(32bit)和每秒 264MB(64bit)。

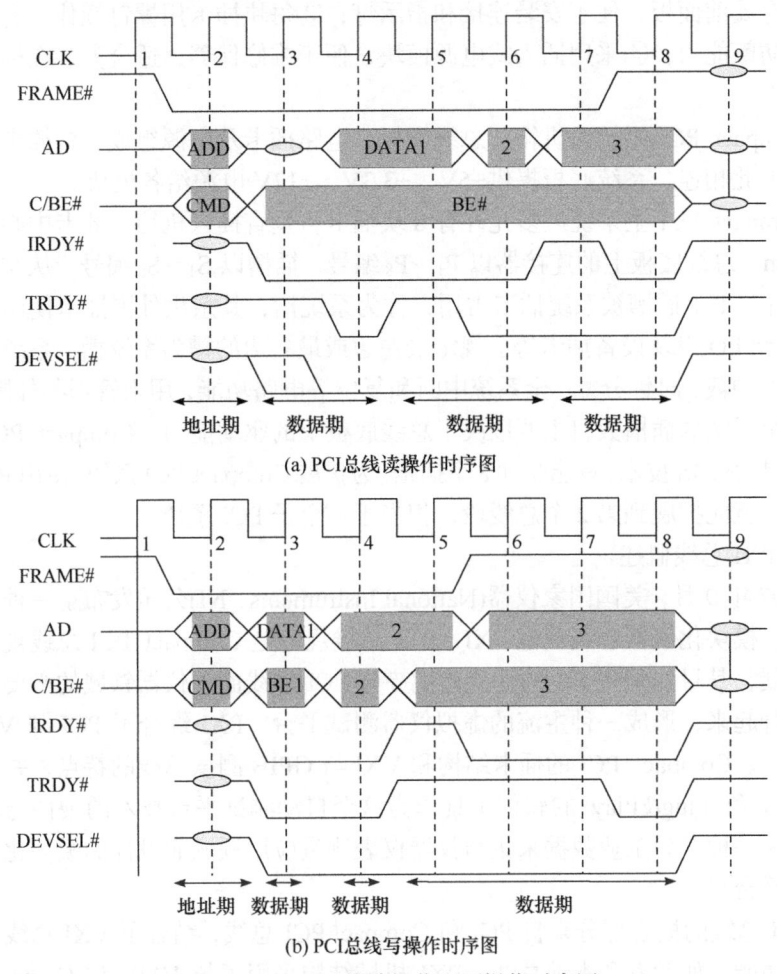

图 6.11 PCI 总线读操作和写操作时序图

美国 PICMG(PCI Industrial Computer Manufacturers Group)把 Compact PCI 标准扩展到工业系统，使 Compact PCI 规范成为工业化标准。PCIMC 相继公布了 Compact PCI 1.0 和 2.0 版本技术规范。

设计 Compact PCI 的目的是把 PCI 的优点和传统的测量控制功能相结合，并增强系统的 I/O 和其他功能。原有的 PCI 规范只允许容纳 4 块插卡，不能满足测量控制的应用，因此 Compact PCI 规范采用了无源底板，其主系统可容纳 8 块插卡。Compact PCI 在芯片研制、软件开发方面，充分利用现已流行的 PC 资源，从而大幅度地降低了成本。

Compact PCI 也采用了得到 VME 总线实践验证是非常可靠和成熟的欧卡的组装技术。其主要优点是：①各插卡垂直插入机箱，有利于通风散热；②每块插卡都有金属前面板，便于安装连接和指示灯；③每块插卡用螺钉锁住，有较强的抗震、防颤能力；④采用插入式电源模块，便于维修保养，适合安装在标准化工业机架上。

Compact PCI 系统由机箱、总线底板、电路插卡及电源组成。各插卡通过总线底板彼此相连，系统底板提供+5V、+3.3V、±12V 电源给各模块。

Compact PCI 主系统最多允许有 8 块插卡，垂直插入机箱，插卡中心间距为 20.32mm。总线底板上的连接器以 $P_1 \sim P_8$ 编号，插槽以 $S_1 \sim S_8$ 编号，从左到右排列。其中，1 个插槽被系统插卡占用，称为系统槽，其余供外围插卡使用，包括 I/O、智能 I/O 以及设备插卡等。规定最左边或最右边的槽为系统槽，系统插卡上装有总线仲裁、时钟分配、全系统中断和复位等电路功能，用来管理各外围插卡。

一个系统的插槽数目主要取决于总线底板上的驱动能力。Compact PCI 总线使用的是 CMOS 技术，只能驱动 8 个插槽。为扩展 Compact PCI 系统，使用 PCI-PCI 桥接芯片就能扩展到第 2 个总线段，相当于一个子 PCI 系统。

3) PXI 总线概述

1997 年 9 月，美国国家仪器(National Instruments, NI)公司发布了一种全新的开放性、模块化仪器总线规范 PXI，PXI 总线规范是 Compact PCI 总线规范的进一步扩展，其目的是将 PC 的性价比优势与 PCI 总线面向仪器领域的必要扩展完美地结合起来，形成一种主流的虚拟仪器测试平台。PXI 综合了 PCI 与 VME 计算机总线、Compact PCI 的插卡结构和 VXI 与 GPIB 测试总线的特点，并采用了 Windows 和 Plug&Play 的软件工具作为这个自动测试平台技术的硬件与软件基础，成为一种专为工业数据采集与仪器仪表测量应用领域而设计的模块化仪器自动测试平台[39]。

PXI 总线的核心部分来自 PCI 和 Compact PCI 总线，结合了 VXI 总线中的部分仪器功能，如触发和本地总线。PXI 机械结构采用了与 VME 和 Compact PCI 相同形式的欧卡组装技术。PXI 也定义了 VXI PnP 即插即用系统联盟所规定的软件框架，以确保用户能快速地安装和运行系统。软件包括运行在 Windows 环境下的程序集和使用所有 PC 的应用软件技术。

2. PXI 系统组成及体系结构

PXI 采用模块化结构，具有很强的可扩展性。PXI 系统能将测试外设模块、控制器和星形触发控制器等集成到同一机箱内，系统主机为 2~31 个槽位组成的机箱，如图 6.12 所示。

控制器扩展槽	控制器扩展槽	控制器扩展槽	系统控制器模块第1槽	星形触发控制器模块第2槽	外设模块第3槽	外设模块第4槽	...	外设模块第n槽

图 6.12 PXI 系统主机组成

PXI 系统由 3 个基本部分组成：机箱、系统控制器和测试外设模块。图 6.13 是一个标准的 8 槽 PXI 机箱，包括一个嵌入式系统控制器和 7 个测试外设模块。

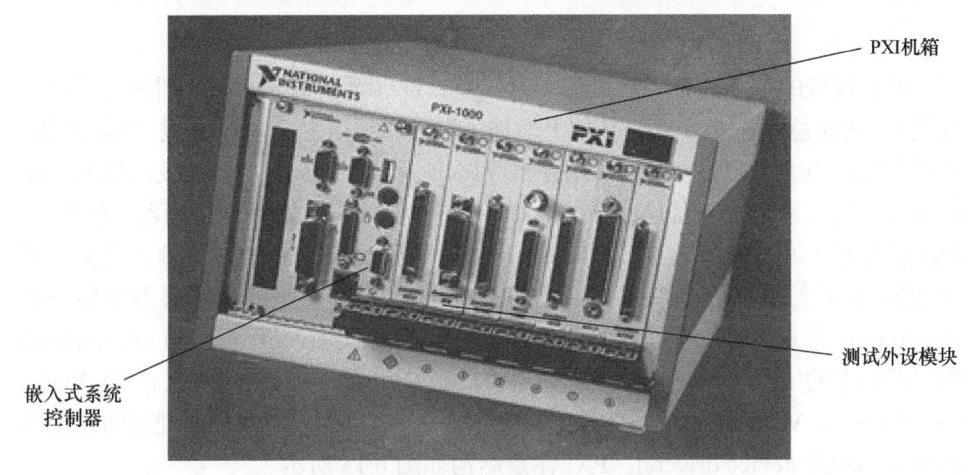

图 6.13 标准的 8 槽的 PXI 总线系统

PXI 机箱为系统提供了坚固的模块化封装。机箱中具有高性能的 PXI 背板，该背板包含 PCI 总线、定时总线以及触发总线。PXI 模块化仪器系统中增加了专用的 10MHz 参考时钟、PXI 触发总线、星形触发总线和槽与槽之间的局部总线。如图 6.14 所示，PXI 在其背板上，将工业标准的 PC 组件(如 PCI 总线)与高级触发和同步扩展组合在一起，从而在保持 PCI 总线所有优势的同时，满足高级定时、同步和相邻槽直接通信等应用需求。

大多数 PXI 机箱在最左端的插槽(插槽 1)中包含一个系统控制器插槽，是嵌入式控制器或远程控制器。前者是专为 PXI 设计的常规计算机，后者可实现远程多机箱控制。用户可很容易地扩展多个机箱，组成混合测试系统。嵌入式控制器使用高性能的处理器，同时集成了许多外设，如键盘、鼠标、网卡(USB 接口、串行接口、并行接口等)。远程控制器可使用最先进的计算机，用户可通过 MXI3-I 使用台式机或带有 PXI 控制器的主机，远距离控制 PXI 仪器系统，构成复杂的测试系统。

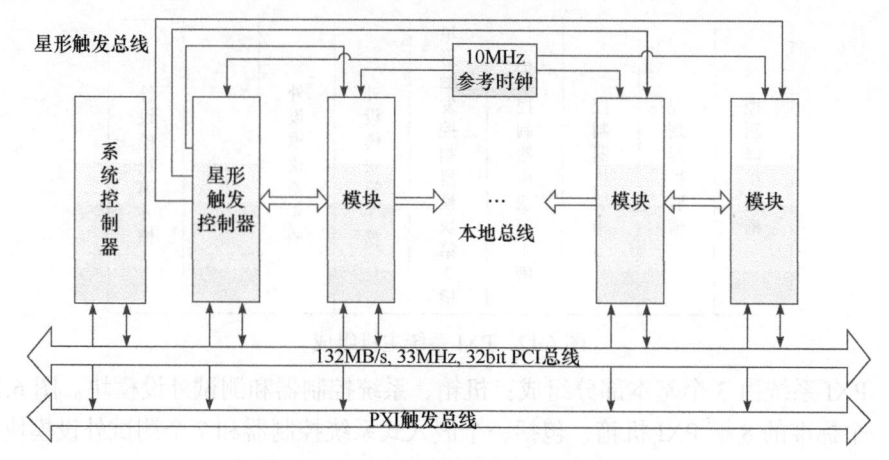

图 6.14　PXI 系统定时与触发系统

PXI 规范的基本内容可从机械、电气及软件体系结构方面用框图进行汇总。电气上，PXI 总线在 PCI 总线基础上增加了触发总线(8 条)、星形触发总线(13 条，各槽专用)、10MHz 参考时钟(等距分布)和本地总线(13 条)。星形触发总线的控制在功能上与主系统控制器是分开的，以便用户使用 Compact PCI 控制器。软件上，PXI 总线定义了 Windows NT 和 Windows 9x、Windows 2000(XP)等软件框架，符合 PXI 规范的产品至少支持一种。这就意味着 PXI 内嵌控制器必须预装一种 Windows 操作系统。所有外扩仪器模块要带有配置信息(configuration information)和支持标准的工业开发环境[如 LabVIEW、LabWindows/CVI 和 Visual C(VC)、Visual C++(VC++)、Visual Basic(VB)和 Borland C++等]，而且符合 VISA 规范的设备驱动程序(Win32 device drivers)。PXI 体系结构如图 6.15 所示。

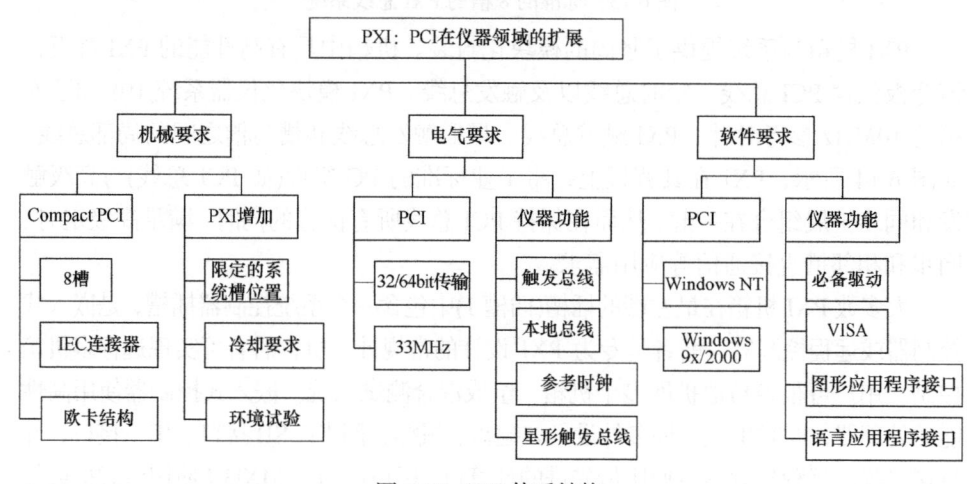

图 6.15　PXI 体系结构

第 6 章 现代测试系统总线技术

3. 应用案例：基于 PXI 总线的某型电子装备测试数据在线采集系统

1) 功能与组成

为实时掌握电子装备测试过程中的信号变化情况，监测和录取测试过程中的信号变化规律，彻底厘清测试时序和测试技术条件，人们研制了基于 PXI 总线的某型电子装备测试数据在线采集系统。其主要功能是：对各型电子装备的监测点数据进行实时采集存储，具备多通道、连续高速率数据实时采集与实时存储的能力，并提供被测装备监测数据实时采集和分析的通用软件平台。

某型电子装备测试数据采用嵌入式控制一体化方案，系统在硬件上采用通用硬件平台+型号适配器机箱+测试电缆的构造方式，通用硬件平台中的所有硬件资源的对外接口都通过自定义通用接口与适配器机箱相连接，适配器机箱再通过测试电缆引入监测界面，系统外观如图 6.16 所示，系统硬件模块基本配置如表 6.5 所示。

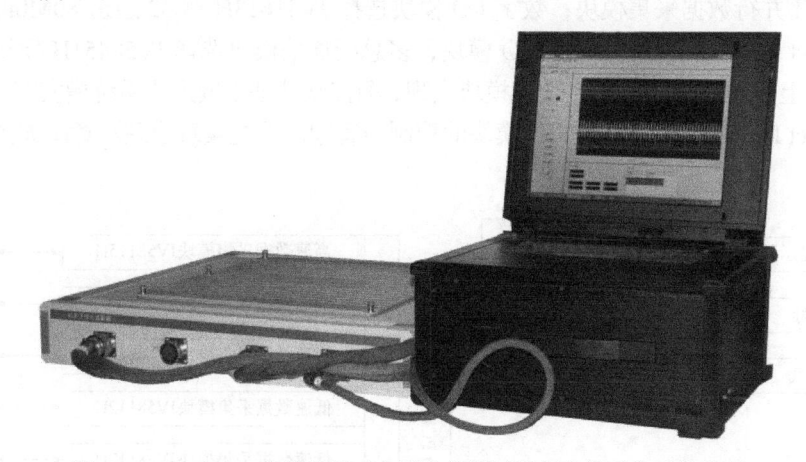

图 6.16 基于 PXI 总线的某型电子装备测试数据在线采集系统外观

表 6.5 系统硬件模块基本配置

序号	设备	型号	数量/块
1	12 槽 PXI 机箱	JV31113	1
2	PXI 系统槽	JV31412H	1
3	8 通道 100kSa/s 并行数据采集模块(专用)	JV58112H	6
4	50MSa/s 14bit 4 通道并行数据采集模块	JV58115H	1
5	32 通道数字隔离输入模块(专用)	JV31613H	2
6	多总线通信模块	JV58451H	1

注：Sa/s 表示每秒的采样数。

2) 系统总线与基本测试原理

嵌入式一体化平台拟采用数据流盘技术,简称数据流盘。数据流盘是能满足多通道和连续高速率数据实时采集、实时存储的数据采集分析系统,支持 4 通道高速连续采集,通道连续采集的采样速率最高为 5MSa/s;支持 96 通道低速连续采集,通道连续采集的最高采样速率为 25kSa/s;支持通道信号隔离;支持数字 I/O 操作。

嵌入式一体化平台硬件架构选择建立基于标准 PCI 总线规范的加固型高性能工业计算机架构 Compact PCI,使用 3U 板卡尺寸。机箱选择 JV31113 型 12 槽 3U Compact PCI/PXI 便携式一体化机箱,并在背面加装航空连接器安装架;控制器模块选择 JV31412H 型 Intel Core2duo 3U Compact PCI/PXI 控制器;高速数据采集模块选择 JV58115H 型 4 通道 14bit 50MSa/s 3U Compact PCI/PXI 并行同步数据采集模块;低速数据采集模块选择 JV58112H 型 32 通道 16bit 25kSa/s 3U Compact PCI/PXI 并行数据采集模块;数字 I/O 模块选择 JV31613H 型 32 通道 80Mbit/s 3U Compact PCI/PXI 高速数字量 I/O 模块;多总线通信模块选择 JV58451H 模块。标准接口上的硬件资源由 PXI 功能模块实现,测控软件基于嵌入式系统槽实现,通过 Compact PCI/PXI 总线实现 PXI 模块的控制与管理。系统实现原理示意图如图 6.17 所示。

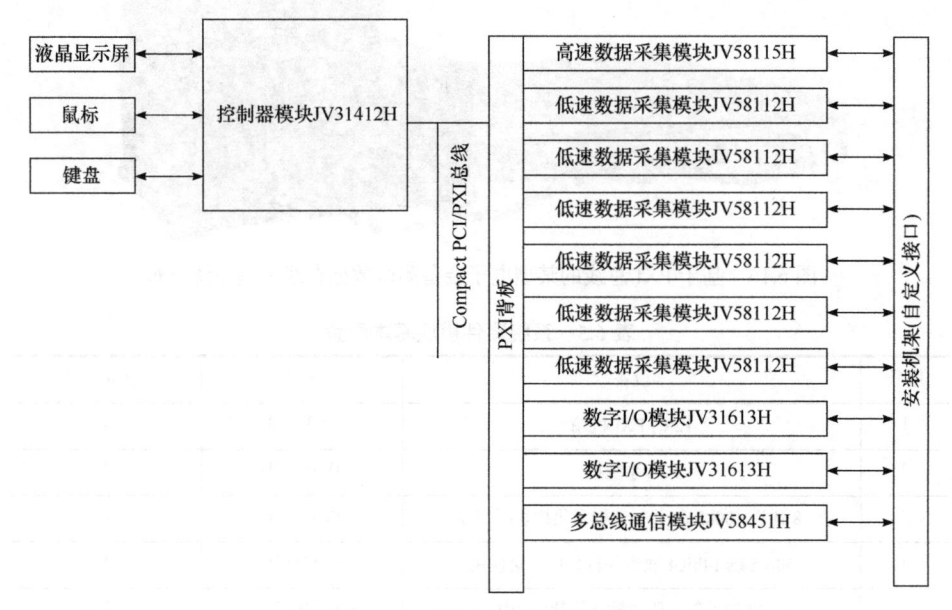

图 6.17 系统实现原理示意图

(1) 控制器模块 JV31412H。

控制器模块 JV31412H 支持 PCI Express 技术,具有最大的传输吞吐率,板上可以达到 6.4GB/s 的传输速率，具有一个快速 SATA(serial advanced technology attachment)接口。控制器模块 JV31412H 外观如图 6.18 所示。

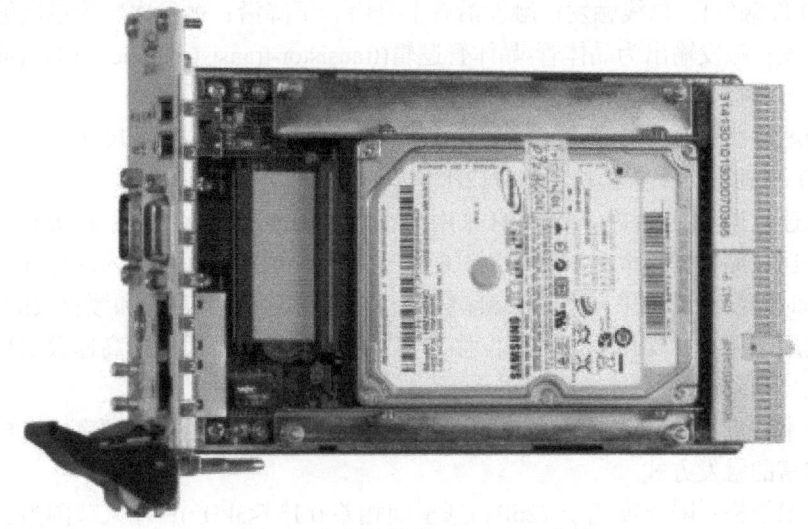

图 6.18 控制器模块 JV31412H 外观

在硬盘规格上，控制器模块 JV31412H 升级为 250GB 7200 转的 SATA 硬盘，以充分保障系统的快速存取。技术特性如下：Intel Core 2 Duo/Celeron M 处理器，2.2/2.0GHz，4MB 二级缓存；Intel GM945 芯片组支持 533/667 MHz 前端总线；1GB(633/667MHz DDR2 SDRAM)SO-DIMM 内存；双千兆以太网、SATA、Compact Flash。

(2) 高速数据采集模块 JV58115H。

高速数据采集模块 JV58115H 采用高速 Compact PCI/PXI 总线和 DMA 设计，可以高速存储数据，实现数据从板上存储器到主机内存或硬盘的连续传输，大大缩短了测试时间；具有动态范围良好、噪声低和缓存大等优势，适合于各种应用。

高速数据采集模块 JV58115H 具有软件可选的动态范围，50Ω 或 1MΩ 电阻输入，200mVpp 到 20Vpp 电压输入，最大可提供 512MB 板载存储空间，可在板载内存中采集超过 100 万个波形；使用 14bit 高性能 ADC，总谐波失真为−75dBc，信号与噪声失真比为 62dB；支持多种触发模式，可以满足各种要求苛刻的数据采集应用。板载提供自校准功能，从而使得测量更为可靠、稳定、方便。

技术特性：通道数为 4；50MSa/s 实时采样；14bit 分辨率的并行数据采集；最大板载数据缓存为 512MB；带宽为 10MHz；自校准功能。

技术规格：输入范围为±10V(量程挡分为±0.1V、±0.5V、±1V、±5V、±10V，各通道可独立设置)；带宽(-3dB)为 10MHz；输入阻抗为 50Ω、1MΩ；输入耦合为交流、直流；交流耦合截止频率为 12Hz；总谐波失真为−75dBc；信号与噪声失真比为 58dB；数据存储为 32MB、128MB、256MB 或 512MB；直流精度为±1%

输入值，+0.25%FSR+0.1mV；交流精度为<5‰ FSR(full scale range)(f<300kHz，1V以上量程挡)；触发方式为外触发(从前面板输入)、通道电平触发(内触发)、自动触发(软件触发)、总线触发；触发沿有上升沿、下降沿；触发次数为单次触发、连续触发；触发输出为晶体管-晶体管逻辑(transistor-transistor logic，TTL)(前面板输出，可程控 PXI TRGn 线)。

物理特性：I/O 连接器为 BNC(bayonetneill-concelman)连接器；尺寸为 3U 单宽。

(3) 低速数据采集模块 JV58112H。

低速数据采集模块 JV58112H 采用高速 Compact PCI/PXI 总线和 DMA 设计，可以高速存储数据，大大缩短了测试时间；可以使用由前面板输入的外部时钟，该外部时钟没有最低采样率的限制；凭借动态范围良好、噪声低和缓存大的优势，广泛应用于振动、噪声、压力、位移等信号采集分析中，适用于高速数据采集和计算机自动测试的科研、生产测试。

技术特性：32 通道输入；16bit 的高分辨率；25kSa/s 的采样频率；自校准功能；丰富的触发方式。

技术规格：隔离度优于 72dB；通道间相差 0.1°(f<5kHz)；输入范围为±10V，4 挡可调(0.1～±10V)；信号输入为单端/差分(默认为单端)；最大共模电压为±10V(工作)、±20V(不损坏)；带宽为 25kHz；耦合方式为交流或直流；输入阻抗为 1MΩ 或 50Ω；直流精度<0.03FSR(500mV 及以上)和<0.1FSR(500mV 及以下)；交流精度<1%FSR(f<5kHz，500mV 及以下)和<0.35%FSR(f<5kHz，500mV 及以上)；板载缓存为 4MB；触发方式为外触发(从前面板输入)、通道电平触发(内触发)、自动触发(软件触发)、总线触发；触发沿为上升沿、下降沿；触发次数为单次触发、连续触发；触发输出为 TTL(前面板输出，可程控 PXI TRGn 线)。

(4) 数字 I/O 模块 JV31613H。

数字 I/O 模块 JV31613H 是 32 通道 80Mbit/s 3U Compact PCI/PXI 高速数字 I/O 模块，外观如图 6.19 所示。该模块能够提供 32 路高速数字量输入或 32 路高速数字量输出，可以满足需要高速数字 I/O 的应用；采用高速 PCI 总线与 DMA 设计，其输入/输出的最大传输速率可以达到 80Mbit/s，满足高速数字接口要求。提供的 32 路数字量接口分为两组，每组 16 路数字 I/O，每组可以独立配置为输入或输出，配置灵活，可以配置为 32 路输入、32 路输出或 16 路输入、16 路输出；通过高速数字 I/O 接口，可以产生或采集 20MHz 的数字序列；具有外部时钟接口。

技术特性：32 通道；80Mbit/s 传输速率；每端口 64kB 收发先进先出(first in first out，FIFO)；配置灵活；具有外部时钟接口；DMA 数据传输。

技术规格：I/O 电平为 5V TTL；输入低电平≤0.8V；输入高电平≥2.0V；输出低电平≤0.5V；输出高电平≥2.7V；驱动能力为 0.5V at 48mA (Sink，低电平)和 2.4V at 8mA(Source，高电平)。

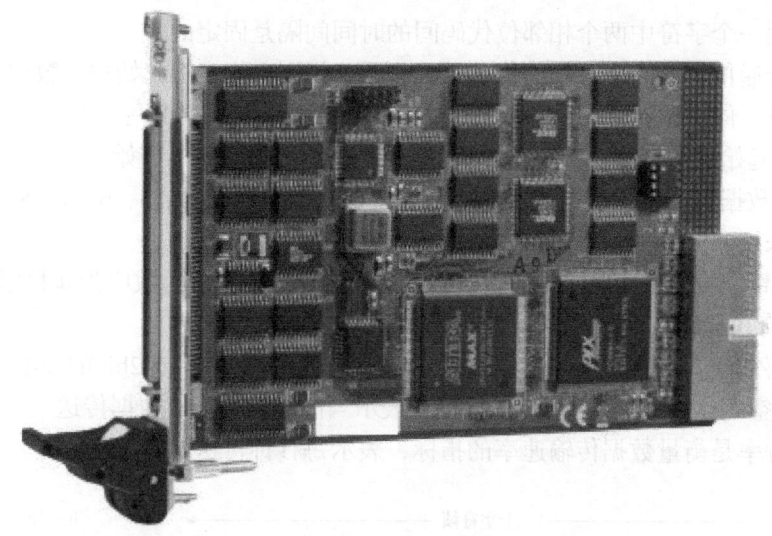

图 6.19 数字 I/O 模块 JV31613H 外观

(5) 多总线通信模块 JV58451H。

多总线通信模块 JV58451H 主要用于 RS-422、ARINC(Airlines Engineering Committee)429 通信设备的测试仿真，或者直接用作 RS-422、ARINC429 通信设备。多总线通信模块 JV58451H 主要由嵌入式计算机模块、现场可编程门阵列(field programmable gate array, FPGA)模块、可编程时钟模块、RS-422 驱动模块、ARINC429 模块组成。

6.3 串行通信总线

数据通信基本方式有并行通信与串行通信两种。并行通信是指利用多条数据传输线将一个数据的各位同时传送，使用并行方式，在同一时刻能够传输多位信息，这种方式速度较快，但需要多根电缆，在远距离传输时干扰大、成本高。串行通信是指利用一条传输线将数据一位一位地顺序传送，使用串行方式，在同一时刻只能够传输一位信息，因此对于 1B 的信息至少需要 8 个时钟周期才能完成。串行通信方式通信线路简单，利用电话或电报线路就可实现通信，其使用线路少、成本低，特别是在远程传输时，避免了多条线路特性的不一致，从而被广泛采用[50]。

6.3.1 串行通信的基本特性

1. 异步通信

异步通信以一个字符为传输单位，通信中两个字符间的时间间隔是不固定的，然而在同一个字符中两个相邻位代码间的时间间隔是固定的。

异步通信传送一个字符的信息格式有明确规则，规定有起始位、数据位、奇偶校验位、停止位、空闲位等，如图 6.20 所示，具体含义如下：

(1) 起始位，发出一个逻辑"0"信号，表示传输字符的开始。

(2) 数据位，位于起始位之后。数据位的个数可以是 4、5、6、7、8 等，字符通常采用 ASCII 码表示，从最低位开始传送，靠时钟定位。

(3) 奇偶校验位，数据位加上奇偶校验位，使得"1"的位数应为偶数(偶校验)或奇数(奇校验)，以此来校验数据传送的正确性。

(4) 停止位，是一个字符数据的结束标志，可以是 1bit 或 2bit 的高电平。

(5) 空闲位，处于逻辑"1"状态，表示当前线路上没有数据传送。

波特率是衡量数据传输速率的指标，表示每秒钟传送的二进制位数。

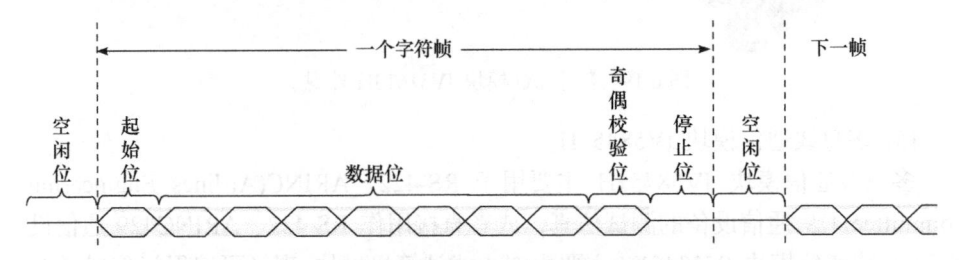

图 6.20　异步通信信息格式

异步通信是按字符传输的，接收设备在收到起始信号之后只要在一个字符的传输时间内能和发送设备保持同步就能正确接收，下一个字符起始位的到来又使同步重新校准

2. 同步通信

同步通信中，在数据开始传送前用同步字符来指示，并用时钟来实现发送端和接收端的同步，即检测到规定的同步字符后，开始按照顺序连续传送数据，直到通信结束。同步传输时，字符和字符之间没有间隔，也不用为每个字符设置起始位和停止位，故其数据传输速率高于异步通信。

串行通信同步协议主要包括面向字符的同步协议和面向比特的同步协议(主要用于若干个字符组成的数据块的传输)，其典型代表是二进制同步通信协议(binary synchronous communication，BSC)和同步数据链路控制规程(synchronous data link control，SDLC)。

3. 数据传输方向

串行通信中的数据通常是在两个站点、端点之间进行传输。按照数据流的方向，其可分成单工、半双工和全双工传送方式，如图 6.21 所示。

单工方式仅允许数据单方向传输；半双工方式是使用同一根传输线既接收又

(a) 单工方式

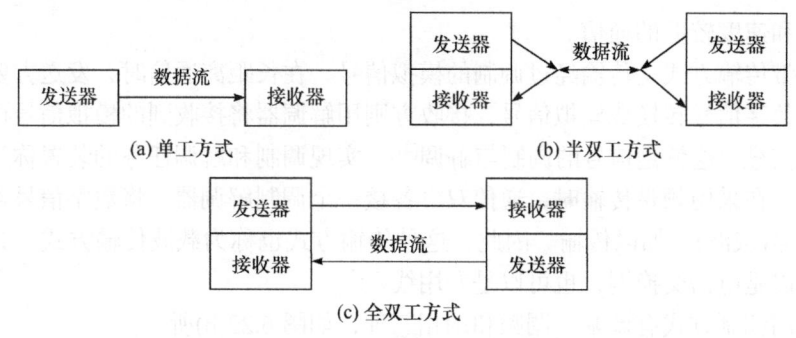

(b) 半双工方式

(c) 全双工方式

图 6.21　数据传输方向

发送，虽然数据可以在两个方向上传输，但通信双方不能同时收发数据；全双工方式是数据可以同时进行双向传输，相当于两个方向相反的单工方式的组合，通信双方都能在同一时刻进行发送和接收操作。

在计算机串行通信中，主要使用半双工方式和全双工方式。

4. 信号传输方式

基带传输方式是在传输线路上直接传输不加调制的二进制信号，如图 6.22(a) 所示，要求传输线的频带较宽，传输的数字信号是矩形波。基带传输方式仅适于

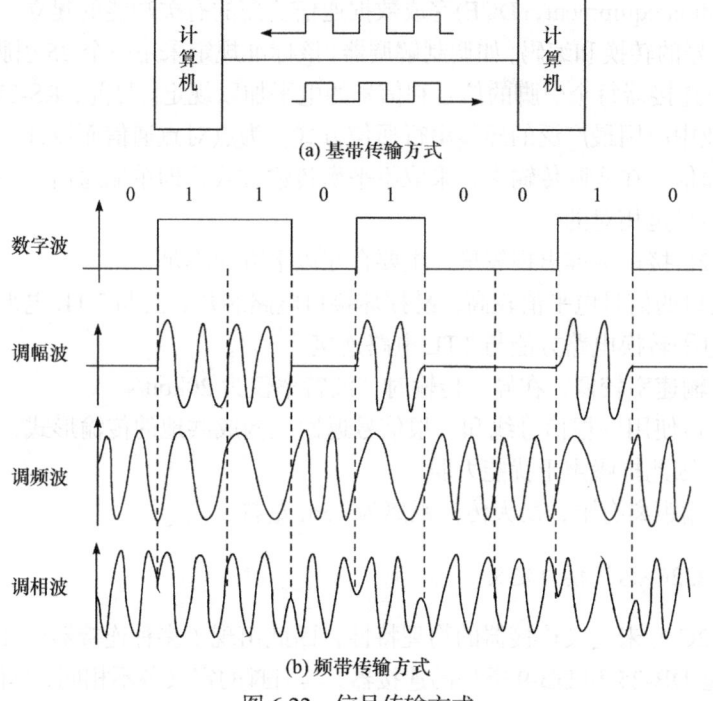

(a) 基带传输方式

(b) 频带传输方式

图 6.22　信号传输方式

近距离和速度较低的通信。

频带传输方式是传输经过调制的模拟信号。在长距离通信时，发送方要用调制器把数字信号转换成模拟信号，接收方则用解调器将接收到的模拟信号再转换成数字信号，这就是信号的调制与解调[41]。实现调制和解调任务的装置称为调制解调器。在采用频带传输时，通信双方各接一个调制解调器，将数字信号寄载在模拟信号(载波)上加以传输。因此，这种传输方式也称为载波传输方式。其通信线路可以是电话交换网，也可以是专用线。

常用调制方式有调幅、调频和调相三种，如图 6.22(b)所示。

6.3.2 RS-232C 总线接口

1. RS-232C 概述

RS-232C 是 1970 年由美国电子工业协会(Electronic Industries Association，EIA)联合贝尔公司、调制解调器厂商及计算机终端生产厂商共同制定的用于串行通信的标准。它最初用于解决公用电话远距离数据通信的问题，定义为在数据终端设备和数据通信设备之间使用串行二进制数据进行交换的接口，即一种在低速率串行通信中增加传输距离的单端标准。数据终端设备(data terminal equipment，DTE)包括计算机、外围设备、数据终端或其他设备。数据通信设备(data communication equipment，DCE)完成数据通信所需的有关功能的建立、保持和终止，以及信号的转换和编码，如调制解调器。该标准规定采用一个 25 引脚的 DB25 连接器，对连接器每个引脚的信号和信号的电平加以规定。目前，RS-232C 是 PC 与通信工业中应用最广泛的异步串行通信方式，为点对点通信而设计，适合本地设备间的通信。在实际传输中，采取不平衡传输方式，即单端通信，并且收、发端的数据信号是相对的。

RS-232C 接口标准出现较早，主要存在以下方面不足：

(1) 接口的信号电平值较高，易损坏接口电路芯片，且与 TTL 电平不兼容，故需使用电平转换电路方能与 TTL 电路连接。

(2) 传输速率较低，在异步传输时，波特率仅为 20kbit/s。

(3) 接口使用一根信号线和一根信号返回线构成共地的传输形式，容易产生共模干扰，因此抗噪声干扰能力弱。

(4) 传输距离有限，最大传输距离为 15m 左右。

2. RS-232C 总线接口定义

RS-232C 并未定义连接器的物理特性，因此出现了多种连接器，在实际中应用较多的是 DB-25 和 DB-9 类型的连接器，其引脚的定义各不相同，具体如表 6.6

所示。

表 6.6 RS-232C 中的信号和管脚分配

信号	DB-25	DB-9
公共地	7	5
TD	2	3
RD	3	2
$\overline{\text{DTR}}$	20	4
DSR	6	6
$\overline{\text{RTS}}$	4	7
$\overline{\text{CTS}}$	5	8
DCD	8	1
RI	22	9

注：TD-发送数据(transmit data)；RD-接收数据(receive data)；$\overline{\text{DTR}}$ -数据终端准备(data terminal ready)；DSR-数据准备好(data set ready)；$\overline{\text{RTS}}$ -请求发送(request to send)；$\overline{\text{CTS}}$ -清除发送(clear to send)；DCD-数据载波检测(data carrier detection)；RI-振铃指示(ring indicator)。

信号的标注是从 DTE 设备的角度出发的，TD、$\overline{\text{DTR}}$ 和 $\overline{\text{RTS}}$ 信号是由 DTE 产生的，RD、DSR、$\overline{\text{CTS}}$、DCD 和 RI 信号是由 DCE 产生的。

RS-232C 标准规定接口有 25 根连线，只有以下 9 个信号经常使用。

(1) TXD(第 2 脚)：发送数据线，用于输出，发送数据到调制解调器。

(2) RXD(第 3 脚)：接收数据线，用于输入，接收数据到计算机或终端。

(3) $\overline{\text{RTS}}$(第 4 脚)：请求发送，用于输出，计算机通过此引脚通知调制解调器，要求发送数据。

(4) $\overline{\text{CTS}}$(第 5 脚)：允许发送，用于输入，发出 $\overline{\text{CTS}}$ 作为对 $\overline{\text{RTS}}$ 的回答，计算机才可以发送数据。

(5) $\overline{\text{DSR}}$(第 6 脚)：数据装置就绪(调制解调器准备好)，用于输入，表示调制解调器可以使用，该信号有时直接接到电源上，这样当设备连通时即有效。

(6) CD(第 8 脚)：载波检测(接收线信号测定器)，用于输入，表示调制解调器已与电话线路连接好。

如果通信线路是交换电话的一部分，则至少还需如下两个信号。

(7) RI(第 22 脚)：振铃指示，用于输入，调制解调器若接到交换台送来的振铃呼叫信号，就发出该信号来通知计算机或终端。

(8) $\overline{\text{DTR}}$ (第 20 脚)：数据终端就绪，用于输出，计算机收到 RI 信号以后，就发出信号 $\overline{\text{DTR}}$ 到调制解调器作为回答，以控制它的转换设备，建立通信链路。

(9) GND(第 7 脚)：信号地。

PC 的 RS-232C 接口为 9 芯插座。一些设备与 PC 连接的 RS-232C 接口，因为不使用对方的发送控制信号，只需三条接口线：发送数据(transmit(tx)data，TXD)、接收数据(receive(rx)data，RXD)和信号地 GND。

双向接口只需三根线制作，因为 RS-232C 所有信号都共享一个公共接地。非平衡电路使得 RS-232C 容易受两个设备间基点电压偏移的影响。对于信号的上升期和下降期，RS-232C 也只有较差的控制能力，很容易出现串话现象。RS-232C 被推荐在短距离(15m 以内)间通信，由于对称电路的关系，RS-232C 接口电缆通常不用双绞线制作。

3. RS-232C 总线特性

在 RS-232C 标准中，字符以一系列位元来一个接一个地传输，一般使用异步起停编码格式。异步起停编码格式由四部分组成，依次是起始位、数据位、奇偶校验位和停止位。

串行通信在软件设置中需要做多项设置，最常见的设置包括传输速率、奇偶校验和停止位。设备间传输速率通常用波特率来描述。典型的波特率是 300bit/s、1200bit/s、2400bit/s、9600bit/s、19200bit/s 等，通信两端设备只有设为相同的传输速率才能有效通信，有的设备可以设置为自动检测以匹配另一个设备的波特率。奇偶校验用来验证数据的正确性，通过设置奇偶校验位为"0"或"1"来使得数据符合奇偶校验的标准。例如，在奇校验情况下，当数据位中为"1"的有 4 个时，校验位就应该设置为"1"，而使得整个传送信号中为"1"的个数为奇数。当接收方按照此规则进行校验后发现情况不符时，就说明传送过程中，数据被干扰而发生了错误。停止位用来告知接收方信号已经发送完毕，这样接收方开始准备等待新的信号或者转变成发送方。

EIA 在串行通信标准创立之初就对其电气特性、逻辑电平和各种信号线功能做了规定。特别注意，串行总线的逻辑电平是反相的。由表 6.7 可见，RS-232C 串行通信接口支持±5V、±10V、±12V、±15V 这样的常用设备电源供电。

表 6.7 RS-232C 标准下的电平范围

标准	管脚	电平范围
RS-232C	TXD/RXD	逻辑"1"：−15～−3V 逻辑"0"：+3～+15V
	RTS/CTS/DSR/DTR/DCD	ON 状态：+3～+15V OFF 状态：−15～−3V

RS-232C 标准规定的数据传输速率有多种，如 50bit/s、75bit/s、100bit/s、

150bit/s、300bit/s、600bit/s、1200bit/s、2400bit/s、4800bit/s、9600bit/s、19200bit/s，驱动器仅允许有 2500pF 的电容负载，因此传输距离易受影响。若采用 100pF/m 的通信电缆，则最大传输距离为 25m；若换成 125pF/m 的通信电缆，则传输距离只有 20m。传输距离短的另一原因是 RS-232C 属于单端信号传送，存在共地噪声和不能抑制共模干扰等问题，因此一般用于 20m 以内的通信。

6.3.3 RS-422/485 总线接口

在采用 RS-232C 标准时，其所用的驱动器和接收器(负载侧)分别起 TTL/RS-232C 和 RS-232C/TTL 电平转换作用，转换芯片均采用单端电路，易引入附加电平：一是来自干扰，用 e_n 表示；二是由两者地(A 点和 B 点)电平不同引入的电位差 V_S，若两者距离较远或分别接至不同的馈电系统，则这种电压差可达数伏特，从而导致接收器产生错误的数据输出，如图 6.23 所示。

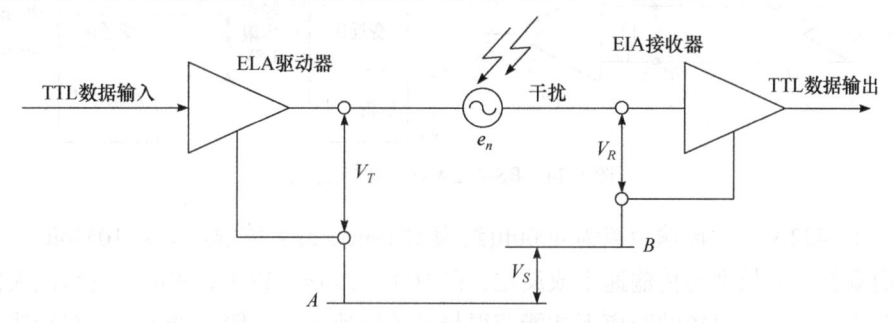

图 6.23　RS-232C 单端驱动非差分接收电路

RS-232C 是单端驱动非差分接收电路，不具有抗共模干扰特性。弥补 RS-232C 的不足，以达到传输距离更远、速率更高及机械连接器标准化的目的，EIA 相继推出 3 个模块化新标准。

(1) RS-499：使用串行二进制数据交换的数据终端设备和数据电路终端设备的通用 37 芯和 9 芯接口。

(2) RS-423A：不平衡电压数字接口电路的电气特性。

(3) RS-422A：平衡电压数字接口电路的电气特性。

RS-499 在与 RS-232C 兼容的基础上，改进了电气特性，增加了传输速率和传输距离，规定了采用 37 引脚连接器的接口机械标准，新规定了 10 个信号线。

RS-423A 和 RS-422A 的主要改进是采用了差分输入电路，提高了接口电路对信号的识别能力和抗干扰能力。其中，RS-423A 采用单端发送，RS-422A 采用双端发送，实际上 RS-423A 是介于 RS-232C 和 RS-422A 之间的过渡标准。在飞行器测试发射控制系统中实际应用较多的是 RS-422A 标准。

RS-423A/422A 是 RS-449 的标准子集，RS-485 则是 RS-422A 的变形。

1. RS-422A 串行总线接口

RS-422A 定义了一种单机发送、多机接收的平衡传输规范。

1) 电气特性

RS-422A 接口电气特性如图 6.24 所示，其接口电路采用比 RS-232C 窄的电压范围(-6～+6V)。通常情况下，发送驱动器的正电平在+2～+6V，是一个逻辑"0"，负电平在-6～-2V，是另一个逻辑"1"。当接收端电平大于+200mV 时，输出正逻辑电平；当接收端电平小于-200mV 时，输出负逻辑电平，RS-422A 所规定的噪声余量是 1.8V。

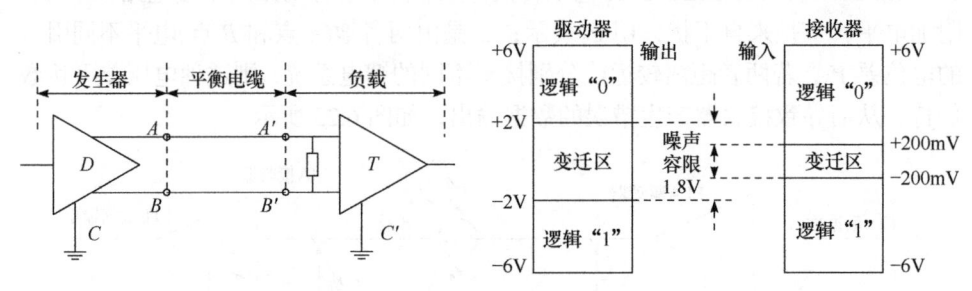

图 6.24　RS-422A 接口电气特性

RS-422A 最大传输距离为 4000ft(约为 1219m)，最大传输速率为 10Mbit/s，其平衡双绞线的长度与传输速率成反比，在 100kbit/s 速率以下，才可能达到最大传输距离。只有在很短的距离下才能获得最高传输速率。一般 100m 长的双绞线上所能获得的最大传输速率仅为 1Mbit/s。RS-422A 需要配置 1 个终端电阻，要求其阻值约等于传输电缆的特性阻抗，终端电阻接在传输电缆的最远端。近距离(一般在 300m 以下)传输时，可不用连接终端电阻。

2) 典型应用

RS-422A 数据信号采用差分传输方式，也称为平衡传输，使用一对双绞线，将其中一条线定义为 A，另一条线定义为 B，另有一个信号地 C，发送器与接收器通过平衡双绞线对应相连，如图 6.24 所示。

采用差分输入电路可提高接口电路对信号的识别能力及抗干扰能力。这种输入电路的特点是通过差分电路识别两个输入线间的电位差，既可削弱干扰的影响，又可获得更长的传输距离。

接收器采用高输入阻抗和发送驱动器，具有比 RS-232C 更强的驱动能力，允许在相同传输线上连接多个接收节点，最多可连接 10 个接收节点，即一个主设备，其余为从设备，从设备之间不能通信，因此 RS-422A 支持点对多的双向通信。RS-422A 四线接口采用单独的发送通道和接收通道，因此不必控制数据方向，各装置间任何必需的信号交换均可按软件方式(XON/XOFF 握手)或硬件方式(一对单独的双绞线)实现，如图 6.25 所示。

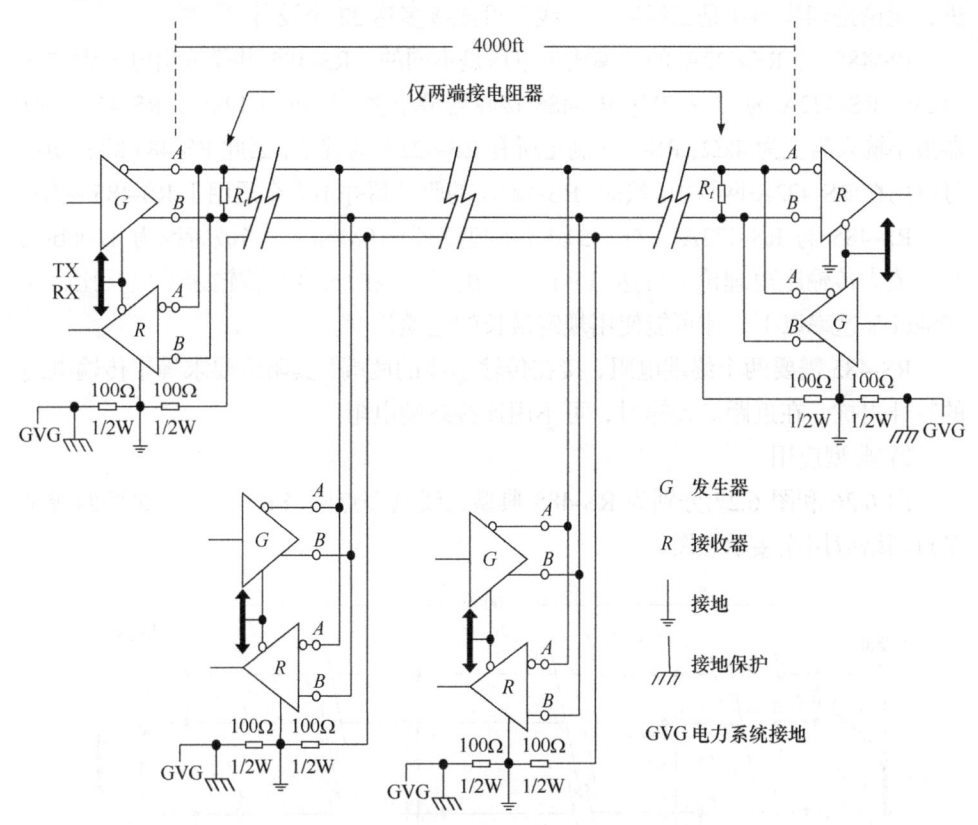

图 6.25 RS-422A 平衡驱动差分接收电路

2. RS-485 串行总线接口

1) 电气特性

为扩展应用范围，EIA 在 RS-422A 基础上制定了 RS-485 标准，增加了多点、双向通信能力。通常在要求传输距离为几十米至上千米时，广泛采用 RS-485 收发器。

RS-485 收发器采用平衡发送和差分接收，即在发送端，驱动器将 TTL 电平信号转换成差分信号输出；在接收端，接收器将差分信号变成 TTL 电平，因此具有抑制共模干扰的能力，加上接收器具有高的灵敏度，能检测低达 200mV 的电压，故数据传输可超过千米。

RS-485 的很多电气规定与 RS-422A 相仿，例如，都采用平衡传输方式，都需要在传输线上接终端电阻等。RS-485 可采用二线制与四线制，二线制可实现真正的多点双向通信,但只能是半双工模式。采用四线制时,与 RS-422A 一样只能实现点对多的通信,即只能有一个主设备,其余为从设备,但它比 RS-422A 有改进,无论是四线制还是二线制,总线上可连接多达 32 个设备。

RS-485 与 RS-422A 的共模输出电压是不同的。RS-485 共模输出电压为–7~+12V,RS-422A 为–7~+7V;RS-485 接收器最小输入阻抗为 12kΩ,RS-422 接收器最小输入阻抗为 4kΩ;RS-485 满足所有 RS-422A 的规范,因此 RS-485 的驱动器可以用在 RS-422A 网络中。然而,RS-422A 的驱动器并不完全适用于 RS-485 网络。

RS-485 与 RS-422A 一样,最大传输速率为 10Mbit/s。当波特率为 1200bit/s 时,最大传输距离理论上可达 15km。平衡双绞线的长度与传输速率成反比,在 100kbit/s 速率以下,才可能使用规定最长的电缆长度。

RS-485 需要两个终端电阻,接在传输总线的两端,其阻值要求等于传输电缆的特性阻抗。在近距离传输时,可不用连接终端电阻。

2) 典型应用

图 6.26 和图 6.27 分别为 RS-485 典型二线制多点网络和 RS-485 典型四线制多点网络应用连接示意图。

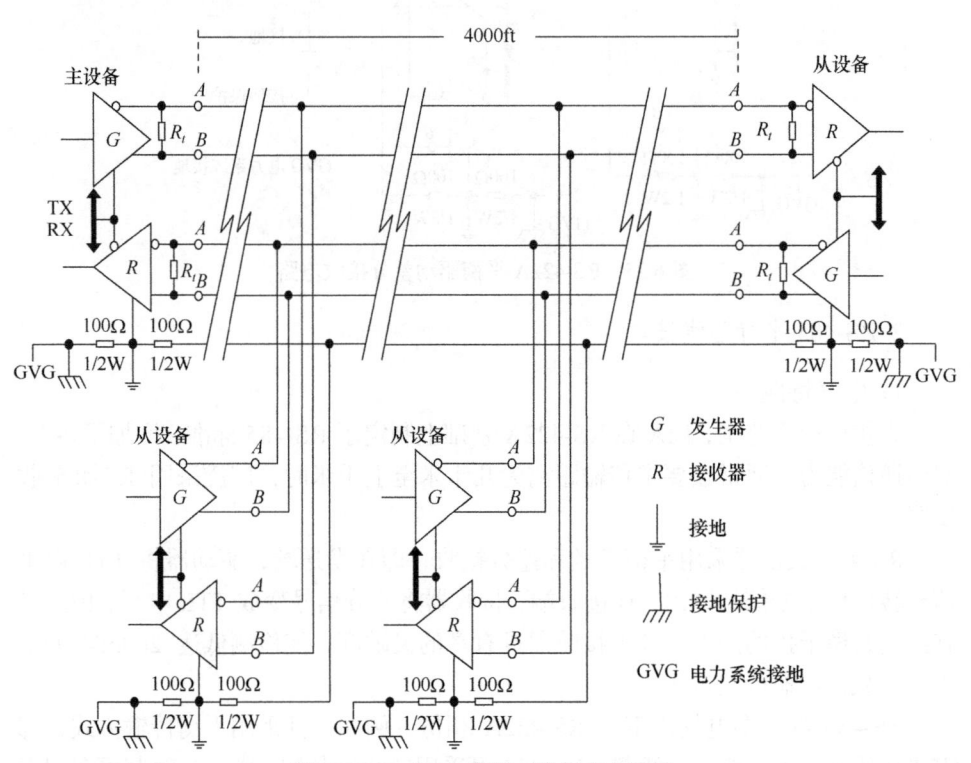

图 6.26　RS-485 典型二线制多点网络

3) RS-232C/RS-422/RS-485 接口电路性能比较

表 6.8 为常用的三种接口电路性能比较。

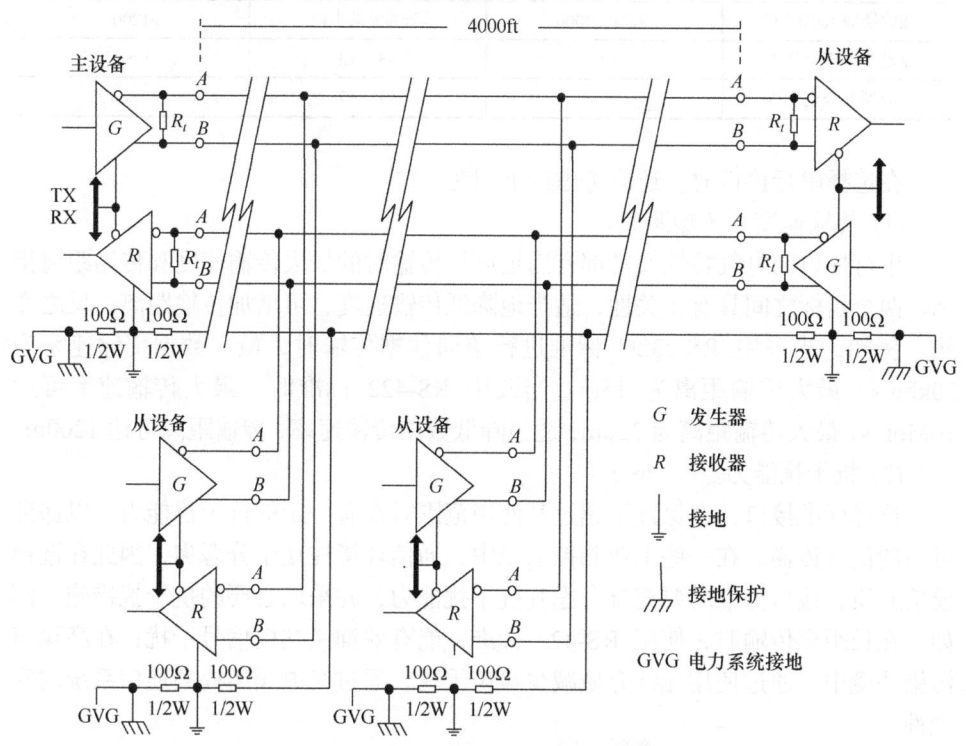

图 6.27 RS-485 典型四线制多点网络

表 6.8 RS-232C/RS-422/RS-485 接口电路性能比较

规定	RS-232C	RS-422	RS-485
工作方式	单端	差分	差分
节点数	1 收 1 发	1 发 10 收	1 发 32 收
最大传输电缆长度/ft	50	400	400
最大传输速率	20kbit/s	10Mbit/s	10Mbit/s
最大驱动输出电压/V	+/−25	−0.25～+6	−7～+12
驱动器输出信号电平(负载最小值)/V	±5～±15	±2.0	±1.5
驱动器输出信号电平(空载最大值)/V	±25	±6	±6
驱动器负载阻抗/Ω	3000～7000	100	54
摆率(最大值)/(V/μs)	30	—	—
接收器输入电压范围/V	±15	−10～+10	−7～+12
接收器输入门限/V	±3	±0.2	±0.2

续表

规定	RS-232C	RS-422	RS-485
接收器输入电阻/Ω	3000~7000	4000(最小)	≥12000
驱动器共模电压/V	—	−3~+3	−1~+3
接收器共模电压/V	—	−7~+7	−7~+12

在选择串行接口时，还应考虑以下问题。

(1) 传输速度和传输距离。

串行接口的电气特性通常都有满足可靠传输时的最大传输速度和传输距离指标。两个指标之间具有相关性，适当地降低传输速度，可增加传输距离，反之亦然。例如，当采用 RS-232C 标准进行单向数据传输时，最大数据传输速率为 20kbit/s，最大传输距离为 15m。当改用 RS-422 标准时，最大传输速率可达 10Mbit/s，最大传输距离为 300m，适当降低数据传输速率，传输距离可达 1200m。

(2) 抗干扰能力。

选择标准接口，在保证不超过其使用范围时都有一定的抗干扰能力，以保证可靠的信号传输。在一些工业测控系统中，通信环境往往十分恶劣，因此在选择通信介质、接口标准时要充分考虑其抗干扰能力，并采取必要的抗干扰措施。例如，在长距离传输时，使用 RS-422 标准，能有效抑制共模信号干扰；在高噪声污染环境中，通过使用光纤介质减少噪声干扰，通过光电隔离提高通信系统的安全性。

6.3.4 MIL-STD-1553 数据总线

MIL-STD-1553 数据总线，即内部时分制、指令/响应式多路传输数据总线，是飞机等装备普遍采用的数字式数据总线。

MIL-STD-1553 数据总线可分为三个组成部分：①终端形式，包括总线控制器、总线监控器和远程终端；②总线规约，包括消息格式和字结构；③硬件性能规范，包括特性阻抗、工作频率、信号下降及连接要求。

图 6.28 为一种典型的 MIL-STD-1553 数据总线结构，该总线的工件频率为 1Mbit/s，采用曼彻斯特 II 型(Manchester II)数据编码，属于半双工工作方式。

1. 硬件组成

MIL-STD-1553 数据总线的硬件主要包括总线控制器、远程终端和一个任选的总线监控器，如图 6.28 所示。

(1) 总线控制器：管理总线上所有的数据流和启动所有的信息传输。总线控制器也对系统的工作状态进行监控，但其监控功能不应和总线监控器的功能相混淆。尽管 MIL-STD-1553 数据总线中规定了在各终端间可进行总线控制能力的传递，但在实际应用中应尽量避免使用这种总线控制传递的能力。另外，总线控制器可以是独立的现场可更换单元(line replaceable unit，LRU)，也可以是总线上其他部件中的一部分。

(2) 远程终端：MIL-STD-1553 数据总线系统中数量最多的部件。在系统应用中，最多可以连接 31 个远程终端。远程终端仅对特定寻址询问的有效指令，或有效广播(所有远程终端同时被寻访)指令才进行响应。如图 6.28 所示，远程终端可与其所服务的分系统分开，也可嵌入分系统内。

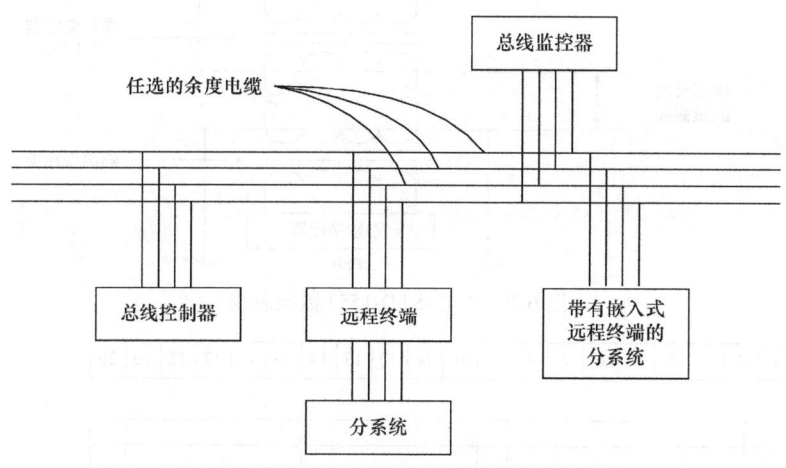

图 6.28 典型的 MIL-STD-1553 数据总线结构

(3) 总线监控器：接收总线传输信息并提取所选择的信息。除非特殊规定向它的地址发送的传输信息，通常总线监控器对任何接收到的传输信息都不进行响应。总线监控器通常用于接收和提取脱机时使用的数据，如飞行试验、维护或任务分析的数据。

硬件特性是 MIL-STD-1553 数据总线最简单明了的部分，相互之间的耦合方式如图 6.29 所示。

2. 信息传输格式

MIL-STD-1553 数据总线允许有 10 种消息格式，即信息传输格式。每个消息至少包含两个字，每个字有 16bit 再加上同步头和奇偶校验位，总共 20bit 或 20μs。所有的字都采用曼彻斯特 II 型双向编码构成，且用奇校验。曼彻斯特码要求中间位过零，即"1"由正开始，在中间位过零且变为负；而"3"则始于负，在中间位过零且变为正。之所以选择这种编码，是因为这种编码适用于变压器耦合，而且它是自同步的。对所有 MIL-STD-1553 数据总线的字来说，都有一个 2bit 的无效曼彻斯特码用作同步码，它占字的头三个位，一个字内的任何一个未用位应置为逻辑"0",如图 6.30 所示。

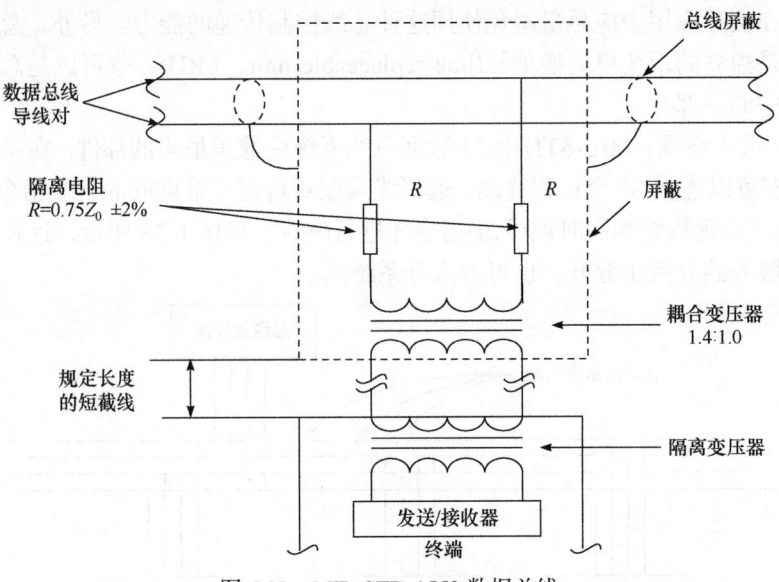

图 6.29　MIL-STD-1553 数据总线

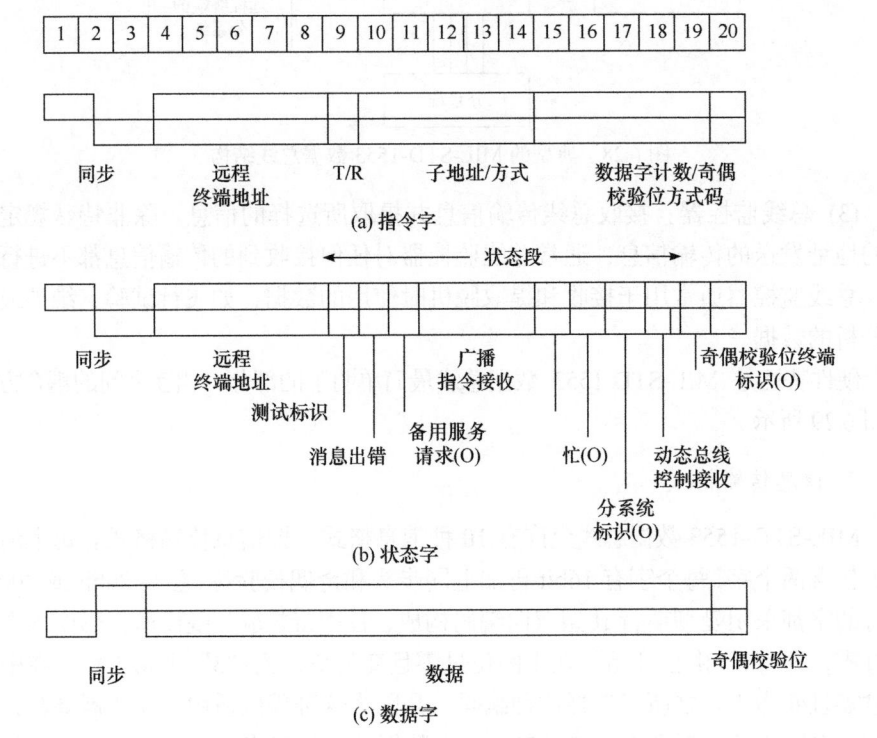

图 6.30　MIL-STD-1553 字格式

(O)：此位可任选，若不用此位，则应置逻辑"0"

1) 指令字

消息中第一个字通常是指令字,并且该字只能由总线控制器发送,如图 6.30(a)所示。指令字的同步码的前一个半位为正,后一个半位为负,紧挨同步码有 5 位地址段。每个远程终端必须有一个专用的地址。十进制地址 31(11111)留作广播时用,且每个终端必须能识别"11111"这一法定的广播地址,此外,其还能识别自己的专用地址。发送/接收位应该这样设置,若远程终端要接收,则该位应置逻辑"0";若远程终端准备发送,则该位应置逻辑"1"。

紧挨着地址的 5 位(第 10～14 位)用作指定远程终端的子地址,或用作总线上设备的方式命令。"00000"或"11111"表示方式代码,后面再进行说明。因此,有效的子地址就剩 30 个。若用状态字中的测试标识位,则有效的子地址又将减半,减少至 15 个。

当第 10～14 位已定为远程终端的子地址时,第 15～19 位就用作数据字计数。在任一消息块中规定可发送的数据字最多可达 32 个。若第 10～14 位是"00000"或"11111",则第 15～19 位表示方式代码。方式代码仅用于与总线硬件的通信和管理信息流,而不用于传送数据。表 6.9 为方式代码的分配,MIL-STD-1553 数据总线对每一个方式代码所表示的意义进行了全面讨论。

表 6.9 方式代码的分配(摘自 MIL-STD-1553 数据总线)

T/R 位	方式代码	功能	带数据字否	允许广播指令否
1	00000	动态总线规划	否	否
1	00001	同步	否	是
1	00010	发送状态字	否	否
1	00011	启动自测试	否	是
1	00100	发送器关闭	否	是
1	00101	取消发送器关闭	否	是
1	00110	禁止终端标识位	否	是
1	00111	取消禁止终端标识位	否	是
1	01000	复位远程终端	否	是
1	01001	备用	否	待确定
1	↓	↓	↓	↓
1	01111	备用	否	待确定
1	10000	发送矢量字	是	否
0	10001	同步	是	是

T/R 位	方式代码	功能	带数据字否	允许广播指令否
1	10010	发送上一条指令	是	否
1	10011	发送自检测字	是	否
0	10100	选定的发送器关闭	是	是
0	10101	取消选定的发送器关闭	是	是
1 或 0	10110	备用	是	待确定
↓	↓	↓	↓	↓
1 或 0	11111	备用	是	待确定

第 20 位是奇偶校验位。MIL-STD-1553 数据总线要求奇数的奇偶校验，且三种类型的字都必须满足此要求。

2) 状态字

状态字总是由远程终端进行响应的第一个字。图 6.30(b)为状态字的字格式，该字由 4 个基本部分组成，即同步头、远程终端地址、状态段和奇偶校验位。

在第 1~3 位上有一个同步代码，它同控制字的同步代码完全相同(前一个半位时为正，后一个半位时为负)。第 4~8 位为发送状态字的远程终端地址。

第 9~19 位是远程终端的状态段。除非状态段存在指定的条件，否则状态段中所有的位都应置成逻辑"0"，状态段中大多数位的含义是清楚的，但其中有几个位的含义还应做必要的说明。若前一时刻总线控制器发送的字中有一个或多个字是无效字，则第 9 位应置成逻辑"1"。第 10 位是测试标识位，若使用，则总被置成逻辑"0"，使其能把状态字与控制字相区别(控制字中，第 10 位总是置为逻辑"1")。当第 10 位用作测试标识位时，如在控制字这一段中所讨论过的，有可能把分系统地址数减少到只有 15 个。第 17 位是分系统的标识位，它用来表明一个分系统的故障情况。第 19 位是终端标识位，若使用，则其表示远程终端内存故障情况(这与第 17 位相对应，该位表示所分系统有故障)。第 20 位是奇偶校验位。

3) 数据字

数据字是三种类型字中最为简单明了的字。数据字总是跟在指令字、状态字或其他数据字后面。它们从不在一个消息中最先发送。与指令字和状态字一样，数据字的字长也是 20 个位时；头三个位时为同步代码，最后一个位时为奇偶校验位(图 6.30(c))。但是，数据字的同步代码与指令字和状态字的同步代码相反，它的前一半位时为负，而后一半位时为正。剩下的 16 个位时，即第 4~19 位时是二进制编码的数据值.最高有效数据位先发送.所有未用的数据位都应置成逻辑"0"。如果可能,设计者总应设法充分利用这 16 个位时,把多个参数和字进行位的合并。

4) 消息格式

MIL-STD-1553 数据总线有 10 种可允许的消息格式,如图 6.31 所示。所有的消息必须遵守其中一个格式,可允许的响应时间为 4~12μs,而消息间的间隔至少为 4μs,最小无响应超时为 14μs,一个消息最多可包含 32 个数据字。

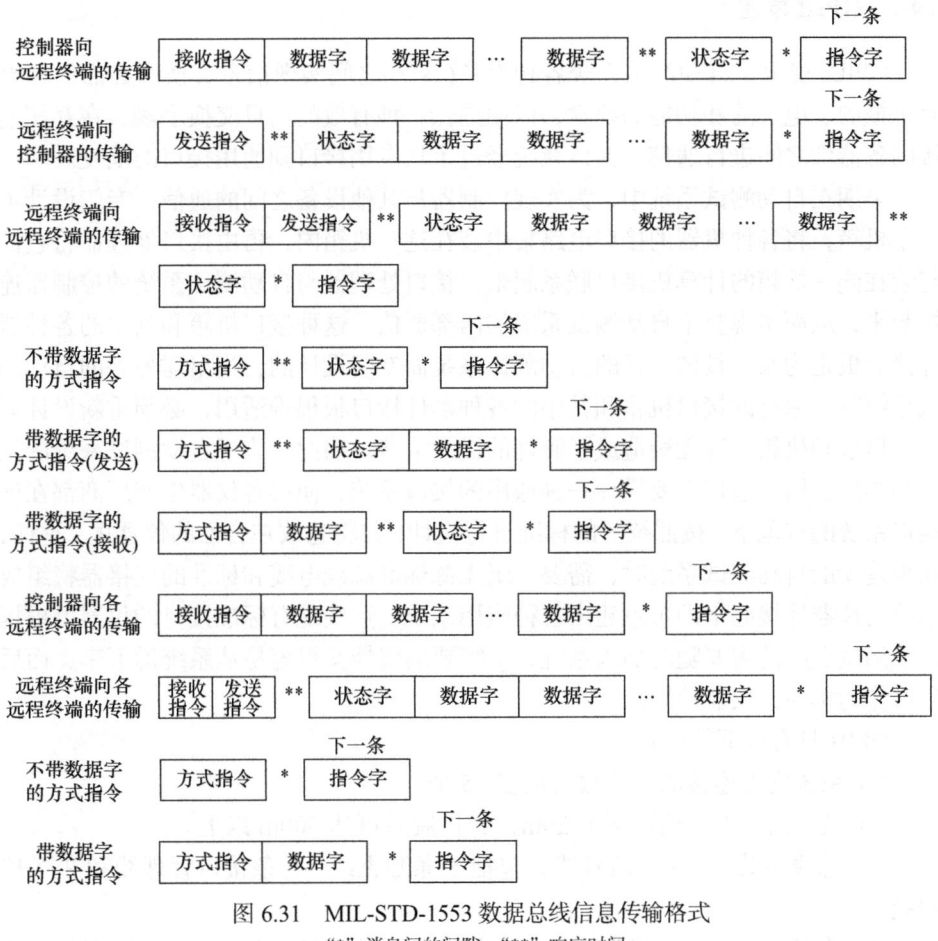

图 6.31 MIL-STD-1553 数据总线信息传输格式
"*"消息间的间隙;"**"响应时间

前 6 种格式都在总线控制器直接控制下才能被执行,且这 6 种格式都要求正被访问的远程终端给出特定、唯一的响应。后 4 种是广播格式,在接收消息的终端不须确认其接收的情况下,允许某一终端把消息发送至总线上所有有地址的终端。广播方式虽未明文规定禁止使用,但倘若真的使用,必须要有明证实据才可以。

6.4 并行通信总线

并行通信总线的典型代表是 GPIB。GPIB 是测试系统中各设备之间互相通信的一种协议，是一种典型的并行通信接口总线。

6.4.1 GPIB 概述

GPIB 规定了自动测试系统各种设备(器件)之间实现信息交换所必需的一整套机械的、电气的和功能的要素，以便提供一种有效的信息交换手段，在互相连接的各器件之间进行通信，接口系统经过了从专用接口到通用接口的演变。

早期在自动测试系统中，为实现控制器与其他设备之间的通信，专门设计了一个机箱，将各种机器的接口电路集中装在这一机箱内，再由接口处理器将它们与装在同一机箱的计算机接口联系起来，接口处理器与自动测试系统的控制器连接起来，从而实现整个自动测试系统的内部通信。这种接口机箱和其中的各种器件接口板是为某一具体项目的自动测试系统而专门设计的，当组建另外的自动测试系统时，原有的接口机箱和其中的各种器件接口板很难适用，必须重新设计新的接口板和机箱，这无疑造成了硬件的极大浪费。因此，为了自动测试系统的发展和推广应用，迫切需要设计一种通用的接口系统，使得各仪器生产厂商都在该接口系统的规范下，按照统一的标准进行设计，并将它放在自己的仪器里，这样，在组建新的自动测试系统时，需要一组无源标准总线电缆和标准的连接器将组成系统的仪器连接起来即可组建出各种应用系统，这些配有标准接口的仪器可根据自动测试系统的需要随时加入系统，不需要的仪器又很容易从系统拆下来，而后仍可作为单独的仪器使用。

GPIB 具有以下特征：

(1) 系统内可连接的设备数目最多 15 个。

(2) 最大的数据传输距离为 20m，经扩展后可达 500m 以上。

(3) 总线中共有 16 条信号线，包括 8 条数据线、5 条接口管理线和 3 条挂钩线。

(4) 数据在总线上按照位并行、字节串行、异步双向方式传输，数据传输速率最大为 1Mbit/s。

(5) 地址容量，单字节可容纳 31 个发送方和 31 个接收方，增加副地址时可同时有 961 个发送方和 961 个接收方。

(6) 为保证数据准确可靠地传输，通常采用"三线挂钩"技术。系统内可有多个发送方和多个接收方。在任何一个时刻只能有一个发送方和 14 个接收方。系统内可有多个主设备,其控制权可在主设备间转移,但同时只能有一个主设备起作用。

(7) 接口收发电路可为集电极开路门输出的 TTL 电路或三态电路。

(8) 信号电平用负逻辑来表示,逻辑状态 1 的信号电平要求≤+0.8V,逻辑状态 0 的信号电平要求≥+2.0V。

(9) 适用于电磁干扰较轻的实验室和生产过程。

6.4.2　GPIB 接口信号与功能

1. GPIB 信号

GPIB 提供 16 条接口信号线,并且 16 条接口信号线分为三组,具体如下。
1) 数据输入输出信号线

GPIB 提供 8 根数据输入输出信号线(DIO1~DIO8),其作用是将发送方发出的信息传送到接收方(接收信息的器件),将主设备(发出控制命令或信息的器件)发出的命令和消息传送给发送方(发出信息的器件)和接收方,数据传输时采用国际通用的标准 7bit 字符编码。

2) 挂钩线

在 GPIB 通信时,主设备和发送方发出的每一条信息均要求全部被寻址的接收方接收,但同时只能有一个发送方发布消息。为保证信息在传送中不因接收方接收信息速度的差异而产生混乱,这里采用"三线挂钩"技术。三条挂钩线具体如下:

(1) 数据有效线 DAV(data valid)。当这条线处于低电平(逻辑"1")时,表示数据线上的信息有效;反之,当此线处于高电平(逻辑"0")时,DIO 线上的信息无效,不能接收。

(2) 未准备好接收数据线 NRFD(not ready for data)。它供接收方使用,当该线处于低电平时,表示接收方尚未准备好接收数据,示意发送方不要发送信息;当该线处于高电平时,表示接收方准备好接收信息。

(3) 数据未被接收线 NDAC(not data accepted)。当该线处于低电平时,表示接收方没有收到信息;当该线处于高电平时,表示已经收到发送方发送的信息。

3) 接口管理线

(1) 注意线 ATN(attention)。它由主设备使用,用以规定 DIO 线上数据的性质,当 ATN 线处于低电平时,表示数据线上传送的是接收信息,全部设备都要收听;当 ATN 线为高电平时,表示数据线上传送的是器件消息,这时,只有接收命令的发送方向总线上发送数据。

(2) 结束或识别线 EOI(end or identify)。它由发送方或主设备使用,该线与 ATN 线配合使用,当 EOI=1 且 ATN=0 时,表示数据线上发送方发送的信息结束;当 EOI=1 且 ATN=1 时,表示主设备发出的识别信息由主设备执行点名操作。

(3) 服务请求线 SRQ(service request)。自动测试系统中每一个设备均可使这条线处于低电平，表示它向主设备发出服务请求。

(4) 接口复位线 IFC(interface clear)。它仅供系统主设备使用，当此线置于低电平时，表示主设备发出的是 IFC 通令，使系统中全部设备的有关接口功能恢复到初始状态。

(5) 远程控制使能线 REN(remote enable)。它由系统主设备使用，当其处于低电平时，表示总线处于远程控制使能状态。

2. GPIB 接口功能

在 GPIB 系统中，把器件与 GPIB 的交互作用定义成一种接口功能。例如，器件向总线发送数据的作用定义成讲者功能；相反，器件从总线上接收数据的作用定义成听者功能等。GPIB 标准接口共定义了 10 种接口功能(5 种基本接口功能，5 种辅助接口功能)，每种功能均赋予一种能力。下面简述各种接口功能及其赋予器件的能力。

1) 基本接口功能

基本接口功能是 GPIB 数字接口功能要素的核心，用于保证消息字节在 DIO 线上双向异步、准确无误传递，即用于管理和控制消息字节传递。

(1) 控者功能。

控者(controller)功能，简称为 C 功能。这种接口功能主要是为计算机或其他控制器而设立的。一般来说，自动测试系统都由计算机来控制和管理。在系统运行中，根据测试任务的要求，计算机经常需要向有关器件发布各种命令，如复位系统、启动系统、寻址某台器件为讲者或听者、处理服务请求等，这些活动都可以通过控者功能来实现。

(2) 讲者功能。

讲者(talker)功能，简称为 T 功能；或者扩大讲者(extended talker)功能，简称为 TE 功能。一个器件(仪器或计算机)向别的器件传送数据时必须具有讲者功能，例如，一台电压表或一台频率计欲将其采集到的测量数据送往打印机或绘图仪记录，便可以通过讲者功能来实现。

(3) 听者功能。

听者(listener)功能，简称为 L 功能；或者扩大听者(extended listener)功能，简称为 LE 功能。L 功能是为一切需要从总线上接收数据的器件设立的，例如，一台打印机要将其他仪器经总线传出的数据接收并进行打印就必须通过听者功能来实现。

(4) 源方挂钩功能和受方挂钩功能。

源方挂钩(source hand shake)功能，简称为 SH 功能。受方挂钩(acceptor hand shake)功能，简称为 AH 功能。SH 功能赋予器件保证多线消息正确传递的能力。

与 SH 相反，AH 功能赋予器件保证正确地接收远地多线消息的能力。一个 SH 功能与一个或多个 AH 功能之间利用挂钩控制线(DAV、NRFD、NDAC)实现三线连锁挂钩序列，保证 DIO 线上每一个多线消息在发送和接收之间异步传递。SH 功能设置在多线消息发送源方器件内接口功能区之中，所以称为源方挂钩；自然受方挂钩就必须设置在多线消息接收方器件接口区域内。显然，SH 功能、AH 功能是器件间利用 DIO 线传递多线消息不可缺少的接口功能。具有发送多线消息能力的控者和讲者器件必须设 SH 功能，接收器件的听者器件自然要设 AH 功能。

发送消息上器件的源方挂钩功能和接收消息的器件的受方挂钩功能，利用三条线进行链锁挂钩，保证 DIO 线上每一次消息字节都能准确传递，这种技术称为三线挂钩。

2) 辅助接口功能

(1) 服务请求功能。

服务请求(service request)功能简称为 SR 功能。前述四种功能为正常运行的系统内各器件之间进行通信联络提供了必要的手段。显然，这五种功能应是接口系统必须设立的最主要和最基本的功能。但是，在任何自动测试系统中，种种原因可能导致一台或几台器件暂不能正常工作，如电压表超量程、振荡器频率不稳定、锁相环失锁、打印机的打印纸用完、程序错误等。无论上述何种原因或其他原因使器件不能正常运行，器件都应主动向控者报告，使控者能及时发现系统存在的问题，并采取适当的措施加以处理，SR 功能便是为此目的而设立的。

SR 功能不仅可供器件出现临时故障时向控者发出 SRQ 消息，而且为正常运行的器件与控者联系提供了一种渠道。正常运行的器件往往也会有某些紧急事件必须与控者联系。例如，控者命令某台器件将大批数据传送给控者进行处理，该器件可能需要较长时间才能将数据准备好。在器件准备数据期间，控者可以空插其他操作，一旦器件的数据准备好，便可以通过 SR 功能向控者提出请示传递数据，控者得知后便可以让器件传递数据。

(2) 并行查询功能。

并行查询(parallel query)功能简称为 PQ 功能，赋予器件并行查询的能力。虽然任何一台可程控器件一般既能接收本地控制，又能接收远程控制，但是在一段时间内只能接收两种控制方式之一，而不能同时接收两种控制，且两种控制方式互不干扰。换句话说，当器件处于本地控制时，应拒绝接收从总线传来的任何远程控制指令；反之，当器件处于远程控制时，它的面板或背板上的开关按键应自动不起作用(除电源开关之外)。

(3) 远程控制本控功能。

远程控制本控(remote local control)功能简称为 RLC 功能。在事先未受命讲话的情况下，能通过指定的一条 DIO 线对负责控者提供一条并行查询消息，以表示器件工作状态。远程控制本控功能就是为器件选择接收本地控制或远程控制方式而设立的。只要 RLC 功能处于远程控制状态，器件就只接受远程控制，只有当 RLC 功能处于本地控制状态时，器件面板上的按键才是可以操作的。

(4) 器件触发功能。

器件触发(device trigger)功能简称为 DT 功能。大多数器件只要接通电源便可以进行测量，但是也有不少可程控器件在电源接通之后并不立即开始工作，而是要由控者发出一条"启动"命令之后才开始测量。DT 功能就是为了让控制器能够单独地启动一台或成群地启动几台器件而设立的。器件触发功能是一个极为简单的接口功能。

(5) 器件清除功能。

器件清除(device clear)功能简称为 DC 功能，也是一种简单的功能。其作用在于能使器件功能又回到某种指定的初始状态。

在测试过程中往往需要使一台甚至全体器件功能回到某种特定的初始状态。例如，让计数器的计数值回到零态，这种现象称为器件清除，为此设立了器件清除功能，而器件清除命令则由本地控制者发出，并由 DC 功能执行。

3) 仪器内部接口功能配置

根据自动测试系统需要，设立了 10 种接口功能。只就某一类器件来说，仅需要从 10 种接口功能中选择一种或多种接口功能，而没有必要配置全部接口功能。表 6.10 给出了常用器件接口功能配置，在为不同仪器选配接口功能时，既要充分考虑提高器件性能方面的各种需要，又必须兼顾仪器成本、器件使用效率等其他方面的要求，尽可能做到恰如其分。一般来说，凡需要通过总线发送数据的仪器，如数字式电压表、数字式频率计等，应该而且必须配置讲者功能和源方挂钩功能；除个别外，几乎所有的可程控仪器都需要从总线上接收数据，故绝大多数仪器都应配置听者功能和受方挂钩功能。当然，只有计算机或其他担任控者的器件才需要配置控者功能，至于其他几种接口功能的选配，设计者可根据实际情况酌情处理。

表 6.10 常见仪器接口功能配置

器件名称	作用	所需配置接口功能
信号发生器	听者	AH，L
打印机	听者	AH，L
纸带读出器	讲者	AH，T，SH
电压表	讲者、听者	AH，L，SH，T，SR，RLC[PQ，DC，DT]
功率计	讲者、听者	AH，L，SH，T，SR，RLC[PQ，DC，DT]
可编程逻辑控制器表	讲者、听者	AH，SH，T，L，SR，DT
绘图仪	讲者、听者	AH，SH，T，L，SR，DC[PQ]
计算机	讲者、听者、控者	AH，L，SH，T，C

GPIB 接口信号分类与接口功能具体如表 6.11 所示。GPIB 结构形式如图 6.32 所示。

表 6.11 GPIB 接口信号分类与接口功能

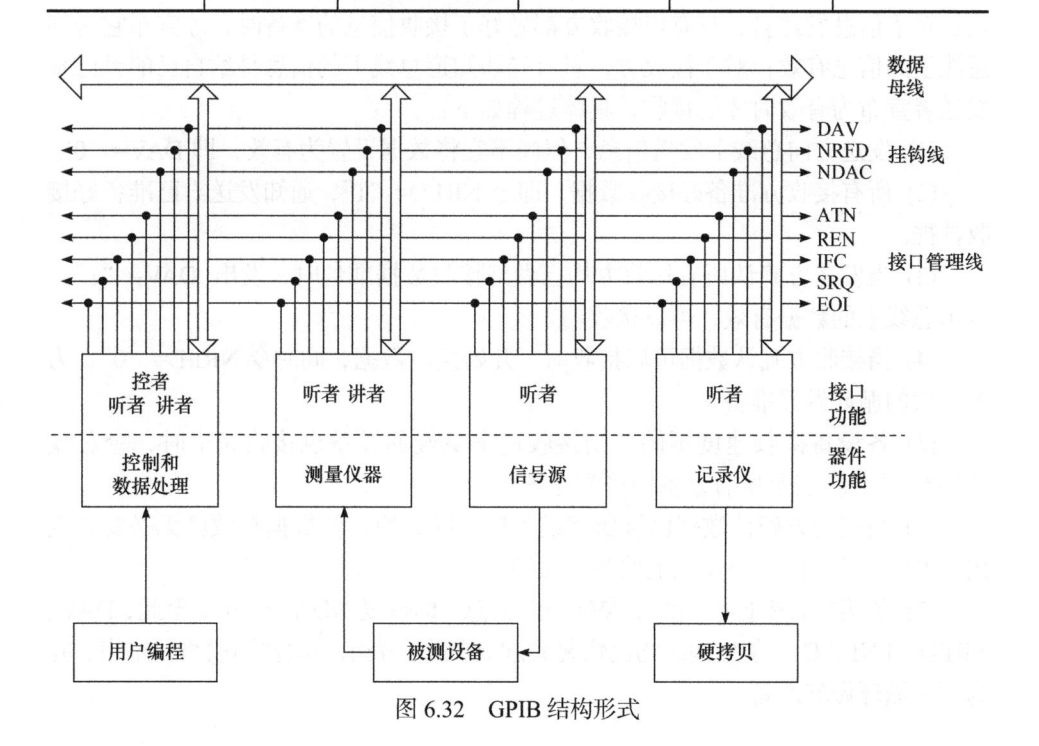

分类	信号线代号	信号线名称	使用该线的接口功能	传递的消息 接口消息	传递的消息 器件消息
数据输入输出信号线	DIO1～DIO8	数据输入输出线	CL 或 LET	通令；专令；地址；副令或副地址	程控命令数据状态字节
挂钩线	DAV	数据有效线	SH	DAV	—
挂钩线	NRFD	未准备好接收数据线	AH	$\overline{RFD}$	—
挂钩线	NDAC	未收到数据线	AH	$\overline{DAC}$	—
接口管理线	ATN	注意线	C	ANT	—
接口管理线	EOI	结束或识别线	C 或 T	IDY	END
接口管理线	SRQ	服务请求线	SR	SRQ	—
接口管理线	IFC	接口复位线	C	IFC	—
接口管理线	REN	远程控制使能线	C	REN	—

图 6.32 GPIB 结构形式

6.4.3　GPIB 三线挂钩过程

要保证消息字节通过 GPIB 接口准确无误地传递，必须建立一种物理接口的基本通信控制规程。GPIB 三线挂钩过程就是消息传递基本控制规程。三线挂钩技术原理示意图如图 6.33 所示。

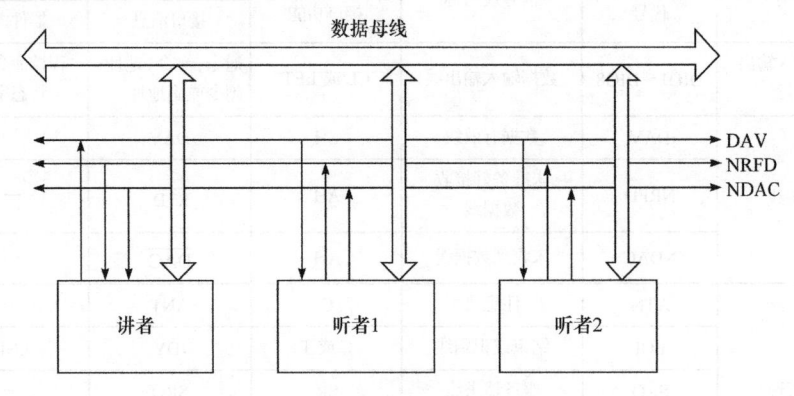

图 6.33　三线挂钩技术原理示意图

三线挂钩技术是确保总线上的信息准确可靠地传输的技术约定。其基本思想是：对于信息发送者，只有当接收方都做好了接收信息的准备时，才宣布它送到总线上的信息有效；对于接收方，只有确切知道总线上的信息是给自己的且已被发送者宣布为有效时才能接收，具体过程如下：

(1) 发送方向总线上发送信息，但尚不宜将数据设置为有效，即 DAV="0"。

(2) 所有接收方准备好接收数据，即令 NRFD="1"，通知发送方已准备好接收数据。

(3) 当发送方确认所有接收方均已做好接收数据准备时，发出 DAV="1"，表示总线上的数据有效，可以接收。

(4) 当接收方确认数据可以接收时，开始接收数据，同时令 NRFD="0"，为下一次的循环做好准备。

(5) 各设备接收速度不同，当接收速率最慢的设备也接收完毕时，令总线 NDAC="1"，表示所有设备均接收完毕。

(6) 当发送方确认数据已被所有设备接收时，原来的数据有效已无必要，发出 DAV="0"，同时将总线上的数据撤销。

(7) 各接收者根据收到的 DAV="0" 信息，即恢复 NDAC="0"，至此，DAV、NRFD 和 NDAC 三条挂钩线均已恢复到起始状态，表示一次挂钩联络的结束，并为下一循环做好准备。

6.4.4 应用实例：基于 GPIB 的速率陀螺单元测试系统

1. 系统组成与功能

速率陀螺单元测试系统包括速率陀螺自动测试系统和单轴速率转台系统两个分系统，其中，速率陀螺自动测试系统用于对速率陀螺的测试过程进行控制，实现单元测试过程的自动化。单轴速率转台系统则用于模拟外部角速度输入，通过夹具将速率陀螺固定在单轴转台上，可模拟弹上真实的角速度输入。

速率陀螺自动测试系统由测控计算机、数据采集器、电源箱、数字多用表和计数器组成。其中，测控计算机用于对测试过程进行控制，采集测试数据，并输出测试结果；数据采集器在测控计算机的控制下完成信号的转接，实现对各种模拟量、数字量的采集；电源箱接收 220V 50Hz 交流电，通过各个电源模块将交流电转换为测试系统所需的直流电供给数据采集器；数字多用表用于对各类模拟量进行测试；计数器用于对各类数字量和相位差进行测试。

单轴速率转台系统由转台台体、转台控制箱、测试夹具组成。其中，转台台体用于产生角速度输入，模拟弹上真实角速度输入信号；转台控制箱用于控制转台的转速、转向等状态量；测试夹具用于将速率陀螺仪固定于转台之上。

除测试设备外，测试对象为速率陀螺自动测试系统。速率陀螺自动测试系统由速率陀螺仪及电子箱两部分组成，速率陀螺仪为敏感元件，用于测量角速度，而电子箱为速率陀螺仪供电，并进行信号输入输出处理。

2. 工作原理

1) 速率陀螺自动测试系统工作原理

基于 GPIB 的速率陀螺单元测试系统原理框图如图 6.34 所示。

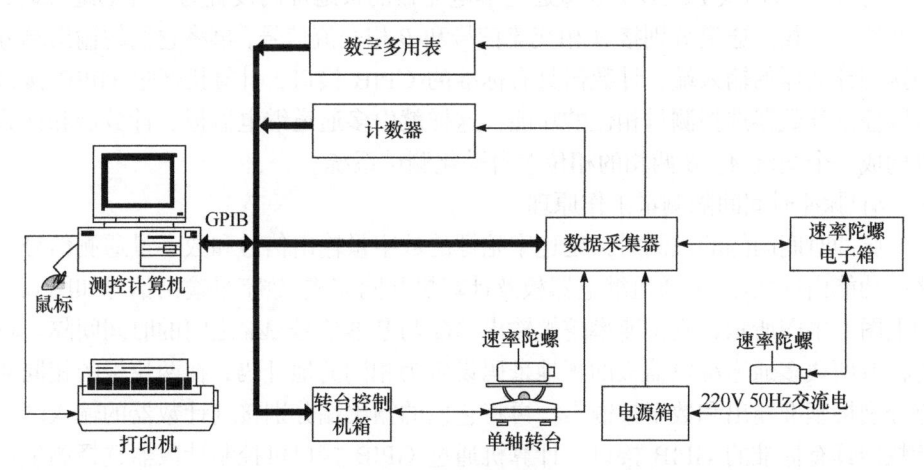

图 6.34 基于 GPIB 的速率陀螺单元测试系统原理框图

电源箱接收 220V 50Hz 交流电，通过几个独立的电源模块将交流电转换为测试系统所需的直流电供给数据采集器。测控计算机主机为工控机，内部基于 CPCI(compact peripheral component interconnect)总线，主要功能板卡包括 PCL-848A 接口板、信号变换板、测试控制板。PCL-848A 接口板是 GPIB 接口卡，通过 GPIB 电缆与数字多用表相连，完成模拟量测试；其通过 GPIB 电缆与计数器相连，完成数字量测试和相位差测试；其通过 GPIB 电缆与转台控制箱连接，实现对单轴转台的控制。信号变换板用于对测试信号进行变换和处理。测试控制板用于对测试流程进行控制。数据采集器主要包括三块多通道继电器板，其中 A_1 板通过计算机控制选择不同的通道来实现模拟量的测量，A_2、A_3 板通过计算机控制选择不同的通道来实现数字量的测量和相位差的测试。

被测对象速率陀螺电子箱和速率陀螺仪通过数据采集器后面板上的插座与速率陀螺自动测试系统相连。系统通过数据采集器给速率陀螺电子箱和速率陀螺仪供电并控制它们工作，速率陀螺电子箱和速率陀螺仪的工作信号先反馈给数据采集器，再通过数据采集器的采集处理传送给计算机完成系统的自动化测试工作。

2) 模拟量测量工作原理

系统中模拟量测量包括直流电压、交流电压、交流频率、陀螺电机自检信号频率。测量原理为：每块多通道继电器板有 16 路信号输入端，1 路信号输出端，由计算机控制多通道继电器板上继电器的闭合，选择不同的测试对象接到数字多用表的输入端，数字多用表具有标准的 GPIB 接口，计算机通过 GPIB 接口可以控制数字多用表选择不同的量程和测量功能，这样就由多通道继电器板、数字多用表和计算机构成一个模拟量自动化测试系统。

3) 交流 A、B 两相相位差测量工作原理

将 A_2、A_3 两块 PCLD-788 多通道继电器板的板地址码设置为一样的地址码，在两块板的相同通道分别接 A 相交流信号和 B 相交流信号，再将它们的输出端分别接到计数器的输入端，计数器具有标准的 GPIB 接口，计算机通过 GPIB 接口可以控制计数器选择测量相位的功能，这样就由多通道继电器板、计数器和计算机构成一个交流 A、B 两相的相位差自动化测试系统。

4) 脉冲时间间隔测量工作原理

脉冲时间间隔的被测对象是速率陀螺的数字量输出信号和数字量遥测信号，这一功能由计数器、多通道继电器板及计算机共同完成。数字量输出信号如图 6.35 的上图、中图所示，它是速率陀螺输出 M_A 与基准信号 M_0 之间的时间间隔。将 A_2、A_3 两块多通道继电器板的板地址码设置为相同的地址码，在两块板的相同通道分别接基准输出和数字量输出，再将它们的输出端分别接到计数器的输入端，计数器具有标准的 GPIB 接口，计算机通过 GPIB 接口可控制计数器选择测量功能，这样就由多通道继电器板、计数器和计算机构成一个脉冲时间间隔测量的自

动化测试系统。

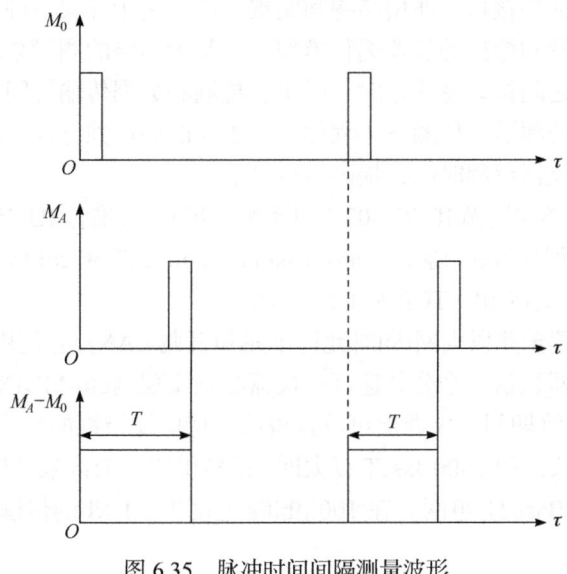

图 6.35 脉冲时间间隔测量波形

6.5 网络化测试总线

LXI(LAN extensions for instrumentation)的概念由 Agilent Technology 和 VXI Technology 于 2004 年联合推出，2005 年 LXI 标准 1.0 和 LXI 同步接口规范 1.0 发布。

LXI 是以太网技术在仪器领域的扩展，作为一种新型仪器总线技术，将目前非常成熟的以太网技术引入现代测试系统，以替代传统的仪器总线。LXI 总线具备以下特性：

(1) 具有局域网(local area network，LAN)的大吞吐量和组网优势。
(2) 融合了 GPIB 堆叠上架与 VXI、PXI 模块化的工作方式。
(3) 引入了 IEEE 1588 同步时钟协议。
(4) 具有硬件快速触发能力。

这些特性基于用户对仪器总线性能的需求而提出，可为测试和测量系统的实现提供更理想的解决方案。

6.5.1 LXI 总线概述

LXI 总线是近年来备受瞩目的新一代基于以太网的总线技术，融合了 GPIB 仪器的高性能，VXI、PXI 仪器的小体积以及 LAN 的高吞吐率，其目的是组建灵活、高效、可靠、模块化的测试平台。IVI 技术规范是 IVI 基金会在 VPP 规范基础上定义仪器的标准接口、通用结构和实现方法，用于开发一种可互换性好、性能高、更易于开发和维护的仪器编程模型。它基于网络的测量总线，解决了测试平台和测试设备之间接口总线定时、同步、控制和数据传输等问题，能够实现对分布式被测设备的测试。使测试工程师获得更高的硬件独立性，减少软件维护和支持费用，缩短仪器编程时间，提高运行性能。

所有的 LXI 必须遵循 IEEE 802.3 以太网标准接口(推荐 RJ-45 连接器)，至少支持传输控制协议/互联网协议(Transmission Control Protocol/Internet Protocol，TCP/IP)IPv4 版，支持 IP、TCP 和 UDP 信息。

LXI 标准推荐千兆以太网(同时允许十兆和百兆 LAN)。它使用自动握手协议，因此网络上的仪器默认一个公共速度；仪器必须实现 Auto-MDIX(自动感知 LAN 电缆极性)，在过渡期间，仪器上可放置说明支持电缆极性的标记。

LXI 规范建议使用 1000BaseT 以太网。仪器供应商最低限度提供 100Base2T，同时允许使用 10Base2T 组网。在 100Mbit/s 速度下，LXI 的传输速度比 GPIB 约快 10 倍。

LXI 必须通过用户显示器或安装在机箱的可视标识显示媒体访问控制地址。LXI 实现媒体检测，监视以太网连接的 IP 地址。网络控制器定时检查网络链路情况。若网络链路断开不到 20s，用户更换电缆，则 LXI 将回到链路断开前的地址；若网络链路断开 20s 以上，则 LXI 将认为用户永久断开，链路从网络消失。若该网络链路再接入网络，则网络控制器首先尝试启动原来网络链路的地址，若已被占用，则转到其他地址。LXI 规范还建议 LXI 具有媒体相关界面跨接(Auto 2MDIX)检测功能，避免跨接用电缆极性反向引起的故障。LXI 具有默认的自动协商机制，使网络运行在最高传输速度级别。为获得最大灵活性，LXI 支持以下三种 IP 地址配置：

(1) 动态主机配置协议(dynamic host configuration protocol，DHCP)选址，便于自动指派 IP 地址，适用于大型网络。

(2) 动态链路 IP 选址，适用于只有一台 PC 的小型网络。

(3) 手动 IP 选址，用户可设定默认地址。

另外，LXI 还可使用域名系统(domain-name system，DNS)的 IP 地址，该地址可不同于 DHCP 地址，获得更快速的 Web 浏览器访问。这些寻址规则保证了 LXI 在网络中的共存，而不要求用户做许多工作。

LXI 联盟将 LXI 分为以下三个等级：

(1) 等级 C，支持 IEEE 802.3 协议，具备 LAN 的程控能力，支持 IVI-COM 仪器驱动器，为"系统就绪"的仪器，这类仪器提供标准的 LAN 接口以及 Web 浏览器接口。

(2) 等级 B，拥有等级 C 的一切能力，并引入 IEEE 1588 同步时钟协议。

(3) 等级 A，拥有等级 B 的一切能力，同时具备硬件快速触发能力，触发性能与机箱式仪器底板触发相当。

6.5.2 LXI 总线的物理规范

LXI 总线的物理规范定义了仪器的机械、电气和环境标准，包括上架和非上架仪器。该规范兼容现存的 IEC 60297，可以支持传统的全宽上架仪器以及由各仪器厂商自定义的新型半宽上架仪器。同时，该规范还引入半宽上架仪器的上架规范，解决先前缺少规范引起的机械互操作性问题。

LXI 总线的物理规范包含以下四种类型仪器的界定：①非上架仪器；②符合 IEC 60297 标准的全宽上架仪器；③基于厂商自定义标准的半宽上架仪器；④基于 LXI 标准的半宽上架仪器。

1. 机械标准

1) IEC 全宽上架仪器

全宽上架仪器符合现存的 IEC 60297 标准，在设计仪器时应该遵循当前版本标准的相关部分设计。

2) 厂商自定义的半宽上架仪器

在用于半宽上架仪器的官方标准尚未发布时，已经有厂商提供这种类型的仪器，并且得到了广泛的应用。随着系统集成商和用户不断地把这类仪器成功应用于机架式环境中，厂商自定义的标准得到了确立。

半宽上架仪器应该遵循 IEC 标准中的基本尺寸规范，当加装合适的适配器组件时，可以装入全宽度的机架中。

为了在机械特性上保证与基于 LXI 标准的半宽上架仪器的互操作性，LXI 标准鼓励有关厂商开发适配器组件以满足该类仪器与 LXI 半宽上架仪器集成的需要，同时鼓励有关厂商参与互操作标准的制定。

3) LXI 标准定义的半宽上架仪器

(1) 机械尺寸。

LXI 标准定义的可上架、半宽上架仪器的尺寸如表 6.12 所示。

表 6.12 LXI 标准定义的可上架、半宽上架仪器的尺寸

规格参数	1U	2U	3U	4U
高/mm	43.69	88.14	132.59	177.04
面板宽/mm	215.9			
主体宽/mm	215.9			
总深	符合 IEC 标准			

规格参数	1U	2U	3U	4U
面板深/mm	32.0			
上轨道凹进值/mm	1.6			
下轨道凹进值/mm	4.0			

(2) 装配规范。

仪器厂商应该提供 LXI 半宽上架仪器之间的适配器，还应该提供 LXI 半宽上架仪器与传统半宽上架仪器的适配器。

(3) 冷却规范。

LXI 半宽上架仪器具有自我冷却功能。冷空气由仪器的两侧进入，再由仪器的后面板排出，气流也可以从前部进入仪器。

2. 电气标准

LXI 电气标准定义了电源供电、连接器、开关、指示器和相关组件的类型及位置。

(1) 安全性：LXI 应该遵守已有的市场安全标准[CSA(Canadian Standards Association)、EN(European Norm)、UL(Underwriter Laboratories)、IEC(International Electrotechnical Commission)]。

(2) 电磁兼容性：LXI 对高频信号具有屏蔽能力，其电磁兼容性、抗传导干扰、抗电磁干扰符合已有的市场标准。

(3) 电源输入：LXI 一般采用单相交流电供电，电压为 100~240V、频率为 47~66Hz。根据不同市场或应用场合的需要，可设计为直流供电(48V)、以太网供电以及两相或三相交流供电。

(4) 电源开关：可选，可安装在仪器后面板的右下角或者前面板。

(5) LAN 配置初始化(LAN configuration initialization，LCI)：LCI 激活时把网络设置还原为默认的出厂状态。为了防止误操作，LCI 应该用时延或机械方式加以保护。LCI 按钮以 LAN RST 或 LAN RESET 标记，一般位于仪器后面板，与电源开关在同一区域，在特定情况下也可位于前面板。对于工作在严酷环境下的 LXI 仪器，制造商提供 LCI 锁定机制(内部开关、跳线等形式)以防止对复位功能的随意使用。

(6) 电源线和连接器：交流或直流电源连接器位于后面板右侧，单相交流输入使用 IEC 320 型连接器，多相交流输入连接器应该兼容仪器的电磁兼容性和安全标准。

(7) 熔丝或过流保护：熔丝或过流保护装置可以集成到输入电源连接器中，或紧邻连接器配置。

(8) 接地：遵循市场标准。

(9) LAN 连接器：以太网的物理连接应兼容 IEEE 802.3 标准。连接器使用 RJ-45 型接头，若 RJ-45 型连接器不合适，则可选用 M12 型连接器，LAN 连接器位于仪器后面板右侧。对工作于恶劣条件下的仪器而言，应该使用屏蔽式的 CAT 5 电缆。

(10) LXI 硬件触发连接器：位于后面板右侧。连接器垂直或水平分布，垂直安装时中心到中心的最小距离为 11.05mm。LXI 还可以具备厂商自定义的触发接口。

(11) 信号 I/O 接口：一般位于仪器前面板，根据特定应用场合需求，接口也可以位于后面板。

3. 状态指示器

LXI 具有电源、LAN、IEEE 1588 等子系统的状态指示器。表 6.13 总结了各状态指示器的 LED 颜色、位置、方向和标识。

表 6.13 LXI 状态指示器

规格参数	电源指示器	LAN 状态指示器	IEEE 1588 时钟指示器
LED 颜色	双色(橘红/绿)	双色(红/绿)	双色(红/绿)
位置	前面板的左下角	紧邻电源指示器	紧邻 LAN 状态指示器
方向 (水平或垂直)	电源、LAN、IEEE 1588		
	IEEE 1588		
	LAN		
	电源		
标识	通用电源标识 或者 PWR、POWER	LAN	IEEE 1588

6.5.3 LXI 总线的触发机制

LXI 总线的触发是 LXI 标准的重要组成部分，把以太网通信、IEEE 1588 同步时钟协议和类似于 VXI 的底板触发能力很好地结合在一起，从而满足用户对实时测试的要求。

C 类 LXI 对触发没有特殊要求。它允许仪器厂商定义的特定硬件触发或基于

LAN 消息触发。LAN 触发即在 LAN 上发送消息，可以发送到指定的一台仪器(点对点)，也可以发送到所有仪器(组播)。点对点触发灵活方便，触发可由总线上任意 LXI 发起，并由任意其他仪器接收；组播触发类似于 GPIB 上的群触发，但这里 LXI 是在 LAN 上向所有其他仪器发送消息，这些仪器按照已编制的程序响应。点对点和组播消息本身是以太网标准的组成部分，但 LXI 实现了其在仪器触发中的应用。

B 类仪器的触发需要基于 LAN 消息和 IEEE 1588，即增加了 IEEE 1588 这种新型的触发方式。每一台 B 类仪器都包含一个内部时钟和 IEEE 1588。在 IEEE 1588 中，LXI 把它们的时钟与一个公共意义上的时间(网络中最精确的时钟)相同步。通过时钟同步，LXI 为所有事件和数据加盖时间戳，从而能在规定时间开始(或停止)测试和激励，同步它们的测量信号和输出信号，该协议适用于以网线相连的相距甚远的仪器。IEEE 1588 与基于 LAN 消息的触发相结合后，测试信息不需要实时计算机也可方便地同步，分布式实时系统的组建由此变得可行、易行。

A 类仪器增加了另一种触发，即 8 通道的多点低电压差分信号(multipoint low voltage differential signaling，M-LVDS)硬件触发线，它能以菊花链的方式连接相距很近的多台仪器，也可作星状连接或者是两者的组合，该触发总线能提供非常短的反应时间，是较 IEEE 1588 时基触发更为精确的触发方式。

6.5.4 应用实例：基于 LXI 的导弹通用测试系统

在对导弹武器装备进行保障的过程中，经常会出现多个系统同时进行测试的情况，若分别开展测试任务，容易造成人力和测试资源的浪费。LXI 总线的特点决定了其在多任务并行的情况下，具有先天性优势。下面以基于 LXI 的导弹通用测试系统为例进行介绍。

1. 基于 LXI 的导弹通用测试系统总体架构

在利用 LXI 构建分布式导弹测试系统时，可同时构成分布式控制系统和远程控制系统，这是由 LXI 总线技术的特点决定的，在构建多任务并行的测试系统时，主要体现的是分布式、模块化的特点。该系统的总体架构图如图 6.36 所示。

基于 LXI 总线的分布式导弹测试系统可分为前端和后端两部分，即内部的控制网以及与 Internet 相连的远程控制网。内部网基于 LXI 网络系统构建，具体组成包括主控机、LXI 网络及 LXI 模块，LXI 网络把信号激励、数据采集、通路控制等功能下放到现场，依托各种功能的 LXI 模块实现基本的控制功能，导弹分布式测试系统的构建主要基于内部网。

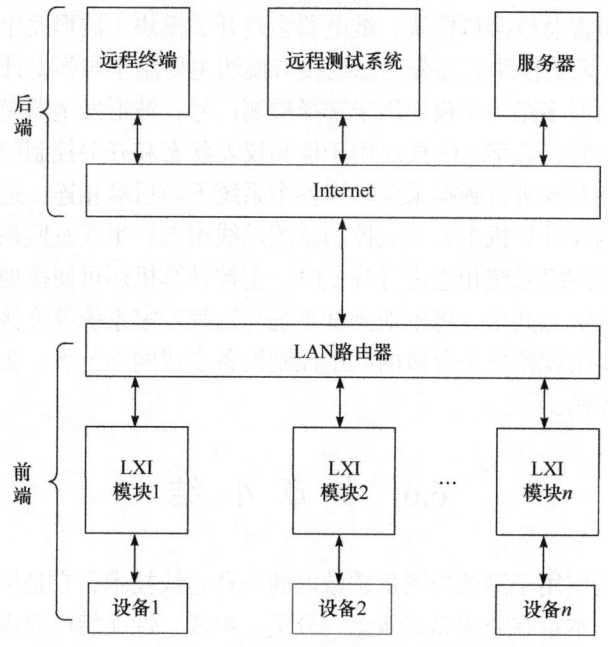

图 6.36 基于 LXI 的分布式导弹测试系统总体架构图

2. 基于 LXI 的导弹通用测试系统测试原理

导弹测试系统基本组成结构图如图 6.37 所示。对于某个单独的导弹测试系统，

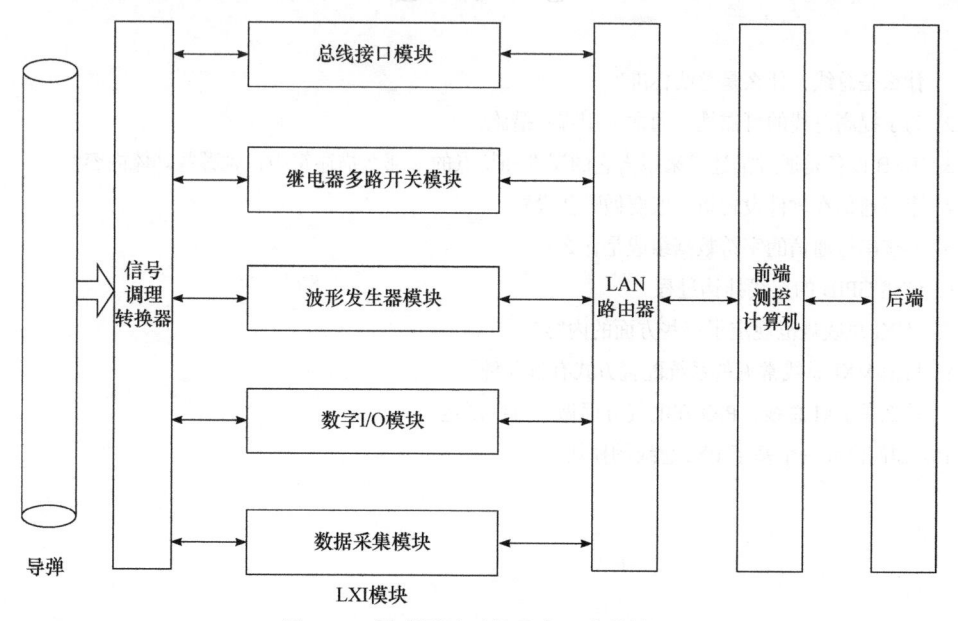

图 6.37 导弹测试系统基本组成结构图

LXI 模块基本包含总线接口模块、继电器多路开关模块、波形发生器模块、数字 I/O 模块、数据采集模块五部分。总线接口模块主要用于与弹上计算机进行数据交互通信；继电器多路开关模块用于选择被测信号；波形发生器模块用来为测试系统提供激励信号；数字 I/O 模块用于检测仪器状态和开关控制信号；数据采集模块用来对被测对象进行数据采集。当各个系统不与后端相连，进行相对独立的测试时，前端测控计算机主要完成控制系统总线组态、生成及监控的任务。当武器系统在与后端网络系统相连进行测试时，主控计算机还可便捷地访问远程网络和数据库，实现资源共享，将本地测试系统与远程专家系统等连接起来，在这种情况下，LXI 网络就把单个分散的测量控制设备变成网络节点，实现对被测设备的远程监视和控制。

6.6 本章小结

测试总线是应用于测试与测量领域内的一种总线技术，它是构成一个现代测试系统的核心。本章在介绍总线概念、分类、组成、性能指标等内容的基础上，重点讲述了串行总线接口(RS-232C、RS-422/RS-485 和 MIL-STD-1553)和 GPIB、VXI、PXI 以及 LXI 总线接口等基础知识，为现代测试系统搭建提供了支撑。

思 考 题

1. 什么是总线？什么是总线标准？
2. 为了提高总线的可靠性，通常采用哪些措施？
3. USB 设备是通过描述符来报告它的属性和特点的，那么描述符中包含哪些具体内容？
4. 串行通信在软件设置里一般要做哪些设置？
5. 异步串行通信的字符数据组成是什么？
6. 试述 GPIB 的三线挂钩过程。
7. VXI 总线规范规定了哪些方面的内容？
8. 目前 VXI 总线常见的系统配置方式有哪几种？
9. 什么是 PXI 总线？PXI 在电气方面做了哪些规定？
10. 如何设计一个基于 PXI 总线的模块？

第7章 虚拟仪器测试技术

随着微电子技术、计算机技术、软件技术、通信技术、现代测量技术的发展，特别是20世纪80年代中期以来，测试理论和测试方法的理论不断突破，一种崭新的测试及仪器技术——虚拟仪器测试技术展现在人们面前。最早由美国NI公司提出的VI概念，引发了传统仪器领域的一场重大变革，使得计算机和网络技术得以应用到仪器领域，并有效地和仪器技术结合，极大地丰富了测试仪器的功能，带动了测试技术的发展。

7.1 虚拟仪器概述

7.1.1 虚拟仪器内涵与系统组成

测试仪器通常包含三个过程：首先是数据的采集；其次是数据的分析处理；最后是结果的显示和记录。传统仪器设备通常是以某一特定的测量对象为目标，把以上三个过程组合在一起，实现性能、范围相对固定，功能、对象相对单一的测试功能。虚拟仪器则是利用计算机显示器功能来模拟传统仪器的控制面板，以多种形式表达输出检测结果；利用计算机强大的软件功能实现信号数据的运算、分析和处理；利用I/O接口设备完成信号的采集、测量与调试，从而完成各种测试功能。操作者使用鼠标、键盘或触控屏来操作虚拟面板，就如同使用一台专用测量仪器一样。将虚拟仪器与工业计算机结合在一起，用以替代传统的仪器设备，或者利用软件和硬件与传统仪器设备相连接，通过通信方式采集、分析及显示数据，监视和控制测试与生产过程。因此，虚拟仪器实际上就是基于计算机的新型测量与自动化系统。虚拟仪器与传统仪器的关系如图7.1所示。

虚拟仪器是计算机化仪器，由计算机、信号测量硬件模块和应用软件三大部分组成。美国NI公司提出的计算机虚拟仪器如图7.2所示。硬件功能模块根据信号测量的需求不同，可包括数据采集卡及GPIB、VXI、PXI、LXI、CAN等总线模块仪器。任何一种硬件功能模块，要与计算机进行通信，都需要在计算机中安装该硬件功能模块的驱动程序(就如同在计算机中安装声卡、显示卡和网卡)，仪器硬件驱动程序使用户不必了解详细的硬件控制原理和了解 GPIB、VXI、DAQ(data acquisition)、RS-232C 等通信协议就可以实现对特定仪器硬件的使用、控制与通信。驱动程序通常由硬件功能模块的生产商提供并随硬件功能模块一起提供。"软件即仪器",应用软件是虚拟仪器的核心。一般虚拟仪器硬件功能模块生产商会提供虚拟示波器、数字万用表(digital measurement meter,DMM)、逻辑分析仪等常用虚拟仪器应用程序。对于用户的特殊应用需求,可以利用LabVIEW、Agilent VEE等虚拟仪器开发软件平台来开发。

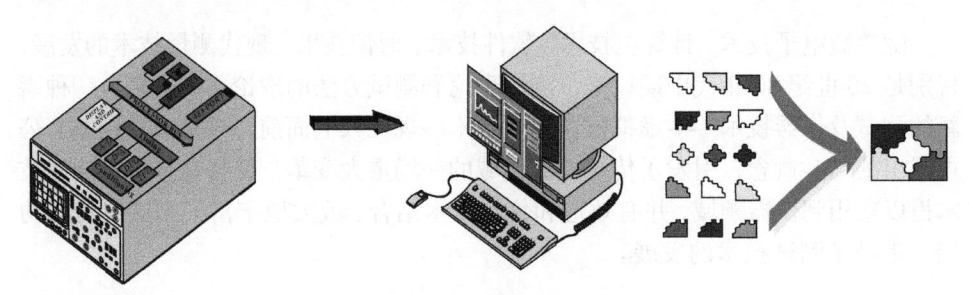

图 7.1 虚拟仪器与传统仪器的关系

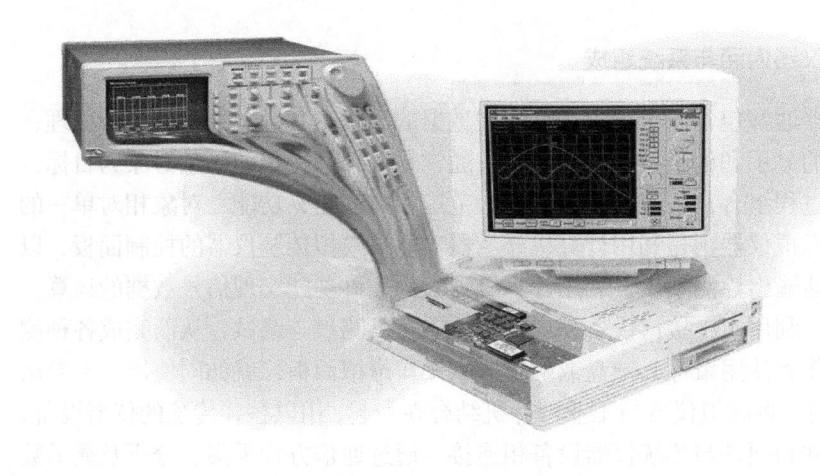

图 7.2 计算机虚拟仪器

虚拟仪器测试系统是测控系统的抽象。不论是传统仪器还是虚拟仪器,其功能都相同:采集数据,分析处理数据,显示处理结果。它们之间的不同主要体现在灵活性方面:虚拟仪器由用户自己定义,这意味着可以自由组合计算机平台的硬件、软件和各种完成应用系统所需要的附件,而这种灵活性是供应商定义、功能固定独立的传统仪器所达不到的。

虚拟仪器的突出优点在于将仪器技术和计算机技术相结合,从而开拓了更多的功能,具有很大的灵活性[42]。虚拟仪器的设备利用率高、维修费用低,因此能够获得较高的经济效益。用户购买了这种虚拟仪器，就不必再担心仪器会永远保持出厂时既定的功能模式，用户可以根据实际生产环境变化的需要，通过对软件的不同应用，来拓展虚拟仪器功能，以便适应实际生产的需要。虚拟仪器的另外一个突出优点是能够和网络技术结合，能够通过网络借助对象链接与嵌入(object link and embedding，OLE)、动态数据交换(dynamic data exchange，DDE)技术与网络连接，与外界进行数据通信，将虚拟仪器实时测量的数据输送到网络。

虚拟仪器测试技术是由计算机技术、测量技术和微电子技术高速发展而孕育出的一种技术，用户通过计算机平台根据测试任务的需要来定义和设计仪器的测试功能，其实质是充分利用计算机来实现和扩展传统仪器功能[43]。只有同时拥有高效的软件、模块化 I/O 硬件和用于集成的软、硬件平台这三大组成部分，才能充分发挥虚拟仪器测试技术性能高、扩展性强、开发时间短及无缝集成这四大优势。早期的虚拟仪器测试技术主要用于军事、航空、航天等领域，现在已经越来越多地出现在民用场合。

7.1.2　虚拟仪器硬件构成

虚拟仪器的硬件结构如图 7.3 所示，包括计算机硬件平台和测控功能平台，主要完成被测信号的采集、传输、存储处理和输入输出等工作。计算机硬件平台是各种类型的计算机，如 PC、便携式计算机、工作站、嵌入式计算机、工控机等。测控功能平台是虚拟仪器的软硬件资源。计算机用于管理虚拟仪器的软硬件资源，是虚拟仪器的硬件基础和核心。

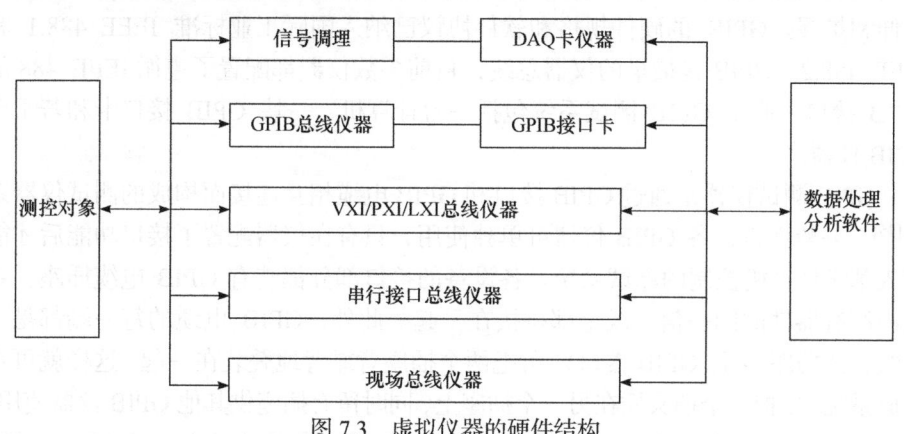

图 7.3　虚拟仪器的硬件结构

按照测控功能平台的硬件不同，虚拟仪器可分为 DAQ 卡仪器、GPIB 仪器、VXI 总线仪器、PXI 总线仪器、LXI 总线仪器、串行接口总线仪器、现场总线仪器等[44]。

1. 基于数据采集卡的虚拟仪器

基于 PCI 总线的数据采集卡构成的虚拟仪器是最基本的虚拟仪器系统，结构如图 7.4 所示。

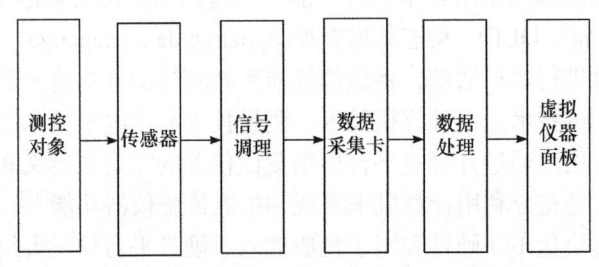

测控对象 → 传感器 → 信号调理 → 数据采集卡 → 数据处理 → 虚拟仪器面板

图 7.4　基于数据采集卡的虚拟仪器结构

上述系统采用计算机本身的 PCI 总线，将数据采集卡插入 PCI 总线插槽中，通过 A/D 转换，可采集模拟信号并输入计算机进行数据处理、分析及显示，根据需要还可加入信号调理和实时数字信号处理等硬件模块。基于上述结构的虚拟仪器，既可享有计算机所固有的智能资源，具有高档仪器的测量品质，又能满足测量需求的多样性。对大多数用户而言，上述方案实用，并且具有很高的性价比，是一种特别适合于一般用户的虚拟仪器方案。

2. 基于 GPIB 方式的虚拟仪器

GPIB 是由美国 HP 公司制定的总线标准，是传统测试仪器在数字接口方面的延伸和扩展。GPIB 的硬件规格和软件协议已纳入国际工业标准 IEEE 488.1 和 IEEE 488.2。GPIB 是最早的仪器总线，目前多数仪器都配置了遵循 IEEE 488 的 GPIB 接口。典型 GPIB 测试系统包括一台计算机、一块 GPIB 接口卡和若干台 GPIB 仪器。

GPIB 测试仪器是通过 GPIB 接口和 GPIB 电缆相互连接而构成的测试仪器系统[45]。一般而言，各 GPIB 仪器可单独使用，只有在仪器配置了接口功能后才能接入基于计算机控制的测试系统。各设备的接口部分都装有 GPIB 电缆插座，系统内所有器件的同一信号线全部拼接在一起。此外，GPIB 电缆的每一端都是一个组合式插座(又称 GPIB 接口)，可把两个插座背靠背地叠装在一起，这样就可在连成系统时，把一个插头插在另一个插座上，同时留有插座供其他 GPIB 仪器使用，如图 7.5 所示。任何一个 GPIB 仪器，只要在其 GPIB 插座上插上一条 GPIB 电缆，并把电缆另一头插在系统中的任意一个插座上，这台仪器就接入了测试系统中。一般情况下，系统中的 GPIB 电缆总长度不应超过 20m，过长的传输距离会使信噪比下降，电缆中的电抗性分布参数也会对信号波形和传输质量产生不利影响。

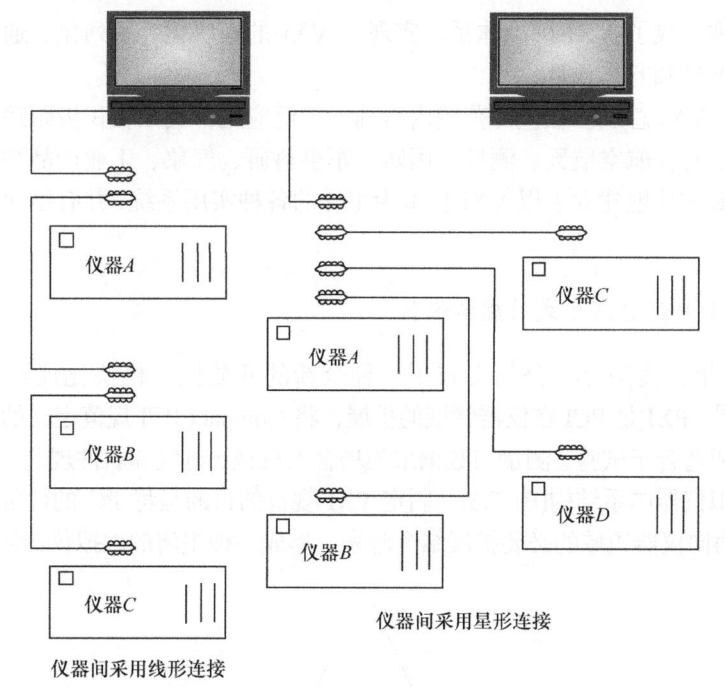

仪器间采用线形连接　　　　　仪器间采用星形连接

图 7.5　基于 GPIB 方式的虚拟仪器结构

GPIB 设备与计算机组成的虚拟仪器系统，一般采用线形连接和星形连接，如图 7.5 所示。每台 GPIB 仪器都有单独的地址，由计算机控制操作。系统中仪器的增加、减少或更换，可通过修改计算机的控制软件予以实现。上述思想已被应用于仪器内部设计。在价格上，GPIB 仪器覆盖了从比较便宜到非常昂贵的范围。由于 GPIB 数据传输速率一般低于 500kbit/s，不适合对速度要求较高的应用，因此应用上受到了一定限制。

3. 基于 VXI 总线方式的虚拟仪器

VXI 总线是 VME 总线在仪器领域的扩展，是计算机操纵的模块化自动仪器系统。VXI 总线开放的体系结构和即插即用方式完全符合信息产品的要求。目前，VXI 总线仪器和系统已被普遍接受，并成为仪器系统发展的主流。VXI 系统最多可包含 256 个装置，主要由主机箱、零槽控制器、具有多种功能的模块仪器和驱动软件、系统应用软件等组成。系统中各功能模块可按需要更换，组成新系统。

目前，国际上有两个 VXI 总线组织：一个是 VXI 联盟，负责制定 VXI 的硬件标准规范；另一个是 VXI 总线即插即用系统联盟，旨在通过制定一系列 VXI 的软件标准来提供一个开放性的系统结构，真正实现 VXI 总线产品的即插即用。

这两套标准组成了 VXI 标准体系，实现了 VXI 的模块化、系列化、通用化以及 VXI 的互换性和互操作性。

目前，VXI 总线已在世界范围内得到了广泛应用，我国在积极跟踪这一技术的基础上，已在航空航天、测控、国防、军事科研、气象、工业产品测试和标准计量等领域成功地建立了以 VXI 技术为主导的各种实用系统，并有迅速普及应用的趋势。

4. 基于 PXI 总线方式的虚拟仪器

1997 年，美国 NI 公司发布了一种全新的开放性、模块化仪器总线规范——PXI[47]。PXI 是 PCI 在仪器领域的扩展，将 Compact PCI 规范定义的 PCI 总线技术发展成适合于试验、测量与数据采集场合的机械、电气和软件规范，从而形成了新的虚拟仪器体系结构(图 7.6)。制定 PXI 规范的目的是将 PC 的性价比优势与 PCI 总线面向仪器领域的必要扩展结合起来，形成一种主流的虚拟仪器测试平台。

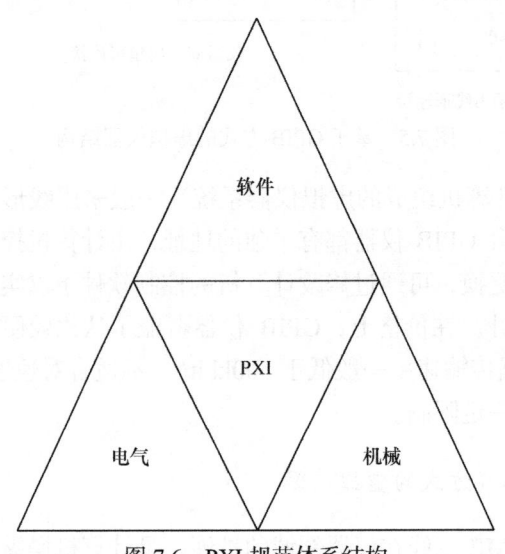

图 7.6 PXI 规范体系结构

PXI 结构类似于 PCI 结构，但其设备成本更低、运行速度更快、体积更紧凑。目前，基于 PCI 总线的软硬件均可应用于 PXI 系统中，从而使 PXI 系统具有良好的兼容性。PXI 还具有高度的可扩展性，它有 8 个扩展槽，而 PCI 系统只有 3 或 4 个扩展槽。PXI 系统通过使用 PCI-PCI 桥接器，可扩展到 256 个扩展槽。PXI 总线的传输速率已经达到 132Mbit/s(最高为 500Mbit/s)，是目前已经发布的最高传输速率。因此，基于 PXI 总线的硬件仪器得到了越来越广泛的应用。

7.1.3 虚拟仪器软件系统

虚拟仪器发展的主要目标是建立在最新商品化硬件和软件平台上的开放性通用测试系统，进一步降低测试系统研制和维护费用[48]。在推进测试系统开发性、标准化技术发展的进程中，新的测试软件标准、先进的测试软件开发环境、测试性理论的发展和故障诊断与人工智能技术的广泛应用已经成为该领域最活跃、发展最迅速的技术标志。

软件在现代测试系统中占有很重要的位置，提高软件编程效率是非常重要的。实现高效率编程的关键一步是选择面向工程技术人员且移植性好的软件开发平台。目前，市场上可选择的软件开发工具比较多[31,32]。例如，Agilent 公司的 VEE，NI 公司的 LabVIEW、LabWindows/CVI、TestStand，微软公司的 VC++、VB，TYX 公司的 PAWS，北京航天测控技术开发公司的虚拟仪器测试环境(virtual instruments test environment，VITE)和数据采集工作站(data acquisition studio，DAS)等。这些工具中，按照面向测试开发进行分类，有 Agilent VEE、LabVIEW、LabWindows/CVI、TestStand、VC++、VB 等，它们需要运用丰富的编程经验来开发；按照面向图形的 G 语言(graphics language)进行分类，有 Agilent VEE、LabVIEW 等；按照面向测试语言进行分类，有 PAWS、VITE 等；按照面向测试应用进行分类，有 VITE 等。

目前，国际、国内应用比较成熟的平台软件主要有 LabVIEW、Measurement Studio、LabWindows/CVI、VC++、VB 和 Agilent VEE[33]。

1. LabVIEW

LabVIEW 是一种基于 G 语言的虚拟仪器软件开发工具。LabVIEW 是一种集数据采集、仪器控制、测量分析和数据显示功能于一身的图形化开发环境，使用者无须使用复杂的传统开发环境即可享用强大的编程语言带来的灵活性，在同一环境下就可以使用广泛的采集、分析和显示功能。在该软件平台下，开发者可根据自己的选择开发一个完整的解决方案。

虚拟仪器旨在使用户可以根据计算机集成软件和广泛的测量硬件来定义自己的解决方案。通过 LabVIEW，可将标准计算技术和高性价比硬件定义成完整的自动测量系统。通过基于 LabVIEW 的解决方案，可连接不同数量的硬件采集数据，定义应用，利用采集的数据进行分析或判断，继而将数据输出给图形用户接口、网页、数据库或其他形式的应用软件。

LabVIEW 是专为测量和自动化应用设计的图形化开发环境。图形化开发环境使用户可将主要精力放在测试方案的解决上，而忽略软件技术细节的实现。这样即使是没有经过计算机专业学习的用户，也可方便、快捷地搭建测试系统。

1) 特点

(1) 为测量、控制和自动化设计的开发环境。

与其他通用编程语言不同，LabVIEW 提供的功能是专为测量、控制和自动化应用量身订制的，可加速开发过程。从内置分析功能到连接广泛的 I/O 接口，LabVIEW 提供的是快速创建测试和测量、数据采集、嵌入控制、科学分析与过程监控系统。

(2) 具有直观的图形化开发环境。

LabVIEW 图形化开发环境提供了强大的工具，使用户可在不写任何文字代码的情况下创建应用程序。用户可拖放构造好的对象来快速而简单地为应用创建用户接口。通过组合方块图来定制系统功能，对工程师来说，是一种很自然的设计符号。

(3) 与众多仪器和测量设备紧密结合。

LabVIEW 可与测量硬件无缝连接，用户可快速设置和使用任何测量设备，包括从单机仪器到数据采集设备插件、运动控制器、图像采集系统、可编程逻辑控制器的所有功能，而且 LabVIEW 还可以使用成百个厂商提供的 1000 多个仪器库。

(4) 与其他应用开放式连接。

在 LabVIEW 下，用户可连接到其他应用，而且可通过 ActiveX、网络、动态链接库、共享库、结构查询语言(structure query language，SQL)、TCP/IP、可扩展标记语言(extensible markup language，XML)、OPC(object linking and embedding for process control)、无线通信以及其他途径来共享数据。LabVIEW 的开放式连接使得用户可创建开放的、灵活的应用，并可与用户所在单位内的其他应用通信。

(5) 编译优化系统性能。

通过内置编译器产生优化的代码，LabVIEW 提供的执行速度可与经编译的 C 程序相媲美。在 LabVIEW 下，用户可开发跨越 Windows、Macintosh、Unix 或实时系统等多种平台的系统。

2) 用途

LabVIEW 是一种工业标准的图形化开发环境，可在不写任何代码的情况下采集、分析、显示数据，在不牺牲性能的情况下提高开发效率。LabVIEW 为用户的应用开发提供了数据采集、仪器控制、分析能力、可视化与报表产生、实时与嵌入控制、监视等功能。用户在操作界面下，通过拖拉代表仪器以及相关控件的图标进行必要的通路连接，即可创建图形化程序。每一个测试(执行)功能都可作为一个单独的文件而插入，可避免文件过于庞大。在各个文件中，可方便地调用其他文件中已定义好的功能。

3) 兼容性

LabVIEW 开发环境允许导入 LabWindows/CVI 编写的功能函数文件，避免了 LabWindows/CVI 向 LabVIEW 移植时重复编程。

2. Measurement Studio

Measurement Studio 是一种集成开发工具，可作为一个测量插件工具，方便插入 VC++、LabWindows/CVI 等编程工具中。通过该平台可进行多功能硬件集成，使用其强大的数据分析算法和易用的网络架构能快速实现用户自己的系统。

Measurement Studio 搭起了仪器需求、软件开发与测试应用之间的桥梁，允许用户在熟悉的编程语言，如 VB、VC++、Visual Studio.NET 下进行开发。对希望在原使用软件基础上直接使用现成的测量插件的用户来说，Measurement Studio 是很好的选择。当用户使用熟悉的 LabWindows/ CVI 或 VC++、VB 时，通过项目向导或直接在工具箱中拾取可用的控件，达到节约开发时间和简化开发的目的。

1) 特点

(1) 灵活。

Measurement Studio 提供的工具可方便地插入各种语言开发环境中，用户可选择最适合的语言，使用 Measurement Studio 提供的工具开发测试程序。

(2) 精确。

Measurement Studio 包含了测试所必需的基础测量控件。在 Measurement Studio 下，用户可直接使用控件来简化编程工作。Measurement Studio 提供的测量控件能帮助用户发布低成本、高性能的解决方案。

(3) 省时。

测试工程师可利用 Measurement Studio 的成熟代码模块来快速建造测试系统。这样，可将精力集中在代码可重用性上，以便进行快速、可靠的软件开发。

(4) 简化代码。

用户可利用 Measurement Studio 提供的工具，开发先进的用户接口程序，用于 Web 扩展应用和创建连接到信息系统的应用。在 Measurement Studio 强大的功能导引下，用户可开发多文档接口的应用，同时执行不同的测量任务，并将测量数据发布到互联网上或为共用数据库添加可浏览、分析的测试数据。

2) 用途

为简化在 VC++的测量软件开发，Measurement Studio 在软件基础类库向导下集成了应用程序向导。用户根据需要选择要加入项目中的测量功能和应用程序类别，向导就会自动生成具备所需控件的工程项目。

(1) 专业测量用户接口数据显示。

测量软件需要实时的二维图形、三维图形、旋钮、仪表表头或更多的显示形式，Measurement Studio 提供了灵活的测量显示控件，以简化开发、节约时间。在程序执行过程中，可通过程序灵活地修改每个控件的属性。

(2) 易于优化现场数据的网络传输。

使用 Data Socket 类，可方便地进行测量数据与众多的接口协议(如 OPC(OLE for Process Control)、超文本传送协议、文件传输协议等)的通信。Data Socket 可跨越包括互联网在内的任何网络。应用客户/服务架构，可优化网络数据传输，使用户通过互联网与现场数据交互成为现实，用户可在世界上任何地方查看测试信息或控制自己的系统。

(3) 数据采集和仪器控制。

通过 Measurement Studio 的硬件接口类，用户可以将自己的应用连接到外部世界。使用 C++类与可互换的虚拟仪器通信，可降低代码对硬件的依赖。此外，还可通过 NI-488.2(GPIB)库在仪器之间发送、接收命令，或通过 NI-VISA、工业标准 I/O 库与仪器通信。通过 VISA 可以使用同一类库控制 GPIB、VXI、PXI、串行接口或以太网设备。

(4) 分析。

Measurement Studio 包含强大的、广泛的、可在 VC++中使用的数据分析功能包。使用滤波窗口、数据滤波器、频域变换或测量功能可给信号设置条件和进行转换。在分析程序下，用户可将原始数据转换成有意义的信息，来建造强大的虚拟仪器。

3) 兼容性

(1) 对 VB 的支持。

Measurement Studio 为 VB 用户提供了专门设计的控件，扩展 VB 在仪器和数据采集板硬件接口、科学分析、可视化、网络连接等方面的功能。用户可在 VB 或其他 ActiveX 控件容器中创建自己的虚拟仪器系统。在 Measurement Studio 下，用户可在属性页中设置数据采集插件、GPIB 仪器、串行接口设备而无须编写代码。使用用户接口控件，用户可设置实时的二维图形、三维图形、旋钮、仪表、刻度指针、容器、温度计、二进制开关和 LED，甚至通过互联网在各种应用中共享现场数据。

(2) 对 VC++的支持。

Measurement Studio 可将测量与自动化能力带入 VC++中。Measurement Studio 发布的一种交互式设计，满足了在 VC++中进行测量与自动化系统开发的需求。所有支持 VC++的工具都集成在开发环境中，如同使用微软的工具一样，包括 VC++向导和 C++测量应用类库。

类库是向 C++用户提供功能的较为直观的形式。Measurement Studio 定义的数据类型简化了测量应用的 C++编程，而且在不同的类库之间均可使用。

Measurement Studio 定义的类库可与微软基础类库一同使用。根据类库，用户使用 Measurement Studio 向导，可快速地开始和完成自己的测量应用开发。向导根据用户的要求创建项目，项目中包含用于设计应用的代码模板和测量工具。连接测量类与接口控件的是数据对象类，数据对象类封装、传递从采集到分析直至显示的数据。

(3) 与 LabWindows/CVI 的兼容性。

LabWindows/CVI 是纯 ANSI C(由美国国家标准协会制定的 C 语言标准)开发环境，包括内置的采集、分析和可视化库，可用来创建虚拟仪器应用。LabWindows/CVI 包含在 Measurement Studio 企业版中，为 Measurement Studio 增添了更多的灵活性，完善了软件解决方案。

3. LabWindows/CVI

LabWindows/CVI 是基于 ANSI C 的用于测试、测量和控制的开发环境。它具有先进的 ActiveX 和多线程能力，内置的测量库支持多种形式的 I/O，具有分析、显示能力，提供交互式用户接口、仪器驱动和代码生成等功能。

1) 特点

LabWindows/CVI 集成开发环境的特色是代码生成工具和快速、易于 C 语言代码开发的原型工具，既提供了独特的、交互式 ANSI C 环境，充分发挥了 C 语言的强大功能，又具有 VB 的易用性。LabWindows/CVI 是一种用于开发测量应用的编程环境，提供一个仪器控制、数据采集、分析和用户接口实时库。LabWindows/CVI 具有的许多特性，使其在测量应用开发中易于在传统 C 语言环境中进行。

LabWindows/CVI 具有以下特性，满足创建高性能系统的设计要求：①创建与发行速度快；②开发与调试多线程，用户接口开发可拖放；③C 语言开发环境快速、易用，与 ANSI C 兼容；④集成 DLL、OBJ 和 LIB 自动代码生成工具，仪器驱动，代码可重用；⑤内置仪器库(GPIB、DAQ、分析和更多其他库)和基于仪器的用户接口控件(图形、旋钮和更多其他控件)。

2) 用途

通过 LabWindows/CVI ActiveX 控制器向导，可从任何已注册服务器下获得功能面板。在自定义用户接口中也可包含 ActiveX 控件，以创建先进的、结合其他经验的应用。向导还包括创建自定义 ActiveX 服务器的能力，可用来打包用户应用程序或测试模块，以便于其他开发人员在不同的开发环境中找到并使用它。

在 LabWindows/CVI 下，用户可用内置的包含大量简化多线程编程的应用库来创建、调试多线程应用。LabWindows/CVI 开发环境还提供了全套多线程调试能力，例如，可在任意线程中设置断点和在程序挂起时查看每个线程的状态。LabWindows/CVI 包含的每个库都是多线程安全。当用户结束应用开发时，可通过单击鼠标创建可执行文件或动态链接库，将自己的仪器代码加入外部开发工具或应用中，如 LabVIEW、VB 或其他 C/C++开发环境；也可使用创建发行包这一工具将代码打包，将代码发行到目标机器上。

另外，美国NI公司还提供了以下一些可添加(add-on)软件，来扩展LabWindows/CVI 的功能。

(1) 视觉与图像处理软件。

视觉与图像处理软件包括 IMAQ Vision(视觉功能库)、IMAQ 视觉创建工具和用于视觉应用开发的交互式环境。视觉与图像处理软件是为创建机构视觉和科学成像应用的科研人员和技术人员开发的。IMAQ 视觉创建包是为不需要编程而能快速创建视觉应用原型的开发人员开发的。视觉与图像处理软件和 LabWindows/CVI 兼容。

(2) IVI 驱动工具包。

仪器驱动是测试系统中的重要组成部分，它在系统中执行实际仪器的通信与控制。仪器驱动提供高层的、易于使用的编程模型。IVI 驱动工具包通过直观的应用程序接口(application programming interface，API)来获得仪器复杂测量的能力，并可以发行模块化控件或者市场上买得到的控件，应用在自己的测试系统中。IVI 驱动工具包与 LabWindows/CVI 兼容。

(3) PID 控制工具包。

比例积分微分(proportional-integral-differential，PID)控制工具包为LabWindows/CVI 增加了科学的控制算法库。使用此工具包可快速地为自己的控制应用创建数据采集和控制系统。此工具包与 LabWindows/ CVI 是兼容的。

3) 兼容性

用 LabWindows/CVI 编写的应用可与 LabVIEW 的应用进行通信，通常的途径是首先把模块编译成动态链接库的形式，然后在 LabVIEW 应用中调用。LabWindows/ CVI 还支持与 VC++、Borland C 之间彼此调用动态链接库。

4. VC ++

随着计算机技术的发展，可视化编程技术得到了广泛关注，从而出现了一些可视化开发环境。直接面向对象的可视化编程技术受到了广大计算机专业人员的喜爱，越来越多的程序员开始研究和应用可视化编程技术。

VC++是一个可视化的、支持 C++的集成开发环境。VC++开发环境由 Visual Studio 的一些集成工具组成，包括文本编辑器(text editor)、资源编辑器(resource editor)、项目建立工具(project build faculties)、优化编译器(optimizing compiler)、

增量链接器(incremental linker)、源代码浏览器(source code browser)、集成调试器(integrated debugger)和图形浏览器(graphics browser)等。

VC++具有如下特点：

(1) 面向对象的可视化开发大大简化了程序员的编程工作，提高了模块的可重用性和开发效率。用户可简单而容易地使用C/C++进行编程。

(2) 众多开发商支持微软基础类库。由于众多开发商都采用VC++进行软件开发，VC++开发的程序就与别的应用软件有许多相似之处，易于学习和使用。

(3) VC++封装了Windows的API函数，隐去了创建、维护窗口的许多复杂的例行工作，从而简化了编程过程。

(4) C/C++语言是一种中级语言，在实现大规模、高强度的算法时更有优势。利用现有系统进行测量处理时需要实现一些复杂度较高的算法，使用C/C++语言能够保证算法的效率，而VC++就有一个效率比较高的C/C++编译器。VC++并不是一个专门的面向对象的开发平台，在VC++上可以进行C语言的开发，也可以进行面向对象的C++程序开发。

(5) VC++不仅具有一个较好的C/C++编译器，还包含了源程序编辑器、各种资源(对话框、菜单、串、图像、图标、快捷键)编辑器、强大的调试工具和完善的帮助系统。其完善的集成开发环境比其他开发平台具有优越性。

(6) 为解决Win32平台应用程序的界面开发问题，VC++提供了微软基础类库。使用该类库将大大减少界面开发问题，能使程序员从原来使用Windows SDK进行界面设计的烦琐工作中解脱出来，从而集中精力进行程序功能和程序算法的工作。

(7) 对原来的Windows SDK函数进行全面的类封装，使开发者能够更方便、更简单地对Win32应用程序进行各方面的控制。微软基础类库几乎包含了Win32系统机制的各个方面。

(8) VC++采用了消息映射机制来代替原来的消息循环机制，大大简化了程序结构，使处理消息、控制程序流程、实现用户界面互操作变得更加容易。

5. VB

VB是在Windows操作平台下设计应用程序的最迅速、最简捷的工具之一。VB提供了一整套工具，不论初学者还是专业开发人员，都可以轻松、方便地开发应用程序[49]。因此，VB一直作为大多数计算机初学者的首选入门编程语言。VB是微软公司提供的一种通用程序设计语言，其通用性表现在：包含Microsoft Office系列的Microsoft Excel、Microsoft Access等众多Windows应用软件中的Visual Basic for Applications使用VB语言，以供用户进行二次开发；目前制作网页使用较多的Visual Basic Script脚本语言也是VB的子集，利用VB的数据访问特性，用户可创建各种数据库及其前端应用程序。利用 ActiveX 技术，VB 可使用如 Microsoft Word、Microsoft Excel 及其他 Windows 应用程序提供的功能，甚至可以直接使用由 VB 专业版或企业版创建的应用程序和对象。用户最终创建的程序是一个真正的.exe 文件，可自由发布。

VB 有学习版、专业版和企业版，每个版本都是为特定的开发需求而设计的，开发者可根据实际需要购买相应版本的软件。学习版可使编程人员很容易地开发出 Windows 的应用程序；专业版为专业编程人员提供了功能完备的开发工具，包含了学习版的所有功能；企业版允许专业人员以小组的形式，创建强大的分布式应用程序。

VB 是一种可视化的、面向对象和采用事件驱动方式的结构化高级程序设计语言，使用 Windows 内部的应用程序接口函数以及动态链接库、动态数据交换、对象的链接与嵌入、开放式数据库连接等技术，可以高效、快速地开发出 Windows 环境下功能强大、图形界面丰富的应用软件系统。

VB 具有以下特点：

(1) 可视化编程。传统程序设计语言通过编程代码来设计用户界面，开发者在设计过程中看不到界面的实际显示效果，只有等到编译后运行程序时才能查看，若要修改界面效果，还要回到程序中，从而影响了软件开发效率。VB 提供了可视化设计工具，开发者只需要按设计要求进行屏幕布局，用系统提供的工具，在屏幕上绘制各种"部件"——图形对象，并设置这些图形对象的属性即可。"所见即所得"的方式极大地方便了界面设计。

(2) 面向对象的程序设计。VB 具有面向对象的程序设计语言的一些特点，但其与 Java、C++等程序设计语言不完全相同。后者的对象由程序代码和数据组成，是抽象的概念，而 VB 则把程序和数据封装起来作为一个对象，并为每个对象赋予应有的属性，使对象更具体、更直观。另外，VB 还可以用类的方式来设计对象。

(3) 结构化程序设计语言。VB 利用子程序、函数来实现这种结构化的设计，在每一个子程序、函数中用顺序结构、分支结构、循环结构来表达程序流程。

(4) 事件驱动编程机制。VB 通过事件来执行对象的操作。一个对象可能会产生多个事件，每个事件都可以通过一段程序来响应。利用 VB 设计程序时，只需针对这些事件进行编码，不必建立具有明显开始和结束的程序。它跳出传统编程使用面向过程、按顺序进行的机制，使开发者不必时时关心什么时候发生什么事情。在事件驱动的编程中，程序员只需要编写响应用户动作的程序，如选择命令、移动鼠标等，而不必考虑按精确次序执行的每个步骤。

(5) 具有强大的功能和开放的编程环境。VB 语法虽简单，但可完成复杂的功能，这主要是由于其具有开放的编程环境，可利用 ActiveX 控件、DLL 等来增强其功能，尤其是 VB 提供访问数据库的功能，利用数据控件和数据库管理窗口，可直接建立或处理 Microsoft Access 格式的数据库，并提供数据存储和检索功能，同时 VB 还能直接编辑和访问其他外部数据库，如 dBase、FoxPro、Paradox 等。

6. Agilent VEE

VEE 最早是美国 HP 公司推出的一种主要用于仪器控制和测量处理的可视化编程语言，现在已改名为 Agilent VEE。与传统的文本编程语言相比，Agilent VEE 编程无须构思烦冗的程序代码，简化了测试程序开发过程。

Agilent VEE 与 LabVIEW 在程序设计上都采用基于流程图设计的思想，但 Agilent VEE 编程是在一个窗口环境下完成的，而 LabVIEW 编程却是在前面板和框图两个窗口下完成的。一般而言，LabVIEW 提供了比 Agilent VEE 更强的程序控制能力和更灵活的编程手段；Agilent VEE 编程更直截了当，更易于学习和掌握。尤其在仪器 I/O 控制方面，Agilent VEE 提供的仪器自动管理与配置、丰富的仪器驱动程序和仪器面板与直接 I/O 两种仪器控制方式，大大简化了仪器控制编程任务。

Agilent VEE 除在编程方面具有轻松、快速的特点，还具有以下优点：

(1) 保持了符合标准的灵活 I/O 策略。

(2) 为 400 多种仪器配置了仪器驱动器，同时提供了驱动程序的编写工具。

(3) 允许通过 HP-113、GPIB、VXI、RS-232C 等标准接口传送仪器命令，进行直接 I/O 操作。

(4) 提供了多种适合仪器使用的数据类型，通常情况下用户不必考虑数据类型，因为针对任何 Agilent VEE 数据类型，绝大多数目标模块都会自动实现数据类型转换。

(5) 具有比较强的数学分析能力，提供了多种数学运算工具，从最基本的加减运算到复杂的统计运算、贝塞尔函数直至数字信号处理，使用户可以方便地分析测试结果。

(6) Agilent VEE 本身就是一个开放的编程环境，其程序可以调用任何 C/C++ 程序，也可被任何 C/C++程序调用。

(7) 通过先进的 ActiveX Automation，用户可以将 Agilent VEE 程序扩展到电子表格、数据库、字处理器、E-mail 和 Web 浏览器等其他应用中，为用户日常任务的完成扩展了多种多样的能力。

Agilent VEE 的强大功能和灵活使用，使其逐渐成为组建现代测试系统的流行软件之一。

7.2 虚拟仪器软件结构

VISA 是 VPP 系统联盟制定的 I/O 接口软件标准及其相关规范的总称。

7.2.1 VISA 简介

VISA 随着虚拟仪器系统，特别是 VXI 总线技术发展而出现。VISA 模型如图 7.7 所示。

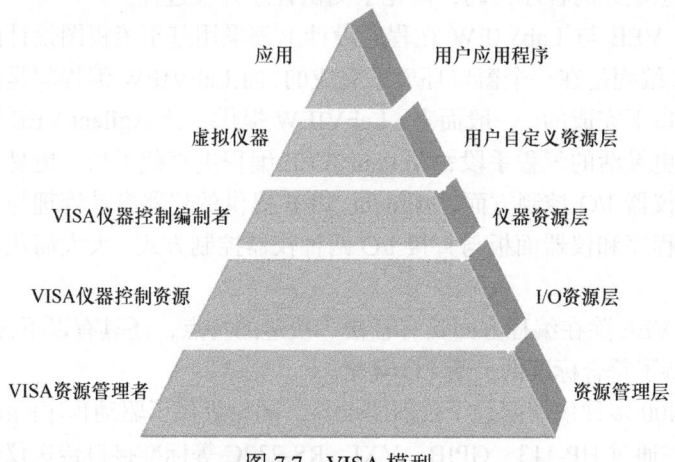

图 7.7 VISA 模型

随着 VXI 总线技术日益发展，在硬件实现标准化后，软件标准化已成为 VXI 总线技术发展的热点问题。I/O 接口软件作为 VXI 总线系统软件结构中承上启下的一层，其标准化显得特别重要，如何解决 I/O 接口软件的统一性与兼容性，成为组建 VXI 总线系统的关键。

在 VISA 出现之前已有不少 I/O 接口软件，许多仪器生产厂商在推出控制器硬件的同时，也纷纷推出了不同结构的 I/O 接口软件，有的只针对某一类仪器，如用于控制 GPIB 仪器的 NI-488 及用于控制 VXI 的 NI-VXI；有的在向统一化的方向靠拢，如可编程仪器标准命令(standard commands for programmable instruments，SCPI)标准仪器控制语言。这些都是行业内优秀的 I/O 接口软件，但这些 I/O 接口软件没有一个是可互换的。针对某厂商的某种控制器编写的软件无法适用于另一厂商的另一种控制器，为了使预先编写的仪器驱动程序和软面板适用于任何情况，必须有标准的 I/O 接口软件，以实现 VXI 即插即用的仪器驱动程序和软面板在使用各个厂商控制器的 VXI 系统中正常运行，这种标准也能确保用户的测试应用程序适用于各种控制器。

作为迈向工业界软件兼容性的一步，VPP系统联盟制定了新一代的I/O接口软件规范，即VPP规范中的VPP 4.X系列规范，称为虚拟仪器软件结构规范。VISA为工业界提供了统一的软件基础。各VXI模块生产厂商将以该接口软件作为I/O控制的底层函数库，开发VXI模块的驱动程序，在通用的I/O接口软件的基础上，不同厂商的软件可在同一平台上协调运行，这将大大减少软件重复开发，缩短测试应用程序的开发周期，极大地推动VXI软件标准化进程。

对于驱动程序、应用程序开发者，VISA库函数是一套可方便调用的函数，其核心函数可控制各种类型器件，而不用考虑器件的接口类型，VISA包含部分特定接口函数。VXI用户可用同一套函数为GPIB器件、VXI器件等各种类型器件编写软件，学习一次VISA就可处理各种情况，而不必再学习不同厂商、不同接口类型的I/O接口软件的使用方法，另外VISA可工作在各厂商的多种平台上，可对不同接口类型的器件调用相同的VISA函数，用户利用VISA开发的软件具有更好的适应性。

对于控制器厂商，VISA规范仅规定了该函数库应向用户提供的标准函数、参数形式、返回代码等，关于如何实现并没有做任何说明。VISA与硬件是密切相关的，厂商必须根据自己的硬件设计提供相应的VISA库支持多种接口类型、多种网络结构，这大大增加了控制器厂商的软件开发难度。

在VXI总线系统中(图7.8)，作为I/O接口软件，VISA库一般用于编写符合VPP规范的仪器驱动程序，完成计算机与仪器间的命令和数据传输，以实现对仪器的程控。其中，VXI零槽模块与其他仪器一起构成了VXI总线系统的硬件结构。

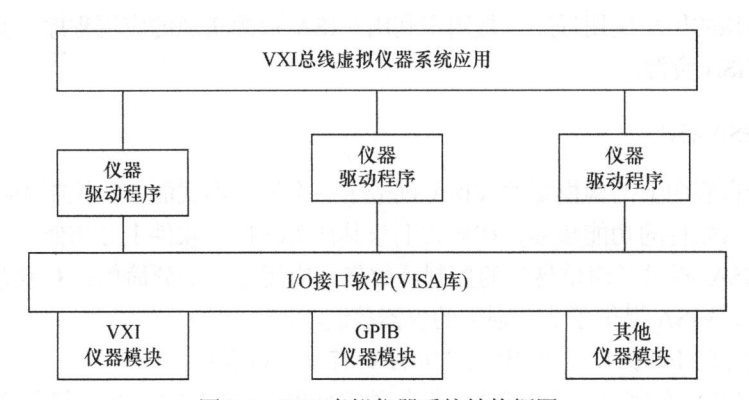

图7.8 VXI虚拟仪器系统结构框图

这些仪器既可以是VXI、GPIB仪器，也可以是异步串行通信仪器等。VISA库作为底层I/O接口软件驻留在系统管理器，即计算机系统中，是实现计算机系统与仪器之间命令与数据传输的桥梁和纽带。

7.2.2 VISA 的结构及特点

1. VISA 结构

VISA 采用自底向上的结构。与自顶向下的结构不同的是，VISA 库首先定义了一个管理所有资源的资源管理器，称为 VISA 资源管理器，用于管理、控制和分配 VISA 资源的操作功能。各种操作功能主要包括资源寻址、资源创建与删除、资源属性的读取与修改、操作激活、事件报告、并行与存取控制、缺省值设置等。

在资源管理器的基础上，VISA 列出了各种仪器的各种操作功能，并实现了操作功能的合并。每一个资源内部，实质是各种操作的集合，这种资源在 VISA 中就是仪器控制资源。包含各种仪器控制的资源称为通用资源，无法合并功能的资源则称为特定仪器资源。

另外，VISA 定义与创建了一个 API 实现的资源，为用户提供了单一地控制所有 VISA 仪器控制资源的方法，在 VISA 中称为仪器控制资源组织器。

与自顶向下的结构相比，VISA 的结构模型是从仪器操作本身开始的，深入到操作功能中去而不是停留于仪器类型之上。在 VISA 的结构中，仪器类型的区别体现在统一格式资源中操作的选取，对 VISA 使用者来说，形式与用法是单一的。正是由于这种自底向上的设计方法，VISA 为虚拟仪器系统软件结构提供了一个统一的基础，使来自不同供应厂商的不同仪器软件可运行于统一平台上。

VISA 模型自底向上构成一个金字塔结构，最底层为资源管理层，其上为 I/O 资源层、仪器资源层与用户自定义资源层。其中，用户自定义资源层的定义，在 VISA 规范中并没有规定，它是 VISA 的可变层，实现了 VISA 的扩展性与灵活性。在金字塔顶的用户应用程序，是用户利用 VISA 资源实现的应用程序，其本身并不属于 VISA 资源。

2. VISA 特点

基于自底向上结构模型的 VISA 创造了一个统一形式的 I/O 控制函数库，是在 I/O 接口软件的功能超集，在形式上与其他 I/O 接口软件十分相似。对初学者来说，VISA 提供了简单易学的控制函数集，应用形式十分简单；对复杂系统组建者来说，VISA 提供了非常强大的仪器控制功能。

与现存的 I/O 接口软件相比，VISA 具有以下特点：

(1) VISA 的 I/O 控制功能适用于各种类型仪器，如 VXI、GPIB 仪器、RS-232C 仪器等，既可用于 VXI 消息基器件，也可用于 VXI 寄存器基器件。

(2) 与仪器硬件接口无关的特性，即利用 VISA 编写的模块驱动程序既可用于嵌入式计算机 VXI 系统，也可用于通过 MXI、GPIB-VXI 或 IEEE 1394 接口控制的系统。当更换不同厂商符合 VPP 规范的 VXI 总线器嵌入式计算机或 GPIB 卡、

IEEE 1394 卡时，无须改动模块驱动程序。

(3) VISA 的 I/O 控制功能适用于单处理器系统结构，也适用于多处理器结构或分布式网络结构。

(4) VISA 的 I/O 控制功能适用于多种网络机制。

VISA 考虑了多种仪器接口类型与网络机制的兼容性，以 VISA 为基础的 VXI 总线系统，不仅可与过去已有的仪器系统(如 GPIB 仪器系统)结合，可将仪器系统从过去的集中式结构过渡到分布式结构，而且保证新一代的仪器完全可加入 VXI 总线系统中。用户在组建系统时，可从 VPP 产品中做出最佳选择，不必再选择某家特殊的软件或硬件产品，也可利用其他公司生产的符合 VPP 规范的模块替代系统中的同类型模块，而无须修改软件，给用户带来了很大的方便，而且对于程序开发者，软件的编制无须针对某个具体公司的具体模块，可避免重复性工作，系统的标准化与兼容性得到了保证。

7.2.3　VISA 的应用举例

VISA 应用举例是通过分别调用非 VISA 的 I/O 接口软件库与 VISA 库函数，对 GPIB 器件与 VXI 消息基器件进行简单读/写操作(向器件发送查询器件标识符命令，并从器件读回响应值)，进行 VISA 与其他 I/O 接口软件的异同点比较。所有例子中采用的编程语言均为 LabWindows/CVI 语言。

例 7-1　用非 VISA 的 I/O 接口软件库(美国 NI 公司的 NI-488)实现对 GPIB 仪器的读/写操作。

```
int main(void)
{
/*以下是声明区*/
char rfResponse[RESPONSE_LENGTH];/*响应返回值*/
int status;                      /*返回状态值*/
short id;                        /*器件软件句柄*/
/*以下是开启区*/
id=ibfind("devl");               /*开启 GPIB 器件*/
status=ibpad(5);                 /*器件主地址为 5*/
/*以下是器件 I/O 区*/
status=ibwrt(id,"*IDN?",5);      /*发送查询标识符命令*/
/*以下是关闭区*/
/*关闭语句空*/
return 0;
}
```

程序说明如下：

(1) 声明区，声明程序中所有变量的数据类型。

(2) 开启区，进行 GPIB 器件初始化，确定 GPIB 器件地址，并为每个器件返回一个对应的软件句柄。在初始化过程中软件句柄作为器件的标识以输出参数形式被返回。

(3) 器件 I/O 区，在本例程中，主要完成命令发送，并从 GPIB 器件中读回响应数据。由初始化得到的软件句柄在器件 I/O 操作中作为函数的输入参数被使用。程序通过对软件句柄的处理，完成对仪器的一对一操作。

(4) 关闭区，GPIB 的 I/O 软件库将本身的数据结构存入内存中，当系统关闭时，所有仪器全部自动关闭，无须对 I/O 软件本身做关闭操作，也就是说，GPIB 的 I/O 软件库(NI-488)无关闭机制。

例 7-2 用非 VISA 的 I/O 接口软件库(美国 NI 公司的 NI-VXI)实现对 VIX 消息基仪器的读/写操作。

```
int main(void)
{
/*以下是声明区*/
    char rdResponse[PESPONSE_LENGTH];/*响应返回值*/
    int16 status;                    /*返回状态值*/
    uint32 retCount;                 /*传送字节数*/
    int16 logicalAddr,mode;          /*器件逻辑地址和传送模式
    */
/*以下是开启区*/
    status=InitVXILibrary();
    logicalAddr=5;
/*以下是器件 I/O 区*/
    status=WSwrt(logicalAddr,"*IDN"?,5,mode,&retCount);
/*发送查询标识符命令*/
    status=WSrd(logicalAddr,rdResponse,RESPONSE_LENGTH,mo-
        de,&retCount);
/*读回响应值*/
    ……
/*以下是关闭区*/
    ColseVXILibrary();                /*关闭 VXI 器件*/
    return 0;
}
```

程序说明如下：

(1) 声明区，声明程序中所有变量的数据类型。

(2) 开启区，对 VIX 消息基器件初始化，确定 VIX 消息基器件的逻辑地址。在对 VIX 消息基器件操作中，逻辑地址取代了 GPIB 器件操作中的软件句柄，作为器件操作的标志，在初始化操作中返回唯一值。

(3) 器件 I/O 区，在本例程中，主要完成对命令的发送，并从 VIX 消息基器件中读回响应数据。由初始化得到的器件逻辑地址在器件的 I/O 操作中作为函数的输入参数被使用。程序通过对逻辑地址的处理，完成对仪器的一对一操作。在 VXI 消息基器件操作中，mode 参数表示数据传输方式；retCount 参数表示实际传送的字节数。

(4) 关闭区，针对 VXI 器件存在一个关闭机制，要求在结束器件操作时，关闭 I/O 接口软件库。

例 7-3 用 VISA 的 I/O 接口软件库实现对 GPIB 仪器与 VXI 消息基仪器的读/写操作。

```
int main(void)
{
/*以下是声明区*/
Vichar rdResponse[PESPONSE_LENGTH];/*响应返回值*/
Viint16 status;                    /*返回状态值*/
Viuint32 retCount;                 /*传送字节数*/
ViSession vi;                      /*仪器软件句柄*/
/*以下是开启区*/
status=viOpen(viDefaultRM,"GPIB0::5",0,0,&vi);
/*若对 VXI 消息基仪器仪器进行操作,将 GPIB 换成 VXI 即可*/
/*以下是器件 I/O 区*/
status=viWrite(vi,"*IDN?",5,&retCount);
/*发送查询标识符命令*/
status=viRead(vi,rdResponse,RESPONSE_LENGTH,&retCount);
*读回响应值*/
……
/*以下是关闭区*/
status=viColse(vi);                /*关闭器件*/
return 0;
}
```

程序说明如下：

(1) 声明区，声明程序中所有变量的数据类型，与以上两例不同的是，在此例中声明的数据类型均为 VISA 数据类型，与编程语言无关。VISA 数据类型与编程语言数据类型的对应说明，均包含在特定文件中。例如，VISA 数据类型的 C 语言形式的包含头文件为 visatype.h。由于程序中还有涉及具体某种语言的数据类型，程序本身具有好的兼容性与可移植性，各种编程语言调用 VISA 的数据类型与操作函数的格式相差甚小。

(2) 开启区，进行消息基器件初始化，建立器件与 VISA 库的通信关系。对所有器件进行初始化，均调用 VISA 函数 viOpen()。在此例中，发现对 GPIB 器件的初始化与对 VXI 消息基器件的初始化调用 viOpen()在形式上是完全一致的，唯一的差别是在输入参数中各输入仪器的类型与地址。在调用 viOpen()函数时仪器硬件接口形式(计算机结构形式)无须特别说明，该初始化过程完全适用于各种仪器硬件接口类型。初始化过程中返回的 vi 参数，类似于软件句柄，可作为器件操作的标志与数据传递的中介。

(3) 器件 I/O 区，在本例中，主要完成对消息基器件发送命令，并从消息基器件读回响应数据。对 GPIB 器件的读/写操作与对 VXI 消息基器件的读/写操作，调用 VISA 函数是相同的(唯一不同的是代入输入参数的器件描述不同)，其中 vi 作为操作函数的输入参数。

(4) 关闭区，在器件操作结束时，均需调用 viClose()函数，关闭器件与 VISA 库的联系。

通过分析以上例程可发现两个问题：第一，VISA 库函数的调用与其他 I/O 接口软件库函数的调用形式并无太多不同，学习功能强大的 VISA 软件库不比一般的 I/O 接口软件库任务重；而且 VISA 的函数参数意义明确，结构一致，在理解与应用仪器程序时，效率较高。第二，VISA 库用户只需学习 VISA 函数应用格式，就可对多种仪器实现统一控制，不必再像以前学会用 NI-488 对 GPIB 器件操作后，还得学会 NI-VXI 对 VXI 器件进行操作。与其他的 I/O 接口软件相比，VISA 体现了多种结构与类型的统一性，使不同仪器软件运行在同一平台上，为虚拟仪器系统软件结构提供了坚实的基础。

7.3 测试仪器驱动程序开发

测试系统中测试仪器的使用离不开驱动程序。基于 SCPI 探讨 VPP 仪器驱动程序开发和 IVI 仪器驱动程序开发是虚拟仪器测试技术研究的基本内容。

7.3.1 SCPI

SCPI 是为解决程控仪器编程进一步标准化而制定的标准程控语言，目前已经成为重要的程控软件标准之一。IEEE 488.2 定义了使用 GPIB 的编码、句法格式、信息交换控制协议和公用程控命令语义，但并未定义任何仪器相关命令，使器件数据和命令的标准化仍存在一定困难。1990 年，由仪器制造商国际协会提出的 SCPI 语言是在 IEEE 488.2 基础上扩充得到的。SCPI 的推出与 GPIB、IEEE 488.2 的公布一样，都是可程控仪器领域的重要事件。

1. SCPI 仪器模型

SCPI 与过去的仪器语言的根本区别在于：SCPI 命令描述的是人们正在试图测量的信号，而不是正在用以测量信号的仪器。因此，人们可花费较多时间来研究如何解决实际应用问题，而不是耗费很大精力研究用以测量信号的仪器。相同的 SCPI 命令可用于不同类型的仪器，这称为 SCPI 的横向兼容性。SCPI 还是可扩展的，其功能可随着仪器功能的增加而升级扩展，适用于仪器产品的更新换代，这称为 SCPI 的纵向兼容性。标准的 SCPI 仪器程控消息、响应消息、状态报告结构和数据格式的使用只与仪器测试功能、性能及精度相关，而与具体仪器型号和厂商无关。

为了满足程控命令与仪器的前面板和硬件无关，即面向信号而不是面向具体仪器的设计要求，SCPI 提出了一个描述仪器功能的程控仪器模型，如图 7.9 所示。程控仪器模型表示 SCPI 仪器的功能逻辑和分类，提供了各种 SCPI 命令的构成机制和相容性。

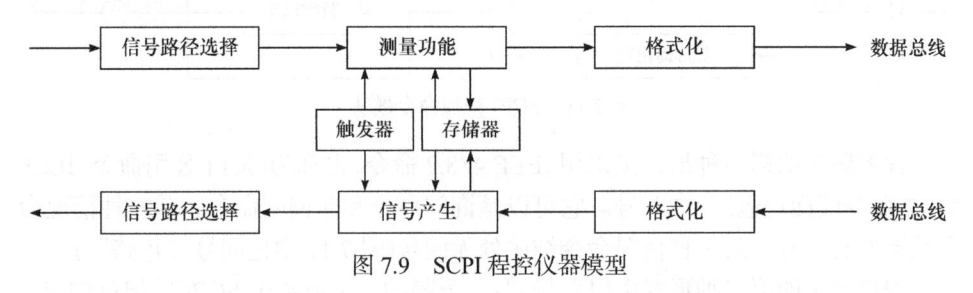

图 7.9 SCPI 程控仪器模型

图 7.9 上半部分反映了仪器的测量功能，其中信号路径选择用来控制信号输入通道与内部功能间的路径，当输入通道本身存在不同路径时，也可选择。测量功能是测量仪器模型的核心，可能需要触发控制和存储管理。格式化部分用来转换数据的表达形式，当数据需要向外部接口传送时，格式化是必需的。图 7.9 下半部分描述了信号源的一般情况，信号产生功能是信号源模型的核心，也需要触发控制和数据存储管理。格式化部分提供所需形式的数据，生成的信号经过路径

选择输出。

注意，一台仪器可能包含图 7.9 的全部内容，既可以进行测试，又能产生信号，但大多数仪器只包含图 7.9 中的部分功能。同时，图 7.9 中的测量功能和信号产生功能区还可进一步细分为若干功能元素框，并且每个功能元素框是 SCPI 命令分层结构树中的主命令支干，在主命令支干下延伸细分支构成 SCPI 命令。

2. SCPI 命令句法

SCPI 程控命令标准由三部分内容组成：第一部分语法和式样描述 SCPI 命令的产生规则以及基本的命令结构；第二部分命令标记主要给出 SCPI 要求或可供选择的命令；第三部分数据交换格式描述了在仪器与应用之间、应用与应用之间或仪器与仪器之间可使用数据集标准表示方法。

1) 语法和式样

SCPI 命令由程控题头、程控参数和注释三部分组成。SCPI 程控题头有两种形式，分别如图 7.10 和图 7.11 所示。

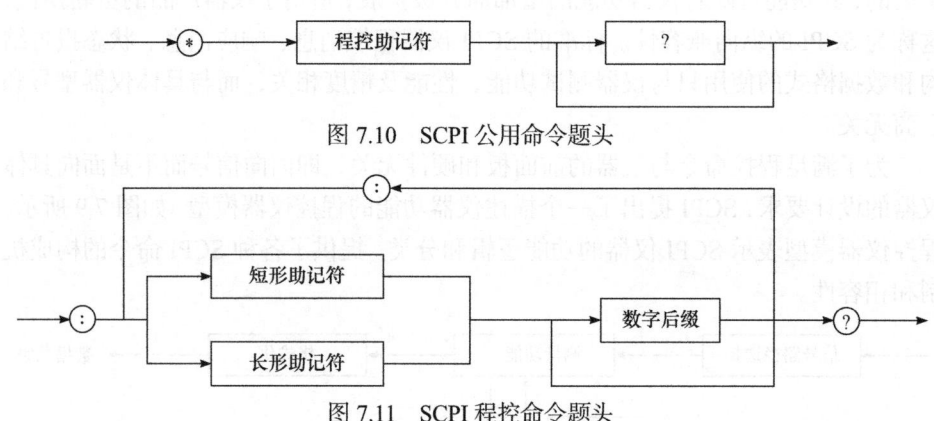

图 7.10　SCPI 公用命令题头

图 7.11　SCPI 程控命令题头

程控题头的第一种形式是采用 IEEE 488.2 命令，也称为 SCPI 公用命令。IEEE 488.2 命令前面均冠以"*"号。它可以是询问命令和非询问命令，前一种情况命令结尾处有问号，后一种情况命令结尾处无问号(图 7.11 中把问号"短路")。

程控题头的第二种形式由以冒号"："分隔的一个或数个 SCPI 助记符构成。在 SCPI 的助记符形成规则中，要注意分清关键词、短形助记符和长形助记符的概念。关键词提供命令的名称，它可以是一个单词，也可由一个词组构成。对于后一种情况，关键词由前面每个词的第一个字母加上最后一个完整单词组成。由关键词组成短形助记符的规则如下：

(1) 若关键词不多于 4 个英文字母，则关键词就是短形助记符。

(2) 若关键词多于 4 个英文字母，则通常保留关键词的前 4 个字母作为短形助记符。若关键词的第 4 个字母是元音，则把这个元音去掉，用 3 个字母作为短形助记符。

(3) 所有长形助记符、短形助记符均允许有数字后缀，以区别类似结构的多种应用场合。在使用不同触发源时，可用不同的数字后缀加以区别。在使用数字后缀时，短形助记符仍允许使用 4 个不包括数字的英文字母。

长形助记符与关键词的字母完全相同，只不过长形助记符的书写格式有一定要求。其被分成两部分：第一部分用大写字母表示短形助记符；第二部分用小写字母表示关键词的其余部分。关键词的书写形式要求不严，可与长形助记符完全相同，也可只把第一个字母大写。表 7.1 给出若干关键词与助记符比较。

表 7.1 关键词与助记符比较

序号	单词或词组	关键词	短形助记符	长形助记符
1	Measure	Measure	MEAS	MEAsure
2	Period	Period	PER	PERiod
3	Free	Free	FREE	FREE
4	Alternating Current Volts	ACVolts	ACV	ACVolts
5	Four-wire resistance	Presistance	FRES	FRESistance

表 7.1 中序号 1 为由一个单词构成助记符的常见情况。序号 2 为短形助记符中第 4 个字母为元音而被舍弃的情况。舍弃元音是因为从统计上看，用 3 个字母比用 4 个字母与原词意或相关词意的结合更常见，容易提高字的识别能力。序号 3 的第 4 个字母虽然也是元音，但是因单词只有 4 个字母，根据上述形成短形助记符的第一条规则，第 4 个元音并不舍弃。序号 4 和序号 5 均为词组形成助记符，序号 4 由 3 个单词组成，序号 5 中 Four-wire 被认为已组合成一个词，因此形成助记符时只取字母 F 而不取 w。SCPI 只承认严格遵守上述规则的长形助记符或短形助记符，其他形式的助记符被认为是一个错误，因而保证了助记符的标准化。由于有明确的规则可循，SCPI 的助记符显得简单而便于记忆。

短形助记符与长形助记符作用相同，可任选一种；助记符可加数字后缀，也可不加后缀；可以是询问命令，也可以是非询问命令；更重要的是可使用多个助记符，构成分层结构的程控题头。当使用多个助记符时，各助记符间用冒号隔开，即一个助记符通过冒号连至下一个助记符。这是一种树状分层结构，在树的各层有一定数量的节点，由它们出发分成若干枝杈，粗杈上的节点又继续分出若干细杈。从树的"主干"(或称为"根")出发到"树叶"，可经过若干节点，对应唯一的路径，形成确定的测试功能。例如，对仪器输出端的设置可以看作树上的一个子系统(或一个较大的粗枝)，它可以设置输出衰减器、输出耦合方式、输出滤波器、输出阻抗、输出保护、TTL触发输出、ECL(emitter coupled logics)触发输出和输出使能等多个分枝,而其中许多分枝又可进一步分权。例如,输出耦合可以分为直流耦合或交流耦合,滤波又可分为低通滤波和高通滤波等。采用分层结构的目的是程控命令简捷清晰,便于理解。因为在很多情况下,若只用一个助记符表示,则形成它的词组包含的单词太多,4个字母的短形助记符可能过载或含义不清。例如,设置输出端高通滤波器接入,采用分层结构的命令为 OUTPut: FILTer: HPASs: STATe ON,其中 STATe 用来表示接入或其他各种使用,后面常跟布尔变量 ON 或 OFF,可见用分层结构表达含义非常清楚、明确。另外,在这种结构中由于每个助记符都在树的确定位置上,它的作用可从它与前、后助记符的联系中进一步确定而不至于混淆。例如,阻抗 IMPedance,当它前面的助记符分别为 INPut 和 OUTPut 时,就分别表示输入阻抗和输出阻抗,绝不会因重复使用而发生矛盾。从上面的例子还可以看出,长形助记符因与关键词字母相同,程序本身就类似于说明文件,有很强的可读性。

　　树状结构的某些节点是可以缺省的,缺省节点可被默认而不一定要发送。例如,状态使能符号 STATe 通常可以缺省。当发送输出使能命令时,既可以发送 OUTPut: STATe ON,又可以简单地发送 OUTPut ON。把最常用的节点定为缺省节点既有利于程序的简化,也有利于语言的扩展。例如,某仪器输出端只有一个低通滤波器,滤波器使能的程控命令是 OUTPut:FILTer。因为只有一个滤波器,加不加限定节点来说明它是"低通"都没有关系。现在想把命令扩展,使它能控制一台既有低通滤波器、又有高通滤波器的新仪器,则可在滤波器后面加一个缺省节点[:LPASs],命令 OUTPut: FILTer: LPASs 意味着使用低通滤波器输出,它仍适用于旧仪器。新扩展的命令 OUTPut: FILTer: HPASs 意味着使用高通滤波器,这样应用软件就可以适用于新旧两种仪器,扩展十分方便。

　　SCPI命令的核心是参数。在下面数据交换格式部分,将专门介绍参数的使用规则。

　　前面介绍的冒号":"用来分隔命令助记符,除此之外,在SCPI命令构成中,常用的标点符号还有分号";"、逗号","、空格"　"和问号"?",下面分别介绍它们在SCPI命令中的含义和使用规则。

　　(1) 分号";"。在SCPI命令中,分号用来分离同一命令字串中的两个命令,分号不会改变目前指定的命令路径,例如,以下两个命令有相同的作用。

　　　: TRIG:DELAY1; TRIG:COUNT 10

　　　: TRIG:DELAY1; COUNT l0

　　(2) 逗号","。在SCPI命令中,逗号用于分隔命令参数。如果命令中需要一个以上的参数,相邻参数之间必须以逗点分开。

　　(3) 空格"　"。SCPI命令中的空格用来分隔命令助记符和参数。在参数列表中,空格通常会被忽略不计。

(4) 问号 "?"。问号指定仪器返回响应信息,得到的返回值为测量数据或仪器内部的设定值。如果发送了两个查询命令,在没有读取完第一个命令的响应之前,便读取第二个命令的响应,那么可能会先接收一些第一个响应的数据,接着才是第二个响应的完整数据。若要避免这种情形发生,在没有读取已发送查询命令的响应数据前,不要再接着发送查询命令。当无法避免这种状况发生时,在发送第二个查询命令之前,应先发送一个器件清除命令。

2) 命令标记

SCPI 命令标记主要给出 SCPI 要求的和可供选择的命令,概括地讲,SCPI 命令分为仪器公用命令或称 IEEE 488.2 命令(表 7.2)和 SCPI 主干命令(表 7.3)两部分。SCPI 主干命令又可分为测量命令和 21 个命令子系统,其中测量命令部分包括一组与测量有关的重要命令。

3) 数据交换格式

SCPI 数据交换格式语法与 IEEE 488.2 语法是兼容的,分为标准参数格式和数据交换格式两部分。SCPI 语言定义了供程序信息和响应信息使用的不同数据格式。

(1) 标准参数格式。

① 数值参数。需要有数据值参数的命令,都可以接收常用的十进制数,包括正负号、小数点和科学记数法,也可以接收特殊数值,如 MAximum、MINImum 和 DEFault。数值参数可以加上工程单位后缀,如 M、K 或 U。若只接收特定位数的数值,则 SCPI 仪器会自动将输入数值四舍五入。

② 离散参数。离散参数用来设定有限数值(如 BUS、IMMediate 和 EXTernal)。和命令关键字一样,离散参数有简要形式和完整形式两种,而且可以大小写混用。查询反应的传回值,一定都是大写的简要形式。

表 7.2 IEEE 488.2 命令简表

命令	功能描述	命令	功能描述
*IDN?	仪器标识查询	*RST	复位
*TST?	自测试查询	*OPC	操作完成
*OPC?	操作完成查询	*WAI	等待操作完成
*CLS?	清除状态寄存	*ESE	事件状态使能
*ESE?	事件状态使能查询	*ESR?	事件状态寄存器查询
*SRE?	服务状态使能	*SRE?	服务状态使能查询

命令	功能描述	命令	功能描述
*STB?	状态字节查询	*TRG	触发
*RCL?	恢复所存状态	*SAV	存储当前状态

表 7.3　SCPI 主干命令简表

	关键词	基本功能
测量命令	1. CONFigure	组态，对测量进行静态设置
	2. FETch?	采集，启动数据采集
	3. READ?	读，实现数据采集和后期处理
	4. MEASure?	测量、设置、触发采集并后期处理
子系统命令	5. CALCulate	计算，完成采集后数据处理
	6. CALIbration	校准，完成系统校准
	7. DIAGnostic	论断，为仪器维护提供诊断
	8. DIAplay	显示，控制显示图文的选择和表示方法
	9. FORMat	格式，为传送数据和矩阵信息设置数据格式
	10. INPUt	输入，控制检测器件输入特性
	11. INSTrument	仪器，提供识别和选择逻辑仪器的方法
	12. MEMOry	存储器，管理仪器存储器
	13. MMEMory	海量存储器，为仪器提供海量存储能力
	14. OUTPut	输出，控制源输出
	15. PROGram	程序，仪器内部程序控制与管理
	16. ROUTe	路径，信号路由选择
	17. SENSe	检测，控制仪器检测功能的特定设置
	18. SOURce	源，控制仪器源功能的特定设置
	19. STATus	状态，控制 SCPI 定义的状态报告结构
	20. SYSTem	系统，实现仪器内部辅助管理和设置通用组态
	21. TEST	测试，提供标准仪器自检程序
	22. TRACe	跟踪记录，用于定义和管理记录数据
	23. TRIGger	触发，用于同步仪器动作
	24. UNIT	单位，定义测量数据的工作单位
	25. VXI	VXI 总线，控制 VXI 总线操作与管理

③ 布尔参数。布尔参数表示单一的二进位状态，有接通和断开两种形式，分别对应 ON 和 OFF，也可表示为"1"和"0"。在查询布尔设定时，仪器返回值总是"1"或"0"。

④ 字符串参数。原则上字符串参数可以包含任何的 ASCII 字符集。字符串的开头和结尾要有引号，引号可以是单引号或双引号。若要将引号当作字符串的一部分，则可以连续键入两个引号，中间不能插入任何字符。

除了上述参数形式，在某些 SCPI 命令中还会用到参数的其他形式，如信号路径的选择、逻辑仪器耦合的通道数等常需用列表形式表示的参数，在下面常用 SCPI 命令简介中，将给出列表形式参数应用的例子。

(2) 数据交换格式。

定义数据交换格式是为了提高数据的可互换性。SCPI 的数据交换格式是以 TEK 公司的模拟数据互换格式为基础修改产生的，具有灵活性和可扩展性。它采用一种块结构，除了数据本身，数据交换格式还提供测量条件、结构特性和其他有关信息。复杂的数据和简单的数据均可以用这种块结构表示。数据交换格式结构示例如图 7.12 所示。

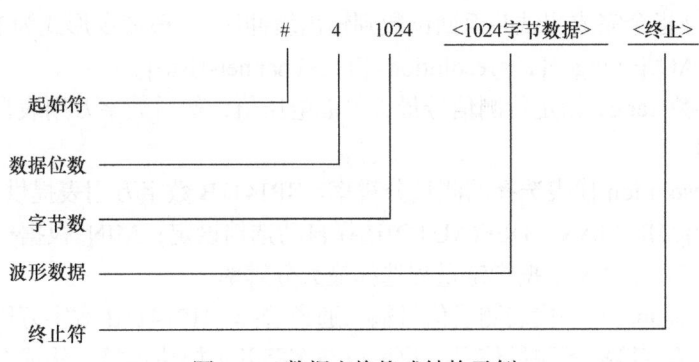

图 7.12　数据交换格式结构示例

SCPI 数据交换格式不但适用于测量数据，而且对计算机通信和其他数据传输交换都有一定意义。

3. 常用 SCPI 命令简介

虽然每个 SCPI 命令都有明确的定义和使用规则，但由于各种仪器测量的功能不同，它所适用的 SCPI 命令在范围和功能上都可能有所差别。下面以一个典型的 VXI 模块 HP1411B 数字万用表为例，介绍常用 SCPI 命令的含义与用法。

1) 常用仪器公用命令

(1) *IDN? 仪器标识查询命令。每台 VXI 都指定了一个仪器标识代码。对于

HP1411B 模块，该命令实际返回标识码 Hewlett Packard，E1411B，0，G.06.03。

(2) *RST 复位命令。复位仪器到初始上电状态。在仪器工作过程中，当发生程序出错或其他死机情况时，经常需要复位仪器，一般情况下，先用命令*CLS 清仪器，再复位。

(3) *TST?自检命令。该命令复位仪器，完成自检，返回自检代码，返回"0"表示仪器正常，否则仪器存在故障需要维修。自检命令是确定仪器操作过程出现问题的一个有效手段。

(4) *CLS 清除命令。中断正在执行的命令，清除命令缓冲区等待的命令。例如，当数字万用表正在等待外部触发信号时，输入的命令将在缓冲区等待，直至触发信号接收到才执行。命令*CLS 将清除在缓冲区等待的命令。

(5) *ERR? 错误信息查询命令。当仪器操作过程中发生错误时，错误代码和解释信息储存在错误队列中，用下述命令可以读入错误代码和解释信息：SYST:ERR?。

2) SCPI 主干命令

(1) MEASure：测量命令。

该命令配置数字万用表时用指定的量程范围和分辨率完成测试。在数字万用表触发后，该指令完成测试并返回读数到输出缓冲区。一般命令形式为 MEASure:VOLTage：AC?[<range>[，<resolution>]][，<channel-1ist>]。

首先参数 range 指定待测信号最大可能电压值，然后数字万用表自动选择最接近的量程。

参数 resolution 代表选择的测量分辨率。HP1411B 数字万用表提供三种选择：DEF(AUTO)|MIN|MAX。DEF(AUTO)选择自动选挡设定；MIN 根据指定量程选择最小分辨率；MAX 根据指定量程选择最大分辨率。

参数<Channel-list>代表测量信号输入通道选择。HP1411B 数字万用表既可以通过输入表笔直接接入测量信号，也可以与多路开关模块连接，构成多路扫描数字万用表，完成多路信号的顺序测量。输入通道选择列表的一般形式是(@ccnn)或(@ccnn：ccnn)，其中，cc 表示多路开关模块号，nn 代表开关模块通道号。

命令实例：MEASure：VOLTage：AC? 0.54，Max，(@103：108)。

该命令完成交流电压测量，量程为 0.63V，最大分辨率为 61.035mV，指定通道 3～通道 8，其中量程和最大分辨率是根据 HP1411B 数字万用表性能参数自动确定的。

采用 MEASure 命令编程数字万用表，是最简单的测量方法，但命令灵活性不强。执行 MEASure 命令，除了功能、量程、分辨率和通道，触发计数、采样计数和触发延迟等参数设置都沿用预设值，不能更改。因此，对一些需要进行触发或采样控制的复杂应用，必须采用更底层的测量命令 Read?、Fetch?等。

(2) CONFigure：配置命令。

该命令用指定参数设置数字万用表。CONFigure 命令在设置后并不启动测量，可以使用初始化命令 INITiate 置数字万用表于等待触发状态；或使用读 Read?命令完成测量并将读数送入输出缓冲区。CONFigure 命令参数意义及用法与 MEASure 命令一致。执行 CONFigure 命令，测量不会立即开始，因此可以允许用户在实际测量前改变数字万用表的配置。

(3) Read?：读命令。

读命令通常与 CONFigure 命令配合使用完成以下功能：置数字万用表于等待触发状态(执行 INITiate 命令)；触发后，直接将读数送入输出缓冲区。

对 HP1411B 数字万用表而言，输出缓冲区容量为 128B。在缓冲区存满后，从缓冲区读数之前，数字万用表置"忙"，测量自动停止。为了防止读数溢出，控制器从缓冲区读数的速度必须与数字万用表缓冲区容量匹配。

(4) FETch?：取命令。

该命令取出由最近的 INITiate 命令放在内存中的读数值，并将这些读数送到输出缓冲区。在送 FETch?命令前，必须先执行 INIT 命令，否则将产生错误。

测量命令组由上面 4 条指令组成，它处于 SCPI 指令的最上层。根据实际应用，4 条指令在执行方式上各有所长。实际上读命令 Read?就等效于执行接口清除(*CLS)、启动(INIT)和取数(FETch?)3 条指令；测量指令 MEASure 就等效于执行接口清除(* CLS)、配置(CONFigure)和读取(Read?)3 条指令，初学者尤其需要注意。以上 4 条测量指令是最常用的，也是最基本的 SCPI 命令，需要仔细理解并能灵活运用。下面概要介绍其他主要的 SCPI 子系统命令，这些命令往往是与测量指令配合使用的。

(5) CALibration：校准命令。

该命令选择数字万用表的参考工作频率(50|60|MIN|MAX)，指定打开/关闭自动对零方式，实际命令格式如下：

CAL：LFR 50 选择参考频率 50Hz。

CAL：ZERO：AUTO ON 启动自动对零。

当自动对零方式打开时，数字万用表在每次测量读数后，首先测量一次零点值，然后从读数中减去零点值后再给出测量结果。当自动对零方式关闭时，数字万用表只测一次零点值。

(6) FORMat：格式化命令。

该命令确定通过 MEASure?、READ?和 FETch?命令得到的测量数据格式，一般命令形式为FORMat[：DATA]<type>[, <length>]。

type 参数选择 ASCII/REAL；length 参数选择 32/64，缺省数据格式为 ASCII 型。

命令实例：FORMAT REAL，64。

FORMat?返回目前数据类型。

(7) SAMPle：采样命令。

该命令与触发命令 TRIGer 配合使用，主要功能如下：每次接到触发信号后，设置采样次数(SAMPle:C0UNt)和采样次数 1～16777215 可选；选择采样定时源(SAMPle：SOURce)，定时源分为 IMM|TIMer 两种；设置采样周期(SAMPle：TIMer)，TIMer 从 76μs～65.534ms 可选。

(8) TRIGger：触发命令。

该命令控制触发信号类型与参数，主要功能如下：数字万用表返回空闲状态前的触发次数(TRIGger：COUNt)，触发次数范围为 1～16，777，215，缺省值为1；触发延迟时间(TRIGger：DELay)；设置触发源(TRIGger：SOURce)，可选下列触发源 Bus| EXI| HOLD| IMM|<TTLTrg0-TTLTrgl>。

7.3.2 VPP 仪器驱动程序开发

1. VPP 概述

在设计、组建基于总线仪器(如 GPIB、VXI 和 PXI)的虚拟仪器系统中，仪器的编程是一个系统中最费时费力的部分。用户需要花费不少时间学习系统中每台仪器的特定编程要求，包括所有公布在用户手册上的仪器操作命令集。由于系统中的仪器可能由各个仪器供应厂商提供，完成仪器系统集成的设计人员，需要学习所有集成到系统中仪器的用户手册，并根据自己的需要将命令一个个地加以编程调试。所有的仪器编程既需要完成底层的仪器 I/O 操作，又需要完成高层的仪器交互能力，每个仪器的编程由于编程人员的风格与爱好不同而可能各具特色。对于系统集成设计人员，不仅应是一个仪器专家，也应是一个编程专家，这大大增加了系统集成人员的负担，使系统集成的效率和质量无法得到保证。未来系统中将使用很多相同的仪器，因此仪器用户总是设法将仪器编程结构化、模块化以使控制特定仪器的程序能重复使用。因此，一方面，对仪器编程语言提出了标准化的要求；另一方面，需要定义一层具有模块化、独立性的仪器操作程序，也即具有相对独立性的仪器驱动程序。

以 GPIB 仪器为代表的台架层选式仪器结构，既能实现本地控制，又能实现远程控制。IEEE 488.1 和 IEEE 488.2 规范，对 IEEE 488 仪器的消息通信功能层和公共系统功能层进行了标准化规定。在此基础上，仪器制造商国际协会于 1990 年提出了可编程仪器标准命令 SCPI，IEEE 488 之外的仪器命令语言，支持同类仪器间语言的一致性。

另外，随着虚拟仪器的出现，软件在仪器中的地位越来越重要，将仪器的编程留给用户的传统方法也越来越与仪器的标准化、模块化趋势不相符。I/O 接口软件作为一层独立软件出现，也使仪器编程任务被划分。人们将控制特定仪器进行通信的软件定义为仪器驱动程序。仪器驱动程序是基于 I/O 接口软件之上，并与应用程序进行通信的中间纽带。

VXI 的出现，为仪器驱动程序的发展带来了契机。对 VXI 来说，没有软件也就不存在仪器本身，而且，VXI 既有与 GPIB 器件相似的消息基器件，也有需要实现底层寄存器操作的寄存器基器件。与消息基器件的类似性不同的是，每个寄存器基器件都有特定的寄存器操作，寄存器基器件之间的差异是很明显的，显然，用 SCPI 语言格式对 VXI 寄存器基器件进行操作是无法实现的。同样，VXI 中特有的高速数据通道、共享内存、分布式结构特性，使 VXI 驱动程序的编写比 GPIB 仪器显然要复杂得多。因此，VXI 即插即用系统联盟在定义虚拟仪器系统结构时，也详细规定了符合 VXI 即插即用规范虚拟仪器系统的仪器驱动程序的结构与设计，即 VXI 即插即用规范中的 VPP 3.1～VPP 3.4。在这些规范中明确了仪器驱动程序的概念：仪器驱动程序是一套可被用户调用的子程序，利用它就不必了解每个仪器的编程协议和具体编程步骤，只需调用相应的一些函数就可以完成对仪器各种功能的操作，并且对仪器驱动程序的结构、功能及接口开发等做了详细规定。这样，使用仪器驱动程序就可以大大简化仪器控制及程序的开发。

2. VPP 仪器驱动程序的特点

VPP 仪器驱动程序具有以下特点：

(1) 仪器驱动程序一般由仪器供应厂商提供。

VXI 即插即用规范规定，虚拟仪器系统的仪器驱动程序是一个完整的软件模块，并由仪器模块供应厂商在提供仪器模块的同时提供给用户。可以提供给用户仪器模块的所有功能包括通用功能和特定功能。

(2) 所有仪器驱动程序都必须提供程序源代码，而不是只提供可调用的函数。

用户可以通过阅读与理解仪器驱动程序源代码，根据自己的需要来修改与优化驱动程序。仪器功能并不由仪器供应厂商完全限定，仪器具有功能扩展性与修正性，可以方便地将仪器集成到系统中，也可以方便地实现虚拟仪器系统的优化。

(3) 仪器驱动程序结构的模块化与层次化。

仪器驱动程序并不是 I/O 级的底层操作，而是较抽象的仪器测试与控制。仪器驱动程序的功能调用是多层次的，既有简单的操作，又有仪器的复合功能[50]。所有仪器程序的设计都遵循外部接口模型与内部设计模型的双重结构。

(4) 仪器驱动程序的一致性。

仪器驱动程序的设计与实现，包括其处理错误的方法、帮助消息的提供、相关文档的提供以及所有修正机制都是统一的。用户在理解了一个仪器驱动程序之后，可以利用仪器驱动程序的一致性，方便而有效地理解另一个仪器驱动程序，也可以在一个仪器驱动程序的基础上，进行适当修改，为新的仪器模块开发出一个符合 VPP 规范的仪器驱动程序。统一的仪器驱动程序设计方法有利于仪器驱动程序开发人员提高开发效率，并最大限度地降低开发重复性。

(5) 仪器驱动程序的兼容性与开放性。

VPP 规范对仪器驱动程序的要求，不仅适用于 VXI，也适用于 GPIB 仪器、串行接口仪器驱动程序的开发。同样，VPP 规范不仅适用于消息基器件驱动程序的开发，也适用于寄存器基器件驱动程序的开发。在虚拟仪器系统中，所有类型的虚拟仪器，具有同样结构与形式的仪器驱动程序，可以大大缩短仪器系统的集成与调试过程，并有利于虚拟仪器系统的维护与发展，系统集成人员可以将精力完全集中到系统的设计与组建上，而不是像过去浪费太多的时间与精力在具体的仪器编程细节上，系统集成的效率与可靠性也大大提高。

在 VPP 系统中，一个完整仪器的定义不仅包括仪器硬件模块本身，也包括仪器驱动程序、软件面板以及相关文档。在标准化的 I/O 接口软件——VISA 基础上，对仪器驱动程序制定一个统一的标准规范，是实现标准化虚拟仪器系统的基础与关键，也是实现虚拟仪器系统开放性与互操作性的保证。

3. 仪器驱动程序的结构模型

1) 外部接口模型

VPP 规范规定了仪器驱动程序开发者编写驱动程序的规范与要求，可使出自多个厂商的仪器驱动程序共同使用，增强了系统级的开放性、兼容性和互换性。VPP 规范提出了两个模型。VPP 仪器驱动程序都是围绕这两个模型编写的。第一个模型是仪器驱动程序的外部接口模型(图 7.13)，它描述了仪器驱动程序如何与外部软件系统接口交互。

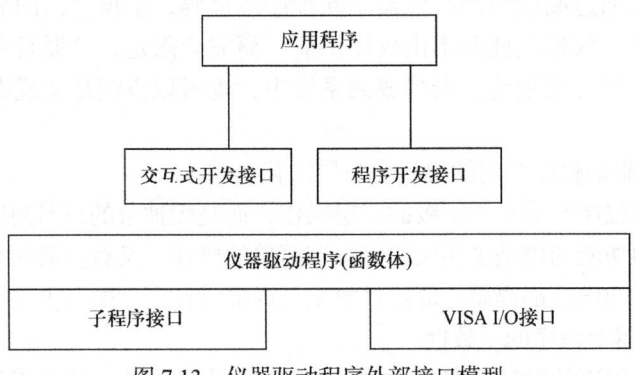

图 7.13 仪器驱动程序外部接口模型

外部接口模型可分为以下五部分。

(1) 函数体。

函数体是仪器驱动程序的主体，为仪器驱动程序的实际源代码。函数体的内部结构将在仪器驱动程序的第二个模型(内部设计模型)中详细介绍。VPP 规范定义了两种源代码形式：一种为语言代码形式(主要是 C 语言形式)；另一种为 G(图形)语言形式。

(2) 交互式开发接口。

交互式开发接口通常是一个图形化的功能面板，用户可在这个图形接口上管理各种控制，改变每一个功能调用的参数值。

(3) 程序开发接口。

程序开发接口是应用程序调用驱动程序的软件接口，通过本接口可方便地调用仪器驱动程序中定义的所有功能函数。不同的应用程序开发环境，将有不同的程序开发接口。

(4) VISA I/O 接口。

仪器驱动程序通过 VISA I/O 接口调用 VISA 这一标准的 I/O 接口程序库，从而实现仪器驱动程序与仪器的通信问题。

(5) 子程序接口。

子程序接口指的是为仪器驱动程序调用其他软件模块(如数据库、FFT 等软件)而提供的软件接口。

2) 内部设计模型

仪器驱动程序的第二个模型是内部设计模型，如图 7.14 所示，其定义了仪器驱动程序函数体的内部结构，并进行详尽描述。该模型对于仪器驱动程序的开发者非常重要，因为所有 VPP 仪器驱动程序源代码需根据此设计模型而编写。同样，该模型对于仪器用户也非常重要，一旦用户理解了该模型，并知道如何使用仪器驱动程序，那么用户就完全知道怎样使用所有的仪器驱动程序。

VPP 仪器驱动程序的函数体主要由两部分组成：第一部分是一组部件函数，是一些控制仪器特定功能的软件模块，包括初始化函数、配置函数、状态函数、数据函数、实用函数和关闭函数；第二部分是一组应用函数，使用其中部分函数共同实现完整的测试和测量操作。

(1) 部件函数。

仪器驱动程序部件函数包括初始化函数、配置函数、状态函数、数据函数、实用函数和关闭函数。

① 初始化函数，是访问仪器驱动程序时调用的第一个函数，也被用于初始化软件连接，可执行一些必要的操作，使仪器处于默认的上电状态或其他特定状态。

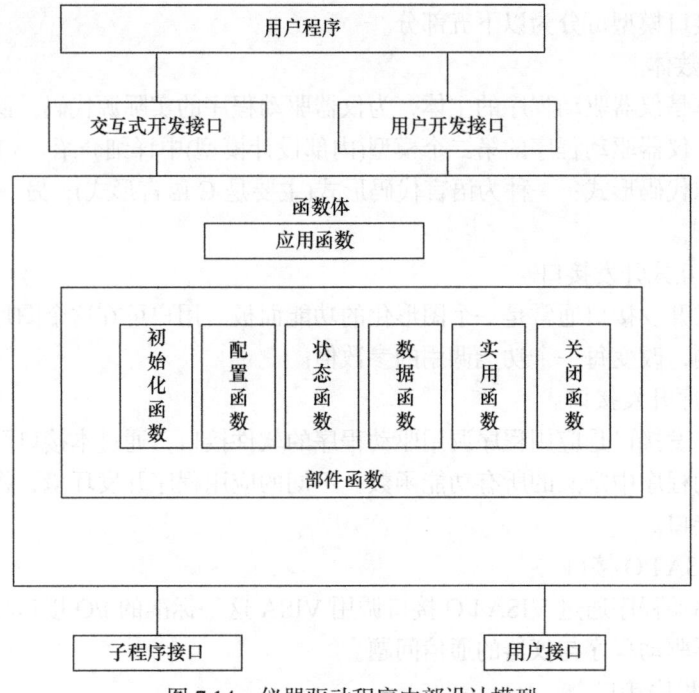

图 7.14 仪器驱动程序内部设计模型

② 配置函数，是一些软件程序，对仪器进行配置，以便执行所期望的操作。

③ 状态函数，使仪器执行一项操作或者报告正在执行或已挂起的操作的状态。这些操作包括激活触发系统、激励输出信号或报告测量结果。

④ 数据函数，用来从仪器取回数据或向仪器发送数据。例如，具有这些函数的测量器将测量结果传送到计算机，波形数据传送到任意波形合成器，数据传送到数据信号发生器等。

⑤ 实用函数，包括许多标准的仪器操作，如复位、自检、错误查询、错误处理等。实用函数也可包括开发者自己定义的仪器驱动程序函数，如校准、存储和重新设定值等。

⑥ 关闭函数，是最后调用的函数，只是简单地关闭仪器与软件的连接。

(2) 应用函数。

应用函数是一组由源代码提供的面向测试任务的高级函数，在大部分情况下，这些例行程序通过配置、触发和从仪器读取数据来完成整个测试操作。这些函数不仅提供了如何使用部件函数的实例，而且当用户仅需要一个面向测试的函数接口而不是使用单个部件函数时，也是非常有用的。应用函数本身是基于部件函数之上的。

从部件函数的类型可以看出，初始化函数、关闭函数以及实用函数是所有 VPP

仪器驱动程序都必须包含的，属于仪器的通用函数部分。配置函数、状态函数以及数据函数是每个仪器驱动程序的不同部分，属于仪器的特定函数部分。

根据测试任务的不同，将虚拟仪器粗分为三种类型：测量仪器、源仪器以及开关仪器，分别完成测量任务、源激励任务以及开关选通任务。在 VPP 系统仪器驱动程序规范中，将配置函数、状态函数以及数据函数统称为功能类别函数，对应以上三种仪器类型分别定义了三种功能类别函数的结构，即测量类函数结构、源类函数结构以及开关类函数结构。

3) 仪器驱动程序函数简介

符合 VPP 规范的仪器驱动程序函数是标准的、统一的。VPP 规范规定了仪器驱动程序通用函数的原型结构、参数类型与返回值，下面对通用函数进行简单介绍。

(1) 通用函数。

① 初始化函数，建立驱动程序与仪器的通信联系。VPP 规范对参数及返回的状态值做了规定，分别如表 7.4 和表 7.5 所示。

表 7.4　参数表

输入参数	描述	类型
rsrcName	仪器描述	ViRsrc
Id query	系统确认是否执行	ViBoolean
Reset instr	复位操作是否执行	ViBoolean
输出参数	描述	类型
vi	仪器句柄	ViSession

表 7.5　返回状态值表

返回状态值	描述
VI_SUCCESS	初始化完成
VI_WARN_NSUP_ID_QUERY	标识查询不支持
VI_WARN_NSUP_ID_RESET	复位不支持
VI_ERROR_FAIL_ID_RESET	仪器标识查询失败

② 复位函数，将仪器置为缺省状态。

③ 自检函数，对仪器进行自检。

④ 错误查询函数，对仪器产生的错误进行查询。
⑤ 错误消息函数，将错误代码转换为错误消息。
⑥ 版本查询函数，对仪器驱动程序的版本与固有版本进行查询。
⑦ 关闭函数，终止软件与仪器的通信联系，并释放系统资源。
(2) 特定函数。

每个仪器不仅具有通用功能，也具有自己的特定功能。从功能上划分，仪器分为测量仪器、源类仪器以及开关类仪器等。整个仪器驱动程序的结构是树结构，仪器作为树结构的根节点，包括的功能类别函数为子节点，再向下分解得到的子功能为孙节点，一直分解到所有子功能都能对应到一个仪器功能操作函数为止。

下面分别对三种功能类别函数的结构进行描述。

① 测量类功能类别函数。此类函数对一特定测量任务进行仪器配置，初始化测量过程并读取测量值。这些函数一般包含在测量类仪器模块(如数字万用表模块)的仪器驱动程序中。这些功能函数包含多个参数，并且不需要与其他驱动函数操作进行交互。图 7.15 为测量类功能类别函数结构模型。

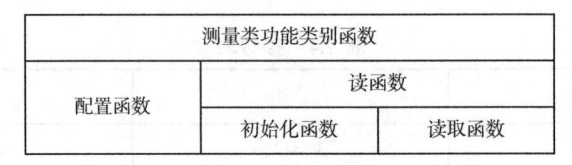

测量类功能类别函数		
配置函数	读函数	
^^	初始化函数	读取函数

图 7.15 测量类功能类别函数结构模型

配置函数：为测量类仪器提供一个高级、抽象的功能接口。它为一个特定的测量任务配置仪器，但不进行测量初始化，一般不提供返回结果。

读函数：完成一个完整的测量操作，从测量初始化到测量结果提供。

配置函数与读函数是相互独立的，但其内部有特定的顺序关系。读函数依赖配置函数产生仪器状态，但并不能修改仪器的配置情况，以下两种函数情况类似。

② 源类功能类别函数。该类函数在单一操作中，完成对一个特定激励输出的仪器配置，并进行初始化。这些函数一般包含在源输出类模块(如信号发生器、任意波形发生器等模块)的仪器驱动程序中。这些功能函数包含多个参数，且不需要与其他驱动函数操作进行交互。源类功能类别函数结构模型如图 7.16 所示。

源类功能类别函数	
配置函数	初始化函数

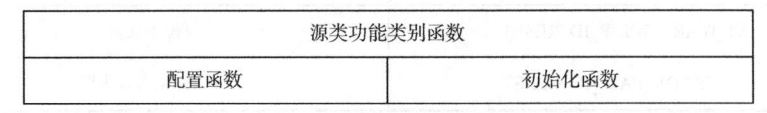

图 7.16 源类功能类别函数结构模型

配置函数：为源类仪器提供一个高级、抽象的功能接口。它为一个特定的激励输出任务配置仪器，但不进行器件初始化，一般不提供返回结果。

初始化函数：进行源操作登录，完成激励输出操作初始化。

③ 开关类功能类别函数。在单一操作中，该函数完成对信号的开关选通。这些功能类别函数，一般包含在各类开关模块的仪器驱动程序中。这些功能函数包含多个参数，且不需要与其他驱动函数操作进行交互。图7.17为开关类功能类别函数结构模型。

开关类功能类别函数	
配置函数	初始化函数

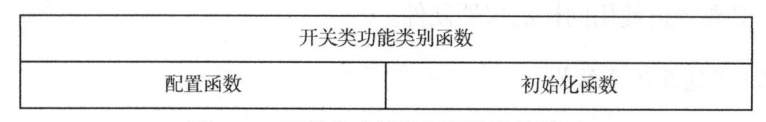

图 7.17　开关类功能类别函数结构模型

配置函数：为开关类仪器提供一个高级、抽象的功能接口。它为一个特定的开关选通任务配置仪器，但不进行器件初始化，一般不提供返回结果。

初始化函数：进行开关操作登录，完成开关选通操作初始化。

在虚拟测试系统中，将仪器分为以上三大类是相对模糊的，有的仪器本身既具有测量功能，又具有源输出功能，因此它必须同时符合VPP规范对测量类功能类别函数与源类功能类别函数的要求。上述所有树结构模型的划分也是相对于模型的，仪器驱动程序的设计人员必须在以上树结构的基础上，进一步细化子节点的结构，直到所有的子节点都可以直接与一个函数操作相对应。由于测试系统中的仪器类型实在太多，对所有仪器驱动程序的设计进行详细的规定与描述，既不可行，也不符合扩展性要求。因此，仪器驱动程序人员必须在完全理解仪器驱动程序的外部接口模型与内部设计模型的基础上，结合本仪器的具体功能要求及一定的功能指标，尽可能地参考现有符合VPP规范的仪器驱动程序实例，才能设计出标准化、统一化、模块化的VPP仪器驱动程序。

7.3.3　IVI 仪器驱动程序开发

长期以来，互换性成为许多仪器工程师搭建系统的目标。在很多情况下，仪器硬件不是过时就是需要更换，因此迫切需要一种无须改变用户程序代码就可用新的仪器硬件改进系统的方法。针对这一问题，人们创立了IVI基金会。IVI基金会是最终用户、系统集成商和仪器制造商的一个开放的联盟。目前，该组织已经制定了五类仪器的规范：示波器/数字化仪(IVIScope)、数字万用表(IVIDmm)、任意波形发生器/函数发生器(IVIFGen)、开关/多路复用器/矩阵(IVISwitch)及电源(IVIPower)。美国NI公司作为IVI的系统联盟之一，开发了基于虚拟仪器软件平台的IVI仪器驱动程序库。

IVI基金会从基本互操作性到可互换性，为仪器驱动程序提升了标准化水平。通过为仪器类制定统一的规范，获得了更大的硬件独立性，减少了软件维护和支持费用，缩短了仪器编程时间，提高了运行性能。运用 IVI 技术可使许多部门获益，例如，使用 IVI 技术的事务处理系统可把不同的仪器用在其系统中，当仪器陈旧或者有升级的、高性能或低造价的仪器时，可任意更换，而不需要改变测试程序的源代码；在电信和电子消费产品中，当仪器出现故障或者需要修复时，可保持生产线正常运行；各大制造厂商可很容易地在部门和设备之间复用及共享代码而没有必要强迫使用同样的仪器硬件。

1. IVI 规范及体系结构

所有仪器不可能具有相同功能，因此不可能建立一个单一的编程接口。为此，IVI 基金会制定的仪器类规范被分成基本能力和扩展属性两部分。前者定义了同类仪器中绝大多数仪器所共有的能力和属性；后者则更多地体现了每类仪器的许多特殊功能和属性。下面将这五类规范进行简要介绍：

(1) IVI 示波器类把示波器视为一个通用的、可采集变化电压波形的仪器来使用。用基本能力来设置示波器，例如，设置典型的波形采集(包括设置水平范围、垂直范围和触发)、波形采集的初始化及波形读取。基本能力仅支持边沿触发和正常的采集。除了基本能力，IVI 示波器类定义了它的扩展属性：自动配置，求平均值、包络值和峰值，设置高级触发(如视频、毛刺和宽度等触发方式)，执行波形测量(如上升时间、下降时间和电压的峰-峰值等)。

(2) IVI 数字万用表类支持典型的数字万用表。用基本能力来设置典型的测量参数(包括测量函数、测量范围、分辨率、触发源、测量初始化及测量值)；用扩展属性来配置高级属性，如自动范围设置及回零。IVI 数字万用表类定义了两个扩展属性：IVIDmmMultipoint 采集每一个触发的多个测量值；IVIDmmDeviceinfo 查询各种属性。

(3) IVI 函数发生器类定义了产生典型函数的规范。输出信号支持任意波形序列的产生，包括用户自定义的波形。用基本能力来设置基本的信号输出函数，包括设置输出阻抗、参考时钟源，打开或者关闭输出通道，对信号初始化及停止产生信号；用扩展属性来产生一个标准的周期波形或者特殊类型的波形，并通过设置幅值、偏移量、频率和初相位来控制波形。

(4) IVI 开关类规范是由厂商定义的一系列 I/O 通道。I/O 通道通过内部的开关模块连接在一起。用基本能力来建立或断开通道间的相互连接，并判断在两个通道之间是否有可能建立连接；用扩展属性可以等待触发，来建立连接。

(5) IVI 电源类把电源视为仪器，并可作为电压源或电流源，其应用领域非常广泛。IVI 电源类支持用户自定义波形电压和瞬时现象产生的电压。用基本能力来设置供电电压及电流的极限、打开或者关闭输出；用扩展属性来产生交流或直流电压、电流及用户自定义的波形、瞬时波形、触发电压和电流等。

IVI 仪器驱动程序库包括 IVI 基金会定义的五类仪器的标准 Class Driver、仿真驱动程序和软面板。该软件包为仪器交换提供了一个标准接口，通过定义一个可互换性虚拟仪器的驱动模型来实现仪器的互换性，IVI 体系结构如图 7.18 所示。

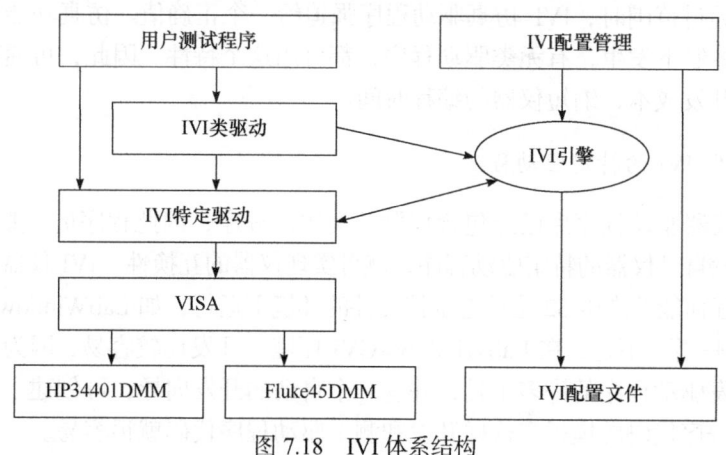

图 7.18 IVI 体系结构

由图 7.18 可以看出，IVI 仪器驱动程序比 VISA 规范更高一层。它扩展了 VPP 仪器驱动程序的标准，并加入了仪器的可互换性、仿真和状态缓存等功能，使得仪器厂商可使用新增功能。因此，IVI 基金会是对 VPP 系统联盟的一个很好补充。

测试程序可直接调用仪器特定驱动程序，也可通过类驱动程序来调用特定驱动程序。采用直接调用方式时，可执行状态缓存、范围检查及简单的仿真，若需要更换仪器，则修改测试程序；当采用间接调用方式时，应用程序通过调用 IVI Configuration Utility 中的 IVIDmm_Configure 函数，来调用仪器的特定驱动程序，因此不用修改用户测试程序。例如，在图 7.18 中，用户测试程序可不用直接调用 Fluke45_Configure 或者 HP34401_Configure。这样，当系统中使用的是 Fluke45DMM 时，程序在运行中会动态地自动装载到 Fluke45_Configure。若将测试系统中的 Fluke45DMM 换成 HP34401DMM，则 IVIDmm 驱动程序自动定向到调用 HP34401_Configure。按照这种"虚拟"方式把同一类仪器中不同仪器的特性差异封装起来，保证应用程序完全独立于硬件仪器，也就同时保证了仪器的可互换性。

对于一个标准的仪器驱动程序，状态跟踪和状态缓存是其最重要的特点。状态缓存命令可以利用 IVI 的状态缓存特性在特定驱动程序下执行，因此不会影响类驱动程序的运行。IVI 引擎通过控制仪器的读写属性，来监测 IVI 仪器驱动程序。通过状态缓存，存储了仪器当前状态的每一个属性设置值，消除了送到仪器的多余命令，当尝试设置一个仪器已有的属性值时，IVI 引擎将会跳过这个命令，从而提高了程序运行速度。

IVI 仿真驱动程序有内置的仿真数据产生算法，因此可对仪器硬件进行仿真。

当程序员在仪器不能运行或者功能不完整时，可用软件仿真前端仪器的采集、计算和验证。同时，仿真驱动程序也可对仪器的属性值范围进行检查，即当写测试代码而没接仪器时，IVI 仿真驱动程序自动识别所发送的值是否有效。同时，当输入参数超过范围时，IVI 仿真驱动程序强迫给一个正确值。仿真功能在特定驱动程序的控制下发生，有无类驱动程序，都可用这个特性。因此，可通过仿真降低测试的开发成本，缩短仪器的编程时间。

2. 开发 IVI 的特定驱动程序

IVI 仪器驱动程序库已经包含仪器的类驱动程序，因此程序员只要按照 IVI 的规范开发自己仪器的特定驱动程序，就可实现仪器的互换性。IVI 仪器驱动程序库，可在任何能够产生 32 位动态链接文件的环境下运行，如 LabWindows/CVI、VB 和 VC++等。不过，在 LabWindows/CVI 环境下开发比较容易，因为这个软件容纳了开发驱动程序的许多工具，并有一个自动的开发向导，可创建一个包含大多数驱动程序代码的模板，这样开发和测试驱动程序代码就很容易。

在开发仪器的特定驱动程序之前，首先要熟悉仪器的相关命令，然后根据其功能进行分类。在 LabWindows/CVI 下创建仪器的特定驱动程序，需按以下步骤进行程序开发。下面针对 ACME-XYZ 示波器进行详细介绍。

1) 创建一个驱动程序模板

LabWindows/CVI 有一个内置的开发向导提示程序员输入有关的信息，根据输入的信息，自动地创建一个代码模板和函数目录。代码模板包含许多修改指令以及实现各种属性的示例；函数目录包含每一个函数、控制和指示的规范。

2) 移走不用的扩展属性

根据 IVI 规范，ACME-XYZ 示波器应该支持 IVI 示波器类的基本属性，扩展属性仅支持边沿触发，因此与其他触发类型有关的扩展属性就必须从驱动程序的代码文件和头文件中移走。

3) 确定独立属性

独立属性是指不受别的属性设置影响的属性，如采集类型、输入阻抗、触发类型、触发耦合等。

4) 调用指定的属性

对采集类型来说，ACME-XYZ 示波器支持正常采集、峰值检测以及高分辨率等模式。表 7.6 列出了其具有的各种模式，范围表为存储有效的硬件设置提供了一个简单、方便的方式。用属性编辑器可以编辑范围表或者寄存器的值。完成范围表的编辑后，可以进行读、写操作以设置或读取硬件属性值。

表 7.6　用来设置和查询 ACME-XYZ 示波器采集模式的命令串

命令串	范围表
ACQ:TYPE:NORM	正常采集模式
ACQ:TYPE:PEAK	峰值检测采集模式
ACQ:TYPE:ENV	包络采集模式
ACQ:TYPE:HIRES	高分辨率采集模式
ACQ:TYPE:SPECT	频谱分析仪模式

5) 确定属性的失效规则

IVI 引擎用一个相对简单的机制来维护状态缓存的完整性。在许多情况下，一个属性值有可能影响另一个属性值，例如，示波器的垂直范围和偏移量依赖探头对输入信号的衰减。改变探头衰减的同时改变了垂直范围和偏移量。这意味着当探头的衰减改变时，必须给垂直范围和偏移量的缓存值赋予一个失效值或者更新值。这个问题很容易解决，在属性的失效目录中为探头的衰减属性选择其衰减值即可。

利用以上步骤，可以成功开发符合 IVI 规范的仪器特定驱动程序。当测试平台改变或者系统体系结构(从 GPIB 到 VXI 或 PXI)改变时，所用仪器的驱动程序不用改变，真正实现了仪器的互换性。

3. LabWindows/CVI 环境下的 IVI 仪器驱动程序

IVI 仪器驱动程序可用任何能产生 32 位动态链接库的开发环境来开发。相对而言，目前用 LabWindows/CVI 开发最方便、快捷，因为 LabWindows/CVI 包含了许多创建仪器驱动程序的开发、测试工具，如 IVI 仪器驱动程序开发向导等。下面结合实例，阐述 LabWindows/CVI 环境下开发 IVI 仪器驱动程序的基本步骤：

(1) 用 IVI 提供的 Create IVI Instrument Driver 工具，生成符合 IVI 规范的程序框架，创建基本的仪器驱动程序文件(包括源文件、头文件和函数面板文件)。

LabWindows/CVI 包含一个内嵌的能引导开发者进行驱动程序开发的向导。通过"Tools"菜单下的"Create IVI Instrument Driver"激活该向导，根据该向导的一系列提示、对话框要求进行选择或键入必要的信息。例如，选择创建一个全新的驱动程序还是在已有驱动程序的基础上开发驱动程序，选择 I/O 接口类型、仪器所属类型、仪器所支持的操作(ID 查询、复位、自检、错误查询等操作)，并键入仪器名称、仪器前缀和有关开发者的信息等。

以开发 VXI 总线矩阵开关模块为例，选择 "Create New Driver"，I/O 接口类型选择"VXI registerbased"，仪器类型选择"Genetal Purpose"，键入仪器名称"Matrix1608"、仪器前缀"matrix"，以及生产厂商 ID 号、器件逻辑地址等信息。

驱动程序开发向导根据这些信息对仪器进行基本检测，检测成功后自动生成一个以 matrix 为前缀的代码模板(驱动程序的框架代码)、函数面板以及一个函数树，其内容包含在 matrix.c、matrix.h、matrix.fp、matrix.sub 等构成仪器驱动程序的必要文件中。matrix.c 包含了各组成函数的框架代码，所生成的框架代码中除基本代码外，还包含修改指令标记，以提醒开发者在适当的位置加入自己的代码或对框架代码进行修改。

(2) 分析驱动程序的组成文件和源代码，根据自己开发的仪器功能，删除不用的扩展代码，添加自己的函数和代码。

IVI 规范定义了基本函数、属性以及扩展函数和代码。一个遵循 IVI 规范的驱动程序必须支持这些基本函数和属性。若用 IVI 向导来开发驱动程序，则向导会自动支持这些基本函数和属性。扩展函数及属性体现了一个仪器类中比较特殊的特点。若该仪器不支持扩展函数和这些属性，则可以不设置它们，将多余的附加代码删除。若仪器类型选择的是"Genetal Purpose"，则向导生成最基本的通用类型模板，这时开发者就必须自己设计、定义面向特定仪器的函数，并为这些函数创建函数面板，编写源代码。

(3) 针对独立属性设置属性回调函数。

独立属性是不受其他任何属性影响的属性，这些属性可用来设置和访问硬件，开发者可用属性编辑器编辑属性，如设置属性的数据类型、范围表和属性支持的回调函数等。属性设置完成后，就可以编写读、写回调函数。写回调函数实质上是被用来设置硬件属性值的，在状态存储机制无效时，写回调函数总是被执行。当状态存储和范围检查有效时，若所设置的属性值是有效值，或者设置的属性值与所存储的状态值不相等，则 IVI 引擎也执行写回调函数。读回调函数与写回调函数类似，只是读回调函数是用来获取属性值的。在状态存储被设置为无效时，读回调函数总是被执行。当状态存储被设置为有效时，只有在程序要求获得一个属性的状态值，而该状态值又没有存储在内存中时，IVI 引擎才执行读回调函数。

(4) 明确属性的无效值，IVI 引擎使用一套相对直观的机制来保持状态存储的完整性。

IVI 引擎所依赖的是属性无效列表，该表被用来解决高级属性之间的相关性。在许多情况下，一个属性值可能会受到其他属性值的影响。例如，一台示波器的垂直范围和偏置取决于作用在输入信号的探头衰减，改变探头衰减将同时改变示波器的垂直范围和垂直偏置，这就意味着当探头衰减时，垂直范围和垂直偏置的值或是无效，或是需要更新。这可通过在探头衰减属性的属性无效列表中包含垂直范围和偏置来实现上述的属性关系。

(5) 编写应用程序对 IVI 仪器驱动程序的各函数进行测试，以确保正确性。

经过编写、调试发现，IVI 模型在低层的仪器 I/O 和高层的用户调用之间，引入各种软件组件，可以使所开发的仪器驱动程序在相应的支持例程下，更加灵活可靠，具有仪器级的互操作性。

对于不同厂商或同一个厂商不同型号的每种仪器，都应带有特定的仪器驱动程序。这样，在进行更换时，用户只需简单地更换仪器及特定的仪器驱动程序，不用改动仪器类驱动程序及测试程序。IVI 仪器驱动程序库为 NI 公司、HP 公司、FLUKE 公司等的几十种通用仪器提供了特定的仪器驱动程序。若测试系统中选用的或自制的仪器没有特定的仪器驱动程序，则通过 VISA 函数进行操作，就可使用 LabWindows/CVI 中的仪器驱动程序开发工具进行开发。将开发好的特定的仪器驱动器加入 IVI 仪器驱动器库，修改 IVI.INI 文件后，测试程序就可通过类驱动器操作特定的仪器。

以下是 IVI.INI 文件的例子，程序分为虚拟仪器、仪器驱动器、硬件设置三部分。如果要将 Fluke45DMM 换成 HP34401DMM，那么只要 IVI.INI 中相关内容换成 HP34401 的信息。

```
[IviLogicalNames]
DMM1="VInstr→F145"
[ClassDriver→IviDmm]
Description="IVI Digital Multimeter 类驱动程序"
Simulation VInstr="VInstr→NISimDMM"
[VInstr→F45]
Description="Fluke 45 Digital Multimeter"
Driver="Driver→F45"
Hardware="Hardware→F45"
RangeCheck=True
Simulate=True
UseSpecificSimulation=True
Trace=True
InterchangeCheck=True
QueryStatus=True
ChannelNames="ch1"
Defaultsetup=""
[Driver→F145]
```

```
    Description="Fluke 45 Digital Multimeter Instrument
Driver"
    ModulePath="c:\cvi50\instr\F145_32.dll"
    Prefix="FL145"
    Interface="GPIB"
    [Hardware→F145]
    Description=""
    ResourceDesc="GPIB::2::INSTR"
    IdString="FLUKE, 45, 4940191, 1.6D1.0."
    DefaultDriver="Driver→F145"
```

当 DMM 类驱动程序初始化时，先在 IVI.INI 文件中找到 DMM1，然后找到特定的仪器驱动程序"Driver→F145"，通过基于 VISA 的"Driver→F145"对 Fluke45 进行操作。在测试程序中调用 IVI 仪器驱动程序中功能函数及属性的方法与调用 VPP 仪器驱动程序中相关函数的方法相同。从 IVI.INI 文件中可以看出状态跟踪、有效数据范围检查、仪器工作状态检查及仪器仿真等功能，可以简单地用 true 或 false 来开或关，不必更改测试程序。

IVI 技术具有非常多的优点，但仍有不足之处，例如，仪器类驱动程序的功能及属性是同类仪器的公共部分，某些特殊属性没有包含在仪器类驱动程序中，这会给某些特殊应用带来不便。随着现代电子设备对测试技术需求的快速增长以及计算机技术的迅猛发展，IVI 技术必将推动整个现代测试技术的进步，以建立更开放、更强大的现代测试软件平台。

7.4 本章小结

本章在介绍虚拟仪器的内涵、组成及硬件、软件系统构成的基础上，重点讲述了虚拟仪器软件 VISA 的基本结构、特点、应用；立足可编程标准命令 SCPI 探讨了 VPP 仪器驱动程序和 IVI 驱动程序的结构模型。通过本章学习，可以了解虚拟仪器测试技术基本原理，掌握现代测试系统软件开发的基础知识。

思 考 题

1. 什么是虚拟仪器？虚拟仪器与传统仪器的区别是什么？
2. 什么是 VISA？VISA 有什么特点？
3. 设计 VI，求 0～99 所有偶数的和。

4. 设计 VI，产生 3 个频率不同的正弦波，并将 3 个正弦波叠加，再把叠加的波进行傅里叶变换，显示变换前后的波形。

5. 设计一个 VI 程序，实现账号和密码登录的人机界面。若输入的账号和密码相符，则显示欢迎登录对话框，单击"确定"按钮退出程序；若输入的账号和密码不相符，则显示出错对话框，单击"确定"按钮返回程序。

6. 利用声卡的数据采集与输出：

(1) 通过话筒，利用声卡采集一段声音。

(2) 显示该段声音的频率，分析特点，并存储起来。

(3) 试着根据存储的声音特色，区别不同的人。

(4) 存储不同的声音，利用声卡实现回放。

7. 利用 LabVIEW 编写一个串行接口调试助手。

(1) 用户可任意选择串行接口。

(2) 可根据用户要求调节波特率，并提供多个默认波特率选项。

(3) 串行接口通信方式可调。

(4) 校验方式可选(奇校验或偶校验)。

第 8 章　现代测试系统集成技术

目前，武器装备的测试设备大多是随着具体型号武器项目配套研制的，虽然能够满足技术准备的需要，但存在缺乏对测试设备系统、顶层的规划，硬件不通用，软件不统一，造成保障的及时性、有效性和经济性不能达到最优状态等。通用测试设备体系通过采用综合测试与综合诊断策略，实现基于状态的武器装备的预测性维修，从而加快了以测试设备为主体的保障装备向真正的"三化"(通用化、系列化、模块化)方向发展的步伐，进一步提高了效益和保障水平。

8.1　现代测试系统的开发与集成

8.1.1　现代测试系统的设计原则

测试系统在设计和组建过程中，有一些原则是相同的，下面讨论测试系统设计的一般原则。

1. 明确测试目标

测试目标的选择，对整个测试方案有很大的影响。对于工程中破坏性试验数据的测量，由于试验过程中零件、部件、整机等参试品破坏且属于不可逆过程，一般很难直接确定测试目标。对于成本高的试验，如导弹发射，无法多次进行，因此也很难直接确定测试目标。面对这种情况，应该采取模拟和分解的办法，逐步确定测试目标。

2. 被测量的选择

选择好测试目标以后，就要决定被测量的状态、性质、动态范围、变化频率等因素。如果不知道这些因素的具体情况，那么应通过经验或估算确定一个大致范围。

3. 选取传感器

根据被测量的性质、动态范围等因素，合理选取传感器。

4. 拟定测试方法

拟定测试方法是工作的主要部分，对一种物理量来说，可以测量的方法有多种，应将所有成熟或不成熟的方法都列出来，绘制系统图。根据被测信号的性质，提出对系统的上下限截止频率、输入时间常数、频率响应及动态特征等一系列要求，判断各种系统对这些要求的适应程度，对比后确定既可靠又经济的系统。

在计划制订过程中，还应进行可靠性的预测和估计。对于不同的系统，其可靠性是不同的，尤其对于一次性、不可逆、成本高的试验(如导弹发射)，应考虑采用冗余系统模拟这些内容。

5. 环境和干扰因素的考虑

针对环境、温度、湿度等因素对测试系统的干扰，事先应对其有基本的了解。通过调研文献和查看现场，获取解决这类问题的经验和数据。在一般测量系统中，要正确地接地和防止元器件的噪声，对温度系数不同引起的测量衰减应进行温度补偿。在工业环境中，电子仪器和计算机要预防射频的干扰和电源的跳动等。为进一步证明预防措施是否有效，还应设想一些模拟试验的方案，对各种干扰因素进行仔细的研究和调整。

6. 设备选择

确定测试方案和计划之后，就要选择或制造需要的设备和有关的置换装置。按测量要求的精度，选择的设备的精度应能与之相适应。

设备之间的匹配是组织测试系统的重要原则，目的是减小测试误差。匹配方式有许多种，总的原则是尽可能减少被测信号的幅度损失或能量损失。

7. 试验数据的分析与处理

当研究复杂的现象和装置时，对测试结果有潜在影响的因素是多方面的。可以用方差分析的方法找出各因素对结果的影响程度和各因素之间的交互作用对结果的影响程度，基本思想是：逐一改变一个因素而其他因素不变，对试验结果进行方差计算，先计算出各次试验的总方差(σ_e^2)、第一因素的方差(σ_1^2)、第二因素的方差(σ_2^2)，两种因素交互作用的方差(σ_{12}^2)，再用各种因素的方差与总方差进行比较，求出其显著性系数，即

$$F_1 = \frac{\sigma_1^2}{\sigma_e^2}, \quad F_2 = \frac{\sigma_2^2}{\sigma_e^2}, \quad F_{12} = \frac{\sigma_{12}^2}{\sigma_e^2}$$

接着根据试验次数决定的自由度,在 F 分布表中查出其显著性界限 F_a,若上述某个显著性系数 $F_i > F_a$,则认为此项因素影响显著,是不可忽略的;若 $F_i < F_a$,则认为此项因素的影响可忽略。

根据试验数据的分析结果,有根据地减少测试系统的有关预防措施或降低设备的精度等级,从而得到比较便宜、紧凑的测试系统,同时又能测量得到具有相同精度等级的数据。

8.1.2 现代测试系统的开发与集成流程

现代测试系统一般由自动测试设备、测试程序集合和测试程序软件平台组成。与一般应用系统的开发与集成相似,现代测试系统的开发与集成过程大致可划分为需求分析、体系结构选择与分析、测试设备选择与配置等。需求分析主要涉及功能分析、目标信号类型及特征分析、拟测参数定义、可测试性分析、测试方法分析。体系结构选择与分析主要涉及硬件平台和软件平台。硬件平台主要涉及接口总线分析、硬件体系结构分析、控制器选择与分析;软件平台主要涉及软件运行环境分析、操作系统选择与分析、开发平台选择与分析、数据库选择与分析。测试设备选择与配置主要涉及测试仪器模块选择、UUT 接口连接设计和特殊参量指标处理。现代测试系统具体开发过程及步骤如图 8.1 所示。

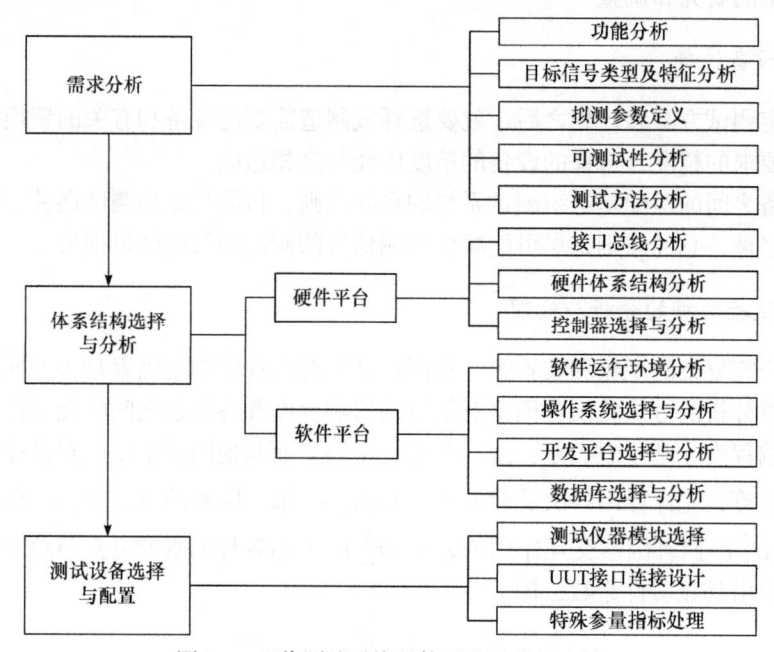

图 8.1 现代测试系统具体开发过程及步骤

当针对某项内容进行开发时,往往是多个步骤或多个流程循环进行。实践证明，一套现代测试系统开发与集成的经典流程如图 8.2 所示。

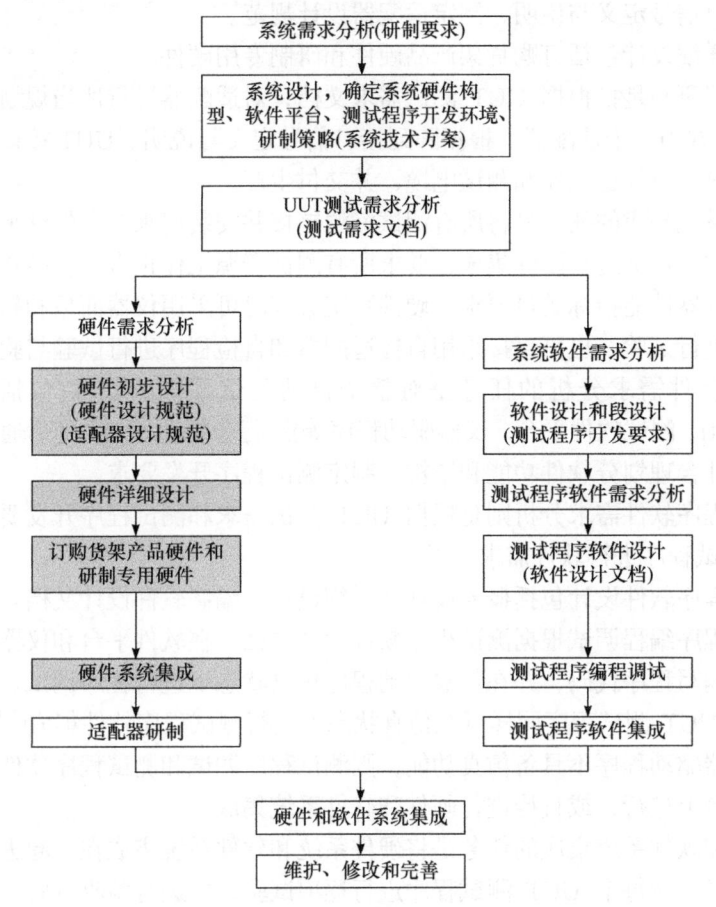

图 8.2 现代测试系统开发与集成的经典流程

系统需求分析的任务是根据实际系统的测试需求确定自动测试系统的研制任务，编制研制要求，确定被测对象清单和主要的测试指标。

系统设计的任务是根据研制要求分析系统测试需求，确定系统硬件构型、软件平台、测试程序开发环境、研制策略等问题，讨论总体技术方案，研究关键技术问题，编制系统技术方案提交用户和专家组评审，系统技术方案评审通过后开始组织以后的各项工作。

UUT 测试需求分析针对每一个 UUT 进行详细的测试需求分析，编制测试需求文档并得到 UUT 承制方和专家组的认可。

硬件需求分析的任务是根据所有 UUT 测试需求文档，归纳分析出系统硬件测试资源的需求情况。

硬件初步设计的任务是根据硬件需求情况确定硬件设计原则和设计规范，确定阵列接口信号定义与说明，制定适配器设计规范。

硬件详细设计包括订购货架产品硬件和研制专用硬件。

适配器研制是指根据 UUT 测试需求文档，对适配器进行适当规划，可考虑多个 UUT 共用一个适配器。根据阵列接口信号定义与说明、UUT 接口信号定义及测试需求，设计适配器和测试电缆，并交付生产。

硬件系统集成的任务是将所有测试资源链接并安装起来，在软件平台及仪器驱动程序的支持下进行硬件集成，要求所有测试资源工作正常，程控资源控制准确可靠，仪器性能指标满足要求。硬件系统集成时可采用仪器面板和软件面板的控制方式进行试验，也可直接采用自检适配器和自检程序进行试验与验收。

系统软件需求分析的任务是对整个自动测试系统的软件(包括 TPS(test program set)、测试软件平台、仪器驱动程序等)进行分析和评估，随后通过软件设计和段设计合理划分软件功能和结构，制定测试程序开发要求。

测试程序软件需求分析则是根据 UUT 测试需求和测试程序开发要求对某个 UUT 的测试程序进行软件需求分析。

测试程序软件设计包括概要设计和详细设计，编制软件设计文档。

测试程序编程调试根据测试程序软件设计文档，在软件平台和仪器驱动程序的支持下编写程序代码，并在仪器驱动程序仿真状态下进行程序调试。仿真调试过的各个 UUT 测试程序同样可在仿真状态下进行测试程序软件集成[51]。若软件平台和仪器驱动程序不具备仿真功能，则测试程序调试和测试程序软件集成必须在硬件平台上进行，或直接进行硬件和软件系统集成。

硬件和软件系统集成的任务是将硬件系统和软件系统集成在一起进行联调，这个阶段必须对每个 UUT 测试程序进行逐项试验，并进行验收试验。验收试验后自动测试系统可交付使用方试用和使用，研制方的后续工作就是根据试用和使用情况对自动测试系统进行维护、修改和完善。

软件平台研制及测试仪器驱动程序开发过程，与一般软件系统的研制过程一致，这里不再详细讲述。

需要注意的是，以上各步骤并非如图 8.2 所示的简单排列，而是根据系统的复杂程度需要多次迭代。例如，图中灰色框部分硬件初步设计、硬件详细设计、硬件采购或研制和硬件系统集成等过程，不同的研制策略，其排列或者选择不尽相同。事实上，若选用货架产品或推广现有的硬件平台或软件平台，则不需要这些过程，研制的工作量便可大大减少。但是，过分依赖国外硬件平台和软件平台，同样会带来研制和维护费用高、注册管理不安全等问题，因此应大力提倡推广和使用具有自主知识产权的通用的自动测试系统硬件平台和软件平台。

8.2 测试系统的级间匹配

8.2.1 负载效应

负载效应是指在电路系统中后级与前级相连时,后级阻抗的影响造成系统阻抗发生变化。图 8.3(a)表示一个线性双端网络,其具有两个端子 A 和 B。将该线性双端网络与一负载 Z_1 相连。相连之前,线性双端网络的开路输出电压设为 E_o,此时可确定端子 A 和 B 之间的阻抗 Z_{AB}。网络中的任何功率源均可用它们的内阻来代替。假设这些内阻为零,则该网络可用一电压源 E_o 和阻抗 Z_{AB} 的串联来表示(图 8.3(c) 左侧)。戴维南定理指出:若负载 Z_1 与线性双端网络连接成一个回路(图 8.3(b)),则在该回路中将流经一电流 i_1。该电流 i_1 与图 8.3(c)中等效电路中的电流值相同。如果这里的阻抗 Z_1 代表一块电压表,则电压表两端测得的电压值 E_m 应为

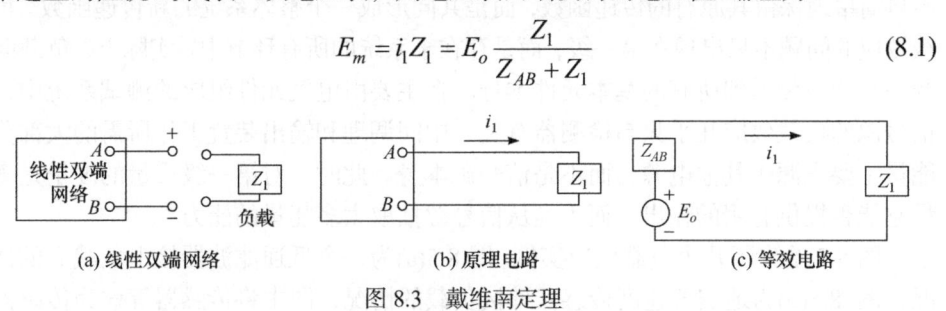

$$E_m = i_1 Z_1 = E_o \frac{Z_1}{Z_{AB} + Z_1} \tag{8.1}$$

(a) 线性双端网络　　　　(b) 原理电路　　　　(c) 等效电路

图 8.3　戴维南定理

由式(8.1)可见,$E_m \neq E_o$。这是由于测量中接入电压表后产生的影响主要是由电压表的负载引起的。为使测量值 E_m 接近于电源电压 E_o,由式(8.1)可知,应使 $Z_1 \gg Z_{AB}$,即负载的输入阻抗必须远大于前级系统的输出阻抗。将上述情况推广至一般的包括非电系统在内的所有系统,则有

$$y_m = \frac{Z_{gi}}{Z_{gi} + Z_{go}} x_u = \frac{x_u}{1 + \frac{Z_{go}}{Z_{gi}}} \tag{8.2}$$

式中,y_m 为广义变量的被测值;x_u 为广义变量的未受干扰值;Z_{gi} 为广义输入的阻抗;Z_{go} 为广义输出的阻抗。

下面根据式(8.1)和式(8.2)讨论一般意义上的负载效应,或者说在测试中的负载效应。

测量中要用到测试装置获取被测对象的参数变化数据,因此一个测试系统可以被认为是被测对象与测试装置的连接,如图8.4所示。

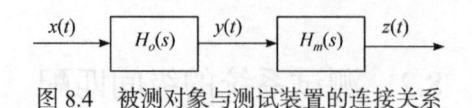

图 8.4 被测对象与测试装置的连接关系

如图 8.4 所示，$H_o(s)$ 表示被测对象的传递特性，$H_m(s)$ 表示测试装置的传递特性。被测量 $x(t)$ 经过被测对象传递后的输出 $y(t) = L^{-1}[H_o(s)X(s)]$。经测试装置传递后其最终输出 $z(t) = L^{-1}[H_m(s)Y(s)]$。在 $y(t)$ 与 $z(t)$ 之间，由于传感、显示等中间环节的影响，系统前后环节之间发生了能量的交换。因此，测试装置的输出 $z(t)$ 将不再等于被测对象的输出 $y(t)$。前面曾分析过系统串联、并联情况下的传递函数，在传递函数的推导中没有考虑环节之间的能量交换，因而环节互联之后仍能保持原有的传递函数。对于实际的系统，上述理想情况是不存在的。实际系统中，只有采取非接触式的检测手段如光、电、声等，传感器才属于理想的互联情况。因此，在两个系统互联而发生能量交换时，系统连接点的物理参量将发生变化。两个系统将不再简单地保留其原有的传递函数，而是共同形成一个整体系统的新传递函数。负载效应的问题不只出现在第一级，而是存在于系统的所有环节中。实际上，负载问题一直能被传递到所有的基本元件本身。在主要由电气元件组成的测试系统中，信号源的负载效应几乎只与检测器有关。中间调理和输出装置工作所需的大部分能量主要来源于其他电源，而不是信号源本身。此时，对第一级质量的度量是衡量它能否提供有用的输出，而不是从信号源抽取太多能量的能力。

图 8.5 给出了几个负载效应实例。图 8.5(a)为一个低通滤波器接上负载后的情况，图 8.5(b)为地震式速度传感器外接负载的情况，图中将传感器等效为传感器的线圈内阻 r 和电感 L 的串联。图 8.5(a)和图 8.5(b)中负载起耗能器的作用。图 8.5(c)为一简单的单自由度振动系统外接传感器的情况，图中 m_1 代表传感器的质量。该例中，尽管 m_1 不起耗能器的作用，但它参与了系统的振动，改变了系统的动能-势能转化状况，改变了系统的固有频率。因此，在选用测试装置时应考虑上述类型的负载效应，必须分析在接入测试装置之后对原研究对象所产生的影响。

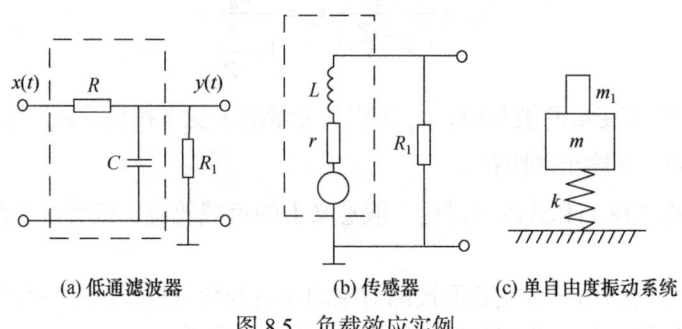

(a) 低通滤波器　　(b) 传感器　　(c) 单自由度振动系统

图 8.5 负载效应实例

8.2.2 一阶系统的互联

两个一阶系统串联后其传递函数会有什么变化？图 8.6 给出了两个一阶环节的串联情况。

(a) 一阶环节1　　　　(b) 一阶环节2　　　　(c) 两个一阶环节不加隔离直接串联

图 8.6　两个一阶环节的串联

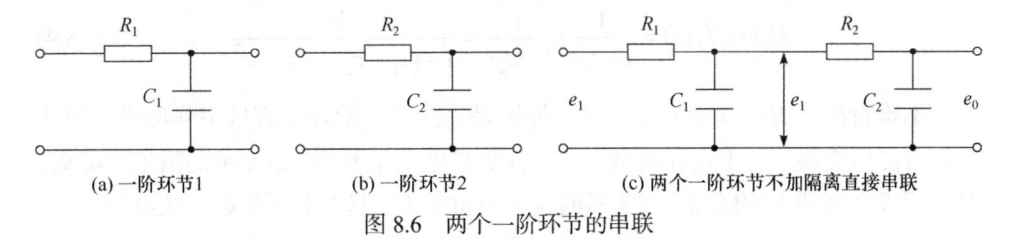

图 8.6 中两个一阶环节的传递函数分别为

$$H_1(s) = \frac{1}{1+\tau_1 s}, \quad \tau_1 = R_1 C_1$$

$$H_2(s) = \frac{1}{1+\tau_2 s}, \quad \tau_2 = R_2 C_2$$

未加任何隔离措施而将这两个一阶环节直接串联，令 $e_2(t)$ 为连接点的电压，可得

$$\frac{E_o(s)}{E_2(s)} = \frac{1}{1+\tau_2 s}$$

图 8.6(b) 和图 8.6(a) 相连，连接点右侧的阻抗为

$$Z_2 = R_2 + \frac{1}{C_2 s} = \frac{1+R_2 C_2 s}{C_2 s} = \frac{1+\tau_2 s}{C_2 s}$$

令 Z 表示 R_1 右侧电路的阻抗，即

$$Z = \frac{1}{C_1 s} \| Z_2 = \frac{\dfrac{1}{C_2 s} \cdot \dfrac{1+\tau_2 s}{C_2 s}}{\dfrac{1}{C_1 s} \cdot \dfrac{1+\tau_2 s}{C_2 s}} = \frac{1+\tau_2 s}{(C_1+C_2)s + \tau_2 C_1 s^2}$$

故有

$$\frac{E_2(s)}{E_i(s)} = \frac{Z}{R_1+Z} = \frac{1+\tau_2 s}{R_1(C_1+C_2)s + \tau_2 R_1 C_1 s^2 + 1 + \tau_2 s}$$

$$= \frac{1+\tau_2 s}{1+(\tau_1+\tau_2+R_1 C_2)s + \tau_1 \tau_2 s^2}$$

连接后的传递函数为

$$H(s) = \frac{E_o(s)}{E_i(s)} = \frac{E_2(s)}{E_i(s)} \cdot \frac{E_o(s)}{E_2(s)} = \frac{1}{1+(\tau_1+\tau_2+R_1C_2)s+\tau_1\tau_2 s^2} \tag{8.3}$$

而

$$H_1(s)H_2(s) = \frac{1}{1+\tau_1 s} \cdot \frac{1}{1+\tau_2 s} = \frac{1}{1+(\tau_1+\tau_2)s+\tau_1\tau_2 s^2} \tag{8.4}$$

不难看出，$H(s) \neq H_1(s)H_2(s)$，原因是这两个一阶环节直接串联形成的两环节间有能量交换。对于这种典型电路，若要避免相互影响，最简单的措施是隔离，即在两级之间插入跟随器。跟随器的输入阻抗很大，基本上不从第一级汲取电流，而其输入内阻又极小，不因第二级的负载而改变输出电压。显然，这种跟随器是一种有源的装置。

在测试装置中也可借助上述隔离的思想，即可借助有源反馈装置来改善装置特性，但显然这样做比较麻烦。首要的考虑应该是合理选用测试装置以满足测试精度的要求。在图 8.6 中，图 8.6(a)是被测对象的特性；图 8.6(b)是测试装置的特性。由式(8.3)可以看出，要使测试结果能充分反映原研究对象的特性，应使 $H(s) \approx H_1(s)$。在测试装置的选择上可采取两条措施：

(1) 使 $\tau_2 < \tau_1$，即测试装置的时间常数应远小于被测对象的时间常数。

(2) 测试装置的存储器件应尽量选择容量小的，即 C_2 要小。

此外，即使图 8.6 中两个环节串联时采取了隔离措施，达到了 $H(s) = H_1(s) \cdot H_2(s)$，但为了使测量数据能尽量精确地反映研究对象的动态情况而消除测试装置的影响，因此 $H_2(s) = 1$，由此 $\tau_2 < \tau_1$ 是必要条件。一般应选用 $\tau_2 < 0.3\tau_1$，这是对一阶系统测试装置时间常数的适配条件。若用二阶测试装置去测量时间常数 τ 的惯性(一阶)系统，则测试装置的阻尼比以 0.6~0.8 为佳，此时装置的固有频率也应选高于研究对象的转折频率 $1/\tau$ 的 5 倍以上。

8.2.3 二阶系统的互联

测振传感器本身是一个二阶单自由度振动系统。用测振传感器测量振动物体就是把一个二阶环节连接到一个振动物体上。

两个单自由度无阻尼振动系统的连接如图 8.7 所示。连接后将组成一个两自由度的振动系统，其运动方程式为

$$\begin{cases} m_1\ddot{x}_1 + k_1 x_1 + k_2(x_1 - x_2) = f(t) \\ m_2\ddot{x}_2 + k_2(x_2 - x_1) = 0 \end{cases} \tag{8.5}$$

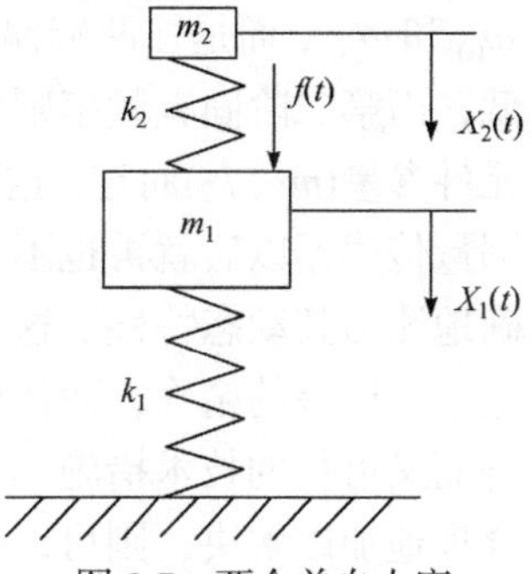

对式(8.5)做拉普拉斯变换，整理后可得

$$\begin{cases} [m_1 s^2 + (k_1 + k_2)]X_1(s) - k_2 X_2(s) = F(s) \\ -k_2 X_1(s) + (m_2 s^2 + k_2)X_2(s) = 0 \end{cases} \quad (8.6)$$

用代数方法解得

$$\begin{cases} X_1(s) = \dfrac{F(s)(m_2 s^2 + k_2)}{\Delta} \\ X_2(s) = F(s) \cdot \dfrac{k_2}{\Delta} \end{cases} \quad (8.7)$$

图 8.7 两个单自由度无阻尼振动系统的连接

式中

$$\begin{aligned} \Delta &= \begin{vmatrix} m_1 s^2 + (k_1 + k_2) & -k_2 \\ -k_2 & m_2 s^2 + k_2 \end{vmatrix} \\ &= m_1 m_2 s^4 + (m_1 k_2 + m_2 k_1 + m_2 k_2)s^2 + k_1 k_2 \end{aligned} \quad (8.8)$$

令 $\Delta = 0$ 即可求得系统的固有频率。将式(8.8)除以 $m_1 m_2$，并令 $\omega_{10}^2 = \dfrac{k_1}{m_1}$、$\omega_{20}^2 = \dfrac{k_2}{m_2}$，$\omega_{10}$ 和 ω_{20} 分别为连接前两个系统各自的固有频率，可得特征方程式为

$$s^4 + \left(\omega_{10}^2 + \omega_{20}^2 + \dfrac{k_2}{m_1}\right)s^2 + \omega_{10}^2 \omega_{20}^2 = 0 \quad (8.9)$$

若按这两个系统隔离后串联，两个系统间无能量交换，则传递函数中的分母应为

$$(s^2 + \omega_{10}^2)(s^2 + \omega_{20}^2) = s^4 + (\omega_{10}^2 + \omega_{20}^2)s^2 + \omega_{10}^2 \omega_{20}^2 \quad (8.10)$$

与直接连接后的系统特征方程式比较发现，s^2 项的系数不同。将 $s = j\omega$ ($s^2 = -\omega^2$，$s^4 = \omega^4$) 代入，可求得连接后系统的固有频率 ω：

$$\omega^4 - \left(\omega_{10}^2 + \omega_{20}^2 + \dfrac{k_2}{m_1}\right)\omega^2 + \omega_{10}^2 \omega_{20}^2 = 0 \quad (8.11)$$

从中不难解出 ω^2。

图 8.7 所表达的力学模型是经过简化的，实际模型不仅是多自由度的，而且应有各种阻尼项。然而，由式(8.9)可直接得出连接后系统的运动自由度数(或方程阶次)是各装置原来运动自由度数(或方程阶次)之和。两个单自由度系统连接之后是一个两自由度系统，运动方程将是四阶的。

由式(8.9)可见，连接以后系统的固有频率将不再是原单独系统的固有频率

ω_{10} 和 ω_{20},而是往两端偏移,即第一阶固有频率比连接前一个较低的固有频率还低,而第二阶固有频率则有所升高。偏移的大小视两装置连接点参与能量交换的元件参量(m_1、k_2)而定。这种固有频率偏移的现象表明:原则上在研究对象上连接测量传感器以后就再也不能精确地测出该研究对象的固有频率,也就不能极其精确地测出其动态特性。这是一个矛盾的问题。然而,工程中的问题并不追求理论上毫无误差的精确,而往往追求实用的、足够精确的近似,以及在规定精度下经济而又可行的技术措施。若对这种理论上固有频率发生偏移的现象给予重视,并合理地加以解决,则可以得到精确的测量结果。

另外,当将一个振动传感器连接到研究对象上时,传感器壳体的质量将附加到研究对象上。这种附加质量原则上也会导致系统固有频率的变化。此外,连接点的连接刚度(胶黏、螺纹、接触面的弹性形变)也可等效为一个弹簧。这种弹簧和壳体质量共同形成了附加的质量-弹簧振动系统。其结果是使系统的自由度数增加,引入了新的固有频率(图 8.8)。

以下分析两个具有阻尼项的二阶系统串联后的例子(图 8.9)。图 8.9(a)为一个测量速度的传感器,将它抽象为一个质量-弹簧-阻尼系统。其中,输入即待测量为速度 v_i,输出为位移 x_o,则可得无负载时的传递函数为

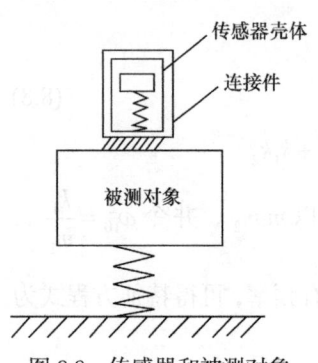

图 8.8 传感器和被测对象连接时形成的附加自由度

$$\begin{cases} B_i(\dot{x}_i - \dot{x}_o) - kx_o = M_i\ddot{x}_o \\ \dfrac{X_o(s)}{V_i(s)} = \dfrac{K_i}{\dfrac{s^2}{\omega_{ni}^2} + \dfrac{2\zeta_i s}{\omega_{ni}} + 1} \end{cases} \quad (8.12)$$

式中,$K_i = \dfrac{B_i}{k}$ 为仪器的静态灵敏度,m/(m/s);$\zeta_i = \dfrac{B_i}{2\sqrt{kM_i}}$ 为仪器的阻尼比;$\omega_{ni} = \sqrt{\dfrac{k}{M_i}}$ 为仪器的无阻尼固有频率,rad/s。

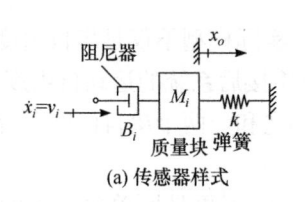

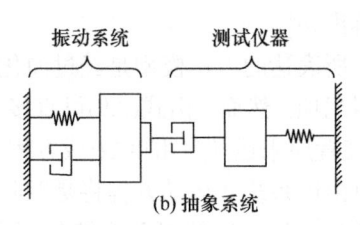

(a) 传感器样式　　(b) 抽象系统

(c) 输入阻抗频率特性

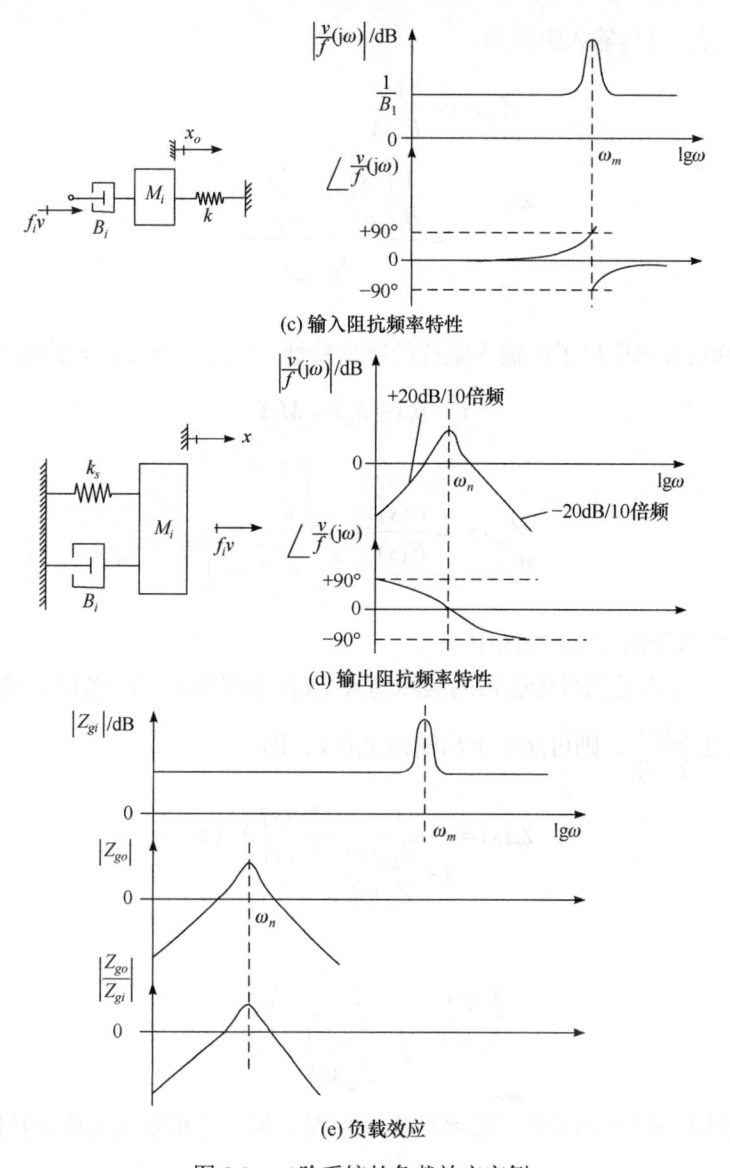

(d) 输出阻抗频率特性

(e) 负载效应

图 8.9 二阶系统的负载效应实例

显然,上述传感器(测振仪器)是一个二阶系统,用它可以精确测量低于ω_{ni}的频率成分(图 8.9(c))。若将此传感器接到一振动系统上测量系统的振动速度(图 8.9(b)),则该传感器的连接将会扭曲被测的速度量。根据图 8.9(c),有

$$\begin{cases} f - kx_o = M_i\ddot{x}_o \\ f = B_i(v - \dot{x}_o) \end{cases} \tag{8.13}$$

消去 x_o,可得输入阻抗为

$$Z_{gi}(s) = \frac{V(s)}{F(s)} = \frac{\dfrac{1}{B_i}\left(\dfrac{s^2}{\omega_{ni}^2} + \dfrac{2\zeta_i s}{\omega_{ni}} + 1\right)}{\dfrac{s^2}{\omega_{ni}^2} + 1} \tag{8.14}$$

图 8.9(c)右图给出了该输入阻抗的频率特性。同样,可求得输出阻抗 $Z_{go}(s)$:

$$f - B_i \dot{x} - k_s x = M_i \ddot{x} \tag{8.15}$$

$$Z_{go}(s) = \frac{V(s)}{F(s)} = \frac{\left(\dfrac{1}{k_s}\right)^2}{\dfrac{s^2}{\omega_n^2} + \dfrac{2\zeta s}{\omega_n} + 1} \tag{8.16}$$

其频率特性示于图 8.9(d)右图中。

此时,y_m 将是测量传感器的实际输入 x_i(在本例中为 v_i)。若已知输入与输出的传递函数 $\dfrac{Y_o(s)}{X_i(s)}$,则可从中求出输出 $Y_o(s)$,即

$$Y_o(s) = \frac{1}{1 + \dfrac{Z_{go}(s)}{Z_{gi}(s)}} \cdot \frac{X_o(s)}{X_i(s)} X_u(s)$$

即

$$\frac{Y_o(s)}{X_u(s)} = \frac{1}{1 + \dfrac{Z_{go}(s)}{Z_{gi}(s)}} \cdot \frac{X_o(s)}{X_i(s)} \tag{8.17}$$

于是针对图 8.9 所示的二阶系统串联情况,最终输出阻抗的传递特性为

$$\frac{X_o(s)}{V_{iu}(s)} = \frac{1}{1 + \dfrac{Z_{go}(s)}{Z_{gi}(s)}} \cdot \frac{X_o(s)}{X_i(s)} \tag{8.18}$$

$$\frac{X_o(s)}{V_{iu}(s)} = \left[\frac{\left(\dfrac{1}{k_s}\right)s}{\dfrac{s^2}{\omega_n^2} + \dfrac{2\zeta s}{\omega_n} + 1} \cdot \frac{\left(\dfrac{s^2}{\omega_{ni}^2} + 1\right)}{\left(\dfrac{1}{B_i}\right)\left(\dfrac{s^2}{\omega_{ni}^2} + \dfrac{2\zeta_i s}{\omega_{ni}} + 1\right)} + 1\right]^{-1} \cdot \left[\frac{K_i}{\dfrac{s^2}{\omega_{ni}^2} + \dfrac{2\zeta_i s}{\omega_{ni}} + 1}\right] \tag{8.19}$$

式中，X_o 为测量装置的实际输出；V_{iu} 为在没有测量装置的负载情况下的速度输入。

式(8.19)中等号右端乘积中的第一项即负载效应。由图 8.9(e)可以清楚地看出这种负载效应。在接近被测系统固有频率处，这种负载效应十分严重，而在高、低频的两端区域，这种负载效应接近于零。

在实际测试中，负载效应不能忽略，因为它影响到测量的实际结果。可以通过适当地选择测量装置的各项参数，使之与被测系统阻抗匹配；同时可以采用频域分析的手段，如傅里叶变换、均方功率谱密度函数等，将这种负载效应降至最小。

8.3 测试系统的抗干扰技术

测试系统是获取信息的电子设备，抗干扰是测试系统的重要性能。抗干扰性是现代测试系统的一个重要性能指标，也是现代测试系统在复杂电磁环境下可靠工作的保证。

干扰的普遍存在，会对测试系统产生影响，轻则影响测试精度，重则甚至会导致测试系统不能正常工作。因此，测试系统的抗干扰能力，将直接影响系统的可靠性、稳定性及其他品质指标。抗干扰问题十分复杂，在某种程度上说是一门实践性很强的技术，往往是在理论分析所得结论的基础上，通过反复调试，才能得到解决。因此，在分析和设计测试系统时，必须考虑可能存在的干扰对系统的影响，把抗干扰问题作为系统设计中一个至关重要的内容，对测试系统的干扰进行分析、研究和预测，掌握抑制干扰的有效手段，从硬件和软件中采取相应的措施抑制和消除测试系统中的干扰，才能增强整个测试系统的抗干扰能力，提高其在工作过程中的可靠性，确保测试精度。

在测试系统中，受内部干扰或外部干扰的影响，被测信号会叠加一些无用的信号，通常把这些无用的信号称为噪声。干扰，就是系统内部或外部噪声对有用信号的不良作用。

干扰的形成必须同时具备三个基本要素：干扰源、耦合途径、敏感设备，如图 8.10 所示。

干扰源 → 耦合途径 → 敏感设备

图 8.10 干扰形成的三个基本要素

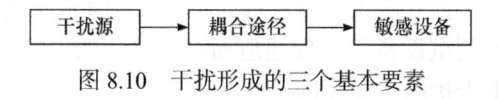

(1) 干扰源：指产生干扰的任何元件、器件、设备、系统或自然现象。
(2) 耦合途径：也称耦合通道，指将干扰能量传输到敏感设备的通路或媒介。
(3) 敏感设备：指受干扰影响，对干扰产生响应的系统、设备或电路。敏感设备受干扰的程度用敏感度来表示。敏感度是指敏感设备对干扰所呈现的不希望有的响应程度，敏感度越高，抗干扰的能力越差。

分析干扰问题，首先要确定形成干扰的基本要素，然后通过抑制干扰源、降低敏感设备对干扰的响应、削弱干扰的耦合等措施来抑制干扰效应的形成。

本节首先介绍测试系统抗干扰的基本概念，然后结合几种基本的干扰耦合途径，分析其基本原理和抑制措施，最后针对计算机系统抗干扰问题展开论述。

8.3.1 干扰源及干扰模式

1. 干扰源

干扰来自干扰源。根据干扰的来源，可以将干扰分成外部干扰和内部干扰两大类。

1) 外部干扰

外部干扰是指与系统结构无关，由外界窜入系统内部的干扰。它主要来自自然界的干扰以及周围电气设备的干扰。

由大气发生的自然现象所引起的干扰以及来自宇宙的电磁辐射干扰统称为自然干扰，如雷电、大气低层电场的变化、电离层变化、太阳黑子活动等。它们主要来自天空，因此自然干扰主要对通信设备、导航设备有较大影响。对于长期存在的自然干扰，其能量微弱，对测量影响不大，而对于强烈的自然干扰，如雷电、太阳黑子辐射等，因其有季节性、周期性，故可予以回避。

电气设备干扰有电磁场、电火花、电弧焊接、高频加热、可控硅整流等强电系统所造成的干扰。这类干扰主要通过供电电源对测量装置和计算机产生影响，对测试系统正常工作的影响较为严重。在大功率供电系统中，大电流输电线周围所产生的交变电磁场，对安装在其附近的测试仪器也会产生干扰。此外，地磁场的影响及来自电源的高频干扰也可视为外部干扰。

2) 内部干扰

内部干扰主要是指由设计不良或功能原理所产生的系统内部电子电路的各种干扰。内部干扰主要有：电路中的电阻热噪声；晶体管、场效应管等器件内部分配噪声和闪烁噪声；放大电路正反馈引起的自激振荡等。

在测试系统中，干扰可能来源于外部，但更多的干扰来源于系统内部，特别是通过连接计算机与测试设备的过程通道而进入系统的干扰最为常见[52]。表 8.1 列举了测试系统产生干扰的主要原因。

干扰源的分类方法很多，可以根据干扰途径、干扰特点及干扰方式等予以分类。按干扰途径，可分为传导干扰和辐射干扰；按干扰场性质，可分为电场干扰、磁场干扰及电磁场干扰；按干扰波形，可分为正弦波干扰、脉冲干扰及准脉冲干扰等；

按干扰频带宽度,可分为宽带干扰和窄带干扰;按干扰幅度特性,可分为稳态干扰和暂态干扰;按干扰方式,可将传输线上的干扰分为差模干扰和共模干扰。

表 8.1 测试系统产生干扰的种类和主要原因

干扰种类	产生干扰的原因
静电感应	测试设备本身或布线周围存在静电耦合,分布电容对具有高阻抗的回路影响最大
电磁感应	信号线和流过大电流的导线平行,或信号线放于大功率变压器及电力线旁
漏电阻	多芯电缆或电源变压器绝缘不好,干扰信号可通过漏电阻影响小信号
接触电位差	两节点之间产生接触电位差,并引入回路
多点接地	地线通过较大的直流电流、脉冲电流,不共地易引入干扰源(两地电位差)

2. 干扰模式

1) 差模干扰

差模干扰就是在输入通道中与信号源串联的干扰,其特点是干扰信号与有用信号按电势源的形式串联,如图 8.11 所示。图中,U_S 为有用信号,U_{NM} 为差模干扰信号。

形成差模干扰的原因可归结为长线传输的互感、分布电容的相互干扰及 50Hz 的工频干扰等。较常见的是外交变磁通对传感器的一端进行电磁耦合。如图 8.12 所示,外交变磁通 Φ 穿过其中一条传输线,产生的感应干扰电势 U_{NM} 便与热电偶电势 e_T 相串联。

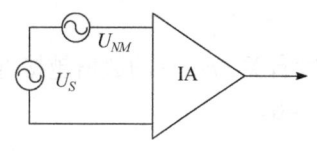

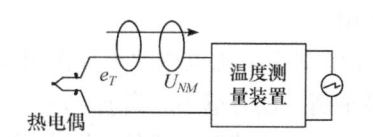

图 8.11 串联干扰等效电路   图 8.12 产生差模干扰的典型例子

消除这种干扰的办法通常是采用低通滤波器、双绞信号传输及屏蔽等措施。

2) 共模干扰

共模干扰电压是指测量仪器两输入端和地之间存在的电压。造成这种干扰电压的主要原因是双重接地后出现电位差,如图 8.13 所示。

理想情况下,现场接地点与系统接地点之间应具有零电位,但实际上大地的任何两点间往往存在电位差,尤其在大功率设备附近,当这些设备的绝缘性能较差时,各点的电位差更大,此电位差 U_{CM} 称为共模电压。U_{CM} 一般都较大,交流或直流均可达几十伏,甚至上百伏,它与现场环境及接地情况有关。图 8.13 中,r_1、r_2 是长电缆导线电阻,Z_1、Z_2 是共模电压通道中放大器输入端的对地等效阻抗，它与放大器本身的输入阻抗、传输线对地的漏抗及分布电容有关。

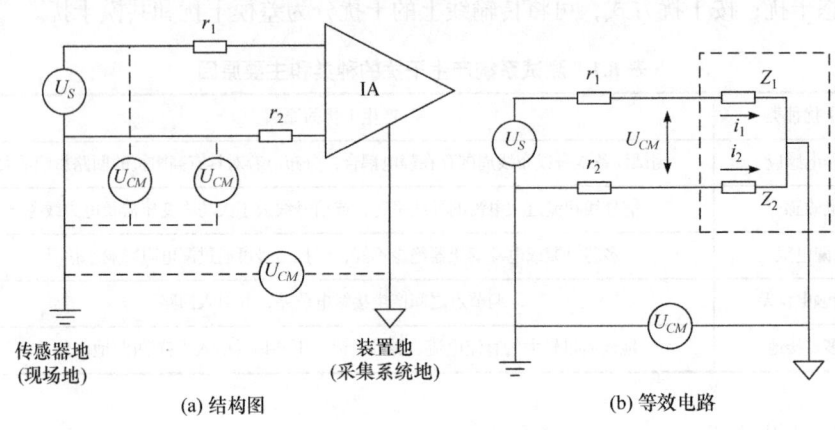

(a) 结构图　　　(b) 等效电路

图8.13　共模干扰的形成

共模干扰是如何对系统产生影响的呢？从等效电路可以看出，U_{CM}产生回路电流i_1和i_2，分别在输入回路电阻r_1和r_2上产生压降，从而在放大器的两个输入端产生一个干扰电压U_{NM}，由图8.13(b)分析可得

$$U_{NM} = U_{CM}\left(\frac{r_1}{r_1+Z_1} - \frac{r_2}{r_2+Z_2}\right) \tag{8.20}$$

式(8.20)表明：

(1) U_{CM}的存在使得放大器输入端产生一个等效干扰电压U_{NM}，此电压称为差模干扰电压。可见，共模干扰电压转换成差模干扰电压后才对测量仪器产生干扰作用。

(2) 共模干扰电压的干扰作用和电路对称程度有关，r_1、r_2的数值越接近，Z_1、Z_2越平衡，U_{NM}越小。当$r_1=r_2$、$Z_1=Z_2$时，$U_{NM}=0$。

产生对地共模干扰的原因主要有以下4种：

(1) 测试系统附近有大功率的电气设备，电磁场以电感形式或电容形式耦合到传感器和测量导线中。

(2) 当电源绝缘不良引起漏电或三相动力电网负载不平衡致使零线有较大的电流时，存在较大的地电流和地电位差。如果系统有两个以上的接地点，则地电位差就会造成共模干扰。

(3) 当电气设备的绝缘性能不良时，动力电源会通过漏电阻耦合到测试系统的信号回路，形成干扰。

(4) 在交流供电的电子测量仪器中，动力电源会通过原、副边绕组间的杂散电容、整流滤波电路、信号电路与地之间的杂散电容到地构成回路，形成工频共模干扰。

共模干扰电压值有时比信号电压值高得多,而其干扰来源和耦合方式却不易弄清。抑制共模干扰的方式将在接地措施中有较详细的叙述。此外,从减少交变磁场的耦合途径方面也可采取措施,即用绞合测量导线、对电源进行屏蔽等,可把共模干扰电压减到最小。

3) 共模抑制比

共模干扰对测量装置和仪器的影响程度,取决于共模干扰转换成差模干扰的大小。为了衡量测试装置和仪器对共模干扰的抑制能力,这里引入共模抑制比(common mode rejection ratio,CMRR)这一重要概念。

CMRR 通常有两种表示方法。一种是

$$\text{CMRR} = 20\lg\frac{U_{CM}}{U_{NM}} \tag{8.21}$$

式中,U_{CM} 为作用在测量电路和仪器上的共模干扰电压;U_{NM} 为在 U_{CM} 作用下,转换为在测量电路输入端所呈现的差模干扰信号电压。

根据图 8.13 的分析,并由式(8.20)得

$$\text{CMRR} = 20\lg\frac{(r_1+Z_1)(r_2+Z_2)}{Z_1 r_1 - Z_2 r_2} \tag{8.22}$$

由式(8.22)可知,当 $Z_1 r_2 = Z_2 r_1$ 时,即测量电路差动输入端完全平衡时,共模抑制比趋向无限大。但实际上这是难以做到的。一般情况下,大多是 $Z_1 Z_2 \gg r_1 r_2$。当 $Z_1 = Z_2 = Z$ 时,式(8.22)可化简为

$$\text{CMRR} = 20\lg\frac{Z}{r_1 - r_2} \tag{8.23}$$

由式(8.23)可知,若长电缆传输线对称,即 $r_1 = r_2$,则可以提高此测量电路的共模干扰抑制能力。

CMRR 的另一种表示方法为

$$\text{CMRR} = 20\lg\frac{K_{NM}}{K_{CM}} \tag{8.24}$$

以上两种定义都说明,CMRR 越高,测量电路及仪器对共模干扰的抑制能力越强。

例 8-1 设 $U_{CM}=5\text{V}$,它对测量放大器的影响表现为使差模增益为 200 的放大器输出端有 1mV 输出,则放大器输入端的等效差模干扰电压为

$$U_{CM} = \frac{1\times10^{-3}}{200} = 5\times10^{-6}$$

共模抑制比为

$$\text{CMRR} = 20\lg\frac{U_{CM}}{U_{NM}} = 20\lg\frac{5}{5\times10^{-6}} = 120(\text{dB})$$

8.3.2 干扰耦合途径

干扰耦合途径通常分为两类：传导耦合途径及辐射耦合途径。传导耦合途径又可分为电路性传导耦合、电容性传导耦合及电感性传导耦合；辐射耦合途径又可分为近场感应耦合和远场辐射耦合。

传导耦合途径要求在干扰源与敏感设备之间有完整的电路连接，该电路可包括导线、供电电源、机架、接地平面、互感或电容等，即只要共用一个返回通路，将两个电路直接连接起来，就会发生传导耦合，此返回通路可以是另一根导线，也可以是公共接地回路、互感或电容。本节主要讨论传导耦合途径。

1. 电路性传导耦合

电路性传导耦合也称共阻抗耦合，当两个电路回路的电流流经一个公共阻抗时，一个电路回路的电流在该公共阻抗上形成的电压就会影响到另一个电路回路，这就是电路性传导耦合。

1) 电路性传导耦合模型

最简单的电路性传导耦合模型如图 8.14 所示。图中，Z_1、Z_2、Z_{12} 为阻抗，又称复数阻抗，U_1、Z_1 及 Z_{12} 组成回路 1，Z_{12} 及 Z_2 组成回路 2。当回路 1 有电压 U_1 作用时，该电压经 Z_1 加到公共阻抗 Z_{12} 上，若回路 2 开路，则由回路 1 耦合到回路 2 的电压为

$$U_2 = I_1 Z_{12} = \frac{Z_{12}}{Z_{12} + Z_1} U_1 \tag{8.25}$$

式中，U_1、I_1 分别为电压、电流复数的有效值，称为电压相量和电流相量。若公共阻抗 Z_{12} 中不含电抗元件，则为共电阻耦合，简称电阻耦合，由导线间的绝缘降低或击穿而产生的漏电，就是一种电阻耦合。

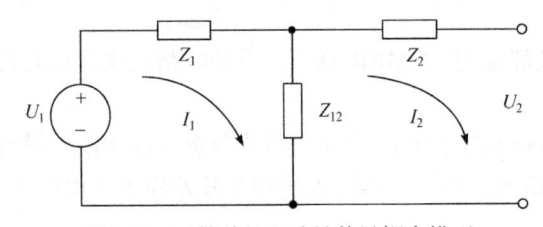

图 8.14 最简单的电路性传导耦合模型

2) 电路性传导耦合实例
(1) 地线阻抗形成的耦合。

地线阻抗形成的干扰电压如图 8.15 所示。在设备的公共地线上有各种信号的电流，并由地线阻抗(Z_C)转换成电压．当这部分电压构成低电平信号放大器输入电压的一部分时，公共地线上的耦合电压就被放大并成为干扰输出。

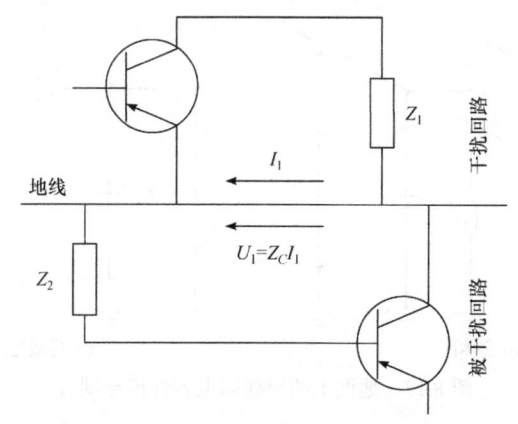

图 8.15 地线阻抗形成的干扰电压

(2) 电源内阻及公共线路阻抗形成的耦合。

图 8.16 为电源内阻及公共线路阻抗形成的耦合。电路 2 电源电流的任何变化都会影响电路 1 的电源电压，这是由两个公共阻抗造成的；电源引出线是一个公共阻抗，电源内阻也是一个公共阻抗。当同一电源给几个电路供电时，高电平电路的输出电流，流经电源而由电源的内阻及公共线路的阻抗交换为电压，耦合到其他电路成为干扰电压。

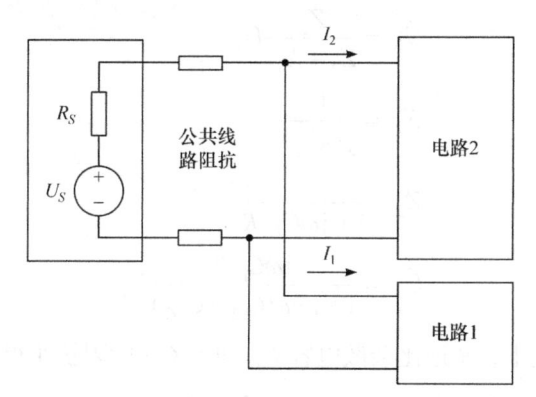

图 8.16 电源内阻及公共线路阻抗形成的耦合

2. 电容性传导耦合

两个电路的电场相互作用的结果称为电容性传导耦合，因为这种耦合是通过杂散电容形成的，所以也称为电容性传导耦合。

图 8.17(a)表示一对平行导线所构成的两回路通过线间的电容性传导耦合，在导线 2 的旁边有一条交流供电导线 1，而导线 2 又有一段与其平行，因此导线 1 上的电流会通过电容性传导耦合的方式在导线 2 上产生干扰电压。

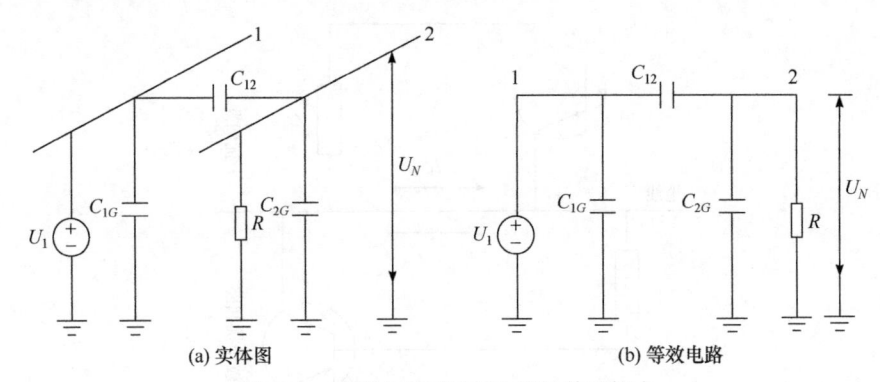

(a) 实体图　　　(b) 等效电路

图 8.17　地面上两导线间电容性传导耦合

设导线 1 为干扰源，U_1 为干扰源电压，导线 2 为被干扰电路，由它接收干扰信号。C_{12} 为导线 1、2 间的电容，C_{1G} 与 C_{2G} 分别为导线 1、2 与地间的电容，R 为接于导线 2 与地间的负载电阻。

通过分析等效电路图 8.17(b)，可求得干扰电源 U_1 在导线 2 电路中产生的干扰电压 U_N。

从干扰的角度考虑，等效电路中的 C_{1G} 完全可以忽略，因为它对干扰不起作用，此时有

$$\dot{U}_N = \frac{Z_2}{Z_2 + X_C}\dot{U}_1$$

$$X_C = \frac{1}{j\omega C_{12}}$$

$$Z_2 = \frac{1}{1 + j\omega C_{2G}R}$$

$$\dot{U}_N = \frac{j\omega C_{12}R}{1 + j\omega R(C_{12} + C_{2G})}\dot{U}_1$$

在大多数情况下，R 远比杂散电容 C_{12} 加上 C_{2G} 的阻抗小得多，即

$$R \ll \frac{1}{\omega(C_{12} + C_{2G})}$$

进而有

$$\dot{U}_N = \frac{j\omega C_{12}R}{1}\dot{U}_1 \tag{8.26}$$

式(8.26)是电容性传导耦合的重要公式，具有以下含义：

(1) 干扰电压 U_N 与干扰源电压 U_1 的大小成正比。高电压、小电流的干扰源的干扰主要通过电场途径传播。

(2) 干扰电压 U_N 与干扰源的频率大小成正比。电容性传导耦合主要是在射频频率形成干扰，频率越高，电容性传导耦合越明显。

(3) 干扰电压 U_N 与 C_{12} 成正比。当干扰源的电压频率一定时，要降低干扰电压的值，应设法减小干扰源和接收电路之间的分布电容值。若两导线的距离大于导线直径 40 倍以上，则 C_{12} 会迅速降低，使干扰电压减小。

(4) 形成干扰电压的接地电阻 R 的大小，即接收电路的输入阻抗的大小，对 U_N 有很大的影响，其一般在几百欧姆以下，但是有的电路不允许 R 太小。

若 R 很大且

$$R \gg \frac{1}{\omega(C_{12}+C_{2G})}$$

则有

$$U_N \approx \left(\frac{C_{12}}{C_{12}+C_{2G}}\right)U_1$$

此时，U_N 与频率无关。图 8.18 给出了 U_N 随角频率 ω 的关系曲线。

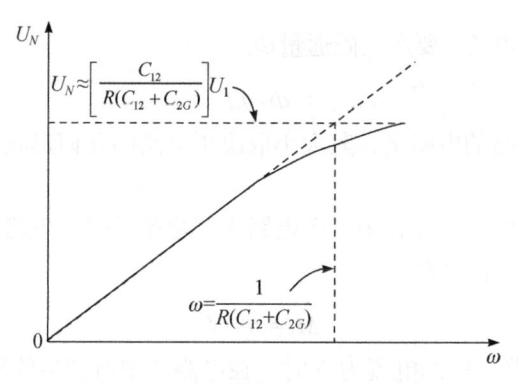

图 8.18　U_N 与角频率 ω 的关系曲线

由图 8.18 可见，当角频率较低时，曲线由式(8.26)来确定；当角频率增加时，干扰电压逐渐达到最大值 $U_N=C_{12}U_1/(C_{12}+C_{2G})$，而与角频率无关。当角频率为

$$\omega = \frac{1}{R(C_{12}+C_{2G})} \tag{8.27}$$

时，由式(8.26)给出的干扰电压值 U_N 为实际值的 $\sqrt{2}$ 倍。但大多数情况下，干扰电压 U_1 的角频率都远低于式(8.27)所确定的值。

3. 电感性传导耦合

电感性传导耦合是由于测量导线附近的载流导体周围存在交变磁场,两个电路之间存在互感,由此在测量回路内产生电感性干扰电压,是两个回路的磁场相互作用的结果。

图 8.19 给出了一对平行导线的电感耦合模型,每根导线都有接地回路,可以把这两个接地回路看成一匝初级线圈和一匝次级线圈。

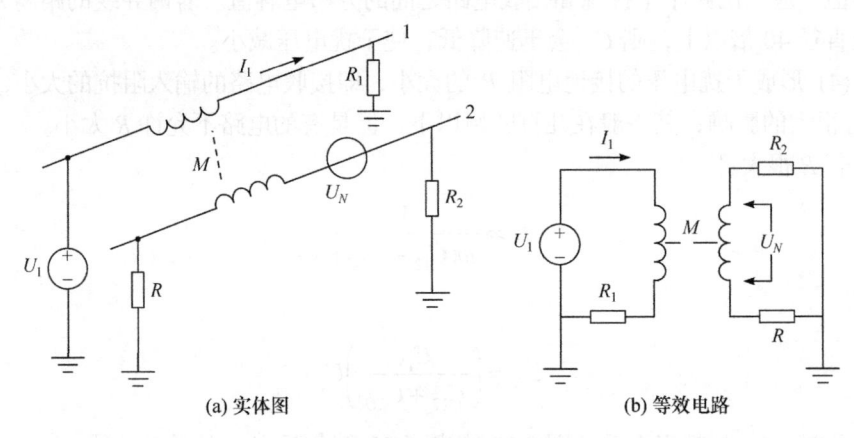

(a) 实体图　　　　　　　(b) 等效电路

图 8.19　两电路间的电感性传导耦合

闭合电路中的电流 I 要产生磁通量 Φ:

$$\Phi = LI \tag{8.28}$$

式中,L 为闭合回路的电感量,其大小取决于电路的几何形状及其包容的磁场介质的磁特性。

当第一个电路中的电流在第二个电路中产生磁通时,电路 1 和电路 2 之间就存在一个互感 M_{12},表示为

$$M_{12} = \Phi_{12}/I_1 \tag{8.29}$$

式中,Φ_{12} 为当电路 1 中的电流为 I_1 时,在电路 2 中所产生的磁通。

一个面积为 A 的闭合环,处在磁通密度为 B 的磁场中,在该电路中则会引起电压 U_N:

$$\dot{U}_N = -\frac{\mathrm{d}}{\mathrm{d}t} \int \dot{B} \cdot \dot{A}$$

式中,A 和 B 皆为矢量。

假定闭合环固定不变,B 是时间的正弦函数,且在整个闭合环面积范围内是恒定的常数,则 $\dot{U}_N$ 可简化为

$$\dot{U}_N = j\omega \dot{B} A \cos\theta \tag{8.30}$$

式中，θ 为磁通密度 B 与回路面积 A 的切割角。

若用两个回路间的互感 M 来表示，则 $\dot{U}_N$ 变为

$$\dot{U}_N = j\omega M \dot{I}_1 \tag{8.31}$$

式中，I_1 为干扰电路中的电流；M 为两回路间的几何形状和介质磁特性的互感。

由式(8.31)可见，回路2中所产生的磁性干扰电压 U_N 的大小与回路1中电流的角频率 ω、回路2的面积 A、在面积 A 上的磁通密度 B 以及 B 和 A 切割角 θ 的余弦成正比。其中，ω 是由其他回路中电流 I_1 的特性决定的，一般无法改变，为了降低 U_N，必须想办法减小 B、A 和 $\cos\theta$ 各项。

8.3.3 干扰抑制技术

为了保证测试系统正常工作，必须掌握干扰抑制技术，并在测试系统的设计和使用过程中合理应用干扰抑制技术，才能有效地抑制干扰。屏蔽、接地、滤波是三个最基本的干扰抑制技术，主要用来切断干扰的传输途径。

1. 屏蔽

屏蔽就是利用导电体或导磁体制成的容器，将干扰源或信号电路包围起来。屏蔽主要用于切断通过空间辐射的干扰的传输途径，根据其性质可分为电场屏蔽、磁场屏蔽和电磁屏蔽。

1) 电场屏蔽

电场屏蔽简称电屏蔽，实质是减小系统或设备间的电场感应，主要用于防止电场耦合干扰，包括静电屏蔽和交变电场屏蔽。

(1) 静电屏蔽。

根据静电学原理，置于静电场中的导体在静电平衡的条件下，有以下性质：①内部任何一点的电场为零；②表面上任一点的电场方向与该点的导体表面垂直；③整个导体是一个等位体；④导体内没有静电荷存在，电荷只能分布在导体表面。

即使其内部存在空腔的导体，在静电场中也有上述性质，如果把有空腔的导体引入电场，那么导体的内表面无静电荷，空腔空间中也无电场，因此该导体起隔绝外电场的作用，使外电场对空腔空间无影响。反之，如果将导体接地，那么即使空腔内有带电体产生电场，在腔体外面也无电场。这就是静电屏蔽的理论根据。

例如，当屏蔽体内空腔存在正电荷 Q 时，如图 8.20(a)所示，屏蔽体内侧感应出等量的负电荷，外侧感应出等量的正电荷。由图 8.20(b)可以看出，仅用屏蔽体

将静电场源包围起来，实际上起不到屏蔽作用，只有将屏蔽体接地，如图 8.20(c) 所示，才能将静电场源所产生的电力线封闭在屏蔽体内部，屏蔽体才能真正起到屏蔽的作用。

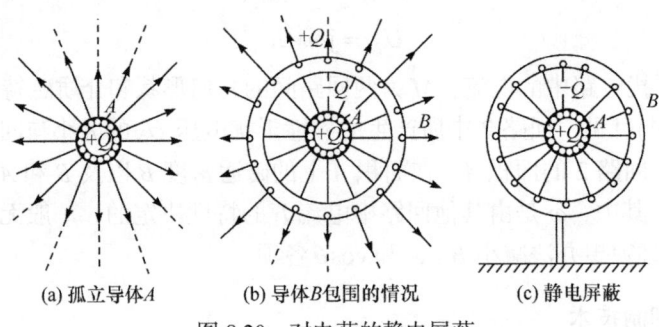

(a) 孤立导体A　　(b) 导体B包围的情况　　(c) 静电屏蔽

图 8.20　对电荷的静电屏蔽

当屏蔽体外有静电场的干扰时，由于导体为等位体，其屏蔽体内部空间不会出现电力线，即屏蔽体内部不存在电场，从而实现静电屏蔽，而屏蔽体之外有电力线，存在并终止在屏蔽体上，如图 8.21 所示。在电力线的端点有电荷出现在屏蔽体的外表面，在屏蔽体的两侧出现等量反号的电荷，而屏蔽体内部没有电荷，当屏蔽体完全封闭时，不管该屏蔽体是否接地，屏蔽体内部的外电场均为零。然而，实际上屏蔽体不可能完全封闭，如果不接地，就会引起电力线侵入，造成直接静电耦合或间接静电耦合，为防止这种现象，此时屏蔽体仍需要接地。

(2) 交变电场屏蔽。

对于交变电场的屏蔽原理，采用电路理论加以解释较为方便，因为干扰源与受感器之间

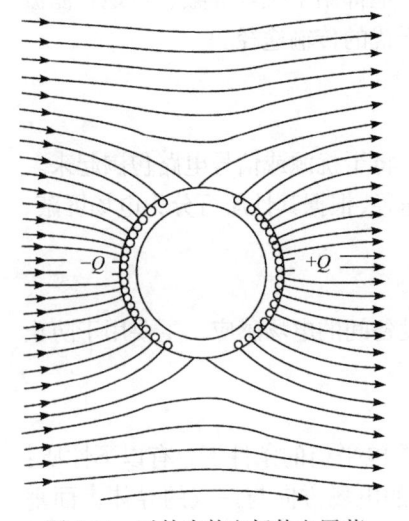

图 8.21　对外来静电场静电屏蔽

的电场感应可用分布电容来进行描述。

设干扰源 g 上有一交变电压 U_g，在其附近有一受感器 s 通过阻抗 Z_S 接地，干扰源 g 对受感器 s 的电场感应作用等效为分布电容 C_j 的耦合，从而形成了由 U_g、C_j、Z_g 和 Z_S 构成的耦合回路，如图 8.22 所示，在受感器上产生的干扰 $\dot{U}_S$ 为

$$\dot{U}_S = \frac{\mathrm{j}\omega C_j Z_S \dot{U}_g}{1+\mathrm{j}\omega C_j(Z_g+Z_S)} \tag{8.32}$$

从式(8.32)中可以看出，分布电容 C_j 越大，受感器受到的干扰电压越大。为

了减小干扰，可使干扰源与受感器尽量远离，当无法满足要求时，可采用屏蔽技术。

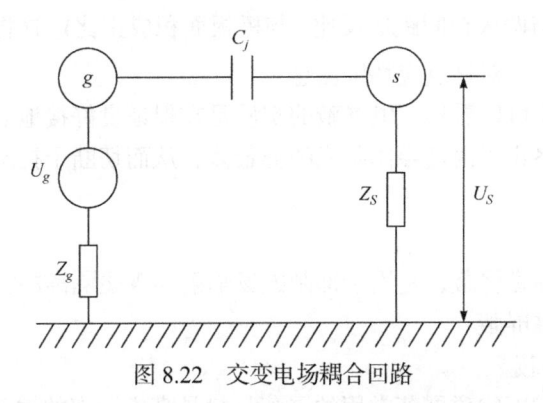

图 8.22 交变电场耦合回路

为了减小 g 对 s 的干扰，在两者之间加入屏蔽体，如图 8.23 所示，使得原来的电容 C_j 变为 C_j' 与 C_j'' 串联并与 C_j''' 并联，因 C_j''' 较小，故可以忽略，得屏蔽体上被感应的电压为

$$\dot{U}_j = \frac{j\omega C_j' Z_j U_g}{1 + j\omega C_j'(Z_g + Z_j)} \tag{8.33}$$

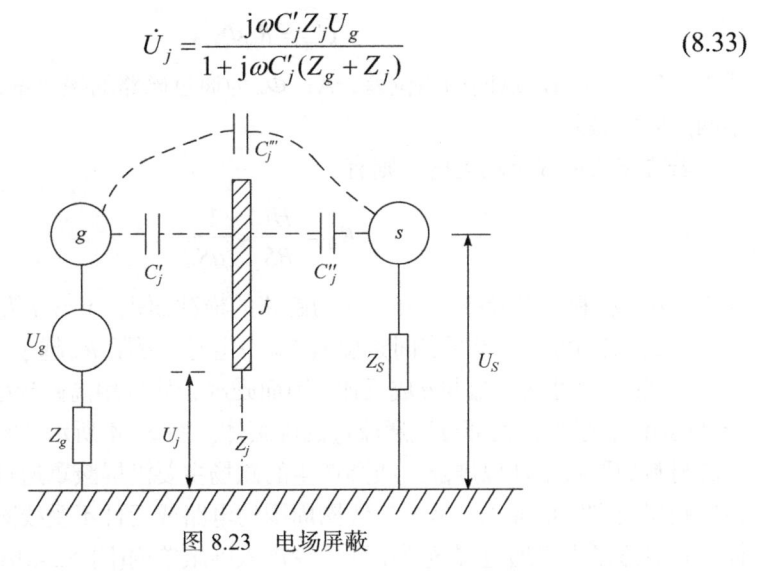

图 8.23 电场屏蔽

受感器上被感应的电压为

$$\dot{U}_s = \frac{j\omega C_j'' Z_j U_g}{1 + j\omega C_j''(Z_S + Z_j)} \tag{8.34}$$

由式(8.33)和式(8.34)可以看出，要使 U_S 较小，则 Z_j 应较小，而 Z_j 为屏蔽体的阻抗和接地阻抗之和。这一事实表明，屏蔽体必须选用导电性能好的材料，而

且必须良好接地，只有这样才能有效地减少干扰。一般情况下，要求接地的接触阻抗小于 2mΩ，比较严格的场合要求小于 0.5mΩ。若屏蔽体不接地或接地不良，则 $C'_j > C_j$(电容量与两极板间距成反比，与极板面积成正比)。这将导致加入屏蔽体后，干扰变得更大，对这点应特别注意。

由上面的分析可以看出，电屏蔽的实质是在保证良好接地的条件下，将干扰源发生的电力线终止于由良导体制成的屏蔽体，从而切断干扰源与受感器之间的电力线连接。

2) 磁场屏蔽

磁场屏蔽简称磁屏蔽，是用于抑制磁场辐射实现磁隔离的技术措施，包括低频磁屏蔽和高频磁屏蔽。

(1) 低频磁屏蔽。

低频(100kHz 以下)磁屏蔽常用的屏蔽材料是高磁导率的铁磁材料(如铁、硅钢片、坡莫合金等)，其屏蔽原理是利用铁磁材料的高磁导率对干扰磁场进行分路。磁力线是连续的闭合曲线，可把磁通所构成的闭合回路称为磁路，根据磁路理论，有

$$U_m = R_m \Phi_m \tag{8.35}$$

式中，U_m 为磁路两点间的磁位差，A；Φ_m 为通过磁路的磁通量，Wb；R_m 为磁路中两点间的磁阻。

若磁路截面 S 是均匀的，则有

$$R_m = \frac{Hl}{BS} = \frac{1}{\mu S} \tag{8.36}$$

式中，μ 为材料的磁导率，H/m；S 为磁路的横截面积，m²；l 为磁路的长度，m。

由式(8.35)可见，当两点间磁位差 U_m 一定时，磁阻 R_m 越小，磁通量 Φ_m 越大。

由式(8.36)可见，R_m 与 μ 成反比，因而磁屏蔽体选用高磁导率的铁磁材料，由于其磁阻 R_m 很小，大部分磁通流过磁屏蔽体。图 8.24 所示的密绕螺管线圈，用铁磁材料的屏蔽罩加以屏蔽。线圈产生的磁场主要沿屏蔽罩通过，即磁场被限制在屏蔽层内(图 8.24(a))，从而使线圈周围的电路或元件不受线圈磁场的影响。同样，外界磁场也将通过屏蔽罩壁而很少进入屏蔽罩内(图 8.24(b))，从而使外部磁场不会影响到屏蔽罩内的线圈。

铁磁材料磁导率 μ 越高，屏蔽罩越厚，磁阻越小，磁屏蔽效果越好，随之成本越高、质量越大。

应该指出的是，用铁磁材料做成的屏蔽罩，在垂直于磁力线方向上不应开口或有缝隙。因为这样的开口或缝隙会切断磁力线，使磁阻增大，磁屏蔽效果变差(图 8.24)。

(a) 结构示意图　　　　　　　　　(b) 磁屏蔽原理

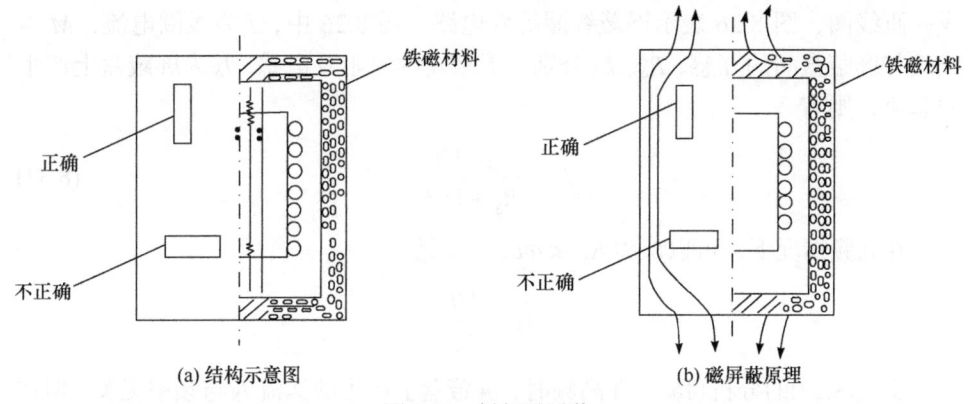

图 8.24　低频磁屏蔽

铁磁材料的屏蔽只适用于低频磁场屏蔽，不能用于高频磁场屏蔽。因为在高频情况下铁磁材料的磁导率明显下降，其屏蔽效能也将随之降低。

(2) 高频磁屏蔽。

高频磁屏蔽采用低电阻率的良导体材料，如铜、铝等。其屏蔽原理是：利用电磁感应现象在屏蔽壳体表面所产生涡流的反磁场来达到屏蔽目的，也就是说，利用涡流反磁场对于原干扰磁场的排斥作用，来抵消屏蔽体外的磁场。例如，将线圈置于用良导体材料做成的屏蔽盒中，则线圈所产生的磁场将被限制在屏蔽盒内，同样，外界磁场也将被屏蔽盒的涡流反磁场排斥而不能进入屏蔽盒内，从而达到屏蔽高频磁场的目的，如图 8.25 所示。

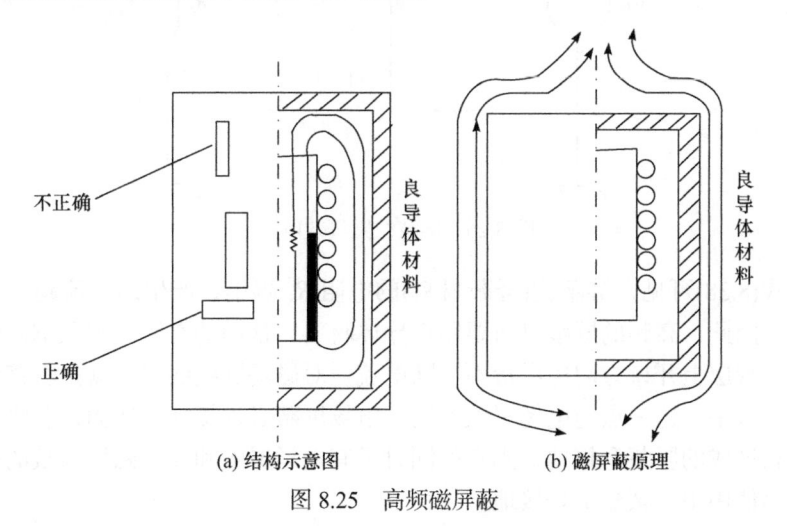

(a) 结构示意图　　　　　　　　　(b) 磁屏蔽原理

图 8.25　高频磁屏蔽

根据上述高频磁屏蔽原理，屏蔽盒上所产生的涡流大小将直接影响屏蔽效果。下面通过屏蔽线圈等效电路来说明影响涡流大小的诸因素。把屏蔽壳体看成一匝线圈，图 8.26 表示屏蔽线圈等效电路。图 8.26 中，I 为线圈电流，M 为线圈与屏蔽盒间的互感，R_S、L_S 分别为屏蔽盒的电阻及电感，I_S 为屏蔽盒上产生的涡流，则有

$$\dot{I}_S = \frac{j\omega M \dot{I}}{R_S + j\omega L_S} \tag{8.37}$$

在高频情况下，可以认为 $R_S \ll \omega L_S$，于是

$$\dot{I}_S = \frac{M\dot{I}}{L_S}$$

由式(8.37)的分析可知，在高频时，屏蔽盒上产生的涡流 I_S 与频率无关，但在低频时，$R_S \gg \omega L_S$，这时 ωL_S 可忽略不计，则有

$$\dot{I}_S = \frac{j\omega M \dot{I}}{R_S} \tag{8.38}$$

式(8.38)表明，在低频时，产生的涡流小，而且涡流与频率成正比。可见，利用感应涡流进行屏蔽在低频时效果很小。因此，这种屏蔽方法主要用于高频。

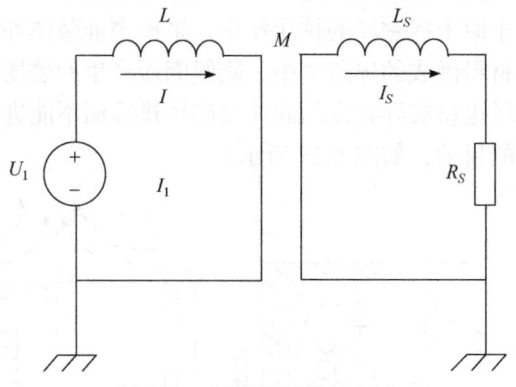

图 8.26 屏蔽线圈等效电路

由式(8.38)可见，屏蔽盒(屏蔽材料)的电阻 R_S 越小，产生的涡流越大，损耗也越小。因此，高频的屏蔽材料要用良导体材料，常用的有铝、铜及铜镀银等。此外，屏蔽层上开口方向应尽量不切断电流。对磁场屏蔽的屏蔽盒是否接地，不影响屏蔽效果，这一点与电场屏蔽不同，电场屏蔽必须接地。然而，若将良导体金属材料做成的屏蔽盒接地，则它就同时具有电场屏蔽和高频磁场屏蔽的作用，因此实际使用中屏蔽盒最好接地。

3) 电磁屏蔽

电磁屏蔽主要是抑制高频电磁场的干扰，采用导电良好的金属材料做成屏蔽

层，利用高频电磁场能在金属内产生涡流，再利用涡流产生的反磁场来抵消高频磁场干扰，从而达到屏蔽的目的。

在交变场中，电场分量和磁场分量同时存在，只是在频率较低的范围内，随着干扰源特性不同，电场分量和磁场分量有很大差别。高压、低电流源以电场为主，磁场分量可以忽略，这时就可只考虑电场屏蔽。低压、大电流干扰则以磁场为主，电场分量可忽略，此时就可只考虑磁场屏蔽。随着频率增大，电磁辐射能力增强，产生辐射电磁场，此时干扰电场、磁场均不能忽略，因而需对电场和磁场同时进行屏蔽，即电磁屏蔽。

采用良导电材料，就能具有同时对电场和磁场(高频)屏蔽的作用，因此屏蔽层的材料必须选择导电性良好的低电阻金属(当频率在 0.5~30MHz 时，屏蔽材料选用铝；当频率大于 30MHz 时，屏蔽材料可选用铝、铜、铜镀银等)。高频趋肤效应对良导体材料而言，其趋肤深度很小，高频涡流仅流过屏蔽层的表面一层。因此，电磁屏蔽体无须做得很厚，其厚度仅由工艺结构及力学性能决定即可。如果需要在屏蔽层上开孔或开槽，必须注意孔和槽的位置与方向，尽量减少影响涡流的途径，以免影响屏蔽效果。

基于涡流反磁场作用的电磁屏蔽，在原理上与屏蔽体是否接地无关，但在一般应用上都是接地的，其目的是同时兼有静电屏蔽的作用。

2. 接地

1) 接地的概念

接地一般是指将一个点和大地或者可以看成与大地等电位的某种构件之间用低电阻导体连接起来。地的概念也可以认作电位为 0 的参考点。它是测试系统或电路的基准电位，但不一定是大地电位，只有用一低阻电路将它接至大地时，才可认为该点的电位是大地电位。

接地在测试系统抗干扰中占有非常重要的位置。实践证明，测试系统受到的干扰与系统的接地有很大关系，接地往往是抑制干扰的重要手段之一。良好的接地不仅能保护设备和人身安全，而且能在很大程度上抑制测试系统内部噪声的耦合，防止外部干扰的侵入，提高系统的抗干扰能力；反之，接地处理不当，将会导致噪声耦合，产生干扰。接地效果在系统设计之初并不明显，但在测试过程中可发现，良好的接地可在花费较少的情况下解决许多电磁干扰问题。将接地问题处理好，就解决了测试系统中大部分干扰问题。

2) 地线的类型

在讨论接地问题之前，首先要明确地线的类型，在测试系统中有以下类型的地线：

(1) 信号地线。信号地线是电子装置的输入与输出零信号电位公共线(基准电位线)，它本身却可能与大地是隔绝的。信号地线又分为模拟信号地线、数字信号地线和信号电源地线。模拟信号地线是放大器、采样/保持器和 ADC 等模拟电路的零电位基准；数字信号地线又称逻辑地，是指数字电路的零电位基准；信号电源地线是传感器的零电位基准(传感器可看作测试系统的信号源)。

(2) 功率地线。功率地线是指大电流网络部件的零电位。

(3) 屏蔽地线。屏蔽地线又称机壳地线，是为防止静电感应和电磁感应而设计的，也能达到安全防护的目的，一般接大地。

(4) 交流地线。交流地线是指 50Hz 交流电源的地线，是噪声源，必须与直流电源相互绝缘。

(5) 直流地线。直流地线是指直流电源的地线。

3) 信号地线的接地方式

信号接地的目的是为信号电压提供一个零电位的参考点，以保证测试设备稳定工作。信号地线是指各信号的公共参考电位线，在许多电路中，常以直流电源的正极线或负极线作为信号地线。交流零线不能作为信号地线，因为一段交流零线两端可能有数百微伏或数百毫伏的电压，这对低电平信号是一个非常严重的干扰。信号地线的基本接地方式有如下 3 种。

(1) 一点接地。

任何导体，包括大地在内，都有电阻抗，当其中流过电流时，导体中就呈现出电位。如果测试系统在两点接地，大地各地电位很不一致，那么两个分开的接地点很难保证有等电位，造成它们之间有一电位差，形成地环路电流，从而对两点接地电路产生干扰，这时地电位差是测试系统输入端共模干扰的主要来源。

如果在信号输入端一点接地，就可以有效地避免共模干扰。在低频情况下，信号线上分布电感不是大问题，因此往往要求一点接地。一点接地从形式上可分为以下三种：

① 串联一点接地。串联一点接地如图 8.27 所示。其中，R_1、R_2 和 R_3 分别表示各地线段的等效电阻。显然，A、B、C 各点的电位(不为零)为

$$U_A = (I_1 + I_2 + I_3)R_1$$
$$U_B = (I_2 + I_3)R_2 + U_A$$
$$U_C = U_A + U_B + I_3R_3$$

由此可见，串联一点接地存在各接地点电位不同的问题，将造成子系统之间的相互干扰。然而，这种接地方式布线比较简单，现在仍然使用，不过应保证各子系统的对地电位相差不大。当各子系统对地电位相差很大时，不能使用。高地电位子系统将会产生很大的地电流，经共接地线阻抗对低地电位子系统产生很大的干扰。

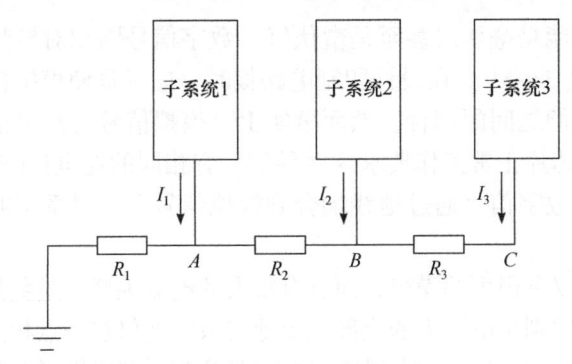

图 8.27 串联一点接地

② 并联一点接地。如图 8.28 所示，各子系统建立一个独立的接地线路，然后各子系统并联一点接地，各子系统的地电位仅与本子系统的地电流和地电阻(如 R_1，R_2，R_3，…)有关，即

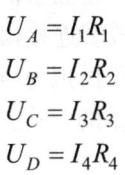

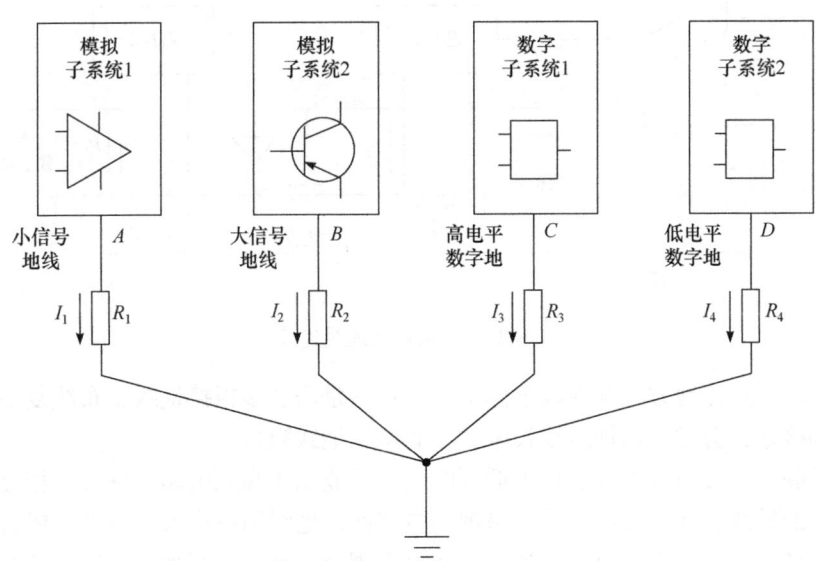

$$U_A = I_1 R_1$$
$$U_B = I_2 R_2$$
$$U_C = I_3 R_3$$
$$U_D = I_4 R_4$$

图 8.28 并联一点接地

各子系统的地电流之间不会形成耦合，因此没有共接地线阻抗噪声影响。这种接地方式对低频电路最为适用，共接地线噪声得以有效抑制。

在测试系统中，一般存在模拟信号和数字信号。模拟信号在未经放大以前，通常比较弱,可能是毫伏级甚至是微伏级。数字信号则相对较强,其跳变的幅度对 TTL 电平是 3~5V。在设计印制电路板时,应尽量使模拟信号与数字信号分开,以减小它们之间的耦合。然而事实上,模拟信号与数字信号不可能完全分开,因为许多芯片正常工作要求这两种信号有相同的地电位(参考电位),所以要特别注意防止数字信号通过地线耦合到模拟信号上,对系统的工作产生严重的干扰。

数字地线不仅有很大的噪声,而且有很大的电流尖峰,避免数字信号耦合到模拟信号的基本原则是电路中的全部模拟地与数字地仅在一点相连。

许多芯片,如 ADC、采样/保持器、多路开关等都提供了单独的模拟地与数字地的引脚,从工作原理上讲,这两种地电位是相同的,可以连接在一起。实际上,应把每个芯片的模拟地接到模拟地线上,数字地接到数字地线上,在某一个合适点把数字地与模拟地连接,如图 8.29 所示。在图 8.29 中,若只在芯片 2 处用线段①把模拟地与数字地连接起来,则数字信号的电流不会流到模拟地线,这是正确接法。若除了线段①,还有线段②连接模拟地与数字地,则数字地的电流 i_D 的一部分 i_{D2} 将流经模拟地,并在这段模拟地线的线阻 R_A 上产生压降 $i_{D2}R_A$ 加到放大器 A 的输入端,这就可能形成严重的干扰。

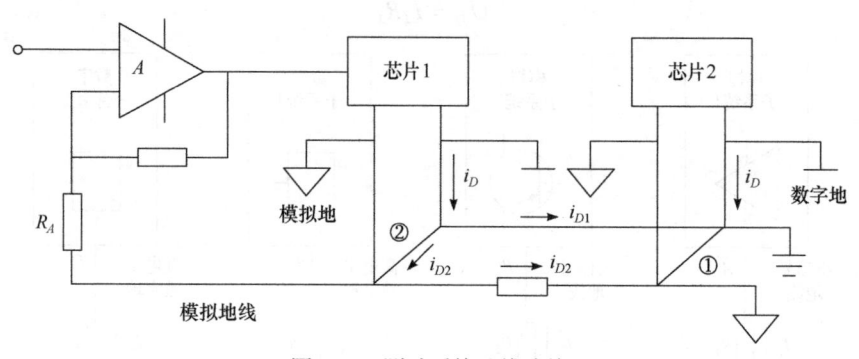

图 8.29 测试系统地线连接

并联一点接地方式存在以下两个缺点:一是需要多根接地线,布线复杂;二是分别接地,势必会增加地线长度,从而增加地线阻抗。

并联一点接地方式仅适用于低频电路,不能用于高频电路。许多根相互靠近且很长的导线,针对高频信号会呈现出电感而使地线阻抗增大,也会造成各地线间的磁场耦合;分布电容造成各地线间电场耦合,特别是当地线长度是 1/4 波长的奇数倍时,地线阻抗会变得很高。因此,高频时不能采用并联一点接地,而应采用多点接地方式。

③ 串并联一点接地。串联接地有简单易行的优点,并联接地则能抑制共接地线阻抗干扰。在低频时,实际上能采用串并联一点接地方式,串联和并联的优点

兼而有之。通常所用的低频测量系统，一般分三组予以串并联接地：低电平的信号电路分为一组，串联接至信号地线；继电器、电动机和高功率电路分为一组，用串联方式接至噪声地线；仪器机壳、设备机架及机箱，还有交流电源的电源地线等分为一组，用串联方式接至金属壳地线。将三条地线采用并联方式连接在一起，通过一点接地，如图 8.30 所示。

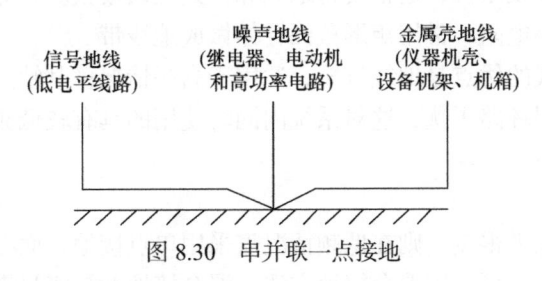

图 8.30　串并联一点接地

对于各种测量系统，采用这种接地方式可以解决大部分接地问题。

(2) 多点接地。

多点接地是指某一个系统中各个需要接地的点都直接接到距它最近的地平面上，以使接地线的长度最短，如图 8.31 所示。地线很短，阻抗又低，可防止高频时地线向外辐射噪声；同时，地线阻抗低且互相远离，大大减少了磁场耦合和电场耦合。

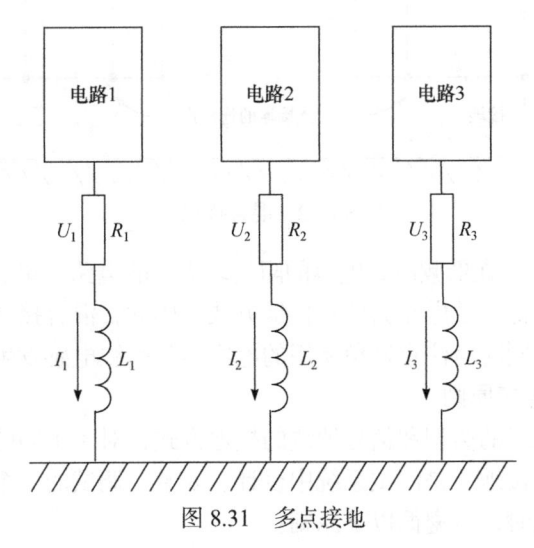

图 8.31　多点接地

图 8.31 中，各电路的地线分别连至最近的低阻抗公共地，设每个电路的地线电阻及电感分别为 R_1、R_2、R_3 及 L_1、L_2、L_3，每个电路的地线电流分别为 I_1、I_2、I_3，则各电路对地的电位差为

$$\begin{cases} U_1 = I_1(R_1 + j\omega L_1) \\ U_2 = I_2(R_2 + j\omega L_2) \\ U_3 = I_3(R_3 + j\omega L_3) \end{cases} \qquad (8.39)$$

为降低电路的地电位，每个电路的地线应尽可能缩短，以降低地线阻抗。为了在高频时降低地线阻抗，通常要将地线和公共地线镀银。在导体截面积相同的情况下，为了减小电阻，常用矩形截面导体做成地线带。

这种接地方式的优点是地线较短，适用于高频情况；其缺点是形成了各种地线回路，造成地回环路干扰，这对系统内同时使用的具有较低频率的电路会产生不良影响。

(3) 混合接地。

若电路工作频带很宽，则在低频情况需采用单点接地，而在高频时又需要采用多点接地，此时，可采用混合接地方法。混合接地就是将只需高频接地的点使用串联电容器把它们与接地平面连接起来，如图 8.32 所示。

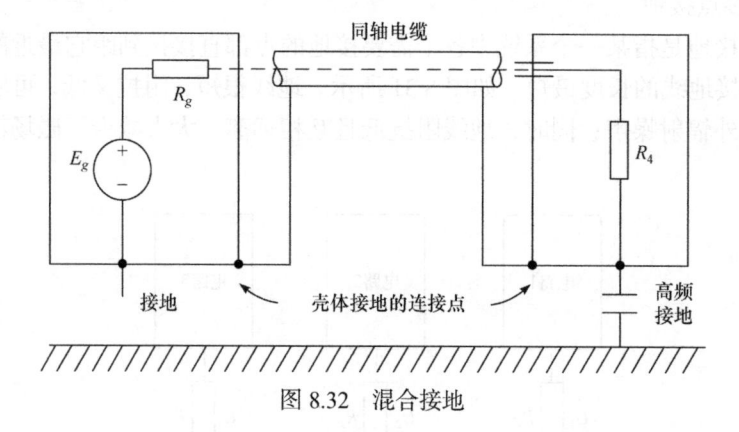

图 8.32 混合接地

如图 8.32 所示，在低频时，电容的阻抗较大，故电路为单点接地方式；在高频时，电容阻抗较低，故电路为两点接地方式。因此，混合接地方式适用于工作在宽频带的电路，同时应注意避免所用的电容器与引线电感发生谐振。

4) 接地线的连接原则

前面介绍了地线的类型和信号地线的接地方式，对于不同的地线，采用怎样的方式接地、如何接地，是测试系统中设计、安装、调试的一个大问题。通常在考虑测试系统接地时，应遵循以下原则：

(1) 一点接地和多点接地原则。

电路接地基本原则是低频电路需要一点接地，高频电路应就近多点接地。在低频电路中，布线和元件间的电感并不是什么大问题，而公共阻抗耦合干扰影响较大，因此常以一点为接地点。然而，一点接地不适用于高频电路，在高频时各地电路形成的环路会产生电感耦合,引起干扰。一般来说,当频率低于 1MHz 时,可使用一点接地;当频率高于 10MHz 时,应采用多点接地;频率在 1~10MHz,当用一点接地时,地线长度不得超过波长的 1/20,否则应采用多点接地。

(2) 不同性质接地线的连接原则。

在采用一点接地的测试系统中,不同性质的接地线应采用以下原则接地:在弱信号模拟电路、数字电路和大功率驱动电路混杂的场合,强信号地线与弱信号地线应分开;模拟地与数字地应分开;高电平数字地与低电平信号地应分开;各个子系统的地线只在电源供电处才相接于一点入地。只有这样才能保证几个地线系统有统一的地电位,又避免形成公共阻抗。

(3) 接地线应尽量加粗的原则。

接地线越细,其阻抗越高,接地电位随电流的变化就越大,致使系统的基准电平信号不稳定,导致抗干扰能力下降,因此接地线应尽量加粗,使它能通过 3 倍于印制电路板上的允许电流。若有可能,则接地线应为 2~3mm。

另外,接地处必须可靠,不能靠铰链、滚轮等部件去接地,否则会使系统工作时好时坏,极不稳定,难以发现故障所在。应采用电焊、气焊、铜焊、锡焊等接地,用螺钉、螺栓等连接金属件接地仍不如焊接物可靠。

3. 滤波

滤波的含义是指从混有噪声或干扰的信号中提取有用信号分量的一种方法或技术,是抑制传导干扰的有效措施。根据干扰频率和有用信号的频率关系,选用合适的滤波器,可有效抑制经导线耦合到电路中的噪声干扰。

能够实现滤波功能的电路或电器称为滤波器。滤波器可定义为一个网络,是由电阻器、电感器和电容器,或是它们的某种组合构成。这样的网络能使某些频率成分易于通过而称为通带,阻碍其他一些频率成分的通过而称为阻带,也就是说,滤波器的通带是指这样的频率范围,在此频率范围内的能量传输只有很小衰减或没有衰减,而滤波器的阻带则是指对能量传输衰减很大的频率范围。

按通过的频率来划分,滤波器大体上可分为低通滤波器、高通滤波器、带通滤波器和带阻滤波器四种。

低通滤波器是抗干扰技术中用得最多的一种滤波器,用来控制高频电磁干扰。例如,电源线滤波器是低通滤波器,当直流或市电频率电流通过时,没有明显功率损失,而对高于这些频率的信号进行衰减。在放大器电路和发射机输出电路中的滤波器通常是低通滤波器,使其基波信号频率能通过,而谐波和其他乱真信号被衰减。

高通滤波器主要用于从信号通道中排除交流电源频率及其他低频外界干扰,高通滤波器可由低通滤波器转换而成。当把低通滤波器转换成具有相同终端和截

止频率的高通滤波器时,通常采用以下转换方法:

(1) 把每个电感 L(H)转换成数值为 $1/L$(F)的电容 C。

(2) 把每个电容 C(F)转换成数值为 $1/C$(H)的电感 L。

例如,2H 的电感转换成 0.5F 的电容,10F 的电容转换成 0.1H 的电感,图 8.33 给出了两种低通滤波器向高通滤波器转换的例子。

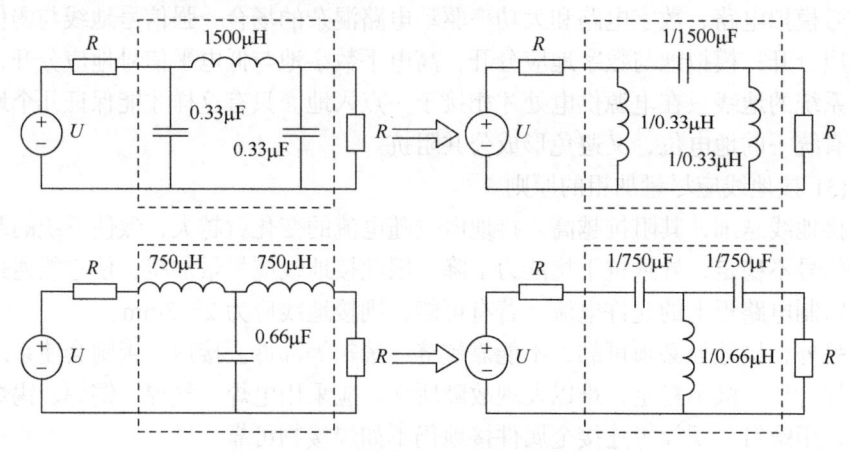

图 8.33 低通滤波器向高通滤波器的转换

带通滤波器是对通带之外的高频干扰及低频干扰能量进行衰减,其由低通滤波器经过转换而成。

带阻滤波器是对特定的窄带内的干扰能量进行抑制,通常是串联于干扰源与干扰对象之间,也可将一个带通滤波器并联于干扰线与地线之间来达到带阻滤波的目标。

8.3.4 计算机系统抗干扰技术

干扰侵入计算机系统的主要途径有电源系统、传输通道、对空间电磁波的感应三个方面。本节主要讨论如何从电源系统、传输通道和软件等方面采取相应的措施,以减少或消除干扰,破坏干扰信号的传输条件,从而提高计算机系统的抗干扰能力及可靠性。

1. 电源系统抗干扰

电源系统包括供电系统、电源单元及负载。目前,计算机系统大都使用 220V、50Hz 的市电,我国电网频率与电压波动较大,会直接对计算机系统产生干扰。同时,当电网中某一设备的负荷突变时,也会在电源线上产生强的脉冲干扰,这种干扰电压的峰值可达几百伏至 2.5kV,其频率为几百赫兹至 2MHz。电网的冲击、频率的波动将直接影响系统的可靠性和稳定性，甚至电网的冲击还会给整个系统带来毁灭性的破坏。因此，电源干扰是计算机系统中最主要、危害最严重的干扰源。为了消除和抑制电网传递给计算机系统的干扰，必须对其使用的电源系统采取抗干扰措施。

1) 采用隔离变压器

一般来说，电网与计算机系统分别有各自的地线。在应用中，若直接把计算机系统与电网相连，则两者的地线之间存在地电位差 U_{CM}，如图 8.34 所示。

U_{CM} 的存在形成环路电流，造成共模干扰，因此计算机系统必须与电网隔离，通常采用隔离变压器进行隔离。考虑到高频噪声通过变压器不是靠初级、次级线圈的互感耦合，而是靠初级、次级间寄生电容的耦合，因此隔离变压器的初级和次级之间均用屏蔽层隔离，以减小其寄生电容，提高抗共模干扰能力。计算机系统与电网的隔离如图 8.35 所示。计算机系统的地线接入标准地线后，采用了隔离变压器，使电网地线的干扰不能进入系统，从而保证了计算机系统可靠地工作。

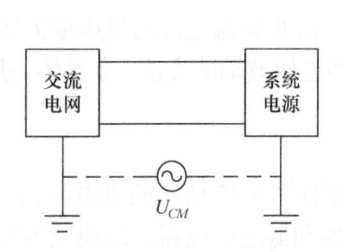

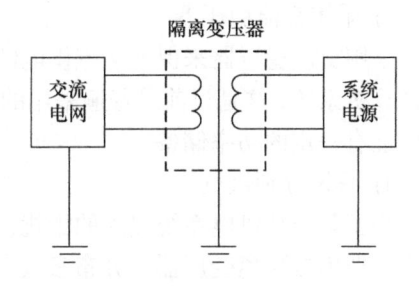

图 8.34　环路电流的干扰　　　　图 8.35　计算机系统与电网的隔离

2) 采用电源低通滤波器

电网的干扰大部分是高次谐波，故采用低通滤波器来滤除大于 50Hz 的高次谐波，以改善电源的波形。电源低通滤波器的线路如图 8.36 所示。

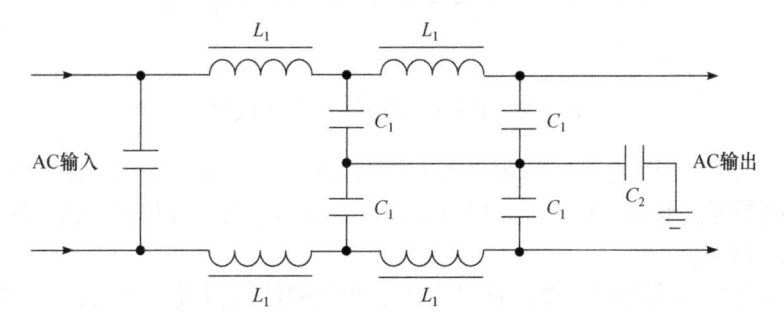

图 8.36　电源低通滤波器的线路

电源低通滤波器是由电容和电感组成的滤波网络，能滤除电网噪声。然而当噪声电平较高时，电感发生磁饱和现象，使电感元件几乎完全失去作用，从而导致抗干扰失效。

为避免低通滤波器进入磁饱和状态，需在干扰进入低通滤波器前加以衰减。为此，常在电源低通滤波器的前面，加设一个分布参数噪声衰减器。分布参数噪声衰减器由一捆近 50m 长的双绞线组成，导线横截面积根据通电电流强度确定。分布参数噪声衰减器靠两根导线之间及各匝导线之间存在的分布参数(分布电容和分布电感)，对流过它的叠加在低频市电上的各种干扰脉冲进行衰减，甚至滤除，从而保证低通滤波器的电感工作在非饱和区。分布参数噪声衰减器是无电感器件，因此不会产生磁饱和现象。

在使用低通滤波器时，应注意：①低通滤波器本身应屏蔽，而且屏蔽盒与系统的机壳要良好接触；②为减少耦合，所有导线要靠近地面走线；③低通滤波器的输入端与输出端要进行隔离；④低通滤波器的位置应尽量靠近需要滤波的地方，连线也要进行屏蔽。

3) 采用交流稳压器

采用交流稳压器来保证交流供电的稳定性，防止交流电源的过压或欠压。对于计算机系统，这是目前最普遍采用的抑制电网电压波动的方法，在具体使用时，应保证有一定的功率储备。

4) 系统分别供电

为了阻止从供电系统侵入的干扰，一般采用如图 8.37 所示的供电线路，即交流稳压器串接隔离变压器、分布参数噪声衰减器和低通滤波器，以便获得较好的抗干扰效果。

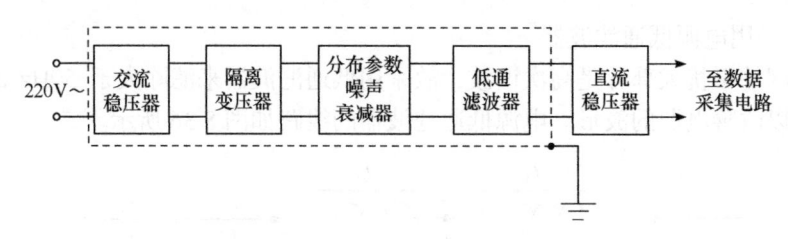

图 8.37 计算机系统的一般供电线路

当系统中使用继电器、磁带机等电感设备时，向计算机系统电路供电的线路应与继电器等供电的线路分开，以避免在供电线路之间出现相互干扰，供电线路如图 8.38 所示。

在设计供电线路时，要注意对变压器和低通滤波器进行屏蔽，以抑制静电干扰。

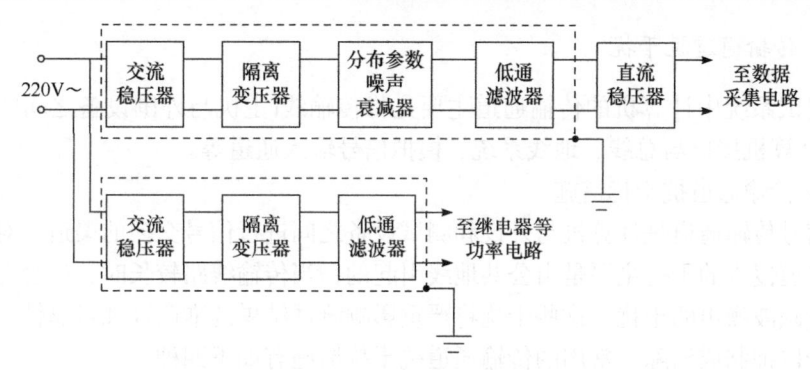

图 8.38　系统分别供电的线路

5) 采用电源模块单独供电

近年来，在一些数据采集卡上，广泛采用 DC-DC 电源电路或三端稳压集成块如 7805、7905、7812、7912 等组成的稳压电源单独供电。其中，DC-DC 电源电路由电源模块及相关滤波元件组成。该电源模块的输入电压为+5V，输出电压为与原边隔离的±15V 和+5V，原、副边之间隔离电压可达 1500V。与集中供电相比，采用单独供电方式具有以下优点：

(1) 每个电源模块单独对相应板卡进行电压过载保护，不因某个稳压器的故障而使全系统瘫痪。

(2) 有利于减小公共阻抗的相互耦合及公共电源的相互耦合，大大提高了供电系统的可靠性，也有利于电源的散热。

(3) 总线上电压的变化，不会影响板卡上的电压，有利于提高板卡的工作可靠性。

6) 供电系统馈线要合理布线

在计算机系统中，电源的引入线和输出线以及公共线在布线时，均需要采取以下抗干扰措施：

(1) 电源前面的一段布线，从电源引入口，经开关器件至低通滤波器之间的馈线，尽量用粗导线。

(2) 电源后面的一段布线，均应采用扭绞线，扭纹的螺距要小。扭绞时，应把馈线之间的距离缩到最短。

交流线、直流稳压电源线、逻辑信号线和模拟信号线、继电器等感性负载驱动线、非稳压的直流线均应分开布线。

(3) 电路的公共线，电路中应尽量避免出现公共线，因为在公共线上，某一负载的变化引起的压降都会影响其他负载。若公共线不能避免，则必须把公共线加粗，以降低阻抗。

2. 传输通道抗干扰

测试系统中计算机的传输通道主要是指传输线(主机与外围设备之间的连接线)、计算机接口与总线、地线系统、模拟信号输入通道等。

1) 传输通道抗干扰措施

信号传输通道是计算机与外设和测试设备之间进行信号交换的渠道，对这一信息渠道侵入的干扰主要是由公共地线引起的，当传输线路较长时，还会受到静电和电磁波噪声的干扰。这些干扰将严重影响测试结果的准确性和可靠性，因此必须予以抑制或消除。常用的传输通道抗干扰措施有如下四种。

(1) 采用隔离技术。

隔离就是从电路上把干扰源与敏感电路部分隔离开来，使它们之间不存在电的联系，或者削弱它们之间电的联系。隔离技术从原理上可分为光电隔离和电磁隔离。

① 光电隔离。光电隔离是利用光电耦合器实现电路上的隔离。光电耦合器的输入端为发光二极管，输出端为光敏三极管，输入端与输出端之间通过光传递信息，而且又在密封条件下进行，故不受外界光的影响。光电耦合器的结构如图 8.39 所示。

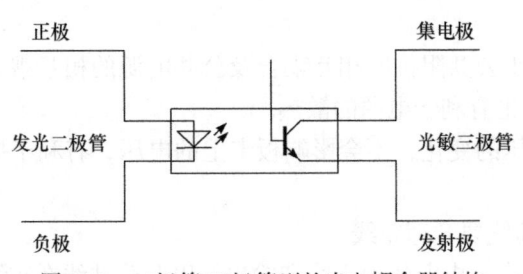

图 8.39 二极管/三极管型的光电耦合器结构

光电耦合器的输入阻抗很低，一般为 $100 \sim 1000\Omega$，而干扰源的内阻一般很大，通常为 $10^5 \sim 10^6\Omega$，由分压原理可知，能馈送到光电耦合器输入端的噪声自然很小。

干扰噪声源内阻一般很大，尽管它能提供较大幅度的干扰电压，但能提供的能量很小，即只能形成微弱的电流。光电耦合器输入端的发光二极管，只有当流过的电流超过其阈值时才能发光，输出端的光敏三极管只在一定光强下才能工作。因此，即使是电压幅值很高的干扰，没有足够的能量也不能使发光二极管发光，从而被抑制掉。

光电耦合器的输入端与输出端之间的寄生电容极小，一般仅为 $0.5 \sim 2\text{pF}$，而绝缘电阻又非常大，通常为 $10^{11} \sim 10^{13}\Omega$，因此输出端的各种干扰噪声很难反馈到输入端。

光电耦合器的以上优点,使其在计算机数据采集系统中得到了较广泛的应用。

(i) 用于系统与外界的隔离。在实际应用中,因为计算机数据采集系统信号来源于测试现场,所以需把待采集的信号与系统隔离。其方法是在传感器与数据采集电路中间加上一个光电耦合器,如图 8.40 所示。

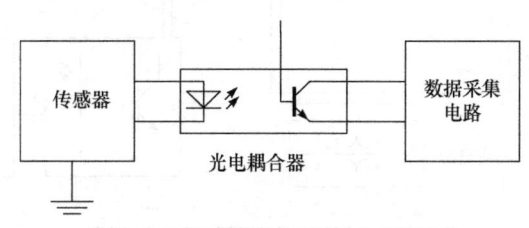

图 8.40 待采集信号与系统的隔离

(ii) 用于系统电路之间的隔离。两个电路之间加入一个光电耦合器,如图 8.41 所示。电路 1 利用光向电路 2 传递信号,这里切断两个电路之间的联系,使两电路之间的电位差 U_{CM} 不能形成干扰。

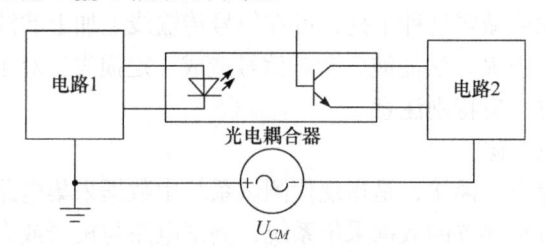

图 8.41 光电耦合器隔离电路

电路 1 的信号加到发光二极管上,使发光二极管发光,其光强正比于电路 1 输出的信号电流。这个光被光敏三极管接收,再产生正比于光强的电流输送到电路 2。由于光电耦合器的线性范围比较小,其主要用于传输数字信号。

② 电磁隔离。在传感器与采集电路之间加入一个隔离放大器,利用隔离放大器的电磁耦合,将外界的模拟信号与系统进行隔离传送。隔离放大器是一种既有通用运算放大器的特性,又在其输入端与输出端之间(包括所使用的电源之间)无直接耦合回路的放大器,其信息传送是通过磁路来实现的。隔离放大器在系统中使用,如图 8.42 所示。

由图 8.42 可以看到,外界的模拟信号由隔离放大器进行隔离放大,以高电平低阻抗的特性输出至多路开关。为抑制市电频率对系统的影响,电源部分由变压器隔离。另外,A/D 转换输出采取光电隔离后送入计算机总线,以防止模拟通道的干扰馈入计算机;计算机总线的控制信号也经光电隔离传送至多路开关、采样/保持和 A/D 转换芯片。

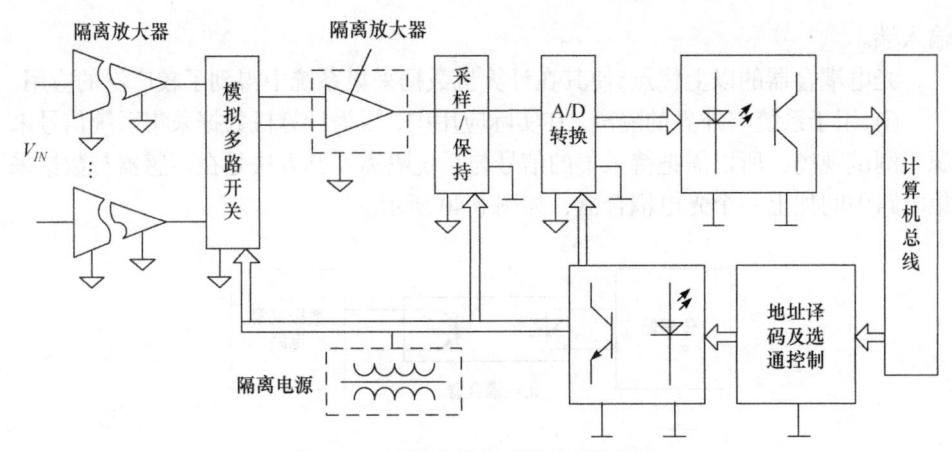

图 8.42 计算机数据采集系统的隔离

(2) 采用滤波器。

从测试现场采集到的信号，经过传输线送入采集电路或计算机的接口电路。因此，在信号传输过程中，可能会引进干扰。为使信号在进入采集电路或计算机接口电路之前消除或减弱这种干扰，可在信号传输线上加上滤波器。

在信号线间采用 R-C 法滤波，会对信号造成一定损失，对于微弱信号，当采用此法抑制干扰时，应特别注意。

(3) 采用浮置措施。

浮置又称为浮空、浮接，是指现代测试系统中数据采集电路的模拟信号地不接机壳或大地。对被浮置的数据采集系统，测试电路与机壳或大地之间无直流联系。浮置的目的是阻断干扰电流的通路。

测试系统被浮置后，明显地加大了系统的信号放大器公共线与地(或机壳)之间的阻抗。因此，浮置能大大减小共模干扰电流。然而浮置不是绝对的，不可能做到完全浮置。其原因是信号放大器公共线与地(或机壳)之间，虽然电阻值很大(是绝缘电阻级)，可大大减少电阻性漏电流干扰，但是它们之间仍然存在寄生电容，即容性漏电流干扰仍然存在。

数据采集系统被浮置后，由于共模干扰电流大大减小，其共模抑制能力大大提高。下面以图 8.43 所示的浮置桥式传感器数据采集系统为例进行分析。

图 8.43 中 R_H、R_L 为传感器电阻，均为 1kΩ，传感器到采集电路间用带屏蔽网的电缆连接，屏蔽网的电阻 R_S < 10Ω；采集电路有两层屏蔽，因为采集电路与内层屏蔽体不相连，所以是浮置输入；其内层屏蔽体通过信号线的屏蔽网在信号源处接地，外层屏蔽(机壳)接大地。信号源(传感器)地与采集电路机壳地之间的地电位差 E_{CM} 构成共模干扰源，两个地之间的电阻 R_C < 0.1Ω。E_{CM} 形成的干扰电流分成两路：一路经 R_S、内外屏蔽间的寄生电容 C_3 到地；另一路经 R_L、采集电路

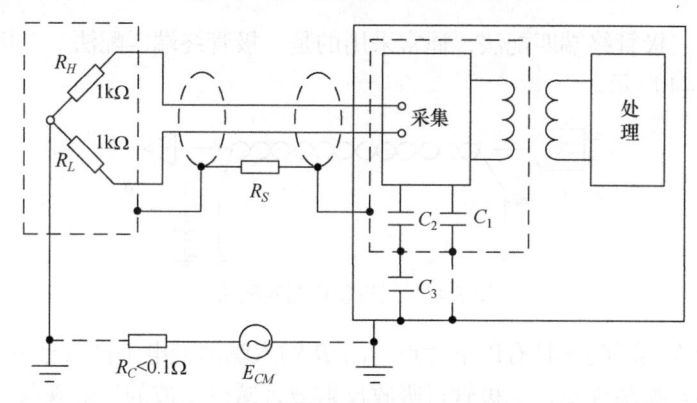

图 8.43 桥式传感器浮置输入采集系统

与内屏蔽的寄生电容 C_2、C_3 到地，因为 $R_L+X_{C2}+X_S$ 较大，所以此路电流很小。

若取 $C_2=C_3=0.01\mu F$，$C_1=3pF$，E_{CM} 为 50Hz 工频干扰，则有 $X_{C1} \gg R_L$、$X_{C2} \gg R_L$、$X_{C3} \gg R_S$，R_L 两端的干扰电压 U_N 可以表示为

$$U_N = \left(\frac{R_S R_L}{X_{C2} X_{C3}} + \frac{R_L}{X_{C1}} \right) E_{CM}$$

共模抑制比为

$$\text{CMRR(dB)} = 20\lg \frac{E_{CM}}{U_N} = -20\lg \left(\frac{R_S R_L}{X_{C2} X_{C3}} + \frac{R_L}{X_{C1}} \right)$$

根据给定的电路参数，有 $(R_S R_L)/(X_{C2} X_{C3}) \ll R_L/X_{C1}$，因此

$$\text{CMRR(dB)} = 20\lg \frac{X_{C1}}{R_L} \approx 119 \text{(dB)}$$

若用漏电阻 R_1、R_2、R_3 分别代替寄生电容 C_1、C_2、C_3，则可看出浮置同样能抑制直流共模干扰。

注意：只有在对电路要求高，并采用多层屏蔽的条件下，才采用浮置技术。采集电路的浮置应包括该电路的供电电源，即浮置采集电路的供电系统应是单独的浮置供电系统，否则浮置将无效。

(4) 长线传输抗干扰。

长线传输是测试系统必然遇到的问题，信息在长线中传输时不但会使信息延迟，而且终端阻抗匹配会造成波的反射，使波形畸变和衰减。因此，在用长线传输信号时，抗干扰的重点是防止和抑制非耦合性(反射畸变)干扰，主要解决两个问题：一个是阻抗匹配；另一个是长线驱动。

① 阻抗匹配。阻抗匹配的好坏，直接影响长线上信号反射的强弱。阻抗匹配的方法有串联电阻始端匹配法、阻容始端匹配法、并联阻抗终端匹配法、阻容终

端匹配法及二极管终端匹配法，通常采用的是二极管终端匹配法。二极管终端匹配法如图 8.44 所示。

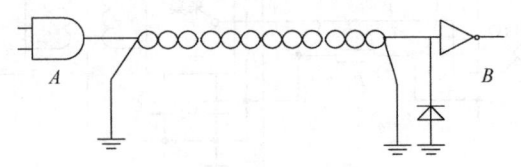

图 8.44 二极管终端匹配法

二极管终端匹配法具有以下优点：门 B 输入端的低电平被钳至 0.3V 以内，可减少反冲与振荡现象；二极管可吸收反射波，减少了波的反射现象；大大减小线间串扰，提高了动态抗干扰能力。

② 长线驱动。长线如果用 TTL 电路直接驱动，那么有可能使电信号幅值不断减小，抗干扰能力下降及存在串扰和噪声，结果使电路传错信号。因此，在长线传输中，需要采用驱动电路和接收电路。图 8.45 为长线驱动示意图。

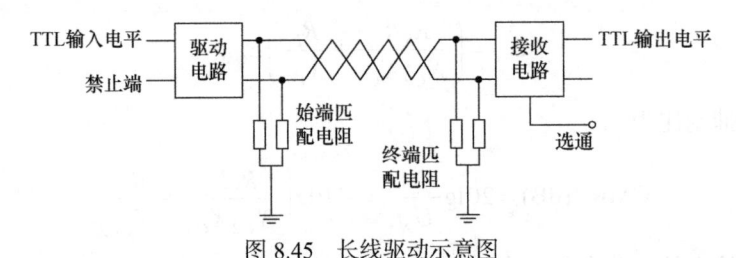

图 8.45 长线驱动示意图

驱动电路将 TTL 信号转换为差分信号，将其通过长线传至接收电路。为使多个驱动电路能共用一条传输线，一般驱动电路都附有禁止电路，以便在该驱动电路不工作时，禁止其输出。接收电路具有差分输入端，把接收到的信号放大后转换成 TTL 信号输出。由于差动放大器有很强的共模抑制能力，而且工作在线性区，容易做到阻抗匹配。

2) 传输线的使用

在信息传输时，有很多类型的传输线可供选择。常见的传输线使用方法主要包括以下 5 种。

(1) 屏蔽线的使用。

屏蔽线是在信号线的外面包裹一层铜质屏蔽层。采用屏蔽线可有效克服静电感应干扰。对理想的屏蔽层来说，其串联阻抗很低，可忽略不计，因此由瞬时干扰电压引起的干扰电流，只通过屏蔽层流入大地，干扰电流不流经信号线，信号传输不受干扰。

为达到屏蔽的目的，屏蔽层要一端接地，另一端悬空。接地点一般可选在数据采集设备的接地点上，如图 8.46 所示。

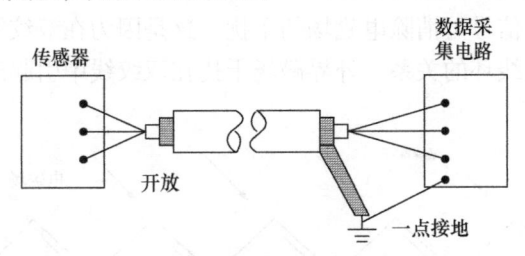

图 8.46 屏蔽线接地方法

(2) 同轴电缆的使用。

同轴电缆的使用如图 8.47 所示，电流 I 由信号源通过电缆中心导体流入接收负载，沿屏蔽层流回信号源。电缆中心导体内的电流 $+I$ 和屏蔽层内的电流 $-I$ 产生的磁场相互抵消，因此它在电缆屏蔽层的外部产生的磁场为零。同样，外界磁场对同轴电缆内部的影响也为零。

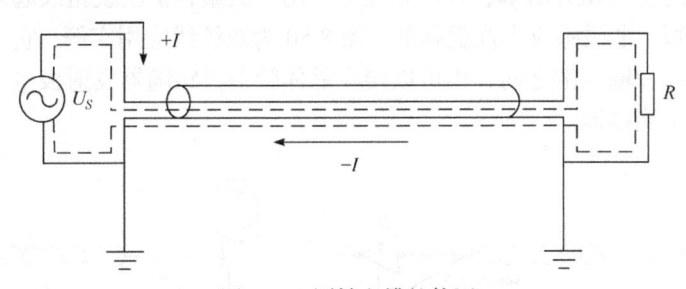

图 8.47 同轴电缆的使用

在使用同轴电缆时，一定要把屏蔽层的两端都接地(图 8.47)；否则电流将沿电缆中心导体和地形成环路，使屏蔽层无电流流过，造成屏蔽层不起屏蔽作用(图 8.48)。当两端接地时，屏蔽层流过的电流实际上与中心导体相同，因而能有效地防止电磁干扰。

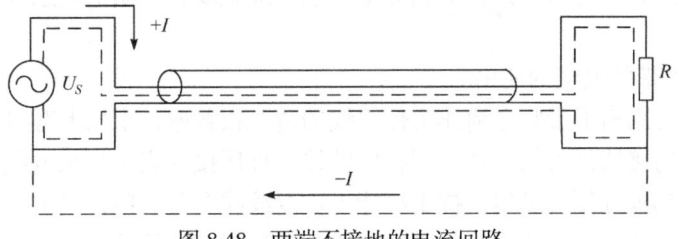

图 8.48 两端不接地的电流回路

(3) 双绞线的使用。

双绞线是最常用的一种信号传输线，与同轴电缆相比，其具有波阻抗高、体积小、价格低的优点；缺点是传送信号的频带不如同轴电缆宽。

用双绞线传输信号可消除电磁场的干扰。这是因为在双绞线中，感应电势的极性取决于磁场与线环的关系。外界磁场干扰在双绞线中引起感应电流的情况如图 8.49 所示。

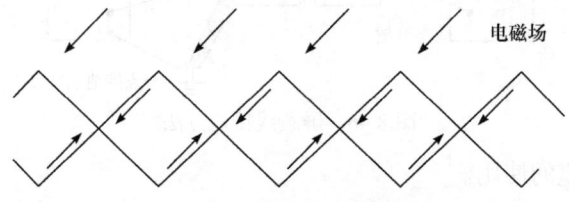

图 8.49　双绞线中的电磁感应

由图 8.49 可以看出，外界磁场干扰引起的感应电流在相邻绞线回路的同一根导线上方向相反，相互抵消，从而使干扰受到抑制。

双绞线的使用相对简单、方便和经济，用一般塑料护套线扭绞起来即可。双绞的节距越短，电磁感应干扰就越低。图 8.50 为双绞线应用实例，它可以接在门电路的输出端和输入端之间，也可以接在晶体管射极跟随器发射极电阻的两端，双绞线中间不能接地。

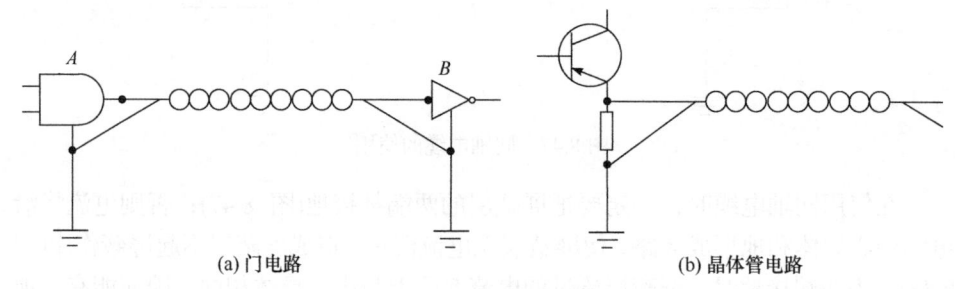

(a) 门电路　　　　　　　　　(b) 晶体管电路

图 8.50　双绞线应用实例

综上所述，可得出结论：抑制静电干扰用屏蔽线，抑制电磁感应干扰则用双绞线。

(4) 扁平带状电缆的使用。

目前，使用扁平带状电缆作为传输线的情况很普遍，市场上有很多扁平带状电缆相配套的接插件可供选择，用相应的接插件压接在扁平带状电缆上或接在印制电路板上都很方便。虽然其抗干扰能力比双绞线要差一些，但由于实用，使用范围很广泛。若采取一些措施，则也可成为一种很好的传输线。

由于扁平带状电缆的导线较细，当传输距离较远时，若用其作地线，则地电位会发生变化。因此，最好采用双端传送信号的办法。当采用单端传送信号的方法时，每条信号线都应配有一条接地线。

扁平带状电缆接地方法如图8.51所示,即在每一对信号线之间留出一根导线作为接地线。这种扁平带状电缆接地方法,对减小两条信号线之间的电容耦合和电感耦合是很有效的。这种方法只适合于信号在10~20m内传输,距离再长就不再适用,原因是地电位明显出现电位差。

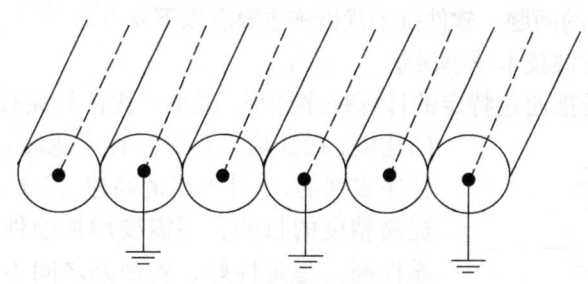

图8.51 扁平带状电缆接地方法

(5) 光纤电缆的使用。

光纤电缆能将电信号转换成光信号,进行数据的发送和接收。由于光电隔离,光纤电缆具有很强的抗干扰能力,其重量轻、体积小又耐高温,带宽可达1012MHz,传输速度可达 $10^2 \sim 10^3$ Mbit/s,对某些波长衰减很小,200km之内不需要中继器。信号以光波形式传播,因此不受电气噪声干扰。光纤不导电,因此不受接地电流及雷电干扰,也无电磁场辐射,不会干扰其他设备。光纤传输抗干扰如图8.52所示。

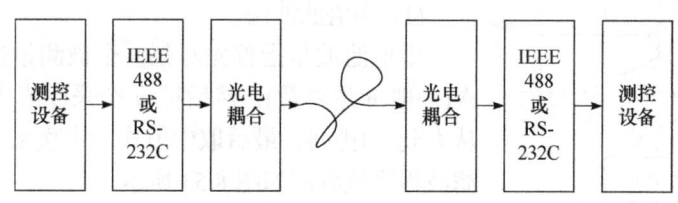

图8.52 光纤传输抗干扰

在强电磁场环境下,采用光纤传输是一种很好的选择。其不受电磁场影响,同时又切断了地回路,因此具有很强的共模和串模干扰抑制能力。光电隔离可确保系统安全,尤其在易燃、易爆的测试现场,用光纤传输可避免金属传输线在接点处产生短路火花、漏电等引起的燃烧、爆炸事故。

3. 计算机软件抗干扰

在计算机系统中,抗干扰有硬件法、软件法和软硬件结合法等。其中,软件法和软硬件结合法是计算机独有的。除前面讨论的硬件抗干扰措施外,还应根据环境条件、信号特点及软硬件情况采取必要的软件抗干扰措施,以提高系统的可计算机软件抗干扰是一种价廉、灵活、方便的方式。单纯的软件抗干扰不需要资源，不改变硬件环境，不需要对干扰源精确定位，不需要定量分析，故实现起来灵活、方便。因此，用软件抗干扰能提高系统效能，节省硬件，还能解决部分硬件解决不了的问题。软件抗干扰措施主要有以下4方面。

1) 用数字滤波技术减小误差

数字滤波是指通过特定的计算程序处理，减小干扰信号在有用信号中所占的比例，故实质上是一种程序滤波。数字滤波是用程序实现的，靠计算机的高速、多次运算达到模拟、提高精度的目的，不需要增加硬件设备，因此可靠性高，稳定性好，各回路之间不存在阻抗匹配等问题，可多个通道共用一个滤波程序，同时数字滤波可以对频率很低(如 0.01Hz)的信号实现滤波，克服了模拟滤波器的缺陷，而且通过改写数字滤波程序，可实现不同的滤波方法或改变滤波参数，这比改变模拟滤波器的硬件要灵活、方便。因此，数字滤波受到相当的重视，得到了广泛应用。

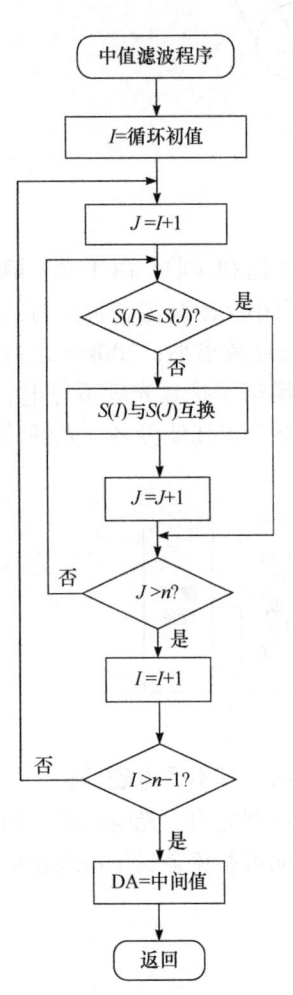

数字滤波的方法有多种，下面介绍 4 种常用的数字滤波方法。

(1) 中值滤波法。

中值滤波是指首先对某一个被测量连续采样 n 次(一般 n 取奇数)，然后把 n 个采样值从小到大(或从大到小)排列，最后取中值作为本次采样值。中值滤波程序流程图如图 8.53 所示。

本程序只需改变外循环次数 n，即可推广到对任意次数采样值进行中值滤波。一般来说，n 的值不宜太大，否则滤波效果反而不好，且总的采样时间延长，n 值一般取 3～5 即可。

中值滤波法对于去除脉冲性质的干扰比较有效，但是，对快速变化过程的参数(如流量等)则不宜采用。

图 8.53 中值滤波程序流程图

(2) 算术平均值法。

算术平均值法是寻找这样一个 $\bar{Y}$ 作为本次采样的平均值，使该值与本次各采样值间误差的平方和最小，即

$$E = \min\left[\sum_{i=1}^{N} e_i^2\right] = \min\left[\sum_{i=1}^{N} (\overline{Y} - X_i)^2\right] \tag{8.40}$$

由一元函数求极值原理得

$$\overline{Y} = \frac{1}{N}\sum_{i=1}^{N} X_i \tag{8.41}$$

式中，$\overline{Y}$ 为 N 次采样值的算术平均值；X_i 为第 i 次采样值；N 为采样次数。

算术平均值法适用于对温度、压力、流量这类信号的平滑处理，这类信号的特点是有一个平均值，信号在某一数值范围上下波动，在这种情况下，仅取一个采样值作为依据显然是不准确的。算术平均值法对信号的平滑程度完全取决于 N。当 N 较大时，平滑度高，但灵敏度低；当 N 较小时，平滑度低，但灵敏度高。应视具体情况选取 N，以便既少用计算时间，又达到最好的效果。

对于流量，通常取 $N=12$；对于压力，则取 $N=4$；对于温度，如无噪声则可以不平均。

(3) 一阶滞后滤波法(惯性滤波法)。

在模拟量输入通道中，常用一阶低通 RC 滤波器(图 8.54)来削弱干扰，但不宜采用这种模拟方法对低频干扰进行滤波，原因在于大时间常数及高精度的 RC 网络不易制作，因为时间常数 τ 越大，必然要求 C 值越大，且漏电流也随之增大。惯性滤波法是一种以数字形式实现低通滤波的动态滤波方法，能很好地克服上述缺点，在要求滤波常数大的场合，这种方法尤为实用。

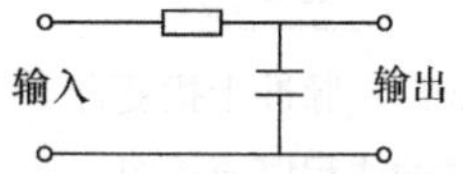

图 8.54　一阶低通 RC 滤波器

惯性滤波的表达式为

$$\overline{Y}_n = (1-a)\overline{X}_n + a\overline{Y}_{n-1} \tag{8.42}$$

式中，$\overline{X}_n$ 为第 n 次采样值；$\overline{Y}_{n-1}$ 为上次滤波结果输出值；$\overline{Y}_n$ 为第 n 次采样后滤波结果输出值；a 为滤波平滑系数。

τ 为滤波环节的时间常数，T_s 为采样周期，通常 T_s 远小于 τ，也就是输入信号的频率高，而滤波器的时间常数较大。τ 和 T_s 的选择可根据具体情况确定，使被滤波的信号不产生明显的波纹即可。另外，还可以采用双字节计算，以提高运算精度。

惯性滤波法适用于波动频繁的被测量的滤波，能很好地消除周期性干扰，但也带来了相位滞后，滞后角的大小与 a 的选择有关。

(4) 脉冲干扰复合滤波法。

前面讨论了算术平均值法和中值滤波法，两者各有缺陷：前者不易消除由脉冲干扰引起的采样偏差；后者由于采样点数的限制，其应用范围缩小。从这两种滤波方法削弱干扰的原理可以得到启发，如果将这两种方法合二为一，即先用中值滤波法滤除由脉冲干扰产生的偏差采样值，再把剩下的采样值做算术平均，这就是脉冲干扰复合滤波法。其原理可用式(8.43)表示：

若 $x_1 \leqslant x_2 \leqslant \cdots \leqslant x_N (N \leqslant 3)$，则有

$$Y = (x_2 + x_3 + \cdots + x_{N-1}) / (N-2) \tag{8.43}$$

根据式(8.43)，可得出脉冲干扰复合滤波法程序流程图，如图 8.55 所示。

这种方法兼容了算术平均值法和中值滤波法的优点，既可去掉脉冲干扰，又可对采样值进行平滑处理。在高、低速数据采集系统中，都能消除干扰，提高数据处理质量。当采样点数为 3 时，便是中值滤波法。

实际应用中可根据具体的被测物理量选用相关数字滤波方法。在考虑滤波效果的前提下，尽量采用计算时间短的方法。若计算时间允许，则可采用脉冲干扰复合滤波法。

数字滤波法固然是消除干扰的好方法，但并不是任何一个系统都需要进行数字滤波。有时采用不恰当的数字滤波反而会适得其反，造成不良影响。因此，在利用软件抗干扰时，采用哪种滤波方法，或者是否采用数字滤波法，一定要根据实际情况确定。

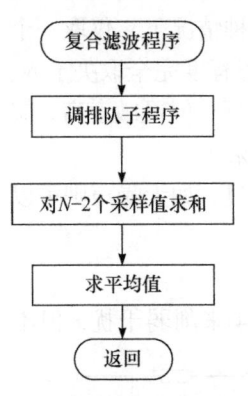

图 8.55　脉冲干扰复合滤波法程序流程图

2) 用软件消除抖动

当测试系统需要采集两个以上模拟信号时，通过多路开关依次切换每个模拟信号通道与 ADC 接通，来顺序采集模拟信号。任何一种开关(机械或电子)，在切换初始，受力学性能或电气性能的限制，都会出现抖动现象，经过一段时间才能稳定下来，多路开关在切换模拟信号通道时，同样存在抖动现象。因此，在多路开关切换未稳定的情况下就采集数据，会造成采样误差。

目前，消除开关抖动的方法主要有两种：一种是用硬件电路来实现，即用 RC 滤波电路滤除抖动；另一种是用软件延时的方法来解决。A/D 接口电路已是固定的，很难再加入其他器件，因此从硬件上消除抖动很困难。用软件延时方法来消除抖动则很容易实现。

软件延时方法是在启动 A/D 接口电路之前，在程序中增加一条延时语句，以等待多路开关稳定，然后进行数据采集，这样可消除采样误差，提高采样精度。由此可见，软件延时方法简单有效。

3) 用软件消除零电平漂移

测试系统应用了大量电子器件，这些器件大多数对温度比较敏感，其工作特

性随温度变化而变化。反映在输出上，是使零电平随温度变化而有缓慢漂移。这种零电平漂移必定会叠加到采集的数据上，导致采样误差的增加。

为提高数据采集的精度，在用计算机对模拟输入通道进行巡回采集时，首先对未加载的传感器进行检测，并将所有零电平信号 $U_{zoi}(i = 1, 2, \cdots, N)$ 读入计算机内存中相应的单元，然后才开始执行采样程序。在采样程序中，每读入一批数据，都要先经过清零点过程程序处理，清零点过程程序将采集到的数据与零电平相减，得出的是受零电平漂移影响很小的数据，从而使采集到的数据基本上消除了所包含的零电平漂移分量。

零电平漂移量 U_{zoi} 的采集方法是每过一段时间将传感器置于零输入下，扫描各通道 U_{zoi} 值，并将它们存入相应的内存单元。

4) 用软件消除干扰

外界电磁干扰一般是一些幅度和宽度小的随机类脉冲过程，根据信号特点用软件方法区别信号与干扰，在某些条件下是有效的。

(1) 脉冲宽度鉴别法。

当脉冲信号有一定宽度时，通过连续采集信号，在信号的上升沿连续采集 n 次，若 n 次以后仍有信号，则认为是真信号。若 k 次以后($k<n$)再没有信号，则认为所有的采集信号都是干扰信号。这样可解决多数情况下窄的尖脉冲干扰。

(2) 逻辑判别法。

对于开关量信号，可采用逻辑判别法。在检测区域内，对 I/O 接口上输入多个不同时刻的开关量，进行按位逻辑乘，因为开关量的对应位为 "1"，在受干扰情况下不改变，其余位可能为 "1" 或 "0"。对 I/O 接口输入的开关量进行多次按位逻辑乘，若为 "0"，则说明刚才多次接收的信号是干扰信号；若不为 "0"，则说明是真信号。

(3) 多次重复检查法。

干扰信号的强弱没有规律，变化是随机的。对输入数据进行多次检测，若内容一致，则是真信号，否则便是干扰信号。

(4) 幅度判别法。

针对变化缓慢的信号，利用设置的采样值、偏差值及最大允许值等编制判别程序，对采样信号进行幅度判别，可判别出某些信号的真假。

4. ATE 系统接地方法

1) 系统接地基本原则

接地在测试系统抗干扰中占有非常重要的位置。如果接地处理不当，将会导致噪声耦合，产生干扰。

ATE 系统中，设置两个安全地，如图 8.56 所示。一个是仪器的 AC 电源线通常连到设备舱内的配电插座板上，分解成从一个插座到另一个插座菊花链形的安全接地。此外，测试仪器一般都有安全地接到其机箱(壳)上，在导轨中机箱(壳)被安装在机柜的金属框架上，这就形成了仪器之间第二个安全地回路。这两个安全地回路单独设置，最终接到专用的接地点上。

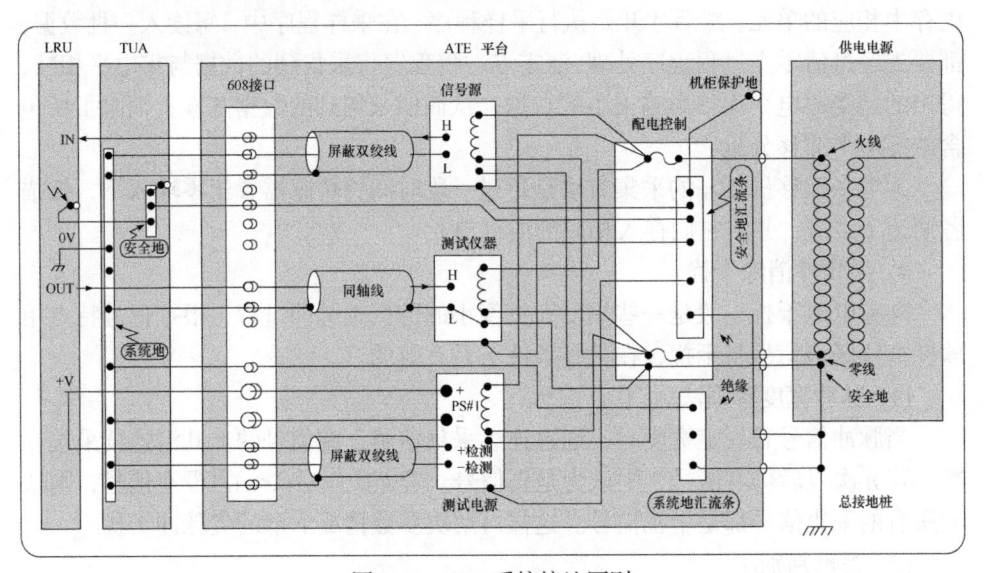

图 8.56 ATE 系统接地原则

在 ATE 系统中，单独设置了系统地。系统地针对所有的信号返流都是单点接地，而安全地针对所有的非信号返流。这两个地都与机柜绝缘，这样设计的主要原因是防止信号电路受到 AC 电源线噪声的影响，另外，为静电防护(electro-static discharge，ESD)提供了一个安全地通路。

2) 信号地线处理方式

ATE 系统中，采用了混合接地的方式，将 27V 供电地和测试信号地分开，提高了信号测试的精度。混合接地的基本方法如下：

(1) 一点接地和多点接地。

电路接地的基本原则是低频电路一点接地，高频电路应就近多点接地。当频率低于 1MHz 时，采用一点接地；当频率高于 10MHz 时，采用多点接地；当频率为 1~10MHz 时，采用一点接地时，地线长度不超过波长的 1/20，否则采用多点接地。

(2) 不同性质接地线的连接。

采用一点接地的测试系统中，在弱信号模拟电路、数字电路和大功率驱动电路混杂的场合，将强信号地线与弱信号地线分开；模拟地与数字地分开；高电平数字地与低电平信号地分开；各个子系统的地只在电源供电处相接一点入地，避免形成公共阻抗。

(3) 接地线尽量加粗。

接地线应尽量加粗，使它能通过 3 倍于印制电路板上的允许电流。如果有可能，那么使用编织带作为接地线，以提高基准电位的稳定性。

3) 电缆的选用和屏蔽原则

系统中无特殊要求的信号按照电流大小分别选用相应规格的单芯软导线，易受干扰的信号用双绞线或同轴电缆为传输信号的导体，可以把磁场辐射和邻近电路引起的干扰减至最小。对于传输 100kHz 以下的信号，用双绞线作为传输信号的导体，把磁场辐射和邻近电路引起的干扰减至最小。若要求资源在 100kHz 以上工作，则使用同轴电缆，具体要求如下：

(1) 在使用同轴电缆时，一定要把屏蔽层的两端都接地，否则电流将沿电缆中心导体和地形成环路，使屏蔽层无电流流过，造成屏蔽层不起屏蔽的作用。在与两端接地时，屏蔽层流过的电流实际上与中心导体相同，因而能有效地防止电磁干扰。使用同轴电缆的单端仪器的屏蔽端应被开关同步切换，不能只切换高端而不切换屏蔽端，并且屏蔽端和资源系统地汇流条不能有硬性连接，同轴电缆的屏蔽端可以在 TUA 端连到系统地上，这样，防止了通过机箱壳体的信号返流路径，因为在低频情况下，同轴电缆将失去其调谐阻抗，信号回流既会在屏蔽层上流动，又会在第二个地通路流动，仪器信号回返被接到机箱地，增大了 ATE 系统接地的不确定性。雷达回波信号测试原来用同轴电缆，信号衰减特别严重，将屏蔽层与地断开后，测试正常。

(2) 双绞屏蔽线通常采用在电缆的测试仪器一侧留下屏蔽层不连接，规定屏蔽层通过 TUA 连到信号地上，形成了对电场的屏蔽，防止通过电容耦合造成信号干扰。应避免将屏蔽线的两端同时接地，因为屏蔽线两端的 AC 和 DC 电平是不同的，当屏蔽线两端都接地时，会产生低频电流回路。低频电流流过屏蔽线大的回路面积，并通过寄生电感耦合到屏蔽线内的信号线上。如果双绞线绕得精确平衡，那么感生电压对仪表放大器来说呈现的是共模电压而不是差模电压。但是，导线不可能完全平衡，传感器和激励电路也不可能完全匹配，而且接收端对共模抑制能力有限。因此，在导线的输出端存在差模电压，经仪表放大器放大呈现在输出端。当系统需要工作在宽频带范围时，采用混合接地法，也就是说在发送端，将屏蔽层直接接地，在接收端，屏蔽层通过高频电容器接地，这样，高频信号被旁路，而不形成低频对地回路。

(3) ATE 系统中普遍使用扁平带状电缆作为数字信号的传输线。扁平带状电缆的导线较细，通常用于信号在 10m 以内的传输，以免造成较大的地电位差。同时，采用双端传送信号的办法，在每一对信号线之间留出一根导线作为接地线，减小两条信号线之间的电容耦合和电感耦合是很有效的。

8.4 测试平台的通用化设计

8.4.1 测试平台通用化作用意义

通用测试设备体系通过采用综合测试与综合诊断策略，实现了基于状态的武器装备的预测性维修，从而加快以测试设备为主体的保障装备向真正的"三化"方向发展的步伐，进一步提高了效益水平和保障水平。

8.4.2 测试平台开放式体系架构

参考国外的经验和先进做法，运用系统工程综合集成的方法，提出一种上下衔接、横向扩展、综合集成的武器装备测试平台框架新体系，实现由"基于型号"向"基于能力"的转变。其核心技术是采用综合测试与综合诊断策略，实现测试平台的开放式和网络化。

1. 测试平台框架体系通用化建设目标

1) 平台纵向综合

采用相同标准的、相互间可通用的测试设备硬件和软件，实现测试平台的纵向综合。纵向综合测试策略是设计、制造、技术保障、维修综合测试策略的简称，是指武器装备设计过程中的验证试验测试、制造过程中故障分析和验收试验测试以及使用维修中的故障诊断测试均采用相同标准的、相互间可通用的测试设备硬件和软件[53]。也就是说，在武器装备的设计、制造和使用维修中使用通用的测试硬件平台、统一的编程语言和测试软件平台进行测试。此前，在技术阵地、各级别测试等装备的全寿命保障阶段，测试设备和软件互不通用，就好像一道道"砖墙"把它们隔离开来，彼此互不相通，如图 8.57 所示。纵向综合测试策略就是要

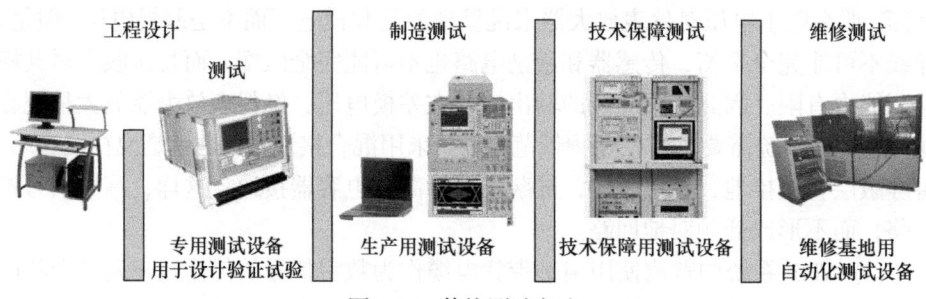

图 8.57 传统测试方法

拆掉这些"砖墙",如图 8.58 所示,不但实现了各阶段测试设备和软件的相互通用,而且实现了各阶段的测试数据共享,减少了不必要的重复试验和测试。

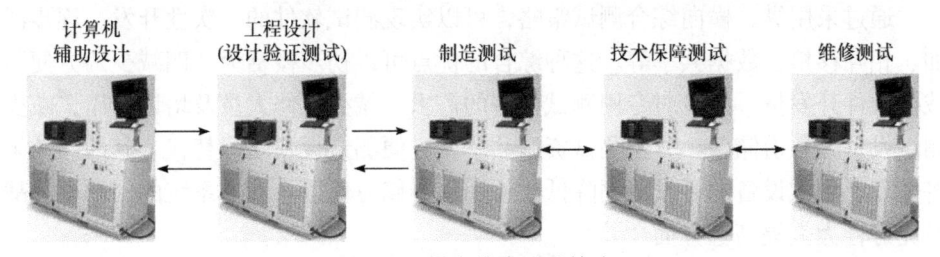

图 8.58 纵向综合测试策略

在技术保障和维修中使用通用测试硬件平台、统一的编程语言和测试软件平台进行测试与维修,从而减少专用测试保障装备需求,减少测试人员及培训费用,减少保障装备的备份储备。

要实现这一新策略,除了需要解决思想认识、传统习惯和管理体制等问题,重点需要解决并行工程和标准化两大问题。

2) 平台横向综合

针对不同的保障对象,实现测试平台的横向综合。横向综合测试策略是指对不同型号的武器系统(如导弹、鱼雷、水雷等)和不同军种(海、陆、空)的武器装备,均采用标准化、通用化的测试设备和软件,方便维修保障装备资源共享和相互之间替代。如图 8.59 所示,将常用的测试设备归结到一个通用平台下,同类装备的测试采用相同的自动测试设备。

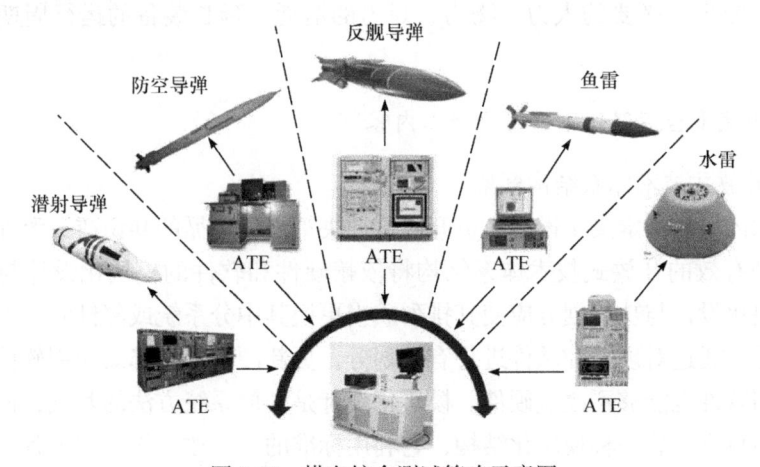

图 8.59 横向综合测试策略示意图

横向综合测试策略是一种高层次的测试策略。它的实现除了需要高层组织的推动，同样需要重点解决测试系统硬件、软件体系结构及其各组成要素的标准化。

通过采用纵、横向综合测试策略，可以实现测试软件的一次性开发、逐步添加、相互移植、数据共享等。这种综合的优点可以初步概括为"四减少两方便"：减少软件开发量，减少对专用测试设备的需求，减少维修人员及培训费用，减少测试设备的备份储备，方便测试资源共享，方便测试设备之间替代。其最终效果将体现在测试设备的开发费用降低、使用和维修方便以及武器系统的出勤率和战备完好性大大提高等方面。

3) 基于状态维修的实现

运用综合诊断技术，实现武器装备基于状态的维修。综合诊断通常定义为通过综合测试性、维修辅助手段、技术信息、人员和培训等构成诊断能力的相关要素，使装备诊断能力达到最佳。其目的是以最少的费用最有效地检测、隔离武器装备内已知的或预期发生的所有故障，以满足装备保障要求。在这一过程中，诊断功能被划分到机内或机外的诊断组元，其基础是将测试和诊断过程中有关的信息与诊断功能和部件进行有效通信。

综合诊断是一种新的思路和新的途径，其重点在于"综合"，即通过有效地配置使各组成单元成为一个整体，使各诊断要素有效综合，信息有效沟通。

通用测试设备在综合诊断的基础上，应具有对武器装备状态的实时或接近实时评估的能力，根据状态监测、综合故障诊断分析的结果，有效地检测、隔离武器装备内已知的或预期发生的所有故障，当确定需要检修时，再安排检修，这样可以减少不必要的人力、物力、财力的消耗，延长装备的运行周期，提高效率。

2. 测试平台框架体系通用化核心内容

1) 开放式技术体系结构框架

技术体系结构定义了设计人员开展设计决策必须遵循的共识或一致性准则。

一种有效的开放式技术体系结构将依赖硬件和软件的模块化设计与功能划分。模块化设计与功能划分应使其排列成当更换其中分系统或部件时，不会影响其他部分。通过对硬件和软件进行有效划分，更新硬件无须修改应用软件，同时修改应用软件也能够不改变硬件。模块化设计是开放系统方法的基础，但开放系统方法不只意味着一种模块化结构，它利用标准的"开放"接口规范各个单一的功能部件，形成模块化系统。

构建通用测试设备的模块化子系统，通过开放式模块化子系统的组合，实现不同测试需求的不同测试资源的灵活组合，其功能示意图如图 8.60 所示，可扩展的子系统可以水平、垂直地相互结合，方便使用。

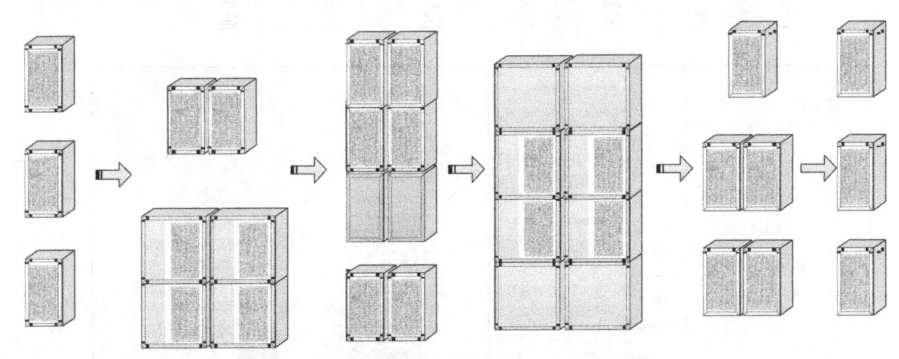

图 8.60 开放式技术体系结构框架功能示意图

(1) 通用测试平台的技术体系要素。

要实现测试平台的通用，必须为其定义和提供一种通用的技术框架，为构建、分类和组织通用测试平台体系结构提供指导和准则，以支持系统互操作性的实现。因此，测试平台体系通用化的工作目标是：定义一个基于开放式系统原理的全面的、开放的 ATE 体系结构，广泛应用商用货架设备(commercial off the shelf, COTS)技术，实现 TPS 的重用性和可移植性、测试仪器的互换性和互操作性，以及针对新的测试需求的 ATE 灵活重构，允许系统升级和新仪器技术的灵活插入(如高级虚拟合成仪器技术)，减少测试程序或测试步骤重组工作的开支，减少测试系统升级费用，实现整个产品生命周期内相关产品的互换。

关键技术是接口标准和规范的明确定义，通过将自动测试设备分为测试资源设备(含硬件、软件和开关)、测试接口适配器、TPS(含诊断、测试程序)和 UUT 等主要部分，并将其划分成影响测试设备标准化、互操作性和使用维护费用的 24 个关键接口，以此为基础建立通用测试设备的体系结构。

实现测试平台通用的框架，包含 24 个关键元素和相关的一组开放性标准，如图 8.61 所示。

确定通过以上技术体系元素相关标准实现以下目标：以标准化推动通用化，最大限度地减少专用资源的使用，通过在测试设备的订货过程中强制采用和遵守框架中定义的关键元素与相应的标准，形成系列装备可互操作且能支持其各自特殊要求的通用测试设备。

(2) 采用标准测试接口和标准仪器接口的硬件结构。

标准测试接口规范了测试设备所有硬件资源的输入/输出，通过规范的测试接口和适配器结构，实现测试设备的通用性和可扩展性。在前期完成的某型武器装

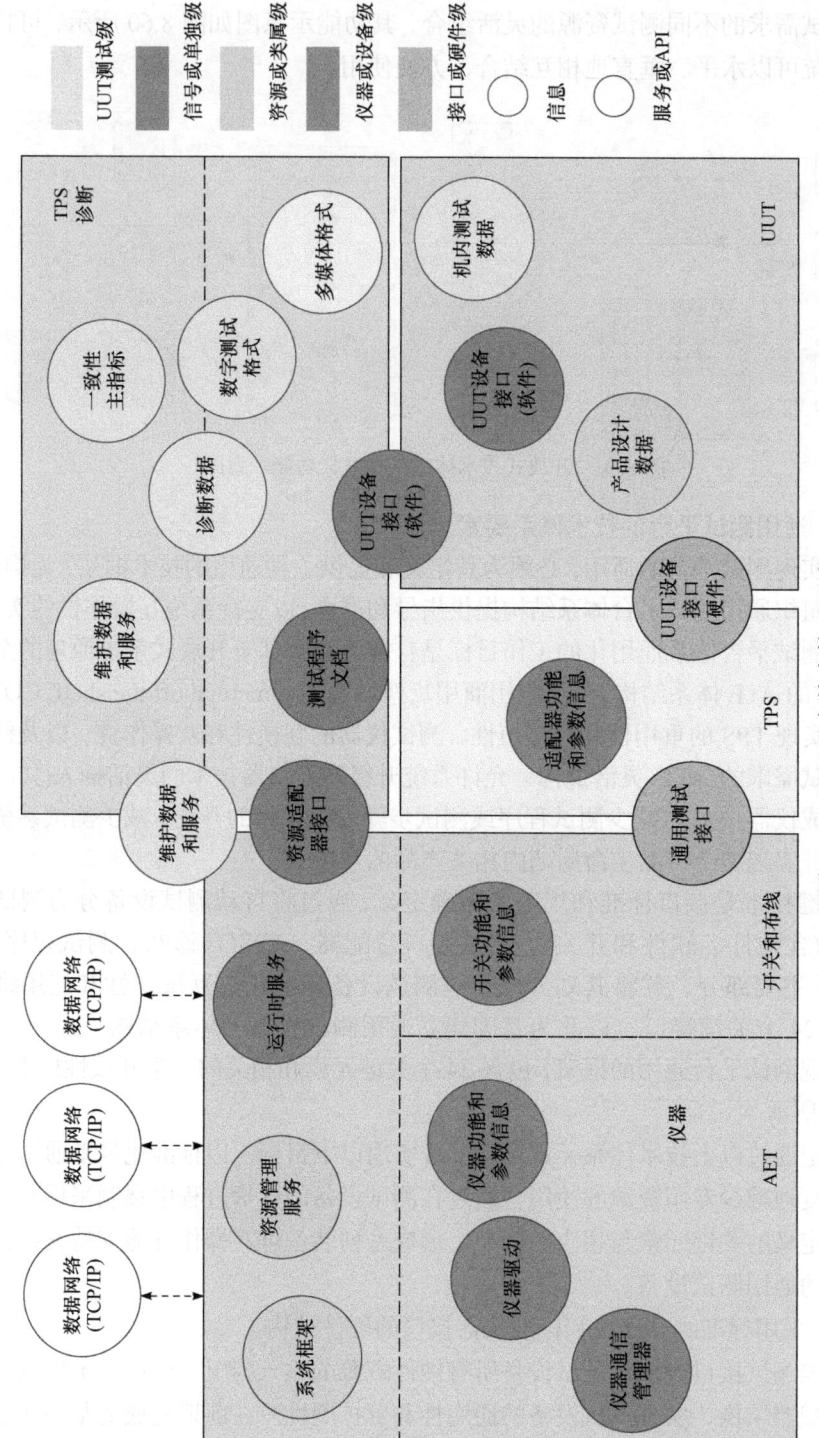

图 8.61 通用平台技术体系要素

备维修线测试设备的研制中，就采用了一个具有 25 个槽位的 VPC9025 接口作为标准测试接口(图 8.62)，同时定义了所有测试资源在标准测试接口上的配置，为实现测试功能级的设备通用提供了硬件基础。

A1		A4	A5		A7	A8	A9	A10	A11	A12	A13	A14	A15	A16	A17	A18	A19	A20		A23	A24	A25
示波器 函数发生器 同轴开关		RS-232C RS-422 RS-485 LAN MIL-STD-1553	IO CTR		DA	AD	AD	AD DMM	MUX	MUX	ISO	ISO	GSW	GSW	PSW	扩展专用	扩展专用	扩展专用		小功率直流电源	大直流电源 大功率电源开关	交流电源

图 8.62　标准测试接口配置示意图

仅通过测试接口标准化解决不了测试仪器的可互换性，测试仪器的信号接口目前没有统一的规范，造成实际仪器的信号接口也各不相同，即使仪器功能和仪器驱动程序一致，也很难实现仪器级的直接互换。为此，本书借鉴"积木式"即插即用结构体系核心思想，设计一种仪器级的标准接口(图 8.63)，将现有的 PXI、VXI 等模块，以及新研制的其他总线模块的信号接口均纳入该标准下，可实现真正意义上更大程度的设备通用。

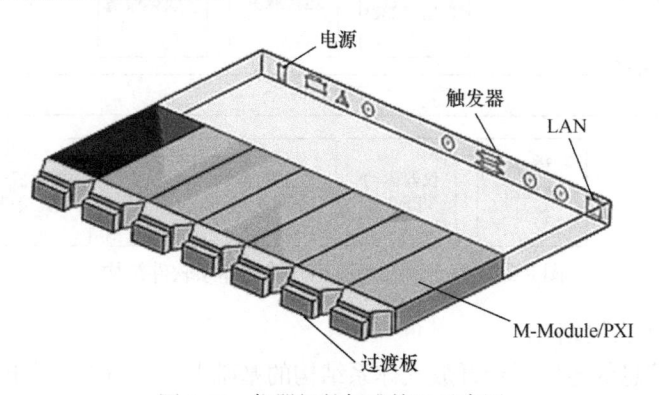

图 8.63　仪器级的标准接口示意图

(3) 基于信息的通用开放式体系软件结构。

构建基于信息的通用开放式体系软件结构，旨在借助在相关的测试与诊断信息之间建立通信，来降低系统成本，改进互用性，加速技术嵌入。开放系统结构的特点是网络化，网络化的基础是信息，综合诊断过程建立在信息模型和开放系统互联模型基础之上。

基于信息的通用开放式体系软件结构如图 8.64 所示，核心是采用分层结构，在现有的系统接口之上，单独设计一层信息框架，采用软件背板的设计思想(图 8.65)，将不同开发工具编写的 TPS 集成到一起进行协调工作，使得连入这个平台的测试程序实现数据共享，在数据共享的基础上实现它们之间的互操作。同时，采用面向对象的组件化、模块化与标准化的设计技术，各模块间的通信联系做到最少，并以标准接口提供功能调用，实现了软件的模块化。

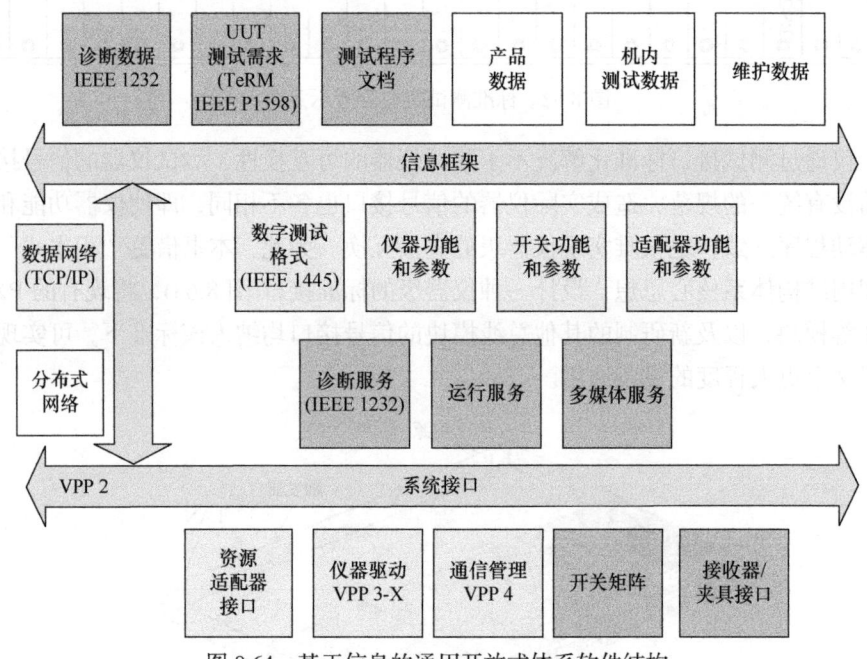

图 8.64 基于信息的通用开放式体系软件结构

2) 测试平台网络化

在基于信息的通用平台开放式体系结构的基础上，通过网络实现测试设备资源的互联和共享，实现以网络为中心的测试、以网络为中心的诊断，为将测试和诊断综合到以网络为中心的数据环境中，把服务、知识、数据和设备(机内、在线、离线测试设备)连接起来，实现远程测试和诊断，实现对网络中心战和一体化联合作战等信息化战争的技术保障能力。

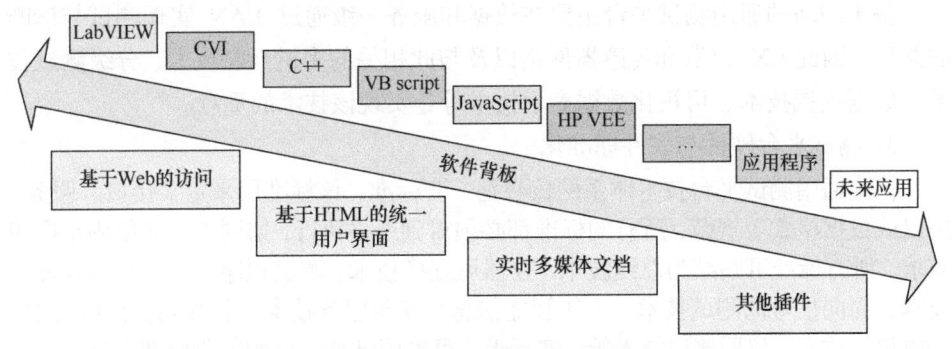

图 8.65　软件背板核心层示意图

测试平台网络化在通用测试平台上的应用如图 8.66 所示。将带 GPIB 的台式仪器、带各类接口的模块仪器以及采用综合化设计思想设计的新型测试模块仪器有机统一起来，采用 LAN/GPIB 转换器实现对带 GPIB 接口台式仪器的控制，应用 LAN 接口通过转换控制器对各类模块、板卡仪器进行控制，对带 LAN 接口的台式仪器和模块直接进行控制。与传统测试系统的最大区别是，采用综合化思想设计出的新型测试模块替代了以往具有完整功能的台式测量仪器或模块化仪器，通过一系列新型模块有机结合，按测试流程完成所规定的测量任务。

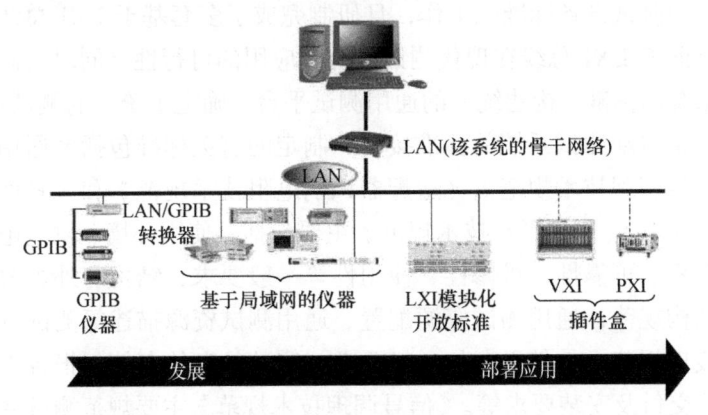

图 8.66　测试平台网络化在通用测试平台上的应用

测试平台网络化核心技术包括以下两方面：
(1) 基于网络化测试的远程故障诊断。
网络化测试和诊断最基本的目标是通过网络实现测试、诊断资源的互联和共享。借助 LAN，在相关的测试与诊断信息间建立有效通信，实现信息共享、远程测试和诊断、异地会诊等。

(2) 基于网络的测试仪器。

基于网络的通用测试平台主要在数据和服务一级通过 LAN 实现测试与诊断的共享，因此 LXI 仪器和传感器网络以及与此相关的多机互联技术、分级测试技术、数据挖掘技术、可视化数据表示技术等是实现该技术的重点。

3) 测试平台硬件与软件标准化

构建通用测试平台技术体系的核心是一套标准，该标准用来定义接口、服务、协议或数据格式等规范，所有的标准都必须得到严格执行，协同工作才能满足应用需求。所有标准可归结为总线技术、仪器可互换技术、测试程序集可移植与互操作技术、面向信号的测试技术、人工智能信息交换与服务技术、公共测试接口技术、合成仪器技术、仪器接口技术等。实际上，可采用已被认可的工业标准去规定体系结构组成部分的性能和接口要求，如基于网络化测试的相关标准 *IEEE Standard for Artificial Intelligence Exchange and Service Tie to All Test Environments (AI-ESTATE)* (IEEE 1232—2010)、*IEEE Standard for Software Interface for Maintenance Information Collection and Analysis (SIMICA): Exchanging Test Results and Session Information via the eXtensible Markup Language (XML)* (IEEE 1636.1—2018)、*IEEE Standard for Automatic Test Markup Language (ATML) for Exchanging Automatic Test Equipment and Test Information via XML* (IEEE 1671—2010)。

近年来，在开展有关武器装备测试诊断的研制过程中，自方案论证阶段就注意开展自动测试设备标准化工作，且研制完成了多套基于 LXI 总线的测试系统，充分验证了 LXI 总线在现代测试系统中应用的可行性。同时，制定了有关现代测试系统的标准，构建统一的通用测试平台，确定了统一的测试接口定义，作为武器装备自动测试系统的标准接口，制定的有关标准包括《通用平台技术规范》、《信号调理技术规范》、《适配器识别电阻技术规范》和《软件平台技术规范》等。其中，《通用平台技术规范》主要包括：使用环境、供电电源、安全性、电磁兼容、可靠性、维修性、使用性等一般要求；结构与外观要求、装配等平台的结构规范；通用测试资源配置、通用测试资源描述等测试资源规范；通用测试接口规范；软件平台的一般要求；测试信息的存储与报告生成以及测试软件系统交付及安装要求等。《信号调理技术规范》主要规范测试系统信号调理装置的结构、接线方式等。《适配器识别电阻技术规范》主要规范识别电阻的选择依据、阻值系列、测试方法等，保证武器装备故障诊断设备的测试适配器具有唯一身份，规范充分考虑了扩展，预留了 55 个保留的识别电阻。《软件平台技术规范》规范软件的界面形式、仪器驱动程序、结果处理等内容，并结合 LXI 仪器确定其仪器驱动程序。这些工作有效地推进了武器装备测试设备研发的标准化工作。

8.4.3 测试平台通用化设计实例

1. 总体设计

某型通用测试平台是一套综合化、标准化、通用化、可靠性高、维修性好和扩展能力强的自动测试系统，由硬件资源、软件系统等组成。系统采用 PXI 总线和 LXI 总线的混合总线方式，测控计算机是系统的控制中心，它通过总线电缆把全部测试资源连成一体，通过测试软件控制测试资源，实现对被测对象的自动测试、自动诊断过程。其中，设备硬件资源包括三部分：通用硬件平台、适配器及专用测试设备。这里，通用硬件平台按照相关测试设备技术规范的要求配置资源。

通用硬件平台以 PXI/PXIe 总线形式的高密度的模块化仪器为主，可有效降低 ATE 的重量，减小 ATE 的体积，提高系统的可靠性和可维护性，而基于 LXI 总线形式的仪器作为 PXI/PXIe 的有效补充。各种总线类型的仪器都接入高速 LXI 总线网络中，由主控计算机进行控制。其整体架构如图 8.67 所示。

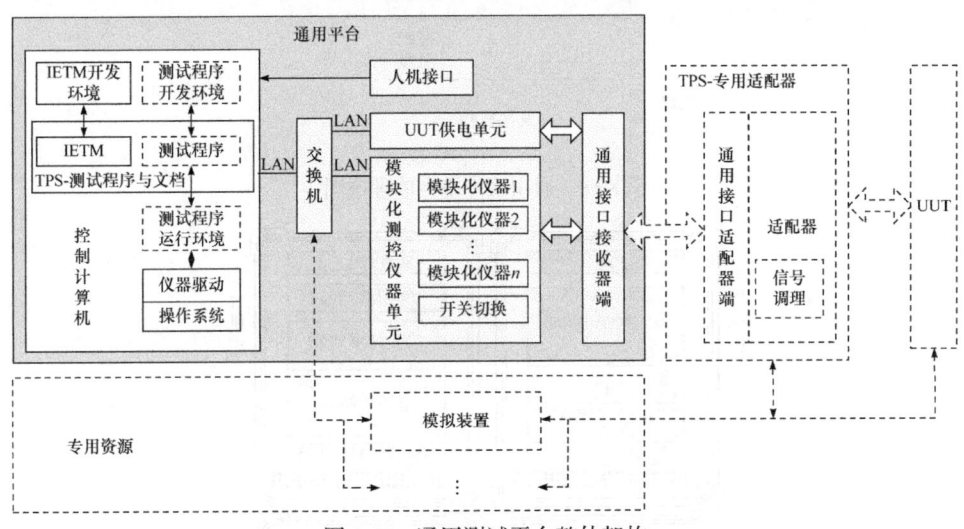

图 8.67 通用测试平台整体架构

模块化测控仪器单元用于提供激励信号、测试 UUT 输出响应，主要包括万用表、模拟量采集、模拟量输出、状态量采集与输出和开关切换等仪器模块。

通用阵列接口采用高质量的 VPC 连接器，对信号按功率、带宽、模拟/数字等进行分类。

2. 通用硬件平台设计

通用硬件平台主体由 4 个 12U 减振机柜组成，包括主控机柜、电源机柜、测试机柜以及综合机柜，如图 8.68 和图 8.69 所示。主控机柜通过控制总线实现

图 8.68 通用硬件平台原理框图

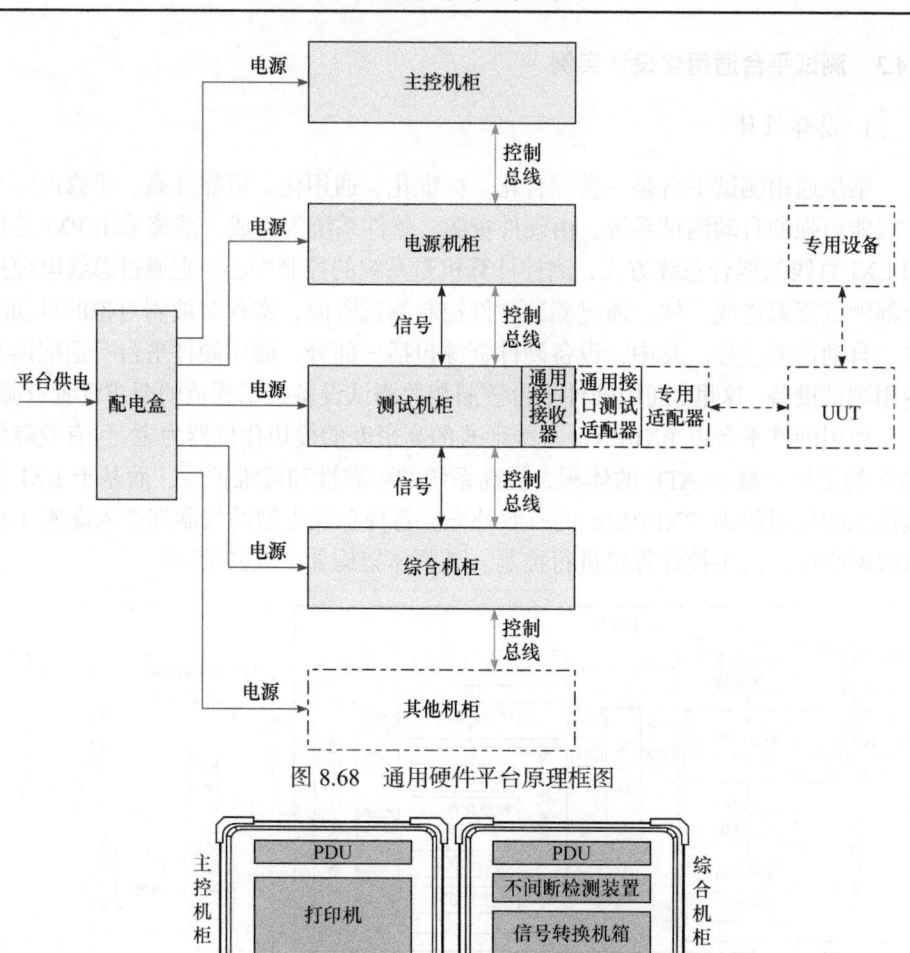

图 8.69 机柜布局前视图
PDU-电源分配单元(power distribution unit)

对电源机柜、测试机柜以及综合机柜中仪器设备的控制，机柜之间的电气连接通过互联电缆实现。电源机柜内部主要安装各种程控直流电源和交流电源，用于为被测对象提供电源。测试机柜内部安装各种采集设备、激励设备，用于为产品测试提供激励信号，采集产品输出的响应。测试机柜后面安装 VPC 25 模通用接口，用于与专用适配器连接。综合机柜主要用于安装专用设备。

1) 主控机柜

主控机柜正面从上到下依次是单相智能 PDU 控制与显示单元、UPS、控制计算机、显控单元，背面从上到下依次是散热风扇、单相智能 PDU 主体单元和信号转接板。主控机柜布局如图 8.70 所示。

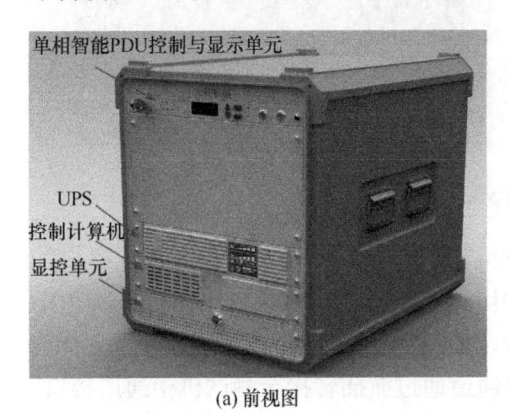

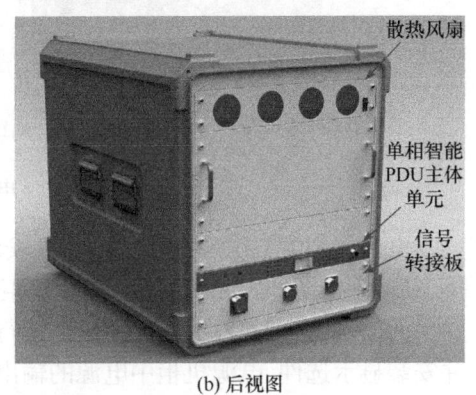

图 8.70 主控机柜布局

主控机柜为整个平台的控制核心，控制计算机和显控单元用于运行测试程序及进行数据管理，UPS 在外部供电突然中断的情况下，能够提供一定延时，让用户进行数据保存等操作，单相智能 PDU 完成机柜内部设备加电、断电时序的控制，以及机柜内部温度、湿度的监视，如图 8.71 所示。

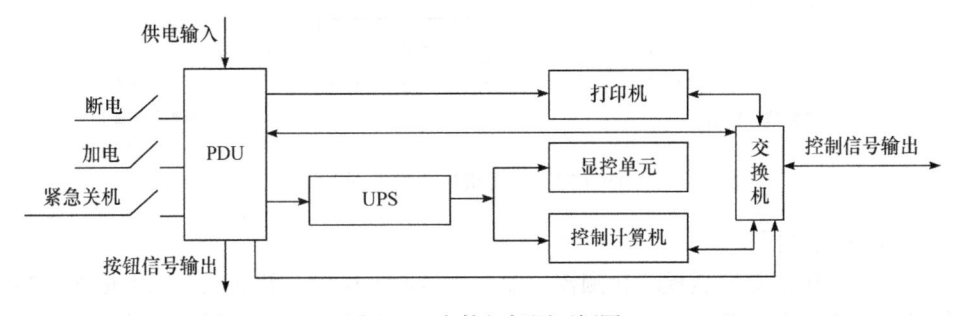

图 8.71 主控机柜原理框图

2) 电源机柜

电源机柜正面从上到下依次是单相智能 PDU 显示单元、N6702A 程控电源、4 台 GEN3050G 大功率直流电源，背面从上到下依次是信号转接板、单相智能 PDU 主体单元、散热风扇、UUT 供电监测单元、配电盒。电源机柜布局如图 8.72 所示。

图 8.72 电源机柜布局

电源机柜为 UUT 测试提供电源，安装大功率直流电源、程控直流电源和 PDU 等，其原理框图如图 8.73 所示。电源机柜中安装的 PDU 接收来自主控机柜的 PDU 输出的控制信号，并根据预设的指令运行。电源机柜中的 PDU 采用单相智能 PDU，并安装显示选件，电源机柜中电源的输出通道通过航插转接至测试机柜通用接口。

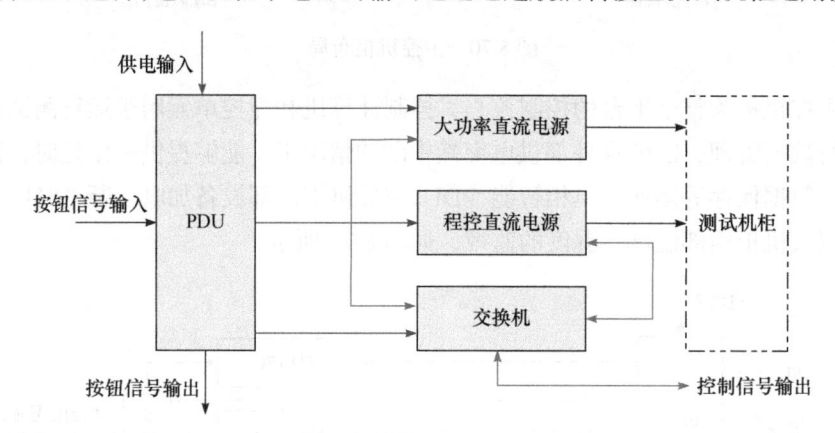

图 8.73 电源机柜原理框图

3) 测试机柜

测试机柜内部安装模块化测控仪器和信号调理机箱。背面从上到下依次安装信号转接板、单相智能 PDU 主体单元、通风波导、VPC 适配器。测试机柜布局如图 8.74 所示。

第 8 章　现代测试系统集成技术

(a) 前视图　　　(b) 后视图

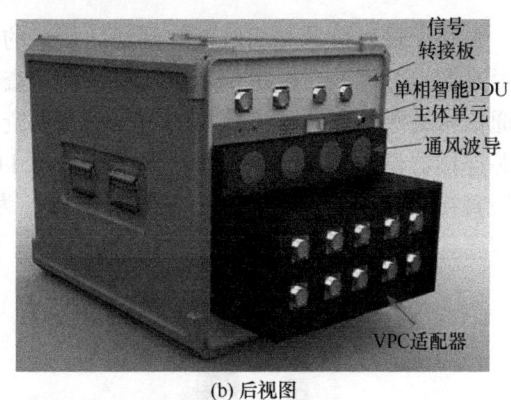

图 8.74　测试机柜布局

测试机柜能够为 UUT 提供激励信号并采集 UUT 输出的信号。测试机柜的原理框图如图 8.75 所示。测试机柜的 PDU 采用单相智能 PDU。

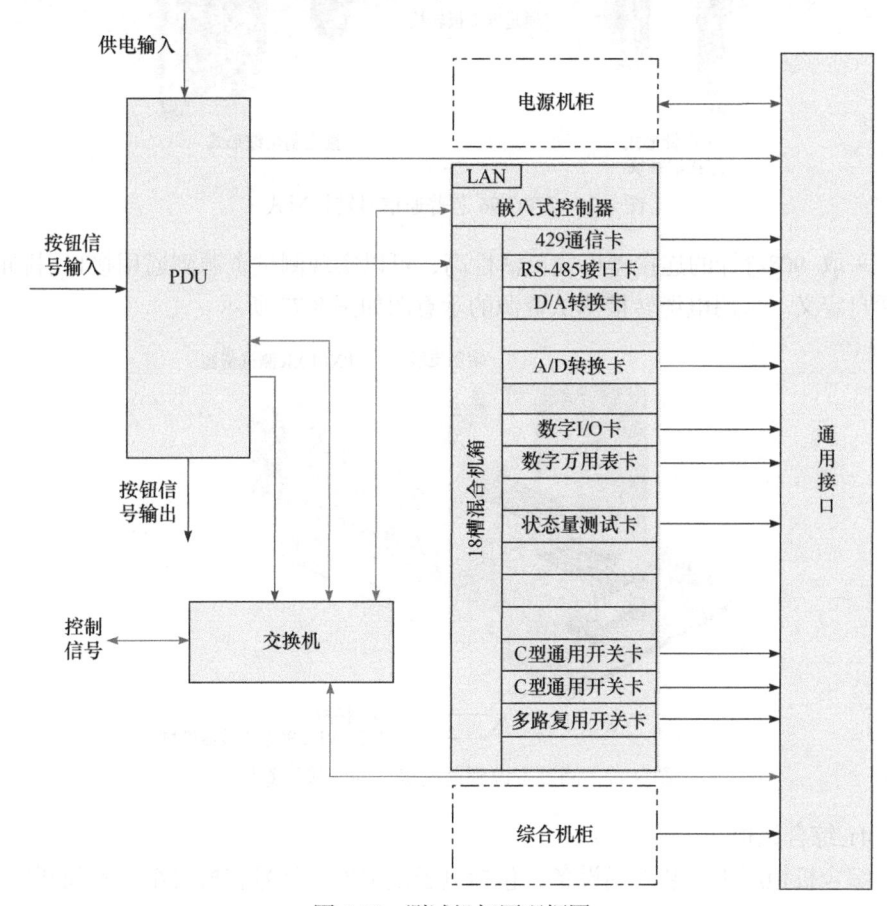

图 8.75　测试机柜原理框图

对于普通信号类测试资源到通用接口的转接设计采取电缆形式，可以大幅度提高连接可靠性，使机柜走线变得清晰易查，易于系统维护。电缆的一端连接普通信号类测试资源，连接器的型号依测试资源而定；电缆的另一端连接 VPC 96 芯连接器模块，连接器的型号同测试资源 I/O 接口。电缆与 VPC 96 芯连接器模块直接通过自主研发的 PCB 板进行转接，为此，VPC 96 芯连接器模块的各引脚需要选用 90°弯针形式，如图 8.76 所示。

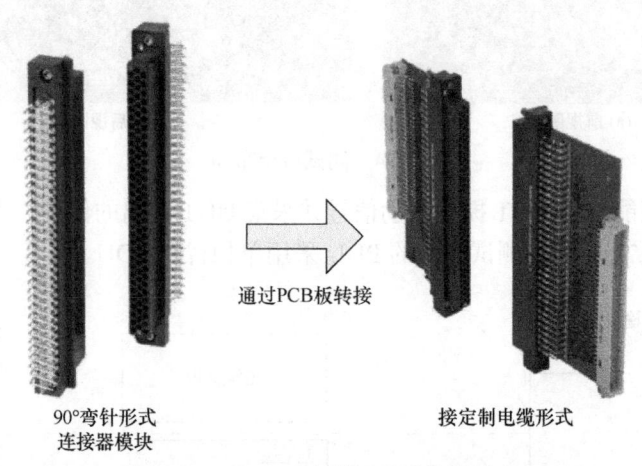

图 8.76　VPC 96 芯普通信号转接形式

采取 90°弯针的连接器形式灵活性高，可以实现测试资源到通用接口引脚的灵活自定义。采用电缆转接测试资源的示意图如图 8.77 所示。

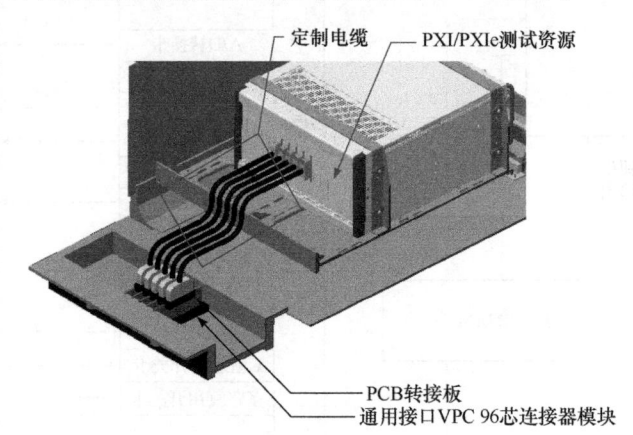

图 8.77　测试资源到通用接口的转接示意图

4) 综合机柜

综合机柜用于安装专用设备，包括电子模拟器、信号转换机箱、不间断检测设备和俄罗斯国家标准《航空总线接口协议》(ГОСТ 18977—79)中的专用通信总线模块。综合机柜布局如图 8.78 所示。

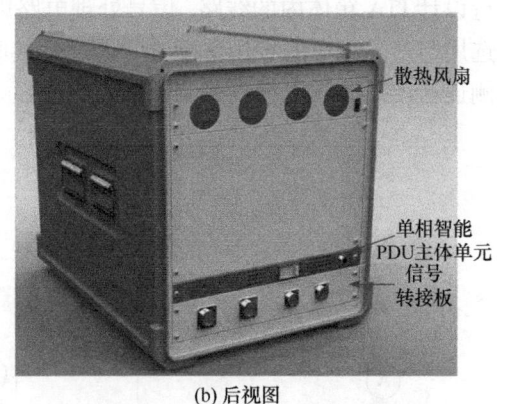

(a) 前视图　　(b) 后视图

图 8.78　综合机柜布局

综合机柜内部专用设额比通过 LAN 总线和 RS-485 总线进行控制。综合机柜原理框图如图 8.79 所示。

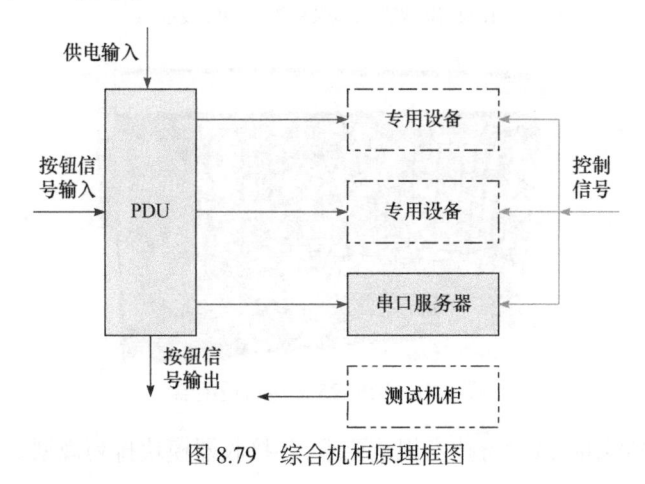

图 8.79　综合机柜原理框图

5) 阵列接口

(1) 阵列接口选型。阵列接口选型为 VPC 系列的 25 模产品。

(2) 阵列接口功能。汇集 ATE 系统测试资源全部电子、电气信号，为测试设备到被测对象的激励信号提供连接界面，为 UUT 的响应传送到测试设备提供连接界面。

(3) 阵列接口组成。通用接口在结构上由通用接收器和专用适配器两部分组成，如图 8.80 和图 8.81 所示。通用接收器固定在机柜外侧，测控仪器单元通过连接电缆 E 连接到通用接收器内的接收器模块 F。专用适配器由接口测试适配器 (interface test adapter，ITA)箱体、ITA 模块、ITA 及插线组成。用户根据 UUT 自行设计 ITA 箱体内的线路、信号处理电路以及产品测试电缆。在进行产品测试时，选用与产品相应的专用适配器，与通用接收器对插在一起，从专用适配器另外一侧连接产品测试电缆到被测产品及辅助设备上。

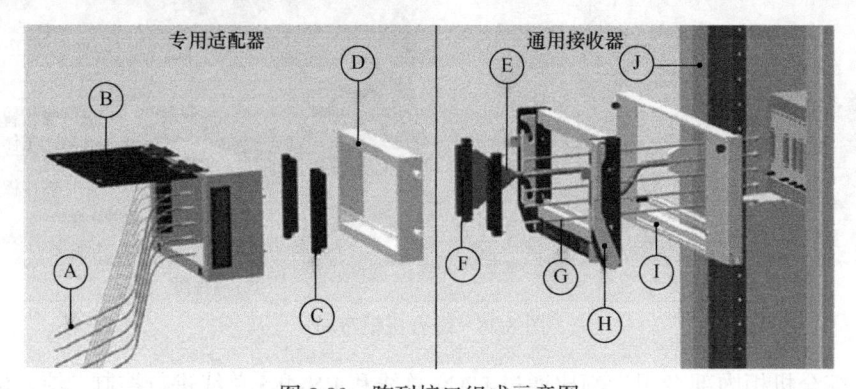

图 8.80　阵列接口组成示意图

A-ITA 插线；B-ITA 箱体；C-ITA 模块；D-ITA；E-连接电缆；F-通用接收器模块；G-通用接收器插线；H-通用接收器；I-安装机架；J-测试设备

图 8.81　VPC 25 模接口适配器

按照相关通用测试设备技术规范要求,各接收器模块排列规划如图 8.82 所示。

模位	1	2	3	4	5	6	7	8	9	10	11	12	13	14	15	16	17	18	19	20	21	22	23	24	25
	同轴信号	普通信号	普通信号	普通信号	普通信号	普通信号	普通信号	普通信号	普通信号	普通信号	普通信号	普通信号	普通信号	普通信号	普通信号	普通信号	普通信号	普通信号	普通信号	普通信号	普通信号	普通信号	普通信号	功率信号	功率信号

图 8.82　阵列接口接收器模块排列规划

接收器第 1、2 槽位为同轴信号模块，选用 76 芯射频同轴模块，用于连接射频测试信号。76 芯射频同轴模块如图 8.83 所示。

接收器第 3～23 槽位为普通信号模块，选用 96 芯低频小信号模块，用于连接低频小信号测试。96 芯低频小信号模块如图 8.84 所示。

接收器第 24、25 槽位为功率信号模块，选用 16/16 芯低频大功率模块，用于连接大功率交直流电源或大功率开关。16/16 芯低频大功率模块如图 8.85 所示。

图 8.83　76 芯射频同轴模块

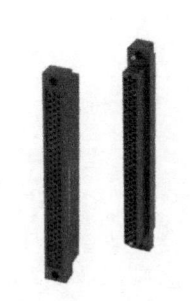

图 8.84　96 芯低频小信号模块

图 8.85　16/16 芯低频大功率模块

8.5　本章小结

现代测试系统的集成是将现代测试需要的各种仪器、设备组合在一起，利用计算机软件控制使用仪器，使之完成对被测对象的自动测试功能。本章首先介绍了典型的现代测试系统集成开发流程；然后详细介绍了测试系统集成过程的级间匹配和抗干扰设计，包括负载效应、干扰的形成基本要素、干扰模式和耦合途径，针对干扰的生成原理，详细阐述了屏蔽、接地和滤波等各种抗干扰措施；针对特殊计算机系统的抗干扰问题，根据干扰的生成条件，分析了特定环境下接地和屏蔽的具体抗干扰措施及方法；最后通过通用测试平台开发实例，展示如何进行系统集成。

思　考　题

1. 现代测试系统集成的基本流程是什么？
2. 软件平台由哪三部分组成？
3. TPS 的完成概念由哪三个部分组成，设计软件平台的测试程序时应遵循哪些规范？

4. 干扰形成的三个基本因素是什么?
5. 什么是共模干扰电压? 绘制出其等效电路图。
6. 三种最基本的干扰抑制技术是什么?
7. 常用的传输通道抗干扰措施有哪些?
8. 现代测试系统中的接地原则有哪些?

第 9 章 装备测试工程应用

9.1 装备测试工程与测试性

9.1.1 装备测试性内涵

装备测试是指在装备研制、试验、生产及使用过程中所进行的各种测试。测试的目的在于检查装备的功能和技术性能,发现并定位故障,调整不合格的参数或更换有故障的部件,以保证装备技术性能符合要求,使装备处于良好的战备状态。从测试的目的和作用来看,装备测试分为试验性测试、检验性测试和维护性测试三种。试验性测试一般在装备研制阶段,装备的技术状态尚未最后定型,测试的方法也没有完全确定;检验性测试一般在装备批量生产过程中,是产品出厂检验的重要内容;维护性测试一般在部队使用时,也可称为保障性测试或测试保障,是装备完好性检测、状态监测和维护的重要内容。

装备测试性是指能及时、准确地确定装备(系统、子系统、设备或组件)状态(可工作、不可工作、性能下降)和隔离其内部故障的一种设计特性。其目的是确保系统达到规定的测试性要求,以提高系统的战备完好性和任务成功性,降低对维修人员和其他资源的要求,减少寿命周期费用。测试性与可靠性、维修性、保障性、安全性和环境适应性等一样,都是装备通用质量特性的重要组成部分。测试性是装备可靠性与维修保障之间的重要纽带,将可靠性(识别可能发生的故障)和维修性(修复故障)联系在一起,对可靠性、维修性、可用性、战备完好性、寿命周期费用及装备的性能和安全性等都有直接或间接的影响。

装备全寿命周期内测试性论证、设计、试验、分析与评价各项工程统称为测试性工程。其中,测试性设计是以提高测试性为目的,研究如何有效获取、合理安排系统测试性的各种构成要素并使其满足预定的测试性度量指标。随着武器装备性能的不断提高,其功能、结构更趋向复杂,装备的测试与故障诊断难题日益突出,这对装备测试性设计提出了更高要求。因此,必须从研制初期阶段综合权衡测试性、维修性和保障性等问题,全面系统地开展装备测试性设计,以从根本上破解装备测试与故障诊断难题,实现快速的故障检测和精确的故障定位。装备测试性设计水平的高低直接影响装备维修性指标的实现,良好的测试性设计可以缩短装备准备及故障隔离时间,提高其战备完好性、任务成功率,节省保障资源，降低周期费用。

9.1.2 装备测试性指标体系

测试性首先要反映对装备故障或异常的可测试和易测试的能力，根据《装备测试性工作通用要求》(GJB 2547A—2012)及《测试与诊断术语》(GJB 3385—98)，这种能力的评价指标主要包括故障检测率(fault detection rate，FDR)、严重故障检测率(critical fault detection rate，CFDR)、故障隔离率(fault isolation rate，FIR)、虚警率(fault alarm rate，FAR)、平均虚警间隔时间(mean time between false alarm，MTBFA)、故障检测时间(fault detection time，FDT)、故障隔离时间(fault isolation time，FIT)、检测有效性、隔离有效性等。测试性设计主要通过机内测试(built in test，BIT)和外部测试设备(external test equipment，ETE)来实现，相应的测试性参数也应反映 BIT/ETE 的特征。测试性参数分类如图 9.1 所示。

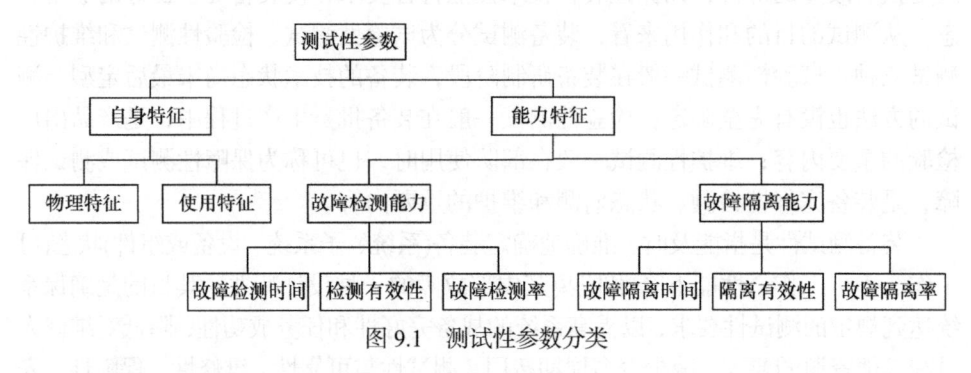

图 9.1 测试性参数分类

1. 故障检测率

故障检测率是描述自动测试系统故障检测能力的指标。其定义为在规定时间内和规定条件下用规定方法正确检测到的故障数与故障总数之比，用百分数表示。其数学模型可表示为

$$\mathrm{FDR} = \frac{N_{\mathrm{FD}}}{N} \times 100\% \tag{9.1}$$

式中，N_{FD} 为在规定时间内和规定条件下用规定方法正确检测到的故障数；N 为在规定时间内和规定条件下的故障总数。

2. 故障覆盖率

故障覆盖率定义为用规定方法正确检测出的故障模式数与故障模式总数之比，用百分数表示。其数学模型可表示为

$$\gamma_{FC} = \frac{N_{FMD}}{N_{FM}} \times 100\% \tag{9.2}$$

式中，N_{FM} 为故障模式总数；N_{FMD} 为正确检测出的故障模式数。

故障覆盖率与故障检测率的关系如下：故障检测率的计算中考虑了故障率的影响，故障覆盖率的计算中没有考虑故障率的影响。在故障模式等于故障率的假设下，两者的计算结果相同。

3. 故障隔离率

故障隔离率是描述测试系统故障隔离能力的指标。其定义为在规定时间内测试设备将检测到的故障正确隔离到不大于规定模糊度的故障数与检测到的故障总数之比，用百分数表示。其数学模型可表示为

$$FIR = \frac{N_{FIR}}{N_{FD}} \times 100\% \tag{9.3}$$

式中，N_{FIR} 为在规定时间内自动测试设备将检测到的故障正确隔离到不大于规定模糊度的故障数（规定模糊度 $L = 1, 2, 3$）；N_{FD} 为在规定时间内和规定条件下用规定方法检测到的故障总数。

4. 虚警率

虚警率是描述测试系统故障指示不可靠程度的指标。虚警是测试指示有故障而实际上不存在故障的情况，其定义为在规定条件下和规定产品工作时间内，发生的虚警数与同一时间内故障指示总数之比，用百分数表示。其数学模型可表示为

$$FAR = \frac{N_{FA}}{N_F + N_{FA}} \times 100\% \tag{9.4}$$

式中，N_{FA} 为在规定时间内的虚警（无故障指示有故障）数；N_F 为在同一时间内正确指示的故障数。

5. 平均故障测量时间

平均故障测量时间是指从开始故障检测到给出故障指示所经历时间的平均值。其数学模型可表示为

$$T_{FD} = \frac{\sum t_{FDi}}{N_{FD}} \tag{9.5}$$

式中，t_{FDi} 为检测并指示第 i 个故障所需的时间；N_{FD} 为检测出的故障数。

6. 平均故障隔离时间

平均故障隔离时间定义为从开始隔离故障到完成故障隔离所经历时间的平均

值。其数学模型可表示为

$$T_{FI} = \frac{\sum t_{FIi}}{N_{FI}} \tag{9.6}$$

式中，t_{FIi} 为隔离第 i 个故障所用时间；N_{FI} 为隔离的故障数。

9.1.3 测试性技术框架

测试性技术框架分为设计目标、设计技术、工作项目和支持辅助四部分，如图 9.2 所示。

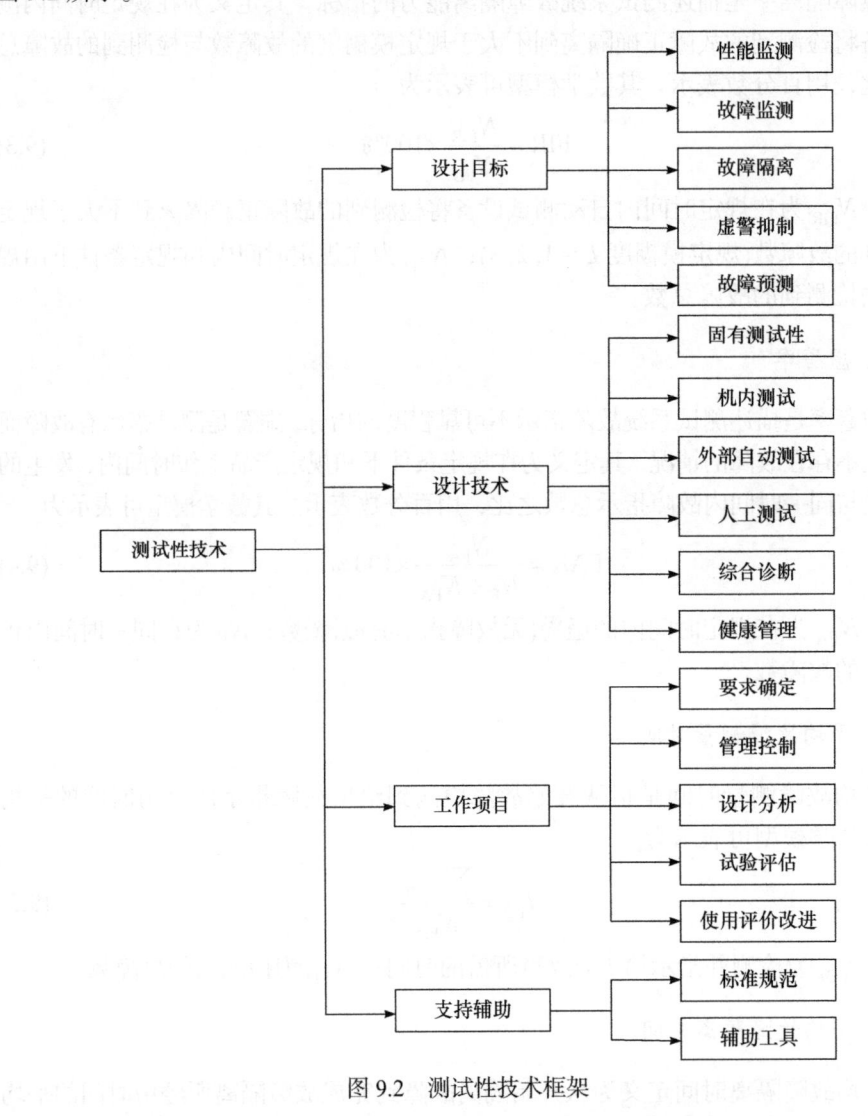

图 9.2 测试性技术框架

1. 测试性设计目标

测试性设计目标完成以下测试功能：性能监测，故障检测，故障隔离，虚警抑制，故障预测。其中，故障预测是对现有测试性设计目标的重要扩展。

(1) 性能监测是指在不中断产品工作的情况下，对选定性能参数进行连续性或周期性观测，以确定产品是否在规定的极限范围内工作的过程。通过性能监测，可实时监测产品中关键的性能或功能特性参数，并随时报告给操作者，以便分析判断性能是否下降。

(2) 故障检测是指发现故障存在的过程。通过故障检测，可以确定产品是否存在故障。

(3) 故障隔离是指把故障定位到实施修理所要更换的产品组成单元的过程。通过故障隔离，可确定出产品内的具体故障可更换单元。

(4) 虚警抑制是指对故障检测和故障隔离中的虚假指示进行抑制和消除的过程。通过虚警抑制，可降低虚警率，给出正确的故障指示。

(5) 故障预测是指收集分析产品的运行状态数据，并预测故障何时发生的过程。通过故障预测，可得到产品内部部件的故障前工作时间或剩余可用寿命(remaining useful life，RUL)，以便及时采取有效处理措施，如提前更换故障部件等。

2. 测试性设计技术

测试性设计技术主要包括固有测试性、机内测试、外部自动测试、人工测试、综合诊断和健康管理等。其中，综合诊断和健康管理是对现有测试性设计技术的重要扩展。

(1) 固有测试性是指仅取决于产品，不依赖测试激励和响应数据的测试性。其主要包括功能和结构的合理划分、测试可控性和测试可观测性、测试设备兼容性等，即在产品设计上要保证其有方便测试的特性。它既支持 BIT，也支持外部自动测试和人工测试，是达到测试性要求的基础。

(2) 机内测试是指系统或设备内部提供检测和隔离故障的自动测试能力。根据 BIT 应用规模大小，可将 BIT 的实现途径进一步分类为机内测试设备和机内测试系统。机内测试设备是指完成机内测试功能的装置，包括硬件和(或)软件。机内测试系统是指完成机内测试功能的系统，由多个机内测试设备组成，具有比机内测试设备更强的能力。机内测试系统多采用分布-集中式的中央测试系统形式。

(3) 外部自动测试通常借助自动测试系统完成。自动测试系统是用于自动完成对被测单元故障诊断、功能参数分析以及性能评价的测试设备，通常是在计算机控制下完成分析评价并给出判断结果，使人员的介入减到最少。

(4) 人工测试是指以维修人员为主进行的故障诊断测试。对于 BIT 和自动测试系统不能检测与隔离的故障，需要进行人工测试。只靠人的视觉和感觉器官来了解 UUT 状态信息是不够的，有时需要借用一些仪器设备和工具。对于较复杂的 UUT，需事先设计测试流程图或诊断手册等，按照规定的故障查找路径才能迅速找出故障部件。

(5) 综合诊断是指通过综合所有相关要素，如测试性、自动或人工测试、培训、维修辅助措施和技术资料等，获得最大的诊断效能的一种结构化过程，是实现经济有效地检测和无模糊隔离武器系统及设备中所有已知的或可能发生的故障以满足武器系统任务要求的手段。综合诊断通过设计出协同的系统内部和外部诊断要素来提高总体诊断性能。

(6) 健康管理泛指与系统状态监测、故障诊断/预测、故障处理、综合评价、维修保障决策等相关的过程或者功能，是将内部、外部测试综合考虑的一种设计形式。在不同的应用领域，健康管理的名称、含义和功能并不完全一致。

3. 测试性工作项目

根据《装备测试性工作通用要求》(GJB 2547A—2012)的规定，测试性工作共分为测试性及其工作项目要求的确定、测试性管理、测试性设计与分析、测试性试验与评价、使用期间测试性评价与改进 5 个系列，每个系列又包括 2~7 个具体工作项目。

(1) 测试性及其工作项目要求的确定包括：确定诊断方案和测试性要求(工作项目 101)；确定测试性工作项目要求(工作项目 102)。

(2) 测试性管理包括：制订测试性计划(工作项目 201)；制订测试性工作计划(工作项目 202)；对承制方、转承制方和供应方的监督与控制(工作项目 203)；测试性评审(工作项目 204)；测试性数据收集、分析与管理(工作项目 205)；测试性增长管理(工作项目 206)。

(3) 测试性设计与分析包括：测试性模型建立(工作项目 301)；测试性分配(工作项目 302)；测试性预计(工作项目 303)；故障模式、影响及危害性分析——测试性信息(工作项目 304)；制定测试性设计准则(工作项目 305)；固有测试性设计和分析(工作项目 306)；诊断设计(工作项目 307)。

(4) 测试性试验与评价包括：测试性核查(工作项目 401)；测试性验证试验(工作项目 402)；测试性分析评价(工作项目 403)。

(5) 使用期间测试性评价与改进包括：使用期间测试性信息收集(工作项目 5401)；使用期间测试性评价(工作项目 502)；使用期间测试性改进(工作项目

503)。

测试性工作项目涉及装备研制各个阶段。目前，常规的测试性设计过程可分为方案设计、初步设计、详细设计和验证评估4个阶段，如图9.3所示。

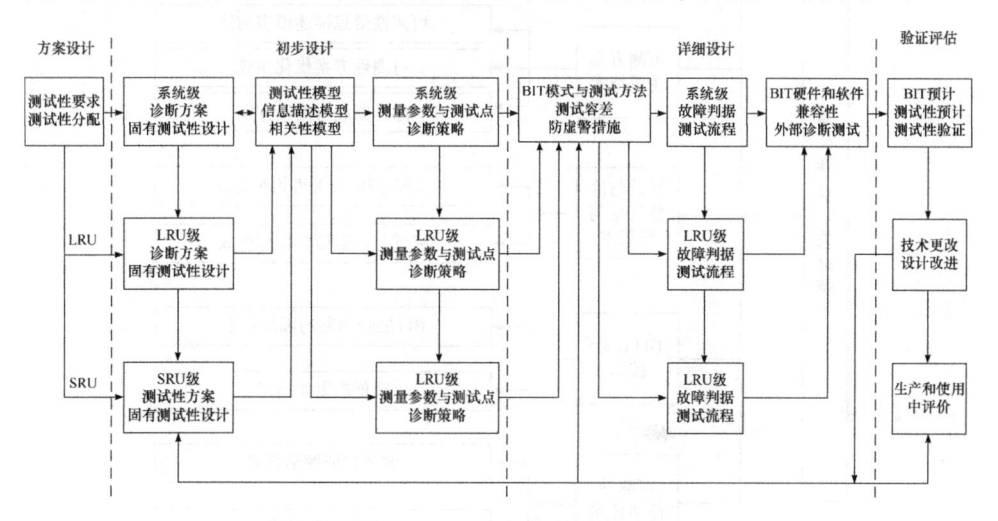

图 9.3 测试性设计流程工作

在方案设计阶段，主要开展测试性要求分析，并分配得到测试性指标。

在初步设计阶段，首先建立测试性信息描述模型，根据测试性要求对不同层级分别设计测试性方案，进行固有测试性设计，并综合至相关性模型；在测试性模型的基础上进行不同层级的测量参数与测试点的优选和诊断策略的初步优化。

在详细设计阶段，首先结合初步设计的结果，进行BIT模式与测试方法、测试容差和防虚警措施的详细设计，将设计结果送至不同层级并进行具体设计，最后开展BIT硬件和软件、兼容性、外部诊断测试等详细设计。

在验证评估阶段，主要通过测试性预计来评估系统可达到的测试性水平，提出改进措施，在测试性验证的基础上完成对测试性的验证评估，提出技术更改和设计改进建议，收集生产使用中的评价，并反馈到初步设计和详细设计阶段。

9.1.4 测试性设计的关键技术

依据测试性技术体系，目前测试性设计技术的研究主要围绕以下所介绍的领域开展，各领域的关键技术如图9.4所示。

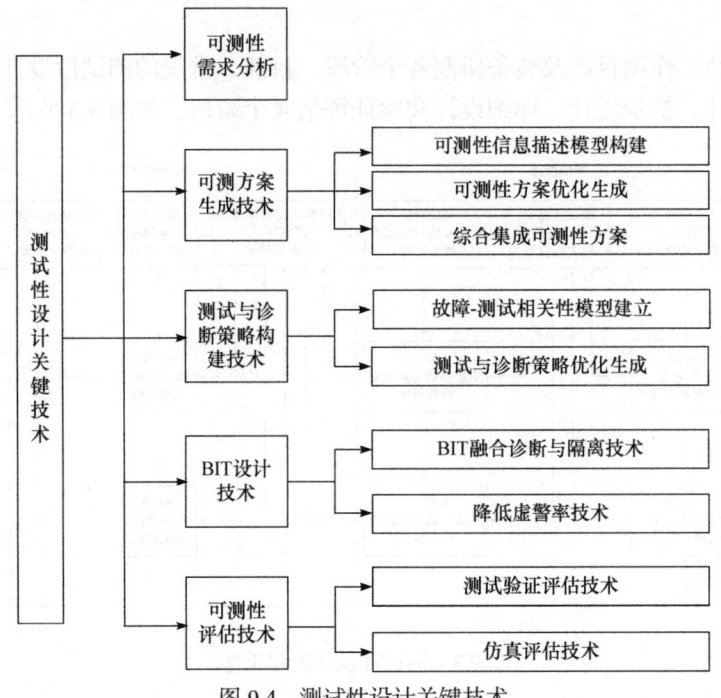

图 9.4 测试性设计关键技术

随着技术的进步，对大规模、高集成度的系统需求与日俱增，对系统的可靠性和维修性要求也日渐提高，为了获得高效、可靠、可承受性高的系统，需要在系统的概念设计阶段及时地整合测试性设计。这也要求从系统的需求分析、总体设计、详细设计直到验证评估阶段都必须对测试性进行全面的考虑。在各阶段均有相关的测试性设计技术为开发出可靠性高、维护性好的系统提供支持。

1. 测试性建模技术

对测试性需求、测试性信息和故障诊断策略关系的准确描述，是系统需求分析和总体设计的核心要求。影响测试性的因素众多，因果关联关系复杂，且难以用精确的数值定量表示，因此使用适当的模型对其进行描述是测试性设计的前提。由于测试性模型与设备内部的实际电路以及程序密切相关，对被测对象故障模式与测试验证机理具有强烈的依赖性，如何根据测试性设计准则建立有效的测试性模型，更多地依赖设计师对测试性设计的重视程度、设计水平和经验。在现有的测试性建模技术中，多信号模型具有较大优势。然而，多信号模型采用分级建模方式，针对复杂的电子系统如何进行分级本身就十分困难，针对不同的电子系统，必须详细分析其功能结构后，才能得到该系统的模型。

测试性建模主要包括 3 大类的模型建立。测试性需求建模、测试性信息建模和故障-测试相关性建模。测试性需求建模在测试性需求分析阶段进行，主要解决测试性需求和测试性要求推理问题，并综合测试规则，提出可测试性指标。测试性信息建模通过建立测试性信息的准确模型来描述测试性信息之间以及测试性信息与测试方案之间的关联关系，并通过优化决策模型对测试性方案进行全面考虑，制订满足测试性指标的测试配置方案。故障-测试相关性建模用于描述故障与测试信号的逻辑关系，目前常用的有信息流模型、多信号流模型等。此外，面向不确定性、多故障等具体情况的改进型模型也在不断发展中。

2. 测试与诊断方案生成技术

测试与诊断方案生成主要包括生成测试性方案和生成测试与诊断策略。

测试性方案主要解决选择什么测试、针对选定的测试项目选择什么测试设备等问题。测试性方案选择主要根据系统故障模式影响及分析结果、系统测试性信息模型、固有测试性要求等，合理选择满足故障检测率和故障隔离率等设计指标的测试项目[54]。针对选定的测试项目，分析备选测试方法手段(如自动测试设备、BIT)的性能、费用、何时何地实施等因素，建立测试设备优化配置的决策模型，并采用多目标优化决策方法等，得出便于测试实现且费用较少的测试设备配置方案。测试与诊断方案是对系统和设备诊断的范围、功能和运用的初步安排。

测试与诊断策略的生成，主要在故障-测试相关性建模基础上，构造故障推理机，基于故障推理机和优化的搜索算法逐步选择测试项目，生成诊断树，得到优化的诊断策略。

3. 外部测试技术

外部测试技术的发展与测试性理念的发展息息相关。20 世纪 50 年代，由于早期的应用设备比较简单，其故障诊断主要采用手工测试，维修测试人员的经验和水平起着重要作用。60 年代初，对装备的测试仍然以手工测试为主，测试设备基本上是单个的仪器、仪表，如数字万用表、波形发生器、示波器、动态信号分析仪、振动信号分析仪等。从 60 年代中期开始，装备的技术进步使传统的人工测试与单个专用测试设备无法适应装备维护和技术保障的要求。

20 世纪 70 年代前后，人们研制出了多种由计算机控制的专用半自动/自动测试设备或系统，使用专门的测试语言编写测试软件。70 年代后期至 80 年代中期，以微型计算机和独立操作系统为软/硬件平台的自动测试系统开始得到广泛使用，自动测试系统采用了基于标准接口总线和专用连接总线等多种类型的总线结构，测试程序语言也逐步向 BASIC、ATLAS、ADA 等多种类型的通用程序语言靠拢，从而进入了多功能、易组合、可扩展自动测试系统的成熟阶段。

20 世纪 80 年代后期及 90 年代，外部测试进入了以 VXI 总线为标准的低成本、高性能、便携式发展的新阶段。自动测试系统将充分开发和利用计算机的资源，采用特定的软件算法和技术，进行信号的测量和分析，以及激励信号的生成，从而能在硬件显著减少的条件下，极大地提高测试性能。

进入 21 世纪后，外部测试系统又有了新的发展，例如，利用更快的总线技术实现高速测试，利用虚拟仪器测试技术实现对仪器的控制处理，利用网络技术实现分布式测试系统，利用虚拟现实技术实现音频视频综合测试辅助，利用信息融合技术实现多传感器的数据整合，以提供更准确、更高级的故障诊断。

4. 机内测试技术

机内测试技术实际上属于系统开发过程中详细设计阶段的一个方面，其在测试性设计中的重要性，使其成为测试性设计的一项关键技术。BIT 内置自测试方法是指在设计中集成测试发生电路，在一定条件下自动启动并且产生测试数据，在内部检测电路故障。BIT 的优点主要包括：能大大简化呆滞型故障的连接或次序，减少存储的测试模式；突破外部自动测试设备的存储限制，同时可以进行全速测试，减少测试时间；能并行测试很多单元，提高和简化元件维护，相对 ATE 成本低。

装备设计中要有足够的测试性(包括 BIT)才能实现维修性目标。故障定位简便迅速，维修才能尽快完成。然而，当装备中设有过多 BIT 时，装备研制和采购成本将会大大增加，因此在装备设计中，权衡 BIT 与自动测试系统、合理进行 BIT 设计显得尤为重要。由于 BIT 和 ATE 两者能力上存在固有差异，分配给 BIT 或 ATE 的测试要求不同。BIT 用于对系统或设备进行初步的故障检测和隔离，其优点是能在环境中独立工作。与机内测试相比，ATE 的优点是既不增加任务系统的重量、体积和功率，也不会影响任务系统的可靠性。对 BIT 的优化设计和权衡，是测试性设计的重要技术。

5. 测试性试验与评价技术

测试性试验与评价技术是装备测试性工程的重要组成部分，是评价测试性指标是否满足设计要求和设计工作改进的必要技术途径。其技术内容主要包括经典测试性试验方案、测试性试验方案优化设计、测试性试验实施与故障注入、测试性指标评价方法、测试性增长试验技术、测试性虚拟试验技术等。

测试性试验主要有试验验证或仿真验证两种方法。测试性试验验证技术是通过确定试验样本量，科学地注入故障获得测试诊断数据，运用数据融合理论等，在试验数据基础上对测试性设计水平进行评估。仿真验证技术是基于建立面向可测性的虚拟样机仿真模型，对试验对象所处的自然、力学、振动、电磁等环境的影响进行建模，为虚拟试验过程提供外部环境输入，进行故障仿真注入，采用虚拟测试手段获取测试与诊断结果，通过统计方法对系统测试性水平进行评估。

测试性指标评价是指利用产品研制、试验、使用等过程中收集到的数据和信息来估算与评价装备的测试性指标[55]。点估计、置信区间估计等经典测试性指标评价方法的理论基础是经典数理统计中的参数估计。在故障检测/隔离数据量充足的前提下，利用经典的指标评价方法可以得到较为准确的 FDR/FIR 量值。

在工程实际中，测试性试验评价常面临如下问题：①受试验周期和成本的限制，装备研制任务紧、原型样机少，在装备上开展大量的故障注入试验较困难，并且外场试用统计样本也不充分；②由故障注入的有损性、破坏性和封装造成注入受限等，许多故障模式不允许注入、无法注入，导致试验样本不全。这些问题往往导致没有足量的故障检测/隔离数据用于高可信的测试性指标评价。实践表明，在小样本情况下，经典的测试性指标评价结果难以准确、可信地反映装备真实的测试性水平。于是，科研人员基于多源先验信息或贝叶斯变动统计理论等，进行了大量测试性指标评价方法研究。表 9.1 给出了典型测试性指标评价方法的特点及使用条件。

表 9.1 典型测试性指标评价方法的特点及使用条件

序号	方法	特点	使用条件
1	经典测试性指标评价方法	在数据量充足的前提下，可以得到较为准确的 FDR/FIR 量值；较小样本下的评价结论很难反映测试性设计水平的可靠性	数据样本量 n 充足
2	基于多源先验数据的测试性指标评价	贝叶斯方法具有融合多源信息的能力，可利用先验信息来弥补小样本试验数据信息的不足，既包括外场使用数据，又包括各个历史阶段的信息；既可以是统计数据，也可以是专家信息等。在保证评价风险尽可能小的情况下，给出可信的指标评价结论	数据具有同总体特征，即所有数据均来自装备的同一研制阶段，包括专家信息、虚拟试验信息、实物试验信息等
3	基于贝叶斯变动统计理论的测试性指标评价		数据来源于同一装备的不同技术状态与阶段，数据之间具有增长约束关系和异总体特点，主要应用于对开展过的测试性增长试验的装备进行测试性指标评价

测试性试验与评价能够有效验证评价装备系统装备测试性水平，为装备测试性设计改进提供有效支撑，克服装备设计过程中的主观性、盲目性，有效抑制设

计风险，促进装备产品良好测试性的实现，提升装备系统的战备完好性和任务成功性。

9.1.5 一体化测试性工程的研究与发展

测试性研究领域的发展，主要是围绕一体化测试性工程理论和先进测试性体系结构、建模方法、辅助工具开发两条线路进行的，两条线路相辅相成，互相支撑。

一体化测试性工程理论的核心是从系统工程的角度统筹系统的设计与开发，把测试性这一属性的要求在概念设计的初期整合进入系统的设计中，使测试和诊断设计与产品的功能结构设计并行开展。同样，随着故障建模和故障预测技术的发展，故障预测和健康管理与测试性设计的系统级一体化集成也是发展的趋势。BIT 与 ATE 的权衡及融合思想，贯穿整个系统测试性设计和开发的全过程。测试性与维修保障信息化融合并纳入整个装备信息链已成必然，测试性内涵和外延不断扩大，已扩展成综合诊断体系与技术，并不断得到加强和应用。总之，测试性设计必须要按照系统科学的方法进行全面考虑，才能够实现最佳效能。

先进测试手段、体系、模型方法成为解决复杂系统测试性的重要手段，智能理论与技术不断渗透和成熟应用，是测试性提升、测试性设计高效实施的重要保证。被测对象故障模式与测试验证机理以及测试性定量评价与表征方法测试性技术的有效性对测试性设计的有效性有着决定性作用。测试性设计的辅助工具也是将测试性设计落实开展的直接工具，此类实用技术的进步在近年来的实际使用中获得了明显的效果，并成为测试性设计技术发展的一个重要方面。

9.2 装备自动测试系统

9.2.1 自动测试系统的组成结构

自动测试系统是指采用计算机控制，能实现自动测试的系统，是自动完成激励、测量、数据处理并显示或输出测试结果的一类系统的统称。根据应用环境和需求的不同，自动测试系统的规模也不尽相同。最简单的自动测试系统可以仅由一台智能测试仪器组成，大规模的自动测试系统可以由一台计算机控制下的许多测试仪器组成，甚至可以由分布在不同地理位置的若干个测试系统构成。但不论哪种情况，对于自动测试系统，其都由自动测试设备、测试程序集和 TPS 软件开发工具组成，如图 9.5 所示。

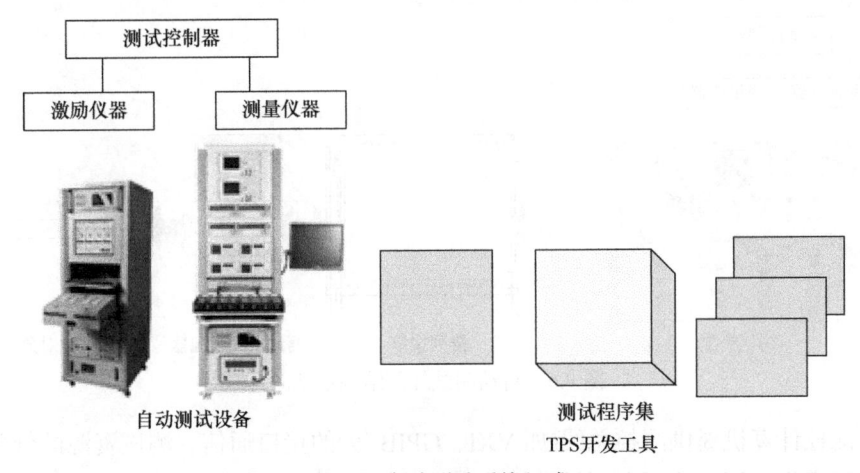

图 9.5 自动测试系统组成

ATE 是指用来完成测试任务的全部硬件资源的总称，ATE 硬件本身可能是很小的便携设备，也可能是由多个机柜、多台仪器组成的庞大系统。为适应机载、舰载或机动运输需要，ATE 往往选用加固型商用设备或商用货架设备(commercial off the shelf，COTS)。ATE 的核心是计算机，通过计算机实现对各种复杂测试仪器如数字万用表、波形分析仪、信号发生器及开关组件的控制。在测控软件的控制下，ATE 为被测对象中的电路或部件提供其工作所需的激励信号，在相应的引脚、端口或连接点上测量被测对象的响应，对各种物理量进行测量或给出测量结果，从而确定该被测对象是否达到规范中规定的功能或性能。

TPS 是与被测对象及其测试要求密切相关的。典型的测试程序集由三部分组成，即测试程序软件、测试接口适配器和被测对象测试所需的各种文档。测试程序软件通常用标准测试语言编写，如 ATLAS、LabWindows/CVI 等。ATE 中的计算机运行测试软件，控制 ATE 中的激励设备、测量仪器、电源及开关组件等，将激励信号施加到所需位置，并且在合适的点测量被测对象的相应信号，由测试软件分析测量结果并确定可能发生故障的部件，进而提示维修人员更换某一个或某几个部件。每个被测对象有着不同的连接要求和输入/输出端口，因此通常要求有相应的接口设备，称为测试单元适配器，其主要完成测试对象到测试设备的正确、可靠连接。开发测试程序软件要求一系列的工具，这些工具统称为测试程序集开发工具，如各种测试程序软件的集成开发环境。

自动测试通常是在标准的测控系统或仪器总线(CAMAC、GPIB、VXI、PXI等)的基础上组建而成的，如图 9.6 所示，采用标准总线制架构，测控计算机(包括 TPS)是测试系统的核心，包括测试资源、阵列接口、测试单元适配器等主要组成部分。

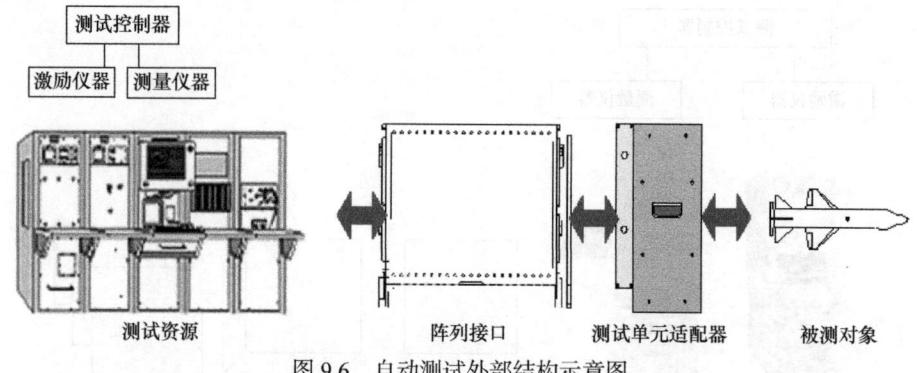

图 9.6 自动测试外部结构示意图

测控计算机提供测控总线(如 VXI、GPIB 等)的接口通信、测试资源的管理、测试程序集的调度管理和测量数据管理，并提供测试的人机交互界面，实现自动测试。

测试资源一般由通用测试设备和专用测试设备两大类构成。通用测试设备通常选用技术成熟的货架产品，目前主要选择具备 VXI、PXI、GPIB 等总线接口形式的产品。以某型电子装备的功能测试为例，一般包括 PXI 主机箱(含系统控制器)、总线数字微波信号源、频率计模块、数字示波器模块、数字电压表模块、计数器模块、矩阵开关模块、数字信号输出模块、数字信号输入模块、任意函数信号发生器模块、直流稳压电源、交流电源、三相交流净化电源等。专用测试设备是指专门用于被测对象某些特定参数测量、模拟和控制的设备，如激光陀螺的测试一般应包括三轴电动转台，雷达的测试一般包括微波暗箱、目标模拟器等专用测试设备。

阵列接口即接口连接器组件，其汇集了测试系统测试资源的全部电子、电气信号，既为测试设备到测试对象的激励信号提供连接界面，又为测试对象的响应传送到测试设备提供连接界面。ICA 可根据系统设计要求选择标准化阵列式检测接口，如符合国际标准的 21 槽位 ARINC 608A 标准 ICA 部件、VPC 9025 标准接口部件等。

测试单元适配器作为测试设备与被测对象之间的信号连接装置，可提供电子和电气的转接以及机械连接，可以包括测试资源中并不具备的专用激励源和负载。此外，测试单元适配器的阵列接口各信号通道必须与测试系统的阵列接口各信号通道严格对应，并在实际使用时根据被测对象的测试信号需求确定。测试单元适配器与被测对象之间采用电缆连接。

9.2.2 自动测试系统的沿革与发展

自动测试系统经历了从专用型向通用型的发展过程。早期，仅侧重于 ATE 本体的研制，近年来，则着眼于建立整个自动测试系统体系结构，同时注重 ATE 研制和 TPS 的开发及其可移植性。

1. 自动测试系统的沿革历程

自动测试技术首先是根据军事上的需要而发展起来的。1956 年，为解决日益增加的复杂武器系统测试问题，美国国防部启动了一个称为 SETE(Secretariat to the Electronic Test Equipment coordination group)计划的研究项目，标志着大规模现代自动测试技术研究的开始。该项目设想的最终目标是不必依靠任何有关的测试技术文件，由非熟练的人员上机进行几乎全自动的操作，完成各种测试项目，通过灵活的程序设计，还可以适应任何具体测试任务。在当时条件下，该项目耗费了大量的经费，最终却没有达到上述预期目标，主要存在三个方面的原因：首先，尽管采用了高速计算机来控制测试系统，但系统中的测试仪器以及被测对象却常常无法满足响应计算机速度的要求；其次，虽然对操作人员的测试技能要求降低了，但对测试工程师的程序设计能力与技巧的要求提高了；最后，虽然测试手册和测试指南等技术文件减少了，但又增加了许多程序指令和编程说明在内的技术文档。尽管如此，自动测试技术的思想还是很快为广大测试工程师所接受。随着测试技术的发展，到 20 世纪 60 年代末，自动测试技术突破了原先军事应用的狭窄范围，在工业领域得到应用，市场上出现了成套的自动测试系统。目前，自动测试技术已经成为航空、航天、电子、通信等众多领域不可缺少的技术之一，其发展历程大致可以分为三代。

第一代自动测试系统多为专用系统，主要用于测试工作量很大的重复测试，或者用于高可靠性的复杂测试，或者用来提高测试速度，在短时间内完成规定的测试，或者用于人员难以进入的恶劣环境。计算机主要用来进行逻辑控制或定时控制，当时计算机缺乏标准接口，技术比较复杂，其主要功能是进行数据自动采集与分析，完成大量重复的测试工作，以便快速获得测试结果。图 9.7 所示的第一代自动测试系统包括计算机、可程控仪器等，为了使各仪器和控制器之间进行信息交换，必须研制接口电路，各个仪器厂商的接口电路是不兼容的，当需要的可程控仪器较多时，不但研制的工作量大、费用高，而且系统的适应性很差。

系统设计者并未充分考虑所选仪器/设备的复用性、通用性和互换性，这带来了诸多突出问题。但是，沿用第一代自动测试系统构建思想的小型化专用测试系统仍在投入应用，各式各样的针对特定被测对象的智能检测仪就是其中的典型例子。随着计算机技术的发展，特别是随着单片机与嵌入式系统应用技术以及能支持第一代自动测试系统快速组成的计算机总线(如 PC-104)技术的飞速发展，这类自动测试系统已具有新的测试思路、研制策略和技术支持。

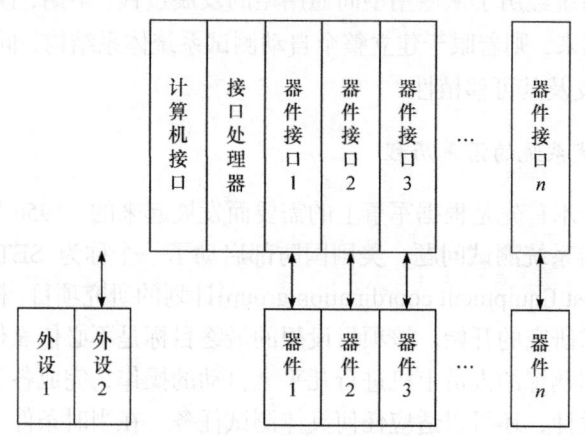

图 9.7　第一代自动测试系统框图

第二代自动测试系统的特点是采用标准接口总线系统，测试系统中的各器件按照规定的形式连接在一起，在标准接口总线的基础上，以积木方式组建在一起，具有代表性的是 GPIB 接口系统。第二代自动测试系统除被测对象和电源外，主要由计算机系统、测量控制系统、接口总线系统三大部分组成，如图 9.8 所示。

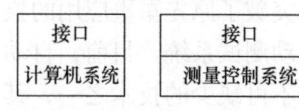

图 9.8　第二代自动测试系统框架

计算机、可程控仪器和 IEEE 488 标准总线系统是构成第二代自动测试系统的三大支柱。第二代自动测试系统中的各个设备(包括计算机、可程控仪器、可程控开关等)均为台式设备，每台设备都配有符合接口标准的接口电路。在组装系统时，用标准的接口总线电缆将系统所含的各台设备连在一起构成系统，这种系统组建方便，组建者不需要自己设计接口电路。组建系统时的积木式特点，使得这类系统更改、增减测试内容很灵活，而且设备资源的复用性好，系统中的通用仪器(如数字万用表、信号发生器、示波器等)既可作为自动测试系统中的设备来用，也可作为独立的仪器使用。应用一些基本的通用智能仪器可以在不同时期，针对不同的要求，灵活地组建不同的自动测试系统。

第三代自动测试系统是基于 VXI 和 PXI 等测试总线，主要由模块化的仪器/设备所组成的自动测试系统。以 VXI 和 PXI 两种总线为基础，可组建高速、大数据吞吐量的自动测试系统。系统中采用的众多模块化仪器/设备均插入带有 VXI(或 PXI)总线插座、插槽、电源的 VXI(或 PXI)总线机箱中，仪器的显示面板及操作用统一的计算机显示屏以软面板的形式来实现，从而避免了系统中各仪器与设备在机箱、电源、面板、开关等方面的重复配置，大大降低了整个系统的体积、重量，并能在一定程度上节约成本。这类自动测试系统具有数据传输速率高、数据吞吐量大、体积小、重量轻、组建灵活、扩展容易、资源复用性好、标准化程度高等众多优点，是当前先进的自动测试系统特别是军用自动测试系统的主流组建方案。在组建这类系统中，VXI总线规范是其硬件标准，VXI即插即用规范是其软件标准，虚拟仪器开发环境(LabWindows/CVI、LabVIEW等)是研制测试软件的基本软件开发工具。

2. 军用自动测试系统的发展应用

国防、军事领域是自动测试系统应用最多、发展最迅速的领域，武器装备研发、使用、维护过程中对自动测试系统的众多需求是推动自动测试系统和自动测试技术发展的强大动力。从国内外军用自动测试系统的发展过程可看出，军方的需求不仅促成了新的测试系统总线及新一代自动测试系统的诞生，而且促使自动测试系统的设计思想、开发策略发生了重大变化。

早期的军用自动测试系统是针对具体武器型号和系列的，不同系统间互不兼容，不具有互操作性。随着装备规模和种类的不断扩大，专用自动测试系统的维护保障费用高，美国仅20世纪80年代用于军用自动测试系统的开支就超过510亿美元。同时，庞大、种类繁多的测试设备也无法适应现代化机动作战的需要。因此，从20世纪80年代中期，美国军方开始研制针对多种武器平台和系统，由可重用的公共测试资源组成的通用自动测试系统。在美国，军种内部通用的系列化自动测试系统已经形成，海军的综合自动支持系统(common automation support system，CASS)，陆军的集成测试设备系列，空军的电子战综合测试系统，海军陆战队的第三梯队测试系统(third echelon test system，TETS)。其中，以洛克希德·马丁公司为主承包商的海军CASS最为成功。CASS于1986年开始设计，1990年投入生产，主要用于中间级武器系统维护。CASS基本型称为混合型，能够覆盖各种武器的一般测试项目，ATE采用DEC(digital equipment corporation)工作站为主控计算机，由5个机柜组成，包括控制子系统、通用低频仪器、数字测试单元、通信接口、功率电源、开关组件等，如图9.9所示。在混合型基础上，针对特殊用途扩展又形成射频、通信/导航/应答识别型、光电型等各类系统。

图9.10所示的TETS为美国海军陆战队委托ManTec公司研制的测试系统，是用于现场武器系统维护的便携式通用自动测试系统，其具有良好的机动能力，能够对各种模拟、数字和射频电路进行诊断测试。该系统包括4个便携式加固机箱，即2个VXI总线仪器机箱、1个可编程电源机箱及1个固定电源机箱，主控计算机为加固型军用便携机，运行Windows/NT操作系统。美军通用测试系统多采用模块化组合配置，根据不同的测试要求，以核心测试系统为基础进行扩展。

测试仪器总线以 VXI 和 GPIB 为主。随着 PC 性能的不断提高，以 PC 为测控计算机，采用 Windows/NT 操作系统的测试系统逐渐普及。在 TPS 开发方面，普遍采用面向信号的测试语言 ATLAS 为测试程序设计语言，以保证测试程序的可移植性。

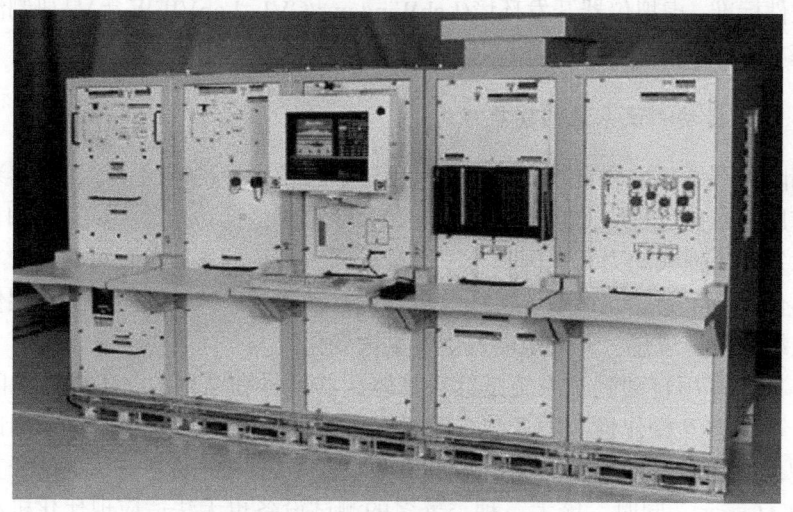

图 9.9　CASS 混合测试系统

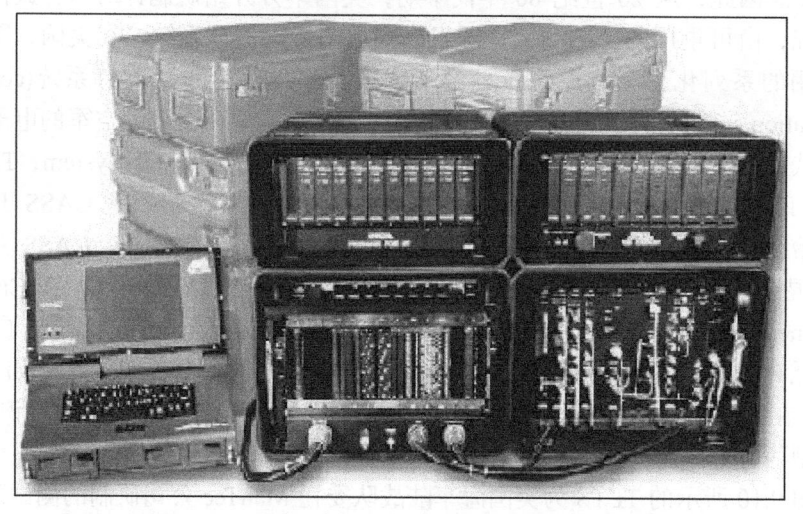

图 9.10　TETS

在国内，由于众多需求的推动，自动测试技术也发展很快，正处于专用自动测试系统向通用自动测试系统的转变过程中。在通用 ATE 技术方面，按照模块化、系列化、标准化的要求，基于 VXI、PXI 和 GPIB 在一定范围通用的各类自动测试系统正陆续推出，通用 ATE 平台技术的研究也正在开展。为全面发展我国的自动测试系统技术，进一步推进测试系统所要求的仪器互换性、TPS 开发技术和基于测试信息共享的集成诊断技术的研究是十分必要的。

3. 自动测试系统的发展

为克服自动测试系统存在的应用范围有限、开发和维护成本高、系统间缺乏互操作性以及测试诊断新技术难以融入已有系统等诸多不足，20 世纪 90 年代中后期，在美国国防部自动测试系统执行局(ATS Executive Agent Office, ATS EAO)统一协调下，美国陆军、海军、空军、海军陆战队与工业界联合开展名为"NxTest"的下一代自动测试系统研究工作，并于 1996 年提出了下一代自动测试系统的开放式体系结构，同时进行了名为全球战场快捷支持系统(agile rapid global combat system, ARGCS)的演示验证系统的开发工作，主要目的是降低自动测试系统开发、使用、维护的总体费用，提高自动测试系统的跨军种互操作能力，减少后勤规模以及提高测试诊断能力。NxTest 可描述为基于开放式软硬件体系结构、采用商业标准及新兴测试技术的新一代测试系统。

国内自动测试系统发展的核心目标包括：①改善测试系统仪器的互换性；②提高测试系统配置的灵活性，以满足不同测试用户需要；③提高自动测试系统新技术的注入能力；④改善测试程序集的可移植性和互操作能力；⑤实现基于模型的测试软件开发；⑥推动测试软件开发环境的发展；⑦确定便于验证、核查的 TPS 性能指标；⑧进一步扩大商用货架产品在自动测试系统中的应用；⑨综合运用被测对象的设计和维护信息，提高测试诊断的有效性；⑩促进基于知识的测试诊断软件的开发；⑪明确定义测试系统与综合诊断框架的接口，便于实现综合测试诊断。

例如，传统的自动测试系统是顺序测试系统，采用的是基于串行的顺序测试，即当对一个被测对象进行测试时，其参数按预先安排的顺序进行测试，当前一个参数测试没有完成时，其后的参数不能测试。当有多个被测对象时，也是按照预先设定的测试顺序进行测试，即一个被测对象测试完毕方能测试其后的被测对象。顺序测试系统的优点是，系统搭建及测试程序编写简单，不易出错。但从测试效果来看，测试仪器的利用率低，测试时间长，测试成本较高。并行测试通过不同测试任务间的切换实现对多个被测对象或参数的测试，提高了处理器和测试资源的利用率。根据测试任务的切换方式，并行测试分为独立并行测试、自动调度并行测试和混合调度并行测试 3 种类型。独立并行测试是指多个被测对象的测试过程是独立并行的，但每个被测对象内部还是传统的测试顺序。独立并行测试方式适用于对时序要求严格的被测对象。自动调度并行测试是自动调度多个测试任务的测试方式，可以是对多个被测对象测试任务的自动调度，也可以是同一被测对象测试任务的自动调度。自动调度并行测试方式适用于对时序没有严格要求的被测对象。混合调度并行测试是针对部分测试任务有时序要求的测试对象，采用自动调度与人工安排相结合进行测试的方式。

9.2.3 某型装备自动测试系统典型应用

1. 测试系统硬件

1) 通用硬件资源

装备自动测试系统由通用部分和专用部分组成。根据自动测试系统需满足不同型号装备测试的要求，表 9.2 给出了测试系统的通用部分组成。这一部分是装备自动测试系统的公用平台，已经在通用测试系统中完成设计定型并得到应用。

表 9.2 某型装备自动测试系统通用部分组成

序号	名称	单位	数量
1	主控计算机	台	1
2	PCI/GPIB 插卡	块	1
3	IEEE 1394 接口插卡	块	1
4	智能综合机箱	台	1
5	适配器接收器	个	1
6	VXI 机箱	台	1
7	VXI 前面板	块	1
8	VXI 安装支架	块	1
9	0 槽控制器模块	块	1
10	继电器开关模块	块	1
11	扫描 A/D 模块	块	1
12	开关量测试模块	块	1
13	电机控制模块	块	1
14	直流电源	台	1
15	示波器	台	1
16	程控信号源	台	1

续表

序号	名称	单位	数量
17	高度模拟控制箱	台	1
18	目标模拟器	台	1

2) 专用硬件资源

自动测试系统专用设备是根据通用测试系统完成多种装备通用测试都需要的必备设备，要完成某特定装备的测试，需再加上某一个型号装备需要的专用测试设备，在测试系统内将通用设备和专用设备集成后就可完成某一型号的测试任务。为便于系统集成，在通用自动测试系统结构上预留了空间，不用时可以用盲板覆盖。在某一型号需配备的专用设备安装架机箱标准结构设计以后，将盲板空间换装专用设备。专用设备可根据需要进行调换，典型设备如表 9.3 所示，可将更换下来的设备放在方舱后舱内的备件储运柜内。

表 9.3 自动测试系统专用设备

序号	名称	单位	数量
1	RS-422 串行通信模块	块	1
2	计数计时控制模块	块	1
3	多路转换开关模块	块	1
4	数字万用表模块	块	1
5	1553B 总线 ISA 插卡	块	1
6	适配器	个	1
7	测试系统自检器	台	1
8	微波暗箱	个	1
9	末端开关遥控机构	个	1

3) 主机及显示器

主机在测试系统中负责整个系统控制、通信、数据采集、处理、判断、存储、事后回放、输出打印等功能。主机通过 RS-232C 串行接口与智能综合机箱进行通信，控制智能综合机箱软面板工作状态；在主机内配置了 1553B 总线通信模块、IEEE 1394 通信模块、GPIB 通信模块。1553B 总线通信模块负责与装备主接口进行数据通信，向导弹发送控制命令，同时接收导弹上发送的状态信息和测试数据。IEEE 1394 通信模块负责与 VXI 总线 0 槽控制器进行数据通信，向 VXI 发送各种控制指令，同时接收 VXI 总线的测试数据。计算机同时通过 GPIB 接口控制两个程控信号源，控制信号源的工作状态。

4) 自检器

自检器主要用于检查测试系统测试状态设备的功能是否完好，这部分功能包括测试系统公用部分和专用部分，在自检箱面板上装有等插头，通过自检箱内信号转换、逻辑时序控制、输出符合自动系统功能自检要求的检查信号，实现测试系统的激励与反馈之间的连接，完成测试系统自检功能检查。

5) VXI 机箱

VXI 机箱针对装备通用化测试，要求测试时间短，测试参数多，数据传输速率快，在系统设计过程中选用了 VXI 总线。VXI 总线是集中 CAMAC 总线、GPIB、VME 总线的优点发展起来的测控总线。VXI 总线系统具有操作性优良、数据传输速率快、测试功能强大、测试速度快、测量精度高、可靠性好等特点，是目前国际上广泛使用的标准化、模块化仪器系统。

VXI 机箱配备了各种功能模块，主要有 E8491B 0 槽控制、E1411B 数字表、C306A 扫描开关、C301S 继电器开关、C103 计数器、C405 开关量测试、C415 串行接口通信、C105A 扫描 A/D、C503 电机控制模块。VXI 机箱组成及主要功能模块如下。

(1) VXI 主机箱：E1401B、C 尺寸、13 槽，在主机箱背面装有访问 VXI 的 P_1/P_2 连接器，箱内具有高性能系统电源以及高性能风扇(轴流风扇)，具有较高的冷却能力和较低的噪声，提供 C 尺寸各种模块高可靠性和长时间的工作环境。

(2) E8491B 0 槽控制：为单槽插卡，采用 IEEE 1394 接口标准，完成 PC 与 VXI 总线之间的通信和控制，最高速率可达 800Mbit/s，它可以将多个 VXI 机箱同步互联成一个同步综合测试系统。

(3) E1411B 数字表：为单槽模块，5 位半高精度多用途数字表模块。每秒可实现功能切换 30 次,可输入一路信号,主要完成导弹的高精度电压和电阻的测量。其中，电阻测量主要是检查地面电缆与弹上插头连接是否正确，作为测试准备安全措施之一。

(4) C306A 扫描开关：为单槽开关，采用继电器扫描开关形式，通过触点开关输出方式对多路信号进行通道控制，双线测量 64 路通道或者四线测量 32 路通道或单线测量 128 通道。在 EZ-13 自动化测试设备中扫描开关主要负责对雷达航控电压、前回波信号和测试插头连接状态等通道信号进行切换，以便数字表进行测量。

(5) C301S 继电器开关：为单槽模块，采用继电器开关输出。每个模块上有 64 个继电器，每个继电器有 3 个端点，输出为公共端、常闭点、常开点。64 个继电器共有 3×64=192 个触点，均由面板上两个 96 芯插座输出。通过继电器触点输出作为自动化测试系统的状态切换、指令控制，如装备供电、设备供电等开关信号。

(6) C103 计数器：为单槽模块，是 4 通道输入、低频累加器模块。其累加计数容量为 232，除具有累加计数功能外，还能进行与时间有关的计数，即可完成频率、周期、时间间隔、脉宽的测量。在 EZ-13 自动测试系统中，C103 计数器主要完成对无线电高度表输出的脉冲串以及 DL-8 雷达基准脉冲的自动测量。

(7) C405 开关量测试：为单槽模块，模块可以对 64 路开关量信号进行接收和存储。模块内采用光电隔离技术，将被测部分与测试设备在电气上隔离开，消除干扰，保证被测对象和测试设备的安全。C405 模块主要负责在测试过程中检测状态开关信号，如电气系统的燃油开启、增压点爆、发动机点火信号等。

(8) C415 串行接口通信：为单槽模块，能完成 8 路全双工串行数据通信，以 RS-422 电平标准进行通信，数据传输通道接口采用光电隔离技术。为了满足导弹 RS-422 高速传输数据的需要，C415 模块采用先进的 DSP，模块内提供大容量的数据 RAM(128MB)，采用高性能、可编程的通用异步接收/发送芯片设计串并联转换电路，实现了 8 个通道同时进行数据收发和存储记录，有效地解决了数据快速传输和数据格式转换问题。为了提高传输速率，C415 模块与 PC 之间的通信采用块传输。在 EZ-13 自动测试系统中，C415 模块主要负责接收综控机串行接口 422 的 614.4kbit/s、惯性导航串行接口 422 的 153.6kbit/s、雷达串行接口 422 的 9.6kbit/s 的数字信号。

(9) C105A 扫描 A/D：为单槽模块，64 路通道单端扫描测量或双端扫描差分测量。

6) 适配器接收器

接收器装在 I 号控制柜的后面，导弹自动测试系统选用的接收器是国际标准通用 L2000 接收器，是自动通用测试系统输入输出公用接口。在接收器上装有 15 槽连接器，测试系统中的主要硬件资源——VXI 系统、智能综合机箱、28.5 V 直流电源、高度模拟控制箱、目标模拟器等的所有输入输出信号全部送到 L2000 接收器连接器上，连接器在接收器上的安装顺序按照信号特性进行有序排列，信号接口连接器分配如图 9.11 所示。

J_1	(留空)
J_2	继电器K_1~K_{32}
J_3	继电器K_{33}~K_{64}
J_4	I/O模块MK_1~MK_{32}
J_5	I/O模块MK_{33}~MK_{64}
J_6	422通信/计数器
J_7	(留空)
J_8	多路开关M_1~M_{32}
J_9	多路开关M_{33}~M_{64}
J_{10}	A/D模块AD_1~AD_{32}
J_{11}	A/D模块AD_{33}~AD_{64}
J_{12}	多功能模块
J_{13}	电机模块
J_{14}	综合机箱
J_{15}	电源供电

同步　　回波

图 9.11 接收器信号接口连接器分配

虽然各设备对外接口形式不一，但是通过 L2000 接收器以后，测试设备就实现了结构统一、信号规范的通用型对外连接接口。为了快速、安全、可靠地与适配器进行连接，在接收器上设计了一个专门安装固定适配器的快速锁紧杠杆机构，当适配器装入接收器时，推动接收器上的锁紧杠杆把手，适配器连接端头自动插入接收器插槽内，实现了适配器与接收器的快速连接。

7) 适配器

适配器用于装备测试，在自动测试系统中起承上启下的作用，适配器一端与装备相连，另一端与测试设备相连，在测试设备中发挥桥梁作用，对测试信号进行调理、转换，并将各种信号按照系统规定的接口进行归整，实现与接收器的对接。

适配器由适配器机壳、适配器基座、前面板以及信号调理盒等组成。适配器机壳并没有专门标准，但机壳的底部安装尺寸要满足适配器基座的尺寸。

为了满足 VXI 系统测试要求以及适配器生产安装要求，对装备有些信号在送入适配器之前要进行调理。为此在适配器内安装一个调理盒和信号分线转接板，使适配器内上下行信号既满足导弹测试要求，又满足 VXI 系统测试要求。

8) 程控信号源

程控信号源是根据雷达测试要求研制的，主要用于对雷达进行性能检查，模拟目标源、干扰源回波参数的变化，检查雷达的性能是否满足导弹使用要求。

由于程控信号源模拟的信号要求比较高，信号源内部组成也比较复杂，主要包括测频电路、数字合成器、稳幅电路、调制电路、衰减控制电路、接口电路、控制电路等部分。

9) 高度模拟控制箱

高度模拟控制箱用于检查无线电高度表在不同高度时的测高精度以及测高灵敏度，主要由系统控制板、程控开关、程控衰减器、延迟线、RS-422 通信接口、键盘控制以及数字显示电路等组成。

系统控制板由单片机和相关逻辑控制电路组成，自动测试时接收主机发送的命令，完成对高度、程控衰减的控制，并把高度模拟控制箱执行结果返回主机。当手动测试时，主控板接收前面板按键控制信息，完成高度模拟控制箱手动操作。

10) 目标模拟器

目标模拟器主要用来模拟目标在方位上的移动。它主要由喇叭天线、固定支架、方位水平移动机构、垂直升降支柱、连接杆、包装箱基座等部分组成。

2. 测试系统总线

前面介绍了某型装备自动化测试系统的组成及其功能，在该型自动化测试系统中共有 4 种总线：GPIB、VXI 总线(含 IEEE 1394 总线)、1553B 总线、RS-422 串行接口。自动测试系统连接方框图如图 9.12 所示。

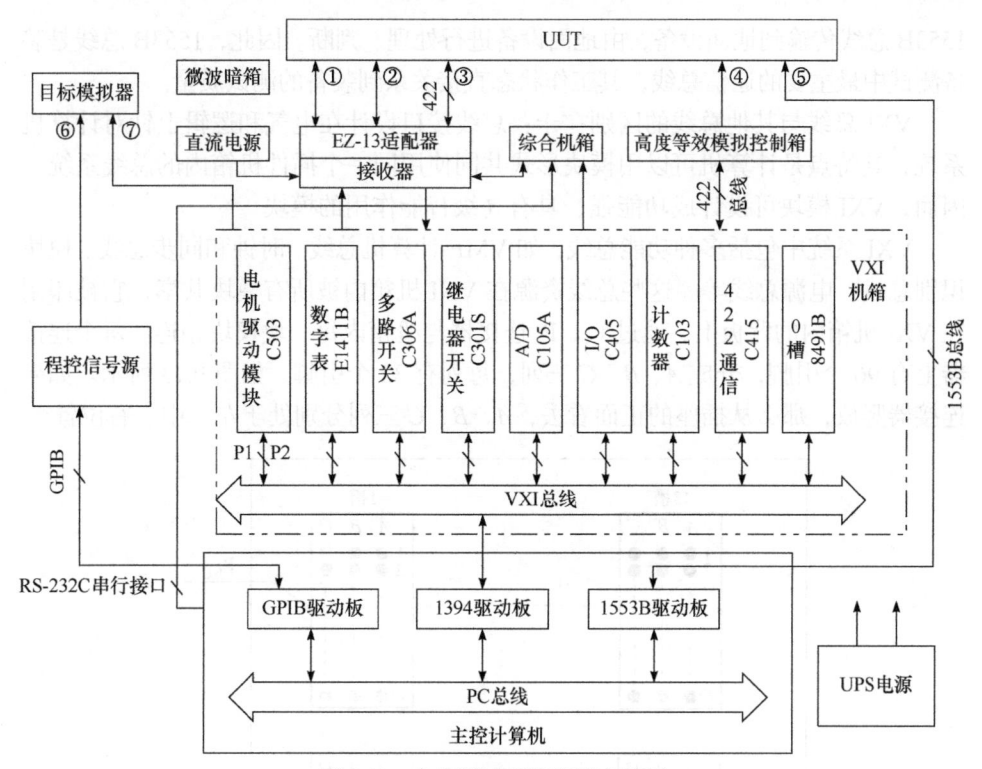

图 9.12 自动测试系统连接方框图

在图 9.12 中，装备测试对外连接信息可分为两种情况：一种是直接式传输，如信号①～⑤，这些信号包括模拟量和数字量；另一种是间接式传输，如信号⑥和⑦。直接信号是指导弹无论是激励信号还是响应信号，均通过导弹上插头接点对外进行硬连接完成；间接信号是指雷达从目标模拟器喇叭天线辐射的信号获取的，中间没有硬连接的过程。

为了实现计算机对外通信控制，在该型自动化测试系统 PC 总线上分别插 3 块插卡：GPIB 插卡、PCI IEEE 1394 插卡、1553B 插卡，这些插卡负责 PC 总线与 GPIB、IEEE 1394、1553B 总线转换控制，完成三种总线通信控制工作。

1553B 总线是装备数据总线，该总线在各终端之间提供一路单一数据通路；总线由双绞屏蔽电缆、隔离电阻耦合变压器等硬件组成。总线传输速率可达 1Mbit/s，总线上传输的数据在多路传输数据总线和标准电气接口上有明确的规定。

自动测试设备在对装备进行测试时，按接口通信控制要求，通过 1553B 总线完成与综控机通信，设备供电、导航参数装定、运算、控制等都统一在综控机控制下进行，要对分系统进行测试，地面设备首先要通过 1553B 总线向综控机发出各种命令。同时，各个分系统也把执行状态和执行结果及时送达综控机，综控机再通过

1553B 总线传输到地面设备，由地面设备进行处理、判断。因此，1553B 总线是装备测试中最主要的通信总线，其工作状态直接关系到装备的测试质量。

VXI 总线与其他总线的区别在于：总线接口设计在电气和逻辑上针对计算机系统，其特点是计算机可以用模块形式共同使用同一个插件机箱内的总线系统。因而，VXI 模块可设计成功能强、具有高级智能作用的模块。

VXI 系统中包括多种功能总线，如 VME 计算机总线、时钟和同步总线、模块识别总线、电源总线等。这些总线资源在 VXI 机箱内被所有模块共享，它被印制在 VXI 机箱内的背板上，通过 P_1、P_2 连接器与机箱内每一块模块相连。每个连接器上有 96 个引脚，分成 A、B、C 三列，每列有 32 个引脚，如图 9.13 所示。如果连接器竖放，那么从插座的正面看去，A、B、C 三列分别处于左、中、右位置。

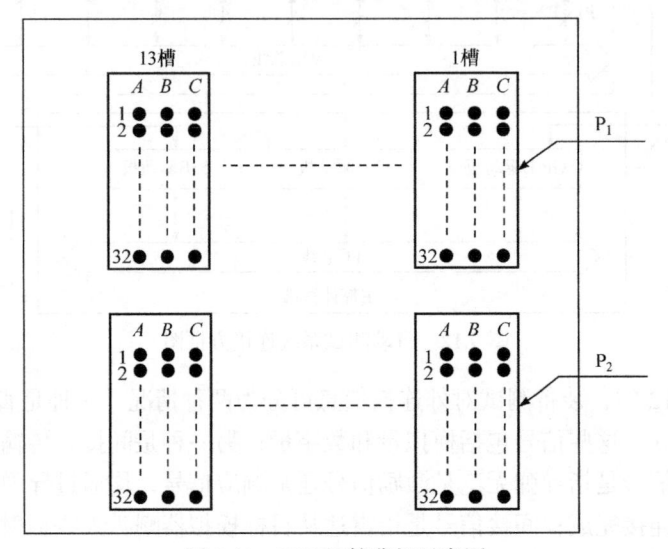

图 9.13　VXI 机箱背板示意图

在图 9.13 中，根据装备测试要求，自动测试系统配套选用了一个 13 槽的 VXI 单机箱，即插在 VXI 总线上的模块最多容许插 13 个模块。实际上本书只用了 9 个插槽，即 9 种功能模块。其中，0 槽中央定时模块是 VXI 总线系统资源模块，0 槽一方面通过 IEEE 1394 总线与计算机通信；另一方面它还要管理 VXI 总线的定时发生器、总线所需的控制功能以及数据通信等。其他 8 种功能模块为普通模块，不具备中央定时器模块功能，主要完成装备测试时的功能操作。

装备综控机对外通信除与地面采用 1553B 通信以外，还有 RS-422 串行接口通信，而且 RS-422 串行接口通信是装备设备数字口通信的主要方式。为了满足通用测试要求，在自动化测试系统中设计了一块可完成 8 路 RS-422 串行通信的 VXI 模块，负责与综控机、惯性导航、雷达以及高度模拟控制箱之间的数据传输。

其中，地面设备串行接口与弹上设备 RS-422 串行接口通信采用了半双工工作方式。测试设备主要任务是在测试过程中，通过各个 RS-422 串行接口实时接收装备发送的数据及信息，以便对各种数据及时进行处理。

3. 系统测试软件

装备控制系统的显著特点是数字控制，信息量大，速度快，地面与装备通信主要通过 1553B 和 RS-422 通信接口。因此，要求地面测试设备测试软件具有数据通信、数据采集、输入输出、实时显示记录存储、事后回放、绘制曲线、处理导弹上发送的各种信息，完成装备联合测试、单元测试以及备件测试任务。

软件结构按自动化测试系统测试要求，设计有汉字标识和友好的人机界面，通过清晰的菜单提示进行功能选择，完成各个程序操作。程序运行具有较高的安全性和可靠性，自动测试系统软件结构图见图 9.14。

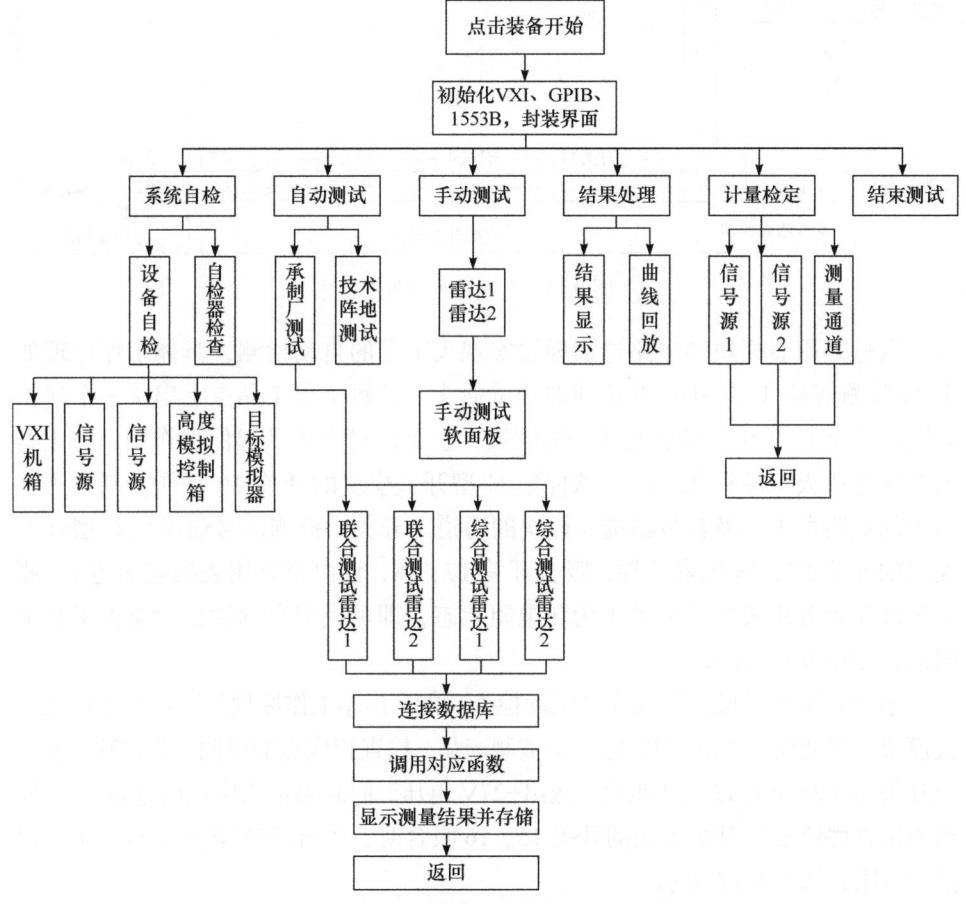

图 9.14 自动测试系统软件结构图

4. 测试原理

小电阻、大(绝缘)电阻测试原理类似于 3.2.6 节所述。测控计算机通过总线连接 0 槽模块，完成对 VXI 系统发出指令和接收响应信息。

通过万用表模块和多路选通模块实现对测试接口的巡回检测，具体工作原理如下：

将需要测试的信号接至 VXI 模块 SMP3001，需要测哪一路信号，测试软件将多路选通模块的那一路通道开关吸合，输出至 C 型开关模块的开关 11、12 的常开端，吸合开关 11、12，被测信号再经过后几个开关的常闭端输出至万用表模块通道 2，软件设置万用表模块通道 2 为测电阻状态，即可完成自动测试 n 路静态电阻值，如图 9.15 所示。

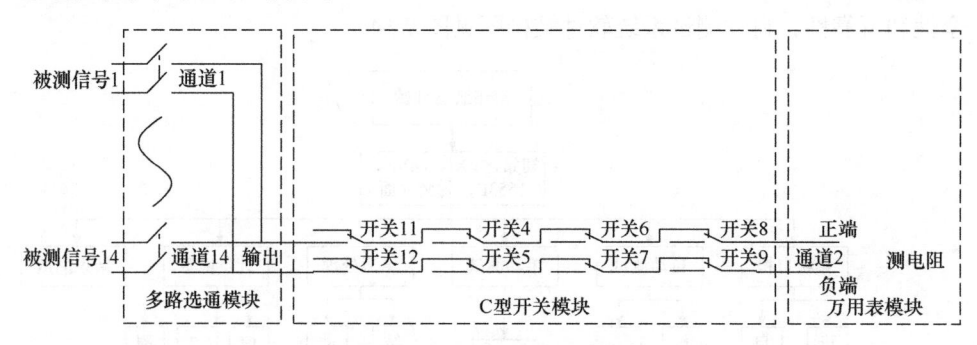

图 9.15　巡回检测原理图

通过万用表模块和多路选通模块实现火工品的自动检测，具体工作原理如下(以被测信号 1 为例)：在箱弹的测试插头一端每个火工品点上串接一个保护电阻，接至 C 型开关模块的开关常闭端，主要是对火工品起保护作用，防止有大电压造成火工品损伤。测试软件使 C 型开关模块的开关 19 动作，断开火工品 1 的短路保护，吸合多路选通模块的通道 1 开关，被测信号输出至 C 型开关模块的开关 17、18 的常开端，吸合开关 17、18，输出至万用表模块通道 1，测试软件设置万用表模块通道 1 为测电阻状态，即可完成自动测试此路火工品电阻值，如图 9.16 所示。

通过 C 型开关模块实现安全驱动检查功能，具体工作原理如下：通过 C 型开关模块开关动作，送出±27V 电压至被测产品，检查相应点的电阻。测试软件使 C 型开关模块的开关 13、14 吸合，送出+27V 电压，同时测量相应点的电阻；同理，当测试软件使 C 型开关模块的开关 15、16 吸合时，送出–27V 电压，再测量相应点的电阻，如图 9.17 所示。

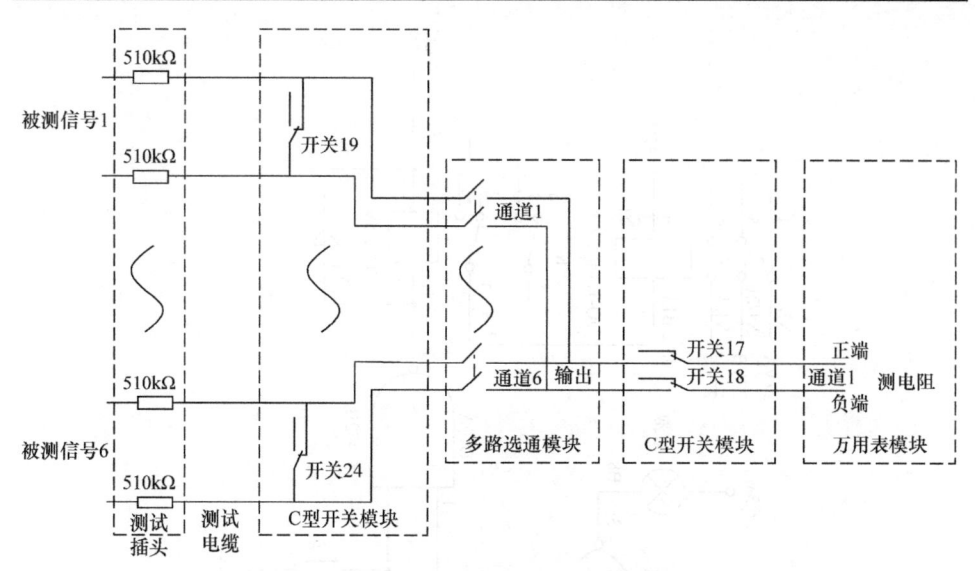

图 9.16 火工品自动检测原理图

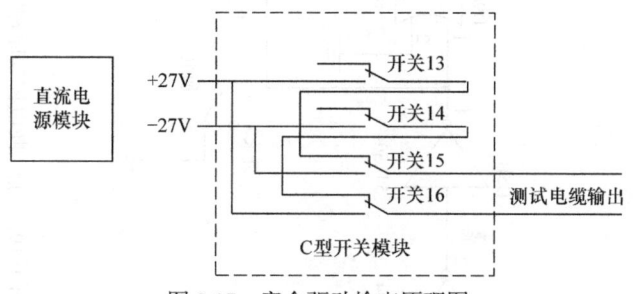

图 9.17 安全驱动检查原理图

通过 C 型开关模块实现激励功能,具体工作原理如下:测试设备的激励信号形式为接地/开路,由 C 型开关模块的开关完成,常闭接地,当需要激励时,软件控制开关动作,送出开路激励,如图 9.18 所示。

图 9.18 激励原理图

装备加电、断电控制是指通过 C 型开关模块给出加电信号,驱动装备接口适配及自检装置中点灯板接口电路实现此功能。具体工作原理如下:当测试电缆连接好并收到"安装好"信号时,通过点灯板接口电路的电压比较、驱动后点亮接口适配及自检装置前面板"安装好"指示灯,同时 D10A/1(与非驱动器)置高电平,当测试软件使 C 型开关模块的开关 3 动作、使 D10A/2 断地置为 5V 时,D10A/3 输出接地,使继电器 TQ2-5V 吸合,致使继电器 K_1 吸合,将三路直流电压输出,见图 9.19。断开 C 型开关模块的开关 3,三路直流电压即断开。

图 9.19 加、断电控制原理图

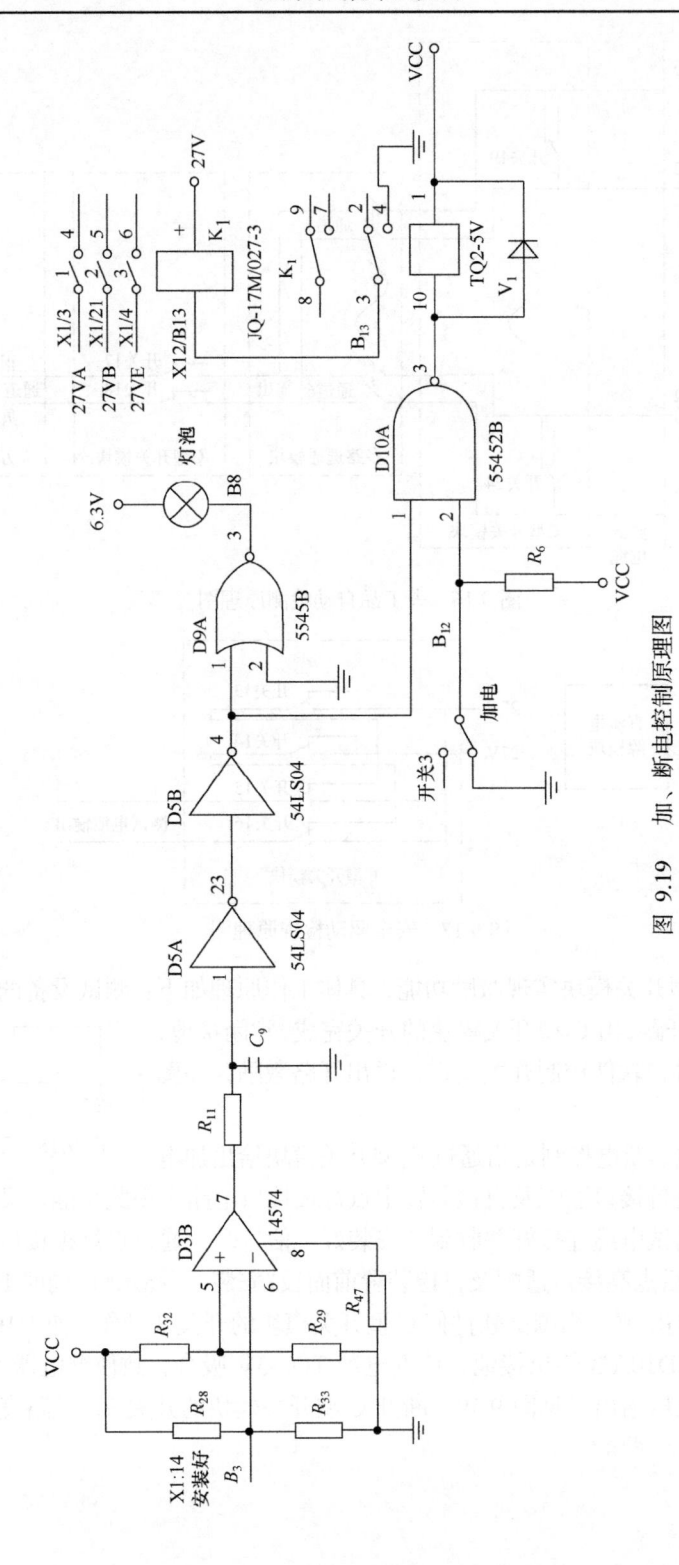

通过 AMC2332 模块实现 A/D 信号采集功能,将需要采集的信号接入 A/D 输入端,完成对被测信号的采集。

通过 VM6068 串行接口通信模块实现与导弹上计算机的通信功能,将 VM6068 设置成 RS-422 串行接口模式,与导弹上计算机的 RS-422 串行接口互相连接,实现通信功能。

9.3 装备预测与健康管理技术

装备测试的目的是故障诊断与预测。美国原安全工业协会(现在的国防工业协会(National Defense Industrial Association,NDIA))于 1983 年首先提出了综合诊断的设想,对构成武器装备诊断能力的各要素进行综合[56]。综合诊断通常定义为通过考虑综合测试性、自动和人工测试、维修辅助手段、技术信息、人员和培训等构成诊断能力的所有要素,使武器装备诊断能力达到最佳的结构化设计和管理过程。其目的是以最少的费用进行最有效的检测,隔离装备内已知的或预期发生的所有故障,以满足装备任务要求。综合诊断是一种系统工程过程。20 世纪 90 年代末以来,综合诊断系统向测试、监控、诊断、预测和维修管理一体化方向发展,并从最初侧重考虑电子系统扩展到综合考虑电子、机械、结构、动力等各种主要分系统,形成综合的诊断、故障预测与健康管理(prognostics and health management,PHM)系统的时机已经成熟。PHM 是在需求牵引、技术推动下,借助联合战机(joint strike fighter,JSF)项目的研制契机而诞生的。复杂系统由于功能的多样性以及结构的层级性,实现准确、长期有效的故障预测结果的难度很大,开展复杂系统的 PHM 研究具有重要的现实意义。本节重点介绍 PHM 的基本概念、技术体系、技术应用与评估等。

9.3.1 PHM 基本概念

早在 2000 年,美国国防部就将 PHM 技术列入军用关键技术中。目前,美国国防部最新的防务采办文件将嵌入式诊断和预测技术视为降低总费用和实现最佳战备完好性的基础,进一步明确了 PHM 技术在实现美军武器装备战备完好性和经济可承受性方面的重要地位。目前,我国在工业及军事领域针对电子系统、机械系统、材料疲劳等进行的寿命预测与管理研究也如火如荼。

1. PHM 内涵与本质

PHM 的典型应用包括航天运载器、飞机、汽车、陆地运载器、舰船、潜艇、火车、生产线、核/火力发电站等。PHM 应用的范围较广,实现难度较大,不同对象系统之间差异也很大，因此 PHM 没有统一的定义，表 9.4 为不同机构中提出的 PHM 的定义。

表 9.4　PHM 的定义

机构	定义	年份
国际标准化组织	故障预测：对一种或多种已知或未来失效模式的距今失效时间(time to failure, TTF)(简称失效时间)的估计	2004
美国国防部	增强式诊断：确定组件状态，通过高层次故障检测和隔离功能诊断故障，其虚警率极低； 故障预测：评估真实材料状态，通过故障过程建模，预测与确定组件可用寿命/性能寿命； 健康管理：基于诊断与预测信息，可用资源与应用需求，能够实现保障、后勤支持作业的智能、信息交互、准确决策	2007
美国马里兰大学计算机辅助产品寿命周期工程中心	故障预测：通过评估产品当前状况，以及与预想情况下正常工作状况的偏移或退化，来预测产品未来一段时间可靠性	2007
国际电气电子工程师学会	PHM：通过检测和预测状态，处理系统风险，提高产品可靠性与可用性； 预测：通过实时判别产品相对正常状况的退化与偏移，提高可靠性和可用性； 健康管理：使用诊断与预测信息智能化管理系统的使用和保障，最终目标是增大有效可靠性、可用性、安全性并减少维修保障费用	2008
美国国家航空航天局	PHM：在运行前、中、后，有效地检测、诊断、监测运载器子系统和组件，通过故障容错反应，系统/子系统重新配置，预防灾难性失效，负责指导规划与调度运载器的维修保障	2010

由表 9.4 可以看出，PHM 的定义随系统和应用体系的不同，并没有定论，但是都将故障的预测技术视为其应用的核心概念。对比不同的概念，PHM 系统可以归结为"捕获系统或产品状况，以监控和预测的手段使用信息增进操作决策、保障作业，以提高系统或产品性能"。PHM 系统包括状况监控、状态评估、故障诊断、失效进展分析、故障预测、维修保障或操作决策支持等功能，其最终目的是最大化其目标系统的可用度和安全性。

PHM 与装备测试性的关系如图 9.20 所示。可见，PHM 的指标体系不仅包含测试性指标体系中的故障检测、故障隔离、虚警消除、信息管理等概念，还涵盖增强诊断、残余使用寿命预计、性能降级趋势跟踪、信息融合和推理机等方面。在一定程度上，PHM 是装备测试工程的高阶层次，是测试技术发展的目标方向。

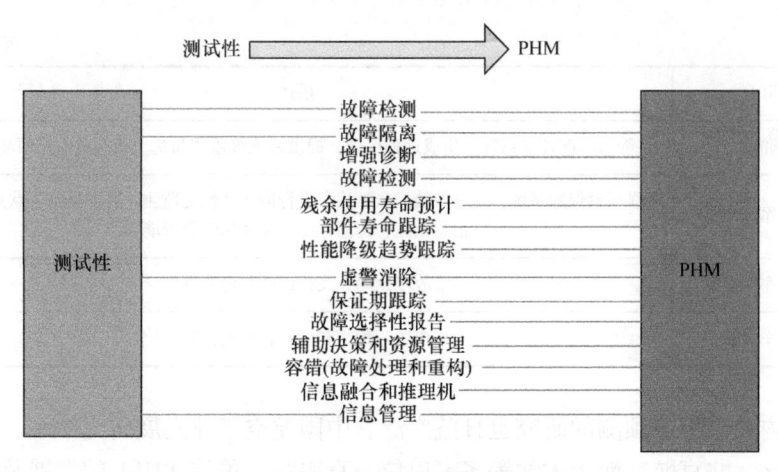

图 9.20　PHM 与装备测试性的关系

国外，尤其是美国，在电子装备故障预测相关领域开展了一系列研究，并且成立了相应组织，以便更高效地进行相关研究和促进相关技术的实际应用，如美国 Sandia 国家实验室与美国能源部、国防部、工业界和学术界合作建立了预测与健康管理创优中心(Center of Excellence，COE)，支持 PHM 技术开发、试验和确认能力。PHM 代表性项目如表 9.5 所示，在最为成熟的 JSF 项目中，美国国防部开发与应用了复杂自主维修保障系统，而波音公司和通用电气公司的项目都是民用项目中提供保障决策功能最为完善的系统。这些项目由于具有创新性、完整性、通用性而广为人知。

表 9.5　PHM 代表性项目

部门	描述
美国国防部	美国国防部在研项目 JSF 在机上设计健康管理功能，并运行在集成的自主保障信息系统中
波音公司	飞机健康管理技术， 远程分析机上实时数据，给航空公司与飞行员提供定制的保障决策信息
通用电气公司	"GM OnStar" 遥测技术，实时监控汽车性能，为车主提供定制的安全信息和其他服务
美国航空航天局	多种综合运载器健康管理系统，包括下一代复用航天运载器、先进载人舱与货舱等，IVHM 提供实时和全寿命周期的运载器信息，并提供实时自恢复和维修保障决策
英国国防部	英国国防部和史密斯航空的机群与使用管理系统，基于地面站的机群管理系统，处理健康和使用数据，实现战斗机与直升机的诊断、预测、寿命管理

续表

部门	描述
美国海军	综合状况评估系统，集成远程保障，提供系统级监测和基于状态的监控预测功能
美国海军陆战队	增强平台保障系统，供海军陆战队陆战车进行嵌入式性能监测，并支持基于状态的监控信息预测，提高保障支持和保障管理能力
美国海军航空兵	故障预测，飞机诊断与健康管理
美国空军实验室	集成故障预测和健康管理的控制系统

国内关于故障预测的研究也日益广泛。中国航空工业发展研究中心、哈尔滨工业大学、北京航空航天大学等多家单位一直跟踪、关注 PHM 的发展及应用，开展了卫星及其分系统的故障预测理论、技术研究，以及飞机 PHM 系统体系结构及关键技术的研究，并在国产大飞机等重大项目中对其进行了应用，取得了很多重要成果。

实现 PHM 技术有很多现实效益。对目标系统来说，最大化了系统的性能；对保障来说，改变了基于日历的维修方式；对装备管理来说，通过它能够实现很多新的管理模式。从任务方面来说，利用 PHM 系统可以进行机上自适应控制，增大了系统生存率，同时提高了任务成功率。例如，在航空航天领域，采用冗余设计，LRU 在监测到自身故障时通知调度环节进行状态变更，将控制权移交至冗余组件，这样大大增大了系统生存率。另外，PHM 系统能够在过去(历史)、现在(诊断)、未来(预测)三种时间域中，量化地评估健康状态，在故障的早期或出现征兆的时候提出预警，因此提高了系统的安全性。在系统运行的决策过程中，健康评估将很好地消除可运行与故障之间的不确定性。对执行多任务的系统来说，可以通过健康管理功能评估任务能力的变化，实现多安全度等级任务的切换，最大限度地提高任务效率。从维修保障方面来说，首先，PHM 减少了人工参与检查、通告、维修保障、调度的需求，且降低了故障的模糊性，增加了故障识别覆盖率。其次，PHM 减少了维修保障时间，包括延长了寿命件维修周期、保障资源的自动规划以及保障项目的精确化，信息化保障过程减少了数据检测时间。最后，采用了自主化的保障系统，使得人员输入和人员参与的项目减少，降低了保障人员和保障人员培训的需求。对装备管理来说，能够在运行的同时获知保障信息，因此 PHM 能够提高响应率。同时，装备器材、备品备件管理能够通过统一化、信息化和自动化资源管理而充分发挥潜能。此外，PHM 系统所提供的信息可用于有效改进产品品质、升级系统功能。

2. PHM 工作方式与体系结构及功能

1) PHM 工作方式

PHM 工作方式如图 9.21 所示。通常，PHM 系统是一种状况监控系统，为高效地检测故障、反映规划而传递数据。基于当前和未来被测系统的状况，其能够辅助开展智能、信息化、准确地决策。PHM 通过集成组件和分系统信息，综合化地提高了健康状况判断能力和反应能力。根据用户的不同，PHM 可按需配置，对关键分系统和重要组件采取综合保障和视情维修，以对产品的性能产生最优影响。

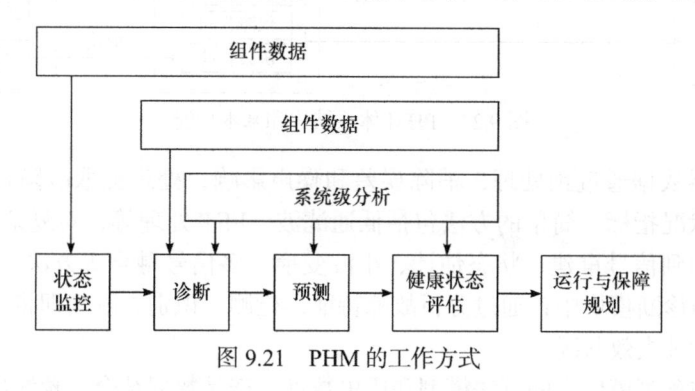

图 9.21 PHM 的工作方式

显然，PHM 工作方式具有以下两个突出的特点：

(1) 有关系统状况的信息必须用来产生反应动作(如保障计划、停机计划、任务计划等)，而非单纯保存健康数据。这就与基于健康监控的健康管理的概念不同，因为后者不规定具体收集的数据需要怎样使用。

(2) 健康管理系统必须考虑将目标系统看作一个整体，必要时管理整个系统的健康和功能，而不是针对独立的分系统、组件、零部件单独实现的专门故障管理。这一点与传统的松散自治系统相对，这就要求 PHM 系统能够隔离故障根源，并且根据故障状况改进决策过程。在此意义下，PHM 系统可以看作产品上的一种"给机器看的仪表"，用于实现经济可承受的超高系统可用性，而保证任务安全。从更广方面来看，PHM 可以看作一种质量管理工具，通过监测和收集分析数据，能够系统化地持续改进装备系统的性能，满足使用者的需求。

2) PHM 体系结构及功能

PHM 体系结构和基本功能如图 9.22 所示。

PHM 过程起始于通过传感器来测量相关的状态变量的过程，这些传感器的信号能够表征潜在的故障模式。除了传统的监测与控制所用的传感器(如温度、湿度、加速度计)，有时还需使用专门为健康管理设计的传感装置(如疲劳应变仪、光纤结构传感网、超声波传感器、声波传递传感器等)。

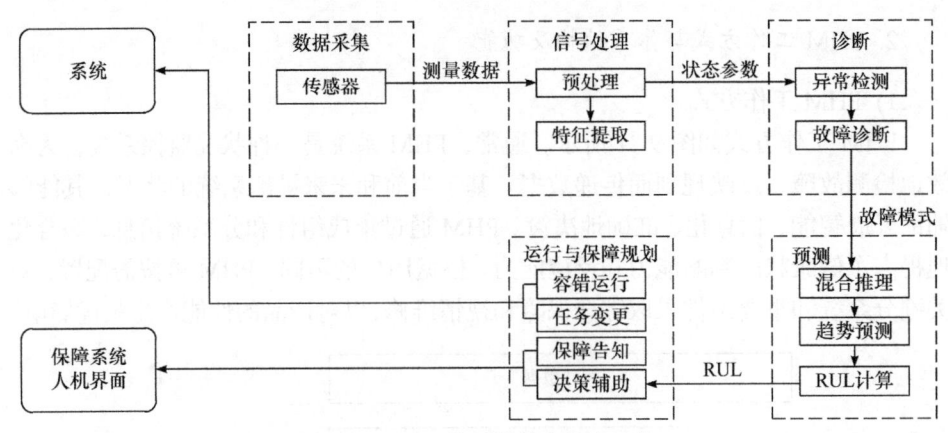

图 9.22 PHM 体系结构和基本功能

传感器数据通过预处理，消除误差和噪声影响，处理提取故障特征，这些特征称作状况指标。简单的方法包括低通滤波、FFT 处理等，对复杂问题来说，通常需要用到信号重建、状态估计、小波变换、多信号融合等方法。

在故障诊断模块中，通过分析故障特征，检测、识别、隔离即将到来或处于初期的故障及失效状况。

诊断与预测模块中的算法模型和历史数据、产品数据结合，预测出部件或分系统的剩余寿命。

诊断与预测模块中的关键技术是各种模型构建和推理方法。在基于模型的方法中，通常采用拉格朗日-汉密尔顿模型，以及一些近似逼近算法，如基于物理模型的自回归移动平均法以及粒子滤波方法等。基于数据的方法，通过训练过程建立系统模型，典型的如神经网络和专家系统、统计学方法、回归算法、模糊逻辑分类、神经网络聚类方法等。有时还可通过历史数据进行故障预测，包括贝叶斯理论和韦布尔建模等。

诊断和预测信息转变为产品支持信息,经信息系统传递至运载器自恢复系统，或告知执行保障人员。对保障来说，一般认为，并没有通用的 PHM 保障决策方法，因此任何规划工具都要配合具体装备或系统的保障任务来进行 PHM 的规划。

典型的军械装备 PHM 系统如图 9.23 所示，其从宏观角度直观地描述系统的使命任务、主要的任务节点和任务能力，以及体系结构与自身环境之间、体系结构与外部系统之间的交互关系。从内到外依次是决策层、指导层、执行层，决策层包括军械部，指导层包括军械处、观测站、健康管理中心，执行层包括仓库、技术保障大队、修理厂，此外还包括驻厂军代表处以及试验基地。执行层的仓库、技术保障大队、修理厂将本站点搜集的信息汇总到指导层的观测站，再上传至健康管理中心，在健康管理中心进行处理，并结合试验基地上传至中心的数据,为决策层的军械部决策指导活动提供支撑。PHM 系统有各种传感器和相应的数据处理硬件与软件,它们分布在目标系统及其保障支持系统中,监控相关的分系统以及相关状态变量。传感器采集的数据在本地分析并处理,给出装备故障预测结果,并将数据传递给健康管理中心,进行进一步的数据分析和信息处理。

集中收集装备状态信息,实现跨领域、跨组织的知识共享:
① 所有的事件都要被记录;
② 所有的记录都要被评估;
③ 所有的活动都应有系统支持。

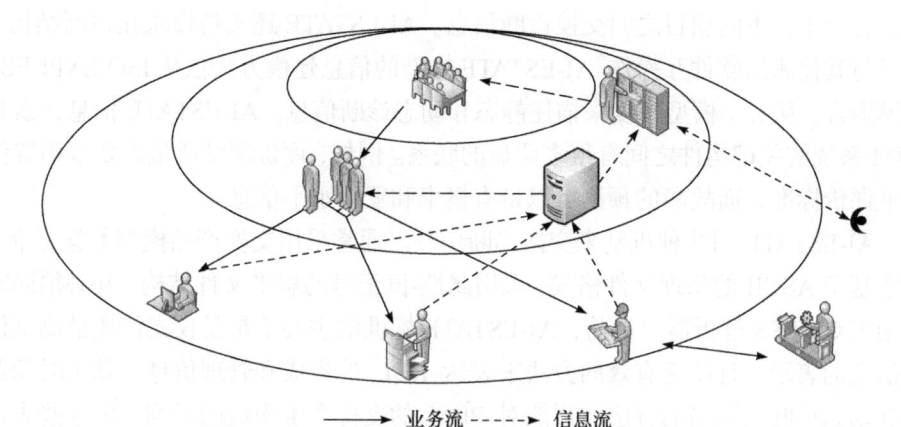

图 9.23 典型的军械装备 PHM 系统

在实际使用中,还可根据需求将所有健康管理功能集成在系统中,也可将所有数据处理任务外置于系统。增强机上健康管理能力,是为了增加机体自主性,减少对数据通信的依赖,提高应急反应能力。将数据处理交由远程保障中心,则具有提高故障预测品质和诊断能力、降低系统复杂度、节省计算资源、便于保障规划等优点。

3. PHM 相关标准

PHM 技术并没有针对各种系统都非常有效的方法,因此考虑 PHM 系统和元素的标准化是一项具有挑战性的工作。尽管如此,MIMO-SA 还是提出了业界第一个装备视情管理的开放式系统体系结构(open system architecture-CBM,OSA-CBM)来支持 PHM 和 CBM 系统的标准化开发。此外,ISO 和 IEEE 都颁发了相应的标准来扩充 PHM 系统的标准开发方法。

OSA-CBM 是 7 层连续架构,一般开发者比较关心的是健康评估、故障预测评估、决策生成这 3 层。层与层之间需要用到不确定型管理和基于置信水平的预测。目前，OSA-CBM 标准给出了标准 CBM 所使用的关键统一建模语言(unified modeling language，UML)模型，但没有限定系统构件之间信息传输的标准形式。

自 1970 年开始，IEEE 的 SCC20 组织开始开发各种测试类标准，包括信号与测试描述标准、自动测试标记语言(automatic test markup language，ATML)、AI-ESTATE 标准以及 SIMICA 标准。其中，与 PHM 有直接关系的是 AI-ESTATE 标准和 SIMICA 标准。

1) IEEE Std 1232——AI-ESTATE 标准

AI-ESTATE 标准给出了诊断领域的信息描述方法。通过描述诊断领域的信息，有助于在不同项目之间交换诊断信息。AI-ESTATE 还支持模块化诊断结构，并可与其他测试软件互操作。AI-ESTATE 标准的信息建模方法依从 ISO EXPRESS 建模语言，从五个模型角度来描述静态和动态诊断信息。AI-ESTATE 信息元素和 PHM 系统的关键构件之间有很多明显的联系。例如，评价测试质量需要采用置信水平评价标准，而故障的预测可以带有概率和置信水平信息。

AI-ESTATE 用两种机制来交换诊断信息。通常采用交换产品模型数据标准，使用基于 ASCII 的物理文件格式，采用属性-值记号的扁平文件结构，并必须同时使用 EXPRESS 解析器。目前，AI-ESTATE 标准的主要不足是仅支持离散测试诊断信息的表示，且缺乏有效的方法来表达 RUL 的生成和管理信息。基于时间逻辑和动态贝叶斯网络的方法，可能对 PHM 的支持产生积极的影响，但这些表达方式目前还不成熟，还有很多问题尚待解决。

2) IEEE 1636——SIMICA 标准

SIMICA 标准给出了维修保障信息的高层信息模型，该模型在表达上完全覆盖一些比较重要的操作和维修保障信息领域。

SIMICA 测试结果模型是 SIMICA 标准族中的一个标准，提供 XML 解释器并组织信息模型来描述测试测量信息的交换过程。该标准的目的是获取关于真实测试的信息，构造测试历史数据，并包含 UUT 标志、测量结果、特定测试限，以及测试相关的信息，如配置、测试序列、故障信息等。

3) IEEE 1636.1——监控数据历史

通常，PHM 要求系统具备在线监控目标系统的能力。IEEE 1636.1 标准捕捉监控数据历史，是对 PHM 系统的直接支持。系统将测量、测试限、结果、校准信息以及标明数据采集时刻的时标等信息记录下来，供离线处理以评估系统状态、执行诊断，并进行故障预测。

4) IEEE 1636.2——维修保障作业信息

IEEE 通过调查美军的基本维修保障信息需求，开发了 IEEE 1636.2 标准、维修保障作业的信息模型和 XML 解释器。MSI(maintenance support information)与 AI-ESTATE 标准不同，并不直接支持 PHM 系统，但是可以解释目标系统的故障和预防性维修行为。MSI 数据可以用来进行数据挖掘和数据分析，并用于支持故障诊断、故障预测和维修保障信息系统的成熟化。

5) ISO 标准

(1) ISO 13374。

ISO 提出了关于机器状况监控和诊断的 ISO 13374 系列标准。这些标准是为机件振动测试与诊断而设计的，包括振动与疲劳测试监控的测试设计、测量和数据处理。

(2) ISO 10303。

ISO 10303 标准定义了产品寿命周期保障(product life cycle guarantee，PLCS)项目协议，目的是支持全寿命周期保障对复杂产品的信息交换。通过特定领域的数据交换标准来实现数据交换，所有数据交换标准都继承来自 PLCS 的信息模型。

(3) ISO 13381-1。

ISO 13381-1 标准为故障预测过程开发提供指南，目的是在机器故障预测领域让用户和制造商使用相同的一般概念，另外给出了为获取准确预测而确定所需数据、特性和必要性能的一般方法。该标准的后续将包括预测建模方法和技术。

9.3.2 PHM 技术体系

复杂系统 PHM 问题可以归为一种体系技术问题，研究如何从系统的层面对产品的健康状态进行评估，做出合理的预测并给出结果。

1. 组件级 PHM 技术

组件级 PHM 技术包括各种组件和 LRU 的故障模式与故障机理分析、特征参数采集和处理方法、故障建模方法，适于该组件的预测方法，预测损伤累积、故障传递、试验数据收集和退化模型等技术。

2. 系统级 PHM 技术

目前，PHM 技术的成果是在组件级建模上。这些模型对于简单松散的 PHM 系统非常有用。但高风险复杂系统，如飞机、航天器、电厂等，将由大量微小组件构成，不可能沿用松散架构。近年来，已经涌现出很多成熟的方法，对这些系统中的关键组件进行故障预测，然而，对系统管理者、操作者、保障者来说，制定决策需要很多信息，这些松散的预测结果还不完备。故障预测方法和模型由于复杂度的问题，主要处理低层次参数和模型，因此存在一个组件级故障预测与系统级故障预测之间的空白，需要开发一个系统级的健康评估、预测、管理架构，来充分发挥 PHM 的作用。JSF 中使用的区域推理机和分系统联合 PHM 架构，就是此类架构。

3. 集群管理与自主保障技术

从集群的高度研究系统和寿命件的健康管理，这与 PHM 系统最终成熟后的应用背景完全一致。PHM 最后应该产生有价值的可靠信息以及保障建议，因此需要研究基于集群管理的各种健康管理技术。通过实时仿真等方法进行决策，并根据长期的保障历史找出最能够影响集群长期健康度和保障效能的度量指标，将计划策略和效能评估方法结合起来，帮助维修保障管理人员选择适合的、需要的、最佳计划策略[57]。

4. PHM 与其他体系的结合

1) 与分布式测试架构结合

PHM 的分布式测试架构是未来研究的一个重要方向。分布式故障诊断与故障预测是故障预测和健康管理系统的下一步进化。

更高级的 PHM 系统需要更高的健康评估更新频率、系统覆盖率和预测精度。健康管理系统最常见的结构是单中心式结构，一个中央处理单元收集传感器的数据后进行分析和处理，并执行一些故障诊断和预测方法。对于这种系统结构，所有计算都在一个处理单元中进行，将有可能产生以下两个问题：首先，当中央系统死机或损坏时，该系统将完全失去作用；其次，随着传感器数据精度的提高和处理算法复杂度的提升，普通的中央处理单元很难正常工作，再加上 PHM 系统与日俱增的分布式计算和测试需求，开发分布式测试架构势在必行。

从 PHM 系统的多个应用实例来看，无论是传感器的分层次、多位置布置，合成传感器与冗余传感器，还是信息处理链路、信息仓库位置的分布化，以及信息因使用环境不同而进行的分布式或并行式处理，都能很明显地看到分布式测试架构(包括分布式传感器、分布式计算、分布式信息链路)在 PHM 系统中的重要性。

2) 与并行测试结合

故障预测的信息融合与证据提取经常用到并行测试的基本理论和方法，采用并行测试进行故障预测能够充分利用多测试结果，进行并发的预测。

并行测试是指自动测试系统在同一时间完成多个测试任务。典型的方式主要有：同一时间内完成多个 UUT；单个 UUT 上同步或异步运行多个测试任务，或同时完成 UUT 多项参数的测试；同时测试多个 UUT 的多个参数等。

并行测试的优点是：能够提高测试系统吞吐率，提高仪器利用率，以及减少测试时间。其中，目前现有的并行测试在同一时刻下，有同一 UUT 或多个 UUT 的多个参数同时被系统获取，可以利用所在系统的共性，进行非领域知识的并行异常检测、故障签名挖掘、预测信息挖掘，这就可以快速定位异常参数，通过领域算法判断出故障，或者定位故障参数。

3) 与自律分散系统结合

自律分散系统是一种广义的分布式模块化系统，与数据驱动的故障预测方法结合可能会产生重大的应用价值。

自律分散系统是指具有自律性的子系统构成的系统，由以下两个性质来定义。

(1) 自律可控性：无论哪个子系统因处于故障、构建或维修状态而功能失效，其他在运行中的子系统能够控制自己所承担的功能。

(2) 自律可协调性：无论哪个子系统功能失效，其他运行中的子系统之间都能够相互协调，达到各自的目的。

自律分散系统的体系结构如图 9.24 所示。

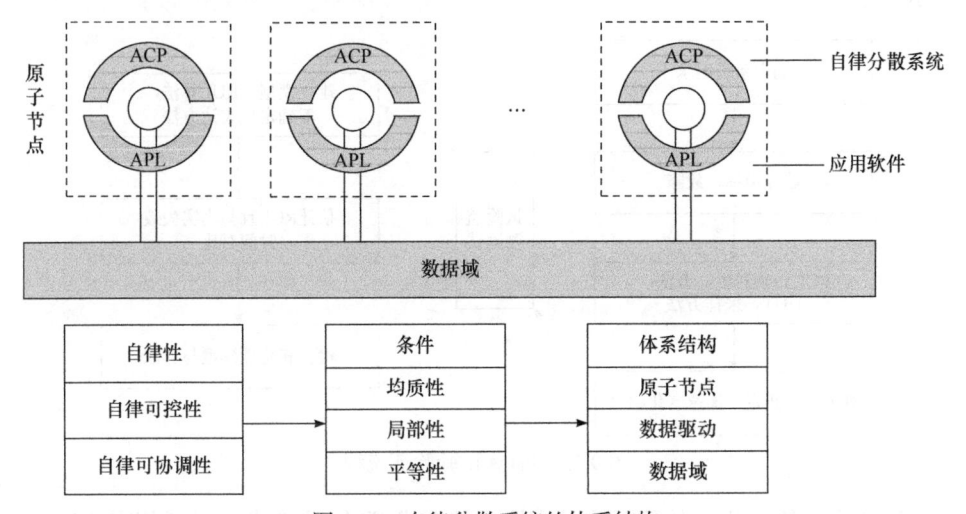

图 9.24 自律分散系统的体系结构

自律分散系统是在系统内存在功能失效的子系统的前提下，无论何时，无论哪个子系统功能失效，其余的子系统都能够协调地进行控制。站在传统的从系统全局看事物的立场上，当所有子系统功能都正常时，自律分散系统有时可能不是最优的。但是，无论何时、何种状况，自律分散系统都是可协调、可控的，因此其应对变化的能力强，运行稳定。

5. PHM 试验验证技术

1) 失效试验

失效试验主要分析组件级故障率和其他相关故障信息，是建立系统级 PHM 框架的重要基础。

在 PHM 系统的开发过程中，预测精度与预测时间取决于预测方法和模型，这些方法和模型都与产品本身的故障模式及失效机理联系密切。因此，在构建 PHM 系统，尤其是高风险复杂系统时，应当同时建立测试平台，用于验证系统的可靠性运算过程以及系统健康评估方法的准确性和精度。

通常，为了获得组件级运行状况信息，专门报废数个组件将其运行至失效(run-to-failure, RTF)试验来解决故障特征的不可观测性。这是建立故障模式较好的方法。当采用试验方法获得模型时，所采用的测试平台对产品本身的质量和保障耗费等产生巨大的影响。可以引入开发系统常用的测试平台方法，将算法开发融入更大、更复杂的系统健康评估过程之中。PHM 试验验证流程如图 9.25 所示。

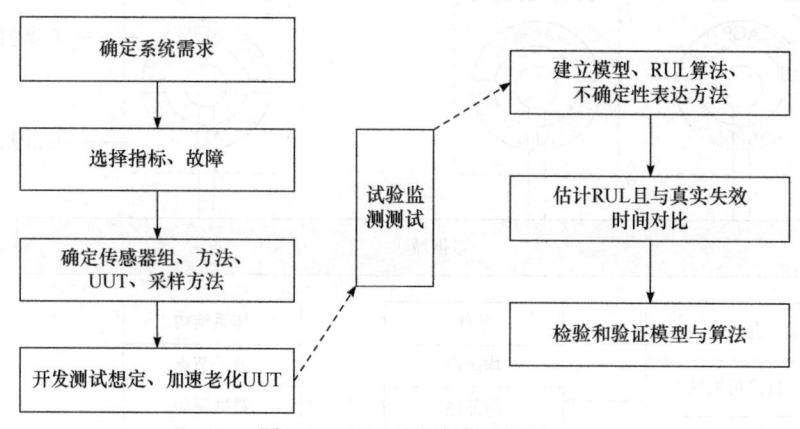

图 9.25 PHM 试验验证流程

试验方案第一步由故障预测的高层系统需求开始，该需求定义了相应的指标、故障、传感器选取机制。第二步确定达到性能标准的最佳方案、可用资源，以及合理的组件级预测不确定性指标，同时确定试验所用失效试验的组件数量。第三步是建立测试想定、设计试验、测试并收集数据，再试验、监测、测试。第四步是建立故障模型和 RUL 算法，将估计的健康参数与真实健康参数做比较，最后执行检验与验证过程。

2) 仿真试验

数据驱动的故障预测可解决缺少失效数据集条件下的故障预测问题，而在实际中，实时数据中虽包含故障特征，但除非时间接近失效，否则很难捕捉故障的发展变化。取得真实系统的故障传播数据非常艰难且耗时。对已经列装系统来说，由于通常未安装合适仪器，很难收集到故障进展数据。而且，出于国防安全等方面的考虑，通常大批量产品的长期可靠性数据不宜公开，少数公开的数据集又缺乏对比组，无法帮助开发者验证算法。

对于复杂系统，如鱼雷武器系统等，无论是产品还是试验平台，构造合适的模型，使产品能运行于指定的健康状况，或进行故障注入，是极富挑战的工作。因此，用仿真方法模拟数据对数据驱动算法的构造，是非常重要的。

仿真试验关键技术包括如何通过选择合适的仿真模型，对健康参数进行建模，并描述损伤传递模型，描述对比数据，实现效能评估等。

9.3.3 故障预测技术

1. 故障预测相关概念

故障诊断技术是 PHM 的基础，故障预测技术是 PHM 的核心。研究故障诊断技术就是研究能够在多故障中确定某类故障的成因、特性、严重程度的方法。故障预测技术是根据检测和诊断系统及其他系统所给的信息，判断并可验证地估计由指定故障诊断所判断的失效影响的剩余可用寿命的方法。下面介绍在 PHM 框架内与故障预测相关的概念，如表 9.6 所示。

表 9.6　PHM 框架内与故障预测相关的概念

概念	描述
故障阈值	损伤等级的界限，一旦越过，则认为 UUT 不可工作。失效阈值不一定必须表示系统的完全失效，可以是一个保留界限，认为越过该界限其失效危险度超过了容许量
故障预测方法	对故障模式随时间增长进行跟踪并预测。故障预测方法通常是基于模型、数据驱动或混合形态的
剩余可用寿命	UUT 在纠正作业之前的剩余可用时间，可由相对或绝对时间单位来度量，如载荷周期、飞行时间等
运行至失效	表示一种试验想定，系统允许运行至彻底故障
故障时间	通常是 RUL 的另一种表示
被测对象	故障预测开发于其上的独立系统，多个 UUT 的故障预测方法相同，但执行独立寿命预测

PHM 进行产品故障预测的性能与时间关系如图 9.26 所示。

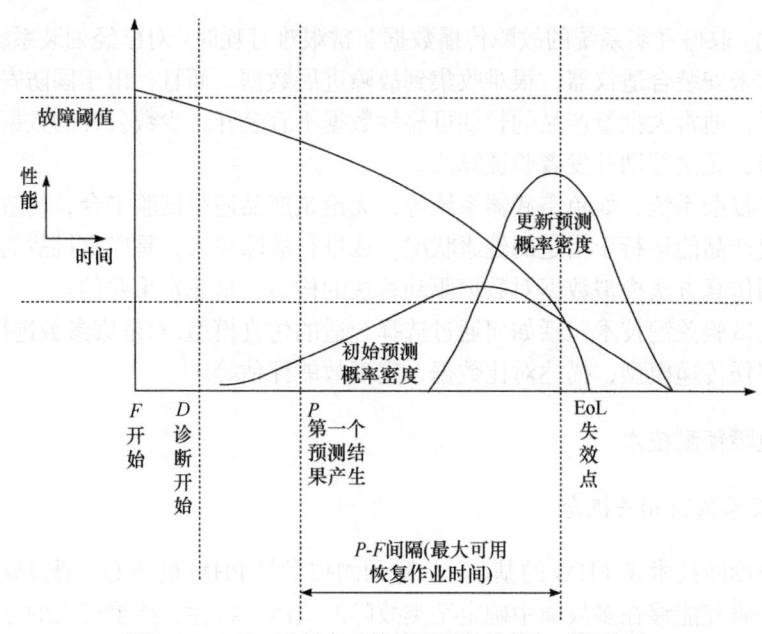

图 9.26 PHM 进行产品故障预测的性能与时间关系

在图 9.26 中，有以下关键时刻：

(1) F，故障关注点在 UUT 上首次出现，表征在故障增长至可检测程度前，能够观察到的现象。

(2) D，故障被诊断系统所识别的时刻，表示激发故障预测过程的时刻。

(3) P，故障预测过程产生第一个预测结果的时刻，从监测到故障到预测结果的出现，肯定有或长或短的延时。

(4) EoL，失效点，预测系统性能线与故障阈值线相交的时刻，也是失效试验验证的重点。

图 9.26 中隐含了 PHM 技术可行性要求，PHM 技术可行性主要取决于 P-F 间隔的特性，要求如下：

(1) 能够确定一个明显的潜在故障状态。

(2) P-F 间隔比较一致。

(3) 在小于 P-F 间隔内检测是可行的。

(4) 净剩 P-F 间隔足够长，以便采取措施。

此外，在将故障预测方法的执行列入整个过程中时，还可根据需要定义一些标志时刻：

(1) t_0，对 UUT 进行健康监测的初始时刻。

(2) EoP，预测终点，在 EoL 前最后一次预测对应的时刻。这个概念取决于预测的频度，假设 EoL 达到前预测一直不断更新。

(3) EoUP，可用预测终点，在此时刻之后进行的预测没有意义，因为 RUL 距预测时间太短，不够产生恢复动作，所以不影响 UUT 的故障趋势。

2. 故障预测的分类方法

各种 PHM 方法都需要建立与系统相关的模型，区别在于对系统和故障进化机制的理解。下面从信息源、知识结构、模型方法、算法假设等角度对不同的 PHM 系统与方法进行分类介绍。

1) 按照信息源分类

已经得到应用的 PHM 方法主要有工程模型和数据、历史失效记录、历史运行状况、设备当前状况、识别故障模式、变迁失效曲线、维修保障记录、系统退化和失效模式等。

2) 按照知识结构分类

故障预测的知识来源多样，所依据的途径主要是基于故障状态信息的故障诊断与故障预测，基于异常现象信息的故障诊断与故障预测，概率趋势分析模型，基于使用环境信息的故障预测，基于损伤标尺的故障预测。

3) 按照模型方法分类

(1) 基于物理模型的方法。

基于物理模型的方法着重研究材料的形变、裂纹、疲劳和耗损。在结构疲劳和结构健康监控领域，进行系统疲劳损伤退化的高精度预测的最佳方法是基于物理失效(physics-of-failure，PoF)模型的。PoF 应用在电子产品的故障预测领域也比较多见，用于建模连接件和衬底的材料退化。高度的精确性导致过高的实现代价，因此 PoF 在系统级几乎无法实现。

(2) 基于可靠性的方法。

可靠性作为最自然的历史数据，利用其进行故障预测不需要任何其他知识。可以将可靠性看作某部件或组件在时刻 t 仍能工作的概率。通过当前测试结果与一个已知的概率分布模型，如韦布尔分布，进行合理参数估计，并通过该概率分布估计未来任意时刻的可靠性。

(3) 数据驱动方法。

从某种意义上来讲，基于物理模型的方法和基于可靠性的方法分别是故障预测技术的上限和下限。PoF 使用高精度模型，但无法扩大使用对象；基于可靠性的方法依赖总体的统计特性，但没有考虑单个系统的特质与差异。作为一个折中的方案，数据驱动方法利用回归模型、时间序列分析、神经网络来构建模型。这些方法都可以从经验数据中学习模型，但其最大的问题是在缺乏某些数据时，无法对某些系统特征进行建模。

(4) 基于概率的方法。

从数据处理、目标跟踪、自动控制、状态估计领域产生的一些方法在 PHM 领域中有较高的应用价值。例如，动态贝叶斯网络与隐马尔可夫模型、卡尔曼滤波等，这些方法能够从历史序列数据中预测未来故障。

4) 按照算法假设分类

故障预测方法可以按照算法假设来分类，因为故障预测很大程度上取决于能获取数据的数量和类型，以及在算法和产品设计时遵循的基本假设。

(1) 基于可靠性的方法。

这种方法的原理是运算正常系统在正常环境下的自然寿命。

通过可靠性数据来计算 RUL，通常这种方法在没有任何特定产品信息的情况下使用，如韦布尔分析(考虑非马尔可夫性)、指数分布或正态分布分析(简化为无历史影响)或非参数分布分析。这种方法的主要缺点是没有考虑运行状况及运行环境对 RUL 的影响。

在可靠性分析中，最为常用的方法是采用韦布尔分布分析，因为该模型对多种故障率模型具备良好的性能。在这种方法中，失效率由形状参数 β 及特征寿命参数 θ 共同决定：

$$\lambda(t) = \frac{\beta}{\theta}\left(\frac{t}{\theta}\right)^{\beta-1} \tag{9.7}$$

递增失效率 $\beta>1$，常数失效率 $\beta=1$，递减失效率 $\beta<1$，形状参数的不同可使韦布尔分布服从指数分布、正态分布或瑞利分布。

作为基于可靠性的故障预测的实例，下面介绍基于失效数据的电子装备寿命预测流程，如图 9.27 所示，过程是收集失效数据，对收集的失效数据进行处理，估计失效时间，折合环境影响因子等。

对于上述初始失效数据。需要对各应力水平下的寿命分布类型和失效机理一致性进行假设检验。利用符合假设检验的数据对寿命分布函数的参数进行估计。例如，对于韦布尔分布函数，常用的参数估计方法有韦布尔概率值法、极大似然估计法和最小二乘法、线性无偏估计、简单线性无偏估计、概率权重法、相关系数优化法和灰色估计法等。在获得寿命分布函数的参数估计值后，可利用概率密度函数式估计剩余寿命：

$$P_{T'}(t) = p_0(t+T') \tag{9.8}$$

式中，$P_{T'}$ 为剩余寿命的概率密度函数。对于韦布尔分布，由

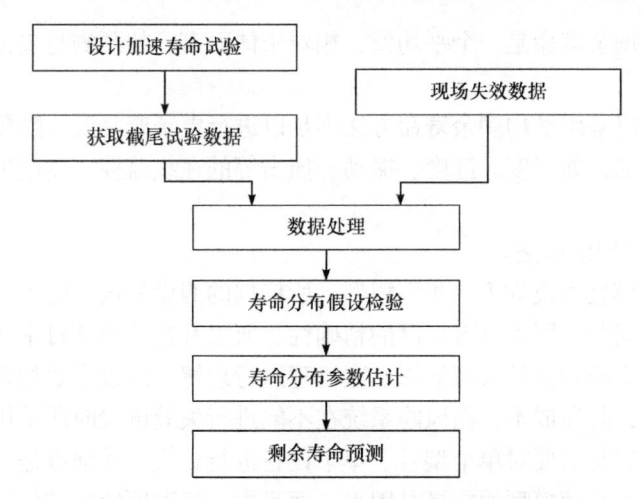

```
┌─────────────────┐
│ 设计加速寿命试验 │
└────────┬────────┘
         │              ┌──────────────┐
         ▼              │ 现场失效数据 │
┌─────────────────┐     └──────┬───────┘
│ 获取截尾试验数据 │            │
└────────┬────────┘            │
         │                     │
         └──────────┬──────────┘
                    ▼
             ┌───────────┐
             │ 数据处理  │
             └─────┬─────┘
                   ▼
          ┌────────────────┐
          │ 寿命分布假设检验 │
          └────────┬───────┘
                   ▼
          ┌────────────────┐
          │ 寿命分布参数估计 │
          └────────┬───────┘
                   ▼
           ┌──────────────┐
           │ 剩余寿命预测 │
           └──────────────┘
```

图 9.27 基于失效数据的电子装备寿命预测流程

$$P_{T'}(t) = \frac{\beta}{\theta}\left(\frac{t+T'}{\theta}\right)^{\beta-1} \tag{9.9}$$

进行剩余寿命估计。

(2) 基于环境应力的方法。

使用运行条件或环境条件数据来预测 RUL，这种方法考虑正常系统在不同环境下的寿命问题。

这类方法能够在可获得与系统退化相关运行状况的条件下使用，这些运行状况包括载荷、输入电压或电流、周围温度、振动等。通常使用马尔可夫链、振动模型、Cox 比例风险模型等。这类方法比基于可靠性的方法好，但未考虑产品生产、装配所造成的公差和产品可靠性在运行与保障时所产生的变化。

最为常用的 RUL 计算方法用平均剩余寿命(mean remaining life，MRL)来表示，对寿命为 t 的产品来说，平均剩余寿命假设其剩余寿命为随机变量，且其平均剩余寿命为该随机变量的期望，即

$$\text{MRL}(t) = \frac{1}{S(t)} \int_t^\infty S(u) \mathrm{d}u \tag{9.10}$$

式中，$S(t)$ 为生存函数；t 为当前时刻。

平均剩余寿命可用参数分布或非参数分布计算，因此基本上适用于各种情况。

求平均剩余寿命的核心假设是产品剩余寿命为随机变量，但这显然是不正确

的。由于平均剩余寿命是一个平均值，相对个体而言，超预测与欠预测的比例是1:1。

实际中，仅采用平均剩余寿命方法不足以进行电子产品的故障预测，因此需增加对运行状况，如温度、湿度、振动、撞击等的在线监控，以增进预测模型的精度。

(3) 失效物理模型法。

失效物理模型法或称第一法则模型，所依据的假设是设备的不同系统在不同环境下的寿命问题。因为具有高度的精确性，所以其在工程项目中非常受重视。因为其需要对系统和组件故障的深层次机理进行理解，所以失效物理模型法通常开发代价很大，是高成本、高风险系统在不能进行失效试验时所采用的方法。失效物理模型法通常需要对单个型号、单个设备进行建模。其缺点是：为大型、复杂系统建立失效物理模型通常极其困难，而且由于模型所依据的假设条件限制，以及对物理现象缺乏认识，在较长的预测周期通常会发生模型退化的现象。由于失效物理模型存在这些问题，在故障预测项目中，通常需要将失效物理模型法和其他方法结合使用，即综合方法。

(4) 综合方法。

综合方法是对特定环境下特定产品进行的建模分析，通常这种方法需要找到合适的预测参数，将其趋势外推并与预定软阈值比较，确定系统状态。通常需要使用贝叶斯或神经网络等方法将先验知识递归更新至预测参数。

3. 故障预测方法设计

PHM 系统开发选用基于指标的开发过程，主要分为以下两步：

(1) 选择合适的效能评估指标来指定衡量故障预测过程的方法。

(2) 量化所选定的指标。

在故障预测领域及其他科学领域可供选择的指标有很多，但目前关于哪些指标最为妥当还有争议。通过具体问题具体分析可以确定所采用的指标。在确定所使用的评估指标后，需要对其进行量化。在设计过程中，通过需求的建立使后期的整合与验证容易实现。进行需求设计工作，该项工作的目的是制定系统结构和组件的需求。对故障预测来说，主要是确定输入系统的故障模式。故障预测的子需求设计工作就是以达到设计指标为目标，根据系统性能选择合适的故障模式及合适的故障预测方法。

故障模式间的主要不同体现在产生频度、性能影响及维修保障代价。图 9.28 为选择故障模式和预测方法的基本步骤。

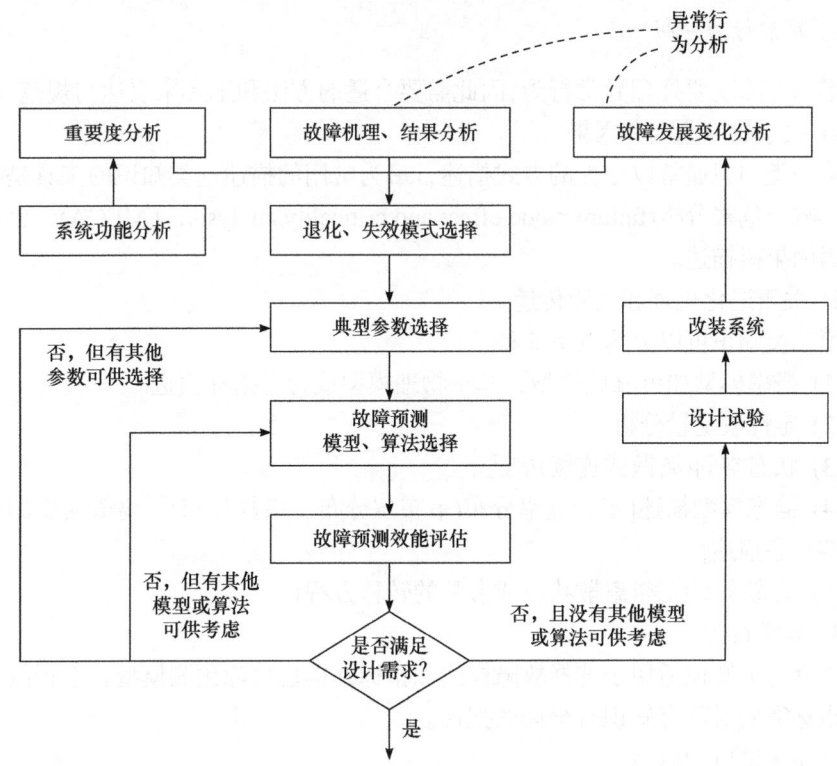

图 9.28 选择故障模式和预测方法的基本步骤

9.3.4 PHM 技术应用与评估

1. 系统工作建模

故障预测的设计离不开了解系统工作原理。系统的工作可以按照不同的角度给出不同的模型。

(1) 环境角度：系统环境定义及其互作用描述。

(2) 功能角度：功能分析(如功能图、信息流等)、系统模型描述(如状态转移模型)。

(3) 运行角度：控制模式描述(如 UML 用例图)。

(4) 组织角度：将系统结构分解为子系统和组件结构、结构函数、三维建模描述等。

(5) 技术角度：各组件的技术描述、物理原理描述。

(6) 管理角度：系统的策略方法和费用数据、维修保障数据管理。

2. 异常行为分析

维修保障主要处理异常行为,因此需要合适的方法和工具来表达与规范异常。

1) 关于故障原因和因果

第一类知识通常以定性的方式描述,最为常用的描述这类知识的工具是故障模式影响及危害分析(failure mode effect and criticality analysis,FMECA),也可以用原因因果树描述。

2) 关于退化机理和故障传递

第二类知识可以分为以下 5 种:

(1) 概率模型如可靠性模型,基于物理模型或特定指标演进。

(2) 定性或定量分析。

(3) 状态空间(离散或连续)描述。

(4) 静态模型描述[基于概率分布(韦布尔分布、指数分布)、离散模型的马尔可夫链状态描述]。

(5) 动态模型描述(离散状态或参数的转移方程)。

3) 异常行为

异常行为知识适用于选择故障模式和指标,构建故障预测模型,选择故障模式和指标需要对已有知识有全局的把握。

4) 扩展的 FMECA

对 FMECA 分析进行扩展,加入有关退化机理的描述,基于故障退化的 FMECA 可以用来规范知识结构,包括以下 5 部分:

(1) 故障模式,成因和后果分析,与在 FMECA 中的相同。

(2) 重要度,故障按照影响所定义的重要程度。

(3) 影响退化模式的变量,描述材料/技术属性、运行模式环境变量及其对退化和故障模式的影响。

(4) 可观测指标,从原始信号或重建信号中选择,可观测退化或故障模式,这些指标可确定是否退化或故障模式出现(诊断)及目前的退化阶段(健康评估)。在故障预测中,需要利用这些指标计算 RUL。

(5) 可观测内容,是可观测指标的附属属性,可观测内容是指随可观测指标变化,可观测到什么现象,主要是描述可观察的故障、退化或两者并进。

3. 退化与故障模式选取

在梳理总结出知识后,利用这些知识来选择退化和故障模式。同时,应注意各模式的重要度,一些重要的退化和故障模式不可观,或者没有可观测指标变量。在这种状况下,应该考虑退化和故障模式的成因,并进行预测。这些成因通常需要将函数汇总为总体退化和故障模式，若一个或多个成因无法预测，则在依旧执行汇总的同时，引入不确定性和误差源。因此，选择表征高等级退化和故障模式的代表性指标参数也是一个影响故障预测结果的重要过程。

4. 代表性指标参数选择

对退化和故障模式的故障预测实际上是对指标变量的预报。这些指标可以表达为一个或多个模式，且它们的变化代表退化的进程或故障的出现。这些指标能够直接被系统测量，或经由多个信号构建出来。

5. 故障预测模型与算法选择

故障预测模型与算法选择具有代表性的指标，并进行预测。这个选择过程取决于对退化进程和故障现象的可用知识。这种知识来自专业技术和数据。经验历史数据，特别是列装很长时间的装备，通常有很多信息，这些信息通常是对退化现象的整体把握。FMECA 和其他模型工具都能够作为专业技术信息来指导预测参数。

从数据中获取的知识通常更加精确，但是通常仅针对简单现象，需要考虑数据的质量，如测量精度、测量完备性、噪声水平。

通常，使用这类信息时，模型能够自适应地管理数据的质量(神经网络、回归模型、滤波器的训练或采样过程)。通常认为，经验知识与数据知识的结合对故障预测应用很重要。全局知识不够精确，但可以使用数据知识进行校正，达到近期和远期较好的预测精度。

可用的知识是影响选择故障预测模型和方法的要素。因此，应该根据所掌握知识的具体情况，选择故障预测方法，基于可靠性方法、基于损伤累积方法及基于实时状态数据方法或者是某种混合方法。

6. 需求验证

需求验证是验证故障预测过程能否达到设计需求。当故障预测性能不足，不能达到效能评估指标时，例如，无法在指定时间点前给出较为准确的预测，必须重新选择故障预测模型和方法，直到全部满足对所有代表重要故障模式和退化模式的指标变量进行合理的预测要求。若始终无法建立有效的预测模型，则要重新选择监测的状况指标，若缺乏可用的知识，则需搭建试验条件，进行退化试验，或在系统中引入新的传感器。

7. 离线效能评估

故障预测的效能评估有助于对不同故障预测方法进行评价和比较。效能评估能够在效费和安全限制下，在不同系统生命周期阶段确保安全性、可用性和可靠性。

在预测的评价指标中，最常用的是精度和准确度指标，如均方差、标准差、绝对标准差、绝对标准差中值、百分比绝对标准差。在航空航天和电子领域，目前还有一些在经济学上常用的指标比较流行，如投资回报率、技术价值、全寿命周期费用，以及基于可靠性的指标，如平均故障间隔时间、平均部件更换时间等。基于虚警率和误警率的接收者操作特征曲线也是故障诊断与预测研究中的常用方法。

传统指标主要关注的是精度与准确度，在统计上是偏好和散度。对故障预测而言，还需要度量随时间的推移其方法效能的进步能力。由于故障预测的任务在不断地更新，如发现故障时，开始进行多种故障预测，在中期随着故障的发展，不断更新预测结果，在后期接近 EoL 时准确地预计停机时间。依据项目的具体形式，不同阶段预测可能被冠以不同的重要度。一个鲁棒的指标必须要能够在所有阶段进行评估分析。不仅是在不同阶段评价不同方法，而且包括对随故障进展不断变换的预测模型进行评价。

9.4 本章小结

本章主要围绕测试技术在装备测试工程上的应用展开，重点介绍军用装备自动测试系统、装备预测与健康管理相关知识。装备测试工程领域的测试可分为试验性测试、检验性测试和维护性测试三种，其根本目的都是检查装备的功能和技术性能，发现并定位故障，调整不合格的参数或更换有故障的部件，以保证装备技术性能符合要求并确保装备处于良好的战备状态。

思 考 题

1. 简述测试性与装备测试工程的内涵与本质。
2. 从指标体系上分析 PHM 与装备测试性的关系。
3. PHM 的核心技术体系包含哪些关键技术？
4. 试述装备故障预测技术发展如何支撑未来装备维修保障能力进步。

参 考 文 献

[1] 陈科山, 王燕. 现代测试技术[M]. 北京: 北京大学出版社, 2011.
[2] 王伯雄, 王雪, 陈非凡. 工程测试技术[M]. 2 版. 北京: 清华大学出版社, 2012.
[3] 陈光军. 测试技术[M]. 北京: 机械工业出版社, 2014.
[4] 何广军. 现代测试技术原理与应用[M]. 北京: 国防工业出版社, 2012.
[5] 江征风. 测试技术基础[M]. 2 版. 北京: 北京大学出版社, 2007.
[6] 朱蕴璞, 孔德仁, 王芳. 传感器原理及应用[M]. 北京: 国防工业出版社, 2005.
[7] 吴大正. 信号与线性系统分析[M]. 北京: 高等教育出版社, 1998.
[8] 张发启. 现代测试技术及应用[M]. 西安: 西安电子科技大学出版社, 2005.
[9] 金伟, 齐世清, 王建国. 现代检测技术[M]. 2 版. 北京: 北京邮电大学出版社, 2007.
[10] 张洪润, 张亚凡. 传感技术与实验——传感器件外形、标定与实验[M]. 北京: 清华大学出版社, 2005.
[11] 傅攀. 传感器技术与实验[M]. 西安: 西南交通大学出版社, 2007.
[12] 封士彩. 测试技术学习指导及习题详解[M]. 北京: 北京大学出版社, 2009.
[13] 威新波. 检测技术与智能仪器[M]. 北京: 电子工业出版社, 2005.
[14] Yariv A, Winsor H V. Proposal for detection of magnetic fields through magnetostrictive perturbation of optical fibers[J]. Optics letters, 1980, 5(3): 87-89.
[15] 钱显毅. 传感器原理与应用[M]. 南京: 东南大学出版社, 2008.
[16] Dong S X, Zhai J Y, Li J F, et al. Magnetoelectric effect in Terfenol-D/Pb(Zr, Ti)O$_3$ /mu-metal laminate composites[J]. Applied Physics Letters, 2006, 89(12) : 122903-1-122903-5.
[17] 贾民平. 测试技术[M]. 北京: 高等教育出版社, 2001.
[18] 黄长艺, 严普强. 机械工程测试技术基础[M]. 2 版. 北京: 机械工业出版社, 2004.
[19] 洪水棕. 现代测试技术[M]. 上海: 上海交通大学出版社, 2002.
[20] 李世平, 韦增亮, 戴凡. 计算机测控技术及应用[M]. 西安: 西安电子科技大学出版社, 2003.
[21] 彭智娟, 徐瑞银, 刘传玺. 传感器与测试技术[M]. 济南: 山东科学技术出版社, 2008.
[22] 徐科军. 传感器与检测技术[M]. 2 版. 北京: 电子工业出版社, 2009.
[23] 王建国. 检测技术及仪表[M]. 北京: 中国电力出版社, 2007.
[24] 马忠丽. 信号检测与转换技术[M]. 哈尔滨: 哈尔滨工程大学出版社, 2008.
[25] 陈裕泉, 葛文勋. 现代传感器原理及应用[M]. 北京: 科学出版社, 2007.
[26] 孔德仁, 朱蕴璞, 狄长安. 工程测试技术[M]. 2 版. 北京: 科学出版社, 2009.
[27] 张宏建, 孙志强, 等. 现代检测技术[M]. 北京: 化学工业出版社, 2007.
[28] 李力. 机械测试技术及应用[M]. 武汉: 华中科技大学出版社, 2001.
[29] Hinton G E, Sala R R. Reducing the dimensionality of data with neural networks[J].Science, 2016, 313(5786): 504-507.
[30] 常虹,山世光. 深度学习概述[J]. 信息技术快报, 2014, 12(3): 35-41.

[31] Hubel D H, Wiesel T N. Receptive field of single neurons in the cat's striate cortex[J]. The journal of physiology, 1959, 148:574-591.
[32] LeCun Y, Boser B, et al. Backpropagation applied to handeritten zip code recognition[J]. Neural computation, 1989, 1(4): 541-551.
[33] Coates P D, Caton-rose P, Ward I M, et al. Process structuring of polymers by solid phase orientation processing[J]. Science China(Chemistry), 2013, 56(8):1017-1028.
[34] 陈光军, 常江, 张连军. 测试技术实验教学改革与学生创新能力的培养[J]. 实验技术与管理, 2007, 24(2): 129-131.
[35] Zadeh L A. Fuzzy logic and the calculus of fuzzy if-then rules//Proceedings of the 22nd International Symposium on Multiple-Valued Logic, Los Alamitos, 1992, 480.
[36] 雨宫好文. 传感器入门[M]. 洪淳赫, 译. 北京: 科学出版社, 2000.
[37] 童刚. 虚拟仪器实用编程技术[M]. 北京: 机械工业出版社, 2008.
[38] 丁士心, 崔桂梅. 虚拟仪器技术[M]. 北京: 科学出版社, 2005.
[39] 周生国, 李世文. 机械工程测试技术[M]. 北京: 北京理工大学出版社, 1993.
[40] 孔德仁, 朱蕴璞, 狄长安. 工程测试与信息处理[M]. 北京: 国防工业出版社, 2003.
[41] 岩本洋, 森田克己, 天野一美. 机电一体化入门[M]. 徐其荣, 译. 北京: 科学出版社, 2003.
[42] 杨乐平, 李海涛. LabVIEW 图形编程[M]. 北京: 电子工业出版社, 2001.
[43] 杨乐平, 李海涛. LabVIEW 高级程序设计[M]. 北京: 清华大学出版社, 2003.
[44] 王怀奥, 计宏伟. 包装工程测试技术[M]. 北京: 化学工业出版社, 2004.
[45] 张易知, 肖啸. 虚拟仪器的设计与实现[M]. 西安: 西安电子科技大学出版社, 2002.
[46] Braun S. Mechannical Signature Anaklysis: Theory and Applications[M]. New York: Academic Press, 1996.
[47] Sasaki K, Sato T, Yamashita Y. Minimum bias windows for bispectral estimation[J]. Journal of Sound and Vibration, 1975, 40(1): 139-148.
[48] Doebelin E O. Measurement Systems: Application and Design[M]. 4th ed. New York: McGraw-Hill, 1990.
[49] Beckwith T C, Marangoni R D, Lienhard J H V. Mechanical Measurement[M]. 5th ed. New Jersey: Addison Wesley Publishing Company, 1993.
[50] Gabel R A, Roberts R A. Signals and Linear Systems[M]. 2nd ed. New York: John Wiley and Sons, 1980.
[51] Jones B E. Instrunmentation, Measurement and Feedback[M]. New York: McGraw-Hill Book Company, 1997.
[52] Bowrom P, Stephenson F W. Active Filters for Communications and Instrmentation[M]. New York: McGraw-Hill Book Company, 1979.
[53] Felderhoff R. Elektrische and Elektronische Messtechnik[M]. Munchen: Carl Hanser Verlag, 1992.
[54] Profos P, Pfeifer T. Handbuch der Industriellen Messtechnik[M]. Munchen: Oldenbourg Verlag, 1992.
[55] Pfeifer T. Optoelektronische Verfahren Zur Messung Geometrischer Groben in der Fertigung[M]. Munchen: Expert Varlag, 1993.
[56] de Coulon F. Signal Theory and Processing[M]. Norwood: Artech House, 1984.
[57] Gardber J W. Microsensors: Principles and Applications[M]. New York: John Wiley & Sons, 1994.